PROBLEME DER KYBERNETIK

Band 2

PROBLEME DER KYBERNETIK

Band 2

In deutscher Sprache bearbeitet und herausgegeben vom

Zentralinstitut für Automatisierung

durch

Prof. Dr. HERBERT KORTUM

und

Prof. Dr. WILHELM KÄMMERER

unter Mitarbeit von

Dr. HELMUT THIELE

Institut für Mathematische Logik der Humboldt-Universität Berlin

AKADEMIE-VERLAG · BERLIN

1963

PROBLEME DER KYBERNETIK

Band 2

Wissenschaftliche Redaktion der russischen Ausgabe

A. A. LJAPUNOW

Mit 305 Abbildungen

AKADEMIE-VERLAG · BERLIN

1963

Проблемы кибернетики, том II

Erschienen bei FISMATGIS, Moskau 1959

Übersetzung aus dem Russischen und fachliche Bearbeitung:

I. ALLGEMEINE FRAGEN

Ingrid Müller-Pfeiffer · Immo Kerner
Gottfried Langer · Karl-Heinz Werler

II. THEORIE DER STEUERSYSTEME

Gerhard Zielke · Franziska Graßme
Klaus Thümer · Claus Frischmuth

III. PROGRAMMIERUNG

Roland Strobel

IV. STEUERMECHANISMEN UND RECHENMASCHINEN

Heinz Martin · Hans-Jürgen Grunewald

V. STEUERPROZESSE BEI LEBENDEN ORGANISMEN

Barbara Schneider · Christa Hottenrott

VI. FRAGEN DER MATHEMATISCHEN LINGUISTIK

Dr. F. Siegmund-Schultze · Dieter Vieweger

VII. CHRONIK

Herbert Schreiter

Erschienen im Akademie-Verlag GmbH, Berlin W 8, Leipziger Straße 3—4

Lizenznummer: 202 · 100/549/62
Gesamtherstellung: VEB Druckerei „Thomas Müntzer" Bad Langensalza
Bestellnummer: 5438/2 · ES 19 B 1/20 K 3

VORWORT ZUR DEUTSCHEN AUSGABE

Das auch bei uns stark wachsende Interesse an Fragen der Kybernetik, das durch eine Reihe einschlägiger 1962 u. a. im Rahmen der Deutschen Akademie der Wissenschaften zu Berlin durchgeführten Veranstaltungen zum Ausdruck kommt, spiegelt sich auch in der freundlichen Aufnahme wieder, die der 1. Band der deutschen Ausgabe des sowjetischen Werkes „Probleme der Kybernetik" fand.

Dem natürlichen Wachstumsprozeß dieser neuen Wissenschaft entsprechend lag die Thematik des 1. Bandes vorzugsweise bei Grundsatzfragen und dem Problemkreis der kybernetischen Systeme, über deren Struktur man zunächst die meisten Kenntnisse besaß, der Struktur der Rechenautomaten und ihrer Programmierung und damit zusammenhängend Fragen der mathematischen Linguistik.

Der vorliegende Band läßt nun in Beiträgen aus biologischen und ingenieurtechnischen Gebieten auch die angewandte Kybernetik zu Wort kommen.

Die Übersetzungen und fachlichen Bearbeitungen wurden wie auch beim ersten Band von einem größeren Kollektiv aus Jena und Berlin durchgeführt. Es ist den Herausgebern eine angenehme Pflicht, an dieser Stelle allen Mitarbeitern, sowie Herrn Prof. Dr. G. Meier, Direktor des Instituts für Phonetik und Kommunikationswissenschaft der Humboldt-Universität, für seine Unterstützung bei der Bearbeitung des linguistischen Teils, zu danken.

Jena, im Oktober 1962

Die Herausgeber der deutschen Ausgabe

VORWORT ZUR RUSSISCHEN AUSGABE

Der erste Band der „Probleme der Kybernetik“, der im Jahre 1958 erschien, war hauptsächlich Fragen der Programmierung, der maschinellen Übersetzung und einigen allgemeinen Fragen der Kybernetik sowie dem Entwurf von Rechenmaschinen gewidmet.

Wie im ersten Band mitgeteilt wurde, besteht das Ziel der Herausgabe der Sammelbände „Probleme der Kybernetik“ darin, wissenschaftliche Arbeiten auf dem Gebiet der Kybernetik zu publizieren, und die Bemühungen und Interessen der auf dem Gebiet der Kybernetik arbeitenden Wissenschaftler der Sowjetunion zu vereinigen.

Von diesem Standpunkt aus war die Thematik des ersten Bandes nicht breit genug. Im vorliegenden zweiten Band wird die Problematik der Kybernetik wesentlich breiter erfaßt. Hier liegen biologische, mathematische und ingenieurtechnische Arbeiten vor, die sich auf das Gebiet der Kybernetik beziehen. Die Redaktion hofft, daß in den folgenden Bänden der „Probleme der Kybernetik“ die Interessen der verschiedenen Wissensgebiete, die mit der Kybernetik zusammenhängen, noch besser berücksichtigt werden können.

In der letzten Zeit erschienen eine Reihe Bücher in russischer Sprache, teils im Original, teils auch als Übersetzungen, die sich mit dem Gebiet der Kybernetik befassen.

Das sind:

1. der 51. Band der Arbeiten des Steklow-Institutes, des Mathematischen Institutes der Akademie der Wissenschaften der UdSSR — ein Sammelband von Beiträgen über mathematische Logik und ihre Anwendung in einigen Fragen der Kybernetik;

2. A. I. Poletajew, Das Signal, Verlag „Radio“[1]);

3. Wiener, Kybernetik und Gesellschaft, Verlag für ausländische Literatur;

4. ein Sammelband von Arbeiten über die Theorie mathematischer Maschinen, Fismatgis;

5. Automaten, eine Sammlung von Beiträgen, Verlag für ausländische Literatur.

---

[1]) Deutsche Übersetzung: Poletajew, A. I., Kybernetik. VEB Deutscher Verlag der Wissenschaften, Berlin 1962. — Anm. d. Red.

Die Redaktion fordert die Leser auf, den vorliegenden Band „Probleme der Kybernetik“ zu beurteilen ebenso wie auch andere Veröffentlichungen, die auf dem Gebiet der Kybernetik herauskommen werden.

Die Redaktion dankt G. W. Wakulowskaja, T. L. Gawrilowa, A. A. Mutschnik, B. I. Finikow, M. L. Zetlin und W. S. Schtarkman für ihre große Hilfe bei der Vorbereitung des vorliegenden Werkes zum Druck.

INHALT

I. Allgemeine Fragen

II. Theorie der Steuersysteme

III. Programmierung

IV. Steuermechanismen und Rechenmaschinen

V. Steuerprozesse bei lebenden Organismen

VI. Fragen der mathematischen Linguistik

VII. Chronik

I. ALLGEMEINE FRAGEN

Grundbegriffe der Kybernetik

S. W. JABLONSKI (Moskau)

Einführung

Wie bei anderen Disziplinen, fällt es auch bei der Kybernetik schwer, den Zeitpunkt zu bestimmen, den man als ihre Geburtsstunde bezeichnen kann. Einzelne spezielle Probleme und einige Ideen, die sich auf dieses Gebiet beziehen, traten lange vor unseren Tagen auf. Trotzdem kann man behaupten, daß die Kybernetik als wissenschaftliche Disziplin in der Mitte des XX. Jahrhunderts ihren Ursprung hat. Begünstigt wurde dies durch eine Reihe von Problemen aus der Praxis. Dazu gehören: die Konstruktion komplizierter Rechenmaschinen, die Automatisierung der Produktion, die Automatisierung einiger Denkvorgänge, die Erforschung der Vererbungsmechanismen, der Evolution und der Nerventätigkeit. Den ersten Versuch einer einheitlichen Darlegung der Kybernetik machte N. WIENER im Jahre 1948. Da aber das Buch WIENERS „Cybernetics" mehr die prinzipielle Seite berührt, tauchten bei vielen Gelehrten Streitfragen auf. Die einen erkannten die Kybernetik an, forderten aber eine klarere Definition des Gegenstandes der Kybernetik und ebenso die Formulierung der Hauptaufgaben; andere, die zwar in der Kybernetik nichts der Wissenschaft Widersprechendes sahen, sagten, daß die Kybernetik bestenfalls die mechanische Vereinigung einer Reihe von Fragen sei oder, daß die Kybernetik ein Teil der Automatik sei; schließlich behandelten dritte, die sich nicht über die Fakten klar wurden, die Kybernetik als neuen Versuch, eine „Wissenschaft der Wissenschaften" zu schaffen, und erklärten sie daher als Pseudowissenschaft. In der vorliegenden Arbeit wird eine Präzisierung der Grundbegriffe der Kybernetik vorgeschlagen, die die obengenannten Lücken ausfüllen soll. Die hier geschilderte Konzeption entstand 1955 und wurde in verschiedenen Varianten vom Autor in Vorträgen über Kybernetik benutzt.

Hier, in der Einführung, werden wir zunächst mit Begriffen operieren, die vom Standpunkt der Mathematik aus nicht exakt sind. Eine strenge mathematische Begründung wird im Kap. I gegeben. Zur Erklärung des Inhaltes dieser Begriffe beginnen wir unsere Darlegungen mit einer Reihe von Beispielen.

In der Natur, Produktion, Technik, Wissenschaft und auch sonst haben wir ständig mit sogenannten Steuersystemen zu tun. Um sie als konkrete Objekte auszuzeichnen, werden wir sie im weiteren als physikalische Steuersysteme bezeichnen.

Solche physikalischen Steuersysteme sind:

a) das Nervennetz, das verschiedene Einwirkungen auf die Organe realisiert;
b) eine automatische Werkzeugstraße;

c) eine Ziffernrechenmaschine;
d) Moleküle, die verschiedene Eigenschaften haben;
e) ein Algorithmus zur Lösung einer mathematischen Aufgabe usw.

Natürlich entsteht die Frage: Welche Eigenschaften charakterisieren ein Objekt als physikalisches Steuersystem? Zur Klärung dieser Frage betrachten wir ein Beispiel etwas ausführlicher:

Ein physikalisches Steuersystem, welches das Ein- und Ausschalten des Lichtes im Treppenhaus mit Hilfe von Schaltern in jeder Etage realisiert, wird durch Abb. 1 beschrieben.

Das uns interessierende System ist auf der Zeichnung zwischen den Punkten a und b dargestellt. Es ist aus Schließungs- und Öffnungs-Kontakten und einer Gruppe von Relaisspulen zusammengesetzt. Also handelt es sich um „elementare" Mechanismen — *Arbeits-* und *Ruhekontakte*, die miteinander verbunden diese Schaltung bilden. Bezeichnet man mit x_i bzw. $\bar{x}_i$ die Arbeits- bzw. Ruhekontakte des i-ten Relais, dann kann man die Schaltung so darstellen, wie es in Abb. 2 gezeigt ist. Außerdem besitzt das zu untersuchende System eine bestimmte Wirkungsweise, oder anders, es realisiert eine gewisse Funktion.

Den Relaisspulen mit den Nummern 1, 2, . . . , n sollen die BOOLEschen Variablen $x_1, x_2, \ldots, x_n$ und der Schaltung die BOOLEsche Funktion[1] $f(x_1, x_2, \ldots, x_n)$ folgendermaßen zugeordnet sein:

x_i ($i = 1, 2, \ldots, n$) nimmt den Wert 1 bzw. 0 an, wenn die Spule des i-ten Relais erregt bzw. nicht erregt ist. $f(x_1, x_2, \ldots, x_n)$ nimmt für $x_1 = \alpha_1$, $x_2 = \alpha_2, \ldots, x_n = \alpha_n$ den Wert 1 bzw. 0 an, wenn eine Leitung zwischen a und b vorhanden bzw. nicht vorhanden ist. Dabei sind den Relaisspulen 1, 2, . . . , n die Werte $\alpha_1, \alpha_2, \ldots, \alpha_n$ zugeordnet. Offensichtlich charakterisiert

$$f(x_1, x_2, \ldots, x_n) = x_1 + x_2 + \cdots + x_n \pmod 2$$

die Wirkungsweise der Schaltung.

An Hand dieses Beispiels ist es einleuchtend, daß man unter einem beliebigen physikalischen Steuersystem die Zusammenfassung von zwei Dingen zu verstehen hat: Schema und (davon realisierte) Funktion.

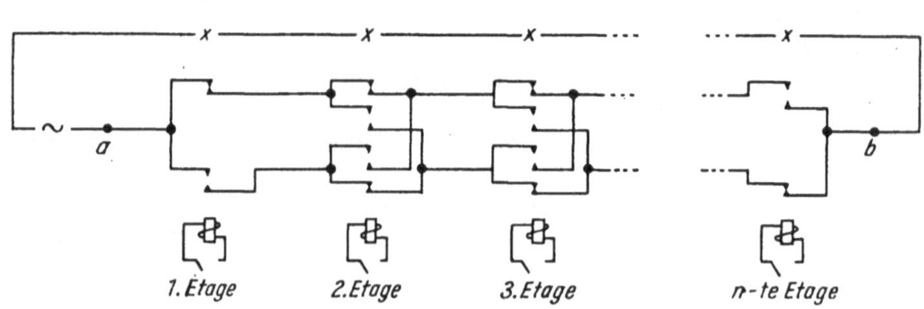

Abb. 1

[1]) Im Deutschem meistens: „Zweiwertige aussagenlogische Wahrheitsfunktion". — Anm. d. Red.

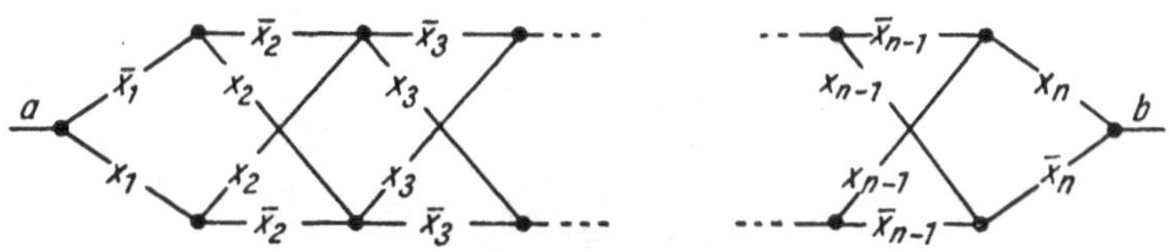

Abb. 2

An dieser Stelle ist zu betonen, daß sowohl der Begriff „Schema" als auch der Begriff „Funktion" von uns in außerordentlich weitem Sinne verwendet werden.

Schemata sind z.B.: Eine mathematische Formel, eine Anordnung von Figuren auf dem Schachbrett, die Struktur der Verbindungen zwischen den Schaltkreisen einer Rechenmaschine, die Konfiguration der Atome in einem Molekül, die Struktur der Neuronenverbindungen im Nervennetz usw.

Funktionen sind: die Funktion, die einer mathematischen Formel entspricht; die Menge der möglichen Züge bei gegebener Schachposition; das Verzeichnis der elementaren Operationen, die von einer Rechenmaschine ausgeführt werden; die Eigenschaften eines Moleküls; die Verknüpfung zwischen den Zuständen verschiedener Neuronengruppen einerseits und dem Vorhandensein oder Fehlen von Reizen, die in bestimmtem Maße auf das Nervennetz einwirken andererseits usw.

Mit der Untersuchung physikalischer Steuersysteme beschäftigen sich die verschiedensten Disziplinen, die unterschiedlichen Wissensgebieten angehören. Die mit mathematischen Formeln zusammenhängenden physikalischen Steuersysteme werden in der Mathematik erforscht; Moleküle werden sowohl in der Chemie als auch in der Physik betrachtet, mit der Erforschung der Nervengewebe beschäftigt sich die Physiologie.

Für diese Disziplinen ist charakteristisch, daß einzelne konkrete physikalische Steuersysteme herausgegriffen werden. Nicht selten handelt es sich dabei lediglich um das Betrachten bestimmter Details eines Steuersystems. In der Algebra z.B. werden äquivalente Umformungen algebraischer Formeln (Schemata), in der Funktionentheorie die unterschiedlichen Eigenschaften der Funktionen untersucht usf. Solange in diesen Disziplinen konkrete physikalische Steuersysteme oder sogar nur spezielle Eigenschaften solcher Steuersysteme untersucht werden, ist keine allgemeine Definition des physikalischen Steuersystems erforderlich.

Ein Vergleich von verschiedenen physikalischen Steuersystemen führt zu dem wichtigen Begriff „Steuersystem". Um seinen Inhalt zu erläutern, wollen wir uns wieder Beispielen zuwenden.

Auf Abb. 3 und 4 sind zwei physikalische Steuersysteme vereinfacht dargestellt: eine Dampfmaschine und eine elektrische Klingel.

Für die Anwendung dieser Systeme ist wesentlich, daß die Energie des Dampfes in der Dampfmaschine in die hin- und hergehende Bewegung des Kolbens und daß die elektrische Energie in der Klingel in Schwingungen des Hämmerchens umgewandelt wird. Die Beispiele sollen in etwas idealisierter Form behandelt werden. Dazu ersetzen wir die stetigen Veränderungen überall durch diskrete.

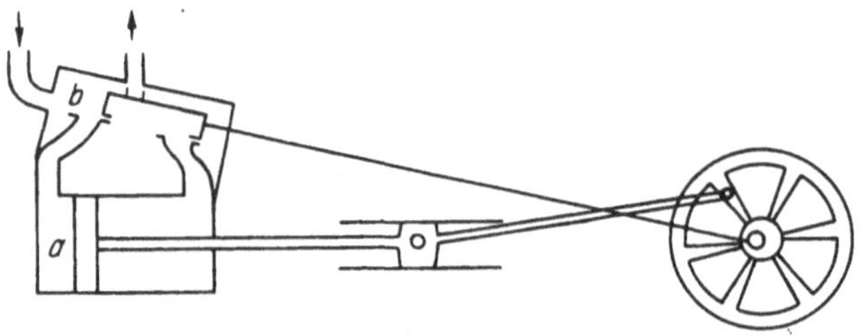

Abb 3

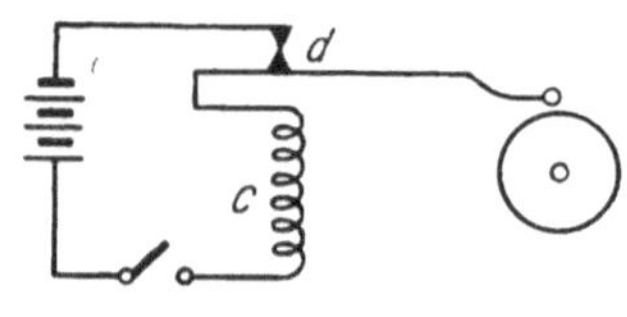

Abb. 4

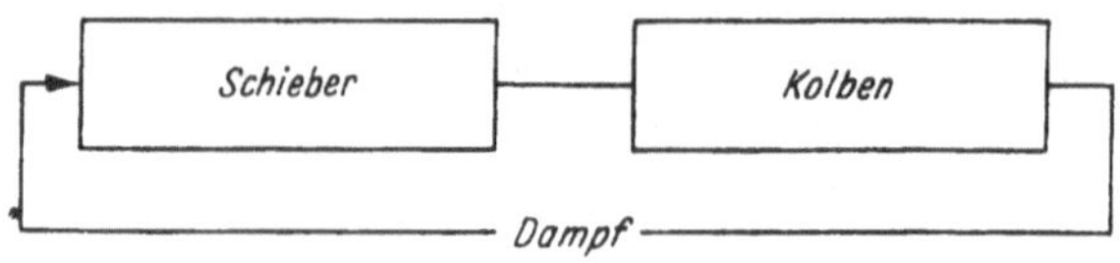

Abb. 5

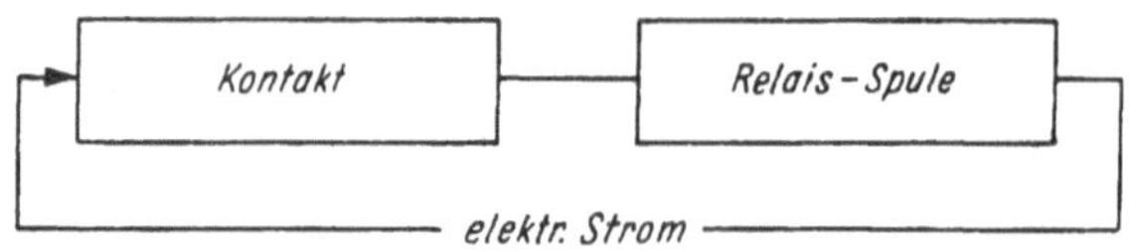

Abb. 6

Die Hauptteile, die zum Aufbau einer Dampfmaschine bzw. einer elektrischen Klingel gehören, sind der Kolben *a* und der Schieber *b* bzw. die Relaisspule *c* und der Schaltkontakt *d*. In Abb. 5 und 6 sind diese Elemente bezüglich ihrer Lage zur Energiequelle eingezeichnet. Diese Zeichnungen sind keine Schemata, da aus ihnen nur die direkte Einwirkung des Schiebers auf den Kolben und des Kontaktes auf die Relaisspule zu sehen ist. Aber sie können leicht in die den physikalischen Steuersystemen entsprechenden Schemata umgewandelt werden, wenn die vorhandenen Rückführungen angegeben werden. Die Rückführung zwischen dem Schieber und dem Kolben wird durch ein Schwungrad realisiert; die Rückführung zwischen dem Kontakt und der Relaisspule wird durch das elektromagnetische Feld der Relaisspule hervorgerufen. Ferner legen wir fest, daß sich der Kolben und der Schieber (Abb. 3) nur in zwei Stellungen befinden können —

links (0) und rechts (1) —

und ebenso die Relaisspule —

nicht erregt (0) und erregt (1).

Der Ruhekontakt ist entweder

geöffnet (0) oder geschlossen (1).

Zur Beschreibung der charakteristischen Arbeitsfunktionen der zu untersuchenden Systeme verwenden wir zunächst Tabellen, welche die Direkt- und Rückkopplungen der Elemente wiedergeben. Beim Aufstellen der Tabellen für die Direktverbindung (Tab. 1 und 2) muß man die Rückkopplungen vernachlässigen.

Die Änderung der Kolbenstellung erfolgt nicht gleichzeitig mit der Änderung der Schieberstellung, sondern mit einer gewissen Verzögerung Δt_1. Dagegen voll-

Tabelle 1

Stellung des Schiebers zur Zeit t	Stellung des Kolbens zur Zeit $t + \Delta t_1$
0	0
1	1

Tabelle 2

Kontakt-stellung zur Zeit t	Zustand der Relaisspule zur Zeit t
0	0
1	1

zieht sich die Änderung des Zustandes der Relaisspule praktisch unmittelbar nach Änderung der Kontaktstellung. Das Aufstellen der Tabellen für die Rückführungen (Tab. 3 und 4) erfordert eine Analyse derselben.

Tabelle 3

Kolben-stellung zur Zeit t	Schieber-stellung zur Zeit t
0	1
1	0

Tabelle 4

Zustand der Relaisspule zur Zeit t	Kontaktstellung zur Zeit $t + \Delta t_2$
0	1
1	0

Aus diesen Tabellen kann man ersehen, daß die durch die Änderung der Kolbenstellung hervorgerufene Änderung der Schieberstellung dank der Rückführung (über ein Hebelsystem) praktisch sofort, während die Änderung der Kontaktstellung infolge der Trägheit der Kontaktfeder mit der Verzögerung Δt_2 nach der Zustandsänderung der Relaisspule eintritt.

Da hier also in beiden Fällen der Zustand des Systems völlig durch den Zustand eines seiner Elemente bestimmt ist, genügt es, die Arbeitsweise dieses Elementes zu beschreiben, wenn man das ganze System charakterisieren will.

Nehmen wir für die Dampfmaschine als ein solches Element den Kolben und für die elektrische Klingel die Relaisspule, so erhalten wir die gesuchte Beschreibung in Form von Tab. 5 und 6.

Tabelle 5

Zeitpunkt	t	$t + \Delta t_1$	$t + 2\,\Delta t_1$	...
Kolbenstellung	0	1	0	...

Tabelle 6

Zeitpunkt	t	$t + \Delta t_2$	$t + 2\,\Delta t_2$	...
Zustand der Relaisspule	0	1	0	...

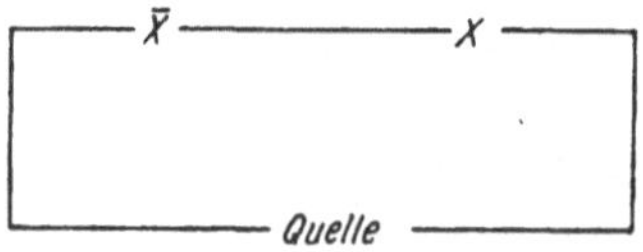

Abb. 7

Ein Vergleich der Schemata und charakteristischen Funktionen für die eben untersuchten physikalischen Steuersysteme zeigt, daß wir es tatsächlich mit wesensgleichen Steuersystemen zu tun haben. Diese Äquivalenz wird evident, wenn man eine spezielle Bezeichnungsweise benutzt. X möge den Kolben (die Relaisspule), x seine Stellung (ihre Erregung), $\bar{X}$ den Schieber (den Ruhekontakt) und $\bar{x}$ seine Stellung bezeichnen.

Dann kann man das Schema so darstellen, wie es auf Abb. 7 gezeigt ist, wobei in dieses Schema auch die Rückführung zwischen den Elementen X und $\bar{X}$ eingetragen ist. Das Verhalten des Systems kann man mit Hilfe der Formel $x\,(t + \Delta t) = \bar{x}(t)$ wiedergeben, wobei $\bar{\ }$ die logische Negation bedeutet.

Auf diese Weise überzeugen wir uns unmittelbar, daß die beiden betrachteten physikalischen Steuersysteme identische (exakter — isomorphe) Schemata und Funktionen haben. Ein Vergleich aller physikalischen Steuersysteme führt zu einer Klasseneinteilung der Menge der physikalischen Steuersysteme. Jede Klasse besteht aus solchen physikalischen Steuersystemen, die in gewissem Sinne identische Schemata und Funktionen haben. Per definitionem repräsentiert jede dieser Klassen ein Steuersystem. Oder anders: *Ein Steuersystem ist ein mathematisches Objekt, das die allgemeinen Eigenschaften äquivalenter physikalischer Steuersysteme charakterisiert.* In diesem Sinne entspricht der Begriff des Steuersystems anderen mathematischen Abstraktionen, z.B. dem Begriff der Figur, Zahl usf. Eine strenge mathematische Definition des Steuersystems wird in Kap. I gegeben.

Jetzt gehen wir zu der Frage „*Was soll man unter Kybernetik verstehen?*" über. *Nach unserer Auffassung ist die Kybernetik eine mathematische Disziplin, deren Gegenstand die Steuersysteme sind.* Aber man kann diese Definition nicht als vollständig bezeichnen, weil sie nur vom Gegenstand der Kybernetik spricht und weder ihre Hauptaufgaben bezeichnet, noch die Methoden der Kybernetik erwähnt.

Die beiden letzten Punkte kann man nur in gewisser Näherung auf Grund einer exakten Definition des Begriffes Steuersystem in die Definition der Kybernetik einbeziehen. Im übrigen erlaubt die gegebene Definition bereits eine Abgrenzung der Kybernetik von anderen Disziplinen. *Für die Kybernetik ist charakteristisch, daß man mit abstrakten Steuersystemen operiert, während andere Disziplinen im allgemeinen mit konkreten physikalischen Steuersystemen arbeiten.* Die mathematische Logik nimmt eine gewisse Sonderstellung ein. Dort werden praktisch spezielle Klassen von Steuersystemen untersucht, wobei das Wesentliche dieser Betrachtungen ist, daß sich die Lösung der Aufgaben auf den Zusammenhang zwischen den Formeln (Schemata) und ihre Realisierung in gewissen Modellen (Funktionen) stützt. Darauf baut z.B. die Lösung von Fragen bezüglich der Vollständigkeit, der Widerspruchsfreiheit und der Unabhängigkeit von Axiomensystemen auf. Für die Kybernetik ist, wie wir weiter unten sehen werden, ein anderer Aufgabenkreis charakteristisch.

Trotzdem treten Aufgaben aus der Logik, wie Fragen der Vollständigkeit' Widerspruchsfreiheit usw. auch bei kybernetischen Betrachtungen auf [2]. Also ist die Kybernetik weder mit der Regelungstheorie, noch mit der Automatik, noch mit der Programmierung, noch mit anderen Disziplinen gleichzusetzen. Es wäre ebenso falsch zu behaupten, daß die Kybernetik die aufgezählten Disziplinen umfaßt, daß sie eine Wissenschaft der Wissenschaften sei. Obwohl die Kybernetik auch die allgemeinen Gesetzmäßigkeiten bei Steuersystemen erforscht, ist evident, daß sich die Besonderheiten der konkreten physikalischen Steuersysteme außerhalb ihres Blickfeldes befinden. So z.B. interessiert uns bei der Untersuchung der Dampfmaschine nach kybernetischen Gesichtspunkten weder die Frage, wie man die Kraftmaschine einfach konstruieren kann noch ihre Betriebsweise. Bei logischen Berechnungen elektrischer Schaltungen berühren wir in gleicher Weise nicht die Frage der Arbeitsdauer der Schaltung, der möglichen Betriebsstunden der Schaltung usw. Daraus folgt, daß die Kybernetik die Disziplinen, welche die konkreten physikalischen Steuersysteme untersuchen, nicht vollkommen umfaßt. Allerdings ist eine enge Verbindung zwischen der Kybernetik einerseits und den angrenzenden Disziplinen andererseits unbedingt nötig. Das erfordert einen engen Kontakt der Spezialisten auf den verschiedenen Gebieten, damit im Verlaufe der gemeinsamen Arbeit die Mathematiker die Erkenntnis der angrenzenden Disziplinen beherrschen und die Spezialisten auf anderen Gebieten den mathematischen Apparat unter konkreten Bedingungen anwenden lernen.

Bei einer Beschreibung der Kybernetik werden im einzelnen naturgemäß die folgenden Problemkreise berührt:

1. Der Gegenstand der Kybernetik (Grundbegriffe und deren Analyse),
2. Beispiele kybernetischer Objekte,
3. Grundaufgaben der Kybernetik,
4. Anwendung der Kybernetik,
5. Philosophische Probleme der Kybernetik (hauptsächlich die Frage nach den Grenzen der Anwendbarkeit der Kybernetik).

Im vorliegenden Beitrag wird Problem 1 untersucht (Kap. I). Darüber hinaus ist eine Publikation über die beiden folgenden Problemkreise vorgesehen, die teilweise mit den Anwendungen der Kybernetik zusammenhängen werden. Die philosophischen Probleme bedürfen einer speziellen Motivierung. Wir werden sie deshalb nicht streifen.

I. Der Gegenstand der Kybernetik

Im Mittelpunkt dieses Kapitels steht der Begriff „Steuersystem". Dieser setzt die Bestimmung vieler anderer Begriffe voraus, so daß naturgemäß mit einer Klärung des Zusammenhangs dieser Begriffe zu beginnen ist (Abb. 8).

Um die Ausführungen durchsichtig zu gestalten, werden wir alle aufgezählten Begriffe in einheitlicher Weise behandeln. Zuerst wird stets die Definition ge-

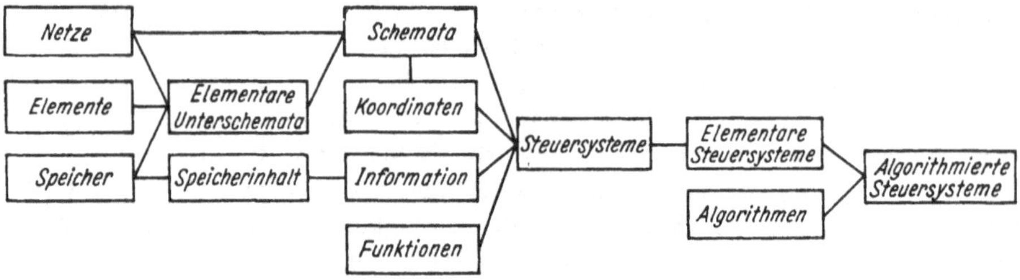

Abb. 8

geben, der einige Erläuterungen bezüglich ihres Inhaltes und ihrer Besonderheiten folgen. Dann wird die Frage nach dem Begriff der Identität (d. h. der Isomorphie) der definierten Objekte behandelt.[1]) Schließlich wird noch eine Klassifikation vorgeschlagen. Der zweite Teil ist den Hauptaufgaben der Kybernetik gewidmet. Es versteht sich von selbst, daß hier nur von Problemen die Rede sein kann, die gegenwärtig mehr oder weniger in Erscheinung getreten sind.

§ 1. Netze

Es sei $\mathfrak{M} = \{a_\nu\}$ eine Menge verschiedener Objekte[2]) a_ν. Sie habe die Mächtigkeit m. E_0 und E_i $(i \geqq 1)$ sollen Familien von Objekten der Menge M bedeuten, die unter Berücksichtigung der Wiederholung von Objekten die Mächtigkeit e_0 bzw. e_i haben mögen.[3]) Der Index i durchläuft die Gesamtheit der Kardinalzahlen von 0 bis h (h evtl. transfinit), wobei verschiedenen Indizes dieselbe Familie zugeordnet sein kann.

D 1. Eine Menge $\mathfrak{M}$ mit einer ausgewählten Gesamtheit von Familien $E_0, E_1, \ldots$ heißt *Netz* und wird mit $\mathfrak{M}(E_0, E_1, \ldots)$ bezeichnet, wenn $|E_0| \subseteq \bigcup_{1 \leqq i \leqq h} |E_i|$ ist, wobei $|E_i|$ hier, wie auch im folgenden, die Menge aller Objekte der Familie E_i bezeichnet. Die Objekte der Menge $\mathfrak{M}$ heißen *Knoten des Netzes*, die Objekte der Familie E_0 insbesondere *Pole des Netzes*.

Es ist evident, daß der Begriff des Netzes den Begriff des Graphen [3] umfaßt. Es wäre aber falsch anzunehmen, daß jedes Netz ein Graph mit ausgezeichneten Knoten (den Polen) sei.

Bei der Untersuchung physikalischer Steuersysteme spielen solche Netze eine fundamentale Rolle, für die m, h und e_i $(i = 0, 1, \ldots, h)$ natürliche Zahlen sind. Solche Netze werden wir als endlich bezeichnen. Da uns weiterhin hauptsächlich

---

[1]) Wir werden die Definitionen mit D 1, D 1.1, D 2 usw. bezeichnen, was im Russischen nicht erfolgt ist. — Anm. d. Red.

[2]) Wir schließen uns in diesem Kapitel dem russischen Sprachgebrauch an, da das Wort „Element“ hier (§ 2) eine von seinem Gebrauch in der Mengenlehre abweichende spezielle Bedeutung erhält. — Anm. d. Red.

[3]) Unter einer Familie von Objekten verstehen wir eine ungeordnete Gesamtheit von Objekten, wobei Wiederholungen möglich sind. Genauer versteht man unter einer Familie eine eindeutige Abbildung von einer Indexmenge I in eine Menge M (Familie aus M mit der Indexmenge I). — Anm. d. Red.

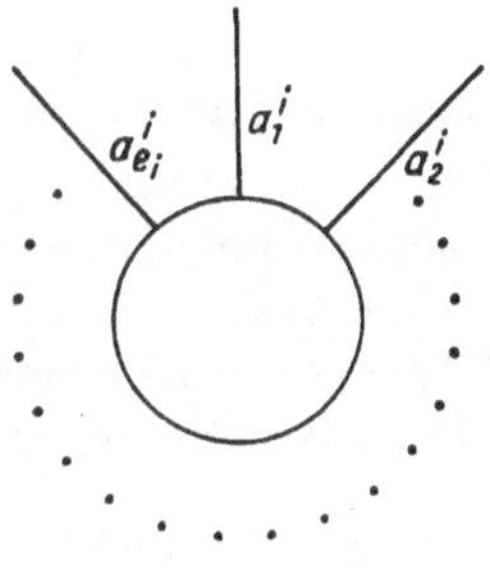

Abb. 9

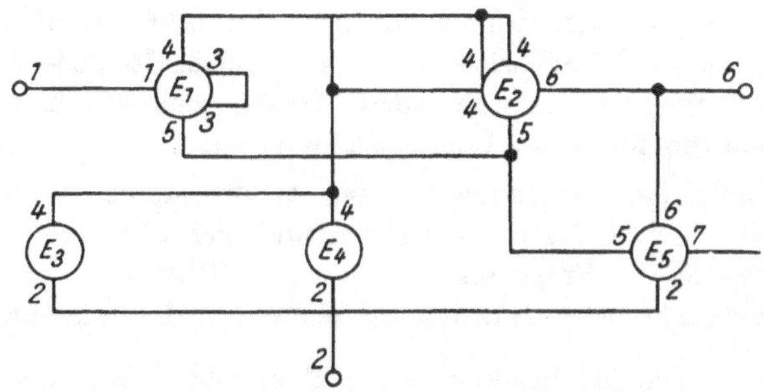

Abb. 10

endliche Netze interessieren werden, machen wir noch einige Angaben über die endlichen Netze.

Es sei $\mathfrak{M}$ $(E_0, E_1, \ldots, E_h)$ ein endliches Netz und $E_i = (a^i_1, \ldots, a^i_{e_i})$ mit $a^i_j \in \mathfrak{M}$ $(i = 0, 1, \ldots, h)$. Jedem System E_i ordnen wir einen Kreis im dreidimensionalen Raum zu. Den Objekten $a^i_1, \ldots, a^i_{e_i}$ der Familie E_i soll je eine Fortsetzung, die von diesem Kreis ausgeht, entsprechen (Abb. 9). Der Familie E_0 ordnen wir Punkte im dreidimensionalen Raum zu, die je eine Fortsetzung haben, die einem der Objekte $a^0_1, a^0_2, \ldots, a^0_{e_0}$ entspricht. Alle Fortsetzungen, die denselben Objekten der Menge $\mathfrak{M}$ entsprechen, sollen miteinander verbunden sein. Die dabei auftretenden Verbindungen derjenigen Fortsetzungen, die demselben Objekt a_i entsprechen, ordnen wir nun dem Knoten a_i $(i = 1, 2, \ldots, m)$ zu. Die Konfiguration, die man als Ergebnis dieser Konstruktion erhält, heißt *geometrische Realisierung des Netzes,* wenn die folgenden beiden Bedingungen erfüllt sind:

a) Kein Kreispaar der Konfiguration hat gemeinsame Punkte.

b) Die Verbindungen der Fortsetzungen, die verschiedenen Knoten a_i und a_j zugeordnet sind, haben keine gemeinsamen Punkte.

Beispiel. Es sei $\mathfrak{M} = \{1, 2, 3, 4, 5, 6, 7\}$. Wir betrachten das Netz $\mathfrak{M}$ $(E_0, E_1, E_2, E_3, E_4, E_5)$ mit $E_0 = (1, 2, 6)$, $E_1 = (1, 3, 3, 4, 5)$, $E_2 = (4, 4, 4, 5, 6)$, $E_3 = E_4 = (2, 4)$ und $E_5 = (2, 5, 6, 7)$. Die geometrische Realisierung dieses Netzes ist in Abb. 10 dargestellt.

Aus der Topologie [4] ist bekannt, daß man jedes endliche Netz im dreidimensionalen Raum realisieren kann. Dieses Resultat kann leicht für abzählbar unendliche Netze verallgemeinert werden.

D 1.1. Die Netze $\mathfrak{M}_1(E^{(1)}_0, E^{(1)}_1, \ldots)$ und $\mathfrak{M}_2(E^{(2)}_0, E^{(2)}_1, \ldots)$ heißen *isomorph,* wenn man zwischen den Objekten aus $\mathfrak{M}_1$ und $\mathfrak{M}_2$ und ebenso zwischen $\{E^{(1)}_j\}$ und $\{E^{(2)}_j\}$ eine umkehrbar eindeutige Zuordnung derart herstellen kann, daß

a) $E^{(1)}_0, E^{(2)}_0$ einander zugeordnet sind,

b) die einander zugeordneten Familien $E^{(1)}_i, E^{(2)}_j$ aus einander zugeordneten Objekten bestehen.

Wir werden isomorphe Netze im weiteren nicht unterscheiden. So ist z. B. jedes endliche Netz seiner geometrischen Realisierung isomorph und kann deshalb mit ihr identifiziert werden. Dieser Sachverhalt erlaubt uns, den Begriff „Netz“ als topologischen Begriff zu betrachten.

Bei der Untersuchung von Steuersystemen muß man oft auf die Betrachtung allgemeiner Netze verzichten und sich auf spezielle Netze beschränken. Damit taucht die Frage nach einer Klassifikation der Netze auf. Wir geben hier eine mögliche Klassifikation für Netze an, der folgende Merkmale zu Grunde liegen:

1. Die Mächtigkeit m der Menge $\mathfrak{M}$. Nach der Mächtigkeit m erhält man:

a) Netze mit endlich vielen Knoten,
b) Netze mit unendlich vielen Knoten.

2. Die Mächtigkeit h. In Abhängigkeit von h haben wir:

a) Netze mit endlich vielen Familien E_i,
b) Netze, die unendlich viele Familien E_i zulassen.

3. Die Mächtigkeit e_0 der Familie E_0. Hier unterscheiden wir drei Klassen:

a) Netze, die eine vorgegebene Anzahl von Polen besitzen,
b) Netze mit einer endlichen Anzahl von Polen,
c) Netze, die unendlich viele Pole besitzen.

4. Die Mächtigkeit e_i der Familien E_i. In diesem Fall hat man:

a) Netze, für welche die Mächtigkeit e_i eine gemeinsame Schranke besitzen,
b) Netze, bei denen die Mächtigkeit e_i endlich ist,
c) Netze, die nicht endliche Mächtigkeiten e_i haben.

Ein wichtiger Spezialfall von 1 bis 4 ist die Klasse der endlichen Netze, d. h. der Netze, bei denen die Mächtigkeiten m, h, e_0 und e_i endlich sind. Diese Klasse ihrerseits enthält die Unterklasse der sogenannten π-Netze (Reihenparallel-Netze).[1]

---

[1]) Der Begriff des π-Netzes kann durch Induktion nach h definiert werden. Für $h = 1$ heißt das Netz $\mathfrak{M}(E_0, E_1)$ mit $\mathfrak{M} = E_0 = E_1 = \{a, b\}$ *π-Netz*. Der Begriff π-Netz sei für alle $h \leqq h_0$ definiert. Wir wollen ein zweipoliges Netz $\mathfrak{M}(E_0, E_1, \ldots, E_h)$ mit $\mathfrak{M} = \bigcup_{i=1}^{h} |E_i|$ und $E_0 = \{a, b\}$ als π-Netz bezeichnen, wenn der Satz $\{E_1, \ldots, E_h\}$ als direkte Summe zweier Sätze $\{E'_1, \ldots, E'_{h_1}\}$ und $\{E''_1, \ldots, E''_{h_2}\}$ — d. h. auch die Indexmenge $\{1, \ldots, h\}$ als direkte Summe — darstellbar ist. Das soll heißen, es gilt $\{E_1, \ldots, E_h\} = \{E'_1, \ldots, E'_{h_1}\} \cup \{E''_1, \ldots, E''_{h_2}\}$ mit $h_1, h_2 \leqq h_0$ derart, daß für $\mathfrak{M}_1 = \bigcup_{i=1}^{h_1} |E'_i|$ und $\mathfrak{M}_2 = \bigcup_{i=1}^{h_2} |E''_i|$ entweder $\mathfrak{M}_1 \cap \mathfrak{M}_2 = \{a, b\}$ gilt und $\mathfrak{M}_1(E'_0, E'_1, \ldots, E'_{h_1})$ und $\mathfrak{M}_2(E_0, E''_1, \ldots, E''_{h_1})$ π-Netze sind, oder daß $\mathfrak{M}_1 \cap \mathfrak{M}_2 = \{c\}$ mit $c \notin \{a, b\}$, $a \in \mathfrak{M}_1$ und $b \in \mathfrak{M}_2$ gilt und $\mathfrak{M}_1(E'_0, E'_1, \ldots, E'_{h_1})$ und $\mathfrak{M}_2(E''_0, E''_1, \ldots, E''_{h_2})$ mit $E'_0 = \{a, c\}$ und $E''_0 = \{c, b\}$ π-Netze sind. Im ersten Fall sprechen wir von *Parallelzerlegung*, im zweiten von *Reihenzerlegung*.

5. Der Zusammenhang des Netzes.[1]) Hier treten folgende zwei Klassen auf:
a) Zusammenhängende Netze,
b) Netze, die unter Umständen in nicht miteinander verbundene Komponenten zerlegt werden können.

6. Das Vorhandensein von Abzweigungen.[2]) Wir kommen zu den Fällen:
a) Netze ohne Abzweigungen,
b) Netze mit Abzweigungen.

7. Das Vorhandensein von Zyklen.[3]) In diesem Fall unterscheiden wir:
a) Netze ohne Zyklen (Bäume),
b) Netze mit Zyklen.

8. Einbettung in die Ebene. Hier bekommen wir:
a) ebene Netze,[4])
b) Netze, die nicht eben sind.

Es ist natürlich möglich, daß diese Klassifikation verfeinert werden kann, wenn man noch irgendwelche anderen Merkmale in die Betrachtung einbezieht.

§ 2. Speicher. Elemente. Elementare Unterschemata

D 2. Eine Menge $\mathfrak{X} = \{X_\alpha\}$ von verschiedenen Objekten X_α heißt *Speicher*; die Objekte X_α heißen *Zellen.*

Weniger abstrakt versteht man unter einem Speicher einen Behälter zum Aufnehmen und Merken von Informationen.

D 2.1. Die Speicher $\mathfrak{X}^1$ und $\mathfrak{X}^2$ heißen *isomorph,* wenn die Mengen $\mathfrak{X}^1$ und $\mathfrak{X}^2$ von gleicher Mächtigkeit sind.

Da ein Speicher durch die Mächtigkeit der Menge $\mathfrak{X}$ bestimmt ist, ergibt sich eine natürliche Klassifikation der Speicher.

---

[1]) Das Netz $\mathfrak{M}(E_0, E_1, \ldots)$ heißt *zusammenhängend,* wenn der Satz $\{E_1, E_2, \ldots\}$ nicht als direkte Summe zweier Sätze $\{E_1', E_2', \ldots\}$ und $\{E_1'', E_2'', \ldots\}$ mit $\left[\bigcup_i |E_i'|\right] \cap \left[\bigcup_i |E_i''|\right] = \varnothing$ darstellbar ist. ($\varnothing$ bezeichnet die leere Menge.)

[2]) Man sagt, das Netz $\mathfrak{M}(E_0, E_1, \ldots\}$ besitze eine *Abzweigung,* wenn der Satz $\{E_1, E_2, \ldots\}$ derart die direkte Summe zweier Sätze $\{E_1', E_2', \ldots\}$ und $\{E_1'', E_2'', \ldots\}$ ist, daß $\left[\bigcup_i |E_i'|\right] \cap \left[\bigcup_i |E_i''|\right] = \{a\} \subset \mathfrak{M}$ gilt, wobei $\bigcup_i |E_i'|$ entweder keine Pole hat oder a der einzige Pol in $\bigcup_i |E_i'|$ ist.

[3]) Die Folge von Familien $E_{i_1}, E_{i_2}, \ldots, E_{i_r}, E_{i_1}$ bildet einen Zyklus, wenn $r > 1$ gilt und eine Folge von Knoten $a_{j_1}, a_{j_2}, \ldots, a_{j_r}$ derart existiert, daß $a_{j_1}, a_{j_2} \in |E_{i_1}|$, $a_{j_2}, a_{j_3} \in |E_{i_2}|, \ldots, a_{j_r}, a_{j_1} \in |E_{i_r}|$ gilt.

[4]) Ein Netz heißt *eben,* wenn man es in der Ebene geometrisch so realisieren kann, daß zwei beliebige Pole durch einen Polygonzug verbunden werden können, dessen Enddunkte die einzigen Punkte der Ebene sind, in denen er das Netz trifft.

Wir geben hier die wichtigsten Typen an:

a) leere Speicher,
b) endliche Speicher,
c) abzählbare Speicher,
d) nicht abzählbare Speicher.

Eine weitere Beschäftigung mit dem Begriff Speicher ist mit der Definition des Speicherinhaltes verknüpft; letztere wird in § 4 gegeben.

D 3. Ein Symbol $S_\alpha(\ ,\ ,\ )$ mit drei Leerstellen und einer gewissen Anzahl von Polen[1]) heißt *Element*, wenn

a) die Zahl s_α der Pole von S_α[2]) und
b) die Kardinalzahlen u_α, v_α, w_α, die der ersten, zweiten und dritten Leerstelle zugeordnet werden, bekannt sind.

Hier ist zu beachten, daß die Zahlen u_α, v_α, w_α auch Null sein können. Wir wollen den Sinn der eingeführten Zahlen s_α, u_α, v_α und w_α etwas erläutern. Im folgenden werden die Elemente einerseits mit den Netzen, andererseits mit dem Speicher in Zusammenhang stehen. Es soll nämlich eine eineindeutige Zuordnung zwischen den Polen von S_α und den Objekten der Familie E_i vorgenommen werden. Das ist natürlich nur unter der Bedingung $s_\alpha = e_i$ möglich. In die leeren Stellen des Symbols $S_\alpha(\ ,\ ,\ )$ sollen die Familien X^α, Y^α, Z^α von Zellen eines Speichers eingesetzt werden; dabei wird gefordert, daß die Mächtigkeiten der Familien X^α, Y^α, Z^α bzw. u_α, v_α und w_α sind.

$S' = \{S'_{\alpha'}(\ ,\ ,\ )\}$ und $S'' = \{S''_{\alpha''}(\ ,\ ,\ )\}$ mögen zwei Mengen von Elementen sein. In jeder dieser Mengen können Elemente, die sich lediglich durch die Bezeichnung unterscheiden, a priori identifiziert werden. Zur Charakterisierung der Identität von Elementen wollen wir das Gleichheitsprädikat $R'(S'_{\alpha'}, S'_{\beta'})$ bzw. $R''(S''_{\alpha''}, S''_{\beta''})$ einführen, das also auf der Menge S' bzw. S'' definiert ist und den Wert 1 bzw. 0 annimmt, wenn die Elemente des Paares $(S'_{\alpha'}, S'_{\beta'})$ bzw. $(S''_{\alpha''}, S''_{\beta''})$ a priori identisch bzw. nicht identisch sind. Es ist evident, daß durch die Bedingung

$$s_\alpha = s_\beta\ ,\quad u_\alpha = u_\beta\ ,\quad v_\alpha = v_\beta\ ,\quad w_\alpha = w_\beta$$

die Identität zweier Elemente S_α und S_β definiert wird.

D 3.1. Die Mengen S' und S'' heißen *isomorph*, wenn man zwischen den Elementen dieser Mengen eine eineindeutige Zuordnung

$$S'_{\alpha'} \longleftrightarrow S''_{\alpha''}$$

derart treffen kann, daß

a) für die zugehörigen Größen $s'_{\alpha'}$, $u'_{\alpha'}$, $v'_{\alpha'}$, $w'_{\alpha'}$ und $s''_{\alpha''}$, $u''_{\alpha''}$, $v''_{\alpha''}$, $w''_{\alpha''}$
$s'_{\alpha'} = s''_{\alpha''}$, $u'_{\alpha'} = u''_{\alpha''}$, $v'_{\alpha'} = v''_{\alpha''}$, $w'_{\alpha'} = w''_{\alpha''}$ gilt;
b) mit $S'_{\alpha'} \leftrightarrow S''_{\alpha''}$ und $S'_{\beta'} \leftrightarrow S''_{\beta''}$, $R'(S'_{\alpha'}, S'_{\beta'}) = R''(S''_{\alpha''}, S''_{\beta''})$ gilt.

---

[1]) Formal kann man annehmen, daß eine gewisse Teilmenge von Objekten, die Pole genannt werden, mit dem Symbol verknüpft ist.

[2]) Hier und später wollen wir der Kürze halber S_α statt $S_\alpha(,\,,)$ schreiben.

Man sieht leicht, daß sich isomorphe Mengen S' und S'' nur durch die Bezeichnungen der Elemente voneinander unterscheiden. Aus der Definition folgt, daß es sinnvoll ist, die Elemente wie folgt zu klassifizieren:

a) nach der durch das Prädikat R bestimmten Verschiedenheit der Symbole S_α,

b) nach der Anzahl s_α der Pole des Elementes S_α,

c) nach den Mächtigkeiten u_α, v_α und w_α.

Bemerkung. Mitunter sind in den Elementen zwei elementfremde Teilmengen von Polen, sogenannte Eingänge und Ausgänge, angegeben. In diesem Fall hat man den Begriff der Identität von Elementen zu verschärfen. In die Definition des Isomorphismus ist die Forderung aufzunehmen, daß einander zugeordnete Elemente auch die gleiche Anzahl von Eingangs- und Ausgangspolen besitzen. Bei der Klassifikation der Elemente kommt die Einteilung nach der Anzahl der Eingangs- und Augangspole hinzu.

Von der Definition des Speichers und der des Elementes ausgehend wird nun der Begriff „elementares Unterschema" gebildet.

Es sei $\mathfrak{X}$ ein Speicher, E^α eine Familie von Objekten der Menge $\mathfrak{M}$ und $S_\alpha(\ ,\ ,\ )$ ein beliebiges Element mit s_α Polen, dessen leeren Stellen die Kardinalzahlen u_α, v_α, w_α zugeordnet sind.

D 4. Das Symbol $S_\alpha^{E^\alpha}(X^\alpha, Y^\alpha, Z^\alpha)$ heißt *elementares Unterschema* über dem Speicher $\mathfrak{X}$, wenn den Polen des Elementes $S_\alpha(\ ,\ ,\ )$ die Objekte einer Familie E^α, die die Mächtigkeit s_α hat, zugeordnet sind, und wenn für die Mengen X^α, Y^α, Z^α aus dem Speicher $\mathfrak{X}$, die entsprechend die Mächtigkeiten u_α, v_α, w_α haben, die Bedingung

$$(|X^\alpha| \cup |Y^\alpha|) \cap |Z^\alpha| = \varnothing$$

erfüllt ist.

Jetzt wollen wir kurz die Bedeutung der Familien erklären, die in der Definition des elementaren Unterschemas auftreten: Die Familie Z^α bestimmt die Zellen des Speichers $\mathfrak{X}$, die fest mit dem gegebenen elementaren Unterschema verbunden sind,[1]) wobei in diesen Zellen sowohl Informationen, die für die Arbeit des elementaren Unterschemas nötig sind, als auch Informationen, die infolge seiner Arbeit entstehen, enthalten sind. Die Familie X^α bezeichnet die Zellen des Speichers $\mathfrak{X}\setminus|Z^\alpha|$,[2]) in denen Informationen enthalten sind, die für die Arbeit des elementaren Unterschemas $S_\alpha^{E^\alpha}(X^\alpha, Y^\alpha, Z^\alpha)$ nötig sind. Schließlich fixiert die Familie Y^α die Zellen des Speichers $\mathfrak{X}\setminus|Z^\alpha|$, in die Informationen eintreten, die durch die Arbeit des elementaren Unterschemas $S_\alpha^{E^\alpha}(X^\alpha, Y^\alpha, Z^\alpha)$ gewonnen werden. Nach diesen Erklärungen erscheinen die folgenden Definitionen motiviert.

D 4.1. Es sei $S_\alpha^{E^\alpha}(X^\alpha, Y^\alpha, Z^\alpha)$ ein elementares Unterschema über dem Speicher $\mathfrak{X}$. Wir werden die Mengen der Zellen $|Z^\alpha|$ und $\mathfrak{X}\setminus|Z^\alpha|$ *inneren* und *äußeren Speicher* des elementaren Unterschemas $S_\alpha^{E^\alpha}(X^\alpha, Y^\alpha, Z^\alpha)$ nennen.

---

[1]) Letzteres bedeutet, daß die Zellen Z^α des Speichers im elementaren Unterschema $S_\alpha^{E^\alpha}(X^\alpha, Y^\alpha, Z^\alpha)$ realisiert sind.

[2]) Man definiert $M\setminus N = M \cap \overline{N}$, wobei $\overline{N}$ das Komplement von N ist.

Hier ist zu beachten, daß die Aufteilung des Speichers in einen inneren und einen äußeren vom ausgewählten elementaren Unterschema abhängig ist. Durch die eingeführte Aufteilung des Speichers bekommt die Bedingung

$$(|X^\alpha| \cup |Y^\alpha|) \cap |Z^\alpha| = \varnothing$$

einen ganz bestimmten Sinn, denn sie besagt, daß die Mengen $|X^\alpha|$ und $|Y^\alpha|$ zum äußeren Speicher gehören müssen.

D 4.2. Man sagt, ein elementares Unterschema habe eine *Rückführung*, wenn $|X^\alpha| \cap |Y^\alpha| \neq \varnothing$ ist.

Liegt keine Rückführung vor, dann zerstören Informationen, die bei der Arbeit des elementaren Unterschemas auftreten, die Ausgangsinformationen nicht. Das ist natürlich im allgemeinen auch bei $|X^\alpha| \cap |Y^\alpha| \neq \varnothing$ möglich, nämlich wenn sich der Zustand der Zellen aus der Menge $|X^\alpha| \cap |Y^\alpha|$ während der Arbeit des gegebenen Unterschemas nicht ändert. Im übrigen werden wir uns hier nicht darum kümmern, weil die Begriffe „Zustand einer Zelle" und „Arbeit des elementaren Unterschemas" noch nicht exakt eingeführt worden sind.

Wir hatten das elementare Unterschema als ein Element definiert, das eine bestimmte Beziehung zu einem Speicher hat. Folglich sind in einem elementaren Unterschema speziell Mengen von Zellen konkretisiert, aus denen Ausgangsinformationen kommen und in die Resultate eingegeben werden. Anschließend werden wir aus elementaren Unterschemata Schemata zusammensetzen.

Zur Veranschaulichung wollen wir zunächst die elementaren Unterschemata $S_\alpha^{E^\alpha}(X^\alpha, Y^\alpha, Z^\alpha)$ in Form eines Kreises darstellen, von dem s_α durch die Objekte der Familie E^α numerierte Fortsetzungen ausgehen und in dessen Zentrum sich das Symbol $S_\alpha^{E^\alpha}(X^\alpha, Y^\alpha, Z^\alpha)$ befindet (Abb. 11).

Bemerkung. In der Praxis benutzt man bei der Darstellung von Schemata für die Bezeichnung der elementaren Unterschemata oft verschiedene besonders vereinbarte Zeichen mit der entsprechenden Anzahl von Polen. Es besteht keine Veranlassung, unbedingt das Symbol $S_\alpha^{E^\alpha}$ zu verwenden, es ist nur nötig, dem jeweiligen Zeichen die Mengen X^α, Y^α, Z^α beizugeben.

Wir wollen mit $\mathfrak{S}_0'$ und $\mathfrak{S}_0''$ die Mengen von elementaren Unterschemata

$$\left\{S_{\alpha'}'^{E'^{\alpha'}}(X'^{\alpha'}, Y'^{\alpha'}, Z'^{\alpha'})\right\} \quad \text{und} \quad \left\{S_{\alpha''}''^{E''^{\alpha''}}(X''^{\alpha''}, Y''^{\alpha''}, Z''^{\alpha''})\right\}$$

über den Speichern $\mathfrak{X}'$ und $\mathfrak{X}''$ bezeichnen. S' bzw. S'' sei die Menge aller Elemente, die zu $\mathfrak{S}_0'$ bzw. $\mathfrak{S}_0''$ gehören.

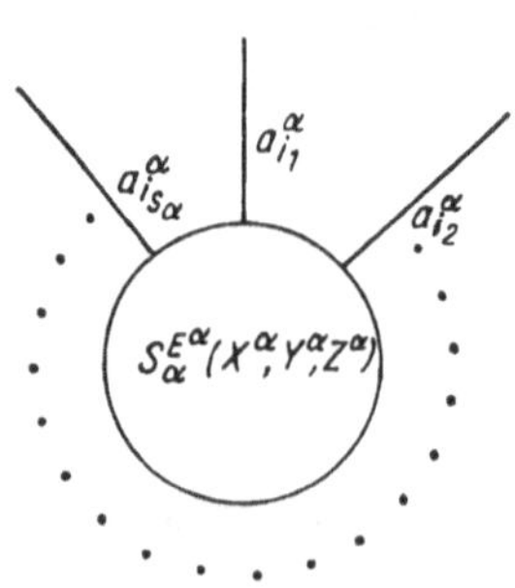

Abb. 11

D 4.3. Die Mengen $\mathfrak{S}_0'$ und $\mathfrak{S}_0''$ heißen *isomorph*, falls ein Isomorphismus zwischen den Mengen S' und S'' und auch zwischen den Speichern $\mathfrak{X}'$ und $\mathfrak{X}''$ existiert, der eine eineindeutige Zuordnung zwischen den Mengen $\mathfrak{S}_0'$ und $\mathfrak{S}_0''$ induziert, bei der die einander zugeordneten elementaren Unterschemata aus einander zugeordneten Elementen und einander zugeordneten Familien bestehen.

Da der Begriff des elementaren Unterschemas vom Begriff des Elementes und des Speichers abgeleitet ist, wird die Klassifikation der elementaren Unterschemata auf die Klassifikation der Elemente bzw. der Speicher zurückgeführt.

Bemerkung. Falls die Elemente Eingangs- und Ausgangspole besitzen, ist die Definition der Isomorphie, ebenso die angegebene Klassifikation in natürlicher Weise zu vervollständigen (siehe Bemerkung S. 15).

§ 3. Schemata. Koordinaten

D 5. Es sei $\mathfrak{S}_0$ eine Menge elementarer Unterschemata über dem Speicher $\mathfrak{X}$ und $\mathfrak{M}(E_0, E_1, \ldots)$ ein gewisses Netz. Das Symbol

$$\mathfrak{M}\left(E_0, S^{E_1}_{\alpha_1}(X^{\alpha_1}, Y^{\alpha_1}, Z^{\alpha_1}),\ S^{E_2}_{\alpha_2}(X^{\alpha_2}, Y^{\alpha_2}, Z^{\alpha_2}), \ldots\right)$$

heißt *Schema* (über der Menge $\mathfrak{S}_0$), wenn man es durch Einsetzen der elementaren Unterschemata $S^{E_1}_{\alpha_1}(X^{\alpha_1}, Y^{\alpha_1}, Z^{\alpha_1})$, $S^{E_2}_{\alpha_2}(X^{\alpha_2}, Y^{\alpha_2}, Z^{\alpha_2})$, ... in das Netz $\mathfrak{M}(E_0, E_1, \ldots)$ an Stelle der Familien $E_1, E_2, \ldots$ erhält, wobei $e_i = s_{\alpha_i}$ $(i = 1, 2, \ldots)$ gelten muß und die Pole des elementaren Unterschemas $S^{E_i}_{\alpha_i}(X^{\alpha_i}, Y^{\alpha_i}, Z^{\alpha_i})$ den Knoten der Familie E_i $(i = 1, 2, \ldots)$ zugeordnet werden (s. Def. § 2).

Insbesondere ist für jedes elementare Unterschema $S^{E^\alpha}_\alpha(X^\alpha, Y^\alpha, Z^\alpha)$

$$\mathfrak{M}\left(E_0, S^{E^\alpha}_\alpha(X^\alpha, Y^\alpha, Z^\alpha)\right) \text{ mit } E_0 = E_1 = E^\alpha$$

ein Schema. Dieses Schema ist nichts anderes als das elementare Unterschema selbst. Also gilt

$$\mathfrak{M}\left(E_0, S^{E^\alpha}_\alpha(X^\alpha, Y^\alpha, Z^\alpha)\right) = S^{E^\alpha}_\alpha(X^\alpha, Y^\alpha, Z^\alpha)\,.$$

Falls in den elementaren Unterschemata Eingangs- und Ausgangspole ausgezeichnet sind, kann man den Begriff der Eingangs- und Ausgangspole für das gesamte Schema folgendermaßen definieren: Der Pol $a_\nu \in E_0$ heißt *Eingang* (*Ausgang*), wenn ihm in allen Familien, in denen er anzutreffen ist, Eingangspole (Ausgangspole) der substituierten elementaren Unterschemata entsprechen.

Analog zum Vorgehen bei elementaren Unterschemata kann man für Schemata die Begriffe innerer Speicher, äußerer Speicher und Rückführung einführen:

D 5.1. Die Menge $Z = \bigcup |Z^{\alpha_i}|$ bzw. $\mathfrak{X} \setminus Z$ heißt *innerer* bzw. *äußerer Speicher des Schemas*

$$\mathfrak{M}\left(E_0, S^{E_1}_{\alpha_1}(X^{\alpha_1}, Y^{\alpha_1}, Z^{\alpha_1}), \ldots\right).$$

D 5.2. Man sagt, das Schema $\mathfrak{M}\left(E_0, S^{E_1}_{\alpha_1}(X^{\alpha_1}, X^{\alpha_1}, Z^{\alpha_1}), \ldots\right)$ besitzt eine *Rückführung*, wenn $\left(\bigcup_i |X^{\alpha_i}|\right) \cap \left(\bigcup_i |Y^{\alpha_i}|\right) \neq \emptyset$ gilt.

Zu diesen Definitionen könnte man dieselben Bemerkungen machen wie zu den analogen Definitionen für elementare Unterschemata. Zusätzlich wollen wir darauf hinweisen, daß ein Schema auch dann eine Rückführung haben kann, wenn nicht jedes elementare Unterschema, das zu dem Schema gehört, eine solche besitzt.

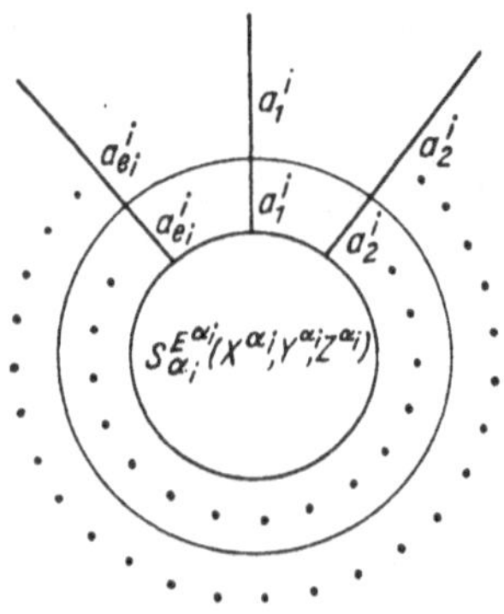

Abb. 12

Es ist zweckmäßig, Schemata über endlichen Netzen geometrisch darzustellen. Dazu genügt es, in der geometrischen Form des Netzes in einen Kreis, der die Familie E_i darstellt, die Darstellung des elementaren Unterschemas $S_{\alpha_i}^{E_i}(X^{\alpha_i}, Y^{\alpha_i}, Z^{\alpha_i})$ einzutragen, nachdem man die entsprechenden Knoten identifiziert hat (Abb. 12).

D 5.3. Das Schema

$$\mathfrak{M}'(E_0', S_{\alpha_1'}'^{E_1'}(X'^{\alpha_1'}, Y'^{\alpha_1'}, Z'^{\alpha_1'}), \ldots)$$

über der Menge $\mathfrak{S}_0'$ und das Schema

$$\mathfrak{M}''(E_0'', S_{\alpha_1''}''^{E_1''}(X''^{\alpha_1''}, Y''^{\alpha_1''}, Z''^{\alpha_1''}), \ldots)$$

über der Menge $\mathfrak{S}_0''$ heißen *isomorph*, wenn

a) die Netze $\mathfrak{M}'(E_0', E_1', \ldots)$ und $\mathfrak{M}''(E_0'', E_1'', \ldots)$ und

b) die Mengen $\mathfrak{S}_0'$ und $\mathfrak{S}_0''$ bei eineindeutiger Zuordnung der Pole in einander entsprechenden Unterschemata derart isomorph sind, daß einander entsprechende Familien durch einander entsprechende elementare Unterschemata ersetzt sind.

Aus der Definition der Schemata folgt, daß ihre Klassifikation auf die Klassifikation der Netze und elementaren Unterschemata zurückzuführen ist.

Im folgenden wird uns nicht nur das Schema selbst, sondern auch seine „Lage im Raum" interessieren.

Ξ sei eine Menge verschiedener Objekte ξ_ν. Diese Objekte wollen wir als Punkte (Koordinaten) eines Raumes Ξ auffassen.

D 5.4. Man sagt, das Schema $\Sigma = \mathfrak{M}(E_0, S_{\alpha_1}^{E_1}(X^{\alpha_1}, Y^{\alpha_1}, Z^{\alpha_1}), \ldots)$ liege im Raum Ξ, wenn eine Untermenge von Koordinaten, $\Xi^0 \subseteq \Xi$, der Mächtigkeit h existiert (siehe Definition des Netzes), so daß zwischen den Koordinaten aus Ξ_0 und den elementaren Unterschemata des Schemas Σ eine eineindeutige Zuordnung besteht. Damit ist gemeint, daß nicht nur verschiedenen, sondern auch mehrfach in Σ auftretenden elementaren Unterschemata von Σ verschiedene Koordinaten entsprechen. Also bestimmt die Menge Ξ^0 die Lage des Schemas im Raum. Durch Angabe einer Koordinate aus Ξ^0 können wir dann jedes Unterschema eines gegebenen Schemas herausgreifen und haben damit in Zukunft jedes elementare Unterschema des gegebenen Schemas in der Hand.

D 5.5. Die Mengen $\{\Sigma_{\beta'}'\}$ und $\{\Sigma_{\beta''}''\}$ der Schemata $\Sigma_{\beta'}'$ bzw. $\Sigma_{\beta''}''$, die über der Menge $\mathfrak{S}_0'$ bzw. $\mathfrak{S}_0''$ von elementaren Unterschemata definiert sind und die im Raum Ξ' bzw. Ξ'' liegen, heißen *isomorph*, wenn

a) eine eineindeutige Beziehung zwischen den Koordinaten der Räume Ξ' und Ξ'',

b) ein Isomorphismus zwischen den Mengen $\mathfrak{S}_0'$ und $\mathfrak{S}_0''$ und

c) eine eineindeutige Beziehung zwischen den Schemata aus $\{\Sigma_{\beta'}'\}$ und $\{\Sigma_{\beta''}''\}$ derart existieren, daß einander entsprechende Schemata $\Sigma_{\beta'}'$ und $\Sigma_{\beta''}''$ bei der gegebenen Isomorphie der Mengen der elementaren Unterschemata isomorph sind, wobei die Untermengen $\Xi_{\beta'}^0$ und $\Xi_{\beta''}^0$ aus einander entsprechenden Koordinaten bestehen.

Hieraus ergibt sich insbesondere auch unmittelbar die Definition der Isomorphie zweier in Ξ' bzw. Ξ'' liegender Schemata.

Im folgenden werden wir Mengen $\{\Sigma_\beta\}$ von Schemata Σ_β über einer gegebenen Menge $\mathfrak{S}_0$ elementarer Unterschemata betrachten, die in demselben Raum Ξ liegen.

Die Entwicklung der Begriffe Schemata und Koordinaten vollendet die erste Stufe der Definition eines Steuersystems. Die zweite Stufe besteht in der Klärung der Begriffe, die die Funktion eines Steuersystems charakterisieren. Dazu werden zuerst die charakteristischen Funktionen des Speichers eingeführt, mit deren Hilfe der Speicherzustand und die Informationen beschrieben werden. Danach werden die charakteristischen Funktionen eingeführt, die das Verhalten von Steuersystemen beschreiben.

§ 4. Speicherzustand. Informationen. Funktionen

Wir wollen jeder Zelle X_α eines Speichers $\mathfrak{X} = \{X_\alpha\}$ eine Teilmenge der durch die Werte der Variablen x_α beschriebenen Objekte zuordnen.

D 6. Die Werte der Variablen x_α heißen *Zustände der Zelle* X_α.

Durch Vorgabe des Zustandes jeder Zelle wird einer der möglichen Zustände I des Speichers $\mathfrak{X}$ bestimmt. Hinsichtlich der Anzahl der möglichen Zustände wird die Zelle X_α offenbar durch ϱ_α, die Mächtigkeit des Wertevorrates der Variablen x_α, charakterisiert.[1]) Wir führen in die Betrachtung die Variable t ein, deren Werte eine Teilmenge T der reellen Zahlen sind. Diese Variable kann man als Zeit interpretieren und die Menge aller reellen Zahlen als Zeitskala. T soll abzählbar sein. Das bedeutet, daß sich t nur diskret ändern kann. Mitunter existiert ein $t_{\min}$, so daß $t \geqq t_{\min}$ gilt, d. h., t ändert sich von einem sogenannten *Anfangszeitpunkt* $t_{\min}$ an.

Im folgenden werden wir den Speicher in Abhängigkeit von der Zeit untersuchen, d. h., wir haben $\mathfrak{X} = \mathfrak{X}(t)$ zu betrachten. Wir nehmen an, daß für die Zustände der Speicherzellen folgende Bedingung erfüllt ist:

Zu jedem Zeitpunkt $t \in T$ befindet sich die Zelle X_α in genau einem (aber beliebigen) Zustand $x_\alpha = x_\alpha(t)$.

D 6.1. Der Zustand $I = I(t)$ des Speichers $\mathfrak{X}$, der dem Zustand aller Zellen im Zeitpunkt t entspricht, heißt *Zustand des Speichers im Zeitpunkt* t.

Die zeitliche Änderung des Speicherzustandes kann auf zwei Arten erfolgen:

a) durch Einwirkung eines Steuersystems auf den Speicher,

b) spontan.

Die Zeitpunkte und die Art der Änderungen des Speicherzustandes, die mit der Wirkungsweise des Steuersystems zusammenhängen, können erst auf der Grundlage einer vollkommenen Definition des Steuersystems erläutert werden. Für spontane Änderungen, die den Löschprozeß widerspiegeln, führen wir als

[1]) Ist $\varrho_\alpha = 1$, dann ist der Inhalt der Speicherzelle eine Konstante.

Charakteristikum den Parameter $\tau_\alpha(t) \geqq 0$ (*maximale Merkzeit*) ein.[1]) Dieser Parameter hängt von der Zellennummer und dem Zeitpunkt t ab und gibt an, wie lange ein Zustand der Zelle erhalten bleiben kann, wenn sie während dieser Periode keiner Einwirkung des Steuersystems unterworfen wird. Folglich ist für

$$t < t' \leqq t + \tau_\alpha(t)$$

$$x_\alpha(t') = x_\alpha(t) .$$

Wir sehen also, daß ein Speicher zwei Funktionen besitzt. Einerseits tritt er als Erfasser und Vermittler auf. Das ist besonders bezeichnend für den äußeren Speicher und bestimmt die Verbindung des Steuersystems mit der Außenwelt. Andererseits besitzt der Speicher eine gewisse Merkfähigkeit. Dadurch kann im Steuersystem die Vorgeschichte vollständiger berücksichtigt werden.

Jetzt wollen wir zu einer Verschärfung des Begriffes ,,Isomorphie von Speichern" übergehen.

D 6.2. Die Speicher $\mathfrak{X}'(t')$ und $\mathfrak{X}''(t'')$ heißen *isomorph*, wenn eine eineindeutige Zuordnung $X'_{\alpha'} \leftrightarrow X''_{\alpha''}$ zwischen den Zellen von $\mathfrak{X}'$ und $\mathfrak{X}''$ und eine eineindeutige stetige (homöomorphe) Zuordnung zwischen den Zeitskalen so existieren, daß

a) einander entsprechende Zellen $X'_{\alpha'}$ und $X''_{\alpha''}$ die gleiche Anzahl von Zuständen haben, d. h. $\varrho'_{\alpha'} = \varrho''_{\alpha''}$ gilt;

b) T' und T'' aus einander zugeordneten Elementen bestehen;

c) die Zeitpunkte $t' + \tau'_{\alpha'}(t')$ und $t'' + \tau''_{\alpha''}(t'')$ einander entsprechen, wobei $\tau'_{\alpha'}(t')$ und $\tau''_{\alpha''}(t'')$ die maximalen Merkzeiten einander zugeordneter Zellen $X'_{\alpha'}$ und $X''_{\alpha''}$ und t' und t'' einander zugeordnete Zeitpunkte sind.

Die Klassifikation der Speicher, die in § 2 gegeben wurde, kann also naturgemäß folgendermaßen vervollständigt werden:

1. In Abhängigkeit von ϱ_α haben wir

a) Speicher, deren Zellen eine beschränkte Anzahl von Zuständen annehmen können, d. h. $\varrho_\alpha < C$;

b) Speicher, deren Zellen endlich viele Zustände annehmen können;

c) Speicher, deren Zellen unendlich viele Zustände annehmen können.

1.1. Unter Berücksichtigung spezieller Werte von ϱ_α im einzelnen unterscheiden wir

a) homogene Speicher, d. h. $\varrho_\alpha \equiv \text{const}$;

b) inhomogene Speicher, d. h. Speicher, in denen Zellen mit verschiedenen Anzahlen von Zuständen vorhanden sind.

---

[1]) Man könnte auch eine vollständigere Charakteristik einführen, die sowohl den Charakter der spontanen Änderung mit der Zeit berücksichtigt als auch die Wahrscheinlichkeit dieser Veränderungen. Aber bei den Anwendungen gilt meistens, daß entweder gar nicht ($\tau_\alpha(t) = \infty$) oder in der Zeitspanne $\tau_\alpha(t)$ vollkommen gelöscht wird. Deshalb haben wir uns lediglich auf eine Charakteristik, die ,,maximale Merkzeit", beschränkt.

2. In Abhängigkeit von der maximalen Merkzeit haben wir

a) Speicher mit beschränkten maximalen Merkzeiten, d. h. $\tau_\alpha(t) < C$;

b) Speicher mit endlichen maximalen Merkzeiten;

c) Speicher, in denen unendlich lange maximale Merkzeiten vorkommen.

2.1. Nach den maximalen Merkzeiten im einzelnen haben wir

a) Speicher mit konstanten maximalen Merkzeiten $\tau_\alpha \equiv$ const. Insbesondere erhalten wir für $\tau_\alpha(t) = \infty$ einen Speicher ohne Löschung;

b) Speicher, in denen verschiedene maximale Merkzeiten auftreten.

Der Zustand $I(t)$ des Speichers ist an sich der Code einer Mitteilung, die für das Steuersystem erforderlich ist. Dieser Code ist lediglich eine vereinbarte Aufzeichnung der Mitteilung, beinhaltet jedoch die Information über besagte Mitteilung. Deshalb werden wir im weiterem $I(t)$ als *Information* und den Speicher zur Aufbewahrung von Informationen behandeln.

Die Eigenschaft des Speichers, Informationen zu merken, gibt uns die Möglichkeit, den Unterschied zwischen innerem und äußerem Speicher für ein Schema $\Sigma = \mathfrak{M}(E_0, S_{\alpha_1}^{E_1}(X^{\alpha_1}, Y^{\alpha_1}, Z^{\alpha_1}), \ldots)$ über dem Speicher $\mathfrak{X}$ zu präzisieren. Über den äußeren Speicher wird nämlich die Verbindung mit der Außenwelt hergestellt. Durch ihn treten die Anfangsdaten, die Ausgangsinformation, ein. Der innere Speicher wird dadurch charakterisiert, daß für alle Schemata mit vorgegebenen elementaren Unterschemata über dem Speicher $\mathfrak{X}$ im Anfangszeitpunkt $t_{\min}$ der Zustand jeder Zelle entweder immer derselbe oder zufällig ist. Folglich darf man zum Anfangszeitpunkt im inneren Speicher nicht nach Wunsch willkürliche Zustände vorgeben.

Hier ist zu beachten, daß sich im Laufe der Zeit bei der „Evolution" des Steuersystems die Aufspaltung in einen äußeren und einen inneren Speicher ändern kann.

D 6.3. Wir werden zwei mit dem Speicher $\mathfrak{X}'$ bzw. $\mathfrak{X}''$ verknüpfte Mengen von Informationen, $I' = \{I'_{\beta'}\}$ und $I'' = \{I''_{\beta''}\}$ als *isomorph* bezeichnen, wenn eine eineindeutige Zuordnung $I'_{\beta'} \leftrightarrow I''_{\beta''}$ existiert, die durch eine Isomorphie der Speicher $\mathfrak{X}'$ und $\mathfrak{X}''$ und eine eineindeutige Zuordnung zwischen den Zuständen einander entsprechender Zellen induziert wird.

Eine Klassifikation der Informationen wollen wir nicht angeben, da es schwer ist, Informationen auf natürliche Weise nach verschiedenen Typen zu unterscheiden.

Es sei $\Phi = \{\Phi_\beta\}$ eine Menge von Objekten Φ_β.

D 7. Die Objekte $\Phi_\beta \in \Phi$ heißen *Funktionen.*

Die Bedeutung dieser Funktionen wird weiter unten bei der Besprechung von Steuersystemen aufgedeckt werden.

D 7.1. Die Mengen Φ' und Φ'' heißen *isomorph,* falls sie gleichmächtig sind. Also kann man Mengen von Funktionen nach den Mächtigkeiten klassifizieren:

a) endliche Mengen von Funktionen,

b) unendliche Mengen von Funktionen.

Eine weitere Spezialisierung der Mengen Φ hängt mit der Erklärung des Funktionenbegriffs zusammen und kann deshalb erst später gegeben werden.

§ 5. Steuersysteme. Eine Hypothese über Steuersysteme

Wir kommen jetzt zur elementar-mengentheoretischen und zur konstruktiven Definition des Begriffes „Steuersystem". Im ersten Fall ist die Funktion des Steuersystems im allgemeinen nicht auf seine Struktur abgestimmt, sie ergibt sich aus empirischen Erwägungen; die Ermittlung der Funktion wird individuell für jedes Steuersystem vollzogen. Im zweiten Fall setzt man die Funktionen für sogenannte elementare Steuersysteme als bekannt voraus, für die anderen werden sie mit Hilfe eines Algorithmus gefunden. Die konstruktive Definition ist nur unter Zugrundelegung der mengentheoretischen möglich und bedeutet deren Präzisierung. Ihrem Wesen nach erinnern diese beiden Methoden an die zwei Verfahren, die Gültigkeit in der mathematischen Logik zu bestimmen (das übliche Verfahren der semantischen Interpretation und die rekursive Realisierbarkeit von KLEENE [5]).

In diesem Paragraphen wollen wir die Definition auf mengentheoretischer Grundlage geben. Die Folgerichtigkeit einer solchen Definition ergibt sich aus einer vorhergehenden Untersuchung physikalischer Steuersysteme, wobei empirisch die Struktur des Schemas, der Funktion usw. erklärt wird.

$\mathfrak{X}$ — ein Speicher,
$\mathfrak{S}_0$ — eine Menge elementarer Unterschemata,
Ξ — ein Koordinatenraum,
T — eine Menge von Zeitpunkten und
Φ — eine Menge von Funktionen

seien fixiert. Wir wollen die Schemata $\Sigma_{i_\beta} \doteq \mathfrak{M}_{i_\beta}(E_0, S_{\alpha_1}^{E_1}(X^{\alpha_1}, Y^{\alpha_1}, Z^{\alpha_1}), \ldots)$ über dem Speicher $\mathfrak{X}^{i_\beta} \subseteqq \mathfrak{X}$ und der Menge $\mathfrak{S}_0$ betrachten.

Wir verstehen unter

Ξ_{j_β} — wie immer schon — die dem Schema Ξ_{i_β} entsprechende Menge von Koordinaten, und unter

I_{k_β} die durch den Zustand des Speichers $\mathfrak{X}^{i_\beta}$ bestimmte Information.

Die Schemata Σ_{i_β}, die Koordinaten Ξ_{j_β}, die Informationen I_{k_β} und die Funktionen Φ_{l_β} sollen als zeitabhängige Variable betrachtet werden, wobei wir bisweilen die Schreibweise

$$\Sigma_{i_\beta}(t_\beta)\,, \quad \Xi_{j_\beta}(t_\beta)\,, \quad I_{k_\beta}(t_\beta)\,, \quad \Phi_{l_\beta}(t_\beta)\,, \qquad \text{wo} \qquad t_\beta \in T\,,$$

benutzen werden. Durch $\mathfrak{U}$ bezeichnen wir die Menge der U_β mit

$$U_\beta = \{\,\Sigma_{i_\beta}(t_\beta)\,, \quad \Xi_{j_\beta}(t)\,, \quad I_{k_\beta}(t_\beta)\,, \quad \Phi_{l_\beta}(t_\beta)\}\,.$$

D 8. Die U_β aus $\mathfrak{U}$ heißen *Steuersysteme* (über $\mathfrak{X}$, $\mathfrak{S}_0$, Ξ, T und Φ), wenn jedem $U_\beta \in \mathfrak{U}$ eine Untermenge $\mathfrak{U}_\beta = \{U_\gamma\} \subseteqq \mathfrak{U}$ ($\mathfrak{U}_\beta$ kann leer sein) mit $t_\gamma > t_\beta$ zugeordnet ist und für die Wahrscheinlichkeiten $p(U_\beta, U_\gamma)$

$$\sum_{U_\gamma \in \mathfrak{U}_\beta} p(U_\beta, U_\gamma) = 1$$

gilt.

Also haben wir nicht ein einzelnes Steuersystem allein, sondern eine Gesamtheit $\mathfrak{U}$ von Steuersystemen definiert. Jedes Steuersystem selbst besteht aus einem Schema, einem Koordinatenraum, einer Information und einer Funktion. Man hat, um ein Steuersystem vorzugeben, die Menge $\mathfrak{U}_\beta$ anzugeben. Diese bestimmt unmittelbare Übergänge

$$U_\beta \to U_\gamma$$

vom gegebenen System U_β zu den Systemen $U_\gamma \in \mathfrak{U}_\beta$ (vom Zeitpunkt t_β zum Zeitpunkt t_γ). Jetzt ist evident, daß $\mathfrak{U}_\beta$ leer sein kann, nämlich z. B. dann, wenn ein $t_{\max} = \max\limits_{t \in T} \{t\}$ existiert und $t_\beta = t_{\max}$ gilt. In solchen Fällen gestattet das Steuersystem keine unmittelbaren Übergänge; daher heißt es *Endsystem*. Ein System U_γ, zu dem kein System U_β mit $U_\gamma \in \mathfrak{U}_\beta$ existiert, wollen wir als *Anfangssystem* bezeichnen.

Existiert ein $t_{\min} = \min\limits_{t \in T} \{t\}$, dann ist offenbar jedes Steuersystem U_γ mit $t_\gamma = t_{\min}$ ein Anfangssystem. Die Angabe der möglichen Übergänge bestimmt die Umwandlungen eines Steuersystems noch nicht vollkommen. Daher ist für $\mathfrak{U}_\beta \neq \emptyset$ die Wahrscheinlichkeitsverteilung $p(U_\beta, U_\gamma)$ für die Übergänge $U_\beta \to U_\gamma$ vorzugeben.

Zusätzlich ist im Fall $\mathfrak{U}_\beta \neq \emptyset$ die Bedingung zu stellen, daß für ein Steuersystem U_β im betrachteten Zeitpunkt praktisch genau ein Übergang $U_\beta \to U_\gamma$ erfolgt.

Jetzt geben wir der Funktion Φ_β die Bedeutung eines Operators, der auf U_β wirkt, wenn $\mathfrak{U}_\beta \neq \emptyset$ gilt. Wir wollen die einfache Schreibweise

$$\Phi_\beta \, U_\beta = U_\gamma$$

verwenden. Damit meinen wir, daß die Anwendung von Φ_β auf U_β mit der Wahrscheinlichkeit $p(U_\beta, U_\gamma)$ das Steuersystem U_γ ergibt ($U_\gamma \in \mathfrak{U}_\beta$).

Unsere Definition des Steuersystems ist also so angelegt, daß in jedem U_β aus $\mathfrak{U}$ die Funktion $\Phi_{l_\beta}(t_\beta)$ eine eindeutige Interpretation besitzt, mit anderen Worten, daß ein Steuersystem durch die eingeführte Symbolik vollkommen bestimmt ist. Es ist möglich, daß in zwei Mengen $\mathfrak{U}$ und $\mathfrak{U}'$ Steuersysteme mit denselben Symbolen vorkommen,

$$U_\beta = \{\Sigma_{i_\beta}(t_\beta)\,,\ \Xi_{j_\beta}(t_\beta)\,,\ I_{k_\beta}(t_\beta)\,,\ \Phi_{l_\beta}(t_\beta)\}$$

und

$$U'_\beta = \{\Sigma_{i_\beta}(t_\beta)\,,\ \Xi_{j_\beta}(t_\beta)\,,\ I_{k_\beta}(t_\beta)\,,\ \Phi_{l_\beta}(t_\beta)\}\,,$$

die aber im allgemeinen verschiedene Interpretationen besitzen, d. h., daß

$$\left(\mathfrak{U}_\beta(t_\beta)\,,\; p(U_\beta,\, U_\gamma)\right) \neq \left(\mathfrak{U}'_\beta(t_\beta)\,,\; p(U'_\beta,\, U'_\gamma)\right)$$

gilt. Dann sind natürlich $\mathfrak{U}$ und $\mathfrak{U}'$ gesondert zu betrachten.

Die Unterscheidung von zwei Typen von Funktionen Φ_{l_β} für $\mathfrak{U}_\beta \neq \emptyset$, determinierte und zufällige, ist einleuchtend.

D 8.1. Die Funktion Φ_{l_β} heißt *determiniert* (*zufällig*), wenn die Untermenge $\mathfrak{U}_\beta$ aus *einem* (*mehr als einem*) Objekt besteht.

Aus dieser Definition ergibt sich unmittelbar, daß eine determinierte Funktion durch Angabe von $\mathfrak{U}_\beta$ vollständig bestimmt ist; will man eine zufällige Funktion vorgeben, hat man neben $\mathfrak{U}_\beta$ das Verteilungsgesetz $p(U_\beta,\, U_\gamma)$ für die unmittelbaren Übergänge $U_\beta \to U_\gamma$ vorzugeben.

Zu einem Steuersystem U_β bekommen wir eine ganze Reihe unmittelbarer Übergänge, die durch die folgenden Beziehungen charakterisiert werden:

Aus	$\mathfrak{U}_\beta \neq \emptyset$	folgt	$\Phi_{l_\beta} U_\beta = U_{\gamma_{i_1}}$	mit	$U_{\gamma_{i_1}} \in \mathfrak{U}_\beta$,
aus	$\mathfrak{U}_{\gamma_{i_1}} \neq \emptyset$	folgt	$\Phi_{l_{\gamma_{i_1}}} U_{\gamma_{i_1}} = U_{\delta_{i_1 i_2}}$	mit	$U_{\delta_{i_1 i_2}} \in \mathfrak{U}_{\gamma_{i_1}}$,
aus	$\mathfrak{U}_{\delta_{i_1 i_2}} \neq \emptyset$	folgt	$\Phi_{l_{\delta_{i_1 i_2}}} U_{\delta_{i_1 i_2}} = U_{\varepsilon_{i_1 i_2 i_3}}$	mit	$U_{\varepsilon_{i_1 i_2 i_3}} \in \mathfrak{U}_{\delta_{i_1 i_2}}$

usw.

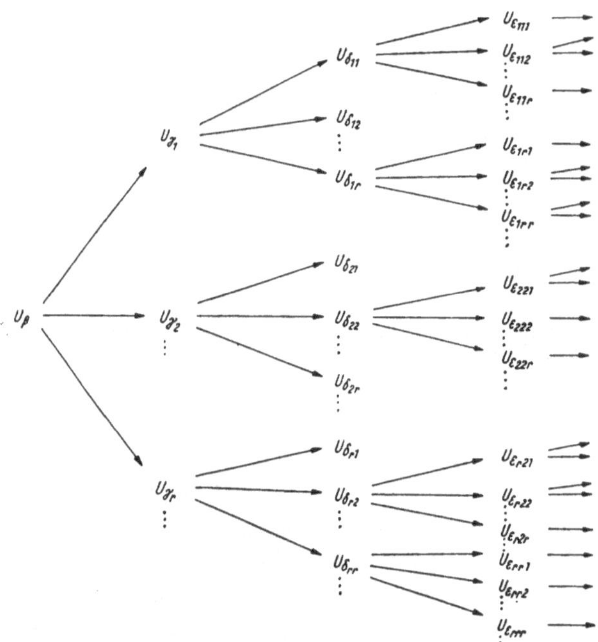

Abb. 13

Diese Übergänge kann man graphisch in Form eines „Baumes" darstellen. Abb. 13 ist so angelegt, daß $U_{\delta_{12}}, U_{\delta_{21}}, U_{\delta_{2r}}, \ldots, U_{\delta_{r1}}$ Endsysteme sind. Ein Baum bietet offenbar die Möglichkeit, alle Übergänge von U_β zu verfolgen. Die

Gesamtheit aller Umformungen von U_β wollen wir von nun an als *Evolution* von U_β bezeichnen. Man kann also die Evolution eines Steuersystems durch einen Baum charakterisieren.

Infolge unserer zusätzlichen Bedingung (vgl. Seite 23) wird (mit einer bestimmten Wahrscheinlichkeit) immer nur ein Zweig

$$U_\beta \to U_{\gamma_{i_1}} \to U_{\delta_{i_1 i_2}} \to \ldots$$

dieses Baumes herausgegriffen, der entweder nach endlich vielen Schritten abbricht oder unendlich viele Objekte enthält. Sind alle Funktionen determiniert, erhalten wir überhaupt nur einen einzigen Zweig

$$U_\beta \to U_\gamma \to U_\delta \to \ldots .$$

Die Relation $\Phi_{l_\beta} U_\beta = U_\gamma$ ist ausführlicher folgendermaßen zu schreiben:

$$\Phi_{l_\beta} \{ \Sigma_{i_\beta}(t_\beta) , \Xi_{j_\beta}(t_\beta) , I_{k_\beta}(t_\beta) , \Phi_{l_\beta}(t_\beta) \} = \{ \Sigma_{i_\gamma}(t_\gamma) , \Xi_{j_\gamma}(t_\gamma) , I_{k_\gamma}(t_\gamma) , \Phi_{l_\gamma}(t_\gamma) \} .$$

Daraus geht hervor, daß bei der Anwendung von Φ_{l_β} auf U_β im allgemeinen gleichzeitig eine Veränderung des Schemas, der Koordinaten, der Informationen und der Funktion vor sich gehen. Daher kann eine Klassifikation der Funktionen nach folgenden Prinzipien vorgenommen werden:

1. Nach dem Typ von Φ_{l_β}:

a) determinierte Funktionen,

b) zufällige Funktionen;

2. nach dem Charakter der Wirkung von Φ_{l_β} auf ein Steuersystem:

a) Funktionen, die das Schema ändern, und Funktionen, die es nicht ändern;

b) Funktionen, welche die Information ändern, und Funktionen, welche sie nicht ändern,

c) Funktionen, welche die Funktion ändern, und Funktionen, die sie nicht ändern.

Früher (in § 4) sprachen wir bereits von der Einwirkung eines Steuersystems auf den Speicher. Jetzt können wir eine exakte Formulierung angeben.

D 8.2. Die Zelle X_α des Speichers $\mathfrak{X}$ befindet sich unter der Einwirkung von U_β zum Zeitpunkt t_β, wenn Φ_{l_β} den Inhalt von X_α ändert, d. h., der Inhalt von X_α für U_β ist verschieden vom Inhalt derselben Zelle für $\Phi_{l_\beta} U_\beta$.

Wenn wir die Evolution eines Steuersystems U_β kennen, können wir für jede Zelle alle Zeitpunkte im gesamten Evolutionszweig

$$U_\beta \to U_\gamma \to U_\delta \to \ldots$$

bestimmen, in denen sie sich unter der Einwirkung eines Steuersystems befindet.

Bemerkung. Bei der Betrachtung von Steuersystemen interessiert oft nicht die gesamte Evolution, d. h. die Veränderung aller Größen Σ_{i_β}, Ξ_{j_β}, I_{k_β} und Φ_{l_β}, sondern nur die einiger von ihnen, z. B. nur die der Koordinaten, nur die der Information u. ä. Deshalb benötigt man weitere charakteristische Funktionen für Steuersysteme.

Für determinierte Steuersysteme der Form $U_1 \to U_2 \to \ldots$ (hier bezeichnet U_i das Steuersystem, das beim i-ten Schritt auftritt) kann man folgende charakteristischen Funktionen betrachten:

a) die elementare Änderung der Information $f_i(I_i) = I_{i+1}$ (für das Steuersystem mit der Nummer i),

b) die zeitliche Änderung der Information $f(I_1, t) = I_i$ für $t = t_i$ (für das Steuersystem mit der Nummer 1),

c) die Änderung der Information nach $k > k(I_1)$ Schritten, $f(I_1) = I_{k(I_1)}$, wenn es sich um eine Klasse von Steuersystemen handelt, für die von $k = k(I_1)$ an $I_k = I_{k+1} = \cdots$ gilt.

Es ist klar, daß die angeführten Charakteristiken durch Φ_{l_β} und U_β, d. h. durch die Evolution vollständig bestimmt sind. Die Umkehrung gilt im allgemeinen nicht. Die Evolution (die Funktionen Φ_{l_β}) wird (werden) nicht durch diese Charakteristiken festgelegt. In solchen Fällen sind derartige Steuersysteme selbst lediglich ein Mittel zur Realisierung dieser abgeleiteten Funktionen. Bei der Synthese von Steuersystemen sind wir aber gezwungen, uns dem ursprünglichen Begriff der Funktion, d. h. Φ_{l_β} wieder zuzuwenden. Folglich können mit unseren Steuersystemen verschiedene charakteristische Funktionen verknüpft sein, deren Auswahl den Lösungsweg vieler Aufgaben (die Synthese von Steuersystemen u. ä.) beeinflußt, während die Lösung selbst nur die Kenntnis der Funktionen nach unserer ersten Fassung erfordert.

D 8.3. Zwei Mengen von Steuersystemen $\{U'_{\beta'}\}$ und $\{U''_{\beta''}\}$ über $\mathfrak{X}'$, $\mathfrak{S}'_0$, Ξ', T', Φ' bzw. $\mathfrak{X}''$, $\mathfrak{S}''_0$, Ξ'', T'', Φ'' heißen *isomorph*, wenn eine eineindeutige Zuordnung $U'_{\beta'} \leftrightarrow U''_{\beta''}$ existiert, die

a) einen Isomorphismus $\Sigma'_{i'_{\beta'}} \leftrightarrow \Sigma''_{i''_{\beta''}}$, $\Xi'_{i'_{\beta'}} \leftrightarrow \Xi''_{i''_{\beta''}}$ zwischen den Mengen $\{\Sigma'_{i'_{\beta'}}\}$ im Raum Ξ' und $\{\Sigma''_{i''_{\beta''}}\}$ im Raum Ξ'',

b) einen Isomorphismus $I'_{k'_{\beta'}} \leftrightarrow I''_{k''_{\beta''}}$ zwischen den Mengen $\{I'_{k'_{\beta'}}\}$ und $\{I''_{k''_{\beta''}}\}$ und

c) einen Isomorphismus $\Phi'_{l'_{\beta'}} \leftrightarrow \Phi''_{l''_{\beta''}}$ zwischen den Mengen $\{\Phi'_{l'_{\beta'}}\}$ und $\{\Phi''_{l''_{\beta''}}\}$ derart induziert, daß

1. für $U'_{\beta'} \leftrightarrow U''_{\beta''}$ und $U'_{\gamma'} \leftrightarrow U''_{\gamma''}$ aus $t'_{\beta'} < t'_{\gamma'}$ immer $t''_{\beta''} < t''_{\gamma''}$ folgt;

2. die Untermengen $\mathfrak{U}'_{\beta'}$ und $\mathfrak{U}''_{\beta''}$, die den Steuersystemen $U'_{\beta'}$ und $U''_{\beta''}$ zugeordnet sind, aus einander entsprechenden Steuersystemen bestehen;

3. $p(U'_{\beta'}, U'_{\gamma'}) = p(U''_{\beta''}, U''_{\gamma''})$ für $U'_{\gamma'} \in \mathfrak{U}'_{\beta'}$, $U''_{\gamma''} \in \mathfrak{U}''_{\beta''}$ und $U'_{\gamma'} \leftrightarrow U''_{\gamma''}$ gilt.

Es ist klar, daß sich isomorphe Steuersysteme analog verhalten; deshalb genügt es, einen Repräsentanten einer Klasse zu untersuchen, um alle anderen beurteilen zu können. Die Klassifikation der Steuersysteme ist mit den Klassifikationen der Schemata, der Speicher und der Funktionen verbunden. Weiterhin wird man natürlich die Steuersysteme nach ihrer Rolle im Evolutionsprozeß unterscheiden:

a) Anfangssteuersysteme,
b) Endsteuersysteme,
c) die übrigen Steuersysteme.

Wichtig ist, daß die Klasse der determinierten Steuersysteme (die eine endliche Anzahl von Funktionen haben) eine Unterklasse von Steuersystemen enthält, deren Evolution eine periodische Folge ist.

In der Einführung sprachen wir von physikalischen Steuersystemen und von Steuersystemen, die Klassen isomorpher physikalischer Steuersysteme repräsentieren. Es versteht sich, daß die Begriffe dort durch vielseitige Betrachtungen aus der Analyse konkreter Beispiele abstrahiert wurden; sie haben daher nicht jene Strenge, die für mathematische Begriffe charakteristisch ist.

Die von uns konstruierten mathematischen Objekte müßte man vielleicht genauer „mathematische Steuersysteme" nennen. Natürlich taucht die Frage auf, in welchem Zusammenhang diese Objekte mit den Steuersystemen und den physikalischen Steuersystemen stehen, von denen in der Einleitung die Rede war. Es ist einleuchtend, daß dieser Zusammenhang nicht exakt formuliert werden kann. Man kann ihn lediglich in Form einer Hypothese aussprechen, die an die Hypothese von CHURCH [5] aus der Theorie der Algorithmen erinnert.

Grundlegende Hypothese über Steuersysteme. *Jedes physikalische Steuersystem kann man durch ein mathematisches Steuersystem adäquat darstellen.*

Diese Hypothese ist mathematisch nicht beweisbar. Ein praktischer Versuch kann sie nur bekräftigen. Wir geben einige Erläuterungen. In der Hypothese wird der Ausdruck „adäquat dargestellt" benutzt. Das soll heißen, daß man zu jedem physikalischen Steuersystem ein mathematisches Steuersystem konstruieren kann, dessen durch Schemata und Funktionen gegebene Charakteristiken ohne Verzerrung anschaulich die entsprechenden Charakteristiken des physikalischen Ausgangssystems darstellen.

So betrachteten wir z. B. in der Einführung ein Steuersystem für das Ein- und Ausschalten des Lichtes in einem Treppenhaus (Abb. 1). Durch Abstraktion gingen wir alsbald vom physikalischen Steuersystem zu einem im Grunde genommen mathematischen Steuersystem über. Diese Ersetzung ergab sich so natürlich, daß sie der Leser nicht bemerkt. In der Hypothese wird behauptet, daß eine derartige Ersetzung immer möglich ist.

Die Hypothese darf auch noch so verstanden werden, daß jedes mathematische Steuersystem ein Steuersystem nach unserer ersten Auffassung, d. h. ein physikalisches Steuersystem ist. Seine Besonderheit ist, daß es vollkommen mathematisch definiert wird. Ein Steuersystem faßte per definitionem eine Klasse physikalischer Steuersysteme zusammen, die äquivalente (isomorphe) Schemata und Funktionen haben. Aus der Hypothese geht hervor, daß zu jeder solchen Klasse ein mathematisches Steuersystem gehört. Da jede Klasse durch einen beliebigen Repräsentanten vollkommen charakterisiert wird, können wir jedes

Steuersystem als mathematisches Steuersystem behandeln. Damit geben wir dem Terminus „Steuersystem“ eine exakte mathematische Bedeutung und setzen ihn mit dem Terminus „Mathematisches Steuersystem“ gleich. Deshalb werden wir nirgends mehr — außer bei derartigen Erwägungen — den Zusatz „mathematisch“ beim Begriff Steuersystem benutzen.

§ 6. Elementare Steuersysteme. Steuersysteme über einer gegebenen Menge elementarer Steuersysteme. Algorithmierte Steuersysteme

Die elementar-mengentheoretische Definition der Steuersysteme ist für einleitende Untersuchungen ausreichend. Um aber ein höheres Niveau bei der Untersuchung physikalischer Steuersysteme zu erreichen, von dem aus nicht nur eine äußere Beobachtung des Verhaltens von Steuersystemen, sondern auch deren Veränderung möglich ist, hat man die Klasse der Steuersysteme etwas einzuengen.

D 9.1. Eine Menge $\mathfrak{U}$ von Steuersystemen heißt *regulär*, wenn die Funktion jedes Steuersystems aus $\mathfrak{U}$ eindeutig durch sein Schema, seine Koordinaten und seine Information bestimmt ist, d. h., wenn

$$\Phi_{l_\beta}(t_\beta) = f(\Sigma_{i_\beta}(t_\beta)\,,\ \Xi_{j_\beta}(t_\beta)\,,\ I_{k_\beta}(t_\beta)) \qquad \text{für} \qquad U_\beta \in \mathfrak{U}$$

gilt.

Ist also $\mathfrak{U}$ regulär, dann ist folglich jedes $U_\beta \in \mathfrak{U}$ durch Vorgabe des Schemas, der Koordinaten und der Information vollständig bestimmt, denn Φ_{l_β} ist durch die angegebene Beziehung festgelegt.

Diese Beziehung drückt jedoch in so allgemeiner Form nur aus, daß für jedes Tripel $\{\Sigma_{i_\beta}(t_\beta)\,,\ \Xi_{j_\beta}(t_\beta)\,,\ I_{k_\beta}(t_\beta)\}$ genau eine Funktion Φ_{l_β} existiert, gibt sie aber nicht explizit an. Weiter unten werden wir eine Klasse von Steuersystemen definieren, für die Φ durch $\{\Sigma, \Xi, I\}$ konstruktiv bestimmt, d. h. f berechenbar ist.

Ein sehr wichtiger Spezialfall von Steuersystemen sind die „*elementaren Steuersysteme*“, d. h. Steuersysteme der Form

$$U^0 = \{S(t)\,,\ \xi(t)\,,\ I^0(t)\,,\ \Phi^0(t)\}\,,$$

wobei $S(t)$ das elementare Unterschema und $\xi(t)$ dessen Koordinate ist.

D 9.2. Eine Menge $\mathfrak{U}$ von Steuersystemen heißt *regelmäßig*, wenn sich für ein beliebiges elementares Unterschema $S \in \mathfrak{S}_0$ mit der Koordinate $\xi \in \Xi$ und der Information $I^0 \subseteq I$, die den Zustand des Speichers von S beschreibt, und einen beliebigen Zeitpunkt $t \in T$ ein $\Phi^0 \in \Phi$ derart finden läßt, daß das elementare Steuersystem

$$U^0 = \{S(t), \xi(t), I^0(t), \Phi^0(t)\}$$

zu $\mathfrak{U}$ gehört.

Wir wollen die Menge aller elementaren Steuersysteme aus $\mathfrak{U}$ mit $\mathfrak{U}^0$ bezeichnen.

Theorem. *Ist eine Menge* $\mathfrak{U}$ *von Steuersystemen regelmäßig und regulär, dann kann man jedem* $U_\beta \in \mathfrak{U}$ *eindeutig ein System* $\{U^0_{\alpha_1}, U^0_{\alpha_2}, \ldots\}$ *elementarer Steuersysteme aus* $\mathfrak{U}^0$ *derart zuordnen, daß man* U_β *als Steuersystem über diesem System von Steuersystemen betrachten kann.*

Zum Beweis betrachten wir zunächst das Schema $\Sigma_{i_\beta}(t_\beta)$ aus U_β. Es ist aus einem System elementarer Unterschemata

$$\{S_{i_{\alpha_1}}(t_\beta), S_{i_{\alpha_2}}(t_\beta), \ldots\}$$

aufgebaut. In U_β entspricht jedem $S_{i_{\alpha_r}}(t_\beta)$ eindeutig eine Koordinate $\xi_{j_{\alpha_r}}(t_\beta)$. Weiter bestimme die Information $I_{k_{\alpha_r}}(t_\beta)$ den Zustand des Speichers (die Information) von $S_{i_{\alpha r}}(t_\beta)$; dann haben wir bereits $S_{i_{\alpha_r}}(t_\beta), \xi_{j_{\alpha_r}}(t_\beta), I_{k_{\alpha_r}}(t_\beta)$. Da $\mathfrak{U}$ regelmäßig und regulär ist, existiert ein einziges elementares Steuersystem $U^0_{\alpha_r} \in \mathfrak{U}^0$ mit

$$U^0_{\alpha_r} = \{S_{i_{\alpha_r}}(t_\beta), \Xi_{j_{\alpha_r}}(t_\beta), I_{k_{\alpha_r}}(t_\beta), f(S_{i_{\alpha_r}}(t_\beta), \xi_{j_{\alpha_r}}(t_\beta), I_{k_{\alpha_r}}(t_\beta))\}.$$

Damit haben wir aber das U_β zugeordnete System $\{U^0_{\alpha_1}, U^0_{\alpha_2}, \ldots\}$ konstruiert. Jetzt können wir U_β als Steuersystem über einer gegebenen Menge elementarer Steuersysteme auffassen und meinen damit, daß U_β aus den elementaren Systemen $U^0_{\alpha_1}$ $U^0_{\alpha_2}$, ..., wobei $U^0_{\alpha_r} \in U^0$, aufgebaut ist.

Weil die elementaren Steuersysteme eine wichtige Rolle spielen, wollen wir die Besonderheiten von Φ^0 ein wenig erläutern. Jedes Φ^0 ist ein Operator, den man als „Komposition" einer Reihe einfachster Operatoren betrachten kann. Die wichtigsten dieser Operatoren führen folgende Transformationen aus:

1. Änderung des Zusammenhangs zwischen den Elementen und dem äußeren Speicher. Dabei werden in den elementaren Unterschemata, deren Koordinaten durch die Information $I_{k_{\alpha_r}}(t_\beta)$ bestimmt sind, die Mengen $\left(X^{i_{\alpha_r}}, Y^{i_{\alpha_r}}\right)$ durch die Mengen $\left(X^{i'_{\alpha_r}}, Y^{i'_{\alpha_r}}\right)$ ersetzt, wobei

$$\left(\left|X^{i'_{\alpha_r}}\right| \cap \left|Y^{i'_{\alpha_r}}\right|\right) \cap \left|Z^{i_{\alpha_r}}\right| = \varnothing$$

gilt. Der Charakter dieser Ersetzung ist ebenfalls durch $I_{k_{\alpha_r}}(t_\beta)$ bestimmt.

2. Änderung des Zusammenhanges zwischen den elementaren Unterschemata und den Punkten der Familien des Netzes $\mathfrak{M}_{i_\beta}$. Die Koordinaten dieser elementaren Unterschemata und der Charakter der Änderung werden durch $I_{k_{\alpha_r}}(t_\beta)$ bestimmt.

3. Änderung der Individualität (des Typs) α_p der Elemente S_p. Die Koordinaten der entsprechenden elementaren Unterschemata und der Charakter der Änderung sind in $I_{k_{\alpha_r}}(t_\beta)$ angegeben.

4. Änderung der Koordinaten der elementaren Unterschemata. Die dafür notwendige Information wird durch $I_{k_{\alpha_r}}(t_\beta)$ bestimmt.

5. Änderung der Zustände des äußeren Speichers: $\Phi^0_{l_{\alpha_r}}\left(X^{i_{\alpha_r}}, Z^{i_{\alpha_r}}\right) \to Y^{i_{\alpha_r}}$, d. h., die in den Zellen aus $X^{i_{\alpha_r}}$ und $Z^{i_{\alpha_r}}$ gespeicherte Information wird durch $\Phi^0_{l_{\alpha_r}}$ bearbeitet und in die Zellen aus der Menge $Y^{i_{\alpha_r}}$ geschrieben.

7. Änderung der Topologie des Schemas

$$\mathfrak{M}_{i_\beta} \to \mathfrak{M}'_{i_\beta}.$$

Der Charakter der Änderungen wird durch $I_{k_{\alpha_r}}(t_\beta)$ bestimmt.

8. Hilfsoperationen, die zur Arbeit des Algorithmus (siehe weiter unten) gehören, wie z. B. Signale für Arbeitsanfang und Arbeitsende, Register für die Reihenfolge der Arbeit—zufällige Auswahlen, logische Funktionen, Klammern usf.

Die Steuersysteme des angegebenen Typs stellen ein gewisses, für die Arbeit des Algorithmus erforderliches „Hilfsalphabet" dar [5].

In vielen Fällen führt die Funktion $\Phi^0_{l_{\alpha_r}}$ beim Einwirken auf das Steuersystem U_β einige einfache Vorgänge gleichzeitig aus, deshalb sagen wir, daß dieser Operator eine „Komposition" einfachster Operatoren ist.

D 9.3. Eine beliebige Menge $\mathfrak{U} = \{U_\beta\}$ von Steuersystemen heißt *algorithmiert*, wenn ein auf $\mathfrak{U}$ definierter Algorithmus A derart existiert, daß

1. für jedes Steuersystem

   $U_\beta = \{\Sigma_{i_\beta}(t_\beta), \Xi_{i_\beta}(t_\beta), I_{k_\beta}(t_\beta), \Phi_{l_\beta}(t_\beta)\}$ aus $\mathfrak{U}$

   $A\,U_\beta = \Phi'_{l_\beta}(t_\beta)$ ist, wobei $\Phi'_{l_\beta}(t_\beta)$ einer gewissen Menge Φ' angehört;

2. für jedes elementare Steuersystem

   $U^0_\alpha = \{S_{i_\alpha}(t_\alpha), \xi_{j_\alpha}(t_\alpha), I_{k_\alpha}(t_\alpha), \Phi_{l_\alpha}(t_\alpha)\}$ aus $\mathfrak{U}^0$

   $A\,U^0_\alpha = \Phi'_{l_\alpha}(t_\alpha) = \Phi^0_{l_\alpha}(t_\alpha)$ ist, wobei $\Phi^0{}_\alpha(t_\alpha) \in \Phi'$ gilt;

3. die Symbole

   $U'_\beta = \{\Sigma_{i_\beta}(t_\beta), \Xi_{j_\beta}(t_\beta), I_{k_\beta}(t_\beta), \Phi'_{l_\beta}(t_\beta)\}$

   eine Menge $\mathfrak{U}'$ von Steuersystemen und insbesondere genau die Symbole

   $U'^0_\alpha = \{S_{i_\alpha}(t_\alpha), \Xi_{j_\alpha}(t_\alpha), I_{k_\alpha}(t_\alpha), \Phi^0_{l_\alpha}(t)\}$

   die Menge $\mathfrak{U}'^0$ der elementaren Steuersysteme aus $\mathfrak{U}'$ bilden;

4. die Mengen $\mathfrak{U}$ und $\mathfrak{U}'$ folgende Verträglichkeitsbedingung befriedigen: Wenn die Steuersysteme

   $U_\beta = \{\Sigma_{i_\beta}(t_\beta), \Xi_{j_\beta}(t_\beta), I_{k_\beta}(t_\beta), \Phi_{l_\beta}(t_\beta) \in \mathfrak{U}$ und

   $U'_\beta = \{\Sigma_{i_\beta}(t_\beta), \Xi_{j_\beta}(t_\beta), I_{k_\beta}(t_\beta), \Phi_{l_\beta}(t_\beta)\} \in \mathfrak{U}'$

   dieselben Symbole besitzen, so gilt $\mathfrak{U}_\beta(t_\beta) = \mathfrak{U}'_\beta(t_\beta)$ und $p(U_\beta.\ U_\gamma) = p(U'_\beta, U'_\gamma)$. Mit anderen Worten, die Steuersysteme U_β und U'_β sind identisch, d. h. $U_\beta = U'_\beta$.

Wir geben noch eine Erklärung zu dieser Definition: Falls die Menge algorithmiert ist, wird jedem Steuersystem

$$U_\beta = \{ \Sigma_{i_\beta}(t_\beta), \Xi_{j_\beta}(t_\beta), I_{k_\beta}(t_\beta), \Phi_{l_\beta}(t_\beta)\} \text{ aus } \mathfrak{U}$$

durch den Algorithmus A eindeutig ein Steuersystem

$$U'_\beta = \{ \Sigma_{i_\beta}(t_\beta), \Xi_{j_\beta}(t_\beta), I_{k_\beta}(t_\beta), \Phi'_{l_\beta}(t_\beta)\}$$

aus $\mathfrak{U}'$ zugeordnet, das im allgemeinen von U_β verschieden ist. Die elementaren Steuersysteme gehen dabei in sich selbst über. d. h. $U'^0_\alpha = U^0_\alpha$ für alle α. Daher gilt $\mathfrak{U}^0 = \mathfrak{U}'^0$. Schließlich ist jedem U'_β, weil die Symbole aus U'_γ Steuersysteme sind, eine Untermenge $\mathfrak{U}'_\beta = \{ U'_\gamma\}$ mit $t_\gamma > t_\beta$ zugeordnet ($\mathfrak{U}'_\beta$ kann auch leer sein), und es gilt $\sum\limits_{U'_\gamma \in \mathfrak{U}'_\beta} p(U'_\beta, U'_\gamma) = 1$. Infolgedessen sind die unmittelbaren Übergänge $U'_\beta \to U'_\gamma$ bestimmt; sie werden durch den Operator $\Phi'_{l_\beta}(t_\beta)$ charakterisiert, der mit der Wahrscheinlichkeit $p(U'_\beta, U'_\gamma)$ U'_β in U'_γ überführt.

Die Verträglichkeitsbedingung bedeutet, wie bereits oben bemerkt, daß sich zwei Steuersysteme $U_\beta \in \mathfrak{U}$ und $U'_\beta \in \mathfrak{U}'$ mit gleichen Symbolen im Evolutionsprozeß gleich verhalten, also tatsächlich identisch sind. Insbesondere sind die einander entsprechenden elementaren Steuersysteme aus $\mathfrak{U}$ und $\mathfrak{U}'$ identisch. Daher ist $\mathfrak{U}^0 = \mathfrak{U}'^0$.

Theorem. *Ist eine algorithmierte Menge $\mathfrak{U}$ von Steuersystemen regulär und regelmäßig, dann ist auch $\mathfrak{U}'$ regulär und regelmäßig.*

Es ist evident, daß vorausgesetzt wird, daß die Steuersysteme aus $\mathfrak{U}'$ über denselben Mengen elementarer Steuersysteme definiert sind wie die Steuersysteme aus $\mathfrak{U}$.

In manchen Fällen ist die Existenz elementarer Steuersysteme mit Hilfsfunktionen für die Arbeit des Algorithmus A von Bedeutung (siehe Punkt 8 des Verzeichnisses einfachster Operationen).

D 9.4. Die Algorithmierung einer Menge $\mathfrak{U}$ durch einen Algorithmus A heißt für $U_\beta \in \mathfrak{U}$ *exakt*, wenn $A\, U_\beta = \Phi_{l_\beta}(t_\beta)$ gilt.

Das Steuersystem U_β selbst wollen wir dann „*exakt algorithmiert*" nennen.

Also ist jedem Algorithmus A, der eine Algorithmierung von $\mathfrak{U}$ bewirkt, eine Untermenge $\mathfrak{U}_A$ von Steuersystemen aus $\mathfrak{U}$ zugeordnet, für welche die Algorithmierung exakt ist. Es ist evident, daß die Klasse der exakt algorithmierten Steuersysteme die Untermenge $\mathfrak{U}^0$ der elementaren Steuersysteme umfaßt, also $\mathfrak{U}^0 \subseteq \mathfrak{U}_A \subseteq \mathfrak{U}$ gilt. Falls alle Steuersysteme aus $\mathfrak{U}$ exakt algorithmiert sind, gilt $\mathfrak{U}_A = \mathfrak{U}$. Die algorithmierten Steuersysteme einer regulären und regelmäßigen Menge $\mathfrak{U}$ sind deshalb interessant, weil bei ihnen nicht nur die Existenz einer Beziehung zwischen

$\Phi_{l_\beta}(t_\beta), \Sigma_{i_\beta}(t_\beta), \Xi_{j_\beta}(t_\beta)$ und $I_{k_\beta}(t_\beta)$, d. h. $\Phi_{l_\beta}(t_\beta) = f(\Sigma_{i_\beta}(t_\beta), \Xi_{j_\beta}(t_\beta), I_{k_\beta}(t_\beta))$ gewährleistet, sondern auch ein Verfahren zur Berechnung von f angegeben ist. Damit ist auch der Mechanismus zur Gewinnung der Funktion Φ_{l_β} beschrieben, folglich ist ein solches Steuersystem seiner Wirkungsweise nach mit einem Automaten vergleichbar.

§ 7. Besonderheiten der in der Kybernetik betrachteten Steuersysteme

In der Einführung definierten wir die Kybernetik als mathematische Disziplin, in der Steuersysteme erforscht werden. Da aber eine exakte Definition des Begriffes Steuersystem nicht bekannt war, hatten wir dort nicht die Möglichkeit, die Besonderheiten der Steuersysteme, die Gegenstand der Kybernetik sind und den Zusammenhang mit physikalischen Steuersystemen zu besprechen. Da wir uns nunmehr auf eine exakte Definition stützen können, wollen wir zur Besprechung dieser Frage zurückkehren.

Es ist charakteristisch für die Steuersysteme in der Kybernetik, daß sie im Grunde genommen Objekte diskreter Natur sind. Diskret nämlich sind Schema, Funktion, Koordinaten, Information und Zeit. Das liegt bei Schemata und Funktionen auf der Hand und äußert sich darin, daß es von keinem Schema (keiner Funktion) zu einem anderen (einer anderen) einen stetigen Übergang gibt. Die Koordinaten, die Information und die Zeit definiert man oft mit Hilfe von Parametern, die Werte aus einem Intervall reeller Zahlen annehmen können. Abb. 14 sei die graphische Darstellung der Änderung des Zustandes x_α der Zelle X_α mit der Zeit. Wir setzen voraus, daß für das Verhalten eines Steuersystems nur wichtig ist, ob x_α größer als x_α^0 ist oder ob x_α den Wert x_α^0 nicht übersteigt. In diesem Fall ändert sich das Verhalten eines Steuersystems nicht, wenn bei sonst gleichen Bedingungen die Änderung des Zustandes der Zelle durch Abb. 15 vorgegeben ist. Also wird das Verhalten eines Steuersystems durch das Verhalten des Prädikates $p(x_\alpha(t) > x_\alpha^0)$, das graphisch auf Abb. 16 dargestellt ist, vollständig bestimmt. Es liegen hier, obwohl sich das Steuersystem immer genauso verhält, drei verschiedene graphische Darstellungen vor. Die ersten beiden charakterisieren eine kontinuierliche Größe, die dritte eine diskrete. Offenbar ist jede Darstellung in gewissem Sinne Träger einer Information über den Zustand der Zelle X_α, wobei die Information aus der ersten oder aus der zweiten graphischen Darstellung umfangreicher als die aus der dritten ist, denn die dritte graphische Darstellung

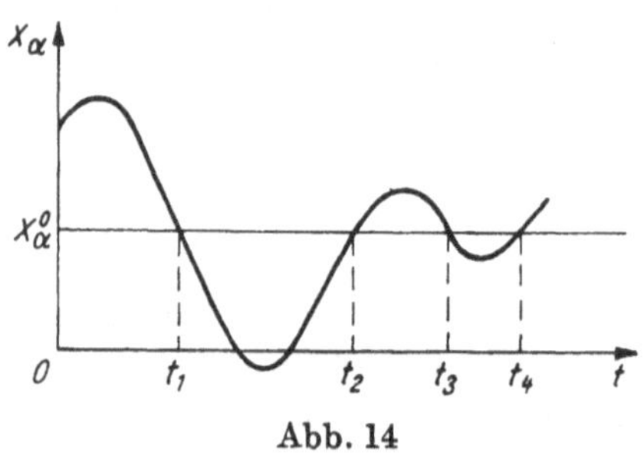

Abb. 14

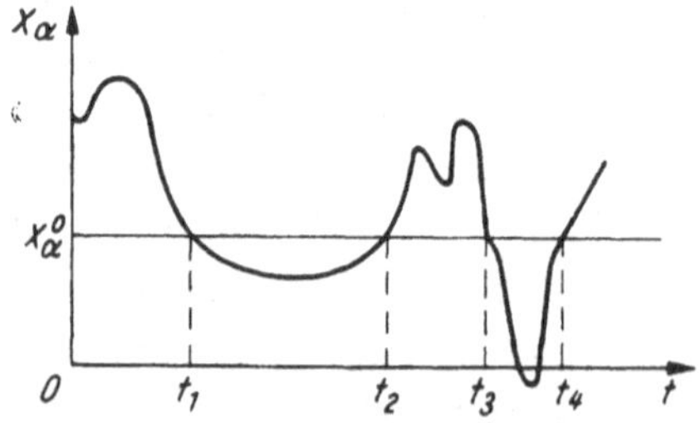

Abb. 15

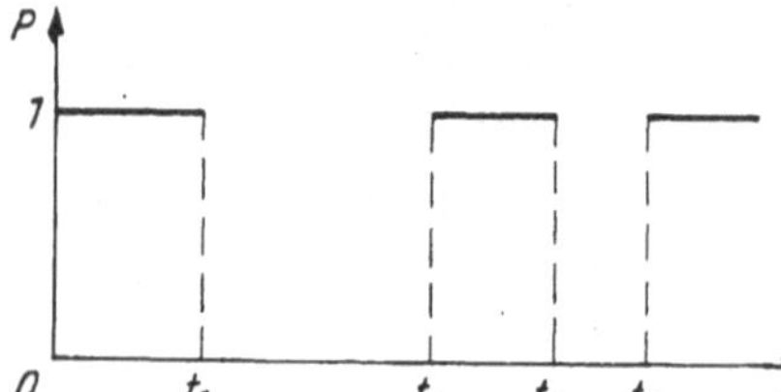

Abb. 16

ist eindeutig durch eine beliebige von den beiden anderen bestimmt. Das zeigt, daß für das Verhalten eines Steuersystems tatsächlich nicht die gesamte Information über den Zustand einer Zelle, d.h. nicht die Kenntnis der gesamten Zustandsänderung erforderlich ist, sondern lediglich der Teil, der durch die dritte graphische Darstellung charakterisiert wird. Damit wird der Zellenzustand eine diskrete Größe, die auch durch eine kontinuierliche Größe repräsentiert werden kann. Eine ähnliche Situation ergibt sich bei der Betrachtung der Raum-Zeit-Charakteristiken. In einer ganzen Reihe wichtiger Fälle ist eine noch wesentlich schärfere Einengung angebracht. Die erwähnten Größen sollen nicht nur diskret sein, sondern sogar nur eine endliche Anzahl von Werten annehmen. (Diese kann natürlich sehr groß sein.) Der diskrete Charakter von Steuersystemen gibt den in der Kybernetik gebräuchlichen Verfahren ein bestimmtes Gepräge. Hier spielen mengentheoretische, wahrscheinlichkeitstheoretische, zahlentheoretische, algebraische und besonders logische Methoden eine Rolle.

Ein zweiter Charakterzug der Steuersysteme, die spezielle kybernetische Untersuchungen erfordern, ist ihre Kompliziertheit. Gerade solche Steuersysteme, die aus einer großen Anzahl elementarer Steuersysteme bestehen, Steuersysteme, die ein kompliziertes Schema haben usf., werden untersucht. Zur Untersuchung einfacher Steuersysteme, z.B. einer elektrischen Klingel, des Programms für sin x usf., ist kein besonderes Verfahren, keine Theorie erforderlich. Derartig einfache Aufgaben löst man, wenn auch mit etwas mehr Aufwand, direkt „im Kopf". Im Fall komplizierter Steuersysteme, auch wenn sie von Größen abhängig sind, die nur eine endliche Anzahl von Werten annehmen können, gilt dies nicht mehr. Z.B. ist bekanntlich die Anzahl aller Schachpartien endlich, ebenso die Zahl der Moleküle mit einer vorgegebenen Zahl von Atomen, die — sagen wir — 20 nicht übersteigt. Trotz Ausnutzung moderner Rechenmaschinen sind wir praktisch nicht in der Lage, alle Partien zu übersehen, um die jeweils notwendigen Züge auswählen zu können, oder alle Moleküle zur Ermittlung eines Moleküls mit den geforderten Eigenschaften zu sortieren.

Das alles zeugt davon, daß die Endlichkeit der Menge von Werten nur prinzipiellen Charakter trägt und hier eine endliche Menge praktisch als unendlich betrachtet werden muß. Deshalb erfordern komplizierte Steuersysteme (sogar in diesem Fall) spezielle Untersuchungsmethoden.

Eine dritte Besonderheit hängt damit zusammen, daß man reale Objekte im allgemeinen in vielerlei Art als Steuersysteme betrachten kann. Der Begriff Steuersystem ist eben kein absoluter Begriff, sondern ein Begriff, der davon abhängt, was als elementare Steuersysteme erfaßt wurde — welche Seite des Objekts wir untersuchen wollen, d.h. ein relativer Begriff. Zur Präzisierung betrachten wir Steuersysteme, wie sie bei Rechenmaschinen auftreten.

1. Eine Maschine. Das Schema eines solchen Steuersystems ist das Schema einer Maschine. Zu ihm gehören folgende elementare Steuersysteme: Röhren, Halbleiter, Kondensatoren, Widerstände, Transformatoren, Induktionsspulen, Elektronenstrahlröhren u.ä. Der innere Speicher ist durch Röhren, Trommeln, Trigger, Verzögerungsketten und Verzögerungen im Schema selbst realisiert. Der

äußere Speicher wird durch Bänder, Tumblerschalter, Lochkarten u. ä. dargestellt. Die Funktionen der Maschine ergeben sich aus dem durch die Gesetze der Schalttechnik festgelegten Algorithmus, und bedeuten die Auswahl von „Zahlen", einfachste Operationen mit „Zahlen", das Aufschreiben von „Zahlen", die Änderung des Zustandes der Maschine u. ä., sowie Kombinationen davon.

2. Ein Programm, das die Arbeit der Maschine steuert. Sein Schema ist eine Folge von Elementen (Befehlen), denen je eine Koordinate (Adresse), nämlich die Nummer der Zelle, in der er gespeichert wird, zugeordnet ist. Die einzelnen Befehle (Rechen-, Umadressierungs-, Transport- und Steuerbefehle) sind elementare Steuersysteme. Der innere Speicher ist während der Arbeit mit dem Zustand der Maschine eng verbunden. Z. B. wird in der Maschine „Strela" bei der Erfüllung gewisser Befehle das Zeichen ω erarbeitet, das man auch im inneren Speicher finden kann. Der äußere Speicher ist durch die Zellen der Bänder, der Trommeln, Elektronenstrahlröhren, der „Konstantengeber", der Register u. ä. realisiert. Der Algorithmus, der die Funktionen eines Programmes festlegt, ist durch die Verdrahtung in der Maschine vorgegeben.

3. Der durch ein Programm realisierte Algorithmus. Sein Schema drückt die Verknüpfung der Operatoren aus. Letztere sind hier elementare Steuersysteme. Man unterscheidet Rechenoperatoren, Operatoren zur Parameteränderung, Formierungsoperatoren, Steueroperatoren und ihre Kombinationen. Über den inneren Speicher stellen sich alle Parameter und Indizes der Operatoren ein. Der äußere Speicher dient zur Aufbewahrung von Eingangsgrößen und Resultaten der Informationsverarbeitung. Das Verhalten des Schemas ist durch die Angabe der Art der Informationsverarbeitung durch jeden Operator und die Angabe des Superalgorithmus, der die Funktion jedes Steuersystems gemäß der Funktion jedes Operators und der des Schemas berechnet, bestimmt.

Aus den Beispielen geht hervor, daß die Rolle eines Bauteils der Maschine davon abhängt, welches Steuersystem man im Auge hat.

Schließlich besteht eine vierte Besonderheit darin, daß wir bei der Algorithmierung einer Menge von Steuersystemen gewisse Randerscheinungen vernachlässigen. Die Algorithmierung erweist sich also für eine Reihe von Steuersystemen als ungenau. Trotzdem ersetzen wir eine Menge von Steuersystemen durch andere, die eine gewisse Näherung darstellen.

Folglich wird die Untersuchung einer Menge von Steuersystemen mit dem Ziel betrieben, Näherungen mit einem gewissen Genauigkeitsgrad zu erhalten. Das wird beim Aufbau eines Übersetzungsalgorithmus, beim Aufsuchen von Taktiken usw. anschaulich.

§ 8. Methoden zur Untersuchung von Steuersystemen und Grundaufgaben der Kybernetik

Wie schon früher bemerkt, ist ein Steuersystem ein Objekt diskreter Natur und besteht im allgemeinen aus einer großen Zahl elementarer Steuersysteme. Diesem Umstand gemäß ist ein Steuersystem nicht nur als ein Objekt mit Mikrostruktur,

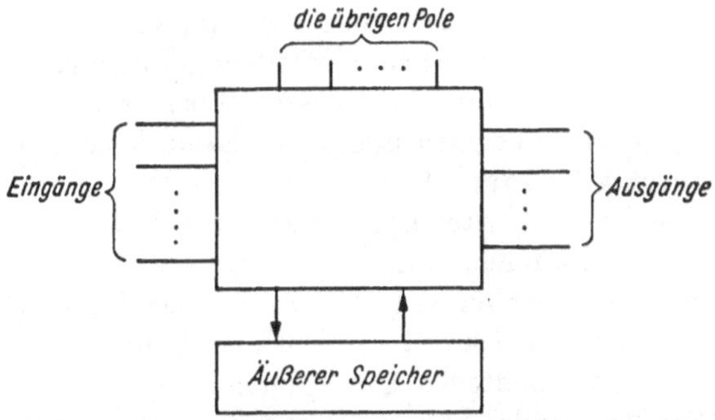

Abb. 17

sondern auch als makroskopisches Objekt aufzufassen. Deshalb sind beim Studium von Steuersystemen zwei Betrachtungsweisen möglich: eine Mikro- und eine Makrobetrachtung. Das Wesen der Makrobetrachtung wird durch gewisse Besonderheiten in der Untersuchung von Steuersystemen bestimmt. Namentlich ist sie dann am Platz, wenn das zu untersuchende physikalische Steuersystem nicht unmittelbar eine vollständige Betrachtung zuläßt. Nur die Pole des Systems, sein äußerer Speicher und auch das „Verhalten" unterliegen einer direkten Beobachtung. Im übrigen ist der Aufbau des Steuersystems nicht bekannt. Eine solche Situation liegt z.B. bei der Erforschung unzugänglicher Steuersysteme (in Spielen usw.) oder bei der Betrachtung von Steuersystemen, deren Aufbau nicht genügend erforscht ist (in der Biologie usw.), vor.

Also wird man ein Steuersystem in diesem Fall bedingt als einen Kasten mit ausgezeichneten Polen und äußerem Speicher behandeln (Abb. 17). Das Auffinden der Pole unter Berücksichtigung ihrer Spezifik und ebenso des äußeren Speichers ist Aufgabe einer *einleitenden Analyse des Schemas* des Steuersystems. Die weitere Untersuchung besteht in der Durchführung aller möglichen Experimente ohne Eingriff in das Innere des Kastens. Jedes derartige Experiment führt zu einer gewissen Informationsverarbeitung. Das kann in einer formalen Sprache in der Regel in verschiedener Weise beschrieben werden. Die Einfachheit einer solchen Beschreibung hängt im wesentlichen davon ab, wie man die Information im Steuersystem vorgibt. Damit ergibt sich das *Problem der Codierung von Information.* Diese Aufgabe umfaßt die Frage nach der Unterscheidung der Zustände der Speicherzellen und nach ihrer Anzahl. Wenn man einen geeigneten Zeitschritt auswählt, kann man die charakteristischen Funktionen bestimmen, die die Umarbeitung einer Information beschreiben. Diese zu ermitteln, ist Aufgabe der *Analyse der Funktionen eines Steuersystems,* genauer, Aufgabe der Analyse der Funktionen, die das *äußere Verhalten* eines Steuersystems beschreiben. Weiterhin zeigt sich, daß man auf einer gewissen Stufe des Experiments in das Innere eines Kastens „hineinsehen" kann. Man kann nämlich beim Studium einer Funktion den inneren Speicher teilweise erkennen und eine untere Schranke für seinen Umfang angeben. Also gehen wir zu einer *wiederholten Analyse des Schemas* über.

Es ist zu beachten, daß die Makrobetrachtung von begrenzter Tragweite ist, da man mit ihr den Aufbau eines Steuersystems nicht vollkommen erklären kann. Es ist z.B. evident, daß die Makrobehandlung fast keine Vorstellung über die Struktur des Schemas gibt. Meistens erlaubt sie auch nicht, die Funktion des Steuersystems zu finden, da es unmöglich ist, durch ein äußeres Experiment die

Änderungen der Zustände des inneren Speichers und die vorhandenen Umformungen des Schemas aufzufinden. Trotzdem hat die Makrobetrachtung besonders im ersten Stadium der Untersuchung von Steuersystemen eine große Bedeutung.

Die Mikrobetrachtung wird dadurch charakterisiert, daß sie die Spezifik des inneren Aufbaus eines Steuersystems berücksichtigt. Zunächst ermittelt man das Schema eines Steuersystems: seine Pole, seinen Speicher, seine Elemente und deren Zusammenhang. Das ist der Gegenstand der *Analyse des Schemas*. Danach wird das Problem der *Codierung einer Information* gelöst, die über den gesamten Speicher erstreckt ist. Indem man einen geeigneten Zeitschritt und Koordinaten für die elementaren Unterschemata einführt, findet man die charakteristischen Funktionen des Steuersystems, die nicht nur den Umformungen der Information, sondern sozusagen denen des gesamten Steuersystems Rechnung tragen, also die Änderung des Schemas, der Koordinaten und der Funktion mit umfassen. All das ist Aufgabe der *Analyse der Funktionen*.

Die oben genannten Aufgaben, die sich auf beide Behandlungen beziehen, haben das Studium individueller Steuersysteme zum Ziel und bedeuten die erste Etappe der Untersuchung. Im wesentlichen erlaubt diese Etappe, ein gegebenes physikalisches Steuersystem als Steuersystem im elementar-mengentheoretischen Sinne zu verstehen. Der folgende Zyklus von Aufgaben der Mikrobetrachtung ist mit der Untersuchung von Klassen von Steuersystemen verbunden. Es geht um Steuersysteme über einem fixierten Speicher, einer Menge elementarer Unterschemata, einem Koordinatenraum, einer Untermenge von Zeitpunkten und einer Menge von Funktionen. Hier entsteht das *Problem der Algorithmierung von Steuersystemen* einer gegebenen Klasse. Die Lösung dieser Aufgabe bedeutet die Auszeichnung der elementaren Steuersysteme, deren Analyse und den Aufbau eines hinreichend effektiven Algorithmus, der die Funktionen von Steuersystemen zu berechnen erlaubt. Für die algorithmierten Steuersysteme kann man die *Analyse der Funktionen mit Hilfe von Algorithmen* bewältigen. Es ist hervorzuheben, daß für algorithmierte Steuersysteme die Analyse der Funktionen auf zwei Wegen möglich ist: experimentell und auf der Basis eines Algorithmus. Der zweite Weg ist besonders bei theoretischen Erwägungen und Abschätzungen von großer Bedeutung. Hierher gehört als Spezialproblem das Äquivalenzproblem für Steuersysteme, d.h., es wird ein Transformationsalgorithmus gesucht, der die Möglichkeit gibt, von einem Steuersystem zu einem beliebigen anderen, das dieselben charakteristischen Funktionen besitzt wie das erste, überzugehen (siehe Bemerkung § 5). Äußerst wichtig ist auch die *Synthese von Steuersystemen.* Die Problemstellung lautet: Gegeben sind die charakteristischen Funktionen, gesucht wird ein Steuersystem mit diesen Charakteristiken. Da das Problem gewöhnlich mehrere Lösungen hat, fordert man zusätzlich, daß die gesuchte Lösung bezüglich eines gewissen Parameters ein Extremum erreicht. Die Synthese von Steuersystemen ist übrigens dadurch interessant, daß sie physikalische Steuersysteme zu modellieren erlaubt. Unter all den anderen Aufgaben ist noch das Problem der *Kontrolle von Steuersystemen* zu erwähnen. Da physikalische Steuersysteme unter äußeren Einwirkungen unerwünschte Veränderungen erleiden können, taucht die

Frage nach der Lokalisation dieser Änderungen mit geeigneten Hilfsmitteln auf. Eine ähnliche Aufgabe ergibt sich in der Medizin bei der Diagnose von Krankheiten und in der Technik beim Betrieb von Steuersystemen, wenn es erforderlich ist, die möglichen Fehlerursachen festzustellen.

Das hier aufgeführte Verzeichnis von Problemen ist nicht vollständig, da man auch noch etliche andere Probleme formulieren kann. Anscheinend enthält es aber die wichtigsten davon.

Zum Schluß wollen wir noch einige Bemerkungen über den Anlaß zu den oben beschriebenen Betrachtungsweisen machen. Es ist klar, daß die Mikrobetrachtung vollständiger ist als die Makrobetrachtung. Aber man erreicht diese Vollständigkeit nur auf Kosten eines größeren Arbeitsaufwandes. Zur Erleichterung der Mikrobetrachtung bemüht man sich, mit Hilfe der Algorithmierung ganze Klassen von Steuersystemen zu betrachten. Eine andere Methode zur Verminderung des Aufwandes besteht darin, daß man anfangs die Makrobetrachtung benutzt und danach, unter Berücksichtigung der erhaltenen Information, zur Mikrobetrachtung übergeht.

(Bei der Redaktion eingegangen am 15. 7. 1957)

Literatur

[1] WIENER, N., Cybernetics I. Wiley, New York 1948.

[2] Янов, Ю. И., О равносильности и преобразованиях схем программ. ДАН **113**, № 1 (1957) 39—42.
JANOW, J. I., Über Äquivalenz und Umformungen von Programm-Schemata. Doklady **113** (1957) 39—42.

[3] KÖNIG, D., Theorie der endlichen und unendlichen Graphen. Akad. Verlagsges., Leipzig 1936.

[4] Понтрягин, Л. С., Основы комбинаторной топологии. Гостехиздат, 1947.
PONTRJAGIN, L. S., Grundlagen der kombinatorischen Topologie. Gostechisdat, Moskau 1947.

[5] Клини, С. К., Введение в метаматематику. ИЛ, 1957.
Original: KLEENE, S. C., Introduction to Metamathematics. Amsterdam 1952.

Übersetzung: Ingrid Müller-Pfeiffer

Fachliche Bearbeitung: Immo Kerner, Gottfried Langer

Zum Problem des Aufbaus einer Maschinensprache für Informationsmaschinen[1])

W. A. USPENSKI (Moskau)

§ 1

Ein Wissenschaftler, der an eine Untersuchung herangeht, stößt auf zwei Typen von Informationen. Die Information des 1. Typs ist unmittelbar in demjenigen Teil der objektiven Wirklichkeit enthalten, die den Gegenstand der Untersuchung bildet (diese Information in die Hand zu bekommen, ist die Aufgabe der Wissenschaft). Die Information des 2. Typs ist die Information, die bereits von den Vorgängern eines Wissenschaftlers aus der Wirklichkeit gewonnen worden und die in Artikeln, Büchern, Tabellen, Kartotheken usw. enthalten (codiert) ist. Die notwendige Information des 2. Typs zu erhalten (nur diese Information wird im folgenden betrachtet), ist trotzdem gewöhnlich recht schwierig, obwohl es in der überwältigenden Mehrzahl (aber nicht in allen) der Fälle, bedeutend leichter ist als bei den Informationen 1. Typs. Dazu wird diese Aufgabe mit dem Anwachsen des Umfanges und der Kompliziertheit der angehäuften Kenntnisse immer schwieriger.

Gegenwärtig sucht man die benötigten Informationen „mit der Hand", mit primitiven Mitteln. Ein solches Verfahren muß man mittelalterlich bezeichnen. Nun ist aber seit dem Mittelalter eine derartige Masse an Registern, Katalogen usw. erschienen und der Umfang der Daten wuchs so an, daß es jetzt mitunter schwieriger ist, eine benötigte Auskunft zu finden als im Mittelalter; damals konnte jeder Wissenschaftler selbst alle Daten aus seinem Wissensgebiet im Kopf aufbewahren. Ein beliebiges Klassifikationssystem ist prinzipiell begrenzt und deshalb unzureichend, weil es auf den Zustand der Wissenschaft im Moment der Aufstellung des Systems zugeschnitten ist, aber als System viele Jahre lang benutzt wird. Das führt zu einer großen Verschwendung menschlicher Arbeit und zu einem unvermeidlichen Verlust von Informationen. Es ist sehr wohl bekannt, daß zwei Menschen, denen ein und dieselbe Frage gestellt wird und die sich dazu an Nachschlagewerke, fachliche und systematische Kataloge, bibliographische Büros usw. wenden, unterschiedliche Resultate erhalten können.

---

[1]) Der Beitrag stellt mit unbedeutenden Änderungen den Vortrag dar, der am 28. Mai 1957 auf der vom Laboratorium für Elektromodellierung der Akademie der Wissenschaften der UdSSR einberufenen wissenschaftlich-technischen Konferenz über den Fragenkomplex Entwurf und Bau von Informationsmaschinen mit langwährendem Gedächtnis gehalten wurde.

(Anmerkung: Jetzt, 2 Jahre später, erscheinen dem Autor einige Stellen des Beitrages viel zu banal. Der Verfasser bittet den Leser die Zeit zu beachten, die zwischen Abfassen des Artikels und seiner Publikation vergangen ist.)

Aktuell ist deshalb die Frage, das Suchen einer benötigten Information zu automatisieren mit dem Ziel, sie schnell und vollständig zu erhalten. Man hat zu diesem Zweck die Schaffung einer Spezialmaschine im Auge. Diese Maschine muß in ihrem „Speicher" umfangreiche Daten enthalten und mit deren Hilfe auf die ihr gestellte Frage antworten. Es ist anzunehmen, daß diese Fragen denselben Charakter haben werden, wie die, die der Forscher sich stellt, bevor er sich an die Literatur wendet, z.B. „welche Bücher existieren zu dem gegebenen Thema" oder „was ist zum gegebenen Thema bekannt" oder „welche Gegenstände haben die gegebenen Eigenschaften" usw. Es ist ferner anzunehmen, daß die Maschine elementare logische Schlußfolgerungen ziehen kann, die denen ähnlich sind, die der Leser während des Lesens eines Buches zieht (eine unmittelbare Gegenüberstellung von Fakten u.ä.). Es wäre schließlich wünschenswert, daß die Maschine bestimmen könnte, ob zwei verschiedene Texte dasselbe ausdrücken. Dies würde schnell Anwendung im Patentwesen finden und das Wichtigste wäre: Die Maschine könnte die eintreffenden Mitteilungen mit schon gespeicherten vergleichen und nur vollkommen neue Fakten aufzeichnen, da dieser Vergleich äußerst bequem bei der Eingabe der Mitteilungen durchzuführen wäre.

Die Entwicklung der gegenwärtigen Technik gestattet den Bau einer solchen Maschine. (Hier kann man beispielsweise an die im Laboratorium für Elektromodellierung unter der Leitung von L. J. GUTENMACHER ausgearbeiteten technischen Mittel denken, die die Möglichkeit bieten, umfangreiche Informationen auf kleinem Raum unterzubringen und diese mit großer Geschwindigkeit wieder zu lesen.) Den Inhalt des vorliegenden Beitrages bilden jedoch Fragen, die nicht mit dem Bau der Maschine selbst verbunden sind, sondern mit der Schaffung einer Spezialmethode zur Aufzeichnung wissenschaftlich-technischer Daten in der Maschine, d.h. einer Maschinensprache.

Die Maschinensprache ist nicht mit dem Maschinencode zu verwechseln, den man für ein gegebenes Alphabet aufbaut und mittels dessen man einen beliebigen Text, der aus den Buchstaben des gegebenen Alphabetes besteht, für die Speicherung in der Maschine in eine Folge von Nullen und Einsen umwandelt (wenn die Maschine im Dualsystem aufgebaut ist).[1]) Es geht um die Schaffung einer speziellen künstlichen Sprache für die Aufzeichnung wissenschaftlicher Mitteilungen mit dem Ziel, diese Daten im „Speicher" der Maschine unterzubringen.

Um unseren Gegenstand besser untersuchen zu können, abstrahieren wir von allen Nebenfragen, darunter auch von der Technik. Wir werden uns von folgendem Prinzip leiten lassen: „Alles, was formelmäßig (algorithmisch) erfaßt werden kann, kann auch automatisiert werden". Somit ist unsere kombinierte Aufgabe:

---

[1]) Von diesem Standpunkt ist ein Telegramm, das im Morsealphabet aufgeschrieben worden ist, dennoch ein Text in russischer, englischer oder einer anderen natürlichen Sprache, nur anders codiert. Einfacher ausgedrückt, verstehen wir unter einer Sprache ein gewisses System zur Faktenaufzeichnung der objektiven Wirklichkeit, aber unter einer Codierung irgendeine umkehrbare Umwandlung einer schon vorhandenen Sprache, wobei zu beachten ist, daß wir die Sprachen unterscheiden „mit Übereinstimmung bis auf die Codierung" (d. h., wir rechnen zwei Sprachen, die sich durch Codierung ineinander überführen lassen, als ein und dieselbe Sprache).

Das Verfahren, durch das man eine benötigte Information aufsuchen kann, zu algorithmieren und somit zunächst eine Sprache zu schaffen, die für die Algorithmierung des Aufsuchens, des Vergleiches und der Identifizierung einer Information geeignet ist. Wer das dann alles durchführt, ob es eine Maschine ist oder ein Stab angelernter Menschen, ist jetzt unwesentlich. Wenn es um Daten geht, die in irgendeiner natürlichen Sprache (z. B. der russischen) aufgezeichnet sind, so wird es schwer sein, rein formal (d. h. ohne Berücksichtigung der Bedeutung das Aufsuchen, den Vergleich u. ä. der benötigten Information durchzuführen, da eine natürliche Sprache zwei wesentliche Unzulänglichkeiten besitzt:

1. Sie ist subjektiv, nicht eindeutig; sie hat, wie man sagt, eine „pragmatische Funktion" (d. h., sie sieht eine individuelle Reaktion dieses oder jenes Organismus vor).

2. Sie ist nicht formal, sie hat keine klare Struktur, ist reich an Ausnahmen und deshalb für eine Maschine nicht geeignet.[1])

In welchem Maße sind diese Unzulänglichkeiten ein Hindernis bei der Ausnutzung einer natürlichen (sagen wir der russischen) Sprache als Maschinensprache? Das erste Hindernis hat prinzipiellen Charakter, obwohl man es auf dem Wege der Absonderung des „nichtpragmatischen Teils" aus der russischen Sprache beseitigen könnte, d. h. die Zulassung lediglich gewisser Standardtermini und Konstruktionen (etwa in der Art des Basic English) mit genau aufgestellten Regeln ihrer semantischen Deutung. Das zweite Hindernis hat mehr praktischen Charakter; prinzipiell kann man in eine Maschine die gesamte russische Grammatik einschließlich aller ihrer Ausnahmen eingeben. Auch bei der Schaffung einer automatischen Übersetzung muß man so verfahren (wenn man beliebige Texte übersetzen will), aber um eine Informationsmaschine zu schaffen, erweist sich eine solche Methode als praktisch nutzlos. (Es wird nur ein einfachstes Aufsuchen möglich sein, z. B. das Aufsuchen aller Sätze, in die z. B. ein vorgegebenes Wort eingeht; kompliziertere Aufgaben werden langsam durchgeführt und erfordern umfangreiche Programme.)[2])

Die Antwort auf die Frage kann man durch eine deutliche Formulierung unseres Zieles geben: In der Maschine selbst nicht die Texte irgendeiner Sprache unterzubringen, sondern die Information, die in diesen Texten enthalten ist. Da die natürlichen Sprachen vom Standpunkt unseres Zieles aus gesehen ernstliche Mängel besitzen, kann man nicht eine einzige von ihnen als Maschinensprache benutzen. Man muß eine künstliche (formalisierte) Sprache schaffen, die aufs

[1]) Eine natürliche Sprache kann man als eine gewisse Idealstruktur mit zusätzlichem ihr auferlegtem „Rauschen" betrachten (d. h. Unregelmäßigkeiten); bei der Aufnahme einer Sprachmitteilung durch den Menschen wird dieses „Rauschen" anscheinend beseitigt.

[2]) Diese Unzulänglichkeiten der gebräuchlichen Sprachen, die in das Inadäquate ihrer Struktur die Struktur der menschlichen Kenntnisse einschließen, sind vollkommen natürlich. Die Sprachen wurden ja ziemlich spät zur Aufzeichnung komplizierter wissenschaftlicher Fakten benutzt (schon der Wortschaft einer Sprache ist zur Bezeichnung wissenschaftlicher Begriffe nicht geeignet).

beste zur Aufzeichnung naturwissenschaftlicher Mitteilungen geeignet ist, ähnlich der Tatsache, daß die Schachnotierung für die Aufzeichnung von Schachpartien bequemer ist als die wirklichen Sprachen. An diese Sprache stellt man deshalb folgende Forderungen:

1. Sie darf nicht zweideutig sein: Jede Aufzeichnung muß eine eindeutige Deutung zulassen;

2. sie muß für die Algorithmierung folgender Funktionen geeignet sein:

a) Auswahl einer benötigten Information;

b) die Identifizierung der auf verschiedene Weise aufgezeichneten Fakten;

c) Deduktion, d.h. die Ausführung einer logischen Schlußfolgerung.

Diese Forderungen widersprechen teilweise einander und machen die Schaffung einer Optimalsprache (vom Standpunkt dieser Forderungen) zu einer Extremalaufgabe.

Zur Erfüllung der ersten Aufgabe muß man besondere formalisierte Sprachen schaffen, die die einzelnen Gebiete der Wissenschaft (wie Mathematik, Chemie) oder sogar Zweige dieser Gebiete (Geometrie, organische Chemie) berücksichtigen. Auf einer gewissen Stufe bestehen diese Sprachen schon (denn man spricht ja von der „Formelsprache" der Mathematik oder Chemie). Eine besondere formalisierte Sprache müssen die Vertreter der entsprechenden konkreten Wissenschaft gemeinsam mit den Logikern schaffen.

In dieser formalisierten Sprache wird man die Information in der Maschine aufbewahren. (Wir werden hier außer Betracht lassen, daß in der Maschine alle Texte als Folgen von Nullen und Einsen codiert sein werden.) In der ersten Zeit wird ein „Gespräch" des Menschen mit der Maschine stattfinden, denn der Mensch erlernt die Maschinensprache leichter als die Maschine die menschliche. Wie üblich, wird der Mensch Fragen stellen und die Maschine antworten, aber manchmal kann auch die Maschine den Menschen eine Frage aufgeben, z.B. ihn bitten, seine Frage zu präzisieren.

Ferner ist es notwendig, formale Regeln der Übersetzung aus einer gegebenen formalisierten Sprache in irgendeine natürliche und umgekehrt auszuarbeiten.

Die automatische Übersetzung aus natürlichen Sprachen in formalisierte gibt die Möglichkeit, in der Maschine automatisch Fakten, die in diesen oder jenen natürlichen Sprachen ausgedrückt sind, zu speichern. (Es kann sein, daß vorläufig in der ersten Zeit die Texte durch den Menschen präpariert werden.) Das erlaubt, schon jetzt in der Literatur vorhandene Daten in der Maschine zu speichern (ohne die Schaffung einer automatischen Übersetzung erweist es sich natürlich als praktisch unmöglich, bereits vorhandene Literatur in die Maschine einzuführen). Die automatische Übersetzung aus einer formalisierten Sprache in eine natürliche erlaubt, Mitteilungen in der gewünschten Sprache wiederzugeben. Deshalb braucht der Mensch beim Verkehr mit der Maschine die Maschinensprache nicht zu kennen. Schließlich kann man die Maschinensprache als Vermittlersprache betrachten. Damit wird die Aufgabe der automatischen Übersetzung wissenschaftlich-technischer Texte gelöst: Um einen Text aus der Sprache A in die Sprache B zu übersetzen, muß man diesen Text aus der Sprache A in die Maschinensprache und dann von der Maschinensprache in die Sprache B übersetzen.

§ 2

Die Konstruktion einer speziellen formalisierten Sprache für eine gegebene Theorie muß mit dem Aufbau der zugehörigen Metatheorie begonnen werden.

Der Gegenstand der Theorie ist ein bestimmter Teil der wirklichen Welt; der Gegenstand der Metatheorie: das System der Sätze der gegebenen Theorie selbst. Das Verhältnis der Theorie zur Metatheorie ist analog dem Verhältnis der Kunst zur Kunstwissenschaft. Ein Maler stellt die objektive Wirklichkeit in künstlerischer Form dar, danach untersucht der Kunstwissenschaftler das System dieser Formen und das Verhältnis dieses Systems zur Wirklichkeit, aber nicht zur dargestellten Wirklichkeit. Genauso gibt ein Wissenschaftler die Wirklichkeit in wissenschaftlicher Formulierung wieder; der Metatheoretiker jedoch untersucht das System dieser Formen und ihre Verbindung mit der dargestellten Wirklichkeit.

Eine Metatheorie ist am leichtesten für solche „Theorien" zu schaffen, deren Gegenstand nicht die Naturprozesse sind, sondern Prozesse, die nach Gesetzen verlaufen, die die Menschen selbst aufgestellt haben. Solche sind z. B. Sportspiele und der Straßenverkehr.

Die Theorie des Straßenverkehrs hat als Gegenstand die bestmögliche Organisation des Straßenverkehrs. Der Gegenstand der Metatheorie des Straßenverkehrs ist bereits in der Theorie des Systems der Verkehrsregeln ausgearbeitet worden. Betrachten wir für ein Beispiel etwas ausführlicher, worin diese Metatheorie bestehen müßte (wenn sie existierte). Vor allem erforscht man das System der Begriffe, die in Regeln auftreten. Diese Begriffe klassifiziert man in Abhängigkeit von ihrem Verhältnis zueinander. Auf diese Weise bilden sich z. B. solche Gruppen von Begriffen heraus: das, was sich bewegt (Transportwesen, Fußgänger); das, worauf sie sich bewegen (Straßen, Plätze usw.); das, was reguliert (Verkehrspolizisten, Ampeln, Verkehrszeichen usw.). Es bilden sich verborgene, nicht klar in den Regeln enthaltene Begriffe heraus (Gebäude, geradeaus usw.). Man teilt die Begriffe in nicht definierbare (Ampel) und definierbare (Kreuzung) ein. Danach geht die Untersuchung der Sätze der Theorie vor sich. Man unterteilt sie in definitive, in denen man irgendeinen Begriff definiert, und positive, in denen irgendein Sachverhalt beschrieben wird. Das gesamte System von Sätzen untersucht man danach vom Standpunkt seiner Widerspruchsfreiheit (Widersprechen sich nicht irgendwelche Verkehrsregeln), Vollständigkeit (sind alle Fälle in den Verkehrsregeln vorgesehen) und Eindeutigkeit (läßt nicht irgendeine Regel dem Sinne nach unterschiedliche Auslegungen zu).

Man bemerkt, daß man einen bedeutenden Teil dieser Untersuchungen durchführen kann, ohne überhaupt zu wissen, was Straßenverkehr ist oder ohne daß man viel weiß. (Man kann z. B. annehmen, daß eine „Ampel" ein lebender Gegenstand ist und ein „Polizist" ein Mechanismus.)

Die Fragen des Zusammenhangs zwischen Begriffen und Sätzen der Theorie untereinander ohne Berücksichtigung ihres Sinnes stellen den syntaktischen Teil der Metatheorie dar (von dieser Art sind z.B. die Fragen über die Widerspruchsfreiheit). Die Fragen über die sinngemäße Deutung der Begriffe und Sätze der Theorie stellen den semantischen Teil der Metatheorie dar.

Die Metatheorie umreißt auf diese Weise klar den Kreis der Begriffe und Sätze einer gegebenen Theorie. Sie klassifiziert die Begriffe nach ihrem Charakter, nach der Stufe der Allgemeinheit, nach semantischen Zusammenhängen. Sie klärt allgemeinlogische Begriffe, die man für eine gegebene Theorie braucht. (Den Begriff der natürlichen Zahl braucht man z.B. für die Theorie des Straßenverkehrs nicht, aber für die Chemie.) Die Metatheorie muß das Homonym feststellen und beseitigen, d.h., es darf ein und derselbe Terminus nicht mit verschiedenem Sinn auftreten (z.B. „Wasserstoff ist ein Brennstoff" und „Der Wasserstoff hat sich entzündet"; in der ersten dieser Aussagen kennzeichnet der Terminus „Wasserstoff" den Wasserstoff als Gegenstand, aber im zweiten — eine gegebene konkrete Eigenschaft des Wasserstoffs). Die Metatheorie muß die Methoden untersuchen, die in eine gegebene Wissenschaft neue Begriffe einführen. In der Mathematik z.B. führt man sie entweder durch eine Definition ein oder als nicht definierbaren Begriff (aber dann werden seine Eigenschaften aufgezählt). Definitionen in nichtmathematischen Wissenschaften haben ihre Spezifik, insofern sie die unmittelbare Erfahrung benutzen (die Definition solcher Begriffe, wie z.B. Energie, macht beträchtliche Schwierigkeiten). Die Metatheorie muß durch Untersuchen des Systems von Sätzen aus der Theorie aus ihnen Axiome herausfinden und Regeln aufstellen (Ausgangsregeln), nach denen es erlaubt ist, von einem der Sätze zu anderen überzugehen.

Die Metatheorie ist dazu berufen, genaue Normen einer „nichtpragmatischen Sprache" auszuarbeiten, in der die Arbeiten aus einer gegebenen Theorie geschrieben werden müssen. Hieraus könnte man folgern, bei wissenschaftlich-technischen Verlagen Organe zu schaffen, die den Abteilungen der technischen Kontrolle in den Betrieben entsprechen. Diese Organe müßten die Druckerzeugnisse vom Standpunkt der aufgestellten syntaktischen und semantischen Normen kontrollieren. Dabei wird natürlich im allgemeinen nicht kontrolliert, ob der vorliegende Beitrag richtig oder falsch ist (ebenso, wie es nicht Sache der technischen Kontrolle ist, zu kontrollieren, ob ein gegebenes Erzeugnis benötigt wird oder nicht); es müssen lediglich solche formalen Dinge kontrolliert werden wie Eindeutigkeit, Widerspruchsfreiheit usw.

Schließlich fordert die Schaffung einer Informationsmaschine von der Metatheorie die Charakterisierung der Fragen, die sich der Forscher stellt, wenn er sich an die Literatur wendet. Diese werden jetzt der Maschine aufgegeben.

Aus dem Gesagten ist ersichtlich, daß die Schaffung der Metatheorie eine wichtige Aufgabe ist, der die Schaffung der Theorie selbst an Schwierigkeiten kaum nachsteht. Man ist aber der Meinung, daß die Notwendigkeit einer Metatheorie nicht nur von der Zielsetzung, Informationsmaschinen zu schaffen, bedingt wird, sondern überhaupt aus der gesamten Entwicklung der Wissenschaft erwächst. Denn die Schaffung einer Metatheorie hat große Bedeutung für die Wissenschaft selbst, da die Metatheorie die Exaktheit der Begriffe prüft und uns im System unserer Vorstellungen über die Welt leichter zurechtzufinden hilft. Metatheorien helfen auch beträchtlich bei der Erledigung solch alltäglicher praktischer Aufgaben, wie der Zusammenstellung von Referaten, Registern, Enzyklopädien usw. Gewisse Metatheorien sind schon oder werden gerade aufgebaut. So sind die Grundlagen der Metamathematik geschaffen, die Umrisse der Metachemie zu sehen, der Anfang der Metabiologie gelegt. Ferner wäre es möglich, zur Schaffung der Metamedizin überzugehen. Das Kompliziertestе beim Aufbau einer speziellen formalisierten Sprache zu einer gegebenen Theorie ist die Schaffung einer Metatheorie. In der Metatheorie wird jeder Satz auf eine Standardform gebracht: „Welche Objekte befinden sichin welchen Beziehungen", wobei die möglichen Objekte und die möglichen Beziehungen im voraus aufgezählt werden. Der Aufbau der Sprache besteht ferner darin, daß eine symbolische Aufzeichnung dieser angeführten Sätze stattfindet.

Die Methoden einer symbolischen Schreibweise entlehnt man aus der mathematischen Logik, in der die Mittel zur Darstellung syntaktischer Beziehungen weitgehend ausgearbeitet sind.

In der mathematischen Logik gibt es spezielle Zeichen, die allgemein logische Zusammenhänge und Operationen ausdrücken: „und", „oder", „es existiert" usw. Diesen Zeichen muß man jetzt noch Zeichen für die Objekte der betrachteten Theorie (darunter für die Begriffe) hinzufügen, d.h. Termini (konstante und veränderliche), Zeichen für Beziehungen (Prädikatenkalkül), Zeichen für Funktionen (Funktionen). Z.B. wenn das Zeichen G die Beziehung „liegt auf" (in der Geometrie) bezeichnet, so schreibt man den Satz „der Punkt a liegt auf der Geraden p" in der Form

$$G(a, p) .$$

Wenn man vereinbart, Punkte mit lateinischen Buchstaben zu bezeichnen und Geraden mit griechischen, so muß man den Satz „für zwei beliebige Punkte findet man eine durch sie gehende Gerade" in die Form bringen „für jedes Objekt a und jedes Objekt b existiert ein solches Objekt α, daß a auf α und b auf α liegen"; die symbolische Schreibweise dieses Satzes lautet:

$$(a)\,(b)\,(E\,\alpha)\,[G(a, \alpha) \wedge G(b, \alpha)] .$$

Kann man keine Unterschiede zwischen den Schreibweisen der Objekte verschiedener Typen einführen, so muß man die Prädikate einführen „ein Objekt irgendeines Typs sein". T bezeichne z.B. „ein Punkt sein" und P „eine Gerade sein". Dann bringt man den Satz „für zwei beliebige Punkte findet man eine durch sie hindurchgehende Gerade" in die Form „für jedes Objekt a und jedes Objekt b, wenn a ein Punkt ist und b ein Punkt ist, existiert ein solches Objekt c, daß c eine Gerade ist, a liegt auf c und b liegt auf c"; die Schreibweise ist folgende:

$$(a)\,(b)\,\{T(a) \wedge T(b) \rightarrow (E\,c)\,[P(c) \wedge G(a, c) \wedge G(b, c)]\} .$$

Ein weiteres Beispiel: Es bezeichne t die Temperatur, T_c das Prädikat „sich im festen Zustand befinden“ und $\approx\approx$: Wasser. Den Satz „der Gefrierpunkt des Wassers ist 0°“ kann man in die Form bringen: Die Behauptung, daß die Temperatur des Wassers geringer als 0° ist, ist gleichbedeutend der Behauptung, daß sich das Wasser im festen Zustand befindet. Die Schreibweise ist:

$$t(\approx\approx) < 0^\circ \sim T_c(\approx\approx) .$$

Die Schaffung symbolischer Aufzeichnungsmethoden ist möglich (und sogar ziemlich unkompliziert), wenn schon eine Metatheorie ausgearbeitet worden ist. (Man erkennt hier die Bedeutung der Metatheorie für die Entdeckung verborgener Auffassungen, es genügt die Möglichkeit zu versuchen, die Bewegung im Verkehr symbolisch dem grünen Licht zuzuschreiben.)

Für die Schaffung einer formalisierten Sprache, abgesehen von der mathematischen Logik, ist es zweckmäßig, die formale Semantik zu benutzen. Man muß die semantische Philosophie, die Semantik in der Sprachwissenschaft, anders Semasiologie genannt, als Lehre von der Bedeutung linguistischer Elemente (Wörter, Ausdrücke usw.) und die Semantik in der Logik als Lehre von der Bedeutung logischer Elemente (Begriffe, Aussagen usf.) unterscheiden. Hier interessiert uns besonders die Semantik in der Logik, insbesondere die formale Semantik, die von CARNAP und anderen Wissenschaftlern ausgearbeitet worden ist. Man muß die philosophischen Anschauungen dieser Gelehrten und ihre konkreten Ergebnisse beim Aufbau formaler symbolischer Systeme auf der Basis der mathematischen Logik zur Aufzeichnung naturwissenschaftlicher Fakten unbedingt unterscheiden. Diese formalen Systeme kann man bei all ihren Unvollständigkeiten mit Erfolg für den Aufbau einer Maschinensprache benutzen. Real sind ebenso die von den Vertretern dieser Richtung in der Logik ausgearbeiteten Methoden der formalen (ohne Beachtung des Inhaltes!) Analyse symbolischer Ausdrücke; man muß unbedingt berücksichtigen, daß der Maschine lediglich eine solche formale und mit Notwendigkeit „inhaltlose“ Sprache zugängig ist. Mit Bedauern muß man erkennen, daß bei uns bis zur letzten Zeit eine Unterschätzung und sogar eine falsche Einschätzung der Semantik am Platze waren, die man dazu noch oft mit der semantischen Philosophie verwechselt (die hier bis vor kurzem bestehende Lage kann man mit der bis vor kurzem in der Kybernetik bestehenden Lage vergleichen).

Eine formalisierte Sprache oder ein formales semantisches System besteht aus einem Verzeichnis elementarer Symbole (Zeichen), Bildungsregeln (die festlegen, welche Zeichenkombinationen zugelassen sind), Umbildungsregeln (die festlegen, welche Umbildung der Ausdrücke zugelassen sind mit dem Ziel, logische Schlußfolgerungen zu erhalten) und Interpretationsregeln (die festlegen, welchen Sinn man den Ausdrücken zuschreiben soll, die nach den Bildungsregeln zusammengestellt worden sind). Im weiteren muß die Schaffung einer speziellen formalisierten Sprache und der Metatheorie parallel vor sich gehen (wobei die Sprache der Metatheorie voreilt).

§ 3

Spezielle Fragen tauchen in Verbindung mit der Speicherung von Information in einer Maschine auf. Die Schwierigkeit liegt darin, anzugeben, was zu speichern ist. Es kommt vor, daß man eine Zahlentafel aufzeichnen kann (die einen bedeutenden Umfang des Speichers einnimmt), man kann aber auch eine Formel aufschreiben, aus der man die Tabelle durch eine einfache Substitution erhalten kann. Eine Formel braucht natürlich weniger Platz im Speicher für ihre Aufzeichnung, aber man muß der Maschine die Ausführung solcher Operationen ermöglichen, wie das Einsetzen der Zahlen in die Formel. Man kann noch weiter gehen und im Speicher der Maschine nicht alle Daten einer gegebenen Theorie aufzeichnen, sondern nur gewisse Ausgangsdaten, aus denen man die übrigen Daten mittels einer logischen Schlußfolgerung erhalten kann (unter der Bedingung, daß die Maschine selbst diese logische Schlußfolgerung realisieren kann). Ferner ist möglich, daß es sich als zweckmäßig erweist, eine gewisse spezielle Struktur der Sätze der Maschinensprache auszuwählen, die für das Aufsuchen einer Information geeigneter ist. Es sei z. B. ein Satz vorhanden, der die Termini $a_1, a_2, \ldots, a_s$ enthält; wir bezeichnen ihn durch $A(a_1, a_2, \ldots, a_s)$. Wenn das Aufsuchen nach den Kennzeichen $a_1, a_2, \ldots, a_s$ durchgeführt wird (d. h. uns interessieren die Sätze, die die Termini $a_1, a_2, \ldots, a_s$ enthalten), so muß man beim Aufsuchen den ganzen Satz durchlaufen. Man könnte das umgehen und folglich das Aufsuchen erleichtern, wenn man den bezeichneten Satz in anderer Form aufschreibt: Alle Termini vorziehen und im Inneren des Satzes die Termini durch ihre Nummern ersetzen: $a_1, a_2, a_3, \ldots, a_s; A(1, 2, \ldots, s)$ (z. B. „der Stuhl steht auf dem Fußboden“ geht über in „Stuhl, Fußboden; 1 steht auf 2“). Dann kann man das Aufsuchen lediglich im Präfix durchführen, das vor dem Satz steht. Genauso kann man in das Präfix nicht nur Gegenstände, sondern auch Beziehungen hineinbringen: „Der Stuhl steht auf dem Fußboden“ geht über in „Stuhl, Fußboden, stehen auf; 3(1, 2)“. Eine solche Bearbeitung der Sätze ist beim Aufsuchen von Sätzen geeignet, die eine gegebene Beziehung enthalten. Man kann natürlich auch so vorgehen, daß die Maschine selbst bei der Eingabe den notwendigen Umbau der Sätze ausführt.

Einige Bemerkungen über die Verteilung von Daten im Speicher einer Maschine. Den Speicher einer Maschine kann man nach hierarchischem Prinzip organisiert betrachten: „ein Haus“, im „Haus“ sind „Etagen“, auf den „Etagen“ — „Korridore“, in den „Korridoren“ — „Zimmer“, in den „Zimmern“ — „Schränke“, in den „Schränken“ — „Fächer“, in den „Fächern“ — „Aktendeckel“. Jede im Speicher aufbewahrte Mitteilung hat ihre Adresse, die aus der Nummer des entsprechenden „Hauses“, der „Etage“ usw. besteht. Ein Beispiel für das Gespeicherte ist:

1. Wissenschaftliche Sätze in der abstrakten Sprache: Axiome, Theoreme, Definitionen.

2. Regeln der logischen Schlußfolgerung — Umbildungsregeln (d. h. im wesentlichen ein Teil des Maschinenprogramms).

3. Mitteilungen, die in der gewöhnlichen Sprache aufgezeichnet sind — Zitate, bibliographische Auskünfte, nicht formalisierte Definitionen usw.

Die rationelle Verteilung eines solch umfangreichen und verschiedenartigen Materials stellt selbst eine komplizierte Aufgabe dar. Als Kriterium einer rationellen Verteilung müssen der im Speicher eingenommene Platz (Umfang) und die zum Aufsuchen benötigte Zeit dienen. Dabei muß man berücksichtigen, daß wir aus den zu Anfang erwähnten Gründen lediglich in begrenztem Maße ein Klassifikationsprinzip benutzen können.

Die Verteilung einer Information im Speicher muß die Möglichkeit des dynamischen Aufsuchens vorsehen, d.h. des Aufsuchens nach einem bestimmten Programm unter Benutzung von Zwischenresultaten. Sollen wir beispielsweise einen Stoff finden, der schädlich auf den Tuberkelbazillus einwirkt (das Beispiel wurde von W. W. SIERPIŃSKI und G. W. WLEDUZ angegeben). Dafür wäre der Suchprozeß so zu programmieren: Zuerst müssen die Stoffe ausfindig gemacht werden, die für den Bazillus lebensnotwendig sind, sodann Stoffe, die mit den ersten Stoffen eine widerstandsfähige Verbindung eingehen. Die Zwischenresultate des Suchprozesses werden ohne besonderes Verlangen nicht nach außen gegeben. Beim Aufbau des Maschinenspeichers kann man insbesondere folgende Situationen berücksichtigen:

1. Die Organisation der Verteilung hängt lediglich mit der Notwendigkeit zusammen, mit Raum und Zeit ökonomisch umgehen zu müssen. Prinzipiell kann man dann Daten in der Reihenfolge ihres Eintreffens, unterbringen, da die Maschine die Möglichkeit einer geschlossenen Betrachtung des gesamten Speichers besitzt.

Dem Suchprogramm wird demzufolge aufgegeben: „Siehe nacheinander alle vorhandenen Mitteilungen durch und wähle aus, was benötigt wird“.

2. Man kann eine Klassifikation nach unveränderlichen Kennzeichen vornehmen und z.B. Axiome, Theoreme, Definitionen, Zitate usw. unterscheiden und jede solcher Mitteilungsformen in dem zugeordneten Speicherbereich unterbringen.

3. Es wäre möglich, bei jedem „Haus“, „Etage“ usw. einen gewissen Titel (entsprechend einem Verzeichnis der Bewohner) anzubringen. Das erlaubte, zuerst lediglich die Titel zu betrachten, um im weiteren nur noch die Speichergebiete mit entsprechenden Titeln durchmustern zu müssen.

4. Dabei dürfte sich eine Selbstständigkeit einzelner Speicherbereiche empfehlen, so daß das Suchen parallel auf mehreren Bereichen geschehen kann, wobei nur ein begrenzter Informationsaustausch zwischen ihnen durchgeführt wird.

5. Es ist zweckmäßig, das System der verketteten Anweisungen weitgehend auszunutzen. Z.B. kann bei jedem Terminus als nächste Adresse eine desselben Terminus stehen oder die Adressen mit ihm verbundener (semantisch) Termini.

6. Aus dem vorhergehenden Punkt ist zu ersehen, daß bei der Speicherorganisation semantische Zusammenhänge eine Rolle spielen. Die Maschine kann bestehende stabile semantische Zusammenhänge selbst aufdecken und sie sich für die nachfolgende Benutzung merken.

7. Bei der Speicherorganisation sollten auch Wahrscheinlichkeitserwägungen benutzt werden (die mittlere Suchzeit soll ein Minimum werden). Hier können auch die Methoden der Unternehmungsforschung und sogar die Theorie der Spiele Anwendung finden.

8. Weiterhin wird man an eine Möglichkeit der automatischen Reorganisation des Speichers in Abhängigkeit von der gespeicherten „Erfahrung“ denken müssen. Damit erhält die Informationsmaschine den Charakter einer „lernenden Maschine“.

§ 4

Der Bau einer Informationsmaschine und die Schaffung einer Informationssprache stellt die Mathematik und vor allen Dingen die mathematische Logik vor besondere Probleme.

Bei der Schaffung einer Maschinensprache muß man drei Grundaufgaben lösen:

1. Die symbolische Aufzeichnung der Begriffe. 2. Die symbolische Aufzeichnung der Aussagen. 3. Die symbolische Aufzeichnung der Zusammenhänge.

Für die zweite Aufgabe sind in der mathematischen Logik Lösungsmethoden ausgearbeitet, symbolisch logische Beziehungen zwischen den Begriffen aufzuzeichnen, aus denen die Aussagen zusammengesetzt sind (davon wurde schon früher gesprochen).

Die Aufgabe, einen Zusammenhang aufzuzeichnen,bestand in der mathematischen Logik nicht; denn formal kann ein beliebiger Text mit einem Satz durch eine Aussage aufgeschrieben werden. Dabei verlieren wir natürlich irgendetwas. Es ist z.B. bekannt, daß in der Sprache die Bedeutung eines Ausdrucks vom Zusammenhang abhängt (dabei erhält man eine Ökonomie an Sprachmitteln, da man ein und demselben Ausdruck verschiedene Bedeutungen zuschreibt). Es wäre zweckmäßig, diese Besonderheiten zu formulieren. Das würde auch die Übersetzung aus natürlichen Sprachen in formalisierte erleichtern, da eine formalisierte Sprache bei Formalisierung des Zusammenhanges einer natürlichen Sprache näher käme.

Die Lösung der ersten Aufgabe ist sehr wichtig und bedeutet die Auswahl einer rationellen Terminologie für die Maschinensprache. Es wäre wünschenswert, daß die Zusammenhänge zwischen den Begriffen durch die Terminologie selbst ausgedrückt würden, und man folglich keine speziellen Sätze brauchte, die diese Verbindung fixieren. Wenn man eine gewöhnliche, sagen wir russische Terminologie benutzt und der Maschine eine Frage über Antibiotika stellt, so ist es notwendig, im Speicher einen Satz stehen zu haben, der aussagt, daß Penicillin ein Antibiotikum ist, damit die Maschine in den Kreis ihrer Betrachtungen auch Penicillin einbezieht. Ein solcher Satz wird überflüssig, wenn etwa Q als allgemeines Kennzeichen für ein Antibiotikum derart dienen wird, daß für Penicillin Qa, für Syntomyzin — Qb usw. zu stehen kommt. Hier kann die Kosmoglotik helfen (die Wissenschaft von den künstlichen Sprachen); schon im 17. Jahrhundert bildete man sog. philosophische Sprachen, deren Terminologie nur auf dem beschriebenen hierarchischen Prinzip aufbaute.

Teilweise hilft hier der mathematischen Logik auch die Chemie mit ihren ausgearbeiteten Bezeichnungssystem organischer Stoffe (ich bemerke, daß dem Identitätsproblem der Bezeichnungen chemischer Stoffe offensichtlich mathematisches Interesse zukommt, besonders angesichts der Unlösbarkeit des allgemeinen Identitätsproblems für assoziative Systeme). In der mathematischen Logik kennt man Methoden, Aussagen symbolisch so niederzuschreiben, daß man daraus erkennen kann, wie sie sich aus anderen Aussagen aufbauen. Die entsprechenden Methoden, auch Begriffe so symbolisch niederzuschreiben, daß man ihren Aufbau aus anderen Begriffen erkennen kann, fehlen dagegen und müssen erst noch geschaffen werden.

Aus der Reihe der Probleme, die in der mathematischen Logik auftreten, kann man noch folgende erwähnen:

1. Eine formalisierte Sprache für eine gegebene Theorie kann man als aufgebaut betrachten, wenn die Regeln vorgegeben sind, die für einen beliebigen Sachverhalt der Theorie den zugeordneten Sprachausdruck zu finden erlauben. Es geht folglich um die Algorithmierung der Zuordnung „Gedanken" — „formaler Ausdruck". Es entsteht die Notwendigkeit einer genauen Definition dessen, was in diesem Fall Algorithmierung heißt, wofür man seinerseits wiederum eine Formalisierung des Begriffes „Sinn" braucht.

2. Die mathematische Logik dient jetzt hauptsächlich der Mathematik. Es ist notwendig, „angewandte" Teile der mathematischen Logik zu schaffen, die den anderen Einzelwissenschaften dienen (etwa der Chemie).

3. In naturwissenschaftlichen Konstruktionen treten in der Mathematik nicht eigene und darum in der klassischen mathematischen Logik auch nicht formalisierte Kategorien auf, wie Möglichkeit, Wahrscheinlichkeit usw. Daher wurde es notwendig, diese Begriffe zu formalisieren und die mehrdeutige Logik, die modale Logik und andere Richtungen der intentionalen Logik oder der Logik des Inhaltes (zugleich mit der extentionalen Logik oder der Logik des Umfanges) zu entwickeln.

4. Schließlich sollte man sich mit der Auswahl von Grundverknüpfungen aus der Menge aller Formeln beschäftigen, d. h. mit der Menge der Formeln, aus denen der Beweis für alle anderen Formeln in einer gegebenen Zahl von Schritten durchgeführt werden kann (diese Idee stammt von R. L. Dobruschin).

Die Lösung der genannten Aufgaben erfordert theoretische Forschungen in verschiedenen Gebieten der mathematischen Logik, insbesondere in der Kalkültheorie, in der Modelltheorie usw. Gleichzeitig muß man zur Schaffung einer speziellen Maschinenlogik übergehen, die allgemein den Aufbau der derzeitigen Maschinen und die Wechselwirkung ihrer Elemente untersucht.

Für die Eingabe in die Maschine muß man die Ausdrücke sowohl einer formalisierten als auch einer natürlichen Sprache in Form dualer Zeichenfolgen codieren. Bei dieser Codierung treten Probleme auf, die charakteristisch für die Informationstheorie sind. Ein solches Problem ist, einen der Länge nach optimalen Code zu finden. Das andere Problem besteht in der Konstruktion eines Codes, der gegen Störungen widerstandsfähig ist (man muß die Möglichkeit von

Ausfällen in der Maschine vorsehen); hier wird die Ausnutzung der Theorie des sogenannten „Code zur Fehlerauffindung“ vorgeschlagen.

Die Forderungen der Informationstheorie lassen lediglich einen Kompromiß mit der Theorie der Algorithmen zu, da anzunehmen ist, daß der vom theoretisch-informatorischen Standpunkt rationellere Code vom Standpunkt der Theorie der Algorithmen nicht rationell sein wird. Hierbei wird an die Suchalgorithmen, die Deduktionsalgorithmen und die Übersetzungsalgorithmen gedacht. Die Untersuchung dieser Algorithmen schließt sich im wesentlichen an Arbeiten über theoretische Probleme der Programmierung an, die von einem Kollektiv unter der Leitung von A. A. Ljapunow durchgeführt werden. Die Forderungen der Algorithmentheorie üben anscheinend einen bedeutenden Einfluß auf die endgültige Struktur einer Maschinensprache aus.

Wichtige Aufgaben treten auch an die Linguistik heran. Mit Bedauern muß man erkennen, daß man bei uns die Bedeutung der angewandten Linguistik unterschätzt (ebenso wie auch der Logik). Die Linguistik betrachtet man hauptsächlich (abgesehen von ihrem rein theoretischen Aspekt) als Grundlage für die Zusammenstellung von Schulgrammatiken, für das Erlernen einer Fremdsprache usf. Aber die Linguistik bietet wichtige praktische Anwendungen der rationellen Aufzeichnung von Fakten. Arbeiten in dieser Richtung kann man bei uns nur als Seltenheiten zählen (hier sind vor allem die Arbeiten N. F. Jakowlews und E. D. Poliwanows über die Schaffung von Alphabeten für (bisher) schriftlose Sprachen aufzuführen). Wesentlich ist jedoch, daß für den angewandten Aspekt der Linguistik die Entwicklung ihrer theoretischen Zweige und vor allem ihrer Verbindungen mit der Semiotik notwendig ist.

§ 5

Der Bau einer Informationsmaschine und die Schaffung einer Maschinensprache ist im wesentlichen eine Aufgabe der Kybernetik. Die Kybernetik untersucht bekanntlich lebende und künstliche Organismen und deren Kollektive vom Standpunkt ihrer Fähigkeit, eine Information aufzunehmen, aufzubewahren, zu verarbeiten und weiterzugeben. Das Aufsuchen einer Information aus der Literatur ist ein kybernetischer Prozeß, an dem solche Organismen wie der Mensch, Bücher, Bibliotheken, bibliographische Büros usw. beteiligt sind und Informationen austauschen. Das Aufsuchen einer Information durch Maschinen ist ebenso ein kybernetischer Prozeß, der das vorhergehende nachbildet.

Eine derzeitige Rechenmaschine bildet das Denken und in geringerem Maße das Gedächtnis nach; ihrer Struktur nach bildet sie aber eher eine maschinelle Rechenstation als das Gehirn nach. Eine Informationsmaschine bildet neben dem Denken ebenso auch das Gedächtnis nach; ihrer Struktur nach bildet sie eine Bibliothek mit einem hinreichenden Bestand von Bibliothekaren und Metatheoretikern nach (zusätzlich einer maschinellen Rechenstation zur Bearbeitung der bibliographischen Kartotheken).

Dennoch ist sowohl für eine Rechen- als auch für eine Informationsmaschine das Gehirn das Ideale. Darum ist es so außerordentlich wichtig, den Zusammenhang der gesamten berührten Problematik mit der Psychoneurologie zu unterstreichen. Die Untersuchung des zur Auffindung einer Information im Gehirn führenden Prozesses kann vieles für den Aufbau einer Maschine geben. Es möge hier genügen, auf den ungewöhnlich schnellen Ablauf des Erinnerungsprozesses beim Menschen hinzuweisen, und auf die Rolle, die Assoziation und Erfahrung in diesem Prozeß spielen.

Man sollte versuchen, in der Maschine Erinnerungsprozesse der Assoziation nachzubilden, ebenso das Sammeln von Erfahrungen (die die Maschine über frühere Geschehnisse unterrichten). Daher erscheint es notwendig, verstärkt solche Prozesse zu erforschen, die mit der Aufbewahrung und der Verarbeitung einer Information im Gehirn zusammenhängen, und ebenso Parallelen zwischen diesen Prozessen und Prozessen, die in den Maschinen vor sich gehen, zu ziehen (so bemerkt man gerade, daß die oft angeführte Analogie zwischen Neuronen und Elektronenröhren als Informationsspeicher nicht gerechtfertigt ist).

Ferner wird mit der Übergabe einer immer größeren Menge ,,menschlicher Funktionen" an die Informationsmaschine augenscheinlich eine allmähliche ,,Pragmatisierung" der formalisierten Sprache vor sich gehen; insbesondere wird die Maschine auch einen Zusammenhang erfassen können. Ein bedeutendes Interesse bei der Schaffung einer Informationsmaschine verdient der Zweig der Kybernetik, der sich mit einer allgemeinen Theorie von Zeichensystemen befaßt (Semiotik). In der Regel sind die Zeichensysteme, die der Mensch benutzt, zu überladen. Z. B. faßt der Mensch die Zeichen *c C* **C** *C* als Buchstabe *c* auf; es liegt auf der Hand, daß in allen diesen Zeichen eine gewisse allgemeine Invariante enthalten ist (analog ist die Bedeutung die Invariante, wenn ein und dasselbe in verschiedenen Sprachen ausgedrückt wird; sprachvermittelnd wirkt sich auch die Formalisierung dieser Invarianten aus). Eine solche Überladung offenbart sich natürlich nicht nur in der Wahrnehmung einzelner Buchstaben: Es ist bekannt, daß man beispielsweise die Hälfte der Buchstaben eines Textes durchstreichen kann, ohne die Möglichkeit einer eindeutigen Identifizierung des Inhaltes zu verlieren. Diese Überladung kann man einschränken und auf diese Weise den benötigten Speicherumfang vermindern. Schließlich kann die formalisierte Maschinensprache in Zukunft eine wichtige kybernetische Funktion beim unmittelbaren Austausch von Information zwischen Maschinen erfüllen.

§ 6

Der Aufbau einer Maschine und die Schaffung einer Sprache müssen gleichzeitig vor sich gehen und sich gegenseitig beeinflussen. Wahrscheinlich wird man die erste begrenzte Stufe in der Tätigkeit der Maschine folgendermaßen charakterisieren:

1. Die Maschinensprache wird noch nicht endgültig geschaffen sein. Die Mitteilungen werden in russischer Sprache aufbewahrt. Außerdem wird ein spezieller ,,Telegramm"stil der Referate ausgearbeitet werden und ein wesentlicher Teil der Materialien wird in der ,,Telegramm"sprache aufbewahrt werden.

2. Die Suche wird nach einzelnen Kennzeichen vorgenommen und zwar zunächst ohne Eindringen in den inneren Gehalt der Sätze und in der ersten Zeit

vielleicht sogar auch ohne Eindringen in den inneren Gehalt des Artikels. Ein solches Aufsuchen kann man sich als Aufsuchen nach einer Überschrift vorstellen (natürliche oder künstliche; das Beispiel einer künstlichen Überschrift ist die Chiffre nach der Dezimalklassifikation, die der Bibliothekar auf das Buch oder den Artikel setzt). Der Aufbau einer Informationsmaschine und einer Maschinensprache erfordert verstärkte theoretische Untersuchungen und vor allem Untersuchungen, die für die Lösung der Hauptaufgabe — die Schaffung der Metatheorie — notwendig sind. Man muß schnellstens aufhören, Formalisierungstheorien gering zu schätzen. Ich möchte mich ebenso für die Verteidigung solch schrecklicher Worte, wie „Formalismus" und „Simplifizierung" einsetzen. Mitunter ist es eben notwendig, sich sowohl dem Formalismus als auch der Simplifizierung zuzuwenden, weil wir der Maschine nur Formales und Simplifiziertes übergeben können. Um eine Maschine zu schaffen, muß man sich notwendig auf ihren Standpunkt stellen.

Für die Entwicklung der Metatheorien, für den Aufbau der Maschinensprache und den mit ihr zusammenhängenden Übersetzungsalgorithmen ist nicht nur eine gedankliche Zusammenarbeit der Wissenschaften notwendig, sondern auch eine organisatorische Zusammenarbeit der wissenschaftlichen Einrichtungen. Ebenso ist es notwendig, eine entsprechende Vorbereitung der Kader zu organisieren.

Die Lösung der wissenschaftlichen und organisatorischen Aufgaben erfordert die Verwendung großer Kräfte und Mittel. Der Einsatz dieser Kräfte und Mittel wird dadurch gerechtfertigt, daß die angedeuteten Aufgaben für die gesamten Wissenschaften sehr wichtig sind. Denn ihre Lösung setzt uns nicht nur in die Lage, schnell und vollständig notwendige Nachrichten zu erhalten und damit unsere geistige Arbeitsproduktivität zu erhöhen, sondern auch damit zu beginnen, uns im angesammelten Wissen der Menschheit selbst besser auszukennen.

(Bei der Redaktion eingegangen am 15. 10. 1957)

Literatur[1])

Zu § 1

[1] PERRY, J. W./KENT, A./BERRY, M., Machine literature searching. New York–London 1956.

---

[1]) Die im vorliegenden Artikel zu beurteilende Problematik berührt eine Reihe von Vorträgen der in der Fußnote auf S. 38 erwähnten Konferenz (ein Verzeichnis der Vorträge auf dieser Konferenz findet sich in „Probleme der Kybernetik", Bd. 1 auf S. 323ff. Zwei von ihnen sind während des Druckes des vorliegenden Artikels publiziert worden:
Гутенмахер, Л. И., Электрическое моделирование некоторых процессов умственного труда. Вестник АН СССР **10** (1957) 88—95.
GUTENMACHER, L. J., Elektrische Modellierung einiger Prozesse der geistigen Arbeit. Westnik d. Akad. d. Wiss. d. UdSSR **10** (1957) 88—95.
Иванов, В. В., Лингвистические вопросы создания машинного языка для информационной машины, материалы по машинному переводу, сб. 1. ЛГУ (1958) 10—39.
IWANOW, W. W., Linguistische Probleme hinsichtlich der Schaffung einer Maschinen-Sprache für Informationsmaschinen. 1958.

[2] Гутенмахер, Л. И., Статистические и информационные машины нового типа, Вестник АН СССР **10** (1956) 12—21.
Gutenmacher, L. J., Statistische Maschinen und Informationsmaschinen neuen Typs. Westnik d. Akad. d. Wiss. d. UdSSR **10** (1956) 12—21.

Zu § 2

[3] Полтев, К. М., Пособие но правилам движения автотранспорта. 1957.
Poltew, K. M., Handbuch des Kraftverkehrs. Moskau 1957.
[4] Клини, С. К., Введение в метаматематику. ИЛ, 1957.
Original: Kleene, S. C., Introduction to Metamathematics. Amsterdam 1952.
[5] Woodger, J., Biology and language. Cambridge 1952.
[6] Carnap, P., Introduction to semantics. Cambridge 1946.

Zu § 3

[7] Гильберт, Д./Аккерман, В., Основы теоретической логики. ИЛ, 1947.
Original: Hilbert, D./Ackermann, W., Grundzüge der theoretischen Logik. 4. Aufl., Springer-Verlag, Berlin-Göttingen-Heidelberg 1954.
[8] Дрезен, Э., В ноисках всеобщего языка. 1925.
Dresen, E., Auf der Suche nach einer allgemeinen Sprache. Moskau-Leningrad 1925.
[9] Автоматы (сборник статей). ИЛ, 1957.
Original: Automata Studies. Princeton 1956.
[10] Shannon, C. E./Weaver, W., The mathematical theory of communication. Urbana 1949.
[11] Коды с обнаружением и исправлением ошибок (сборник статей). 1956.
Code mit Aufdeckung und Verbesserung von Fehlern (Artikelsammlung). Moskau 1956.
[12] Яковлев, Н. Ф., Математическая формула построения алфавита (опыт практического приложения лингвистической теории). Культура и письменнось Востока, кн. 1. 1928.
Jakowlew, N. F., Eine mathematische Formel zur Konstruktion eines Alphabetes (Versuch einer praktischen Anwendung der linguistischen Theorie). Bd. 1, Moskau 1928.
[13] Иванов, В. В., Лингвистические взгляды Е. Д. Поливанова, Вопросы языкознания **3** (1957) 55—76. (Сп. в списке научных работ Е. Д. Поливанова, приведенном в указанной статье В. В. Иванова раборы на № 26, 32, 35, 83).
Iwanow, W. W., Linguistische Gesichtspunkte E. D. Poliwanows (s. im von Iwanow hier angegebenen Verzeichnis der wissensch. Arbeiten E. D. Poliwanows, die Arbeiten mit Nr. 26, 32, 35, 83).

Zu § 5

[14] Wiener, N., Cybernetics. Paris 1948.

Übersetzung: Ingrid Müller-Pfeiffer

Fachliche Bearbeitung: Karl-Heinz Werler

Über die Algorithmierung mathematischer Aufgaben

L. A. KALOUJNINE (Kiew)

§ 1. Einführung

Die elektronischen Rechenautomaten[1]) sind verhältnismäßig jungen Ursprungs: Die ersten universellen Maschinen sind erst vor einem Jahrzehnt geschaffen worden. Ihre umfangreiche Verbreitung geht gegenwärtig, buchstäblich vor unseren Augen, vor sich. Trotzdem haben die Probleme, die im Zusammenhang mit der Ausnutzung der schon existierenden elektronischen Rechenautomaten, mit der Erforschung neuer Anwendungsgebiete und der Projektierung neuer Maschinen entstehen, bereits begonnen, merklich auf die Entwicklung des mathematischen Denkens einzuwirken. Die Untersuchungen bzgl. der Problematik, die hier sichtbar sind, werden zur Zeit in vielen wissenschaftlichen Zentren, sowohl bei uns in der UdSSR als auch im Ausland, vorangetrieben. In Kiew beschäftigten sich im Laufe des letzten Jahres zwei Seminare gleichzeitig mit den prinzipiellen Fragen hinsichtlich der Arbeit der elektronischen Rechenautomaten: Eins am Mathematischen Institut der Akademie der Wissenschaften der UdSSR unter Leitung von W. S. KOROLJUK und E. L. RWATSCHEWA-JUSTSCHENKO mit dem programmierenden Programm, das andere am Seminar der Universität Kiew unter Leitung des Autors mit der Theorie der Algorithmen und der mathematischen Logik. Beide Seminare ergänzten sich gegenseitig mit Erfolg. An der Seminararbeit beteiligten sich die Professoren der Universität Kiew: W. S. MICHALEWITSCH und A. W. SKOROCHOD, Mitarbeiter des Mathematischen Institutes, die Aspiranten G. G. LJUBTSCHENKO und A. A. STOGNI und eine Reihe von Studenten, von denen besonders I. N. KOWALENKO, L. P. NISHNIK, N. M. MARTINENKO, W. J. MEJTUS und E. J. TSCHERNOBELSKAJA zu erwähnen sind. In diesem Artikel wollen wir über einige Problemstellungen, die sich während unserer gemeinsamen Arbeit ergaben, und auch über erste Ergebnisse, die wir erzielen konnten, berichten. Es versteht sich von selbst, daß wir bei der kurzen Dauer unserer Arbeit im wesentlichen nur die Ausgangsposition umreißen konnten, von der aus wir unsere Untersuchungen fortzusetzen beabsichtigten. Aber spezielle, einfachere Aufgaben sind schon soweit entwickelt worden, daß sie jetzt auf den vorhandenen Rechenautomaten geprüft werden können. Es ist interessant festzustellen, daß die Seminararbeit erneut bestätigte, welche große Rolle in der „Maschinen-Mathematik" abstrakteste Disziplinen der Mathematik — wie mathematische Logik, Metamathematik, Theorie der rekursiven Funktionen, Relationenalgebra[2]) usw. — spielen.

---

[1]) Im russischen Original „БВМ-быстродействующие вычислительные машины". — Anm. d. Red.

[2]) Im russischen Original „алгебра отношений". — Anm. d. Red.

Wir suchen nach allgemeinen Methoden, mathematische und logische Probleme so zuzuschneiden, daß sie durch Rechenautomaten gelöst werden können. Dabei interessiert uns einerseits, ob ein Problem „prinzipiell" maschinell gelöst werden kann, andererseits, ob die Lösung „faktisch" beim gegebenen Entwicklungsstand der Rechenautomaten realisiert werden kann oder ob die prinzipiell mögliche Lösung gegenwärtig praktisch nicht durchführbar oder ökonomisch unvorteilhaft ist. Dies tritt ein, wenn z. B. die Zahl der zur Lösung erforderlichen Elementaroperationen zu groß ($>10^{12}$) ist, wenn im Arbeitsprozeß zu umfangreiche Ausgangs- oder Zwischeninformationen gespeichert werden müssen oder schließlich, wenn die Aufbereitung des Problems zur maschinellen Lösung zu mühevoll ist. Und doch haben nach unserer Überzeugung auch die Untersuchungen bzgl. der prinzipiellen Möglichkeit, mathematische Probleme auf Rechenautomaten zu lösen, große Bedeutung: Einerseits haben wir die Gewißheit, daß sich die Rechenautomaten schnell weiterentwickeln werden, so daß, was heute noch praktisch nicht ausführbar (oder unrentabel) ist, morgen möglich sein wird; andererseits liefern derartige Untersuchungen unter Umständen Ideen zum Entwurf neuer Maschinen, auf jeden Fall aber begünstigen sie die technische Entwicklung der Rechenautomaten.

Bisher wurden die Rechenautomaten hauptsächlich zur Lösung von arithmetischen Aufgaben angewendet; in letzter Zeit werden sie aber mit Erfolg auch zur Automatisierung anderer Gebiete der geistigen Arbeit verwendet: Bekanntlich werden sie zu Übersetzungen, zu Zwecken der Buchhaltung u. a. benutzt. Eine große Zahl wichtiger mathematischer und logischer Probleme, die im Zusammenhang mit der praktischen Ausführung der selbsttätigen Regelung und insbesondere, im Zusammenhang mit der Ausnutzung der Rechenautomaten selbst (programmierendes Programm u. a.) auftreten, werden zunehmend auf Rechenautomaten gelöst. Natürlich erwachsen auch immer umfangreichere Probleme. Bekanntlich gibt es eine große Zahl mathematischer — nicht unbedingt arithmetischer — Aufgaben, deren Lösung nur die mechanische Benutzung fest aufgestellter Regeln erfordert, die auch von Menschen angewendet werden können, die mit dem eigentlichen Inhalt nicht bekannt sind oder nicht in ihn eindringen. Wir wollen eine Reihe solcher Aufgaben nennen:

1. Identische Umformungen von Ausdrücken der Algebra (Auflösung von Klammern, Zusammenfassung gleichartiger Glieder usw.);

2. Differentiation komplizierter Ausdrücke aus elementaren Funktionen (oder aus einer anderen Klasse von Funktionen, die bestimmten Funktionalgleichungen genügen);

3. Berechnung unbestimmter Integrale über Ausdrücke einer bestimmten Klasse;

4. Lösung bestimmter Klassen von Differentialgleichungen mit gewissen Parametern;

5. schließlich sind ganze (wenn auch verhältnismäßig einfache) mathematische Disziplinen bekannt, in denen es möglich ist, für jeden hinreichend genau for-

mulierten Satz nach gegebenen Regeln in endlich vielen Schritten zu prüfen, ob es sich um ein Theorem der gegebenen Disziplin handelt oder nicht, und gegebenenfalls automatisch seinen Beweis zu finden.

Hinsichtlich solcher Aufgaben (die Zahl der Beispiele könnte nach Belieben erweitert werden) ist dasselbe zu sagen wie zum Rechnen mit den vier Grundoperationen. Wenn auch bekannt ist, welche Elementaroperationen auftreten und in welcher Reihenfolge sie anzuwenden sind, so kann doch bei komplizierten Formeln die Zahl der nötigen Operationen so groß werden, daß die Lösung der Aufgabe praktisch nicht menschenmöglich ist. (Das betrifft beispielsweise schon so einfache Aufgaben der Schulmathematik wie äquivalente Umformungen von rationalen Ausdrücken in Variablen, wenn die Zahl der vorkommenden Variablen und Klammern groß genug ist; ähnliches kann man auch bzgl. der anderen von uns angeführten Beispiele sagen.) In allen diesen Fällen kann prinzipiell eine Maschine die Lösung durchführen. Die Erfindung und Weiterentwicklung der Rechenautomaten gestatten teilweise schon jetzt, in naher Zukunft aber in immer größerem Maße, solche Aufgaben auch faktisch zu lösen.

Man darf aber nicht annehmen, daß die Lösung solcher Aufgaben auf den Rechenautomaten unmittelbar möglich sei; vielmehr treten dabei neue Probleme mathematischer wie technischer Natur auf. Wir wollen die technischen Fragen beiseite lassen und uns nur über die mathematischen Probleme Rechenschaft geben.

Die Regeln, die einem menschlichen Rechner zur Lösung einer Aufgabe gegeben werden, erweisen sich als unzulänglich für die maschinelle Lösung: Die Formulierung der Regeln, die gewöhnlich in Worten gegeben wird, ist ja fast immer unvollständig — sie stützt sich häufig auf früher erworbene Erfahrungen des Rechners — und ist nicht immer eindeutig. Während der Rechnung wird es oft dem Rechner überlassen, einen geeigneten Weg zu wählen. (Dabei ist diese Wahl manchmal in Abhängigkeit von solchen Merkmalen der Ausgangdaten oder der Zwischenresultate vorzunehmen, die in den Regeln gar nicht explizit formuliert sind.) Außerdem wird in der mathematischen Praxis die Formulierung der Aufgabe selbst gewöhnlich nicht erschöpfend und nicht eindeutig gegeben. Das Gesagte betrifft insbesondere Beweisführungen für Theoreme: Es ist üblich, die Formulierung des betreffenden Theorems nur in Worten (nicht präzise und nicht eindeutig) zu geben; während des Beweises bleiben die meisten Zwischenstadien — dies gilt insbesondere bei logischen Schlußfolgerungen — unausgesprochen. So werden wir beim Versuch, die mathematische Arbeit — und sei es auch nur teilweise — zu automatisieren, mit Schwierigkeiten zu kämpfen haben, die darin liegen, daß in der üblichen mathematischen Praxis Problemstellungen, Berechnungen, Formulierungen und Schlußfolgerungen nicht genügend formalisiert gegeben werden. Unter Algorithmierung verstehen wir (in erster Näherung) eine weitgehende — für die Realisierung auf den Rechenautomaten hinreichende — Formalisierung des mathematischen Apparates. Das Problem der Algorithmierung erweist sich keineswegs als trivial. Andererseits ist während der letzten Jahrzehnte für Fragen ganz anderer Art ein Kalkül ausgearbeitet worden, der uns gestattet, nicht mit leeren Händen an die Untersuchung unseres Problems zu gehen. Und zwar wurde eine Formalisierung mathematischer und logischer Schlüsse im Zusammenhang mit zentralen Fragen aus den Grundlagen der Mathematik bzgl. der Strukturuntersuchung axiometrischer mathematischer Disziplinen — in erster Linie der Arithmetik, der Mengenlehre und der mathematischen Logik — vorgenommen. Wenn wir auch nicht auf Details jener komplizierten Problematik eingehen, die diese Formalisierung erforderlich machte — das würde zu weit führen —, wollen wir doch einige Worte darüber verlieren, wie eine solche Formalisierung im Prinzip aussieht. Zur Beschreibung eines Gebietes der Mathematik wird eine ihm eigene „Sprache" eingeführt: eine Anzahl elementarer Symbole — Buchstaben genannt; Folgen solcher Symbole heißen Wörter; es werden Regeln angegeben, die gestatten „sinnvolle Wörter" dieses Gebietes, d. h. solche Wörter, die den Objekten und den Aussagen der gegebenen Disziplin entsprechen, zu erkennen; schließlich werden Regeln für Operationen mit Wörtern formuliert (z. B. Hinzufügung oder Streichung, Permution und Substitution von Buchstaben usw.), die — in bestimmter Reihenfolge angewendet — einzelne Wörter in andere zu übersetzen gestatten. Sprache und Regeln sind so aufgebaut, daß die Operationen einem bestimmten Sachverhalt, den wir im gegebenen Fall im Auge haben, entsprechen bzw. ihn widerspiegeln; alle Regeln aber müssen so formuliert sein, daß sie auf die Symbole ohne Berücksichtigung eines sachlichen Inhaltes angewendet werden können. (Solche Regeln heißen *syntaktische Regeln.*) Seit langem ist zwar bekannt, daß in dieser Form die arithmetischen Operationen mit Zahlen (die in irgendeinem Rechensystem notiert sind) oder äquivalente Umformungen von rationalen Ausdrücken in Buchstaben dargestellt werden; dasselbe kann man jedoch auch von anderen formalisierten mathematischen Disziplinen aussagen. Im Zusammenhang mit den (nach gegebenen Regeln) vorzunehmenden Operationen mit Wörtern entstehen kombinatorische Probleme bzgl. endlicher Systeme vorhergegebener Symbole. Mit dem Studium der hierher gehörenden Fragen beschäftigt sich eine besondere mathematische Disziplin, die sogenannte Metamathematik.

Wir haben bei der Arbeit mit Rechenautomaten, die uns in erster Linie interessiert, wie in der Metamathematik, bei der Lösung einer Aufgabe in allgemeinen Zügen die folgende Situation: Alle Daten, die sich auf das zu betrachtende Problem beziehen — die ganze Information —, müssen entsprechend explizit formulierten Regeln als Wort in irgendeinem Alphabet notiert werden; jede Aufgabe gehört zu einer bestimmten Aufgabenklasse (die Aufgabenklasse werden wir bisweilen das allgemeine Problem nennen), und es müssen die syntaktischen Eigenschaften[1]) bekannt sein, die alle und nur die zur gegebenen Aufgabenklasse gehörenden Wörter zu charakterisieren gestatten; ähnliche syntaktische Charakteristika müssen auch für die Klasse von Wörtern bekannt sein, die den Lösungen der Aufgaben der gegebenen Klasse entsprechen; weiter müssen syntaktische Regeln für die Operationen mit den Wörtern bekannt sein, die

[1]) Das sind Eigenschaften, die sich auf die Bezeichnung, nicht aber auf die inhaltliche Bedeutung beziehen.

gestatten, ein beliebiges Wort, das eine spezielle Aufgabe der gegebenen Klasse repräsentiert, in das Wort umzuarbeiten, das ihrer Lösung entspricht. Einen Satz solcher syntaktischer Regeln werden wir einen Algorithmus zur Lösung einer Aufgabe der betrachteten Klasse nennen. Weil die Anwendung dieser Regeln automatisch, ohne Einmischung des Menschen, vor sich geht, muß auch ein Algorithmus in einer gewissen Standardform eindeutig formuliert werden, einer Form, die den technischen Daten der Maschine (kurz: „der Sprache der Maschine“) entspricht wie das Wort in einem bestimmten Alphabet. Auskunft über die in Maschinensprache ausgedrückten Lösungsregeln für das allgemeine Problem gibt ein sogenanntes Programm.

Wir wollen erwähnen, daß in das umrissene Schema nicht nur die automatische Lösung mathematischer Aufgaben gehört. Hierher gehören z. B. auch Übersetzungsaufgaben. Eine Übersetzung vom Französischen ins Russische sieht dabei so aus:

1. Die Klasse von Ausgangswörtern ist die Klasse von im lateinischen Alphabet geschriebenen Sätzen in französischer Sprache (einschließlich der Interpunktionszeichen und der Abstände zwischen den Wörtern eines Satzes). Sie ist durch syntaktische Regeln charakterisiert, die angeben, welche „Buchstaben“-Kombinationen grammatisch richtig konstruierte französische Sätze sind.
2. Die Klasse von Endwörtern ist die Klasse von im russischen Alphabet geschriebenen und syntaktisch durch die grammatischen Regeln charakterisierten russischen Sätze.
3. Der Algorithmus ist die explizite Vorgabe aller (lexikographischer und grammatischer) Entsprechungsregeln zwischen der russischen und der französischen Sprache.

Analog kann man u. a. die Aufgabe, ein programmierendes Programm zusammenzustellen formulieren.

Folglich haben wir schematisch die folgende Situation:

1. Es wird das allgemeine Problem formuliert. Jedes Spezialproblem wird durch ein bestimmtes Wort charakterisiert, das entsprechende allgemeine Problem durch eine Klasse von Wörtern, die eine bestimmte syntaktische Eigenschaft besitzen. Die Menge von Wörtern, die diese Eigenschaft besitzen, wollen wir Ausgangsformation des gegebenen allgemeinen Problems nennen.

2. Es wird die Lösung des allgemeinen Problems (sein Resultat) gesucht. Sie wird ebenfalls durch eine Klasse von Wörtern mit einer bestimmten syntaktischen Eigenschaft charakterisiert, wobei jedem Spezialproblem ein und nur ein Wort dieser Klasse — die Lösung dieses Spezialproblems — entspricht. Die Klasse dieser Wörter wollen wir End-(Resultat-)Information des allgemeinen Problems nennen.

3. a) Es werden Regeln zur mechanischen Bearbeitung der Wörter formuliert, die auf die Anfangswörter angewendet werden und jedes von diesen in ein Endwort — die Aufzeichnung der entsprechenden Lösung — transformieren. Die Regeln werden in wörtlicher Formulierung gegeben. Die Gesamtheit dieser Regeln heißt *Algorithmus zur Lösung des allgemeinen Problems.*

b) Der Algorithmus wird formalisiert; die Regeln aus a) werden als Wörter in einem bestimmten Alphabet formuliert; die Algorithmen zur Lösung aller möglichen allgemeinen Probleme werden als eine Klasse syntaktisch bestimmter

Wörter vorgegeben. Letztere heißen *Schemata von Algorithmen* (oder *Programm*, wenn von Rechenautomaten die Rede ist).

Den 1, 2, 3 entsprechenden konkreten Formalisierungskalkül für allgemeine Probleme (Alphabet, Wörter, syntaktische Eigenschaften, syntaktische Operationsregeln, ihre „Entschlüsselung" usw.) wollen wir Sprache nennen.

Bei vorgegebener Sprache besteht das Problem der Algorithmierung in der Formulierung der inhaltlichen mathematischen Aufgaben entsprechend 1—3. Man macht sich leicht klar, daß jeder Typ der universellen Rechenautomaten in Abhängigkeit von den technischen Daten der Maschine seine eigene Sprache besitzt; gewöhnlich besteht die Programmierung in der Algorithmierung des Problems in der Sprache einer bestimmten Maschine. Es ist zu beachten, daß die Typen der universellen Rechenautomaten schnell vervollkommnet und dabei verändert werden. Dabei wird auch ihre Sprache verändert und weiter verändert werden. Schon deshalb erscheint es unzweckmäßig, das Problem der Algorithmierung hinsichtlich der Sprache irgendeiner existierenden Maschine zu untersuchen. Außerdem muß man noch eine Reihe von Überlegungen hinzufügen. Die Sprache jeder konkret vorhandenen Maschine wird durch deren technische Beschränkung sehr kompliziert. Diese Beschränkung kann jedoch in dem Sinne nur zeitweilig sein, daß technische Schwierigkeiten, die unnötig die Algorithmierung erschweren, wegfallen. Zum anderen sind wir überzeugt, daß die Untersuchungen auf dem Gebiet der Algorithmierung ihrerseits geeignet sind, neue Ansprüche an künftige Rechenautomaten zu stellen und Ideen zur Realisierung zu inspirieren. Alle diese Erwägungen führen dazu, daß im Laufe unserer Arbeit an der Algorithmierung von Aufgaben allmählich drei grundlegende, eng miteinander zusammenhängende Ideenkreise zu Tage treten:

1. Das Problem der Konstruktion einer Standard-Sprache. Diese Standard-Sprache muß einerseits die vorhandenen, nicht veränderlichen Eigenschaften der existierenden Rechenautomaten widerspiegeln, andererseits soll sie der Besonderheit der Algorithmierung angepaßt sein, d. h. so gut wie möglich der üblichen Praxis mathematischer Rechnungen und Schlüsse entsprechen.

2. In einer schon gewählten Standard-Sprache die verschiedenen mathematischen (besonders nichtarithmetischen) und logischen Aufgaben zu algorithmieren.

3. Einen Algorithmus zum automatischen Übergang von der Standard-Sprache zur Maschinensprache eines konkret gegebenen universellen Rechenautomaten auszuarbeiten.

Diese drei Aufgaben sind parallel zu lösen, denn jeder neue Erfolg oder auch, umgekehrt, das Auftreten prinzipieller oder praktischer Schwierigkeiten bei der Lösung einer der Aufgaben beeinflussen die Lösung der beiden anderen wesentlich. Als Standard-Sprache benutzen wir provisorisch die Sprache der normalen Algorithmen von A. A. Markow. Als allgemeines Problem für die Algorithmierung in dieser Sprache war das Problem gestellt, logische Identitäten im Aussagenkalkül zu erkennen. Eine Lösung dieses Problems ist im Prinzip erzielt (G. G. Ljubtschenko, J. W. Mejtus).

Gleichzeitig formulierte I. N. KOWALENKO die Prinzipien des Übergangs von der Sprache der normalen Algorithmen zur Sprache der existierenden speicherprogrammierten Automaten. Diese ersten Ergebnisse deuteten an, in welcher Richtung die Sprache der normalen Algorithmen zur allmählichen Ausarbeitung einer Standard-Sprache, die bei der Algorithmierung mathematischer und logischer Probleme erforderlich ist, zu verändern ist. Sehr nützlich ist dabei die Betrachtung anderer formalisierter Sprachen, die aus der mathematischen Logik bekannt sind (rekursive Funktionen, TURING-Maschinen usw.) und der Formalismen, die aus der Praxis des Programmierens entstanden sind, in erster Linie der Schemata, die von A. A. LJAPUNOW [3] entworfen und von J. I. JANOW [5] weiter ausgearbeitet wurden.

§ 2. Die normalen Algorithmen von A. A. MARKOW

Wir wollen uns kurz mit der algorithmischen Sprache von MARKOW befassen und sie hinsichtlich der Eignung als Standard-Sprache zur Algorithmierung von Aufgaben betrachten. Es wird sich zeigen, daß sie von diesem Gesichtspunkt aus zahlreiche Mängel besitzt.[1]) Wir beabsichtigen nicht, die ganze Theorie von A. A. MARKOW detailliert darzulegen und beschränken uns auf den elementaren Teil und dabei auf das, was uns hier unentbehrlich ist. Die an genauerer Kenntnis Interessierten verweisen wir auf die Monographie von A. A. MARKOW [4].

Die Sprache, in der die Algorithmen beschrieben werden, wird durch die folgenden Ausgangsbegriffe definiert. Es ist ein Satz von Zeichen — ,,Buchstaben" —, genannt Alphabet, gegeben. Jede endliche, linear angeordnete Folge von Buchstaben heißt *Wort*: Insbesondere ist bei der Betrachtung auch die leere Folge von Buchstaben — das leere Wort (wir wollen es mit Λ bezeichnen) — zugelassen. Man vereinbart, in welcher Art die mathematischen Objekte, auf welche die Algorithmen angewendet werden sollen, im gegebenen Alphabet notiert (oder codiert) werden. (Dabei ist es nicht nötig, daß jedem Wort ein Objekt entspricht.)

Wir wollen einige Beispiele dafür angeben, wie man elementare mathematische Objekte codieren kann.

Es ist üblich, die natürlichen Zahlen im Dezimalsystem zu schreiben. Das bedeutet, daß man als Buchstaben Ziffern, d. h. ein aus den Zeichen 0, 1, 2, 3, 4, 5, 6, 7, 8, 9 bestehendes Alphabet wählen kann. Eine beliebige natürliche Zahl wird dann als Wort bezeichnet, dessen erster Buchstabe von 0 verschieden ist.

Vereinbart man stattdessen, zur Notierung das Dualsystem zu verwenden, dann wählt man das aus zwei Buchstaben bestehende Alphabet $\{0, 1\}$. Für

---

[1]) Wir möchten erwähnen, daß die Kritik die Algorithmen von MARKOW als mögliche Sprache, mathematische Aufgaben und Aufgaben der Logik zu algorithmieren, betrifft. Dabei ist zu berücksichtigen, daß sie auch nicht mit diesem Ziel geschaffen worden sind. Zum Beweis, daß für ein Entscheidungsproblem kein Algorithmus existiert, besitzen die normalen Algorithmen zahlreiche Vorzüge; für derartige prinzipielle Probleme sind sie anscheinend geeigneter als alle bisher bekannten Begriffsbildungen in dieser Richtung (rekursive Funktionen, TURING-Maschinen usw.).

theoretische Überlegungen ist es am einfachsten, die natürlichen Zahlen (ausschließlich 0) in einem aus einem Buchstaben bestehenden Alphabet, das aus irgendeinem Symbol — z. B. | — besteht, zu notieren. Eine natürliche Zahl n wird dann ein Wort aus n Buchstaben, d. h., 1 wird durch |, 2 durch ||, 3 durch ||| usw. bezeichnet. Diese Schreibweise werden wir für die weiteren Betrachtungen wählen.

Zur Verschlüsselung ganzer Zahlen schlägt Markow ein Alphabet aus den Buchstaben — und | vor, zur Notierung rationaler Zahlen das Alphabet {—, /, |}. Dann wird z. B. die Zahl — $^2/_3$ in der leicht verständlichen Schreibweise —||/||| verschlüsselt.

Zur Verschlüsselung von Vektoren, deren Komponenten rationale Zahlen sind, d. h. von Zahlenpaaren, Zahlentripeln usw., muß man zum Alphabet noch ein neues Zeichen — ein „Trennzeichen" — z. B. das Zeichen ⊗ hinzufügen. Dann kann man ein Paar (ein Tripel) von rationalen Zahlen in der Form $A \otimes B$ bzw. $A \otimes B \otimes C$ notieren, wenn A, B und C die Darstellungen der entsprechenden rationalen Zahlen sind. Mit Hilfe eines Alphabetes, das noch ein Trennzeichen, etwa * enthält, kann man Matrizen darstellen, und zwar kann man eine Matrix als eine Folge von Zeilen ansehen, jede Zeile wiederum als einen Vektor. Zur Trennung der einzelnen Zeilen kann man * als Trennzeichen benutzen. Die Matrix

$$\begin{pmatrix} 0, & 2 \\ \frac{1}{2}, & -1 \end{pmatrix}$$

wird dann folgendermaßen bezeichnet:

⊗||*|/||⊗—| .

Für das Weitere ist es nützlich zu bemerken, daß man die üblichen Darstellungen rationaler Ausdrücke in Buchstaben als Wörter über einem Alphabet aus (sagen wir kleinen lateinischen) Buchstaben anstelle der Zahlen, den Zeichen $+$, $-$, $\times$, : und den Klammern (,) ansehen kann.

Der Leser macht sich leicht klar, wie man auch andere Objekte der Mathematik verschlüsseln kann. (Die reellen und die komplexen Zahlen der klassischen Analysis, stetige Funktionen und andere Objekte der Analysis lassen sich nicht in ähnlicher Weise verschlüsseln. Um solche Codierungen möglich zu machen, muß man diese Begriffe einengen. Mit den hierher gehörenden Fragen beschäftigt man sich in einem neuen Gebiet der Mathematik, der konstruktiven Analysis. Wir werden diese Probleme hier nicht berühren, ungeachtet dessen, daß auch sie für die Theorie der Algorithmen sehr wesentlich sind und zweifellos eine große Rolle in deren Weiterentwicklung spielen werden.)

Unter einem Algorithmus versteht man eine allgemeinverständliche und völlig eindeutige Vorschrift, wie und in welcher Reihenfolge eine Ausgangsinformation zu verarbeiten ist, um eine Endinformation — die gesuchte Lösung — zu erhalten. Solche Algorithmen sind z. B. die Regeln für die Addition und die Multiplikation der natürlichen, im Dezimalsystem geschriebenen Zahlen, die Regeln für das Quadratwurzelziehen, für die Matrixmultiplikation, für die Umwandlung ganzer rationaler Ausdrücke durch Auflösung von Klammern und für die Zusammenfassung gleichartiger Glieder (wie man es in der Schule lehrt) und viele andere Regeln. Alle diese Regeln sind so beschaffen, daß nur die Eigenschaften der Wörter, nicht aber die durch sie bezeichneten Objekte, d. h. ausschließlich syntaktische Eigenschaften in ihre Formulierung eingehen. Der Ausdruck „allgemeinverständliche Vorschrift" ist jedoch nicht exakt und kann nicht ohne weitere Präzisierung als Grundlage einer sauberen automatischen Tätigkeit dienen. Natürlich ist zu fordern, daß jede solche Vorschrift selbst eine Folge von Beschreibungen bestimmter, hinreichend elementarer Operationen ist, deren jede wirklich automatisch und insbesondere mit Hilfe einer bestimmten Maschine ausgeführt werden könnte. Präzisierungen dieser Art sind von verschiedenen Autoren vorgeschlagen worden; einer der bekanntesten hierher gehörenden Algorithmen — die „Turing-Maschine" — stellt das Wirkungsschema einer einfachen fiktiven Maschine dar. Ein anderer, ähnlicher Algorithmus ist das von A. A. Markow vorgeschlagene und als *normaler Algorithmus* bezeichnete Wirkungsschema, das hier beschrieben wird.

Für die Wörter ist eine *Verkettungsoperation* definiert: Die Verkettung zweier Worte P und Q ist das Wort, das man erhält, wenn man Q von rechts an P schreibt; es wird mit PQ bezeichnet. Man sagt, *das Wort A kommt in dem Wort X vor*, wenn X als Verkettung

$$X = YAZ \tag{1}$$

darstellbar ist. Für X sind im allgemeinen verschiedene solche Darstellungen möglich: Dementsprechend spricht man von *verschiedenen Vorkommen* von A in X. Ein *erstes Vorkommen* liegt vor, wenn Y das kürzeste Wort für alle möglichen Darstellungen (1) ist.

Als elementare Operation für die normalen Algorithmen wählt Markow die Substitution eines Wortes B für ein am weitesten links vorkommendes A. (Diese Operation wird durch die Zeichenreihe $A \to B$ bezeichnet, die *Formel* oder *Regel* genannt wird[1]). Genauer: Ist $X = YAZ$ (mit kürzestem Y) dann führt die Anwendung der Operation $A \to B$ das Wort X in das Wort YBZ über. Ein normaler Algorithmus selbst wird durch ein Schema aus einer Folge von Regeln des Typs

$$(\mathfrak{A}) \begin{cases} A_1 \to B_1, \\ A_2 \to B_2, \\ \vdots \\ A_n \to B_n \end{cases}$$

definiert.

Dieses Schema beschreibt die nach der folgenden Vorschrift vor sich gehende Umwandlung eines gegebenen Wortes X:

a) Es wird (von oben nach unten) die erste Regel gesucht, deren linke Seite in dem zu betrachtenden Wort $X = X_1$ vorkommt;

[1]) Dabei ist $\to$ ein Zeichen, das nicht im Ausgangsalphabet vorkommt.

b) dann wird in X_1 für das am weitesten links vorkommende A_i das B_i eingesetzt; man erhält ein neues Wort X_2;

c) mit X_2 verfährt man ebenso wie mit X_1 usw.;

d) tritt beim k-ten Schritt keiner der linken Teile der Regeln des Schemas in X_k auf, dann bricht der Prozeß ab und X_k ist das Resultat der Anwendung des normalen Algorithmus $\mathfrak{A}$ auf das Wort X.

Es wird noch eine Verfeinerung des Schemas eines normalen Algorithmus vorgesehen: Gewisse Regeln des Schemas werden als abbrechende Regeln markiert; sie werden durch $A_i \to \cdot\, B_i$ bezeichnet. Bei der Beschreibung der Wirkungsweise eines normalen Algorithmus mit abbrechenden Regeln wird vereinbart, daß der Algorithmus nach Anwendung einer abbrechenden Regel abgebrochen und das dabei entstehende Wort als Resultat der Anwendung des Algorithmus angesehen wird.

Beispiel 1. *Ein normaler Algorithmus zur Berechnung des absoluten Betrages der Differenz zweier natürlicher Zahlen.* Der Algorithmus soll die Darstellung eines Paares natürlicher Zahlen $n \otimes m$, wobei n und m Darstellungen über dem Alphabet $\{\,|\,\}$ sein sollen, in die Darstellung des absoluten Betrages ihrer Differenz umarbeiten. Der entsprechende normale Algorithmus wird durch das Schema

$$\begin{cases} | \otimes | \to \otimes\,, \\ \;\;\otimes \;\;\to \Lambda \end{cases}$$

gegeben.

Beispiel 2. *Erkennung richtig gebildeter rationaler*[1]) *Ausdrücke in Buchstaben.* Das Alphabet besteht aus einer gewissen Anzahl lateinischer Buchstaben, z. B. a, b, c und aus den folgenden Zeichen: $+$, $-$, $\times$, (,), $\circ$. Eine richtig gebildete Formel wird als Wort über diesem Alphabet folgendermaßen induktiv definiert:

1. Das leere Wort und die Wörter aus einem Buchstaben a, b, c sind Formeln;
2. sind A und B Formeln und $A \neq \Lambda$, $B \neq \Lambda$, dann sind die Wörter $(A + B)$, $(A - B)$, $(A \times B)$ Formeln;
3. ein Wort ist nur dann eine Formel, wenn es nach 1 oder 2 eine Formel ist.

Gesucht wird ein normaler Algorithmus, der entscheidet, ob es sich bei einem Wort um eine Formel handelt, d. h. ein normaler Algorithmus, der Formel-Wörter (und nur solche) in das leere Wort umarbeitet. Ein Beispiel für den gesuchten normalen Algorithmus ist der folgende:

$$\begin{aligned} b &\to a, \\ c &\to a, \\ + &\to \circ, \\ - &\to \circ, \\ \times &\to \circ, \\ (a \circ a) &\to a, \\ a &\to \Lambda. \end{aligned}$$

[1]) ganzer rationaler — Anm. d. Red.

Wir empfehlen dem Leser, sich anhand von Beispielen die Arbeitsweise dieses normalen Algorithmus klarzumachen und zu beweisen, daß er die gestellte Aufgabe löst.

Dem Markowschen Normalisierungsprinzip entsprechend ist jeder Algorithmus einem normalen Algorithmus äquivalent; mit anderen Worten: Kann man zur Lösung eines Problems überhaupt einen Algorithmus aufstellen, dann kann man auch einen normalen Algorithmus angeben, der zum gleichen Resultat führt. Andererseits ist es nicht schwer, einen Algorithmus anzugeben, der das Schema des normalen Algorithmus in ein Programm der üblichen speicherprogrammierten Automaten überführt. (Ein solcher Algorithmus ist in übersichtlicher Form von I. N. Kowalenko angegeben worden.) Also kann im Prinzip die Sprache der Markowschen normalen Algorithmen als Standard-Sprache zur Algorithmierung von Problemen gewählt werden. Aber eben nur im Prinzip, praktisch ist diese Sprache, in der Form, wie sie von A. A. Markow entwickelt wurde, durchaus unbrauchbar. Davon überzeugt man sich leicht anhand von Beispielen selbst einfacher arithmetischer und nichtarithmetischer Aufgaben. Wir wollen die wesentlichen Unzulänglichkeiten des normalen Algorithmus aufzeigen, die beim Versuch, diese zur Lösung der uns interessierenden Aufgaben zu verwenden, auftreten; im nächsten Paragraphen skizzieren wir Abänderungen, die sich zur Beseitigung dieser Unzulänglichkeiten anbieten. Es handelt sich, wie uns scheint, um wesentlich drei — voneinander unabhängige — Unzulänglichkeiten.

1. Der Markowsche normale Algorithmus kennt den Begriff „Speicher" nicht und ist deshalb zur Lösung einer Aufgabe seiner Struktur nach sehr weit von einem entsprechenden Programm für einen speicherprogrammierten Rechenautomaten entfernt. Die Übersetzung des normalen Algorithmus in ein solches Programm ist zwar prinzipiell, wie bereits erwähnt, möglich, aber sie ist in der Praxis recht kompliziert, und das erhaltene Programm ist wegen der beschränkten Größe des Arbeitsspeichers eines Rechenautomaten oft nicht realisierbar.

2. Der normale Algorithmus von Markow ist sehr unökonomisch. Schon für ganz unkomplizierte Aufgaben werden die entsprechenden normalen Algorithmen zu umfangreich; ihre Schemata enthalten Hunderte und Tausende von Vertauschungsregeln und man überzeugt sich leicht, daß im Arbeitsablauf des Algorithmus Zwischenwörter von sehr großer Länge entstehen können.

3. Bei der Konstruktion der Komponenten für einen normalen Algorithmus treten Schwierigkeiten auf. Soll ein Algorithmus zur Lösung einer hinreichend komplizierten Aufgabe in einer vorgegebenen Sprache aufgestellt werden, dann ist die Aufgabe auf eine Reihe einfacherer, elementarer Aufgaben zurückzuführen. Für diese sind Algorithmen zu konstruieren. Der gesuchte Algorithmus für die ganze Aufgabe ist als ein Schema von aufeinanderfolgenden „Teilalgorithmen" anzugeben. Mit der Aufstellung eines solchen Schemas ist naturgemäß die Algorithmierung in einer beliebigen Sprache zu beginnen; insbesondere verfährt man auch bei der Aufstellung eines Programmes für einen Rechenautomaten so. Als wichtige Bedingung an eine Standard-Sprache ist zu fordern, daß sich der endgültige allgemeine Algorithmus zur Lösung einer komplizierten Auf-

gabe hinreichend einfach und ökonomisch aus den Teilalgorithmen aufbaut. Die Sprache der normalen Algorithmen genügt dieser Forderung in völlig unzureichendem Maße. Prinzipiell ist dieses Problem lösbar, und ein großer Teil der Monographie von A. A. Markow ist der Lösung hierher gehörender Fragen gewidmet. Insbesondere werden die folgenden Probleme gelöst:

a) Es seien zwei normale Algorithmen $\mathfrak{A}$ und $\mathfrak{B}$ gegeben. Es soll ein normaler Algorithmus $\mathfrak{C}$ konstruiert werden, der $\mathfrak{A}\mathfrak{B}$ äquivalent ist, d. h., $\mathfrak{C}$ führt zu demselben Ergebnis wie der Algorithmus, bei dem zunächst $\mathfrak{A}$ auf ein gegebenes Wort und dann $\mathfrak{B}$ auf das Zwischenergebnis angewendet wird.

b) $\mathfrak{A}$ und $\mathfrak{B}$ seien zwei normale Algorithmen. Es soll ein normaler Algorithmus konstruiert werden, der jedes Wort X in das Paar $\mathfrak{A}(X) \otimes \mathfrak{B}(X)$ umarbeitet, wobei mit $\mathfrak{A}(X)$ bzw. $\mathfrak{B}(X)$ das Resultat der Anwendung von $\mathfrak{A}$ bzw. $\mathfrak{B}$ auf das Wort X und mit $\otimes$ ein Trennzeichen bezeichnet ist.

c) $\mathfrak{A}, \mathfrak{B}, \mathfrak{C}$ seien drei normale Algorithmen und $\mathfrak{T}$ ein „Entscheidungs"-Algorithmus, d. h. ein normaler Algorithmus, der ein gegebenes Wort X in ein leeres oder nichtleeres Wort umarbeitet, je nachdem, ob X eine syntaktische Eigenschaft W besitzt oder nicht besitzt.

Dann soll ein normaler Algorithmus $\mathfrak{D}$ konstruiert werden, der wie der folgende Algorithmus wirkt: Zunächst wird $\mathfrak{A}$ auf X angewendet, besitzt $\mathfrak{A}(X)$ die Eigenschaft W, dann wird auf $\mathfrak{A}(X)$ der Algorithmus $\mathfrak{B}$ angewendet, sonst der Algorithmus $\mathfrak{C}$.

d) Schließlich wird ein normaler Algorithmus $\mathfrak{C}$ konstruiert, der darin besteht, daß ein Algorithmus $\mathfrak{A}$ so lange wiederholt angewendet wird, bis das Resultat eine Eigenschaft W besitzt, die durch einen normalen Algorithmus $\mathfrak{C}$ erkannt wird.

Mit Hilfe der angegebenen Verfahren kann man das oben genannte Problem der Verknüpfung einfacher normaler Algorithmen zu zusammengesetzten, dem verlangten Schema entsprechenden normalen Algorithmen prinzipiell lösen. In der Praxis wird aber der gesuchte zusammengesetzte normale Algorithmus schnell sehr umfangreich, und im Arbeitsablauf entstehen Wörter von sehr großer Länge; außerdem wird schon die Bildung eines zusammengesetzten normalen Algorithmus nach den angegebenen Verfahren sehr bald praktisch nicht ausführbar.

§ 3. Durch Graphschemata festgelegte Algorithmen

1. Formale Beschreibung der Graphschemata

Unter einem Graphschema Γ verstehen wir, das folgende:

Gegeben ist eine endliche Menge von Elementen

$$\mathfrak{A} = \{\mathfrak{A}_1, \mathfrak{A}_2, \ldots, \mathfrak{A}_n\},$$

die wir *Operatoren* und eine zweite endliche Menge von Elementen

$$\Phi = \{\Phi_1, \Phi_2, \ldots, \Phi_m\},$$

die wir *Testoperatoren* nennen.

Ein *Graphschema* Γ oder, genauer, ein $\mathfrak{A}$-Φ-*Graphschema* (mit vorgegebenem $\mathfrak{A}$ und Φ) ist ein endlicher, zusammenhängender und orientierter linearer Komplex, d. h. eine endliche Menge von Punkten (*Ecken*), die miteinander durch orientierte Strecken[1]) (*Pfeile*) derartig verbunden sind, daß man auf diesen Strecken (nötigenfalls ohne Rücksicht auf die Pfeilrichtung) fortschreitend von einem beliebigen Punkt aus jeden beliebigen anderen erreichen kann. Außerdem sollen folgende Bedingungen erfüllt sein:

1. Eine Ecke des Komplexes ist ausgezeichnet und heißt Eingang (E); der Eingang ist die einzige Ecke, in der kein Pfeil endet; aus dem Eingang entspringt nur ein Pfeil.

2. Der Komplex besitzt eine ausgezeichnete Ecke, die Ausgang (A) genannt wird; aus dem Ausgang kommt kein Pfeil.

3. Jeder vom Eingang und Ausgang verschiedenen Ecke ist eindeutig ein gewisser Operator $\mathfrak{A}_i$ oder ein Testoperator Φ_j zugeordnet. Wir wollen die Ecke dann entsprechend als $\mathfrak{A}$-Ecke bzw. Φ-Ecke bezeichnen. (Es wird nicht gefordert, daß jeder Operator $\mathfrak{A}_i$ und jeder Testoperator Φ_j überhaupt einer Ecke zugeordnet ist; außerdem können gewisse Operatoren oder Testoperatoren mehreren Ecken zugeordnet sein.) Dabei soll gelten:

a) Ist α eine $\mathfrak{A}$-Ecke, dann kommt aus ihr genau ein Pfeil;

b) ist α eine Φ-Ecke, dann kommen aus ihr genau zwei Pfeile, die entsprechend mit plus und minus gekennzeichnet werden.

Das war die formale Beschreibung eines Graphschemas. Wir gehen nun zur *Beschreibung der Arbeitsweise des durch ein Graphschema gegebenen* $\mathfrak{A}$-Φ-*Algorithmus* über.

2. Eine mengentheoretische Interpretation

Bei vorgegebenen Mengen $\mathfrak{A} = \{\mathfrak{A}_1, \mathfrak{A}_2, \ldots, \mathfrak{A}_n\}$ und $\Phi = \{\Phi_1, \Phi_2, \ldots, \Phi_m\}$ kann man jedem $\mathfrak{A}$-Φ-Graphschema eindeutig einen „Algorithmus" zur Berechnung einer Funktion zuordnen, wenn man $\mathfrak{A}_i$ als Abbildung einer Menge in sich interpretiert und Φ_j als Operation zur Erkennung einer bestimmten Eigenschaft auffaßt, wobei ein Element einer von zwei Abbildungen zugeführt wird, je nachdem, ob es die betreffende Eigenschaft besitzt oder nicht besitzt.

Wir wollen eine genaue Definition des $\mathfrak{A}$-Φ-Algorithmus mit gegebener Interpretation geben.

$$\mathfrak{A} = \{\mathfrak{A}_1, \mathfrak{A}_2, \ldots, \mathfrak{A}_n\} \qquad \text{und} \qquad \Phi = \{\Phi_1, \Phi_2, \ldots, \Phi_m\}$$

seien als Mengen von Operatoren und Testoperatoren gegeben. Unter einer Interpretation dieser Mengen versteht man Folgendes: Gegeben ist eine gewisse Menge M; jedem Operator $\mathfrak{A}_i \in \mathfrak{A}$ ist eine Abbildung A_i der Menge M in sich zugeordnet. (Die Zuordnung ist nicht unbedingt umkehrbar eindeutig; es ist erlaubt, daß verschiedenen Operatoren $\mathfrak{A}_i$ dieselbe Abbildung entspricht); jedem

[1]) Hierbei ist Strecke nicht als Geradenstück gemeint. — Anm. d. Red.

Testoperator $\Phi_j \in \Phi$ entspricht eine bestimmte Eigenschaft F_j. Man verbindet damit üblicherweise die Auffassung, daß die Menge M in zwei elementfremde Teilmengen F_j^+ (deren Elemente die Eigenschaft F_j besitzen) und F_j^- (die Menge der Elemente, welche die Eigenschaft F_j nicht besitzen) zerlegt wird; eine der Mengen F_j^+ oder F_j^- kann leer sein. Auch die Zuordnung $\Phi_j \to F_j$ ist nicht unbedingt umkehrbar eindeutig.

Die Interpretation der Mengen $\mathfrak{A}$ und Φ wird durch Vorgabe der Menge M und der Zuordnungen $\mathfrak{A}_i \to A_i$; $\Phi_j \to F_j$ bestimmt. Eine solche Interpretation wollen wir mit $\{M; \mathfrak{A} \to A; \Phi \to F\}$ bezeichnen.

Gegeben sei eine Interpretation $\{M; \mathfrak{A} \to A; \Phi \to F\}$. Dann kann man jedes $\mathfrak{A}$-Φ-Graphschema als eindeutige Vorschrift für die Ausführung einer Operation ansehen, bei der gewisse Elemente aus M in neue Elemente aus M übergehen. Diese Operation wird folgendermaßen durchgeführt:

Ein Element m aus M wird in den Eingang des Graphschemas gegeben; darauf durchläuft es den Pfeilen folgend das Graphschema, wobei es jedesmal, wenn es eine $\mathfrak{A}$-Ecke durchläuft, modifiziert wird. Dieses geht nach den folgenden Regeln vor sich:

a) Das Ausgangselement m sei bereits in ein Element m' übergegangen und längs eines Pfeiles in die Ecke α gekommen, die dem Operator $\mathfrak{A}_i$ zugeordnet ist; dann setzt es längs des einzigen in α entspringenden Pfeiles seinen Weg als Element $m'' = A_i(m')$ fort.

b) Wie oben sei das modifizierte Element m' bei einer Ecke angekommen, die jetzt aber als Testoperator Φ_j ausgezeichnet ist; dann verläßt dasselbe Element m' diese Ecke längs des mit plus oder minus bezeichneten Pfeiles, je nachdem ob m' die Eigenschaft F_j besitzt oder nicht besitzt.

c) Kommt schließlich in einem bestimmten Schritt das modifizierte Element $\overline{m}$ zum Ausgang, dann wollen wir *$\overline{m}$ als Resultat der Anwendung des durch das $\mathfrak{A}$-Φ-Graphschema Γ mit der Interpretation $\{M; \mathfrak{A} \to A; \Phi \to F\}$ bestimmten Algorithmus ansehen und die Schreibweise $\overline{m} = \Gamma(m)$*[1] *benutzen.*

Man macht sich leicht klar, daß ein Graphschema bei gegebener Interpretation eindeutig eine in M definierte Funktion beschreibt, deren Funktionswerte in M liegen. Wir möchten betonen, daß im allgemeinen für den so definierten Algorithmus nicht für jedes $m \in M$ das Element $\Gamma(m)$ existiert; im allgemeinen ist diese Funktion in M, nicht aber auf M definiert.

Das trivialste Beispiel für diese Eigenschaft wird durch das folgende Graphschema gegeben: Die Menge der Operatoren $\mathfrak{A}$ ist leer, die Menge der Testoperatoren besteht aus einem Element Φ (Abb. 1). Es liegt auf der Hand, daß bei beliebiger Interpretation $\Phi \to F$ der entsprechende Algorithmus jedes $m \in M$, das die Eigenschaft F besitzt, in sich überführt, während für jedes Element,

[1]) Da wir mit Γ das Graphschema bezeichnen, in die Definition des entsprechenden Algorithmus aber auch die Vorgabe der Interpretation eingeht, ist die Bezeichnung $\Gamma(m)$ im allgemeinen nicht sinnvoll; zur Abkürzung werden wir jedoch bisweilen, wenn diese Nachlässigkeit in der Bezeichnung nicht zu Mißverständnissen führen kann, den Hinweis auf die Interpretation weglassen.

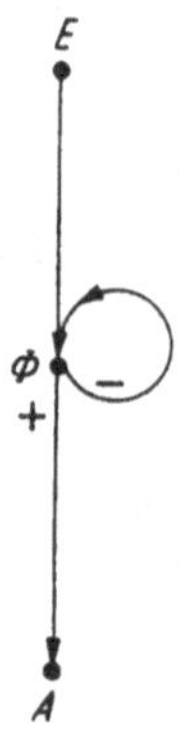

Abb. 1

Abb. 2

Abb. 3

Abb. 4

Abb. 5

das die Eigenschaft F nicht besitzt, der Algorithmus nicht abbricht und also zu keinem Resultat führt. Wir wollen dann sagen, daß der entsprechende Algorithmus Γ auf das Element m nicht anwendbar und $\Gamma(m)$ nicht definiert ist.

Wir wollen einige einfachste Beispiele durch Graphschemata beschriebener Algorithmen geben:

1. „Den Operator $\mathfrak{A}_1$ anwenden!" (Abb. 2).

2. „Den Operator $\mathfrak{A}_1$ und auf das Resultat den Operator $\mathfrak{A}_2$ anwenden!" (Abb. 3), insbesondere „wiederholte Anwendung des Operators $\mathfrak{A}_1$", zweimalige (Abb. 4), dreimalige (Abb. 5) usw.

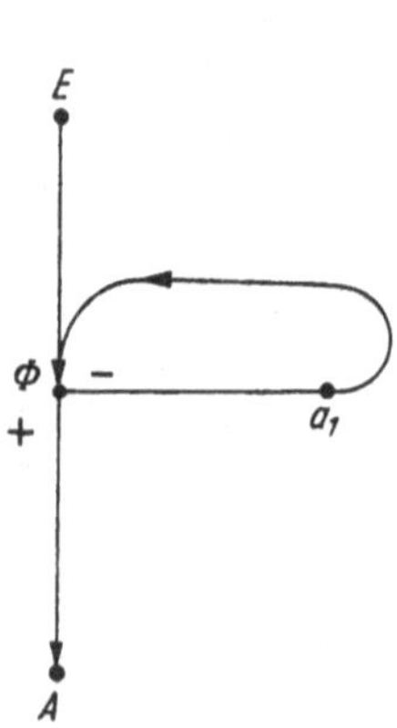

Abb. 6

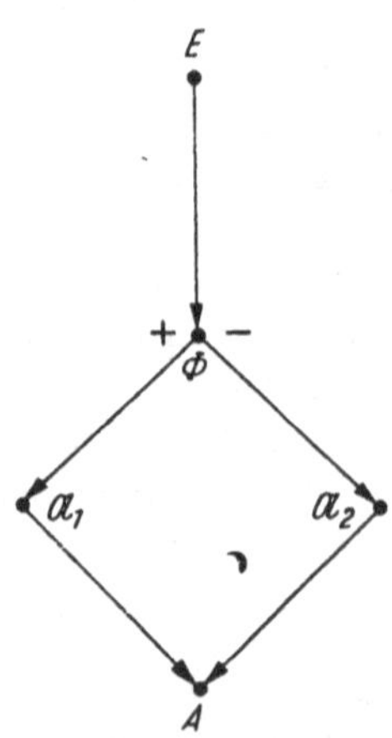

Abb. 7

3. Bedingte Iteration — „Den Operator $\mathfrak{A}_1$ solange anwenden, bis das Element die Eigenschaft F annimmt!" (Abb. 6).

4. „Auf $m \in M$ den Operator $\mathfrak{A}_1$ oder $\mathfrak{A}_2$ anwenden, je nachdem, ob $m \in F_1^+$ oder $m \in F_1^-$ gilt!" (Abb. 7).

Der Leser kann sich leicht ähnliche und kompliziertere Beispiele zusammenstellen.

Es ist zu beachten, daß wir unter einem Algorithmus die durch ein Graphschema gegebenen Operationsregeln, nicht aber die Funktion in M, die durch die Anwendung dieser Regeln realisiert wird, verstehen. Man macht sich leicht klar, daß es bei gegebener Interpretation möglich ist, daß Algorithmen, die durch verschiedene Graphschemata beschrieben werden, bei beliebigem $m \in M$ zum gleichen Resultat führen, d. h., verschiedene Graphschemata können ein und dieselbe Funktion realisieren; dann wollen wir die Algorithmen *äquivalent* nennen. Genauer $\{M; \mathfrak{A} \to A; \Phi \to F\}$ sei eine Interpretation der Mengen $\mathfrak{A}$ und Φ. Zwei durch die $\mathfrak{A}$-Φ-Graphschemata Γ_1 und Γ_2 beschriebenen Algorithmen sehen wir bei der gegebenen Interpretation als äquivalent an ($\Gamma_1 \sim \Gamma_2$ bei $\{M; \mathfrak{A} \to A; \Phi \to F\}$), wenn für jedes beliebige $m \in M$ die Gleichung $\Gamma_1(m) = \Gamma_2(m)$ gilt; die letzte Gleichung ist so zu verstehen, daß die beiden Elemente $\Gamma_1(m)$ und $\Gamma_2(m)$ entweder identisch oder beide nicht definiert sind. Diese Definition der Äquivalenz ist offensichtlich sowohl von den Graphschemata Γ_1 und Γ_2, als auch von der vorgegebenen Interpretation $\{M; \mathfrak{A} \to A; \Phi \to F\}$ abhängig.

Es lassen sich leicht Mengen $\mathfrak{A}$ und Φ mit derartigen Interpretationen angeben, daß sich die Herleitung der Äquivalenz von Algorithmen, die verschiedenen Graphschemata entsprechen, als ein algorithmisch nicht lösbares Entscheidungsproblem herausstellt (siehe [4]). Wie wir sehen, können bei der oben definierten Interpretation bestimmte $\mathfrak{A}$-Φ-Algorithmen auf MARKOWsche normale Algorithmen (bei anderen Interpretationen auf TURING-Maschinen oder auf partiell-rekursive Funktionen) zurückgeführt werden; das Äquivalenzproblem für die $\mathfrak{A}$-Φ-Algorithmen wird dann auf das entsprechende Problem für die normalen Algorithmen zurückgeführt, und das ist bekanntlich im allgemeinen algorithmisch nicht lösbar.

Neben der so definierten Äquivalenz wird man naturgemäß einen schärferen Äquivalenzbegriff betrachten. Wir wollen sagen, die Graphschemata Γ_1 und Γ_2 sind *stark äquivalent* ($\Gamma_1 \approx \Gamma_2$), wenn bei beliebiger Interpretation die ihnen entsprechenden Algorithmen im oben angegebenen Sinne äquivalent sind. Die starke Äquivalenz ist also eine Äquivalenz der Graphschemata selbst; sie ist von der Interpretation unabhängig. Die Herleitung der starken Äquivalenz zweier $\mathfrak{A}$-Φ-Graphschemata ist ein einfacheres Problem, analog dem Äquivalenzproblem bei J. I. JANOW [5]; zu diesem Punkt gedenken wir bald zurückzukehren. Unterdessen ist klar, daß die Herleitung der gewöhnlichen Äquivalenz praktisch wichtiger ist; dieses Problem ergibt sich zwangsläufig beim Suchen nach dem (in irgendeiner Hinsicht) „vorteilhaftesten" Algorithmus zur Lösung einer Aufgabe.

Man kann für Graphschemata eine als „Substitution eines Graphschemas in ein anderes" bezeichnete Operation einführen. Durch diese Operation wird die Komposition von Algorithmen völlig naturgemäß verwirklicht und die Möglichkeit gegeben, eine selbständige „Algebra der Algorithmen" zu entwickeln. Die hierher gehörenden Fragen sind vorläufig nur angedeutet worden. Jedoch schon nach den ersten Hinweisen ist zu sehen, daß zur Lösung der auftretenden Probleme eine Reihe reichhaltiger und schon ausreichend genug entwickelter mathematischer Disziplinen herangezogen werden kann: in erster Linie die BOOLEsche Algebra, die Theorie der Relationen, der Prädikatenkalkül und möglicherweise die Theorie der Modelle, die Theorie der rekursiven Funktionen usw.

Die Substitutionsoperation wird so definiert: Gegeben seien die Mengen $\mathfrak{A} = \{\mathfrak{A}_1, \mathfrak{A}_2, \ldots, \mathfrak{A}_n\}$ und $\Phi = \{\Phi_1, \Phi_2, \ldots, \Phi_m\}$ und zwei $\mathfrak{A}$-Φ-Graphschemata Γ_1 und Γ_2. Wir ermitteln in Γ_1 alle $\mathfrak{A}_i$-Ecken für ein festes i und ersetzen jede solche Ecke durch das ganze Graphschema Γ_2. (Dabei lassen wir den Eingang und den Ausgang von Γ_2 weg.) Die Substitution von Γ_2 für $\mathfrak{A}_i$ führt wiederum auf ein $\mathfrak{A}$-Φ-Graphschema.

Selbstverständlich wäre es auch nützlich, die Ersetzung von Φ-Ecken durch Graphschemata einzuführen. Auf der Grundlage der bisher eingeführten Begriffe kann eine derartige Definition aber nicht erfolgen. Dazu müßte der Kalkül der Graphschemata etwas erweitert werden. Wir erwähnen nur zwei natürliche Wege in dieser Richtung.

Auf jeden Fall muß der Begriff des Graphschemas erweitert werden. Wir wollen ein folgendermaßen definiertes Graphschema als Graphschema zweiter Art bezeichnen: Bis auf Punkt 2 soll es der formalen Beschreibung unter 1 genügen, statt 2 werden zwei Ausgänge A^+ und A^- vorgesehen; die Definitionen der Interpretation und der Arbeitsweise des Algorithmus nach dem Graphschema bleibt ebenfalls unverändert.

Algorithmen, die durch Graphschemata zweiter Art beschrieben werden, können die als „Erkennung" von Eigenschaften der Elemente m aus M definierte Operation auf Grund der Anwendung der gegebenen Operatoren $\mathfrak{A}$ und Φ realisieren. Ein Graphschema Γ zweiter Art könnte man anstelle eines Testoperators einsetzen. Vom Standpunkt der formalen Beschreibung der Graphschemata ergeben sich keine Schwierigkeiten.

Anders steht es um die inhaltliche Beschreibung des Algorithmus; hier ergibt sich eine wesentliche Schwierigkeit. Wird ein Graphschema Γ zweiter Art anstelle eines Testoperators substituiert, dann wird nach Prüfung der Eigenschaft des einlaufenden Elementes m im allgemeinen nicht dasselbe Element m zum Ausgang A^+ oder A^- kommen, sondern das durch ihn transformierte Element $\Gamma(m)$. Also entspricht die Wirkung des durch ein Graphschema Γ zweiter Art beschriebenen Algorithmus nicht völlig der Bedeutung eines Testoperators Φ_i.

Zur Beseitigung dieser Schwierigkeit gibt es zwei Wege:

1. Man kann die Bedeutung der Testoperatoren Φ erweitern, indem man zuläßt, daß in der Interpretation einer Φ-Ecke gleichzeitig sowohl die Prüfung irgendeiner Eigenschaft als auch die Transformation des ankommenden Elementes gemäß einer bestimmten Abbildung enthalten ist. Eine solche Modifikation der Bedeutung des Testoperators würde die oben gezeigte Nichtübereinstimmung zu beseitigen gestatten, ohne dabei die formale Definition des Graphschemas zu verändern. Jedoch wird dabei die inhaltliche Beschreibung des dem Graphschema entsprechenden Algorithmus wesentlich erschwert und dadurch die logische Strenge der Theorie verletzt.
2. Ein zweiter Weg, der naheliegt und der uns mehr Perspektiven zu haben scheint, wäre der, daß bei der Einführung des Graphschemas außer den bereits definierten Elementen (Eingang, Ausgang, Ecken und Pfeile) gewisse neue Elemente eingeführt werden, welche die Speicherung einer Information verwirklichen (d. h., die gewisse Elemente aus M, die beim Einwirken des Algorithmus erarbeitet worden sind, speichern) und diese Information gesetzmäßig in bestimmten Stadien der Abarbeitung an die betreffenden Ecken geben. Dann könnte ein Algorithmus, der einem Graphschema zweiter Art entspricht, durch ein geeignetes Speicherelement so ergänzt werden, daß infolge der Abarbeitung des Algorithmus das Ausgangselement m am Ausgang (A^+ oder A^-) regeneriert wird, an dem das Resultat nach dem Graphschema erscheinen würde. Ein solcher Algorithmus würde der Bedeutung eines Testoperators völlig entsprechen.

Wie solche Speicherlemente am rationellsten in das Graphschema einzuführen sind, daß dabei die Möglichkeit und die Bedeutung der Substitution erhalten bleibt, ist wichtig, aber ein bisher nicht gelöstes Problem. Wir empfehlen dieses Problem dem Leser zur Betrachtung, sehen aber wegen der oben angegebenen Schwierigkeiten von einer Einführung der Graphschemata zweiter Art in unserer Betrachtung ab.

3. Die konstruktive MARKOWsche Interpretation der Graphschemata

$\mathfrak{A}$-Φ-Algorithmen in der Form, wie sie gerade beschrieben worden sind, kann man als „fiktive" Algorithmen bezeichnen; sie werden dann effektiv ausführbar, wenn bei gegebener Interpretation die Abbildungen A_i effektiv ausgeführt und die Eigenschaften F_j effektiv erkannt werden können. Die Interpretation ist so zu wählen, daß die Operationen $\mathfrak{A}_i$ und Φ_j, die wir elementare Operationen nennen wollen, so einfach sind, daß an der Möglichkeit, sie effektiv auszuführen, in keiner Weise zu zweifeln ist. Soll ein Algorithmus auf einer automatischen Einrichtung realisiert werden, dann ist naturgemäß außerdem zu fordern, daß die elementaren Operationen mit Hilfe der Grundoperationen dieser Maschine ausgeführt werden können.

Diese Forderungen lasssen ihrem Wesen nach keine strenge mathematische Definition zu: Sie betreffen derartige Ausgangsdaten, die sich der Betrachtung vom Standpunkt der Mathematik entziehen (das bedeutet nicht, daß sie für die Mathematik nicht wesentlich sind). Wir beabsichtigen nicht, die hierher gehörenden Überlegungen detailliert darzulegen und verweisen den mit ihnen nicht bekannten Leser auf die umfangreiche Literatur zu diesem Problem (KLEENE [2], § 70, MARKOW [4], TURING [7]).

Man kann verschiedene ähnliche Interpretationen auswählen. Je nachdem, für welche wir uns entscheiden, kommen wir entweder zur Sprache der normalen Algorithmen von MARKOW oder zu TURING-Maschinen oder zu partiell-rekursiven Funktionen. Wir nehmen nur die ersten zwei Interpretationen in Angriff. Das ist um so natürlicher als eben die Sprache der normalen Algorithmen von MARKOW und die Kritik daran für uns Ausgangspunkt zur Ausarbeitung der $\mathfrak{A}$-Φ-Algorithmen waren.

Wir definieren die Begriffe MARKOWsche Interpretationen und MARKOWsche Algorithmen (nicht unbedingt normale MARKOWsche Algorithmen).

$\mathfrak{A} = \{\mathfrak{A}_1, \mathfrak{A}_2, \ldots, \mathfrak{A}_n\}$ und $\Phi = \{\Phi_1, \Phi_2, \ldots, \Phi_m\}$ seien Mengen, die ein Graphschema bestimmen. Wir bezeichnen mit F_X die Eigenschaft eines Wortes (geschrieben in einem bestimmten Alphabet), daß mindestens einmal darin das Wort X vorkommt und mit $A_{X\to Y}$ die Substitution des Wortes Y für das erste X. (Kommt X in dem betrachteten Wort nicht vor, dann wird das Wort durch die Operation $A_{X\to Y}$ nicht transformiert.) Bisweilen werden wir $[X]$ statt F_X und $[X \to Y]$ statt $A_{X\to Y}$ schreiben.

Die Interpretation $\{M; \mathfrak{A} \to A; \Phi \to F\}$ heißt MARKOW*sche Interpretation*, wenn:

1. M die Menge aller in einem bestimmten Alphabet möglichen Wörter ist;
2. alle F_j Eigenschaften vom Typ F_X sind;
3. alle A_i Operationen vom Typ $A_{X\to Y}$ sind.

Jeden Algorithmus, der bei einer MARKOWschen Interpretation durch ein Graphschema beschrieben wird, wollen wir MARKOW*schen Algorithmus* nennen. Die

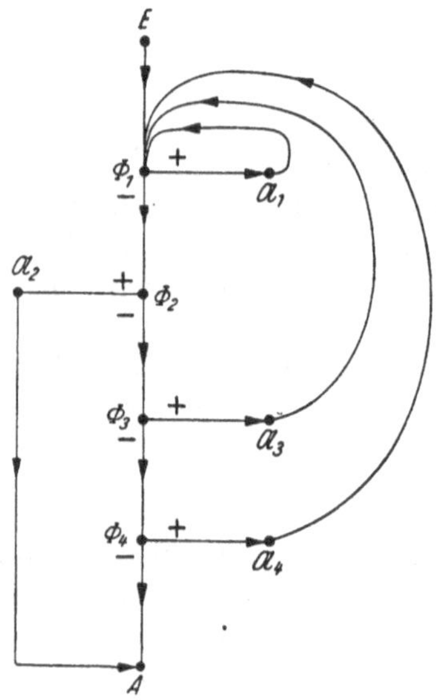

Abb. 8

normalen Algorithmen sind Spezialfälle der eben definierten MARKOWschen Algorithmen. Es sei z. B.

$$\begin{cases} X_1 \to & Y_1\,, \\ X_2 \to \cdot & Y_2\,, \\ X_3 \to & Y_3\,, \\ X_4 \to & Y_4 \end{cases}$$

das Schema eines normalen Algorithmus. (Der Punkt in der zweiten Regel bedeutet, daß es sich um eine abbrechende Regel handelt, siehe S. 63). Der Algorithmus nach diesem Schema ist wegen der Vorschrift von MARKOW dem $\mathfrak{A}$-Φ-Algorithmus, der nach dem Graphschema (Abb. 8) mit $\mathfrak{A}_i \to [X \to Y_i]$, $\Phi_i \to [X_i]$ verwirklicht wird, äquivalent.

Es ist evident, daß die normalen Algorithmen immer MARKOWschen Algorithmen mit einander ähnlichen speziellen Graphschemata entsprechen. (Eine eingehende formale Beschreibung dieser Graphschemata überlassen wir dem Leser.). Andererseits zeigen die oben angegebenen Theoreme von A. A. MARKOW (S. 64—65) — wie man sich unschwer klarmacht — daß jeder MARKOWsche Algorithmus einem durch ein normales (d.h. durch ein einem normalen Algorithmus entsprechendes) Graphschema beschriebenen Algorithmus in unserem Sinne äquivalent ist. Auf diese Weise kann man die normalen Graphschemata als kanonische Formen mit MARKOWschen Interpretationen betrachten. Die angegebenen Theoreme sind als partielle Lösung des Äquivalenzproblems für MARKOWsche Algorithmen anzusehen. (Partiell, weil verschiedene normale Algorithmen zwar äquivalent sein können, aber die Lösung des Äquivalenzproblems für normale Algorithmen im allgemeinen ein algorithmisch nicht lösbares Problem ist.)

Die in diesen Theoremen angegebenen Methoden zur Konstruktion komplizierter normaler Algorithmen aus einfacheren ist jedoch recht schwierig. Dem gegenüber kann die Konstruktion MARKOWscher durch Graphschemata beschriebener Algorithmen verhältnismäßig einfach vorgenommen werden; die so konstruierten Algorithmen sind wesentlich ökonomischer als die entsprechenden normalen Algorithmen. (Diese Überzeugung haben wir bei der Algorithmierung verschiedener mathematischer und logischer Aufgaben gewonnen.) Außerdem folgt die Aufstellung solcher Algorithmen den üblichen Methoden zur Lösung von Aufgaben: Die Aufgabe wird in einfachere Teilaufgaben zerlegt, für welche die Konstruktion der normalen Algorithmen verhältnismäßig einfach ist, sodann wird ein Graphschema konstruiert, dessen Ecken die Algorithmen für diese Teilaufgaben entsprechen.

Die MARKOWschen Algorithmen haben, wie gesagt, eine Interpretation zur Grundlage, bei der die Entscheidung über das Vorkommen (oder Nichtvorkommen) eines Wortes in einem anderen (das der Umarbeitung unterliegt) und die Substitution eines Wortes an Stelle eines anderen als elementare Operationen betrachtet werden. Zur Realisierung dieser Algorithmen auf einer Rechenanlage sind diese Operationen offensichtlich nicht einfach genug und müssen in einfachere zerlegt werden. Eine detaillierte Analyse dieses Problems zeigt, daß man als elementare Operationen naturgemäß die folgenden wählen kann: Die Entscheidung, ob ein Buchstabe einem gegebenen Buchstaben graphisch gleich oder nicht gleich ist; die Notierung des betrachteten Buchstabens; das Löschen dieser Notierung; Substitution eines Buchstabens an Stelle des betrachteten; Übergang vom betrachteten Buchstaben zum rechten oder linken Nachbarn.

Die durch Graphschemata bei Interpretationen mit elementaren Operatoren der oben angegebenen Art beschriebenen Algorithmen werden wir TURING*sche Algorithmen* nennen; derartige Algorithmen sind nämlich etwas modifizierte Beschreibungen von TURING-Maschinen [7]. Die Zurückführung MARKOWscher Algorithmen und, speziell, der normalen Algorithmen auf TURINGsche und umgekehrt ist im Grunde genommen ein erneuter Beweis für die Äquivalenz von normalen Algorithmen und TURING-Maschinen [7]. Andererseits gewinnt man damit die Möglichkeit, von MARKOWschen Algorithmen zu speicherprogrammierten Programmen überzugehen.

Es ist allerdings zu beachten, daß die Realisierung der MARKOWschen Algorithmen auf speicherprogrammierten Automaten unnötig kompliziert und in vielen Fällen praktisch nicht ausführbar ist. Eigentlich geht es um die Lösung kombinatorischer Aufgaben auf Rechenautomaten; hier wollen wir uns der Meinung von SHANNON [6] anschließen, der schreibt „. . . für kombinatorische Probleme ist es typisch, daß ein sehr bedeutender Gewinn an Geschwindigkeit bei Benutzung spezieller an Stelle universeller Rechenmaschinen mit diskreten Operationen möglich ist. Das bedeutet, daß die in der Wirkungsweise universellen Maschinen im Gebrauch nicht universell sind und in einer für die Analyse günstige Richtung spezialisiert worden sind. Selbstredend ist es ohne Zweifel richtig, daß die sogenannten universellen Maschinen auch zur Lösung kombinatorischer Aufgaben befähigt sind, aber ihr Wirkungsgrad ist bei dieser Anwendung sehr niedrig. Probleme, die mit dem Entwurf von universellen Maschinen, die für das umfangreiche Gebiet der kombinatorischen Probleme tauglich sind, zusammenhängen, sind offenbar sehr kompliziert, aber zweifellos von großem theoretischem Interesse.“

Wir hoffen, daß ein eingehenderes Studium der mit der Algorithmierung mathematischer Aufgaben zusammenhängenden Probleme zur Entwicklung universeller Maschinen mit diskreten Operationen, die geeignet sind, solche Aufgaben ökonomischer zu lösen, beitragen wird.

(Bei der Redaktion eingegangen am 17. 10. 1957)

Literatur

[1] Детловс, В. К., Нормальные алгоритмы и рекурсивные функции, ДАН **90** № 3 (1953) 249—252.
DETLOWS, W. K., Normale Algorithmen und rekursive Funktionen. Doklady **90** (1953) 249—252.

[2] Клини, Ст. К., Введение в метаматематику. М., ИЛ, 1957.
Original: KLEENE, S. C., Introduction to Metamathematics. Amsterdam 1952.

[3] LJAPUNOW, A. A., Über logische Programm-Schemata. Probleme der Kybernetik, Bd. 1. Akademie-Verlag, Berlin 1962. Übersetzung aus dem Russischen.

[4] Марков, А. А., Теория алгорифмов, Труды Матем. ин-та АН СССР **42** (1954)
MARKOW, A. A., Algorithmentheorie. Arbeiten des Math. Inst. d. Akad. d. Wiss. d. UdSSR **42** (1954).

[5] JANOW, J. I., Über logische Schemata von Algorithmen, Probleme der Kybernetik, Bd. 1. Akademie-Verlag, Berlin 1962. Übersetzung aus dem Russischen.

[6] SHANNON, CL. E./MOORE, E. F., Machine aid for switching circuit design. Proc. of the I R E (Computer issue) **41**, Nr. 10 (1953) 1348—1351.

[7] TURING, A. M., On computable numbers ... Proc. London Math. Soc. (2) **42** (1937) 230—265; **43** (1938) 544.

Übersetzung und fachliche Bearbeitung: Gottfried Langer

Über Mengen, die eine größte Anzahl paarweise nicht vergleichbarer Boolescher[1]) Vektoren enthalten

W. M. MICHEJEW (Moskau)

In der Arbeit [1] von E. N. GILBERT wird gezeigt, daß eine Menge paarweise nicht vergleichbarer n-dimensionaler BOOLEscher Vektoren nicht mehr als $\binom{n}{\left[\frac{n}{2}\right]}$[2]) Elemente haben kann. Im vorliegenden Beitrag wird bewiesen, daß bei ungeradem n genau zwei Mengen vorhanden sind, die $\binom{n}{\left[\frac{n}{2}\right]}$ nicht vergleichbare Vektoren enthalten, bei geradem n dagegen nur eine einzige derartige Menge existiert.

Definition 1. Zwei n-dimensionale BOOLEsche Vektoren $\alpha = [\alpha_1, \ldots, \alpha_n]$ und $\beta = [\beta_1, \ldots, \beta_n]$ heißen *vergleichbar*, wenn entweder $\alpha_i \leqq \beta_i$ $(i = 1, 2, \ldots, n)$ oder $\beta_i \leqq \alpha_i$ $(i = 1, 2, \ldots, n)$ ist. In allen übrigen Fällen sind α und β *nicht vergleichbar*.

Definition 2. Als das *Niveau* eines n-dimensionalen BOOLEschen Vektors bezeichnet man die Anzahl seiner von Null verschiedenen Koordinaten. Alle verschiedenen Vektoren eines Niveaus sind paarweise nicht vergleichbar, wie man leicht sieht.

Theorem. *Die größtmögliche Anzahl paarweise nicht vergleichbarer Vektoren ist gleich* $\binom{n}{\left[\frac{n}{2}\right]}$. *Bei geradem n ist die Menge, welche die höchstmögliche Anzahl paarweise nicht vergleichbarer Vektoren enthält, eindeutig bestimmt, nämlich als Menge aller Vektoren des Niveaus* $\frac{n}{2}$; *bei ungeradem n dagegen gibt es genau zwei solche Mengen, nämlich: die Menge aller Vektoren des Niveaus* $\frac{n-1}{2}$ *und die Menge aller Vektoren des Niveaus* $\frac{n+1}{2}$.

Das Theorem ist offensichtlich bewiesen, wenn man zeigt, daß man für jede Menge $\mathfrak{M}$ paarweise nicht vergleichbarer Vektoren, die von der Menge aller Vektoren des Niveaus $\frac{n}{2}$ (für gerades n) bzw. der Menge aller Vektoren des Niveaus $\frac{n-1}{2}$ und der Menge aller Vektoren des Niveaus $\frac{n+1}{2}$ (für ungerades n)

[1]) Ein BOOLEscher Vektor kann als Koordinaten nur die Zahlen 0 oder 1 besitzen. — Anm. d. Red.

[2]) Für die Binomialkoeffizienten $\binom{n}{r}$ ist im russichen und englischen Schrifttum auch die Schreibweise C_n^r üblich. — Anm. d. Red.

verschieden ist, eine solche Menge $\mathfrak{N}$ paarweise nicht vergleichbarer Vektoren konstruieren kann, daß

$$c(\mathfrak{M}) < c(\mathfrak{N}) , \tag{1}$$

wobei $c(\mathfrak{M})$ bzw. $c(\mathfrak{N})$ die Anzahl der Elemente der Menge $\mathfrak{M}$ bzw. $\mathfrak{N}$ ist.

Die Teilmenge der Menge $\mathfrak{M}$, die alle Vektoren des Niveaus r ($r = 0, 1, \ldots, n$) enthält, werde mit $\mathfrak{M}_r$ bezeichnet.

Es sei σ die größte und τ die kleinste der Zahlen r, für die $\mathfrak{M}_r \neq \Phi$ ist. Dann ist

$$\mathfrak{M} = \bigcup_{r=\tau}^{\sigma} \mathfrak{M}_r .$$

Es genügt, die vier Fälle zu untersuchen:

a) $\sigma > \frac{n}{2}$ (n gerade), $\sigma > \frac{n+1}{2}$ (n ungerade);

b) $\tau < \frac{n}{2}$ (n gerade), $\tau < \frac{n-1}{2}$ (n ungerade);

c) $\sigma = \frac{n+1}{2}$, $\tau = \frac{n-1}{2}$ (n ungerade);

d) $\sigma = \tau = \frac{n}{2}$ (n gerade), $\sigma = \tau = \frac{n-1}{2}$ oder $\sigma = \tau = \frac{n+1}{2}$ (n ungerade).

Im Fall a) betrachten wir die Menge $\mathfrak{N}_{\sigma-1}$, die aus den Vektoren des Niveaus $\sigma - 1$ besteht, die mit den Vektoren aus $\mathfrak{M}_\sigma$ vergleichbar sind.

Wir konstruieren

$$\mathfrak{N} = \bigcup_{r=\tau}^{\sigma-1} \mathfrak{M}_r \cup \mathfrak{N}_{\sigma-1} .$$

Man überzeugt sich leicht davon, daß $\mathfrak{N}$ aus paarweise nicht vergleichbaren Vektoren besteht. Tatsächlich ist das für $\bigcup_{r=\tau}^{\sigma-1} \mathfrak{M}_r$ nach Voraussetzung gültig, und ein beliebiger Vektor aus $\mathfrak{N}_{\sigma-1}$ kann mit keinem Vektor aus $\bigcup_{r=\tau}^{\sigma-1} \mathfrak{M}_r$ vergleichbar sein, da dies ein Widerspruch wäre zu der Tatsache, daß $\mathfrak{M}$ aus paarweise nicht vergleichbaren Vektoren besteht.[1])

Aus denselben Gründen haben $\mathfrak{N}_{\sigma-1}$ und $\bigcup_{r=\tau}^{\sigma-1} \mathfrak{M}_r$ keine gemeinsamen Elemente. und es ist

$$c(\mathfrak{N}) = c(\mathfrak{N}_{\sigma-1}) + c\left(\bigcup_{r=\tau}^{\sigma-1} \mathfrak{M}_r\right). \tag{2}$$

Wir bemerken, daß jeder Vektor aus $\mathfrak{M}_\sigma$ in $\mathfrak{N}_{\sigma-1}$ genau σ vergleichbare Vektoren hat, aber ein Vektor aus $\mathfrak{N}_{\sigma-1}$ hat in $\mathfrak{M}_\sigma$ nicht mehr als $n - \sigma + 1$ vergleichbare. Folglich ist

$$(n - \sigma + 1)\, c(\mathfrak{N}_{\sigma-1}) \geqq \sigma \cdot c(\mathfrak{M}_\sigma) . \tag{3}$$

---

[1]) Ist $\alpha \in \mathfrak{M}z$, $\beta \in \mathfrak{N}_{\sigma-1}$ und $\gamma \in \bigcup_{r=\tau}^{\sigma-2} \mathfrak{M}_r$, so gilt $\alpha_i \geqq \beta_i$ für $i = 1, \ldots, n$. Wäre weiterhin $\beta_i \geqq \gamma_i$, würde auch $\alpha_i \geqq \gamma_i$ im Gegensatz zur Voraussetzung über die Menge $\mathfrak{M}$ folgen. — Anm. d. Red.

Aus (2) und (3) erhält man unter Berücksichtigung von a) leicht (1). Im Fall von b) überzeugen wir uns auf analoge Weise von der Richtigkeit der Ungleichung (1) für

$$\mathfrak{N} = \bigcup_{r=\tau+1}^{\sigma} \mathfrak{M}_r \cup \mathfrak{N}_{\tau+1},$$

wobei $\mathfrak{N}_{\tau+1}$ die Menge ist, die aus allen Vektoren des Niveaus $\tau + 1$ besteht, die mit den Vektoren aus $\mathfrak{M}_\tau$ vergleichbar sind.

Im Fall c) bleibt die Ungleichung (3) für die Menge $\mathfrak{N} = \bigcup_{r=\tau}^{\sigma-1} \mathfrak{M}_r \cup \mathfrak{N}_{\sigma-1}$ gültig, die man bei der Betrachtung des Falles a) aufgestellt hat. Aber jetzt erhalten wir

$$c(\mathfrak{M}) \leqq c(\mathfrak{N}).$$

Mit $\mathfrak{N}'$ bezeichnen wir die Menge aller Vektoren des Niveaus $\frac{n-1}{2}$. Wenn

$$c(\mathfrak{N}') > c(\mathfrak{N})$$

ist, so ist (1) für $\mathfrak{M}$ und $\mathfrak{N}'$ erfüllt. Für $\mathfrak{N} = \mathfrak{N}'$ findet man in $\mathfrak{N}_{\sigma-1}$ einen solchen Vektor β und in $\mathfrak{N} \setminus \mathfrak{N}_{\sigma-1}$[1]) einen solchen Vektor α, daß man einen von ihnen, z.B. β, aus α durch Transposition der Koordinatennummern erhält, d.h., daß α und β einen gemeinsamen vergleichbaren Vektor des Niveaus σ haben. Tatsächlich erhält man einen beliebigen Vektor $\delta \in \mathfrak{N} \setminus \mathfrak{N}_{\sigma-1}$ aus einem beliebigen Vektor $\gamma \in \mathfrak{N}_{\sigma-1}$ mit Hilfe einer gewissen Permutation der Koordinatennummern. Aber diese Vertauschung kann man sich als Ausführung von Transpositionen vorstellen. Hieraus erhält man offensichtlich, daß die oben gezeigten $\alpha \in \mathfrak{N} \setminus \mathfrak{N}_{\sigma-1}$ und $\beta \in \mathfrak{N}_{\sigma-1}$ existieren, die einen Vektor des Niveaus σ haben, der sowohl mit α als auch mit β vergleichbar ist.

Wie auch früher, hat jeder Vektor aus $\mathfrak{M}_\sigma$ in $\mathfrak{N}_{\sigma-1}$ genau σ vergleichbare Vektoren, und alle Vektoren aus $\mathfrak{N}_{\sigma-1}$, die von β verschieden sind, haben in $\mathfrak{M}_\sigma$ nicht mehr als $n - \sigma + 1$ vergleichbare und der Vektor β nicht mehr als $n - \sigma$ mit ihm vergleichbare.

Deshalb ist

$$(n - \sigma + 1)\,[c(\mathfrak{N}_{\sigma-1}) - 1] + (n - \sigma) \geqq \sigma \cdot c(\mathfrak{M}_\sigma)$$

oder

$$(n - \sigma + 1) \cdot c(\mathfrak{N}_{\sigma-1}) \geqq \sigma \cdot c(\mathfrak{M}_\sigma) + 1,$$

und wieder erhalten wir (1).

Im Fall d) ist die Ungleichung (1) offensichtlich erfüllt, wenn man als $\mathfrak{N}$ die Menge aller Vektoren des Niveaus $\frac{n}{2}$ (für gerade n) oder des Niveaus $\frac{n-1}{2}$ $\left(\text{für } \sigma = \tau = \frac{n-1}{2}\right)$ oder $\frac{n+1}{2}$ $\left(\text{für } \sigma = \tau = \frac{n+1}{2}\right)$ für ungerade n erfaßt, da $\mathfrak{M}$ nach Voraussetzung mit diesen Mengen nicht übereinstimmt.

---

[1]) Man definiert: $\mathfrak{N} \setminus \mathfrak{N}_{\sigma-1} = \mathfrak{N} \cap \overline{\mathfrak{N}}_{\sigma-1}$, wobei $\overline{\mathfrak{N}}_{\sigma-1}$ das Komplement von $\mathfrak{N}_{\sigma-1}$ ist. — Anm. d. Red.

Für Vervollständigung des Beweises des Theorems bleibt übrig zu bemerken, daß die Zahl der Vektoren des Niveaus r gleich $\binom{n}{r}$ ist.[1])

(Bei der Redaktion eingegangen am 11. 2. 1958)

Literatur

[1] GILBERT, E. N., Journ. of Math. and Phys. 33, Nr. 1 (1954) 57—67.

Übersetzung: Ingrid Müller-Pfeiffer
Fachliche Bearbeitung: Immo Kerner

---

[1]) Diese Arbeit von MICHEJEW ist für Codierungsprobleme von Bedeutung. Es sei hier nur erwähnt, daß der bekannte „2 aus 5 Code" eine größte Menge (mit $\binom{5}{2}$) Elementen) nicht vergleichbarer BOOLEscher Vektoren der Dimension 5 darstellt. Weil die Vektoren paarweise nicht vergleichbar sind, kann niemals durch einen Einzelfehler (Umwandlung einer 0 in eine 1 oder umgekehrt) ein Vektor in einen anderen der betrachteten Menge übergehen. Das bedeutet, daß ein solcher Einzelfehler bemerkt werden kann (Fehleranzeigecode, error detecting code). Das Problem wäre auszuweiten auf
1. Fehlerbeseitigungscode (error correcting code) bzgl. Einzelfehler
2. Codierungen, die Doppel- oder Mehrfachfehler anzeigen bzw. sogar korrigieren. — Anm. d. Red.

Über die kleinste Anzahl von Faktoren bei gegebener Potenz

R. E. WALSKI (Leningrad)

Bei der Arbeit an Rechenmaschinen tritt öfter die Forderung auf, die benötigten Resultate möglichst schnell zu erhalten. Es sei zum Beispiel erforderlich, die gegebene Zahl c mit der gegebenen ganzen positiven Zahl k zu potenzieren. Die Maschine kann jedoch nur die Produkte zweier Zahlen erzeugen. Offenbar wird man im Lösungsprozeß verschiedene Potenzen von c erhalten. Da die Multiplikation der Potenzen äquivalent der Addition der Exponenten ist, so ist die Aufgabe der Potenzierung äquivalent der folgenden Aufgabe: Wie schnell kann man ein gegebenes natürliches k erhalten, wenn die Maschine nur Summen zweier Zahlen erzeugt und in ihrem Speicher bei Arbeitsbeginn nur die Zahl 1 enthält? Die Aufgabe kann man in folgender abstrakter Weise formulieren:

Irgendein natürliches k ist gegeben; betrachten wir die möglichen endlichen Folgen $a_0, a_1, \ldots, a_n$, in denen $a_0 = 1$ und $a_n = k$ ist, und bei denen für jedes p $(p = 1, \ldots, n)$ ein $r < p$ und ein $q < p$ existieren, daß $a_p = a_r + a_q$ ist.

Jede solcher Folgen bezeichnen wir als Darstellung der Zahl k, mit n die Länge dieser Folge. Die Länge der kürzesten Darstellung der Zahl k, die wir mit $N(k)$ bezeichnen, erweist sich offenbar als Funktion von k.

Die Aufgabe besteht darin, eine asymptotische Abschätzung der Länge der Darstellung zu finden.

Nehmen wir eine natürliche Zahl b an und bilden k gemäß $k = k_1 \cdot 2^b + c_1$, wobei $0 \leq c_1 < 2^b$, c_1 und k_1 ganz sind.

Offenbar ist eine solche Darstellung eindeutig.

Analog ist

$$k_1 = k_2 \cdot 2^b + c_2 \,,$$
$$\cdots\cdots\cdots\cdots$$
$$k_{n-1} = k_n \cdot 2^b + c_n \,.$$

Den Prozeß setzen wir fort bis $0 < k_n < 2^b$ ist.

Wir wollen eine Darstellung folgender Art betrachten. Die ersten 2^b Glieder erhält man so: $a_0 = 1$, jedes folgende Glied ergibt sich durch die Addition von 1 zu dem vorhergehenden Glied; auf diese Weise erhalten wir $1, 2, \ldots, 2^b$. (Offenbar wird unter diesen Gliedern die Zahl k_n sein.) Die folgenden $b + 1$ Glieder der Darstellung bilden wir durch

$$a_{2^b} = k_n \cdot 2, \; a_i = a_{i-1} \cdot 2 \qquad (i = 2^b + 1, \ldots, 2^b + b - 1) \,,$$

$a_{2^b+b} = a_{2^b+b-1} + c_n$ (wenn $c_n = 0$ ist, dann fällt dieses Glied fort), d.h., es ergeben sich die Zahlen

$$2^1 k_n,\ 2^2 k_n, \ldots,\ 2^b k_n,\ 2^b k_n + c_n\ (= k_{n-1})\ .$$

Die weitere Darstellung zeigt einen ähnlichen Verlauf

$$2^1 k_{n-1}\ ,\ 2^2 k_n\ ,\ \ldots,\ 2^b k_{n-1}\ ,\ 2^b k_{n-1} + c_{n-1}\ (= k_{n-2})\ ;$$
$$2^1 k_1,\ 2^2 k_1, \ldots,\ 2^b k_1,\ 2^b k_1 + c_1\ (= k)\ .$$

Bezeichnen wir durch $p(k)$ die Länge dieser Darstellung, dann ist

$$p(k) < 2^b + n\,(b + 1) \tag{1}$$

oder

$$p(k) < \frac{b+1}{b}\, {}^2\log k_n + 2^b + n\,(b+1)\ . \tag{1'}$$

Aus der Gleichung $k_{i-1} = k_i\, 2^b + c_i$ erhalten wir

$$\begin{aligned} {}^2\log k_{n-1} &\geqq {}^2\log k_n + b\ , \\ {}^2\log k_{n-2} &\geqq {}^2\log k_{n-1} + b \geqq {}^2\log k_n + 2\,b\ , \\ {}^2\log k &\geqq {}^2\log k_n + n\,b \qquad \text{oder} \\ {}^2\log k - n\,b &\geqq {}^2\log k_n\ . \end{aligned}$$

Setzen wir dies in (1') ein, so erhalten wir

$$p(k) < \frac{b+1}{b}\,({}^2\log k - n\,b) + 2^b + n\,(b+1)\ ,\ p(k) < \frac{b+1}{b}\,{}^2\log k + 2^b\ .$$

Da die Länge der kürzesten Darstellung nicht größer ist als die Länge irgendeiner anderen, so ist

$$N(k) \leqq p(k)$$

und

$$N(k) < \frac{b+1}{b}\,{}^2\log k + 2^b\ .$$

Untersuchen wir diese Ungleichung. Es sei $l > 1$. Offensichtlich existiert für ein beliebiges l nahe bei 1 ein b, so daß

$$l > \frac{b+1}{b} > 1$$

gilt. Für genügend großes k ist die folgende Ungleichung erfüllt:

$$N(k) < \frac{b+1}{b}\,{}^2\log k + 2^b < l\,{}^2\log k\ .$$

Andererseits sieht man, daß $N(k) \geqq {}^2\log k$ ist; dies folgt daraus, daß in einer Darstellung von der Länge p alle Glieder $a_q < 2^p$ $(q \leqq p)$ sind. Diese Behauptung wird durch vollständige Induktion für p bewiesen. Tatsächlich sind in einer Darstellung von der Länge 1 alle Glieder $\leqq 2^1$. Setzt man die Richtigkeit der Behauptung für eine Darstellung von der Länge p voraus, erkennt man leicht die Richtigkeit für die Darstellung von der Länge $p + 1$, d.h., das letzte Glied der

Darstellung kann nicht größer als 2^p sein, wobei p die Länge der Darstellung ist oder $a_p \leqq 2^p$; ${}^2\log a_p \leqq p$.

Damit ist ${}^2\log k \leqq \mathfrak{N}(k) < l\,{}^2\log k$.

Da man l in beliebige Nähe von 1 bringen kann, bekommt man $N(k) \sim {}^2\log k$ für große k.[1])

(Bei der Redaktion eingegangen am 29. 5. 1958)

Übersetzung: Barbara Schneider
Fachliche Bearbeitung: Immo Kerner

[1]) Hat k eine n-stellige Dualdarstellung und sind in dieser $m \leqq n$ Stellen mit L besetzt, so ist $N(k) \leqq n + m - 2$. Dabei ist $n - 1$ also die größte in ${}^2\log k$ enthaltene ganze Zahl. — Anm. d. Red.

II. THEORIE DER STEUERSYSTEME

Über algorithmische Schwierigkeiten bei der Synthese minimaler Kontaktschaltungen

S. W. JABLONSKI (Moskau)

Einführung

Zu jeder Klasse mathematischer Aufgaben müssen die zur Lösung zugelassenen Mittel angegeben werden. So setzt man in der Mengenlehre (meistens) voraus, daß das Auswahlaxiom verwendet werden darf [1]. Das Auswahlaxiom ist einerseits bei der Behandlung mengentheoretischer Probleme besonders geeignet. Es ist jedoch andererseits nicht verwendbar bei der Lösung von Aufgaben, in denen nicht nur ein Existenzbeweis für ein Objekt verlangt wird, sondern wo dieses auch konstruiert werden soll. Bei einer Konstruktion wird verlangt, daß man in einer endlichen Anzahl von Schritten das gesuchte Objekt erhält, wobei bei jedem Schritt eine aus einem endlichen System effektiv ausführbarer Grundoperationen[1]) angewendet wird. Die Hilfsmittel, die diesen intuitiven Ansatz präzisieren, wurden in der modernen mathematischen Logik entwickelt, so z.B. in der Form der normalen Algorithmen [2]. Bei der Behandlung des Problems der formalen Widerspruchsfreiheit einer formalisierten Theorie sind diese Begriffsbildungen unbedingt erforderlich [3].

Manchmal werden als Grundoperationen auch solche zugelassen, die zwar im Unterschied zu den auf dem Auswahlaxiom beruhenden Operationen praktisch ausgeführt werden können, die man jedoch nicht effektiv nennen darf, weil das Resultat einer solchen Operation nicht eindeutig bestimmt ist. In dieser Hinsicht werden hier *zufällige* Grundoperationen verwendet (Werfen von Münzen, Fixieren eines Elementar-Teilchens in einem Zähler usw.). Algorithmen mit zufälligen Grundoperationen werden erfolgreich bei der Lösung einiger mathematischer Probleme angewandt, z.B. bei der Lösung von Differentialgleichungen (Monte-Carlo-Methode) [4].

Gegenwärtig gibt es in der Kybernetik viele Aufgaben, bei denen die Existenz von Objekten oder Fakten trivial ist und nach der klassischen Definition eines Algorithmus diese auch effektiv erhalten werden können. Jedoch kann es vorkommen, daß eine solche Aufgabe wegen ihres großen Umfangs praktisch nicht gelöst werden kann. Aufgaben dieser Art kommen z. B. bei der Codierung von Informationen, der Analyse und Synthese von Schaltungen und dergleichen vor [5]. Daher muß die klassische Definition des Algorithmus abgeändert werden. Dabei erwarten wir, daß die vorgenommene Abänderung stark die Besonderheiten einer gegebenen Aufgabenklasse berücksichtigt. Es ist möglich, daß

[1]) Im russischen Original: „Элементарная акта“, wörtlich übersetzt bedeutet das: „Elementare Akte“. Im Deutschen spricht man auch von „Elementaren Operationen“. — Anm. d. Red.

dies zu einer Verzweigung des Begriffs Algorithmus führt, so daß die einzelnen Typen von Algorithmen unvergleichbar werden. Um jetzt schon irgendwelche Prognosen aufzustellen, wie der Begriff Algorithmus abgeändert wird, sind wir zu wenig über die speziellen Forderungen der einzelnen Aufgabenklassen informiert.

In der vorliegenden Arbeit wird versucht, algorithmische Schwierigkeiten, die bei der Lösung von Aufgaben aus der Kybernetik entstanden sind, zu klären. Die Lösung dieser Aufgaben ist zwar nach der klassischen Definition des Algorithmus trivial, aber sie ist wegen ihres Umfanges praktisch nicht durchführbar.

Als Beispiel werden Kontaktschaltungen betrachtet, die zweiwertige aussagenlogische Wahrheitsfunktionen[1]) realisieren. Es besteht das Problem, eine Schaltung, die die Funktion $f(x_1, x_2, \ldots, x_n)$ realisiert und die kleinste Anzahl von Kontakten besitzt, (eine Minimalschaltung) zu konstruieren. Diese Minimalzahl soll mit $L(f)$ bezeichnet werden. Es ist bekannt, daß ein trivialer Algorithmus zur Konstruktion minimaler Kontaktschaltungen existiert. Dieser Algorithmus besteht in folgendem: Nehmen wir an, es werde für die aussagenlogische Wahrheitsfunktion $f(x_1, x_2, \ldots, x_n)$ eine minimale Kontaktschaltung gesucht. Wir betrachten die Folge der Mengen

$$G_0, G_1, \ldots, G_i, \ldots,$$

wobei G_i aus allen zweipoligen Netzen mit i Gliedern besteht. Jede dieser Mengen besitzt eine endliche Zahl g_i von Elementen, wobei für g_i in den Arbeiten [6] und [7] die Abschätzung

$$\left(C_1 \frac{i}{^2\log^2 i}\right)^i < g_i < \left(C_2 \frac{i}{^2\log^2 i}\right)^i$$

gegeben wurde. Wir werden die Menge dieser Netze wohl ordnen, und zwar ordnen wir zuerst irgendwie die Menge G_0, dann die Menge G_1 usw. In jedem Netz aus G_i $(i = 0, 1, \ldots)$ ordnen wir den Gliedern auf alle möglichen Weisen die Symbole des Alphabetes $x_1, \ldots, x_n, \bar{x}_1, \ldots, \bar{x}_n$ zu. Offensichtlich gibt es $(2\,n)^i$ Möglichkeiten der Zuordnung. Für jede einzelne Zuordnung erhalten wir eine zweipolige Kontaktschaltung A. Es sei $f_A(x_1, x_2, \ldots, x_n)$ die zweiwertige aussagenlogische Wahrheitsfunktion (d. h. eine Funktion der Klasse P_2, vgl. dazu [8]), die die Durchgängigkeit der Schaltung A beschreibt. Sie sei entweder experimentell gefunden oder algorithmisch berechnet [5]. Wenn $f_A(x_1, x_2, \ldots, x_n) = f(x_1, x_2, \ldots, x_n)$ ist, ist A die gesuchte Schaltung, welche die Funktion $f(x_1, x_2, \ldots, x_n)$ realisiert. Es ist klar, daß man für jede n-stellige Funktion $f(x_1, x_2, \ldots, x_n)$ aus P_2 eine Schaltung konstruieren kann, die diese Funktion realisiert und deren Anzahl von Kontakten die Zahl $L(n)$ nicht übersteigt, wobei

$$L(n) = \max L(f)$$

(das Maximum bezieht sich auf zweiwertige aussagenlogische Wahrheitsfunktionen mit n Variablen), so daß unser Konstruktionsprozeß bestimmt zu einer solchen

[1]) Im folgenden auch kürzer „aussagenlogische Wahrheitsfunktion" oder einfach „Wahrheitsfunktion" bzw. „Funktion", falls keine Unklarheiten entstehen können. Im (russischen) Original: „Функция алгебры логики", also wörtlich übersetzt: „Funktion der Algebra der Logik". — Anm. d. Red.

Schaltung führen muß. Darüber hinaus ist die erste Schaltung A, die mit diesem Algorithmus konstruiert wird, und die die Funktion $f(x_1, x_2, \ldots, x_n)$ realisiert, eine Schaltung mit einer minimalen Kontaktanzahl. Der angegebene Algorithmus für die Synthese einer Schaltung basiert auf einer Teilmenge aller Schaltungen. Wir schätzen den Umfang der Teilmenge, die zur Konstruktion eines Minimalschemas für die Funktion $f(x_1, x_2, \ldots, x_n)$ unentbehrlich ist, mit Hilfe des gegebenen Algorithmus für minimale Schaltungen ab. Dieser Umfang ist charakterisiert durch die Anzahl der zu betrachtenden Schaltungen und hat die Größenordnung

$$\left(\frac{C\,L(n)}{{}^2\log^2 L(n)}\right)^{L(n)} \cdot (2n)^{L(n)}.$$

Wenn man berücksichtigt (man vgl. dazu [9]), daß $L(n) \sim \frac{2^n}{n}$ ist, wird klar, mit welcher Schnelligkeit der Umfang dieser Teilmenge zunimmt. Hieraus ist ersichtlich, daß der angegebene Algorithmus nicht sehr leistungsfähig ist. Der große Umfang der Teilmenge erschwert die praktische Anwendung dieses Algorithmus. So erhält man bei Higonnet und Gréa [10] mit Hilfe der Teilmenge aller Netze mit nicht mehr als 6 Gliedern alle minimalen Schaltungen mit nicht mehr als 6 Kontakten für die Funktionen in 4 Veränderlichen. Schon den nächsten Fall, d.h. Netze mit 7 Gliedern betrachten, ist praktisch unzugänglich. Bei Shannon [11] ist das Schema einer Maschine für die Synthese von Schaltungen angegeben, die die Funktionen von 4 Veränderlichen realisieren. Diese Maschine findet für die Mehrheit der Funktionen minimale Schaltungen, jedoch muß dafür eine Umschaltung erzeugt werden. Folglich ist es erforderlich, bei der Suche nach der Lösung einige den Schaltungen entsprechende Kommutationen durchzusehen. Die Leistungsfähigkeit des Algorithmus ist deshalb durch die Zeit bestimmt, die bis zur Auffindung der erforderlichen Kommutation vergeht. Diese Zeit wird sehr groß (praktisch sogar unendlich bei der automatischen Suche auf der Basis der Elektronik), wenn man versucht, mit Hilfe von Analogrechnern für Funktionen mit 6 bis 7 Variablen Minimalschaltungen zu konstruieren.

Die praktische Ausnutzung des trivialen Algorithmus ist also nur für die ersten Werte von n möglich. Außerdem bietet die Anwendung der Maschinentechnik praktisch keine Vorteile im Vergleich zu den menschlichen Möglichkeiten. Es ist berechtigt anzunehmen, daß bei einem beliebigen Verfahren zur Konstruktion minimaler Schaltungen für beliebige Funktionen aus P_2 in irgendeiner Form eine Teilmenge verwendet wird, die dem Umfang nach in der Größenordnung der beim trivialen Algorithmus verwendeten liegt. Daher ist eine Änderung der Aufgabenstellung notwendig. Hierbei sind 2 Varianten möglich.

1. *Wir verzichten auf die Minimisierung der Schaltungen.* In diesem Fall wird verlangt, für eine beliebige Funktion $f(x_1, x_2, \ldots, x_n)$ aus P_2 eine Schaltung mit einer Anzahl von Kontakten zu konstruieren, die ungleich $L(f)$ und in der Größenordnung nicht größer als $L(n)$ ist. Diese Aufgabe wurde erstmalig von Shannon formuliert [12] und schließlich von Lupanow [9] gelöst. Letzterem gelang es, für eine beliebige Funktion $f(x_1, x_2, \ldots, x_n)$ eine Schaltung (von wesentlich geringerem Umfang als andere Schaltungen) zu konstruieren,

deren Kontaktanzahl in der Größenordnung nicht größer als $\frac{2^n}{n}$ ist. Aus den Resultaten [9, 12] ergibt sich, daß fast alle Funktionen von n Variablen asymptotisch $\frac{2^n}{n}$ Kontakte erfordern. Wenn man folglich eine kleine Anzahl von Funktionen unberücksichtigt läßt, besteht die Möglichkeit, für eine beliebige Funktion aus P_2 fast minimale Schaltungen zu konstruieren. Es zeigt sich, daß man, indem man auf die Teilmenge verzichtet, für die meisten Funktionen kompakte Schaltungen konstruieren kann. Diese Schaltungen sind an und für sich kompliziert, weil die Anzahl der Kontakte wie $\frac{2^n}{n}$ wächst. Wenn wir andererseits den Algorithmus von Lupanow auswerten (ohne zusätzliche Informationen heranzuziehen), sind wir nicht sicher, ob wir kompakte Schaltungen (die nahezu minimal sind) auch für jene Funktionen erhalten, die eine Realisierung mit einer Anzahl von Kontakten gestatten, deren Größenordnung kleiner als $\frac{2^n}{n}$ ist. Höchstwahrscheinlich wird der angegebene Algorithmus für diese Funktionen, wie es in der Regel ist, ein schlechtes Resultat ergeben. Es ergibt sich folgende Situation: Der Algorithmus erzeugt kompakte Schaltungen für Funktionen, minimale Schaltungen für Funktionen, die ungefähr $\frac{2^n}{n}$ Kontakte besitzen, d.h. für praktisch uninteressante Funktionen, und er gibt kompakte Schaltungen für die praktisch wertvollen Funktionen nicht mit Sicherheit.

2. *Wir verzichten auf die Betrachtung aller zweiwertigen aussagenlogischen Wahrheitsfunktionen.* In diesem Fall schränkt man die Klasse der zu betrachtenden Funktionen in sinnvoller Weise auf eine gewisse Klasse $Q \subseteq P_2$ ein. Man kann nun annehmen, daß die Konstruktion minimaler Schaltungen, die alle Funktionen mit n Variablen aus der Klasse Q realisieren, mit Hilfe des trivialen Algorithmus einen wesentlich geringeren Aufwand erfordert als die Konstruktion minimaler Schaltungen für alle Funktionen der Klasse P_2, die von n Variablen abhängig sind. Und zwar wird es immer dann zutreffen, wenn (s. Abschätzung der Teilmenge auf S. 87)

$$L_Q(n) \ll L(n)$$

ist, wobei

$$L_Q(n) = \max_{f(x_1, \ldots, x_n) \in Q} L(f)$$

ist. In diesem Fall erhöht sich die Leistungsfähigkeit des trivialen Algorithmus bedeutend (d.h., es erhöhen sich die Grenzen der Anwendbarkeit, die durch den Maximalwert der Zahl n bestimmt werden, bei dem praktisch noch die Konstruktion minimaler Schaltungen für alle Funktionen aus Q mit n Variablen möglich ist).

Daß die Leistungsfähigkeit des trivialen Algorithmus erhöht wird, hängt also damit zusammen, daß die Funktionen mit n Variablen aus der Klasse Q eine wesentlich einfachere Realisierung zulassen als beliebige Funktionen mit n Variablen. Folglich entsteht das Problem, „einfache" Klassen Q, d.h. solche Klassen, für die $L_Q(n) \ll L(n)$ ist, auszuzeichnen. Um einen Trugschluß zu vermeiden, müssen diese Klassen nicht durch die Eigenschaften der Schaltungen, sondern durch die Eigenschaften der Funktionen definiert werden. Mit der Konstruktion solcher Klassen und der Realisierung der Funktionen dieser Klassen beschäftigen sich folgende Arbeiten [13] „Die Realisierung linearer Funktionen", [12, 14] „Die Realisierung symmetrischer Funktionen", [15] „Die Synthese wiederholungsfreier Schaltungen", [14] „Die Realisierung von Funktionen, die bei nur wenigen Argumenttupeln den Wert 1 haben" usw. Da die Definition einer „einfachen" Klasse letzten Endes verlangt, daß $L_Q(n) \ll L(n)$ ist, d.h., da sie auf dem Vergleich einzelner Funktionen mit anderen Funktionen mit der gleichen Anzahl von Variablen und mit äußerst komplizierten Minimalschaltungen beruht, wird dieses Problem zurückgeführt auf die Konstruktion der Funktionen mit n Variablen (für jedes n) mit den kompliziertesten Realisierungen (d.h. auf die Berechnung des Wertes $L(n)$). Es besteht also folgende Aufgabe.

Für jedes n ist eine Funktion $f(x_1, x_2, \ldots, x_n) \in P_2$ zu konstruieren, so daß $L(f) = L(n)$ ist.

Bei der Lösung dieser Aufgabe stoßen wir auf grundsätzliche Schwierigkeiten. Da wir im voraus den Wert $L(n)$ nicht kennen, müssen wir für jede Funktion $f(x_1, x_2, \ldots, x_n)$ eine minimale Schaltung konstruieren und $L(f)$ berechnen. Wenn die Werte $L(f)$ für alle Funktionen mit n Variablen gefunden worden sind, finden wir mühelos auch jene Funktion, für die $L(f)$ maximal, d.h. gleich $L(n)$ ist. Also muß die Teilmenge aller Funktionen mit n Variablen betrachtet werden, um die gesuchte Funktion zu finden. Es ist klar, daß diese Überlegungen, wenn sie auch auf den Gedanken führen, daß die obige Teilmenge bei der Lösung der gestellten Aufgaben in gewissem Sinne nicht zu umgehen ist, nicht zum Beweis dieser Tatsachen dienen können.

Naturgemäß hängt die Lösung von Aufgaben von der Auswahl der Mittel ab.

In der vorliegenden Arbeit werden Lösungen dieser Aufgabe analysiert, sowohl in einer Klasse der Algorithmen, bei denen zufällige Grundoperationen zugelassen sind, als auch in einer gewissen natürlichen Klasse gewöhnlicher Algorithmen. In § 1 zeigt sich, daß in der Klasse der Algorithmen mit zufälligen Grundoperationen ein Problem, das eine gewisse Abschwächung des erörterten Problems darstellt, mit der Wahrscheinlichkeit 1 eine vollkommene und äußerst einfache Lösung zuläßt. Andererseits führt, wie in § 4 festgestellt wird, in einer natürlichen Unterklasse gewöhnlicher Algorithmen, in der Klasse der sogenannten regulären Algorithmen, die Konstruktion einer Folge $\{f_n\}$ der Funktionen $f(x_1, x_2, \ldots, x_n)$, für die $L(f_n) = L(n)$ ist, zur Konstruktion aller zweiwertigen aussagenlogischen Wahrheitsfunktionen mit n Variablen, d.h. zur vollständigen Teilmenge. Danach wird ein Vergleich dieser zwei Lösungen des Problems durchgeführt. In § 2 wird die Familie der sogenannten invarianten Klassen konstruiert und deren Eigenschaften untersucht. In § 3 werden die Möglichkeiten der Realisierung von Funktionen aus invarianten Klassen erläutert. Insbesondere zeigt sich, daß alle invarianten

Klassen Q_σ, wobei σ in gewisser Weise ein bestimmender Parameter ($0 \leqq \sigma \leqq 1$) ist, einen einfachen asymptotischen Ausdruck für $L_{Q_\sigma}(n)$ haben, und zwar

$$L_{Q_\sigma}(n) \sim \frac{\sigma\, 2^n}{n}.$$

Folglich genügt es, für eine Menge von Klassen, die die Mächtigkeit des Kontinuums besitzt, eine Methode für die Synthese zu konstruieren, die eine Asymptote für $L_{Q_\sigma}(n)$ gibt. Hieraus ist ersichtlich, daß die Resultate von § 2 und § 3 neben Hilfszwecken unabhängiges Interesse besitzen.

Es sei darauf hingewiesen, daß die erörterten Probleme und auch der Beweis in den Jahren 1954—1955 entstanden sind. Allein durch das Fehlen einer asymptotischen Abschätzung für $L(n)$ war es nicht möglich, diese Idee zu verwirklichen. Deshalb wurden 1956 einige Nebenresultate veröffentlicht [4, 18]. Bald nachdem Lupanow die Asymptote für die Größe $L(n)$ erarbeitet hatte, entstand die endgültige Lösung.

§ 1. Die Lösung des Problems in der Klasse der Algorithmen mit zufälligen Grundoperationen

Der statistische Ansatz, den wir erörtern wollen, benutzt einige Besonderheiten der Realisierung zweiwertiger aussagenlogischer Wahrheitsfunktionen, die schon in der Einleitung angedeutet wurden. Es handelt sich erstens um das asymptotische Verhalten der Größe $L(n)$ und zwar gilt

$$L(n) \sim \frac{2^n}{n}.$$

Zweitens wird ein Resultat von Shannon benutzt [12], welches besagt, daß für ein beliebiges $\varepsilon > 0$ der Anteil aller Wahrheitsfunktionen f, die von n Variablen abhängig sind und für die

$$L(f) \leqq (1 - \varepsilon)\frac{2^n}{n}$$

gilt, im Verhältnis zur Anzahl aller Wahrheitsfunktionen, die von n Variablen abhängen, mit wachsendem n gegen Null strebt. Wie Lupanow [7] gezeigt hat, gilt sogar die noch stärkere Aussage: Für ein beliebiges $\varepsilon > 0$ strebt der Anteil aller Wahrheitsfunktionen f, die von n Variablen abhängig sind und für die

$$L(f) \leqq \frac{2^n}{n}\left[1 + (2 - \varepsilon)\frac{{}^2\log n}{n}\right]$$

gilt, im Verhältnis zur Anzahl aller Wahrheitsfunktionen, die von diesen n Variablen abhängen, mit wachsendem n gegen Null.

Definition. Es sei ε eine beliebige feste positive Zahl. Die Funktion $f(x_1, x_2, \ldots, x_n)$ aus P_2 heißt *ε-einfach*, wenn

$$L(f) \leqq (1 - \varepsilon)\, L(n)$$

und *ε-kompliziert*, wenn

$$L(f) > (1 - \varepsilon)\, L(n)$$

ist. Aus den vorhergehenden Resultaten folgt, nebenbei gesagt, daß für ein beliebiges $\varepsilon > 0$ der Anteil der ε-einfachen Funktionen mit n Variablen im Verhältnis zur Gesamtzahl der Funktionen aus P_2, die von diesen n Variablen abhängen, mit wachsendem n gegen Null geht. Wir formulieren nun unsere Aufgabe in folgender Weise: Zu konstruieren ist eine Menge M^0 von Funktionen in der Form

$$M^0 = \{ f_1(x_1), f_2(x_1, x_2), \ldots, f_n(x_1, x_2, \ldots, x_n), \ldots \},$$

für die eine Folge $\{ n_k \}$ existiert, so daß

$$\frac{L(f_{n_k})}{L(n_k)} \to 1, \quad \text{falls} \quad k \to \infty .$$

Offenbar stellt diese Aufgabe eine gewisse Abschwächung des in der Einführung angegebenen Problems dar. Wenn wir nämlich für jede Zahl n eine Funktion $f_n(x_1, x_2, \ldots, x_n)$ konstruieren können, so daß gilt

$$L(f_n) = L(n),$$

dann ist die Menge

$$M^0 = \{ f_1(x_1), f_2(x_1, x_2), \ldots, f_n(x_1, x_2, \ldots, x_n), \ldots \}$$

durch

$$\frac{L(f_n)}{L(n)} = 1$$

für ein beliebiges n charakterisiert. Folglich erhalten wir die Lösung der eben erst gestellten Aufgabe.

Betrachten wir einen Algorithmus, der eine gewisse Menge von Funktionen

$$M = \{ f_1(x_1), f_2(x_1, x_2), \ldots, f_n(x_1, x_2, \ldots, x_n), \ldots \}$$

in Gestalt einer Folge konstruiert, d.h., im n-ten Schritt wird durch den Algorithmus die Funktion $f_n(x_1, x_2, \ldots, x_n)$ konstruiert.

Die Konstruktion der Funktionen wird mit Hilfe ihrer Tabellen in folgender Weise realisiert: Im linken Teil der Tabelle befindet sich eine Spalte, in der untereinander lexikographisch die Belegungen der Variablen $x_1, x_2, \ldots, x_n$ (aller 2^n Stück) angeordnet sind. Im rechten Teil schreiben wir neben jede Belegung aufeinanderfolgend den Wert 0 oder 1, in Abhängigkeit vom Ergebnis beim Werfen einer Münze, d.h. abhängig davon, ob Zahl oder Wappen oben zu liegen kommt.[1])

[1]) Es ist anzunehmen, daß das Erscheinen von Wappen und Zahl gleich wahrscheinlich ist.

Zum Beispiel:

$x_1, \ldots, x_{n-1}, x_n$	Ergebnis des Münzenwurfs	Wert der Funktionen
0 ... 0 0	Wappen	1
0 ... 0 1	Zahl	0
0 ... 1 0	Zahl	0
0 ... 1 1	Wappen	1
....	....	....
....	....	....
1 ... 1 1	Zahl	0

Der beschriebene Algorithmus besitzt als Grundoperationen das Werfen von Münzen. Daher führen verschiedene Anwendungen dieses Algorithmus zu verschiedenen Mengen. Mit $\mathfrak{M} = \{M\}$ bezeichnen wir die Menge der möglichen Ergebnisse dieser Konstruktion. Offensichtlich besitzt $\mathfrak{M}$ die Mächtigkeit des Kontinuums. Es sei eine beliebige Zahl $\varepsilon > 0$ gegeben. Wir betrachten die Teilmenge $\mathfrak{M}^\varepsilon$ aus $\mathfrak{M}$, die alle und nur jene Menge $\mathfrak{M}^\varepsilon$ umfaßt, die höchstens eine endliche Anzahl ε-komplizierter Funktionen enthalten.

Theorem 1.1. *Die Wahrscheinlichkeit $P(\mathfrak{M}^\varepsilon)$ dafür, daß das Ergebnis der Konstruktion eine Menge aus $\mathfrak{M}^\varepsilon$ sein wird, ist gleich Null, d. h. $P(\mathfrak{M}^\varepsilon) = 0$.*

Beweis. Da die Konstruktion von Funktionen mit n Variablen mit gleicher Wahrscheinlichkeit zu jeder Funktion führen kann, ist die Wahrscheinlichkeit der Konstruktion von ε-komplizierten Funktionen gleich p_n, wobei mit p_n der Anteil von ε-komplizierten Funktionen bezeichnet wird, die von n Variablen abhängig sind, im Verhältnis zu allen Funktionen mit eben jenen Variablen, d. h. zu 2^{2^n}. Gleichzeitig ist die Wahrscheinlichkeit der Konstruktion von ε-einfachen Funktionen mit n Vaiiablen gleich $1 - p_n$. Oben sahen wir, daß $p_n \to 1$ für $n \to \infty$ gilt. Betrachten wir eine beliebige Menge $M^\varepsilon \in \mathfrak{M}^\varepsilon$. Nach Definition sind in ihr von einer beliebigen Stelle ab (für diese Betrachtung sei angenommen, vom $(n+1)$-ten Punkt an) alle Funktionen ε-einfach, aber die n-te Funktion ist ε-kompliziert. Wenn unter jede ε-komplizierte Funktion der Buchstabe C gesetzt wird und unter jede ε-einfache Funktion der Buchstabe Π, zeigt die Menge folgende Gestalt:

$$\begin{array}{l} f_1, f_2, \ldots, f_{n-1}, f_n, f_{n+1}, f_{n+2}, \ldots \\ \ldots\ldots\ldots\ldots\ldots, C, \Pi, \quad \Pi, \ldots . \end{array}$$

Wir bezeichnen mit $\mathfrak{M}_n^\varepsilon$ die Teilmenge jener Mengen M^ε, so daß in jeder von ihnen die n-te Funktion als ε-kompliziert und alle folgenden als ε-einfache Funktionen erscheinen. Offensichtlich ist

$$\mathfrak{M}^\varepsilon = \mathfrak{M}_0^\varepsilon \cup \mathfrak{M}_1^\varepsilon \cup \ldots,$$

also $\mathfrak{M}^\varepsilon$ die direkte Summe der paarweise disjunkten Teilmengen $\mathfrak{M}_0^\varepsilon, \mathfrak{M}_1^\varepsilon, \ldots$. Führen wir die Berechnung der Wahrscheinlichkeit $P(\mathfrak{M}_n^\varepsilon)$ durch:

$$P(\mathfrak{M}_n^\varepsilon) = p_n \prod_{i>n} (1 - p_i) = 0 ,$$

weil $p_i \to 1$ für $i \to \infty$ gilt. Hieraus folgt, daß

$$P(\mathfrak{M}^\varepsilon) = \sum_{n=0}^{\infty} P(\mathfrak{M}_n^\varepsilon) = 0$$

ist. Damit ist das Theorem vollständig bewiesen.

Aus dem Theorem folgt unmittelbar, daß die Wahrscheinlichkeit, eine Menge von Funktionen zu konstruieren, in der eine unendliche Anzahl von ε-komplizierten Funktionen enthalten ist, d. h. die Wahrscheinlichkeit der Konstruktion einer Menge aus $\mathfrak{M} \setminus \mathfrak{M}^\varepsilon$, gleich 1 ist.

Bezeichnen wir mit $\mathfrak{M}^0$ die Teilmenge von $\mathfrak{M}$, die aus den Mengen M^0 besteht, so daß für jedes beliebige $\varepsilon > 0$ die Menge M^0 mindestens eine unendliche Anzahl von ε-komplizierten Funktionen enthält.

Theorem 1.2. *Die Wahrscheinlichkeit $P(\mathfrak{M}^0)$ der Konstruktion einer Menge M^0 aus $\mathfrak{M}^0$ ist gleich* 1, *d. h.* $P(\mathfrak{M}^0) = 1$.

Beweis. Gegeben ist $M \notin \mathfrak{M}^0$. Das bedeutet, daß ein ε existiert, so daß die Menge M eine höchstens endliche Anzahl von ε-komplizierten Funktionen enthält. Offensichtlich enthält auch für ein beliebiges $\varepsilon' < \varepsilon$ die Menge M eine höchstens endliche Anzahl von ε'-zerlegbaren Funktionen. Auf Grund dieser Umstände erhalten wir

$$\mathfrak{M}^0 = \mathfrak{M} \setminus \bigcup_{n=1}^{\infty} \mathfrak{M}^{\varepsilon_n} ,$$

wobei

$$\varepsilon_1 > \varepsilon_2 > \cdots \qquad \text{und} \qquad \varepsilon_n \to 0 \qquad \text{für} \qquad n \to \infty$$

ist. Auf Grund des vorhergehenden Theorems ist $P(\mathfrak{M}^{\varepsilon_n}) = 0$ für ein beliebiges ε_n. Deshalb ist

$$P(\mathfrak{M}^0) = P(\mathfrak{M}) = 1 .$$

Das Theorem ist damit bewiesen.

Das letzte Theorem zeigt, daß wir mit der Wahrscheinlichkeit 1 eine Menge M^0 konstruieren können, die für einen beliebig kleinen positiven Wert ε eine unendliche Anzahl ε-komplizierter Funktionen enthält. Folglich können wir mit der Wahrscheinlichkeit 1 eine Menge M^0 konstruieren, so daß für eine gewisse Zahlenfolge n_k $(n_1 < n_2 < \cdots)$

$$\frac{L_{M^0}(n_k)}{L(n_k)} \to 1$$

gilt, falls $k \to \infty$.

Damit haben wir mit Hilfe des angegebenen Algorithmus die Aufgabe gelöst, die zu Beginn dieses Paragraphen gestellt wurde. Es muß besonders betont werden, daß der Algorithmus die gesuchte Menge mit der Wahrscheinlichkeit 1 „konstruiert“, ohne daß die Teilmenge aller Wahrheitsfunktionen erzeugt wird.

In der gegebenen Konstruktion werden zufällige Grundoperationen benutzt. Auf Grund dessen fehlt uns faktisch die Gewißheit dafür, daß ein beliebiges individuelles Exemplar der Mengen M, das mit diesem Algorithmus konstruiert wurde, tatsächlich für jedes $\varepsilon > 0$ eine unendliche Anzahl von ε-komplizierten Funktionen enthalten wird. Da außerdem in dem erwähnten Algorithmus Zufallserscheinungen auftreten, ist es nicht möglich, auf irgendeine Art zu begründen, daß eine Menge M für jedes $\varepsilon > 0$ eine unendliche Anzahl von ε-zerlegbaren Funktionen enthält. Man kann zwar auf Algorithmen mit zufälligen Grundoperatoren stoßen, bei denen die Begründung dieser Behauptung möglich ist, in einem solchen Fall können jedoch die zufälligen Grundoperationen aus dem Algorithmus ausgeschaltet werden.

§ 2. Invariante Klassen und ihre Eigenschaften

Wie bereits oben erwähnt wurde, enthält die Klasse aller Funktionen mit höchstens n Variablen fast durchweg Funktionen, die eine „komplizierte" Realisierung besitzen. In der Praxis befassen wir uns in der Regel nicht mit beliebigen Funktionen, sondern gerade mit den „kompliziertesten". Es entsteht natürlich das Problem, Funktionenklassen aufzusuchen, die eine einfachere Realisierung gestatten als dies im allgemeinen üblich ist. Beispiele für eine Synthese von Schaltungen für einzelne Funktionenklassen wurden von verschiedenen Autoren untersucht [12—20]. In diesem Paragraphen konstruieren und untersuchen wir ausführlich die umfangreiche Gesamtheit der Klassen, die in der Praxis bei der Synthese von Schaltungen vorkommen.

Es sei $f(x_1, \ldots, x_{i-1}, x_i, x_{i+1}, \ldots, x_n)$ eine zweiwertige aussagenlogische Wahrheitsfunktion. Die Variable x_i wird als *unwesentlich* oder *fiktiv* bezeichnet, wenn

$$f(x_1, \ldots, x_{i-1}, 0, x_{i+1}, \ldots, x_n) \equiv f(x_1, \ldots, x_{i-1}, x_{i+1}, \ldots, x_n)$$

ist. Eine Varibale, die nicht fiktiv ist, heißt *wesentlich.*

Definition. Die Funktionen f und g bezeichnen wir als *gleichwertig*, wenn diese Funktionen nach Entfernung von fiktiven Variablen entsprechend in die Funktionen f' und g' übergehen, so daß gilt

$$f' = g' .$$ [1])

Auf diese Weise unterscheiden sich gleichwertige Funktionen möglicherweise durch das Vorhandensein von fiktiven Variablen. Man kann annehmen, daß, wenn die Funktion f gegeben ist, auch alle ihr gleichwertigen Funktionen gegeben sind.

Definition. Die Menge Q von aussagenlogischen Wahrheitsfunktionen bezeichnen wir als *invariante Klasse,* wenn

1. mit jeder Funktion $f(x_1, x_2, \ldots, x_n) \in Q$ auch alle ihr gleichwertigen Funktionen zur Klasse Q gehören;

---

[1]) D. h., daß die Funktionen f' und g' identisch sind. — Anm. d. Red.

2. mit jeder Funktion $f(x_1, x_2, \ldots, x_n) \in Q$ auch alle Funktionen zur Klasse Q gehören, die wir aus f durch Umbenennung der Variablen (ohne Identifizierungen) erhalten, zur Klasse Q gehören;[1])

3. mit jeder Funktion $f(x_1, x_2, \ldots, x_n) \in Q$ auch alle Funktionen zur Klasse Q gehören, die wir aus f durch eine beliebige Einsetzung von Konstanten (nicht unbedingt allen) für Variable erhalten.

Folgerung. Wenn die invariante Klasse Q eine Funktion $f(x_1, x_2, \ldots, x_n) \neq$ const enthält, dann enthält Q beide Konstanten 0 und 1.[2])

Die Natürlichkeit der gegebenen Definition führt offensichtlich zu schematischen Betrachtungen. Wenn eine Schaltung A konstruiert ist, die die Funktion $f(x_1, x_2, \ldots, x_n)$ realisiert, dann erhalten wir mühelos Schaltungen, die solche Funktionen realisieren, welche aus f durch Anwendung der Operationen 1, 2 und 3 entstanden sind. Deshalb kann man, wenn eine gewisse Klasse von Funktionen realisiert wurde, feststellen, ob sie eine invariante Klasse ist.

Wir führen Beispiele invarianter Klassen an:

1. Die Klasse L aller linearen Funktionen, d. h. der Funktionen $f(x_1, x_2, \ldots, x_n)$, die sich in der Form $f(x_1, x_2, \ldots, x_n) \equiv c_0 + c_1 x_1 + c_2 x_2 + \cdots + c_n x_n \pmod 2$ darstellen lassen.

2. Die Klasse S aller symmetrischen Funktionen, d. h. der Funktionen $S(x_1, x_2, \ldots, x_n)$, deren Wert sich bei beliebiger Permutation der wesentlichen Variablen nicht ändert.

3. Die Klasse P^N aller Funktionen, die von nicht mehr als N Variablen wesentlich abhängen.

4. Die Klasse M aller monotonen Funktionen, d. h. der Funktionen $f(x_1, x_2, \ldots, x_n)$, die sich allein mit Hilfe der Operationen $\wedge$ und $\vee$ aufbauen lassen.

5. Die Klasse H_0 aller Funktionen $f(x_1, x_2, \ldots, x_n)$, die identisch gleich Null sind.

Der Beweis der Invarianz der aufgezählten Klassen wird übergangen, da er trivial ist.

Wir gehen jetzt zur Klärung der deskriptiven Struktur invarianter Klassen über. Zunächst werden einige Begriffe eingeführt.

Definition. Die Funktion $g(x_1, x_2, \ldots, x_n)$ wird *erzeugendes Element* für die invariante Klasse Q bezeichnet, wenn $g \notin Q$ ist und entweder für $n = 0$ $g(x_1, x_2, \ldots, x_n) \equiv$ const ist oder bei einer beliebigen Einsetzung von Konstanten eine Funktion $g' \in Q$ entsteht.

Folgerung. Wenn $g(x_1, x_2, \ldots, x_n)$ ein erzeugendes Element für die invariante Klasse Q ist, dann sind alle Variablen $x_1, x_2, \ldots, x_n$ wesentlich.

[1]) Im Folgenden ist unter Umbenennung der Variablen eine Umbenennung ohne Identifizierung der Variablen zu verstehen. Manchmal wird diese Operation mit Funktionen auch „Permutation der Variablen" genannt. — Anm. d. Red.

[2]) Die Konstanten 0 und 1 werden hier als nullstellige Wahrheitsfunktionen betrachtet. — Anm. d. Red.

Zwei Funktionen g_1 und g_2 bezeichnen wir als *äquivalent*, wenn sie durch Umbenennung der Variablen auseinander hervorgehen.

Wir konstruieren maximale Systeme paarweise nichtäquivalenter erzeugender Elemente für invariante Klassen, die in den vorhergehenden Beispielen aufgezählt wurden:

1. Klasse L. Insofern als man aus jeder beliebigen nichtlinearen Funktion mit den Operationen 1, 2 und 3 eine nichtlineare Funktion von 2 Variablen konstruieren kann [8], und eine beliebige Funktion von einer Variablen linear ist, sind die erzeugenden Elemente für die Klasse L bis auf äquivalente Funktionen nur die Funktionen der Form

$$x y + A x + B x + C \,(\mathrm{mod}\, 2)\,.$$

Paarweise nichtäquivalente Funktionen dieser Form gibt es nur sechs, und zwar

$$g_1 = x y;\; g_2 = \bar{x} y;\; g_3 = \bar{x} \bar{y};\; g_4 = x \vee y;\; g_5 = \bar{x} \vee y;\; g_6 = \bar{x} \vee \bar{y}\,.$$

2. Klasse S. Weil für jede nichtsymmetrische Funktion $h(x_1, x_2, \ldots, x_n)$ zwei derartige Variable existieren,[1]) es mögen x_1 und x_2 sein, so daß

$$h(x_1, x_2, x_3, \ldots, x_n) \not\equiv h(x_2, x_1, x_3, \ldots, x_n)$$

ist, kann man mit Hilfe von Einsetzungen aus ihr eine nichtsymmetrische Funktion von zwei Variablen erhalten. Wir haben als Maximum zwei nichtäquivalente erzeugende Elemente

$$g_1 = x \bar{y}; \qquad g_2 = x \pm \bar{y}\,.$$

3. Klasse P^N. Man erkennt leicht, daß das maximale System paarweise nichtäquivalenter erzeugender Elemente für P^N aus Funktionen besteht, die nur von $n + 1$ wesentlichen Variablen abhängen und deshalb endlich ist.

4. Klasse M. Insofern als man aus jeder nichtmonotonen Funktion durch Einsetzung von Konstanten die Funktion $\bar{x}$ erhalten kann, sind alle erzeugenden Elemente für die Klasse M der Funktion $g = \bar{x}$ äquivalent.

5. Klasse H_0. Wie es sich aus der oben erwähnten Folgerung ergibt, hat die Klasse H_0 ein einziges erzeugendes Element $g \equiv 1$.

Definition. Es sei $g(x_1, x_2, \ldots, x_n)$ eine beliebige Funktion. Die Menge Π_g aller Funktionen $h(y_1, y_2, \ldots, y_m)$, von denen man jede durch Einsetzung von Konstanten und durch Umbenennung der Variablen in die Funktion $g(x_1, x_2, \ldots, x_n)$ überführen kann, bezeichnet man als *Büschel* der erzeugten Funktion $g(x_1, x_2, \ldots, x_n)$.

Folgerung 1. Wenn g ein erzeugendes Element für die invariante Klasse Q ist, dann ist $\Pi_g \subseteqq CQ$.[2])

2. Wenn g_1 und g_2 äquivalente Funktionen sind, dann ist $\Pi_{g_1} = \Pi_{g_2}$.

3. Wenn g_1 und g_2 nichtäquivalente erzeugende Elemente für die invariante Klasse Q sind, dann ist $g_1 \notin \Pi_{g_2}$ und $g_2 \notin \Pi_{g_1}$, folglich enthält eines der Büschel Π_{g_1} und Π_{g_2} das andere nicht.

---

[1]) Insofern als jede Permutation als Produkt von Transpositionen dargestellt werden kann.

[2]) CQ ist das Komplement von Q.

Hieraus ergeben sich unmittelbar die Theoreme, die die Struktur invarianter Klassen beschreiben.

Theorem 2.1. *Für jede invariante Klasse Q gilt die Gleichung*

$$Q = C \bigcup_i \Pi_{g_i},$$

wobei die Vereinigung über das maximale System paarweise nichtäquivalenter erzeugender Elemente genommen wird.

Beweis. Es sei $h(x_1, x_2, \ldots, x_n) \in Q$. Dann ist offensichtlich $h \in C \bigcup_i \Pi_{g_i}$.

Gegeben ist jetzt $h(x_1, x_2, \ldots, x_n) \notin Q$. Wir beweisen, daß $h \notin C \bigcup_i \Pi_{g_i}$ ist.

Wenn $n = 0$ ist, dann ist h eine Konstante und deshalb erzeugendes Element g_i für die Klasse Q.

Wenn $n \geqq 1$ ist, dann geht h bei einer beliebigen Einsetzung von Konstanten in eine Funktion über, die zu Q gehört, oder es existiert eine Einsetzung von Konstanten, die h in eine Funktion überführt, die nicht zur Klasse Q gehört und die von weniger als n Variablen abhängig ist. Im ersten Fall ist h äquivalent einem gewissen erzeugenden Element g_i für die Klasse Q. Im zweiten Fall kommen wir nach endlich vielen Schritten zu einer Funktion, die einem gewissen erzeugenden Element g_i für die Klasse Q äquivalent ist. Damit ist gezeigt, daß ein erzeugendes Element g_i für die Klasse Q existiert, daß $h \in \Pi_{g_i}$ ist, folglich $h \notin C \bigcup_i \Pi_{g_i}$ ist.

Das Theorem ist damit vollständig bewiesen.

Das bewiesene Theorem gestattet, die Klassen L, S, P^N, M und H_0 durch Büschel, entsprechend dem oben konstruierten maximalen System der paarweise nichtäquivalenten erzeugenden Elemente, auszudrücken. Zum Beispiel

$$S = C\,(\Pi_{\bar{x}y} \cup \Pi_{x \vee \bar{y}}) \qquad \text{oder} \qquad M = C\,\Pi_{\bar{x}}\,.$$

Es ist klar, daß auch die Umkehrung gilt.

Theorem 2.2. *Es sei $G = \{g_i\}$ eine beliebige Teilmenge von aussagenlogischen Wahrheitsfunktionen. Dann ist die Klasse $Q = C \bigcup_i \Pi_{g_i}$ invariant und ein gewisses maximales System paarweise nichtäquivalenter erzeugender Elemente für die Klasse Q ist in G enthalten.*

Naturgemäß erhebt sich weiter die Frage über die Mächtigkeit der Menge aller invarianten Klassen von aussagenlogischen Wahrheitsfunktionen. Antwort auf diese Frage gibt das folgende Theorem.

Theorem 2.3. *Die Mächtigkeit der Menge aller invarianten Klassen von Funktionen, die von den Variablen $x_1, x_2, \ldots, x_n, \ldots$ abhängig sind, ist gleich $\mathfrak{c}$.*

Beweis. Auf Grund dessen, daß jede invariante Klasse Q in der Form $C \bigcup_i \Pi_{g_i}$ dargestellt werden kann, ist die uns interessierende Mächtigkeit nicht größer als die Mächtigkeit des Systems der Mengen $\{g_i\}$, d. h. nicht größer als $\mathfrak{c}$. Wir zeigen, daß die Mächtigkeit der Menge aller invarianten Klassen nicht kleiner als $\mathfrak{c}$ ist. Zu diesem Zweck konstruieren wir eine Schar paarweise verschiedener invarianter Klassen, die die Mächtigkeit des Kontinuums besitzt. Wir nehmen an, daß

$$f_i = x_1 \dots x_{i+1} \vee \bar{x}_1 \dots \bar{x}_{i+1} \qquad (i \geqq 1)$$

ist. Man erkennt leicht, daß $f_i \in \Pi_{f_j}$ für $i \neq j$. Es seien $\alpha = \{i_1, i_2, \dots\}$ und $\beta = \{j_1, j_2, \dots\}$ zwei verschiedene Teilmengen natürlicher Zahlen. Dadurch sind die Mengen $E_\alpha = \{f_{i_1}, f_{i_2}, \dots\}$ und $E_\beta = \{f_{j_1}, f_{j_2}, \dots\}$ bestimmt. Es ist evident, daß die Klassen Q_0^α und Q_0^β, die man aus E_α und E_β erhält, wenn man diese hinsichtlich der in der Definition der invarianten Klassen aufgezählten Operationen 1, 2 und 3 abschließt, verschiedene invariante Klassen sind. Auf diese Weise ist die Mächtigkeit der Menge der Klassen Q_0^α gleich der Mächtigkeit der Menge aller Teilmengen $\{\alpha\}$ der Menge der natürliehen Zahlen, d. h. gleich $\mathfrak{c}$. Damit ist das Theorem bewiesen.

Wir gehen jetzt zur Betrachtung der metrischen Eigenschaften invarianter Klassen über.

Wir bezeichnen mit $P_Q(n)$ (beziehungsweise mit $P_Q^*(n)$) die Anzahl der Funktionen aus der invarianten Klasse Q, die von den n Variablen $x_1, x_2, \dots, x_n$ (beziehungsweise wesentlich von den n Variablen $x_1, x_2, \dots, x_n$) abhängen. Für das Weitere ist es nützlich, eine triviale Relation zwischen $P_Q(n)$ und $P_Q^*(n)$ anzugeben:

$$P_Q(n) = \binom{n}{0} P_Q^*(0) + \binom{n}{1} P_Q^*(1) + \dots + \binom{n}{n} P_Q^*(n) .$$

Theorem 2.4. *Wenn die invariante Klasse Q nicht alle aussagenlogischen Wahrheitsfunktionen enthält, d. h., wenn $Q \neq P_2$ ist, dann gilt*

$$\frac{P_Q(n)}{2^{2^n}} \to 0 \qquad \textit{falls } n \to \infty .$$

Beweis. Für $Q = \Lambda$[1]) ist die Behauptung trivial, weil $P_Q(n) = 0$ ist.

Sei jetzt $Q \neq \Lambda$. Wegen der Voraussetzung $Q \neq P_2$ existiert ein m, so daß eine gewisse Funktion $g(x_1, x_2, \dots, x_m) \notin Q$. Wir setzen $n = m + k$ und betrachten eine beliebige Funktion[2]) $f(x_1, \dots, x_m, x_{m+1}, \dots, x_{m+k}) \in Q$. Die Entwicklung von f nach den Variablen $x_{m+1}, \dots, x_{m+k}$ besitzt die Form

$$f(x_1, \dots, x_m, x_{m+1}, \dots, x_{m+k}) \\ = \bigvee_{\alpha_{m+1} \dots \alpha_{m+k}} x_{m+1}^{\alpha_{m+1}} \dots x_{m+k}^{\alpha_{m+k}} f(x_1, \dots, x_m, \alpha_{m+1}, \dots, \alpha_{m+k})$$

(wobei wie immer $x^0 = \bar{x}$ und $x^1 = x$ ist). Es ist evident, daß

$$f(x_1, \dots, x_m, \alpha_{m+1}, \dots, \alpha_{m+k}) \in Q$$

[1]) Λ bedeutet hier die leere Menge.

[2]) Eine solche Funktion existiert immer, wenn fiktive Variable angenommen werden.

für beliebige $\alpha_{m+1}, \ldots, \alpha_{m+k}$ gilt. Sei p die Anzahl der Funktionen mit den Variablen $x_1, \ldots, x_m$, die nicht zur Klasse Q gehören. Nach Konstruktion ist $p > 0$. Daher ergibt sich

$$0 \leqq P_Q(n) \leqq (2^{2^m} - p)^{2^k} \quad (n = m + k)$$

und

$$0 \leqq \frac{P_Q(n)}{2^{2^n}} \leqq \left(1 - \frac{p}{2^{2^m}}\right)^{2^k}.$$

Aus der letzten Ungleichung folgt unser Theorem.

Das bewiesene Theorem zeigt, daß die Klassen Q, die nicht alle aussagenlogischen Wahrheitsfunktionen enthalten, im Vergleich zur Klasse P_2 aller aussagenlogischen Wahrheitsfunktionen sehr wenig Elemente enthalten.

Theorem 2.5. *Die Zahlenfolge* $\left\{\sqrt[2^n]{P_Q(n)}\right\}$ *strebt nicht wachsend einem Grenzwert zu, und zwar ist* $1 \leqq \lim\limits_{n\to\infty} \sqrt[2^n]{P_Q(n)} \leqq 2$ *für jede nicht leere invariante Klasse* Q *(d. h.* $Q \neq \Lambda$*).*

Beweis. Sei $f(x_1, x_2, \ldots, x_{n+1})$ eine beliebige Funktion aus der Klasse Q, die von $n + 1$ Variablen abhängig ist.

Wir betrachten die Zerlegung

$$f(x_1, \ldots, x_n, x_{n+1}) = x_{n+1}\, f(x_1, \ldots, x_n, 1) \vee \bar{x}_{n+1}\, f(x_1, \ldots, x_n, 0).$$

Da $f(x_1, \ldots, x_n, 1)$ und $f(x_1, \ldots, x_n, 0)$ zur Klasse Q gehören, gilt

$$P_Q(n + 1) \leqq P_Q^2(n)\,.$$

Hieraus folgt

$$\sqrt[2^n]{P_Q(n)} \geqq \sqrt[2^{n+1}]{P_Q(n + 1)} \geqq \cdots.$$

Es ist klar, daß $1 \leqq \sqrt[2^m]{P_Q(m)} \leqq \sqrt[2^m]{2^{2^m}} = 2$ gilt, falls $Q \neq \Lambda$. Folglich existiert $\lim\limits_{n\to\infty} \sqrt[2^n]{P_Q(n)}$ und ist im Intervall $[1, 2]$ enthalten, was zu beweisen war.

Folgerung. Wenn für die invariante Klasse $Q \neq P_2$ gilt, dann ist

$$\lim_{n\to\infty} \sqrt[2^n]{P_Q(n)} < 2\,.$$

Wenn nämlich $Q \neq P_2$ gilt, dann existiert eine Funktion

$$g(x_1, x_2, \ldots, x_m) \notin Q\,.$$

Also ist

$$\lim_{n\to\infty} \sqrt[2^n]{P_Q(n)} \leqq \sqrt[2^n]{P_Q(m)} < 2\,.$$

Wir führen die Berechnung des Wertes $\lim\limits_{n\to\infty} \sqrt[2^n]{P_Q(n)}$ für bestimmte invariante Klassen durch.

1. Klasse L. $P_L(n) = 2^{n+1}$ und $\lim\limits_{n\to\infty} \sqrt[2^n]{P_L(n)} = \lim\limits_{n\to\infty} \sqrt[2^n]{2^{n+1}} = 1\,.$

2. Klasse S. $P_S^*(n) = 2^{n+1} - 2$ für $n > 0$ und $P_S^*(0) = 2$. Hieraus ergibt sich $P_S(n) = 2\,(3^n - 2^n) + 2$ und $\lim\limits_{n\to\infty} \sqrt[2n]{P_S(n)} = \lim\limits_{n\to\infty} \sqrt[2n]{2\,(3^n - 2^n) + 2} = 1$.

3. Klasse P^N. $P_{P^N}(n) \leqq \binom{n}{N} \cdot 2^{2^N}$ und $1 \leqq \lim\limits_{n\to\infty} \sqrt[2n]{P_P(n)} \leqq \lim\limits_{n\to\infty} \sqrt[2n]{\binom{n}{N} 2^{2^N}} = 1$.

4. Klasse M. Es ist leicht zu beweisen (siehe Beispiel [21]), daß

$$P_M(n) < n^{\frac{c\left[\frac{n}{2}\right]}{n}} < n^{\frac{c \cdot 2^n}{\sqrt{n}}}.$$

Hieraus folgt

$$1 \leqq \lim_{n\to\infty} \sqrt[2n]{P_M(n)} \leqq \lim_{n\to\infty} \sqrt[2n]{n^{\frac{c \cdot 2^n}{\sqrt{n}}}} = \lim_{n\to\infty} n^{\frac{c}{\sqrt{n}}} = 1\,.$$

5. Klasse $H_0 \cdot P_{H_0}(n) = 1$ und $\lim\limits_{n\to\infty} \sqrt[2n]{P_{H_0}(n)} = \lim\limits_{n\to\infty} \sqrt[2n]{1} = 1$.

6. Klasse Q_0^α. $P_{Q_0^\alpha}(n) \leqq 2^n - n - 1 + 2 \cdot 2^n \leqq 3 \cdot 2^n$ und

$$1 \leqq \lim_{n\to\infty} \sqrt[2n]{P_{Q_0^\alpha}(n)} \leqq \lim_{n\to\infty} \sqrt[2n]{3 \cdot 2^n} = 1\,.$$

Folglich ist $\lim\limits_{n\to\infty} \sqrt[2n]{P_Q(n)} = 1$ für alle oben konstruierten invarianten Klassen Q. Es ergibt sich daher, insbesondere auf Grund des Theorems (2.2), das folgende Theorem.

Theorem 2.6. *Die Mächtigkeit der Menge der invarianten Klassen Q, für die gilt* $\lim\limits_{n\to\infty} \sqrt[2n]{P_Q(n)} = 1$, *ist gleich* $\mathfrak{c}$.

Es entsteht jetzt die Frage, ob überhaupt invariante Klassen Q existieren, für die $1 < \lim\limits_{n\to\infty} \sqrt[2n]{P_Q(n)} < 2$ ist. Eine Antwort darauf gibt uns das folgende Beispiel.

Beispiel. Wir bezeichnen mit $Q_{1/2}$ die Klasse, die aus den Funktionen $f(x_1, x_2, \ldots, x_n)$ besteht, so daß gilt $f(x_1, x_2, \ldots, x_n) = f'(x_{i_1}, \ldots, x_{i_r}) \wedge f''(x_1, x_2, \ldots, x_n)$, wobei $f'(x_{i_1}, \ldots, x_{i_r}) = x_{i_1} + \cdots + x_{i_r} + C \pmod 2$ und $f''(x_1, x_2, \ldots, x_n)$ eine beliebige aussagenlogische Wahrheitsfunktion ist, deren wesentliche Variable unter den Variablen $x_{i_1}, \ldots, x_{i_r}$ vorkommen.

Offensichtlich ist $Q_{1/2}$ eine invariante Klasse. Bei der Abschätzung von $P_{Q_{1/2}}(n)$ richten wir uns nach der Formel $f = f' \wedge f''$, aus der wir leicht ersehen, daß für alle n-Tupel $\tilde{\alpha} = \{\alpha_1, \ldots, \alpha_n\}$ mit $f'(\tilde{\alpha}) = 0$, die Funktion den Wert 0 annimmt und für die übrigen $f = f''$ ist. Folglich wird die Funktion f bei fester Funktion f' vollständig durch die Menge aller n-Tupel $\tilde{\alpha}$ definiert, für die $f'(\tilde{\alpha}) = 1$ aber $f''(\tilde{\alpha}) = 0$ ist. Es sei jetzt $f' = x_1 + x_2 + \cdots + x_n \pmod 2$ oder $f' = x_1 + x_2 + \cdots + x_n + 1 \pmod 2$. Da die beiden gegebenen Funktionen genau für 2^{n-1} n-Tupel gleich Eins werden, erhalten wir in jedem Fall $2^{2^{n-1}}$ verschiedene

Funktionen f, wobei 0 die einzige Funktion ist, die in beiden Fällen konstruiert wird. Hieraus folgt, daß $P_{Q_{1/2}}(n) \geqq 2 \cdot 2^{2^{n-1}} - 1$ ist. Wenn $f' = x_{i_1} + \cdots + x_{i_r}$ (mod 2) ist, erhalten wir genau $2^{2^{r-1}}$ verschiedene Funktionen f, wobei $2^{2^{r-1}} \leqq 2^{2^{n-1}}$ ist. Wenn man berücksichtigt, daß die Anzahl der linearen Funktionen mit den n Variablen $x_1, x_2, \ldots, x_n$ genau 2^{n+1} ist, dann erhalten wir $P_{Q_{1/2}}(n) < 2^{n+1} \cdot 2^{2^{n-1}}$. Folglich gilt

$$2 \cdot 2^{2^{n-1}} - 1 \leqq P_{Q_{1/2}}(n) < 2^{n+1} \cdot 2^{2^{n-1}} .$$

Hieraus ergibt sich

$$\lim_{n\to\infty} \sqrt[2n]{P_{Q_{1/2}}(n)} = \sqrt{2} .$$

Nehmen wir jetzt an, daß $\lim\limits_{n\to\infty} \sqrt[2n]{P_Q(n)} = 2^\sigma$ für $Q \neq \Lambda$ gilt. Dann ist $0 \leqq \sigma \leqq 1$. Wir fragen, ob man für jeden Wert σ, mit $0 \leqq \sigma \leqq 1$, eine invariante Klasse Q konstruieren kann, so daß $\lim\limits_{n\to\infty} \sqrt[2n]{P_Q(n)} = 2^\sigma$ ist. Wenn es auf diese Frage eine positive Antwort gibt, interessiert die Mächtigkeit der Menge aller invarianten Klassen, die zu einem festen σ gehören. Der weitere Teil des Paragraphen ist der Lösung dieses Problems gewidmet. Bevor wir zur Beantwortung der gestellten Frage kommen, konstruieren wir die Menge $\{S_\sigma\}$ der invarianten Klasse symmetrischer Funktionen S_σ.

Es sei $S(x_1, \ldots, x_n, y_1, \ldots, y_k)$ eine beliebige symmetrische Funktion und $x_1, x_2, \ldots, x_n$ ihre sämtlichen wesentlichen Variablen. Wir ordnen dieser Funktion die Folge von $n + 1$ Wahrheitswerten $\gamma(n) = (\gamma_0, \gamma_1, \ldots, \gamma_n)$ zu, wobei gilt

$$\gamma_i = \begin{cases} 0, \text{ wenn } S(\overbrace{1, \ldots, 1}^{i}, 0, \ldots, 0, y_1, \ldots, y_k) = 0 , \\ 1, \text{ wenn } S(1, \ldots, 1, 0, \ldots, 0, y_1, \ldots, y_k) = 1 , \end{cases} \quad (i = 0, 1, \ldots, n) .$$

Man sieht leicht, daß die Folge $\gamma(n) = (\gamma_0, \gamma_1, \ldots, \gamma_n)$ den Satz der „Arbeitszahlen" [19] und damit zugleich die Funktion[1]) $S(x_1, \ldots, x_n, y_1, \ldots, y_k)$ vollkommen definiert. Deshalb wird im weiteren bisweilen am Symbol für die symmetrische Funktion als Index die Folge erscheinen, die die gegebene Funktion definiert:

$$\begin{aligned} S(x_1, \ldots, x_n, y_1, \ldots, y_k) &= S_{\gamma_0\gamma_1\ldots\gamma_n}(x_1, \ldots, x_n, y_1, \ldots, y_k) \\ &= S_{\gamma(n)}(x_1, \ldots, x_n, y_1, \ldots, y_k) . \end{aligned}$$

Sei S_σ eine bestimmte invariante Klasse symmetrischer Funktionen $S_{\gamma(n)}(x_1, \ldots, x_n, y_1, \ldots, y_k)$. Wir bezeichnen mit $\Gamma_\sigma = \{\gamma(n)\}$ die Menge aller Folgen, die den Funktionen aus der Klasse S_σ entsprechen.

Im weiteren werden wir solche Mengen von Folgen als Mengen des Typs Γ bezeichnen. Da durch die Menge Γ_σ die Klasse S_σ eindeutig wieder erzeugt werden kann, läßt sich die Betrachtung der Klasse S_σ auf die Betrachtung der

---

[1]) Bis auf die Bezeichnung der Variablen.

Menge Γ_σ zurückführen. Es ist evident, daß nicht jede Menge von Folgen eine Menge des Typs Γ sein kann. Um die charakteristischen Eigenschaften der Mengen des Typs Γ zu erläutern, wird folgendes definiert.

Definition. Die Folge $\gamma'(m) = (\gamma_p, \gamma_{p+1}, \ldots, \gamma_{p+m})$ bezeichnen wir als *Segment* der Folge $\gamma(n) = (\gamma_0, \gamma_1, \ldots, \gamma_n)$, wenn $0 \leqq p \leqq p + m \leqq n$ ist.

Lemma 2.1. *Damit die Menge der Folgen $\gamma(n)$ eine Menge des Typs Γ ist, ist es notwendig und hinreichend, daß in ihr gleichzeitig mit einer beliebigen Folge $\gamma(n)$ jedes Segment dieser Folge enthalten ist.*

Beweis. Wir betrachten die symmetrischen Funktionen $S_{\gamma(n)}(x_1, \ldots, x_n, y_1, \ldots, y_k)$. Wenn man in dieser Funktion für gewisse Variable Konstanten einsetzt, dann geht diese Funktion in eine gewisse symmetrische Funktion

$$S(x_{i_1}, \ldots, x_{i_m}, y_{j_1}, \ldots, y_{j_r})$$

über, wobei

$$\{x_{i_1}, \ldots, x_{i_m}\} \subseteqq \{x_1, \ldots, x_n\} \qquad \text{und}$$

$$\{y_{j_1}, \ldots, y_{j_r}\} \subseteqq \{y_1, \ldots, y_k\}\,.$$

Diese Funktion sei definiert durch die Folge $\gamma'(m)$. Wir nehmen nun an, daß für p von den wesentlichen Variablen von $x_1, \ldots, x_n$ die Konstante 1 eingesetzt wurde, dann ist

$$\gamma'(m) = (\gamma_p, \gamma_{p+1}, \ldots, \gamma_{p+m})\,.$$

Folglich ist $\gamma'(m)$ das Segment der Folge $\gamma(n)$. Auch die umgekehrte Behauptung gilt: Wenn die Folge $\gamma'(m)$ ein Segment der Folge $\gamma(n)$ und $S_{\gamma(n)}, S_{\gamma'(m)}$ beliebige symmetrische Funktionen sind, die durch diese Folgen definiert werden, dann ergibt sich die Funktion $S_{\gamma'}(m)$ aus der Funktion $S_\gamma(n)$ durch Anwendung der Operationen 1, 2 und 3 (siehe Definition der invarianten Klassen). Hieraus ergibt sich der Beweis des Lemmas.

Also liegen in Γ_σ zugleich mit jeder Folge alle ihre Segmente.

Es soll jetzt die Struktur der Folgen $\gamma(n) = (\gamma_0, \gamma_1, \ldots, \gamma_n)$ näher betrachtet werden.

Zu diesem Zweck führen wir einige zahlenmäßige Charakteristiken ein. Jedem Segment $\gamma'(m) = (\gamma_p, \gamma_{p+1}, \ldots, \gamma_{p+m})$ der Folge $\gamma(n)$ wird der Wert $\nu_p(m)$ zugeordnet, der durch die Formel

$$\nu_p(m) = \frac{\gamma_p + \gamma_{p+1} + \cdots + \gamma_{p+m}}{m+1}$$

definiert ist und seine *Charakteristik* genannt wird.

Offensichtlich stellt die Charakteristik $\nu_p(m)$ die mittlere Dichte der Verteilung der Zahl 1 im Segment $\gamma'(m)$ dar. Insbesondere ist $\nu_0(n)$ die mittlere Dichte der Verteilung der Zahl 1 in der Ausgangsfolge $\gamma(n)$. Weiter seien

$$\lambda_{m+1} = \min_{0 \leqq p \leqq n-m} \nu_p(m) \quad \text{und} \quad \mu_{m+1} = \max_{0 \leqq p \leqq n-m} \nu_p(m)\,.$$

(Dabei wird das Minimum und das Maximum über alle Segmente mit $m + 1$ Zahlen gebildet.) Wir erhalten zwei Folgen $\lambda = (\lambda_1, \lambda_2, \ldots, \lambda_{n+1})$ und $\mu = (\mu_1, \mu_2, \ldots, \mu_{n+1})$, so daß gilt

$$\lambda_{m+1} \leqq \nu_p(m) \leqq \mu_{m+1} \ (m = 0, 1, \ldots, n) \quad \text{und} \quad \lambda_{n+1} = \nu_{n+1} = \mu_0(n) .$$

Diese Folgen bezeichnen wir entsprechend als λ- und μ-*Folgen.*

Beispiele.

1. $\gamma = (0, 0, 0, 1, 1, 1)$. Dann ist $\lambda = (0, 0, 0, 1/4, 2/5, 3/6)$ und $\mu = (1, 1, 1, 3/4, 3/5, 3/6)$;
2. $\gamma = (0, 0, 1, 0, 1, 1)$. Dann ist $\lambda = (0, 0, 1/3, 1/4, 2/5, 3/6)$ und $\mu = (1, 1, 2/3, 3/4, 3/5, 3/6)$;
3. $\gamma = (0, 1, 0, 0, 1, 1)$. Dann ist $\lambda = (0, 0, 1/3, 1/4, 2/5, 3/6)$ und $\mu = (1, 1, 2/3, 2/4, 3/5, 3/6)$;
4. $\gamma = (0, 1, 0, 1, 0, 1)$. Dann ist $\lambda = (0, 1/2, 1/3, 2/4, 2/5, 3/6)$ und $\mu = (1, 1/2, 2/3, 2/4, 3/5, 3/6)$.

Man sieht, daß die λ- und μ-Folgen die Struktur der Folge charakterisieren, d. h. die Verteilung der Nullen und Einsen in ihr.

Sei σ eine beliebige reelle Zahl mit $0 \leqq \sigma \leqq 1$. Seien weiter $\frac{\alpha_1}{1}, \frac{\alpha_2}{2}, \ldots, \frac{\alpha_m}{m}, \ldots$ und $\frac{\beta_1}{1}, \frac{\beta_2}{2}, \ldots, \frac{\beta_m}{m}, \ldots$ die besten Näherungswerte[1]) für σ von unten bzw. von oben, deren Fehler unter der zugehörigen Zahl $\frac{1}{\nu}$ $(\nu = 1, 2, \ldots, m, \ldots)$ liegt, dann gilt

$$0 \leqq \sigma - \frac{\alpha_m}{m} < \frac{1}{m} \quad \text{und} \quad 0 \leqq \frac{\beta_m}{m} - \sigma < \frac{1}{m} . \qquad (*)$$

Wir beweisen einen Hilfssatz über die besten Näherungswerte dieses Typs.

Lemma 2.2. *Wenn* $\frac{\beta_1}{1}, \frac{\beta_2}{2}, \ldots, \frac{\beta_m}{m}, \ldots$ *die besten Näherungswerte von oben für die reelle Zahl* σ *sind und* $0 \leqq \sigma \leqq 1$, *dann gilt*

$$\beta_m \leqq \beta_{m+1} \leqq \beta_m + 1 ,$$

d. h., die Zähler $\beta_1, \beta_2, \ldots, \beta_m, \ldots$ *bilden eine monoton nicht abnehmende Folge.*

Beweis. Aus (*) erhalten wir

$$\frac{\beta_{m+1}}{m+1} \geqq \sigma > \frac{\beta_m - 1}{m} > \frac{\beta_m - 1}{m+1} .$$

Hieraus ergibt sich $\beta_{m+1} > \beta_m - 1$ oder $\beta_{m+1} \geqq \beta_m$. Andererseits geht aus (*) hervor, daß gilt

$$\left| \frac{\beta_{m+1}}{m+1} - \frac{\beta_m}{m} \right| < \frac{1}{m} . \qquad (**)$$

[1]) Der Begriff „bester Näherungswert“ bleibt im Original unklar.

Nehmen wir an $\beta_{m+1} = \beta_m + \vartheta$. Wir zeigen, daß $\vartheta \leqq 1$. Wir unterscheiden zwei Fälle:

1. $\beta_m = m$. Dann ergibt sich aus $\frac{\beta_{m+1}}{m+1} \leqq 1$, daß $\beta_m + \vartheta \leqq m + 1$ oder $\vartheta \leqq 1$ ist;

2. $\beta_m < m$. Nehmen wir $\vartheta \geqq 2$ an, dann gilt

$$\frac{\beta_{m+1}}{m+1} - \frac{\beta_m}{m} = \frac{\vartheta \cdot m - \beta_m}{m(m+1)} \geqq \frac{m - \beta_m + m}{m(m+1)} \geqq \frac{1}{m}$$

(da $m - \beta_m > 0$ ist, d. h. $m - \beta_m \geqq 1$).

Letzeres widerspricht der Ungleichung (**). Deshalb ist $\vartheta \leqq 1$. Damit ist das Lemma bewiesen.

Folgerung. Wenn $\sigma < 1$ und für m_0 die Ungleichung $\beta_{m_0} < m_0$ gilt, dann ist für alle m mit $m > m_0$

$$\beta_m < m .$$

Nehmen wir an $\sigma = \nu_0(n)$. Offensichtlich kann die Ausgangsfolge $\gamma(n)$ nicht die gleiche mittlere Dichte haben, die in allen Segmenten gleich σ ist, wenn $0 < \sigma < 1$ gilt. In der Tat gibt es zu jedem σ mit $0 < \sigma < 1$ stets ein $m \leqq n$ so, daß $\frac{\alpha_{m+1}}{m+1} < \sigma < \frac{\beta_{m+1}}{m+1}$ gilt, d. h., σ kann nicht als Bruch mit dem Nenner $m + 1$ dargestellt werden. Daher ist die mittlere Dichte $\nu_p(m)$ für jedes p von σ verschieden. Also kann bei Ausschluß der zwei trivialen Fälle die Verteilung der Einsen in der Folge $\gamma(n)$ nicht immer gleichmäßig sein. In Wirklichkeit kann die mittlere Dichte $\nu_p(m)$ nahe an σ herankommen, besonders wenn $\nu_p(m) = \frac{\alpha_{m+1}}{m+1}$ oder $\nu_p(m) = \frac{\beta_{m+1}}{m+1}$ gilt. Daher ist es naheliegend, den Begriff Gleichverteilung auf folgende Weise zu präzisieren.

Definition. Die Folge $\gamma(n)$ mit der Charakteristik $\nu_0(n) = \sigma$ bezeichnet man als eine *gleichmäßige* Folge, wenn

$$\frac{\alpha_{m+1}}{m+1} \leqq \nu_p(m) \leqq \frac{\beta_{m+1}}{m+1}$$

für beliebiges m ($m = 0, 1, \ldots, n$) und p ($p = 0, 1, \ldots, n - m$) ist, wobei $\frac{\alpha_{m+1}}{m+1}$ und $\frac{\beta_{m+1}}{m+1}$ die besten Näherungswerte für σ von unten bzw. von oben sind, deren Fehler kleiner als $\frac{1}{m+1}$ ist.

Man sieht leicht, daß die Folge $\gamma = (0, 1, 0, 1, 0, 1)$ eine gleichmäßige Folge ist. Also gibt es gleichmäßige Folgen. Hieraus ist ebenso ersichtlich, daß der eingeführte Begriff der Gleichmäßigkeit unserem intuitiven Begriff der Gleichmäßigkeit entspricht. Einen vollen Sinn erhält die Definition jedoch erst, wenn man zeigen kann, daß es gleichmäßige Folgen für jede beliebige Kennziffer $\nu_0(n)$ gibt.

Lemma 2.3. *Für jede rationale Zahl* $\frac{l}{q}$, *wobei* $0 \leqq \frac{l}{q} \leqq 1$ *ist (die Zahlen* l *und* q *sind nicht unbedingt relativ prim), kann man eine gleichmäßige Folge* $\gamma(n) = (\gamma_0, \gamma_1, \ldots, \gamma_n)$ *mit der Charakteristik* $\nu_0(n) = \frac{l}{q}$ *konstruieren.*

Beweis. Wir setzen $n = q - 1$. Weiter seien $\frac{\beta_1}{1}, \frac{\beta_2}{2}, \ldots, \frac{\beta_{n+1}}{n+1}$ die besten Näherungswerte für $\frac{l}{q}$ von oben, deren Fehler in dieser Reihenfolge unter $1, 1/2, \ldots, \frac{1}{n+1}$ liegt. Offensichtlich ist $\frac{\beta_{n+1}}{n+1} = \frac{l}{q}$ (da $n + 1 = q$). Wir wollen zeigen, daß die Folge

$$\gamma(n) = (\gamma_0, \gamma_1, \ldots, \gamma_n)$$

mit

$$\gamma_0 = \beta_1,$$

$$\gamma_m = \beta_{m+1} - \beta_m \quad (m = 1, 2, \ldots, n)$$

den Forderungen des Lemmas genügt. Aus dem vorangegangenen Lemma ergibt sich, daß γ_m entweder 0 oder 1 ist.

Es ist evident, daß für jedes Anfangssegment $(\gamma_0, \gamma_1, \ldots, \gamma_m)$ gilt

$$\nu_0(m) = \frac{\gamma_0 + \gamma_1 + \cdots + \gamma_m}{m+1} = \frac{\beta_{m+1}}{m+1} \qquad (m = 0, 1, \ldots, n).$$

Wir setzen voraus, daß es für ein gewisses m_0 ein Segment $\gamma_p, \gamma_{p+1}, \ldots, \gamma_{p+m}$ gibt derart, daß

$$\nu_p(m_0) > \frac{\beta_{m_0+1}}{m_0+1}, \quad \text{d. h.} \quad \frac{\gamma_p + \gamma_{p+1} + \cdots + \gamma_{p+m_0}}{m_0+1} > \frac{\beta_{m_0+1}}{m_0+1}$$

ist. Dann ist $\beta_{p+m_0+1} - \beta_p > \beta_{m_0+1}$, d. h. $\beta_{p+m_0+1} \geqq \beta_p + \beta_{m_0+1} + 1$. Hieraus ergibt sich, wenn man beachtet, daß $p \neq 0$ ist,

$$\frac{\beta_{p+m_0+1}}{p+m_0+1} \geqq \frac{\beta_p + \beta_{m_0+1}}{p+m_0+1} + \frac{1}{p+m_0+1} \geqq \min\left(\frac{\beta_p}{p}, \frac{\beta_{m_0+1}}{m_0+1}\right) + \frac{1}{p+m_0+1}$$
$$\geqq \frac{l}{q} + \frac{1}{p+m_0+1}.$$

Da gleichzeitig $\frac{\beta_{p+m_0+1}}{p+m_0+1}$ der beste Näherungswert für $\frac{l}{q}$ mit einem Fehler von weniger als $\frac{1}{p+m_0+1}$ ist, gilt

$$\frac{\beta_{p+m_0+1}}{p+m_0+1} < \frac{l}{q} + \frac{1}{p+m_0+1}.$$

Das ist ein Widerspruch. Deshalb gilt immer

$$\nu_p(m) \leqq \frac{\beta_{m+1}}{m+1} \quad \text{und} \quad \nu_0(m) = \frac{\beta_{m+1}}{m+1}.$$

Folglich ist

$$\mu_{m+1} = \max_{0 \leqq p \leqq n-m} \nu_p(m) = \frac{\beta_{m+1}}{m+1}.$$

Wir betrachten die Zahlen

$$\alpha'_m = \beta_{n+1} - \beta_{n+1-m} \qquad (m = 1, 2, \ldots, n)\,,$$
$$\alpha'_{n+1} = \beta_{n+1}$$

und zeigen, daß der Bruch $\frac{\alpha'_m}{m}$ der beste Näherungswert von unten für $\frac{l}{q}$ mit einem Fehler von weniger als $\frac{1}{m}$ ist, d. h., daß $\frac{\alpha'_m}{m} = \frac{\alpha_m}{m}$ ist.

Wenn $m = n + 1$ gilt, ist die Behauptung trivial, da

$$\frac{\alpha_{n+1}}{n+1} = \frac{n+1}{n+1} = \frac{l}{q}\,.$$

Es sei $m < n + 1$. Wir stellen zuerst fest, daß $\frac{\alpha'_m}{m} \leqq \frac{l}{q}$ ist. Da

$$\frac{l}{q} = \frac{\beta_{n+1}}{n+1} = \frac{\beta_{n+1} - \beta_{n+1-m} + \beta_{n+1-m}}{m + (n+1-m)} = \frac{\alpha'_m + \beta_{n+1-m}}{m + n + 1 - m}$$

und $\frac{l}{q} \leqq \frac{\beta_{n+1-m}}{n+1-m}$ ist, gilt

$$\frac{\alpha'_m}{m} \leqq \frac{l}{q}\,.$$

Genauer: Es ist $\frac{\alpha'_m}{m} < \frac{l}{q}$, wenn $\frac{l}{q} < \frac{\beta_{n+1-m}}{n+1-m}$ und $\frac{\alpha'_m}{m} = \frac{l}{q}$, wenn $\frac{l}{q} = \frac{\beta_{n+1-m}}{n+1-m}$ gilt.

Um zu beweisen, daß $\frac{\alpha'_m}{m} = \frac{\alpha_m}{m}$ ist, bleibt zu zeigen, daß $\frac{\alpha'_m}{m} > \frac{l}{q} - \frac{1}{m}$.

Angenommen, dies gelte nicht, dann erhält man $\frac{\alpha'_m}{m} \leqq \frac{l}{q} - \frac{1}{m}$. d. h.

$$\frac{\beta_{n+1} - \beta_{n+1-m} + 1}{m} \leqq \frac{\beta_{n+1}}{n+1}\,.$$

Hieraus ergibt sich

$$(n+1-m)\,\beta_{n+1} - (n+1)\,\beta_{n+1-m} + n + 1 \leqq 0\,.$$

Wenn wir gliedweise durch $(n + 1)\,(n + 1 - m)$ dividieren, erhalten wir

$$\frac{\beta_{n+1}}{n+1} - \frac{\beta_{n+1-m}}{n+1-m} + \frac{1}{n+1-m} \leqq 0$$

oder $\frac{l}{q} \leqq \frac{\beta_{n+1-m} - 1}{n+1-m}$.

Letzteres widerspricht der Tatsache, daß $\frac{\beta_{n+1-m}}{n+1-m}$ der beste Näherungswert von oben für $\frac{l}{q}$ ist, mit einem Fehler von weniger als $\frac{1}{n+1-m}$.

Folglich ist bewiesen, daß $\frac{\alpha'_m}{m} = \frac{\alpha_m}{m}$.

Weiter soll gezeigt werden, daß

$$\nu_p(m) \geqq \frac{\alpha_{m+1}}{m+1}$$

gilt. Für das Endsegment der Form $(\gamma_{n-m}, \ldots, \gamma_n)$ haben wir

$$\nu_{n-m}(m) = \frac{\gamma_{n-m} + \cdots + \gamma_n}{m+1} = \frac{\beta_{n+1} - \beta_{n-m}}{m+1} = \frac{\alpha_{m+1}}{m+1}.$$

Wir stellen fest, daß für jedes m und jedes p $(0 \leqq p \leqq n - m)$

$$\nu_p(m) \geqq \frac{\alpha_{m+1}}{m+1}$$

gilt. Wenn diese Behauptung falsch ist, gibt es ein m_0 und eine Zahl p_0 $(p_0 < n - m_0)$ derart, daß

$$\nu_{p_0}(m_0) < \frac{\alpha_{m_0} + 1}{m_0 + 1}, \quad \text{d. h.} \quad \frac{\gamma_{p_0} + \cdots + \gamma_{p_0+m_0}}{m_0+1} < \frac{\alpha_{m_0} + 1}{m_0 + 1}.$$

Da

$$\gamma_{p_0} + \cdots + \gamma_{p_0+m_0} = \beta_{p_0+m_0+1} - \beta_{p_0} = (\beta_{n+1} - \beta_{p_0}) - (\beta_{n+1} - \beta_{p_0+m_0+1})$$
$$= \alpha_{n+1-p_0} - \alpha_{n-p_0-m_0}$$

gilt, ist

$$\alpha_{n+1-p_0} - \alpha_{n-p_0-m_0} < \alpha_{m_0+1}, \quad \text{d. h.} \quad \alpha_{n+1-p_0} \leqq \alpha_{n-p_0-m_0} + \alpha_{m_0+1} - 1.$$

Hieraus ergibt sich

$$\frac{\alpha_{n+1-p_0}}{n+1-p_0} \leqq \frac{\alpha_{n-p_0-m_0} + \alpha_{m_0+1}}{(n - p_0 - m_0) - m_0 + 1} - \frac{1}{n+1-p_0}$$
$$\leqq \max\left(\frac{\alpha_{n-p_0-m_0}}{n - p_0 - m_0}, \frac{\alpha_{m_0+1}}{m_0+1}\right) - \frac{1}{n+1-p_0} \leqq \frac{l}{q} - \frac{1}{n+1-p_0}.$$

Da $\frac{\alpha_{n+1-p_0}}{n+1-p_0}$ der beste Näherungswert für $\frac{l}{q}$ von unten ist mit einem Fehler, der geringer als $\frac{1}{n-1-p_0}$ ist, gilt

$$\frac{\alpha_{n+1-p}}{n+1-p_0} > \frac{l}{q} - \frac{1}{n+1-p_0}.$$

Wir stoßen auf einen Widerspruch. Deshalb ist $\nu_p(m) \geqq \frac{\alpha_{m+1}}{m+1}$ und da $\nu_{n-m}(m) = \frac{\alpha_{m+1}}{m+1}$ ist, gilt bei beliebigem m

$$\lambda_{m+1} = \min_{0 \leqq p \leqq n-m} \nu_p(m) = \frac{\alpha_{m+1}}{m+1}.$$

Folglich ist

$$\frac{\alpha_{m+1}}{m+1} \leqq \nu_p(m) \leqq \frac{\beta_{m+1}}{m+1} \quad (m = 0, 1, \ldots, n;\ p = 0, 1, \ldots, n - m).$$

Das Lemma ist damit bewiesen.

Bemerkung. Gleichzeitig stellen wir fest, daß

$$\lambda_m = \frac{\alpha_m}{m} \quad \text{und} \quad \mu_m = \frac{\beta_m}{m}$$

ist. Somit kann man, wie gezeigt wurde, für jeden rationalen Wert $\frac{l}{q}$ eine gleichmäßige Folge mit der Charakteristik $\frac{l}{q}$ konstruieren. Die Frage über die Anzahl der Folgen, die die Länge $n = q - 1$ besitzen, lassen wir unbeantwortet. Wir betrachten ein Beispiel für die Konstruktion gleichmäßiger Folgen.

Beispiel. Es wird verlangt, für den Wert $\frac{10}{13}$ $(n = 12)$ eine gleichmäßige Folge zu konstruieren. Dazu schreiben wir die besten Näherungswerte von oben für $\frac{10}{13}$ auf, die, entsprechend vermindert um $\frac{1}{1}, \frac{1}{2}, \ldots, \frac{1}{13}$, einen kleineren Wert als $\frac{10}{13}$ ergeben:

$$\frac{\beta_1}{1} = \frac{1}{1}, \ \frac{\beta_2}{2} = \frac{2}{2}, \ \frac{\beta_3}{3} = \frac{3}{3}, \ \frac{\beta_4}{4} = \frac{4}{4}, \ \frac{\beta_5}{5} = \frac{4}{5}, \ \frac{\beta_6}{6} = \frac{5}{6}, \ \frac{\beta_7}{7} = \frac{6}{7},$$

$$\frac{\beta_8}{8} = \frac{7}{8}, \ \frac{\beta_9}{9} = \frac{7}{9}, \ \frac{\beta_{10}}{10} = \frac{8}{10}, \ \frac{\beta_{11}}{11} = \frac{9}{11}, \ \frac{\beta_{12}}{12} = \frac{10}{12}, \ \frac{\beta_{13}}{13} = \frac{10}{13}.$$

Die gesuchte Folge hat die Form

$$(11110 \quad 1110 \quad 1110) \, .$$

Es sei σ eine beliebige reelle Zahl, so daß $0 \leqq \sigma \leqq 1$ ist, und $\frac{\alpha}{1}, \frac{\alpha}{2}, \ldots, \frac{\alpha}{n}$; $\frac{\beta}{1}, \frac{\beta}{2}, \ldots, \frac{\beta}{n}, \ldots$ ihre besten Näherungswerte von unten bzw. von oben mit einem Fehler von weniger als $\frac{1}{\nu}$ $(\nu = 1, 2, \ldots, n)$.

Dann gilt

$$\frac{\alpha_n}{n} \leqq \sigma \leqq \frac{\beta_n}{n} \quad \text{und } \beta_n - \alpha_n \leqq 1 \qquad (n = 1, 2, \ldots) \, .$$

Die Menge aller gleichmäßigen Folgen mit den Charakteristiken $\nu_0(n) = \frac{\alpha_{n+1}}{n+1}$ und $\nu_0(n) = \frac{\beta_{n+1}}{n+1}$ $(n = 0, 1, \ldots)$ und aller Segmente dieser Folgen ist auf Grund des Lemmas 2.1 eine Menge des Typs Γ. Wir bezeichnen sie mit Γ_σ und die ihr entsprechende invariante Klasse der symmetrischen Funktionen durch S_σ.

Lemma 2.4. *Wenn die Folge* $\gamma'(m) = (\gamma_p, \gamma_{p+1}, \ldots, \gamma_{p+m})$ *in* Γ_σ *liegt, dann gilt*

$$\sigma - \frac{2}{m+1} < \nu_p(m) < \sigma + \frac{2}{m+1} \, .$$

Beweis. Gemäß der Definition ist die gegebene Folge das Segment einer beliebigen Folge $\gamma(n) = (\gamma_0, \gamma_1, \ldots, \gamma_n) \in \Gamma_\sigma$, wobei $p \geqq 0$ und $m \leqq n$ ist. ν ist die Charakteristik der Folge $\gamma(n)$ und erfüllt die Ungleichung

$$\sigma - \frac{1}{n+1} < \nu_0(n) + < \sigma \frac{1}{n+1},$$

weil

$$\sigma - \frac{1}{n+1} < \frac{\alpha_{n+1}}{n+1} \leqq \sigma \leqq \frac{\beta_{n+1}}{n+1} < \sigma + \frac{1}{n+1} \, .$$

Wir bezeichnen mit $\frac{\alpha_{m+1}^{n+1}}{m+1}$ und $\frac{\beta_{m+1}^{n+1}}{m+1}$ die besten Näherungswerte an $\frac{\alpha_{n+1}}{n+1}$ und $\frac{\beta_{n+1}}{n+1}$ von unten bzw. von oben, die mit einem Fehler von weniger als $\frac{1}{m+1}$ behaftet sind. Dann ist

$$\frac{\alpha_{n+1}^{n+1}}{m+1} > \frac{\alpha_{n+1}}{n+1} - \frac{1}{m+1}$$

und

$$\frac{\beta_{m+1}^{n+1}}{m+1} < \frac{\beta_{n+1}}{n+1} + \frac{1}{m+1}.$$

Folglich ist

$$\frac{\alpha_{m+1}^{n+1}}{m+1} > \frac{\alpha_{n+1}}{n+1} - \frac{1}{m+1} > \sigma - \frac{1}{n+1} - \frac{1}{m+1} \geqq \sigma - \frac{2}{m+1}$$

und

$$\frac{\beta_{m+1}^{n+1}}{m+1} < \frac{\beta_{n+1}}{n+1} + \frac{1}{m+1} < \sigma + \frac{1}{n+1} + \frac{1}{m+1} \leqq \sigma + \frac{2}{m+1}.$$

Da auf Grund der Gleichmäßigkeit der Folge $\gamma(n)$

$$\frac{\alpha_{m+1}^{n+1}}{m+1} \leqq \nu_p(m) \leqq \frac{\beta_{m+1}^{n+1}}{m+1}$$

gilt, ist

$$\sigma - \frac{2}{m+1} < \nu_p(m) < \sigma + \frac{2}{m+1}.$$

Das Lemma ist damit vollständig bewiesen.

Lemma 2.5. *$\Gamma_{\sigma_1} \neq \Gamma_{\sigma_2}$, falls $\sigma_1 \neq \sigma_2$.*

Beweis. Es sei $\sigma_1 \neq \sigma_2$. Für den Beweis nehmen wir $\sigma_1 < \sigma_2$ an. Wir wählen m_0 derart, daß

$$\sigma_1 + \frac{2}{m_0+1} < \sigma_2 - \frac{2}{m_0+1}$$

gilt. Ferner nehmen wir an, daß eine Folge $\gamma'(m) = (\gamma_p, \gamma_{p+1}, \ldots, \gamma_{p+m})$ mit $m \geqq m_0$ existiert, die gleichzeitig zu den Mengen Γ_{σ_1} und Γ_{σ_2} gehört. Dann erhalten wir, indem wir uns auf das vorhergehende Lemma beziehen

$$\sigma_1 - \frac{2}{m+1} < \nu_p(m) < \sigma_1 + \frac{2}{m+1}$$

und

$$\sigma_2 - \frac{2}{m+1} < \nu_p(m) < \sigma_2 + \frac{2}{m+1}.$$

Da $m \geqq m_0$ ist, sind diese Ungleichungen unvereinbar mit den Ausgangsungleichungen. Also kann die Folge $\gamma'(m)$ $(m \geqq m_0)$ nicht gleichzeitig zu den Mengen Γ_{σ_1} und Γ_{σ_2} gehören. Hieraus ergibt sich das verlangte Resultat, und zwar

$$\Gamma_{\sigma_1} \neq \Gamma_{\sigma_2} \qquad \text{mit} \qquad \sigma_1 \neq \sigma_2 .$$

Damit ist gleichzeitig die folgende wichtige Tatsache bewiesen: Die Mengen Γ_{σ_1} und Γ_{σ_2} können nur eine endliche Menge von Folgen gemeinsam haben, und zwar nur die Folgen, deren Länge m_0 nicht übersteigt.

Folgerung. Die Familie $\{\Gamma_\sigma\}$ besitzt die Mächtigkeit $\mathfrak{c}$.

Wie schon bemerkt wurde, wird jede Menge Γ_σ eindeutig durch eine invariante Klasse S_σ symmetrischer Funktionen definiert. Deshalb geht aus dem eben Bewiesenen das folgende Theorem hervor:

Theorem 2.7. *$S_{\sigma_1} \neq S_{\sigma_2}$, falls $\sigma_1 \neq \sigma_2$.*

Folgerung. Die Familie S_σ besitzt die Mächtigkeit $\mathfrak{c}$.

Wie beweisen eine Hilfsbehauptung bezüglich der Funktionen aus den Klassen S_σ. Es sei $\sigma < 1$. Auf Grund des Lemmas 2.4 gibt es ein $N_0 = N_0(\sigma)$, so daß für $m > N_0$ für ein beliebiges Segment $\gamma'(m) \in \Gamma_\sigma$ die Beziehung $\nu_p(m) < 1$ gilt, d. h., die Folge $\gamma'(m)$ kann nicht nur aus „Einsen" bestehen.

Lemma 2.6. *Es sei $S(x_1, \ldots, x_n, y_1, \ldots, y_k)$ eine symmetrische Funktion aus der Klasse S_σ $(\sigma < 1)$, die von den Variablen $x_1, x_2, \ldots, x_n$ wesentlich abhängig ist. Dann ist die Funktion S', die wir aus S durch Einsetzung von Konstanten für d wesentliche Variable $(d \leqq n)$ und für irgendwelche unwesentlichen Variablen erhalten, eine symmetrische Funktion, wobei $n - d > N_0$ ist. Sie ist entweder identisch gleich Null oder hängt wesentlich von $n - d$ Variablen ab.*

Beweis. Die Symmetrie der Funktion S' ist offensichtlich. Es sei $n - d > N_0$. Wenn die Funktion S' nur von einer der $n - d$ Variablen $x_{i_1}, x_{i_2}, \ldots, x_{i_{n-d}}$ $(1 \leqq i_1 \leqq i_2 \leqq \cdots \leqq i_{n-d} \leqq n)$, die von den wesentlichen Variablen der Funktion S übriggeblieben sind, unwesentlich abhängt, dann hängt sie auf Grund der Symmetrie unwesentlich von allen Variablen dieser Gruppe ab. Da die einzigen Funktionen, die nur unwesentliche Variable besitzen, Konstante sind, haben wir in diesem Fall entweder die Konstante 0 oder die Konstante 1 erhalten.

Gleichzeitig entspricht der Funktion S' die Folge $\gamma'(n - d)$ aus der Menge Γ_σ. Da $n - d > N_0$ ist, genügt die Charakteristik $\nu_p(n - d)$ der Folge $\gamma'(n - d)$ der Ungleichung $\nu_p(n - d) < 1$. Letzteres besagt, daß $S' \not\equiv 1$ ist. Folglich ist die Funktion S' für $n - d > N_0$ entweder wesentlich abhängig von den Variablen $x_{i_1}, x_{i_2}, \ldots, x_{i_{n-d}}$, oder sie ist die Konstante 0. Das Lemma ist damit bewiesen.

Wir konstruieren jetzt, ausgehend von den Klassen S_σ, die Familie der Klassen $Q_\sigma (0 \leqq \sigma \leqq 1)$. Es sei wie eben $N_0 = N_0(\sigma)$, wobei $\sigma < 1$ ein Wert ist, so daß für alle $n > N_0$ die Ungleichung

$$\nu_0(n) < 1$$

gilt. Wir bezeichnen weiter mit P^{N_0} die invariante Klasse, die aus allen Funktionen besteht, welche von nicht mehr als N_0 Variablen wesentlich abhängen, und mit Q'_σ die Klasse aller Funktionen $f(x_1, \ldots, x_n, z_1, \ldots, z_m)$ derart, daß

$$f(x_1, \ldots, x_n, z_1, \ldots, z_m) = S(x_1, \ldots, x_n, y_1, \ldots, y_k) \wedge f'(x_{i_1}, \ldots, x_{i_r}, u_1, \ldots, u_q)$$

ist, wobei S eine beliebige Funktion aus der Klasse S_σ ist, $x_1, \ldots, x_n$ alle wesentlichen Variablen der Funktion S sind und f' eine beliebige Wahrheitsfunktion ist, derart, daß alle ihre wesentlichen Variablen $x_{i_1}, \ldots, x_{i_r}$ unter den Variablen $x_1, \ldots, x_n$ vorkommen, d. h.

$$\{x_{i_1}, \ldots, x_{i_r}\} \subseteqq \{x_1, \ldots, x_n\}.$$

Die Menge der unwesentlichen Variablen $\{z_1, \ldots, z_m\}$ der Funktion f ist die Vereinigung der Mengen der unwesentlichen Variablen $\{y_1, \ldots, y_k\}$ und $\{u_1, \ldots, u_q\}$, d. h.

$$\{z_1, \ldots, z_m\} = \{y_1, \ldots, y_k\} \cup \{u_1, \ldots, u_q\}.$$

Schließlich nehmen wir an, daß

$$Q_\sigma = \begin{cases} Q'_\sigma \cup P^{N_0} & \text{für} \quad 0 \leqq \sigma \leqq 1\,, \\ P_2 & \text{für} \quad \sigma = 1 \end{cases}$$

gilt.

Theorem 2.8. *Die Klassen Q_σ sind invariant, und es gilt $Q_{\sigma_1} \neq Q_{\sigma_2}$, falls $\sigma_1 \neq \sigma_2$ ist.*

Beweis. Wir wollen zuerst zeigen, daß die Klasse Q_σ invariant ist. Die Behauptung ist völlig evident, wenn $Q_\sigma = P_2$ ist. Es sei $f \in Q_\sigma$ und $Q_\sigma \neq P_2$. Möglich sind zwei Fälle:

a) $f \in P^{N_0}$. Dann gehört jede Funktion, die aus f durch Anwendung der Operationen 1, 2 und 3 erhalten wurde (siehe Definition der invarianten Klassen) infolge der Invarianz der Klasse P^{N_0} zu dieser Klasse.

b) $f \in Q'_\sigma$ und $f \notin P^{N_0}$. In jenem Fall gilt

$$f(x_1, \ldots, x_n, z_1, \ldots, z_m) = S(x_1, \ldots, x_n, y_1, \ldots, y_k) \wedge f'(x_{i_1}, \ldots, x_{i_r}, u_1, \ldots, u_q),$$

wobei $n > N_0$ ist. Wir prüfen, daß wir bei der Einsetzung von Konstanten (3. Operation) eine Funktion aus Q_σ erhalten. Wir setzen d Konstante für d wesentliche Variable und eine gewisse Anzahl von Konstanten für unwesentliche Variable ein. Wenn $n - d \leqq N_0$ ist, dann gehört die erhaltene Funktion zu der Klasse P^{N_0}, wenn jedoch $n - d > N_0$ ist, dann ist sie auf Grund des vorhergehenden Lemmas entweder die Konstante 0 (und gehört deshalb wiederum zur Klasse P^{N_0}), oder sie ist wesentlich abhängig von allen übriggebliebenen $n - d$ Variablen von $x_1, \ldots, x_n$. Dann gilt für sie eine analoge Darstellung wie für die Ausgangsfunktion, und sie gehört deshalb zur Klasse Q'_σ. Die Überprüfung der Bedingungen 1 und 2 (siehe Definition der invarianten Klasse) ist evident. Somit haben wir festgestellt, daß die Klasse Q invariant ist.

Wir zeigen nun, daß $Q_{\sigma_1} \neq Q_{\sigma_2}$ gilt, wenn $\sigma_1 \neq \sigma_2$ $(0 \leqq \sigma_1, \sigma_2 \leqq 1)$ ist. Für den Beweis nehmen wir an, daß $\sigma_1 < \sigma_2$ ist. Wir betrachten die Mengen Γ_{σ_1} und Γ_{σ_2}. Auf Grund des Lemmas 2.4 gelten die Abschätzungen

$$\text{für} \quad \gamma'(n) \in \Gamma_{\sigma_1} : \sigma_1 - \frac{2}{n+1} < \nu'_0(n) < \sigma_1 + \frac{2}{n+1}\,,$$

$$\text{für} \quad \gamma''(n) \in \Gamma_{\sigma_2} : \sigma_2 - \frac{2}{n+1} < \nu''_0(n) < \sigma_2 + \frac{2}{n+1}\,.$$

Wir nehmen an, daß n so ausgewählt wurde, daß

$$\sigma_1 + \frac{2}{n+1} < \sigma_2 - \frac{2}{n+1} \quad \text{und} \quad n > N_0', \quad n > N_0''$$

ist, wobei $N_0' = N_0(\sigma_1)$ und $N_0'' = N_0(\sigma_2)$ gilt.

Für die symmetrische Funktion $S_{\gamma''}(n)$ gilt dann: $S_{\gamma''(n)} \in Q_{\sigma_2}$ und $S_{\gamma''(n)} \notin Q_{\sigma_1}$, weil

$$S_{\gamma''(n)}(x_1, \ldots, x_n, z_1, \ldots, z_m)$$
$$= S_{\gamma'(n)}(x_1, \ldots, x_n, y_1, \ldots, y_k) \wedge f'(x_{i_1}, \ldots, x_{i_r}, u_1, \ldots, u_q)$$

nicht möglich ist, da die mittlere Dichte $\nu_0''(n)$ der Folge $\gamma''(n)$ größer ist als die mittlere Dichte $\nu_0'(n)$ der Folge $\gamma'(n)$. Das Theorem ist damit vollständig bewiesen.

Es sei $0 \leqq \sigma \leqq 1$ und $\gamma(n) = (\gamma_0, \gamma_1, \ldots, \gamma_n)$ eine beliebige Folge aus Γ_σ. Betrachten wir die Summe

$$\mathfrak{S}(\gamma(n)) = \gamma_0\binom{n}{0} + \gamma_1\binom{n}{1} + \cdots + \gamma_n\binom{n}{n}.$$

Man sieht leicht, daß diese Summe die Anzahl der n-Tupel $(x_1, \ldots, x_n)$ von Wahrheitswerten charakterisiert, für die die symmetrische Funktion

$$S_{\gamma(n)}(x_1, x_2, \ldots, x_n)$$

gleich 1 wird.

Wir werden das asymptotische Verhalten der Größe $\mathfrak{S}(\gamma(n))$ für $n \to \infty$ genauer betrachten. Dazu benutzen wir den lokalen und den integralen Grenzwertsatz von LAPLACE [22]. An die Formulierung dieser Sätze sei kurz erinnert.

Es sei $P_n(k) = \binom{n}{k} p^k q^{n-k}$, wobei $p + q = 1$ und $0 < p, q < 1$ ist. Wir führen die folgenden Transformationen der Funktion $P_n(k)$ durch: 1. Wir verschieben die Funktion nach links um den Wert np, 2. wir drücken die x-Achse um das $\sqrt{npq}$-fache zusammen und 3. strecken wir die y-Achse um das $\sqrt{npq}$-fache. Es ist evident, daß dabei ein Punkt mit der Abszisse k in einen Punkt mit der Abszisse $x_k^{(n)} = \frac{k - np}{\sqrt{npq}}$ übergeht. Der Wert der Funktion ist in diesem Punkt gleich

$$\sqrt{npq}\, P_n(k) = \sqrt{npq}\, P_n(np + x_k^{(n)} \sqrt{npq}).$$

Lokaler Grenzwertsatz. *Wenn $0 < p, q < 1$ ist, dann gilt*

$$\sqrt{npq}\; P_n(np + x_k^{(n)} \sqrt{npq}) : \frac{1}{\sqrt{2\pi}} e^{-\frac{x_k^{(n)2}}{2}} \to 1$$

gleichmäßig in $x_k^{(n)}$, falls $n \to \infty$.

Wir bezeichnen mit $P_n(a, b)$ die Summe

$$\sum_{np + a\sqrt{npq} < k < np + b\sqrt{npq}} P_n(k).$$

Integraler Grenzwertsatz. *Wenn* $0 \leqq p,\ q < 1,\ a < b$ *ist, dann gilt für* $n \to \infty$

$$P_n(a, b) \to \frac{1}{\sqrt{2\pi}} \int_a^b e^{-\frac{z^2}{2}} dz .$$

Wir formulieren und beweisen jetzt das Lemma, welches das asymptotische Verhalten der Größe $\mathfrak{S}(\gamma(n))$ charakterisiert.

Lemma. $\frac{\mathfrak{S}(\gamma(n))}{2^n} \to \sigma$ *für* $n \to \infty$, *falls* $\gamma(n) \in \Gamma_\sigma$.

Beweis. Wir führen eine Abschätzung der Größe

$$2^{-n}\,\mathfrak{S}(\gamma(n)) = \gamma_0 \binom{n}{0}\left(\frac{1}{2}\right)^0\left(\frac{1}{2}\right)^n + \gamma_1 \binom{n}{1}\left(\frac{1}{2}\right)^1\left(\frac{1}{2}\right)^{n-1} + \cdots + \gamma_n \binom{n}{n}\left(\frac{1}{2}\right)^n\left(\frac{1}{2}\right)^0$$

durch. Unter der Annahme $p = q = \frac{1}{2}$ erhalten wir

$$2^{-n}\,\mathfrak{S}(\gamma(n)) = \gamma_0\, P_n(0) + \gamma_1\, P_n(1) + \cdots + \gamma_n\, P_n(n) = \sum_{k=0}^{n} \gamma_k\, P_n(k) .$$

Dieser Ausdruck kann als das Integral betrachtet werden, das dem schraffierten Teil der Treppenfigur (Abb. 1) entspricht (die Abbildung ist gebildet worden für $n = 8$ und $\gamma(8) = (110101010)$). Wir numerieren auf der Abb. 1 die Rechtecke von links nach rechts mit den Zahlen von 0 bis n. Das Rechteck mit der Nummer k (das zu dem abgeschlossenen Integral $[k, k+1]$ gehört) ist dann und nur dann schraffiert, wenn $\gamma_k = 1$ ist. Die Größe $\sum_{k=0}^{n} \gamma_k\, P_n(k)$ stellt also die Fläche der schraffierten Rechtecke dar. Für das Weitere betrachten wir am besten Abb. 2, die sich aus der Abb. 1 gerade durch die Transformationen, über die bei der Formulierung der Grenzwertsätze gesprochen wurde, ergibt. Da jetzt $p = q = \frac{1}{2}$ gilt, wird die Figur um $n\,p = \frac{n}{2}$ verschoben, und da $\sqrt{n\,p\,q} = \frac{n}{2}$ ist, die x-Achse das $\frac{\sqrt{n}}{2}$-fache zusammengedrückt und die y-Achse um das $\frac{\sqrt{n}}{2}$-fache gestreckt. Die Fläche der Treppenfigur (Abb. 2) ist gleich der Fläche der Aus-

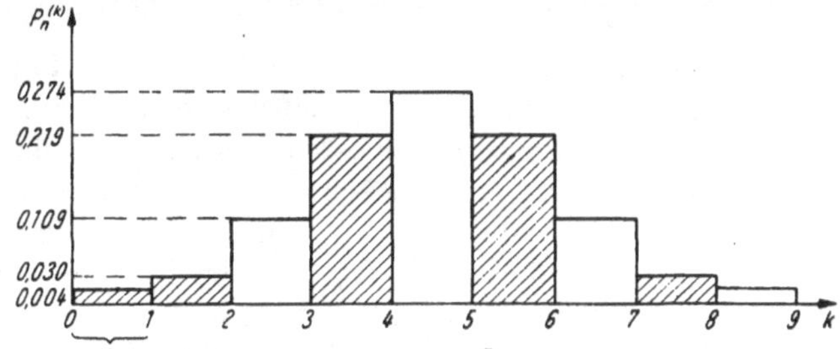

Abb. 1

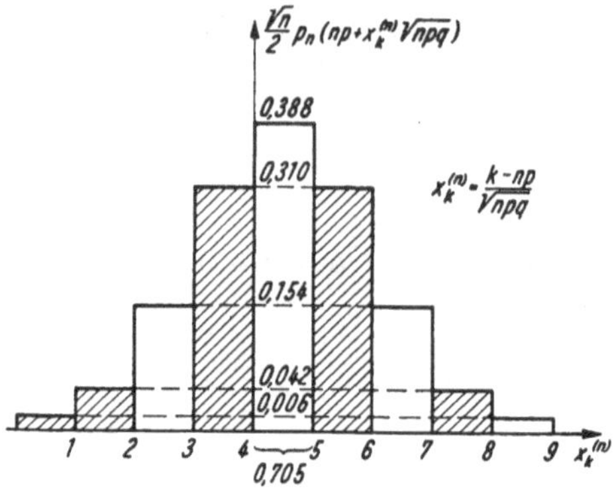

Abb. 2

gangstreppenfigur (Abb. 1). In Abb. 2 erscheint in Übereinstimmung mit der ersten Darstellung die natürliche Numerierung der Rechtecke mit den Zahlen von 0 bis n von links nach rechts. Sei nun irgendein Intervall der x-Achse gegeben. Wir machen es kenntlich durch p und $p+m$ entsprechend der Nummer der am weitesten links und am weitesten rechts stehenden Rechtecke, deren Grundflächen in diesem Segment liegen. Wir ordnen dem gegebenen Intervall das Segment $\gamma'(m) = (\gamma_p, \gamma_{p+1}, \ldots, \gamma_{p+m})$ der Ausgangsfolge $\gamma(n)$ zu.

Wir erläutern jetzt den Grundgedanken für den Beweis des Lemmas. Auf Grund der vorhergehenden Sätze liegt bei hinreichend großem n die in Abb. 2 dargestellte Funktion beliebig nahe der Funktion $y = \frac{e^{-\frac{x^2}{2}}}{\sqrt{2\pi}}$, und der Flächeninhalt der entsprechenden Treppenfigur, die durch das abgeschlossene Intervall $[a, b]$ bestimmt ist, nähert sich $\frac{1}{\sqrt{2n}} \int_a^b e^{-\frac{z^2}{2}} dz$. Uns interessiert jedoch nicht die ganze Fläche der Treppenfigur, sondern nur die Fläche des schraffierten Teiles, die durch die Folge $\gamma(n)$ definiert wird. Daraus, daß in der Folge $\gamma(n)$ der Anteil der Einsen nahe bei σ liegt, folgt keineswegs, daß der Flächeninhalt des schraffierten Teiles im Verhältnis zum Flächeninhalt der ganzen Treppenfigur nahe bei σ liegt. Dennoch ist es richtig, und für die Begründung dieser Tatsache benutzen wir die Eigenschaften der Folgen aus der Menge Γ_σ. Wenn wir die x-Achse in genügend kleine Intervalle unterteilen, kann man behaupten, daß für hinreichend große n auf jedem jener Stücke der Flächeninhalt des schraffierten Teiles im Verhältnis zum Flächeninhalt der entsprechenden Treppenfigur nahe bei σ liegt. Für hinreichend großes n liegt 1. die in der Abb. 2 dargestellte Funktion beliebig nahe der Funktion $y = \frac{e^{-\frac{x^2}{2}}}{\sqrt{2n}}$, und da die Grenzfunktion stetig ist, ändert sie die Höhe der Rechtecke auf einem betrachteten Intervall unbedeutend, wenn das Stück klein ist, und deshalb wird das Verhältnis der Flächeninhalte der uns interessierenden Rechtecke bestimmt durch das Verhältnis der Anzahl der schraffierten Rechtecke zu der Anzahl der schraffierten und nichtschraffierten Rechtecke, d.h. durch die mittlere Dichte $\nu_p(m)$ des Segments $\gamma'(m)$ der Ausgangsfolge $\gamma(n)$, entsprechend dem betrachteten Intervall; 2. der Wert m wird infolge der Kontraktion der x-Achse größer und weil $\gamma'(m) \in \Gamma_\sigma$, nähert sich $\nu_p(m)$ der Zahl σ. Aus dem erhaltenen Resultat über genügend kleine Intervalle und große n können wir leicht das Endresultat ableiten.

Wir gehen jetzt zum Beweis über.

1. Wir nehmen an $a < b$, so daß

$$\frac{1}{\sqrt{2\pi}} \int_{-\infty}^{a} e^{-\frac{z^2}{2}} dz + \int_{b}^{\infty} e^{-\frac{z^2}{2}} dz < \frac{\varepsilon}{8}$$

gilt.

2. Es sei M_1 so gewählt, daß für $n > M_1$

$$\left| P_n(a, b) - \frac{1}{\sqrt{2\pi}} \int_{a}^{b} e^{-\frac{z^2}{2}} dz \right| < \frac{\varepsilon}{8}$$

gilt.

3. Ferner sei M_2 eine Zahl, daß für $n > M_2$

$$\left| \frac{\sqrt{\pi}}{2} P_n\left(\frac{n}{2} + x_k^{(n)} \frac{\sqrt{n}}{2}\right) : \frac{e^{-\frac{x_k^{(n)2}}{2}}}{\sqrt{2\pi}} - 1 \right| < \frac{\varepsilon}{8(b-a)}$$

gilt.

4. Wir wählen M_3 so, daß $M_3 \geqq \frac{16}{\varepsilon}$. Da für die Charakteristik der Folge $\gamma'(m) = (\gamma_p, \ldots, \gamma_{p+m}) \in \Gamma_\sigma$ die Relation $\sigma - \frac{2}{m+1} < \nu_p(m) < \sigma + \frac{2}{m+1}$ gilt, erhalten wir bei $m > M_3$

$$\sigma - \frac{\varepsilon}{8} < \nu_p(m) < \sigma + \frac{\varepsilon}{8}.$$

5. Wir betrachten eine Zerlegung $\Delta = \{a = a_0, a_1, \ldots, a_r = b\}$ des Intervalls $[a, b]$. Es sei $\delta > 0$ so bestimmt, daß für $\max |a_i - a_{i-1}| < \delta$ gilt

$$\left| \frac{1}{\sqrt{2\pi}} \int_{a}^{b} e^{-\frac{z^2}{2}} dz - \frac{1}{\sqrt{2\pi}} \sum_{i=1}^{r} (a_i - a_{i-1}) e^{-\frac{x_i^2}{2}} \right| < \frac{\varepsilon}{8},$$

wobei $a_{i-1} \leqq x_i \leqq a_i$ ist.

6. Da die x-Achse um das $\frac{\sqrt{n}}{2}$-fache kontrahiert wurde, existiert für jede Zerlegung Δ des Intervalls $[a, b]$ ein Wert M_4, so daß für $n > M_4$ die Anzahl der Punkte mit den Abszissen $x_k^{(n)}$ in jedem Intervall $[a_{i-1}, a_i]$ größer ist als M_3.

7. Schließlich sei M_5 derart gewählt, daß $(r+1)\frac{2}{\sqrt{n}} < \frac{\varepsilon}{8}$ für $n > M_5$ gilt.

Wir geben jetzt ein ε mit $0 < \varepsilon < 1$ vor und wählen die Werte a und b entsprechend Punkt 1. Wir bestimmen M_1 und M_2 nach den Punkten 2 und 3. Dann betrachten wir eine Zerlegung Δ mit $\max |a_i - a_{i-1}| < \delta$, wobei δ zu ε passend gewählt ist. Wir wählen schließlich M_3, M_4 und M_5 gemäß 4, 6 und 7.

Nun sei $M = \max(M_1, M_2, M_3, M_4, M_5)$ und ferner $n > M$.

Wir betrachten die Formel

$$\frac{\mathfrak{S}(\gamma(n))}{2^n} = \gamma_0 P_n(0) + \gamma_1 P_n(1) + \cdots + \gamma_n P_n(n) = \sum_{k=0}^{n} \gamma_k P_n(k)$$

und zerlegen die Summe in zwei Teile

$$\sum_{k=0}^{n} \gamma_k P_n(k) = \sum_{\frac{n}{2} + a\frac{\sqrt{n}}{2} < h < \frac{n}{2} + b\frac{\sqrt{n}}{2}} \gamma_k P_n(k) + \sum_{\substack{k \leqq \frac{n}{2} + a\frac{\sqrt{n}}{2} \\ k \leqq \frac{n}{2} + b\frac{\sqrt{n}}{2}}} \gamma_k P_n(k).$$

Hieraus ergibt sich

$$0 \leqq \frac{\mathfrak{S}(\gamma(n))}{2^n} \sum_{\frac{n}{2} + a\frac{\sqrt{n}}{2} < k < \frac{n}{2} + b\frac{\sqrt{n}}{2}} \gamma_k P_n(k)$$

$$= \sum_{\substack{k \leqq \frac{n}{2} + a\frac{\sqrt{n}}{2} \\ k \geqq \frac{n}{2} + b\frac{\sqrt{n}}{2}}} \gamma_k P_n(k) \leqq \sum_{\substack{k \leqq \frac{n}{2} + a\frac{\sqrt{n}}{2} \\ k \geqq \frac{n}{2} + b\frac{\sqrt{n}}{2}}} P_n(k) = 1 - P_n(a, b).$$

Aus 1 und 2 erhalten wir:

$$1 - P_n(a, b) < 1 - \frac{1}{\sqrt{2\pi}} \int_a^b e^{-\frac{z^2}{2}} dz + \frac{\varepsilon}{8}$$

$$= \frac{1}{\sqrt{2\pi}} \int_{-\infty}^{a} e^{-\frac{z^2}{2}} dz + \frac{1}{\sqrt{2\pi}} \int_{b}^{\infty} e^{-\frac{z^2}{2}} dz + \frac{\varepsilon}{8} < \frac{\varepsilon}{4}.$$

Folglich gilt

$$0 \leqq \frac{\mathfrak{S}(\gamma(n))}{2^n} - \sum_{\frac{n}{2} + a\frac{\sqrt{n}}{2} < k < \frac{n}{2} + b\frac{\sqrt{n}}{2}} \gamma_k P_n(n) < \frac{\varepsilon}{4}. \tag{1}$$

Wir formen nun die Summe um, die in der letzten Ungleichung aufgetreten ist

$$\sum_{\frac{n}{2} + a\frac{\sqrt{n}}{2} < k < \frac{n}{2} + b\frac{\sqrt{n}}{2}} \gamma_k P_n(k) = \sum_{a < x_k^{(n)} < b} \gamma_k \frac{2}{\sqrt{n}} \left(\frac{\sqrt{n}}{2} P_n\left(\frac{n}{2} + x_k^{(n)} \frac{\sqrt{n}}{2} \right) \right)$$

$$= \sum_{i=1}^{r} \sum_{a_{i-1} \leqq x_k^{(n)} < a_i} \gamma_k \frac{2}{\sqrt{n}} \left(\frac{\sqrt{n}}{2} P_n\left(\frac{n}{2} + x_k^{(n)} \frac{\sqrt{n}}{2} \right) \right).$$

Wenn wir Punkt 3 auswerten, erhalten wir

$$\frac{\sqrt{n}}{2} P_n\left(\frac{n}{2} + x_k^{(n)} \frac{\sqrt{n}}{2} \right) = \frac{e^{-\frac{x_k^{(n)2}}{2}}}{\sqrt{2\pi}} + \eta_{nk}, \quad \text{wo} \quad |\eta_{nk}| < \frac{8(b-a)}{\varepsilon}.$$

Setzen wir diese Formel in die obige Summe ein, dann ergibt sich:

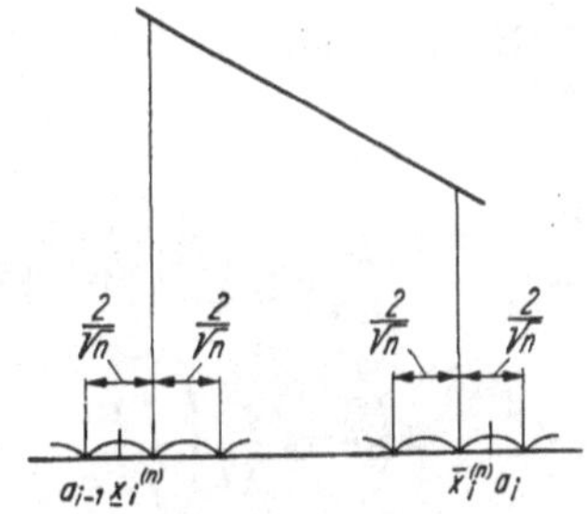

Abb. 3

$$\sum_{i=1}^{r} \sum_{a_{i-1} \leq x_k^{(n)} < a_i} \gamma_k \frac{2}{\sqrt{n}} \left(\frac{\sqrt{n}}{2} P_n\left(\frac{n}{2} + x_k^{(n)} \frac{\sqrt{n}}{2} \right) \right)$$

$$= \sum_{i=1}^{r} \sum_{a_{i-1} \leq x_k^{(n)} < a_i} \gamma_k \frac{2}{\sqrt{n}} \left(\frac{e^{-\frac{x_k^{(n)2}}{2}}}{\sqrt{2\pi}} + \eta_{nk} \right)$$

$$= \sum_{i=1}^{r} \sum_{a_{i-1} \leq x_k^{(n)} < a_i} \gamma_k \frac{2}{\sqrt{n}} \frac{e^{-\frac{x_k^{(n)}}{2}}}{\sqrt{2\pi}} + \sum_{i=1}^{r} \sum_{a_{i-1} \leq x_k^{(n)} < a_i} \gamma_k \frac{2\eta_{nk}}{\sqrt{n}},$$

oder

$$\left| \sum_{\frac{n}{2} + a\frac{\sqrt{n}}{2} < k < \frac{n}{2} + b\frac{\sqrt{n}}{2}} \gamma_k P_n(k) - \sum_{i=1}^{r} \sum_{a_{i-1} \leq x_k^{(n)} < a_i} \gamma_k \frac{2}{\sqrt{n}} \frac{e^{-\frac{x_k^{(n)2}}{2}}}{\sqrt{2\pi}} \right|$$

$$\leq \sum_{i=1}^{r} \sum_{a_{i-1} \leq x_k^{(n)} < a_i} \frac{2}{\sqrt{n}} |\eta_{nk}| < \sum_{i=1}^{r} \sum_{a_{i-1} \leq x_k^{(n)} < a_i} \frac{2\varepsilon}{8(b-a)\sqrt{n}} = \frac{\varepsilon}{8}. \qquad (2)$$

Wir bezeichnen mit $\bar{x}_i^{(n)}$ den größten und mit $\underline{x}_i^{(n)}$ den kleinsten Wert von $|x_k^{(n)}|$ in dem halboffenen Intervall $[a_{i-1}, a_i)$ (Abb. 3).

Berücksichtigen wir 4 und 6, dann ergibt sich

$$\sum_{a_{i-1} \leq x_k^{(n)} < a_i} \gamma_k \frac{2}{\sqrt{n}} \frac{e^{-\frac{x_k^{(n)2}}{2}}}{\sqrt{2\pi}} < \frac{e^{-\frac{\underline{x}_i^{(n)2}}{2}}}{\sqrt{2\pi}} \sum_{a_{i-1} \leq x_k^{(n)} < a_i} \gamma_k \frac{2}{\sqrt{n}}$$

$$< \left(\sigma + \frac{\varepsilon}{8}\right)\left(a_i - a_{i-1} + \frac{2}{\sqrt{n}}\right) \frac{e^{-\frac{\underline{x}_i^{(n)2}}{2}}}{\sqrt{2\pi}}$$

und

$$\sum_{a_{i-1} \leq x_k^{(n)} < a_i} \gamma_k \frac{2}{\sqrt{n}} \frac{e^{-\frac{x_k^{(n)2}}{2}}}{\sqrt{2\pi}} > \frac{e^{-\frac{\bar{x}_i^{(n)2}}{2}}}{\sqrt{2\pi}} \sum_{a_{i-1} \leq x_k^{(n)} < a_i} \gamma_k \frac{2}{\sqrt{n}}$$

$$< \left(\sigma + \frac{\varepsilon}{8}\right)\left(a_i - a_{i-1} - \frac{2}{\sqrt{n}}\right) \frac{e^{-\frac{\bar{x}_i^{(n)2}}{2}}}{\sqrt{2\pi}},$$

wobei die Ergänzung $\pm \frac{2}{\sqrt{n}}$ sich bei der Berechnung des Intervalls zwischen a_{i-1} und dem ganz links befindlichen Punkt $x_k^{(n)}$ und ebenso zwischen a_i und dem ganz rechts befindlichen Punkt $x_k^{(n)}$, die zu $[a_{i-1}, a_i)$ gehören (s. Abb. 3) ergibt.

Hieraus und unter Berücksichtigung von 5 und 7 erhalten wir:

$$\sum_{i=1}^{r} \sum_{a_{i-1} \leqq x_k^{(n)} < a_i} \gamma_k \frac{2}{\sqrt{n}} \frac{e^{-\frac{x_k^{(n)2}}{2}}}{\sqrt{2\pi}} < \left(\sigma + \frac{\varepsilon}{8}\right)\left(\sum_{i=1}^{r} (a_i - a_{i-1}) \frac{e^{-\frac{x_i^{(n)2}}{2}}}{\sqrt{2\pi}} + \frac{2}{\sqrt{n}}(r+1)\right)$$

$$< \left(\sigma + \frac{\varepsilon}{8}\right)\left(\frac{1}{\sqrt{2\pi}} \int_a^b e^{-\frac{z^2}{2}} dz + \frac{2\varepsilon}{8}\right) \leqq \left(\sigma + \frac{\varepsilon}{8}\right)\left(1 + \frac{2\varepsilon}{8}\right) < \sigma + \frac{5\varepsilon}{8} \qquad (3_1)$$

und

$$\sum_{i=1}^{r} \sum_{a_{i-1} \leqq x_k^{(n)} < a_i} \gamma_k \frac{2}{\sqrt{n}} \frac{e^{-\frac{x_k^{(n)2}}{2}}}{\sqrt{2\pi}} > \left(\sigma - \frac{\varepsilon}{8}\right)\left(\sum_{i=1}^{r} (a_i - a_{i-1}) \frac{e^{-\frac{x_i^{(n)2}}{2}}}{\sqrt{2\pi}} - \frac{2}{\sqrt{n}}(r+1)\right)$$

$$> \left(\sigma - \frac{\varepsilon}{8}\right)\left(\frac{1}{\sqrt{2\pi}} \int_a^b e^{-\frac{z^2}{2}} dz - \frac{2\varepsilon}{8}\right) \geqq \left(\sigma - \frac{\varepsilon}{8}\right)\left(1 - \frac{3\varepsilon}{8}\right) > \sigma - \frac{4\varepsilon}{8}. \qquad (3_2)$$

Wenn wir (2), (3_1) und (3_2) berücksichtigen, dann erhalten wir

$$\left| \sum_{\frac{n}{2} + a\frac{\sqrt{n}}{2} < k < \frac{n}{2} + b\frac{\sqrt{n}}{2}} \gamma_k P_n(k) - \sigma \right| < \frac{3\varepsilon}{4}.$$

Aus der erhaltenen Ungleichung und aus (1) folgert man unmittelbar, daß für $n > M$

$$\left| \frac{\mathfrak{S}(\gamma(n))}{2^n} - \sigma \right| < \varepsilon$$

gilt. Das Lemma ist damit vollständig bewiesen.

Man erhält leicht eine Verallgemeinerung des integralen Grenzwertsatzes, wenn man sich auf ähnliche Überlegungen wie in diesem Lemma stützt. Für die Formulierung der Verallgemeinerung ist es erforderlich, eine Bezeichnung einzuführen, und zwar sei

$$\mathfrak{S}_{a,b}(\gamma(n)) = \sum_{\frac{n}{2} + a\frac{\sqrt{n}}{2} < k < \frac{n}{2} + b\frac{\sqrt{n}}{2}} \gamma_k P_n(k).$$

Theorem 2.9. *Wenn $a < b$ und $\gamma(n) \in \Gamma_\sigma$, dann gilt für $n \to \infty$*

$$\frac{\mathfrak{S}_{a,b}(\gamma(n))}{2^n} \to \frac{\sigma}{\sqrt{2\pi}} \int_a^b e^{-\frac{z^2}{2}} dz.$$

Da dieses Theorem im Folgenden nicht gebraucht wird, übergehen wir den Beweis.

Theorem 2.10. *Für ein beliebiges* σ $(0 \leqq \sigma \leqq 1)$ *kann man eine invariante Klasse* Q *konstruieren, so daß gilt*

$$\lim_{n\to\infty} \sqrt[2^n]{P_Q(n)} = 2^\sigma .$$

Als Q nehmen wir die von uns konstruierte Klasse Q_σ, d.h. $Q = Q_\sigma$. Wenn $\sigma = 1$ ist, dann ist das Theorem evident. Gilt $\sigma < 1$, dann ist definitionsgemäß (s. S. 111)

$$Q_\sigma = Q'_\sigma \cup P^{N_0}$$

und

$$Q'_\sigma = \{ S(x_1, \ldots, x_k, y_1, \ldots, y_p) \wedge f'(x_{i_1}, \ldots, x_{i_r}, u_1, \ldots, u_q)\} ,$$

wobei

$$S(x_1, \ldots, x_k, y_{k_1}, \ldots, y_p) = S_{\gamma(k)}(x_1, \ldots, x_k, y_1, \ldots, y_p) ,$$

und $\gamma(k) \in \Gamma_\sigma$ ist und die wesentlichen Variablen der Funktionen S und f' durch die Relation

$$\{x_{i_1}, \ldots, x_{i_r}\} \subseteqq \{x_1, \ldots, x_k\}$$

verknüpft sind. Es sei

$$f(x_1, \ldots, x_k, z_1, \ldots, z_m)$$
$$= S(x_1, \ldots, x_k, y_1, \ldots, y_p) \wedge f'(x_{i_1}, \ldots, x_{i_r}, u_1, \ldots, u_q) .$$

Wenn man $n = m + k$ annimmt, dann gilt offenbar

$$P_{Q'_\sigma}(n) \leqq P_{Q_\sigma}(n) \leqq P_{Q'_\sigma}(n) + P_{P^{N_0}}(n) .$$

Wir führen eine Abschätzung der Werte $P_{P^{N_0}}(n)$ und $P_{Q'_\sigma}(n)$ durch. Für den ersten Wert hatten wir bereits früher (Beispiel 3, S. 100) die Abschätzung

$$P_{P^{N_0}}(n) \leqq \binom{n}{N_0} 2^{2^{N_0}}$$

gefunden.

Die Abschätzung von $P_{Q'_\sigma}(n)$ läßt sich fast ebenso wie die Abschätzung von $P_{Q_{\frac{1}{2}}}(n)$ durchführen (s. Beispiel auf S. 100). Wir legen die Funktion $S(x_1, \ldots, x_k, y_1, \ldots, y_p)$ fest und ändern die Funktion f', wobei wir die Einschränkung beachten, die für ihre wesentlichen Variablen gilt:

$$\{x_{i_1}, \ldots, x_{i_r}\} \subseteqq \{x_1, \ldots, x_k\} .$$

Betrachten wir die Funktion f, wobei $f = S \wedge f'$ ist, als Funktion mit den Variablen $x_1, \ldots, x_k$, dann sehen wir, daß immer $f = 0$, wenn $S = 0$ ist. Folglich ist die Funktion f vollständig definiert durch die Teilmenge aller k-Tupel $\tilde{a} = (\alpha_1, \ldots, \alpha_k)$ von Wahrheitswerten, für die $\mathfrak{S}(\alpha) = 1$ und $f'(\tilde{\alpha}) = 0$ ist. Da die Zahl der k-Tupel $\tilde{\alpha}$, für die $S(\tilde{\alpha}) = 1$ ist,

$$\gamma_0\binom{k}{0} + \gamma_1\binom{k}{1} + \cdots + \gamma_k\binom{k}{k} = \mathfrak{S}(\gamma(k))$$

beträgt, wobei $\gamma(k)$ die Folge ist, die die symmetrische Funktion S definiert, ist die Zahl der uns interessierenden Teilmengen gleich $2^{\mathfrak{S}(\gamma(k))}$. Wir haben also für jede Funktion S, die wesentlich von k Variablen und der definierten Folge $\gamma(k)$ abhängt, $2^{\mathfrak{S}(\gamma(k))}$ verschiedene Funktionen f. Hieraus folgt insbesondere

$$P_{Q'_\sigma}(n) \geqq 2^{\mathfrak{S}(\gamma(k))}.$$

Weiter wird die Auswahl der Funktion S erstens durch die Aussonderung der wesentlichen Variablen aus den $x_1, \ldots, x_n$ und zweitens durch die Bestimmung einer symmetrischen Funktion der gegebenen Variablen und der gekennzeichneten Folge aus der Menge Γ_σ festgelegt. Für k wesentliche Variable gibt es nicht mehr als

$$\binom{n}{k} 2^{k+1}$$

solche Funktionen. Daher übersteigt die Zahl der Funktionen f, die wir aus einer symmetrischen Funktion mit k Variablen erhalten,

$$\binom{n}{k} 2^{k+1} \max_{\gamma} 2^{\mathfrak{S}(\gamma(k))}$$

nicht (wobei sich das Maximum auf alle Folgen aus Γ_σ bei festem k bezieht).

Wir erhalten

$$P_{Q'_\sigma}(n) \leqq \sum_{k=0}^{n} \binom{n}{k} 2^{k+1} \max_{\gamma} 2^{\mathfrak{S}(\gamma(k))}.$$

Es gilt also

$$2^{\mathfrak{S}(\gamma(n))} \leqq P_{Q_\sigma}(n) \leqq \binom{n}{N_0} 2^{2^{N_0}} + \sum_{k=0}^{n} \binom{n}{k} \max_{\gamma} 2^{\mathfrak{S}(\gamma(k))}.$$

Es sei $\varepsilon > 0$ eine beliebig kleine Zahl. Dann existiert übereinstimmend mit dem obigen Lemma ein M, so daß bei $k > M$ und $\gamma(k) \in \Gamma_\sigma$

$$2^k (\sigma - \varepsilon) < \mathfrak{S}(\gamma(k)) < 2^k (\sigma - \varepsilon)$$

gilt. Wir erhalten

$$\sum_{k=0}^{n} \binom{n}{k} 2^{k+1} \max_{\gamma} 2^{\mathfrak{S}(\gamma(k))} = \sum_{k=0}^{M} \binom{n}{k} 2^{k+1} \max_{\gamma} 2^{\mathfrak{S}(\gamma(k))} + \sum_{k=M+1}^{n} \binom{n}{k} 2^{k+1} \max_{\gamma} 2^{\mathfrak{S}(\gamma(k))}$$

$$\leqq \max_{\substack{\gamma \\ 0 \leqq k \leqq M}} 2^{\mathfrak{S}(\gamma(k))} \sum_{k=0}^{M} \binom{n}{k} 2^{k+1} + 2^{(\sigma+\varepsilon)2^n} \sum_{k=0}^{n} \binom{n}{k} 2^{k+1}$$

$$\leqq (M+1)\, n \cdot {}^{M} 2^{M+1} \max_{\substack{\gamma \\ 0 \leqq k \leqq M}} 2^{\mathfrak{S}(G(k))} + 2 \cdot 3^n \cdot 2^{(\sigma+\varepsilon)2^n}.$$

Somit gilt

$$2^{(\sigma-\varepsilon)2^n} \leqq P_{Q_\sigma}(n) \leqq \binom{n}{N_0} 2^{2^{N_0}} + (M+1)\, n^{M} 2^{M+1} \max_{\substack{\gamma \\ 0 \leqq k \leqq M}} 2^{\mathfrak{S}(\gamma(k))} \cdot 2^{(\sigma+\varepsilon)2^n}.$$

Hieraus folgt, daß

$$2^{\sigma-\varepsilon} \leqq \lim_{n \to \infty} \sqrt[2^n]{P_{Q_\sigma}(n)} \leqq 2^{\sigma+\varepsilon}.$$

Da ε beliebig klein ist, erhalten wir schließlich

$$\lim_{n\to\infty} \sqrt[2n]{P_{Q_\sigma}(n)} = 2^\sigma .$$

Damit ist das Theorem bewiesen.

Theorem 2.11. *Für jedes σ $(0 \leqq \sigma < 1)$ existiert eine Menge von der Mächtigkeit des Kontinuums paarweise verschiedener invarianter Klassen Q_σ^α mit*

$$\lim_{n\to\infty} \sqrt[2n]{P_{Q_\sigma^\alpha}(n)} = 2^\sigma .$$

Für $\sigma = 0$ ist dieses Theorem auf Grund des Beweises von Theorem 2.3 und der Betrachtungen zum Beispiel 6 auf Seite 100 bewiesen.

Es sei R_ξ die Teilmenge aller reellen Zahlen aus dem Intervall (0,1), so daß der Abstand von ξ eine rationale Zahl ist. Man kann zeigen, daß die Teilmengen $R_{\xi'}$ und $R_{\xi''}$, die ξ' und ξ'' entsprechen, entweder zusammenfallen oder disjunkt sind. Auf diese Weise wird das Intervall (0, 1) in die direkte Summe der disjunkten Klassen $\widetilde{R}_\xi$ der Teilmengen R_ξ zerlegt. Wir bezeichnen mit R eine Menge, die mit jeder Teilmenge R_ξ genau ein Element gemeinsam hat (für verschiedene Klassen $\widetilde{R}_\xi$ sind die ausgewählten Elemente verschieden). R ist eine nach LEBESGUE nicht meßbare Menge [23] und besitzt die Mächtigkeit des Kontinuums.

Die Zahlen $\xi \in R$ stellen wir als einen unendlichen Dualbruch dar

$$\xi = 0,\ \xi_1,\ \xi_2,\ \ldots ;$$

von den zwei möglichen Zerlegungen wählen wir diejenige, die auf Einsen endet.

Es sei $\sigma \neq 0$, d.h. $0 < \sigma < 1$. Wir ordnen jeder Zahl ξ die Teilmenge α_ξ der natürlichen Zahlen $i_1, i_2, \ldots$ zu, die genau als Nummern der Stellen auftreten, bei denen in der Zerlegung der Zahl ξ eine 1 vorkommt, d.h.

$$i \begin{cases} \in \alpha_\xi , & \text{wenn} \quad \xi_i = 1 , \\ \notin \alpha_\xi , & \text{wenn} \quad \xi_i = 0 . \end{cases}$$

Da zwei Zahlen ξ' und ξ'' $(\xi' \neq \xi'')$ aus der Menge R immer einen irrationalen Abstand haben, so unterscheiden sich ihre Darstellungen

$$\xi' = 0,\ \xi_1',\ \xi_2',\ \ldots \quad \text{und} \quad \xi'' = 0,\ \xi_1'',\ \xi_2'',\ \ldots$$

in einer unendlichen Menge von Stellen. Hieraus folgt, daß es für zwei beliebige verschiedene Teilmengen $\alpha_{\xi'}$ und $\alpha_{\xi''}$ $(\xi', \xi'' \in R)$ beliebig große natürliche Zahlen gibt, die in der einen Teilmenge enthalten ist, in der anderen jedoch nicht, d.h. daß für eine solche Zahl i_n gilt:

$$i_n \in \alpha_{\xi'} \cup \alpha_{\xi''} \quad \text{und} \quad i_n \notin \alpha_{\xi'} \cap \alpha_{\xi''} .$$

Die Teilmenge α_ξ, $\xi \in R$ definiert die invariante Klasse $Q_0^{\alpha_\xi}$ (s. S. 98). Es werde durch $\overline{Q}_0^{\alpha_\xi}$ die Menge bezeichnet, die aus der Negation aller Funktionen der Klasse $Q_0^{\alpha_\xi}$ besteht. Es ist evident, daß $\overline{Q}_0^{\alpha_\xi}$ eine invariante Klasse ist, wobei

$$P_{\overline{Q}_0^{\alpha_\xi}}(n) = P_{Q_0^{\alpha_\xi}}(n)$$

gilt. Es sei weiter

$$Q_\sigma^{\alpha\xi} = Q_\sigma \cup \overline{Q}_0^{\alpha\xi},$$

wobei Q_σ eine invariante Klasse ist mit $\lim\limits_{n\to\infty} \sqrt[2n]{P_{Q_\sigma}(n)} = 2^\sigma$ $(0 < \sigma < 1)$. Als Vereinigung invarianter Klassen ist $Q_\sigma^{\alpha\xi}$ eine invariante Klasse.

Wir beweisen, daß die Familie der Klassen $Q_\sigma^{\alpha\xi}$, wobei $\xi \in R$ gilt, die Mächtigkeit des Kontinuums besitzt. Dazu muß gezeigt werden, daß $Q_\sigma^{\alpha\xi'} \neq Q_\sigma^{\alpha\xi''}$ für $\xi' \neq \xi''$ gilt.

Da $\sigma < 1$ ist, gibt es eine Zahl σ', so daß

$$\sigma < \sigma' < 1$$

ist. Aus dem Lemma 2.4 folgt, daß es ein $N_1(\sigma')$ derart gibt, daß für $n > N_1$ die Charakteristik $\nu(n)$ jeder Folge $\gamma(n)$ aus Γ_σ der Ungleichung

$$\nu(n) < \sigma'$$

genügt. Andererseits haben die Funktionen

$$\bar{f}_{n-1}(x_1, \ldots, x_n) = \overline{x_1 \ldots x_n \vee \bar{x}_1 \ldots \bar{x}_n},$$

die bei der Konstruktion der Klassen $Q_\sigma^{\alpha\xi}$ vorkommen, symmetrische Folgen $\tilde{\gamma}(n) = (0\underbrace{1\cdots1}_{n-1}0)$ mit den Charakteristiken $\tilde{\nu}(n) = \dfrac{n-2}{n-1}$. Es sei N_2 eine natürliche Zahl, so daß für $n > N_2$ gilt

$$\frac{n-2}{n-1} > \sigma'.$$

Nehmen wir an $N = \max(N_1, N_2)$. Dann erhalten wir für $n > N$

$$\bar{f}_{n-1}(x_1, \ldots, x_n) \notin Q_\sigma.$$

Gleichzeitig gibt es, falls die Teilmengen $\alpha_{\xi'}$ und $\alpha_{\xi''}$ verschieden sind, ein $i > N$, so daß gilt

$$i \in \alpha_{\xi'} \cup \alpha_{\xi''} \quad \text{und} \quad i \notin \alpha_{\xi'} \cap \alpha_{\xi''}.$$

Es ist offensichtlich, daß die Funktion $\bar{f}_{i-1}(x_1, \ldots, x_i)$ eine Funktion wird, die nur zu einer der Klassen $Q_0^{\alpha\xi'}$ und $Q_0^{\alpha\xi''}$ gehört. Damit ist bewiesen, daß $Q_\sigma^{\alpha\xi'} \neq Q_\sigma^{\alpha\xi''}$ für $\xi' \neq \xi''$ gilt. Schließlich ist

$$P_{Q_\sigma}(n) \leqq P_{Q_\sigma^{\alpha\xi}}(n) \leqq P_{Q_\sigma}(n) + P_{\overline{Q}_0^{\alpha\xi}}(n).$$

Falls

$$\lim_{n\to\infty} \sqrt[2n]{P_{Q_\sigma}(n)} = 2^\sigma \quad \text{und} \quad \lim_{n\to\infty} \sqrt[2n]{P_{Q_\sigma^{\alpha\xi}}(n)} = 1$$

ist, gilt

$$\lim_{n\to\infty} \sqrt[2n]{P_{Q_\sigma^{\alpha\xi}}(n)} = 2^\sigma.$$

Das Theorem ist damit vollständig bewiesen.

§ 3. Die Realisierung der Funktionen aus der Klasse Q_σ durch Kontaktschaltungen

Wie im vorhergehenden Paragraphen erwähnt wurde, kann man annehmen, daß wir es bei der Realisierung immer mit invarianten Klassen zu tun haben. In diesem Paragraphen wollen wir zeigen, indem wir uns auf die Methode von O. B. Lupanow stützen [9], auf welche Weise man Schaltungen konstruieren kann, die Funktionen aus der Klasse Q_σ realisieren. Außerdem wollen wir eine asymptotische Formel für die Funktion $L_{Q_\sigma}(n)$ finden. Letzteres dient, abgesehen davon, daß es auch unmittelbar interessiert, als Grundlage für alle Überlegungen in § 4.

Es sei die Funktion $f(x_1, x_2, \ldots, x_n) \in Q_\sigma$ durch eine Tabelle vorgegeben,

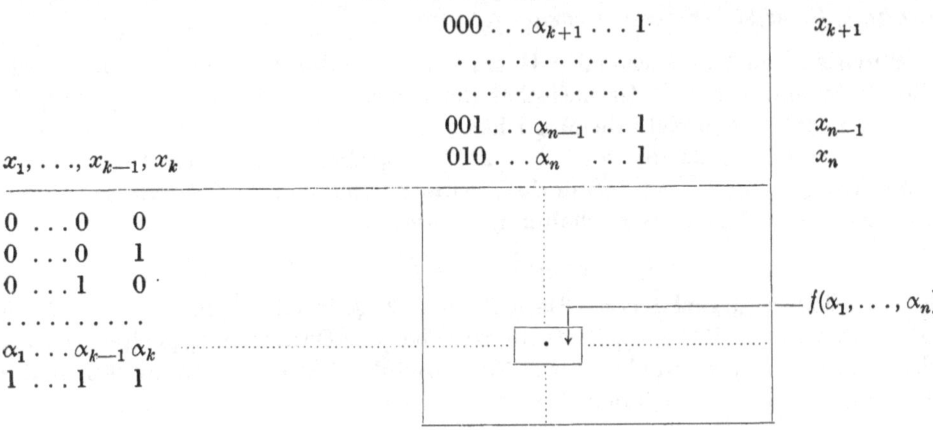

in der der Wert von $f(\alpha_1, \ldots, \alpha_k, \alpha_{k+1}, \ldots, \alpha_n)$ für beliebige $0 \leqq \alpha_1, \alpha_2, \ldots, \alpha_n \leqq 1$ in dem Schnittpunkt der Zeile, die dem k-Tupel $(\alpha_1, \ldots, \alpha_k)$ entspricht, und der Spalte, die dem $(n-k)$-Tupel $(\alpha_{k+1}, \ldots, \alpha_n)$ entspricht, steht. Die Form der gegebenen Tabelle wird durch die Wahl des Parameters k bestimmt.

Im folgenden interessieren uns die Spalten der Tabelle, die zu einer gewissen Gesamtheit von Zeilen gehören, d.h. die Schnittpunkte der Spalten mit einer gegebenen Gesamtheit von Zeilen. Man sieht leicht, daß jeder Einsetzung der Konstanten $\alpha_{i_1}, \ldots, \alpha_{i_r}, \alpha_{k+1}, \ldots, \alpha_n$ für die Variablen $x_{i_1}, \ldots, x_{i_r}, x_{k+1}, \ldots, x_n$, wobei $1 \leqq i_1 < i_2 < \cdots < i_r \leqq k$ ist, ein bestimmter Schnitt einer Spalte mit einem Zeilensystem entspricht, und zwar der Spalte, die durch das Tupel $(\alpha_{k+1}, \ldots, \alpha_n)$ definiert wird, mit dem System aller Zeilen, die durch Tupel definiert werden, für die $x_{i_1} = \alpha_{i_1}, \ldots, x_{i_r} = \alpha_{i_r}$ gilt. Bezüglich des oben aufgezeigten Schnittes der Spalte mit einem Zeilensystem können wir davon sprechen, daß er durch eine Einsetzung von Konstanten ausgewählt wird. Es ist offensichtlich, daß der Schnitt, der durch eine bestimmte Einsetzung von Konstanten ausgewählt wurde, die Funktion definiert, die von den restlichen Variablen abhängig ist, und die wir aus $f(x_1, \ldots, x_n)$ durch Einsetzung der Konstanten $\alpha_{i_1}, \ldots, \alpha_{i_r}, \alpha_{k+1}, \ldots, \alpha_n$ für die Variablen $x_{i_1}, \ldots, x_{i_r}, x_{k+1}, \ldots, x_n$ erhalten.

Betrachten wir die Menge der k-Tupel $\{(\alpha_1, \ldots, \alpha_k)\}$. Sie stellt vom geometrischen Standpunkt aus gesehen die Menge der Eckpunkte des k-dimensionalen Einheitswürfels dar. Die Teilmenge aller Eckpunkte des Würfels, für die $x_{i_1} = \alpha_{i_1}, \ldots, x_{i_r} = \alpha_{i_r}$ ist, werde als Intervall des r-ten Ranges bezeichnet. Offenbar erscheint das Intervall des r-ten Ranges als $(k - r)$-dimensionale Grenzfläche des Ausgangswürfels.[1]) Wir wollen ein Lemma über die Zerlegung des k-dimensionalen Würfels in eine direkte Summe der Intervalle beweisen.

Lemma 3.1. *Wenn $\varrho_1 2^{r_1} + \varrho_2 2^{r_2} + \cdots + \varrho_l 2^{r_l} = 2^k$ ist, wobei $k \geqq r_1 > \cdots > r_l \geqq 0$ gilt, kann man den k-dimensionalen Einheitswürfel in eine direkte Summe aus ϱ_1 Grenzflächen der Dimension r_1, ϱ_2 Grenzflächen der Dimension r_2 usw. schließlich in ϱ_l Grenzflächen der Dimension r_l zerlegen.*

Beweis. Den k-dimensionalen Raum kann man durch eine Halbierung in die direkte Summe von 2^{k-r_1} Grenzflächen der Dimension r_1 zerlegen. Da $\varrho_1 2^{r_1} \leqq 2^k$ oder $\varrho_1 \leqq 2^{k-r_1}$ ist, besteht die Möglichkeit, daraus ϱ_1 Grenzflächen der Dimension r_1 auszuwählen. Jede der restlichen $2^{k-r_1} - \varrho_1$ Grenzflächen der Dimension r_1 kann man (durch Halbierung) in die direkte Summe von $2^{k_1-r_2}$ Grenzflächen der Dimension r_2 zerlegen. Wir erhalten insgesamt

$$(2^{k-r_1} - \varrho_1)\, 2^{r_1-r_2} = 2^{k-r_2} - \varrho_1\, 2^{r_1-r_2}$$

r_2-dimensionale Grenzflächen. Da $\varrho_1 2^{r_1} + \varrho_2 2^{r_2} \leqq 2^k$ oder $\varrho_2 \leqq 2^{k-r_2} - \varrho_1 2^{r_1-r_2}$ ist, kann man aus $2^{k-r_2} - \varrho_1 2^{r_1-r_2}$ Grenzflächen der Dimension r_2, ϱ_2 Grenzflächen der Dimension r_2 auswählen usw. Nach der Wahl von ϱ_{l-1} Grenzflächen der Dimension r_{l-1} (d.h. nach dem l-ten Schritt) bleiben

$$2^{k-r_{l-1}} - \varrho_1\, 2^{r_1-r_{l-1}} \ldots - \varrho_{l-1}$$

r_{l-1}-dimensionale Grenzflächen übrig. Jede von ihnen kann (durch Halbierung) in $2^{r_{l-1}-r_l}$ Grenzflächen der Dimension r_l zerlegt werden. Wir erhalten:

$$(2^{k-r_{l-1}} - \varrho_1\, 2^{r_1-r_{l-1}} - \cdots - \varrho_{l-1})\, 2^{r_{l-1}-r_l}$$

r_l-dimensionale Grenzflächen. Dies ist gleich ϱ_l, deshalb können wir genau ϱ_l Grenzflächen der Dimension r_l herausnehmen. Ebenso konstruieren wir die Zerlegung des Würfels in die verlangte direkte Summe. Damit ist das Lemma bewiesen.

Nehmen wir an, daß Q_σ eine beliebige nicht leere invariante Klasse ist, so daß $\lim_{n\to\infty} \sqrt[2n]{P_{Q_\sigma}(n)} = 2^\sigma$ gilt. Es sei $\varepsilon_1 > 0$ eine beliebig kleine Zahl. Dann folgt aus dem Theorem 2.5 die Existenz einer Zahl $N_1(\sigma_1, \varepsilon_1)$, so daß bei $n > N_1$

$$2^{\sigma 2^n} < P_{Q_\sigma}(n) < 2^{\sigma_1 2^n}$$

[1]) Unter „Grenzfläche" verstehen wir die Menge aller Eckpunkte, die zu der Grenzfläche gehören.

gilt, wobei

$$0 < \sigma_1 - \sigma < \varepsilon$$

ist. Wir können nun das Lemma, das die Konstruktion der Tabelle für die Funktionen aus der Klasse Q_σ erläutert, formulieren und beweisen.

Lemma 3.2. *Es sei ε_2 eine beliebige positive Zahl, $\sigma_2 = \sigma_1 (1 + \varepsilon_2)$. Wenn die Zahlen s und k der Ungleichung*

$$\frac{2^{N_1}}{\sigma_1 \varepsilon_2} < s \leqq 2^k$$

genügen, kann man die Zeilen in der Tabelle für die Funktion $f(x_1, x_2, \ldots, x_n)$ mit dem Parameter k (deshalb $k < n$) in p Gruppen zerlegen. In jeder dieser Gruppen sind s Zeilen, mit Ausnahme einer, die s' Zeilen enthält ($0 < s' \leqq s$), so daß die Zahl der verschiedenen Schnittpunkte der Spalten mit den Zeilen jeder Gruppe nicht größer ist als $2^{\sigma_2 s}$.

Beweis. Betrachten wir die Zerlegung der Zahlen s und $s' = 2^k - \left[\frac{2^k}{s}\right]$ in Zweierpotenzen

$$s = 2^{q_1} + 2^{q_2} + \cdots + 2^{q_m};$$
$$s' = 2^{q'_1} + 2^{q'_2} + \cdots + 2^{q'_m}.$$

Wenn $\frac{2^k}{s}$ eine ganze Zahl ist, dann gilt $p = \frac{2^k}{s}$ und $2^k = p(2^{q_1} + 2^{q_2} + \cdots + 2^{q_m})$, wenn $\frac{2^k}{s}$ keine ganze Zahl ist, dann ist $p = \left[\frac{2^k}{s}\right] + 1$ und

$$2^k = (p-1)(2^{q_1} + \cdots + 2^{q_m}) + (2^{q'_1} + \cdots + 2^{q'_m}).$$

Auf diese Weise gilt in beiden Fällen

$$2^k = p_1 2^{r_1} + p_2 2^{r_2} + \cdots + p_1 2^{r_l}, \qquad k \geqq r_1 > r_2 > \cdots > r_1 \geqq 0,$$

wobei

$$\{r_1, \ldots, r_l\} = \{q_1, \ldots, q_m\} \cup \{q'_1, \ldots, q'_m\}$$

ist. Auf Grund des Lemmas 3.1 kann der k-dimensionale Einheitswürfel in die direkte Summe von ϱ_1 Intervallen der Dimension r_1, ϱ_2 Intervallen der Dimension r_2, usw. ϱ_l Intervallen der Dimension r_l zerlegt werden. Diese Zerlegung des Würfels führt zu einer entsprechenden Zerlegung der Tabellenzeilen in kleine Gruppen. Es fällt jetzt nicht schwer, ausgehend von den kleinen Gruppen und der Zerlegung der Zahlen s und s', die verlangte Zerlegung der Zeilen in p Gruppen zu konstruieren. Dafür wird jede Gruppe aus s Zeilen durch die Vereinigung einer kleinen Gruppe aus 2^{q_1} Zeilen, einer kleinen Gruppe aus 2^{q_2} Zeilen usw. und schließlich aus einer kleinen Gruppe aus 2^{q_m} Zeilen gebildet. Analog wird die Gruppe mit s' Zeilen gebildet. Wir schätzen die Zahl der verschiedenen Schnittpunkte der Spalten mit den Zeilen jeder Gruppe ab. Dazu transformieren wir die Formeln für die Werte s und s'

$$\begin{aligned} s &= 2^{q_1} + 2^{q_2} + \cdots + 2^{q_m} = 2^{q_1} + \cdots + 2^{q_t} + 2^{q_{t+1}} + \cdots + 2^{q_m} \\ &= 2^{q_1} + \cdots + 2^{q_t} + s_0, \\ s' &= 2^{q'_1} + 2^{q'_2} + \cdots + 2^{q'_{m'}} = 2^{q'_1} + \cdots + 2^{q'_{t'}} + 2^{q_{t'+1}} + \cdots + 2^{q'_{m'}} \\ &= 2^{q'_1} + \cdots + 2^{q'_{t'}} + s'_0, \end{aligned}$$

wobei die Zahlen t und t' passend gewählt werden, so daß

$$q_t \geqq [{}^2\log(\sigma_1 \varepsilon_2 s)], \qquad \text{jedoch } q_{t+1} < [{}^2\log(\sigma_1 \varepsilon_2 s)],$$
$$q'_{t'} \geqq [{}^2\log(\sigma_1 \varepsilon_2 s)], \qquad \text{jedoch } q_{t+1} < [{}^2\log(\sigma_1 \varepsilon_2 s)]$$

ist. Hieraus folgt, daß $s_0 \leqq \sigma_1 \varepsilon_2 s$ und $s'_0 \leqq \sigma_1 \varepsilon_2 s$ gilt. Wäre nämlich $s_0 > \sigma_1 \varepsilon_2 s$ dann würde sich ${}^2\log s_0 > {}^2\log(\sigma_1 \varepsilon_2 s)$ ergeben und folglich gilt $[{}^2\log s_0] \geqq [{}^2\log(\sigma_1 \varepsilon_2 s)]$. Letzteres würde ausdrücken, daß $q_{t+1} < [{}^2\log(\sigma_1 \varepsilon_2 s)]$ ist. Wir stoßen auf einen Widerspruch, deshalb ist $s_0 \leqq \sigma_1 \varepsilon_2 s$. Analog beweist man, daß auch $s'_0 \leqq \sigma_1 \varepsilon_2 s$ ist. Jede Gruppe aus s Zeilen (analog aus s' Zeilen) besteht aus kleinen Gruppen, wobei irgendeine der kleinen Gruppen durch Einsetzung von Konstanten ausgesondert sein kann. Innerhalb jeder kleinen Gruppe aus 2^{q_i} (entsprechend $2^{q_{i'}}$) Zeilen sind nicht mehr als $P_{Q_\sigma}(q_i)$ (entsprechend $P_{Q_\sigma}(q_{i'})$) verschiedene Spalten enthalten. Hieraus folgt, daß die Zahl der verschiedenen Schnittpunkte mit den Zeilen jeder Gruppe aus s bzw. s' Zeilen

$$P_{Q_\sigma}(q_1)\, P_{Q_\sigma}(q_2) \ldots P_{Q_\sigma}(q_t)\, 2^{s_0}$$

bzw.

$$P_{Q_\sigma}(q'_1)\, P_{Q_\sigma}(q'_2) \ldots P_{Q_\sigma}(q'_{t'})\, 2^{s'_0}$$

nicht übersteigt.

Für $1 \leqq i \leqq t$ und $1 \leqq i' \leqq t'$ gilt offenbar $q_i \geqq [{}^2\log(\sigma_1 \varepsilon_2 s)]$ und $q'_{i'} \geqq [{}^2\log(\sigma_1 \varepsilon_2 s)]$. Deshalb erhalten wir auf Grund von $[{}^2\log(\sigma_1 \varepsilon_2 s)] \geqq N_1$ (siehe Formulierung des Lemmas) $q_i \geqq N_1$ und $q'_{i'} \geqq N_1$. Hieraus ergibt sich

$$P_{Q_\sigma}(q_i) < 2^{\sigma_1 2^{q_i}} \qquad \text{und} \qquad P_{Q_\sigma}(q'_i) < 2^{\sigma_1 2^{q'_{i'}}}.$$

Somit bekommen wir

$$P_{Q_\sigma}(q_1) \ldots P_{Q_\sigma}(q_t)\, 2^{s_0} < 2^{\sigma_1 2^{q_1} + \cdots + \sigma_1 2^{q_t} + s_0} < 2^{\sigma_1 (2^{q_1} + \cdots + 2^{q_t} + \varepsilon_2 s)}$$
$$\leqq 2^{\sigma_1 s (1+\varepsilon_2)} = 2^{\sigma_2 s}$$

und

$$P_{Q_\sigma}(q'_1) \ldots P_{Q_\sigma}(q'_{t'})\, 2^{s'_0} < 2^{\sigma_1 2^{q'_1} + \cdots + \sigma_1 2^{q'_{t'}} + s'_0} < 2^{\sigma_1 (2^{q'_1} + \cdots + 2^{q'_{t'}} + \varepsilon_2 s)}$$
$$\leqq 2^{\sigma_1 (s' + s\varepsilon_2)} \leqq 2^{\sigma_1 s (1+\varepsilon_2)} = 2^{\varepsilon_2 s}.$$

Damit ist das Lemma vollständig bewiesen.

Theorem 3.1. *Zu jedem σ mit $0 < \sigma \leqq 1$ und jedem ε mit $\varepsilon > 0$ existiert ein N, so daß man bei $n > N$ für jede Funktion $f(x_1, x_2, \ldots, x_n)$ aus Q_σ eine Kontaktschaltung mit einer Anzahl von Kontakten, die*

$$\frac{(\sigma + \varepsilon)\, 2^n}{n}$$

nicht übersteigt, konstruieren kann.

Beweis. Für die Konstruktion der Schaltung, die die Funktion $f(x_1, x_2, \ldots, x_n) \in Q_\sigma$ realisiert, benutzen wir die Methode von O. B. LUPANOW, die durch das eben bewiesene Lemma präzisiert wurde. Die Funktion f sei in

Form einer Tabelle mit dem Parameter k vorgegeben. Wir teilen die Zeilen der gegebenen Tabelle in p Gruppen auf, wie das im Lemma 3.2 gemacht wurde. Jede der Gruppen enthält genau s Zeilen, außer vielleicht der letzten Gruppe, die $s'(s' \leqq s)$ Zeilen enthält. Die Teile der Spalten, die in den Zeilen der i-ten Gruppe liegen, werden in Klassen zerlegt. In jeder dieser Klassen liegen genau jene Spaltenteile, die miteinander identisch sind. Offensichtlich ist die Zahl solcher Klassen gleich der Zahl der verschiedenen Spaltenteile, die zu der i-ten Gruppe gehören. Es sei $f_{ij}(x_1, x_2, \ldots, x_n)$ eine Funktion, die mit der j-ten Klasse der i-ten Gruppe zusammenfällt und in den übrigen Gruppen gleich Null ist. Dann gilt

$$f(x_1, x_2, \ldots, x_n) = \bigvee_{i=1}^{p} \bigvee_{j} f_{ij}(x_1, x_2, \ldots, x_n),$$

wobei $f_{ij}(x_1, x_2, \ldots, x_n) = f_{ij}^{(1)}(x_1, \ldots, x_k)\, f_{ij}^{(2)}(x_{k+1}, \ldots, x_n)$ ist und wo gilt $f_{ij}^{(1)}(x_1, \ldots, x_k) = \bigvee x_1^{\alpha_1} \ldots x_k^{\alpha_k}$ (die Alternative bezieht sich auf die k-Tupel $(\alpha_1, \ldots, a_k)$, die den nicht trivialen Zeilen der Tabelle der Funktionen f_{ij} entsprechen) und $f^{(2)}(x_{k+1}, \ldots, x_n) = \bigvee x_{k+1}^{\alpha_{k+1}} \ldots x_n^{\alpha_n}$ (die Alternative bezieht sich auf die Tupel $(\alpha_{k+1}, \ldots, \alpha_n)$, die den Spalten der j-ten Klassen der i-ten Gruppe entsprechen). Wir definieren

$$f_i(x_1, \ldots, x_n) = \bigvee_{j} f_{ij}(x_1, \ldots, x_n).$$

Nehmen wir weiter an, daß wir die Menge der Eckpunkte des r-dimensionalen Einheitswürfels kennen, wobei r eine Zweierpotenz ist. Es sei $(\beta_1, \ldots, \beta_r)$ ein beliebiger Eckpunkt. Dann wird die Menge aller Eckpunkte, die durch die Gruppen definiert wird, von denen sich jede von dem Tupel $(\beta_1, \ldots, \beta_r)$ in einer Koordinate unterscheidet, mit *Sphäre* bezeichnet. Wir bezeichnen mit $\varphi(x_1, \ldots, x_r)$ die charakteristische Funktion der Sphäre. Es ist bekannt [9], daß der r-dimensionale Würfel in $\frac{2^r}{r}$ sich nicht schneidende Sphären zerlegt werden kann, wenn r eine Zweierpotenz ist. Die Schaltung $\mathfrak{A}$, die die Funktion $f(x_1, x_2, \ldots, x_n)$ realisiert, wird mit Hilfe der Schaltungen $\mathfrak{A}_i$, die die Funktion $f_i(x_1, x_2, \ldots, x_n)$ realisieren, durch Parallelschaltung konstruiert. Wir beschreiben die Struktur der Schaltung $\mathfrak{A}_i$. Dazu konstruieren wir ein System $[1, q]$ von Netzen $M_1, M_2, \ldots, M_6$ so, daß wir jedes folgende unter Berücksichtigung des vorhergehenden erhalten (Abb. 4) und $M_6 = \mathfrak{A}_i$ ist. M_1 ist der Kontaktbaum der Variablen $x_{k+1}, \ldots, x_{k+r}$ und ein $[1, 2^r]$-Pol (wobei r eine Zweierpotenz ist), der alle Funktionen der Form $x_{k+1}^{\alpha_{k+1}} \ldots x_{k+r}^{\alpha_{k+r}}$ realisiert. M_2 erhalten wir aus M_1 durch die Vereinigung der Ausgänge, die den Punkten eben jener Sphären für eine bestimmte fixierte Zerlegung des Würfels $\{(\beta_{k+1}, \ldots, \beta_{k+r})\}$ in Sphären entsprechen. M_2 ist ein

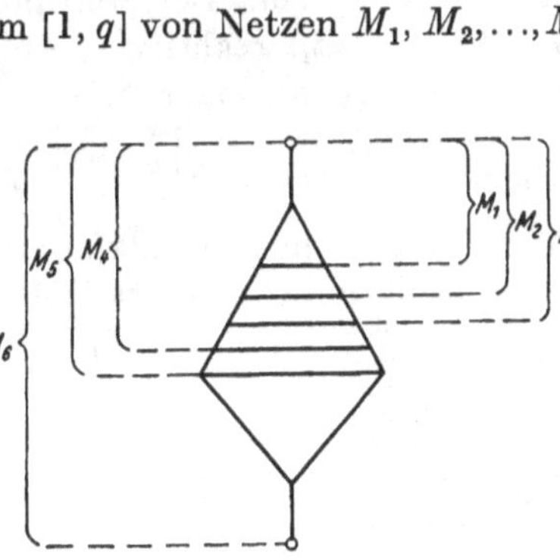

Abb. 4

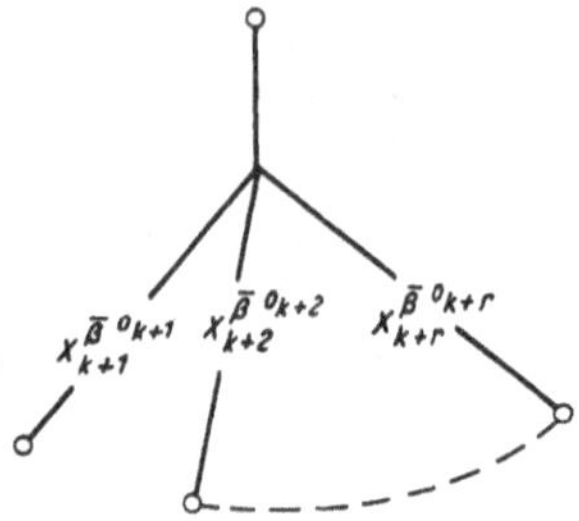

Abb. 5

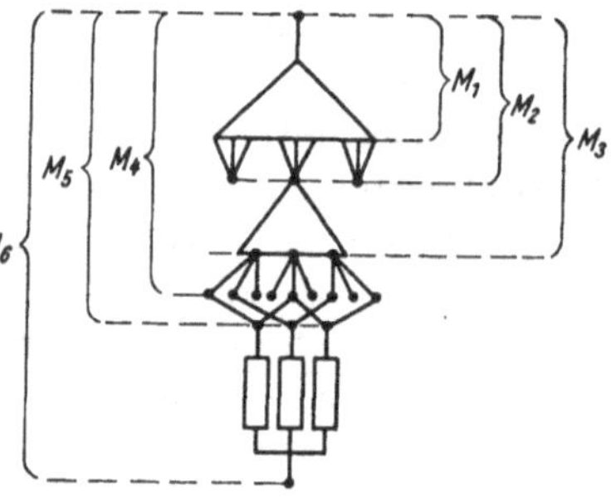

Abb. 6

$\left[1, \frac{2^r}{r}\right]$-Pol, der die Funktionen $\varphi_h(x_{k+1}, \ldots, x_{k+r})$ realisiert, wobei $h = 1, 2, \ldots, \frac{2^r}{r}$ ist. M_3 stellt selbst einen Multipol dar, den wir aus M_2 durch Anschluß an jeden Ausgang der Kontaktbäume der Variablen $x_{k+r+1}, \ldots, x_n$ erhalten. M_3 ist daher ein $\left[\frac{2^r}{r}\right]$-Pol, der die Funktion

$$\varphi_h(x_{k+1}, \ldots, x_{k+r})\, x_{k+r+1}^{\alpha_{k+r+1}} \ldots x_n^{\alpha_n}$$

realisiert. M_4 entsteht aus M_3 durch Anschluß an jeden Ausgang, der der Sphäre mit dem Zentrum im Punkt $(\beta_{k+1}^0, \ldots, \beta_{k+r}^0)$ des $[1, r]$-Poles entspricht, wie die Abb. 5 zeigt. Der erhaltene Multipol ist ein $[1, 2^{n-k}]$-Pol, der die Funktionen $x_{k+1}^{\alpha_{k+1}} \ldots x_n^{\alpha_n}$ realisiert. M_5 erhalten wir aus M_4 durch Verbindung der Ausgänge, die eben jener Sphäre entsprechen, so daß das Konstruktionsergebnis die Funktion $f_{ijh}^{(2)}(x_{k+1}, \ldots, x_n) = f_{ij}^{(2)}(x_{k+1}, \ldots, x_n) \wedge \varphi_h(x_{k+1}, \ldots, x_{k+r})$ ist. Dieser Multipol realisiert alle Funktionen $f_{ijh}^{(2)}\left(i = 1, \ldots, p;\ j = 1, 2, \ldots;\ h = 1, \ldots, \frac{2^r}{r}\right)$. M_6 wird durch Anschluß an den Ausgang des Multipols M_5 gebildet, der zu der Funktion $f_{ijh}^{(2)}$ der π-Schaltung gehört, die der alternativen Normalform der Funktion $f_{ij}^{(1)}(x_1, \ldots, x_n)$ entspricht und durch anschließende Vereinigung aller Ausgänge zu einem. Der Multipol M_6 (Abb. 6) ist ein (1, 1)-Pol, der die Funktion $f_i(x_1, \ldots, x_n)$ realisiert. Den Beweis dieser Tatsache lassen wir aus, da er für sich den Inhalt einer Arbeit darstellt [9].

Nehmen wir an $r = 2^{\left[\frac{1}{2}\,{}^2\log n\right]}$, $k = [2\,{}^2\log n]$ und $s = \left[\frac{n - 2\sqrt{n}}{\sigma_2}\right]$.

Wir führen eine Abschätzung der Anzahl der Kontakte der Schaltung durch, die die Funktion f realisiert. Offenbar gilt

$L_{Q_\sigma}(n) < \left(\frac{2^k}{s} + 1\right)\left(L(M_2) + L(M_3 \setminus M_2) + L(M_4 \setminus M_3) + L(M_6 \setminus M_5)\right)$, wobei das Symbol $L(T)$ die Anzahl der Kontakte des Multipols T bezeichnet und der Faktor $\left(\frac{2^k}{s} + 1\right)$ die Zahl p der Schaltung $\mathfrak{A}_i$ majorisiert. Wir erhalten

$$L(M_2) < 2^{r+1},\quad L(M_3 \setminus M_2) < 2^{n-k-r+1}\,\frac{2^r}{r} = \frac{2^{n-k+1}}{r},\quad L(M_4 \setminus M_3) = 2^{n-k}.$$

Wenn außerdem der Parameter s der Ungleichung

$$\frac{2^N}{\sigma_1 \varepsilon_2} < s \leqq 2^k$$

genügt, dann übersteigt, übereinstimmend mit dem Lemma 3.2, die Anzahl der Klassen der Spalten jeder Gruppe nicht $2^{\sigma_2 s}$, und $L(M_6 \setminus M_5) \leqq s \cdot k \frac{2^r}{r} 2^{\sigma_2 s}$.

Folglich erhalten wir durch Anwendung dieser Einschränkung

$$L_{Q_\sigma}(n) < \left(\frac{2^k}{s} + 1\right)\left(2^{r+1} + \frac{2^{n-k+1}}{r} + 2^{n-k} + s\,k \frac{2^r}{r}\, 2^{\sigma_2 s}\right)$$

$$= \frac{2^n}{s} + 2^{n-k} + \left(\frac{2^k}{s} + 1\right)\left(2^{r+1} + \frac{2^{n-k+1}}{r} + s \cdot k\, \frac{2^{r+\sigma_2 s}}{r}\right).$$

Da

$$\frac{\sqrt{n}}{2} < r \leqq \sqrt{n}\,, \quad 2\,{}^2\!\log n - 1 < k \leqq 2\,{}^2\!\log n\,,$$

$$\frac{n - 2\sqrt{n}}{\sigma_2} - 1 < s \leqq \frac{n - 2\sqrt{n}}{\sigma_2} \quad \text{und} \quad \sigma < \sigma_2 < 1\,,$$

erhalten wir

$$L_{Q_\sigma}(n) < \frac{\sigma_2 \cdot 2^n}{n - 2\sqrt{n} - 1} + \frac{2^{n+1}}{n^2}\left(\frac{\sigma_2\, n^2}{n - 2\sqrt{n} - 1} + 1\right)$$

$$\times \left(2^{\sqrt{n}+1} \frac{2^{n+3}}{n^2\sqrt{n}} + \frac{n - 2\sqrt{n}}{\sigma}\, 2\, \frac{2^{n-\sqrt{n}+1}}{\sqrt{n}}\, {}^2\!\log n\right).$$

Hieraus ergibt sich

$$L_{Q_\sigma}(n) < \frac{\sigma_2 \cdot 2^n}{n}\,(1 + \bar{\varepsilon}(n))\,,$$

wobei

$$\bar{\varepsilon}(n) = \frac{2\sqrt{n} + 1}{n - 2\sqrt{n} - 1} + \frac{2}{\sigma n}$$

$$+ \left(\frac{n}{n - 2\sqrt{n} - 1} + \frac{1}{\sigma n}\right)\left(n^2\, 2^{-n+\sqrt{n}+1} + \frac{8}{\sqrt{n}} + \frac{n^2\,(n - 2\sqrt{n})}{\sigma\sqrt{n}}\, 2^{-\sqrt{n}+2}\, {}^2\!\log n\right).$$

Offenbar ist $\bar{\varepsilon}(n) < \frac{c}{\sqrt{n}}$, deshalb $\bar{\varepsilon}(n) \to 0$, falls $n \to \infty$. Es sei eine beliebig kleine positive Zahl ε gegeben. Wir wählen die Zahlen ε_1, ε_2, ε_3 so, daß

$$(\sigma + \varepsilon_1)\,(1 + \varepsilon_2)\,(1 + \varepsilon_3) < \sigma + \varepsilon$$

ist.

Wir geben ferner N_2 derart vor, daß für $n > N_2$

$$\bar{\varepsilon}(n) < \varepsilon_3$$

gilt.

Insofern $s = \left[\frac{n - 2\sqrt{n}}{\sigma_2}\right]$ und $k = [2\,{}^2\!\log n]$ ist, existiert ein N_3, so daß für $n > N_3$

$$\frac{2^N}{\sigma_1 \varepsilon_2} < s \leqq 2^k$$

gilt.

Nehmen wir jetzt an: $N = \max(N_1, N_2, N_3)$, dann gilt für $n > N$ die Ungleichung

$$L_{Q_\sigma}(n) \frac{\sigma_2 2^n}{n} (1 + \bar{\varepsilon}(n)) < \frac{2^n}{n} (\sigma + \varepsilon_1)(1 + \varepsilon_2)(1 + \varepsilon_3) < \frac{(\sigma + \varepsilon) 2^n}{n}.$$

Damit ist das Theorem vollständig bewiesen.

Aus diesem Theorem erhalten wir leicht noch drei weitere Theoreme.

Theorem 3.2. *Für jede invariante Klasse Q_σ mit $0 < \sigma \leqq 1$ gilt*

$$L_{Q_\sigma}(n) \sim \frac{\sigma 2^n}{n}.$$

Beweis. Für die Abschätzung der Größe $L_{Q_\sigma}(n)$ nach unten verwenden wir das Theorem von O. B. LUPANOW aus [7], das (unter unwesentlichen Einschränkungen, die in unseren Bedingungen bereits erfüllt sind) besagt, daß für jedes ε mit $\varepsilon > 0$ und jedes n mit $n > N(\varepsilon)$ gilt:

$$L_Q(n) > (1 - \varepsilon) \frac{{}^2\log P_Q(n)}{{}^2\log {}^2\log P_Q(n)}.$$

Da $\lim\limits_{n \to \infty} \sqrt[2^n]{P_{Q_\sigma}(n)} = 2^\sigma$ ist, ergibt sich

$$L_{Q_\sigma}(n) > (1 - \varepsilon) \frac{{}^2\log P_{Q_\sigma}(n)}{{}^2\log {}^2\log P_{Q_\sigma}(n)} > (1 - \varepsilon') \frac{\sigma 2^n}{n}.$$

Vergleichen wir dieses Verhältnis mit der Abschätzung in Theorem 3.1, dann erhalten wir schließlich

$$L_{Q_\sigma}(n) \sim \frac{\sigma 2^n}{n}.$$

Das Theorem ist damit bewiesen.

Somit wurde von uns eine Familie mit der Mächtigkeit des Kontinuums von Klassen Q_σ $(0 < \sigma \leqq 1)$ ausgewählt, für die eine hinreichend leistungsfähige Methode zur Synthese existiert. Diese Methode gewährleistet die Realisierung der Funktionen aus der Klasse Q_σ mit Kontaktschaltungen, wobei die Zahl der Kontakte asymptotisch nicht größer als $L_{Q_\sigma}(n)$ ist. Letzteres zeigt, daß die Methode in gewissem Sinne keine Verbesserung bringt. Das erhaltene Resultat zeigt ein asymptotisches Verhalten der Funktionen $L_{Q_\sigma}(n)$ für die Familie aller Klassen.

Eine wesentliche Rolle bei der Herleitung dieser Tatsache spielt die Möglichkeit, eine Abschätzung der Funktionen $L_Q(n)$ nach unten für die obige Familie von Klassen zu finden, wobei diese Abschätzung unbedingt die Anwendung des Theorems von O. B. LUPANOW verlangt.

Theorem 3.3. *Für jede invariante Klasse Q_σ mit $\sigma = 0$ gilt*

$$\lim_{n \to \infty} \frac{L_{Q_\sigma}(n)}{L(n)} = 0.$$

Beweis. Wenn wir die Abschätzung der Größe $L(n)$ nach unten und die Abschätzung der Größe $L_{Q_\sigma}(n)$ nach oben benutzen (man vgl. dazu [7, 12]), die aus dem Theorem 3.2 resultieren, d. h. die Tatsache, daß für $n > N(\varepsilon)$

$$L(n) > (1 - \varepsilon)\frac{2^n}{n} \quad \text{und} \quad L_{Q_\sigma}(n) < \frac{\varepsilon\, 2^n}{n}$$

gilt, dann erhalten wir

$$0 \leqq \frac{L_{Q_\sigma}(n)}{L(n)} < \frac{\varepsilon}{1-\varepsilon}\,.$$

Daraus ergibt sich unmittelbar das verlangte Resultat. Dieses Theorem ist in [18] enthalten und zeigt, daß im Fall $\sigma = 0$ die Funktionen aus der Klasse Q_σ wesentlich einfachere Schaltungen erfordern als dies im allgemeinen möglich ist. Das Theorem 2.6 besagt, daß eine derartige Situation für eine Familie der Mächtigkeit des Kontinuums von invarianten Klassen überhaupt gilt. Insbesondere gestatten die invarianten Klassen, die in den Beispielen 1—6 aufgezählt wurden, eine einfachere Realisierung. Jedoch ist die Anwendung des Theorems 3.3 für die Mehrheit der aufgezählten Klassen nicht so interessant, da bereits Verfahren auch ohne jene einfache Realisierung der Funktionen dieser Klassen bekannt sind. Hier muß wohl nur die Klasse monotoner Funktionen beachtet werden, für deren Funktionen das Theorem 3.3 das Vorhandensein einer wesentlich einfacheren Realisierung herleitet als dies im allgemeinen Fall gilt. Der Autor ist überzeugt davon, daß für alle praktisch interessanten Klassen $\sigma = 0$ ist und folglich das Theorem 3.3 gültig ist.

Die Theoreme 3.2 und 3.3 kann man zu einem Theorem zusammenfassen.

Theorem 3.4. *Für jede invariante Klasse Q_σ mit $0 \leqq \sigma \leqq 1$ gilt*

$$\lim_{n\to\infty} \frac{L_{Q_\sigma}(n)}{L(n)} = \sigma\,.$$

§ 4. Die Lösung der Aufgabe in der Klasse regulärer Algorithmen

Wir kommen jetzt auf die Konstruktion der Menge M^0 zurück, die (für jedes $\varepsilon > 0$) eine unendliche Anzahl von ε-komplizierten Funktionen enthält (siehe § 1), d. h. der Form ist, daß für eine bestimmte Folge $\{n_k\}$ $(n_1 < n_2 < \cdots)$

$$\frac{L_{M^0}(n_k)}{L(n_k)} \to 1$$

gilt, falls $k \to \infty$.

Einfache Überlegungen, ähnlich denen, die in der Einleitung vorkommen, bringen uns auf den Gedanken, daß zur Konstruktion der Funktion $f_n(x_1, x_2, \ldots, x_n) \in M^0$ eine Durchsicht aller Funktionen mit n Variablen notwendig ist. Wenn man jedoch keinerlei Einschränkungen über die Mittel zur Lösung der Aufgaben vorgibt, dann kann man einfachere Algorithmen finden.

Die Funktion $F(m)$ sei für alle natürlichen Zahlen definiert und nehme als Werte Funktionen aus der Menge M^0 an, und zwar

$$F(m) = f_m(x_{i_1}, x_{i_2}, \ldots, x_{i_n}) ,$$

wobei $f_m \in M^0$. Offensichtlich ist $F(m)$ eine rekursive Funktion. Wir gliedern sie zum Beispiel den rekursiven Ausgangsfunktionen an [24]. Dann läßt sich die gestellte Aufgabe mit Hilfe von Rekursionen, die für die gegebenen Funktionen konstruiert wurden, sehr einfach lösen: Man muß die Werte der Funktion F erfassen. Im übrigen ist das Resultat des Lehrsatzes nicht mehr als ein gewisser Kniff, der sich darauf zurückführen läßt, daß wir als Elementarmittel eine Funktion zulassen, die zur Berechnung ihrer Werte eine Teilmenge einer solchen Größenordnung verlangt, wie auch die Lösung des Ausgangsproblems.

Wenn wir daher die Benutzung des trivialen Algorithmus (die Konstruktion der gesamten Teilmenge) umgehen wollen, ist es erforderlich, die Mittel bei der Lösung der Aufgaben einzuschränken. Diese Einschränkungen zielen daraufhin, den fehlerhaften Kreislauf zu zerlegen, bei dem als Elementarmittel alle die Mittel zugelassen sind, die die gleiche Teilmenge erfordern, (und vielleicht auch eine größere) als im Fall des trivialen Algorithmus.

Folglich setzen wir zur Bequemlichkeit voraus, daß wir den Algorithmus A kennen, der jede natürliche Zahl m in eine zweiwertige aussagenlogische Wahrheitsfunktion $f_m(x_{i_1(m)}, x_{i_2(m)}, \ldots, x_{i_{n(m)}})$ umarbeitet und diese in der Form einer Funktionstabelle liefert, also $m \to f_m(x_{i_1(m)}, x_{i_2(m)}, \ldots, x_{i_{n(m)}})$. Damit ist die Abbildung F der Menge der natürlichen Zahlen auf eine Teilmenge der Funktionen der BOOLEschen Algebra definiert, d. h.

$$F(m) = f(x_{i_1(m)}, x_{i_2(m)}, \ldots, x_{i_{n(m)}}) .$$

Definition. Der Algorithmus A heißt *regulär*, wenn das Bild der Menge der natürlichen Zahlen bei der Abbildung F, die durch den Algorithmus A bestimmt ist, eine invariante Klasse Q von aussagenlogischen Wahrheitsfunktionen ist.

Diese Definition läßt erkennen, daß ein Algorithmus, der die Funktion $f(x_1, x_2, \ldots, x_n)$ konstruiert, faktisch ebenso aufbaut:

1. jede zu f gleichwertige Funktion,

2. jede Funktion, die wir aus f durch Umbenennung (ohne Identifizierung) der Variablen erhalten,

3. jede Funktion, die wir aus f durch eine beliebige Einsetzung von Konstanten für gewisse (nicht unbedingt alle) Variablen erhalten.

Also konstruiert ein solcher Algorithmus gewöhnlich eine bestimmte invariante Klasse Q (s. Definition auf S. 94).

Theorem 4.1. *Die abgeschlossene Hülle $\widetilde{M}^0$ der Menge M^0 bezüglich der Operation* 1, 2 *und* 3, *die in der Definition der invarianten Klasse erklärt sind, ist* P_2, *d. h.,* $\widetilde{M}^0$ *besteht aus allen zweiwertigen aussagenlogischen Wahrheitsfunktionen.*

Beweis. Es sei $\widetilde{M}^0 \equiv Q \neq P_2$. Hieraus ergibt sich auf Grund der Folgerung aus dem Theorem 2.5 $\lim\limits_{n\to\infty} \sqrt[2n]{P_Q(n)} = 2^\sigma$, wobei $\sigma < 1$. Dann erhalten wir infolge des Theorems 3.4:

$$\lim_{n\to\infty} \frac{L_Q(n)}{L(n)} = \sigma < 1\,.$$

Letzteres steht damit im Widerspruch, daß für eine gewisse Folge $\{n_k\}$ (s. Definition der Menge M^0)

$$\lim_{n\to\infty} \frac{L_{M^0}(k)}{L(n_k)}$$

gilt. Folglich ist die Annahme, daß $Q \neq P_2$ ist, falsch. Deshalb ist $Q = P_2$, und das Theorem ist bewiesen.

Folgerung. Wenn die Menge M^0 so ist, daß sie für jedes n eine „komplizierteste" Funktion f_n enthält, d. h. $L(f_n) = L(n)$ ist, dann enthält die abgeschlossene Hülle der Menge M^0 bezüglich der Operatoren 1, 2 und 3 alle zweiwertigen aussagenlogischen Wahrheitsfunktionen.

Die letzte Behauptung wurde durch den Autor als Hypothese in den Jahren 1953 bis 1954 aufgestellt und diente anfangs zu Untersuchungen, die alle für die vorliegende Arbeit nötig waren.

Aus dem obigen Resultat folgt unmittelbar unser grundlegendes Theorem.

Theorem 4.2. *Jeder reguläre Algorithmus, der die Menge M^0 konstruiert, konstruiert alle Funktionen, d. h., mit anderen Worten, dieser Algorithmus erzeugt die Menge aller zweiwertigen aussagenlogischen Wahrheitsfunktionen.*

Insbesondere erhalten wir die

Folgerung. Jeder reguläre Algorithmus, der für jedes natürliche n eine „komplizierteste" Funktion f_n konstruiert, d. h. $L(f_n) = L(n)$, erzeugt die Menge aller zweiwertigen aussagenlogischen Wahrheitsfunktionen.

Es ist notwendig, zu dem erhaltenen Resultat eine Anmerkung zu machen. Das Theorem bestätigt keineswegs, daß es nötig ist, für die Konstruktion der einzelnen „kompliziertesten" Funktion $f_n(x_1, x_2, \ldots, x_n)$ die Menge aller Funktionen mit n Variablen aufzusuchen. Aus dem Theorem ergibt sich, daß es notwendig ist, für die Konstruktion der Funktion f_n alle Wahrheitsfunktionen durchzusehen, die von $m(n) < n$ Variablen abhängen, wobei $m(n) \to \infty$ für $n \to \infty$ gilt. Anders gesagt, die ganze Menge ist für die Konstruktion aller Klassen M^0 erforderlich.

Die beiden Methoden zur Konstruktion der Menge M^0 werden jetzt gegenübergestellt. In § 1 wurde erwähnt, daß es, wenn man als Mittel Algorithmen mit zufälligen Grundoperatoren zuläßt, eine einfache Methode für die Konstruktion der Menge M^0 mit der Wahrscheinlichkeit 1 gibt. Jedoch können wir nicht feststellen, ob das Resultat die verlangten Eigenschaften besitzt oder nicht. Eben haben wir gezeigt, daß die Konstruktion der Menge M^0 in der Klasse der regulären

Algorithmen die Menge aller Wahrheitsfunktionen erfordert. Letzteres zeigt, daß es unmöglich ist, diese Aufgaben mit den zugelassenen Mitteln zu lösen, weil es unmöglich ist, die ganze Menge (schon bei nicht sehr großen n) praktisch aufzustellen.

Unter diesen Bedingungen bleibt es uns überlassen, entweder überhaupt auf derartige Aufgaben zu verzichten, die nicht korrekt erklärt sind und „schlecht zusammengestellt" oder sich mit den Lösungen in der Klasse der Algorithmen mit zufälligen Elementarereignissen zu begnügen. Mit anderen Worten, man kann es so machen, wie es gewöhnlich in der Praxis gemacht wird, man kann die Ereignisse der Wahrscheinlichkeit 0 unberücksichtigt lassen, d. h. annehmen, daß die angegebene Konstruktion immer die Menge M^0 ergibt.

Nun kommen in dem von uns formulierten Problem, das auf Schaltungen bezogen wird, keine wahrscheinlichkeitstheoretischen Begriffe vor. Die Lösung jedoch besitzt wahrscheinlichkeitstheoretischen Charakter. Folglich treten in einer Reihe von Problemen die Schaltungen als Objekte auf, die von statistischer Natur sind. Letzteres bezieht sich auf Makro-Objekte, die über genügend Kompliziertheit verfügen [5].

Abschließend bemerken wir, daß das erhaltene Resultat leicht auf die Realisierung von Funktionen der Klasse der Schaltungen mit Kontakten und Gleichrichtern [25], der Klasse von Schaltungen des Typs „der Formeln mit Speicher" [26] (wohin auch elektronische Schaltungen gehören) usw. übertragen werden kann, d. h. für jene Fälle, wo Methoden der Synthese konstruiert werden, die die Herleitung einer asymptotischen Abschätzung für $L(n)$ gestatten. Offenbar besteht das Grundproblem jetzt nicht in der Übertragung des Resultats auf die bezeichneten Typen der Schaltungen, sondern in der Herleitung des Theorems für die Klassen der Schaltungen, in denen sich die Elemente in breiten Grenzen variieren lassen. Damit erlangt das Resultat eine allgemein-kybernetische Bedeutung.

Anhang

Wie die Betrachtung in § 3 zeigt, hängt die Kompliziertheit der Kontaktschaltung $\mathfrak{A}$, die die Funktion $f(x_1, \ldots, x_n)$ realisiert und die durch die Methoden in den Arbeiten [9, 12, 14, 27] erhalten wurde, im wesentlichen davon ab, wieviel Funktionen durch Einsetzung von Konstanten aus der Funktion $f(x_1, \ldots, x_n)$ erhalten werden können. Es ist möglich, daß auch die Kompliziertheit einer Minimalschaltung der Funktion $f(x_1, \ldots, x_n)$, d. h. $L(f)$, durch den Wert $S(f)$ definiert wird, wobei $S(f)$ die Anzahl paarweise verschiedener Funktionen bezeichnet, die man aus der gegebenen Funktion f durch Einsetzung von Konstanten erhält. Mit anderen Worten, die Größe $S(f)$ stellt das Maß für die Kompliziertheit minimaler Kontaktschaltungen dar, die von einer Funktion hergeleitet worden ist. In Verbindung damit ist die Größe $S(f)$ von Interesse. Die

Abschätzung der Größe $S(f)$ stößt jedoch im allgemeinen auf große Schwierigkeiten, deshalb entnehmen wir die Abschätzung der Größe $S(n)$, wobei

$$S(n) = \max_f S(f)$$

ist (das Maximum bezieht sich auf alle Funktionen f mit n Variablen).

Theorem.

$$S(n) \sim 3^n.$$

Beweis. Da die Anzahl aller möglichen Einsetzungen von Konstanten in einer Funktion von n Variablen gleich 3^n ist, ist offensichtlich $S(n) \leqq 3^n$. Wir zeigen, daß für $n > N(\varepsilon)$ die Ungleichung $S(n) > (1 - \varepsilon)\, 3^n$ gilt.

In Abb. 7 sind in einer gewissen Reihenfolge links und rechts alle Funktionen f mit n Variablen $x_1, \ldots, x_n$ ($f_i \neq f_j$, wenn $i \neq j$ ist) angeordnet. Die Funktion f_j der linken Spalte vereinigen wir mit der Funktion f_i der rechten Spalte

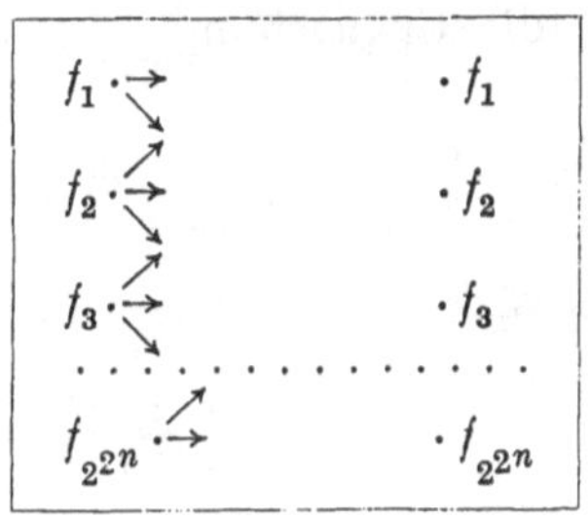

Abb. 7

durch einen Vektor, der von der Funktion f_i ausgeht, wenn es einen gibt, und wenn eine Einsetzung von Konstanten in die Funktion f_i, die sie in eine Funktion überführt, die gleich f_j ist, existiert. Mit $t(f_i)$ und $\tau(f_j)$ bezeichnen wir die Anzahl der Vektoren, die entsprechend von f_i ausgehen und in f_j enden. Es ergibt sich

$$t(f_i) \leqq S(f_i) \qquad \text{und} \qquad \sum_{i=1}^{2^{2^n}} t(f_i) = \sum_{j=1}^{2^{2^n}} \tau(f_j)\,.$$

Es sei $f_j(x_1, \ldots, x_n)$ wesentlich abhängig von den Variablen $x_{i_1}, \ldots, x_{i_k}$ (zur Bequemlichkeit sei $i_1 = 1, \ldots, i_k = k$), d. h. $f_j(x_1, \ldots, x_n) = f_j(x_1, \ldots, x_k)$. Dann muß jede Funktion $f_i(x_1, \ldots, x_n)$, aus der wir durch Einsetzung von Konstanten die Funktion f_j erhalten können, in der Zerlegung nach den Variablen $x_{k+1}, \ldots, x_n$ ein Glied der Form

$$x_{k+1}^{\sigma_{k+1}} \ldots x_n^{\sigma_n}\, f_j(x_1, \ldots, x_k)$$

enthalten. Deshalb ist

$$\tau(f_j) \geqq 2^{2^n} - (2^{2^k} - 1)^{2^{n-k}}$$

und

$$\sum_{j=1}^{2^{2^n}} \tau(f_j) \geqq \sum_{k=0}^{n} \binom{k}{n} P^*(k)\, [2^{2^k} - (2^{2^k} - 1)^{2^{n-k}}]\,,$$

wobei

$$P^*(k) > 2^{2^k} - k\, 2^{2^{k-1}}$$

gilt (s. Formel auf S. 100). Wenn $k > {}^2\log n$, ist

$$\left(1 - \frac{1}{2^{2^k}}\right)^{2^{n-k}} = e^{-\frac{2^{n-k}}{2^{2^k}} + o\left(\frac{2^{n-k}}{2^{2^k}}\right)} = 1 - \frac{2^{n-k}}{2^{2^k}} + O\left(\frac{2^{n-k}}{2^{2^k}}\right).$$

und

$$\sum_{k=0}^{n} \binom{k}{n} P^*(k)\, [2^{2^n} - (2^{2^k} - 1)^{2^{n-k}}]$$
$$\geqq 2^{2^n} \sum_{k > {}^2\log n} \binom{k}{n} 2^{2^k} \left(1 - \frac{k}{2^{2^{k-1}}}\right)\left(\frac{2^{n-k}}{2^{2^k}} + O\left(\frac{2^{n-k}}{2^{2^k}}\right)\right).$$

Weiter gilt für ${}^2\log n > N_1$ die Ungleichung $\frac{k}{2^{2^{k-1}}} < \frac{\varepsilon}{3}$. Dann ist

$$\sum_{j=1}^{2^{2^n}} \tau(f_j) > \left(1 - \frac{\varepsilon}{3}\right) 2^{2^n} \sum_{k > {}^2\log n} \binom{k}{n} 2^{n-k} \left(1 + O(1)\right).$$

Schließlich gilt für ${}^2\log n > N_2$

$$|O(1)| < \frac{\varepsilon}{3} \qquad \text{und} \qquad \sum_{k \leqq {}^2\log n} \binom{k}{n} 2^{n-k} < \frac{\varepsilon}{3} 3^n .$$

Dann erhalten wir für ${}^2\log n > \max(N_1, N_2)$

$$\sum_{i=1}^{2^{2^n}} S(f_j) \geqq \sum_{j=1}^{2^{2^n}} \tau(f_j) > (1 - \varepsilon)\, 2^{2^n} \cdot 3^n .$$

Hieraus folgt, daß

$$S(n) \cdot 2^{2^n} \geqq \sum_{i=1}^{2^{2^n}} S(f_j) > (1 - \varepsilon) \cdot 2^{2^n} \cdot 3^n \qquad (*)$$

ist, oder

$$S(n) > (1 - \varepsilon) \cdot 3^n .$$

Damit ist das Theorem bewiesen.

Theorem. *Es sei δ mit $\delta > 0$ gegeben. Die Anzahl aller Funktionen $f_i(x_1, \ldots, x_n)$, für die $S(f_j) < (1 - \delta)\, 3^n$ ist, geht im Verhältnis zur Anzahl aller Funktionen von n Variablen mit wachsendem n gegen Null.*

Beweis. Das Theorem ergibt sich aus der Ungleichung (*). Mit $p(\delta, n)$ wird die Anzahl aller Funktionen $f_i(x_1, \ldots, x_n)$ von n Variablen, für die $S(f_i) < (1 - \delta)\, 3^n$ ist, bezeichnet. Wir erhalten

$$\sum_{S(f_i) \geqq (1-\delta)3^n} S(f_i) + \sum_{S(f_i) < (1-\delta)3^n} S(f_i) > (1 - \varepsilon)\, 2^{2^n} \cdot 3^n .$$

Hieraus folgt, daß

$$[2^{2^n} - p(\delta, n)]\, 3^n + p(\delta, n)\, (1 - \delta)\, 3^n > (1 - \varepsilon)\, 2^{2^n} \cdot 3^n$$

oder

$$\frac{p(\delta, n)}{2^{2^n}} < \frac{\varepsilon}{\delta}.$$

Das Theorem ist damit bewiesen.

(Bei der Redaktion eingegangen am 11. 1. 1958)

Literatur

[1] Хаусдорф, Ф., Теория множеств. Москва 1937.
Original: Hausdorff, F., Mengenlehre. 2. Aufl., W. de Gruyter, Berlin 1927.

[2] Марков, А. А., Теория алгорифмов. Труды матем. ин-та АН СССР, **42** (1954).
Markow, A. A., Algorithmentheorie. Arbeiten des Math. Instituts der AdW der UdSSR **42** (1954).

[3] Новиков, П. С., О непротиворечивости некоторых положений дескриптивной теории множеств. Труды Матем. ин-та АН СССР **38**.
Nowikow, I. S., Über die Widerspruchsfreiheit einiger Sätze der deskriptiven Mengentheorie. Arbeiten d. Math. Instituts der AdW der UdSSR **38**.

[4] Шрейдер, Ю. А., Метод статистических испытаний (Монте-Карло). Приборостроение, № 7 (1956).
Schrejder, J. A., Eine Methode für statistische Untersuchungen (Monte-Carlo). Gerätebau **7** (1956).

[5] Яблонский, С. В., Основные понятия кибернетики, Проблемы кибернетики **2**.
Jablonski, S. W., Grundbegriffe der Kybernetik, Probleme der Kybernetik, Bd. 2 (siehe vorliegenden Band, S. 3—37).

[6] Gilbert, E. N., N-terminal switching circuits. Bell. Syst. Techn. J. **30, № 3** (1951) 668—688.

[7] Лупанов, О. Б., О возможностях синтеза схем из разнообразных элементов. ДАН **103** (1955) 561—563.
Lupanow, O. B., Über Möglichkeiten der Synthese von Schaltungen aus verschiedenartigen Elementen. Doklady **103** (1955) 561—563.

[8] Яблонский, С. В., Функциональные построения в k-значной логике. Труды Матем. ин-та им. В. А. Стеклова АН СССР **51**.
Jablonski, S. W., Funktionelle Konstruktionen in der k-wertigen Logik. Arbeiten d. Math. Instituts „W. A. Steklow" der AdW der UdSSR **51**.

[9] Лупанов, О. Б., О синтезе контактных схем. ДАН **119** (1958) 23—26.
Lupanow, O. B., Über die Synthese von Kontaktschaltungen. Doklady **119** (1958) 23—26.

[10] Higonnet, R./Gréa, R., Etude logique des circuits éléctriques et des systémes binaires. Paris 1955.

[11] Shannon, C. E./Moore, E. F., Machine aid for switching circuit design, Proc. IRE **41**, 10 (1953) 1348—1351.

[12] Shannon, C. E., The synthesis of two-terminal switching circuits, Bell. Syst. Techn. J. **28**, № 1 (1949) 59—98.

[13] Shannon, C. E., A symbolic analysis of relay and switching circuits, Transaction AIEE **57** (1938) 713—722.

[14] Поваров, Г. И., Математическая теория синтеза контактных (1, k)-полюсников. ДАН **100** (1955) 909—912.
Powarow, G. I., Mathematische Theorie der Synthese von (1, k)-poligen Kontaktschaltungen. Doklady **100** (1955) 909—912.

[15] Трахтенброт, Б. А., К теории бесповторных контактных схем. Труды Матем. ин-та им. В. А. Стеклова АН СССР **51** (1958).
TRACHTENBROT, B. A., Zur Theorie wiederholungsfreier Kontaktschaltungen. Arbeiten des Math. Instituts ,,W. A. Steklow“ der AdW der UdSSR **51** (1958).

[16] Фиников, Б. И., Об одном семействе классов функпий алгебры логики и их реализации в классе π-схем. ДАН **115** (1957) 247—248.
FINIKOW, B. I., Über eine Familie von Funktionenklassen der Booleschen Algebra und ihre Realisierung in der Klasse der π-Schaltungen. Doklady **115** (1957) 247—248.

[17] Яблонский, С. В., Об одном семействе классов функций алгебры логики, допускающих простую схемную реализацию. Труды III Всесоюзн. съезда 2, 149 (1956).
JABLONSKI, S. W., Über eine Familie von Funktionenklassen derBooleschen Algebra, die eine einfache Realisierung gestatten. Arbeiten des III. Allunionskongreß 2 (1956) 149.

[18] Яблонский, С. В., Об одном семействе классов функций алгебры логики, допускаюших простую схемную реализацию. УМН **12** (1957) 189—196.
JABLONSKI, S. W., Über eine Familie von Funktionenklassen der Booleschen Algebra, die eine einfache Realisierung gestatten. Uspechi mat. nauk **12** (1957) 189—196.

[19] Гаврилов, М. А., Теория релейно-контактных схем. Изд. АН СССР, 1950.
GAWRILOW, M. A., Theorie der Relais-Kontakt-Schaltungen. Verlag der AdW der UdSSR, 1950.

[20] Марков, А. А., О минимальных контактно-вентильных схемах, реализующих монотонные симметрические функции. Тезисы докладов на Всесоюзном совешании по теории устройств релейного действия в Москве. Изд. АН СССР, 1957.
MARKOW, A. A., Über minimale Kontakt-Gleichrichter-Schaltungen, die monotone symmetrische Funktionen realisieren. Kurzfassungen der Allunionssitzung in Moskau über die Theorie von Relaisanlagen. Verlag der AdW der UdSSR, 1957.

[21] GILBERT, E. N., Lattice theoretic properties of frontal switching functions. J. Math. and Phis. **33**, № 1 (1954) 57—67.

[22] Гливенко, В. И., Курс теории вероятностей. ГОНТИ, 1939.
GLIWENKO, W. I., Lehrbuch der Wahrscheinlichkeitsrechnung. GONTI, 1939.

[23] Халмош, П., Теория меры. Ил, 1953.
Original: HALMOS, P., Measure theory . 2nd printing. D. van Nostrand Comp., Inc., Toronto, New York and London 1951.

[24] Клини, С. К., Введение в метаматематику. Ил, 1957.
Original: KLEENE, S. K., Introduction to Metamathematics. Amsterdam 1952.

[25] Лупанов, О. Б., О вентильных и контактно-вентильных схемах. ДАН **111** (1956) 1171—1174.
LUPANOW, O. B., Über Gleichrichter- und Kontakt-Gleichrichter-Schaltungen. Doklady **111** (1956) 1171—1174.

[26] Лупанов, О. Б., Об одном методе синтеза схем, Радиофизика **1**, № 1 (1958) 120—140.
LUPANOW, O. B., Über eine Methode zur Synthese von Schaltungen. Radiophysik **1**, № 1 (1958) 120—140.

[27] Яблонский, С. В., О невозможности элиминации перебора всех функций из P_2 при решении некоторых задач теории схем. ДАН **124** (1959) 44—47.
JABLONSKI, S. W., Über die Unmöglichkeit einer Elimination des Systems aller Funktionen aus P_2 für die Lösung einiger Aufgaben der Theorie der Schaltungen. Doklady **124** (1959) 44—47.

Übersetzung: Barbara Schneider
Fachliche Bearbeitung: Franziska Graßme

Über die Realisierung von Funktionen durch Superposition

R. E. KRITSCHEWSKI (Moskau)

In der Theorie der Steuersysteme und in der mathematischen Logik begegnet man häufig der Aufgabe, einen möglichst einfachen Ausdruck zu finden oder eine gegebene Funktion mit bestimmten Konstruktionsmitteln zu realisieren, z. B. durch Verkettung (Superposition) gewisser Basisfunktionen oder mit Hilfe von Steuersystemen. Hinsichtlich eines fest gegebenen Konstruktionsverfahrens wird jedem damit konstruierten Objekt gewöhnlich eine Zahl zugeordnet, die die Kompliziertheit des konstruierten Objekts beschreibt (Kompliziertheitsgrad), z. B. die Anzahl der Kontakte in einer Kontaktschaltung oder die Anzahl der Buchstaben in einer Formel. Dem einfachsten mit dem Konstruktionsverfahren erhaltenen Objekt wird der kleinste Kompliziertheitsgrad zugeordnet.

Eine wichtige Größe zur Charakterisierung der Funktionenmenge D_h ist die Zahl $L(D_h)$, d. h. die obere Grenze gewisser Zahlen, wobei jede die einfachste Realisierung einer der Funktionen aus D_h charakterisiert. Diese Zahl wurde zuerst von RIORDAN und SHANNON [1], SHANNON [2] eingeführt. Der Abschätzung von $L(D_h)$ sind unter Zugrundelegung einer konkreten Menge D_h, also der Menge der zu realisierenden Funktionen, und einer bestimmten Definition des Kompliziertheitsgrades viele Arbeiten gewidmet. Wir erwähnen die Arbeiten von SHANNON [2], RIORDAN und SHANNON [1], LUPANOW [3], JABLONSKI [4] und POWAROW [5, 6]. In der Arbeit [3] werden zur Realisierung der gegebenen Funktion sehr allgemeine Konstruktionsverfahren betrachtet.

Zur Konstruktion verwenden wir hier „Superpositionen von Elementarobjekten". Der Begriff der Superposition von Elementarobjekten wird als Verallgemeinerung des Begriffs der Verkettung von Basisfunktionen eingeführt und gestattet, zu Ergebnissen zu gelangen, die sich auf die Schaltalgebra und die Aussagenlogik beziehen. Hinsichtlich der Definition des Kompliziertheitsgrades fordern wir, daß die natürlichen Beschränkungen eingehalten werden (siehe § 1.4). Unter diesen Bedingungen erhält man für $L(D_h)$ eine Abschätzung nach unten. Wir bemerken noch, daß die LUPANOWsche Methode hier eine gröbere Abschätzung liefert, da LUPANOW allgemeinere Konstruktionsmethoden betrachtete.

Als Hauptresultat der Arbeit wird (unter den Einschränkungen für den Kompliziertheitsgrad) folgende Behauptung bewiesen: Bei der Realisierung (formelmäßigen Darstellung) von Funktionen der N-wertigen Logik durch Verkettung gewisser Basisfunktionen existiert für alle $\varepsilon > 0$ ein $j_0(\varepsilon)$ derart, daß nicht sämtliche Funktionen $j > j_0(\varepsilon)$ von Argumenten durch Superpositionen erzeugt werden können, deren Kompliziertheitsgrad kleiner als

$$\varrho \frac{N^j}{\log_N j} (1 - \varepsilon)$$

ist. Der Anteil der Funktionen, die einfacher als durch Superpositionen vom Index $\varrho \frac{N^j}{\log_N j} \cdot (1 - \varepsilon)$ realisiert werden können, wird beliebig klein für genügend große $j > j_0(\varepsilon)$. Die Konstante ϱ ist von der Definition des Kompliziertheitsgrades abhängig.

Diese Behauptung ist die Verallgemeinerung eines faktisch in [1] enthaltenen Ergebnisses, welches dort für zweiwertige aussagenlogische Wahrheitsfunktionen bei konkreter Wahl des Kompliziertheitsgrades und der Basisfunktionen formuliert ist.

Aus obiger Behauptung folgt, daß die Erzeugung fast aller Funktionen der N-wertigen Logik, unabhängig von der Wahl der Basis, sehr schwierig ist.

In dieser Arbeit werden auch Anwendungen des Hauptresultats in der Theorie der Netze und Schaltungen gegeben. Die Arbeit besteht aus drei Paragraphen. In § 1 werden die grundlegenden Definitionen für die Superposition von Elementarobjekten für die Realisierung und für den Kompliziertheitsgrad eingeführt. § 2 enthält das Hauptresultat: eine Abschätzung von $L(D_h)$, falls das realisierende Konstruktionsverfahren die Superposition von Elementarobjekten ist. Aus dem grundlegenden Theorem werden in § 3 Schlußfolgerungen für die mehrwertige Logik und die Schaltalgebra gezogen.

§ 1. Definitionen

1.1. Superposition von Elementarobjekten

Gegeben sei eine Menge $L = \{L_k\}$ von Symbolen L_k, und jedem Symbol L_k sei eine natürliche Zahl s_k zugeordnet. Weiter ordnen wir jedem L_k das Symbol $L_k(\, , \ldots, \,)$ zu, wo die Anzahl der Leerstellen in der Klammer gleich s_k ist. Das Symbol $L_k(\, , \ldots, \,)$ nennen wir *s_k-stelliges Elementarobjekt.*

Mit σ_0 bezeichnen wir die Menge der Elementarobjekte.

Wir setzen voraus, daß die Anzahl der l-stelligen Elementarobjekte für beliebiges l endlich ist.

Weiter sei die Menge $x = \{x_\mu\}$ gegeben.

Definition (induktiv). 1. Ein beliebiges Symbol aus x heißt *Superposition vom Rang* 0. 2. $L_k(A_1, \ldots, A_s)$ heißt *Superposition vom Rang n*, wenn $s = s_k$ ist und alle A_i Superpositionen vom Rang kleiner als n sind, wobei der maximale Superpositionsrang der A_i $(i = 1, \ldots, s)$ gleich $n - 1$ ist.

Eine Superposition, deren Rang nicht kleiner als 1 ist, heißt *Superposition von Elementarobjekten aus* σ_0. Die Menge der Superpositionen von Elementarobjekten bezeichnen wir mit σ. Beispiele für Superpositionen vom Rang 1 sind bei entsprechender Wahl der Menge $x = \{x_\mu\}$ und $L = \{L_k\}$:

$$L_1(x_1, x_2, x_1, x_3); \quad L_2(x_1, x_2, x_3).$$

Beispiele einer Superposition vom Rang 2:

$$L_2(L_1(x_1, x_2, x_1, x_3), x_1, x_3).$$

1.2. Geometrische Veranschaulichung

Für das Folgende ist es bequem, eine geometrische Veranschaulichung einer Superposition zu verwenden. Wir definieren induktiv das einer Superposition zugeordnete (geometrische) Bild, seine Wurzel und seine Endkanten. Wir bezeichnen das Bild einer s_k-stelligen Superposition $L_k(x_1, \ldots, x_{s_k})$ vom Rang 1 als s_k-kantigen Stern, das ist die Gesamtheit der $s_k + 1$ von einem Punkt ausgehenden Kanten. Eine von ihnen zeichnen wir aus und nennen sie *Wurzel*. Die übrigen heißen *Endkanten* und sind in einer bestimmten Reihenfolge numeriert. Die Wurzel kennzeichnen wir durch das Symbol L_k und die i-te Kante durch das Symbol x_i (Abb. 1).

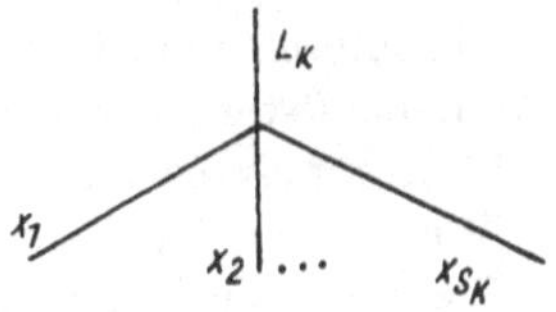

Abb. 1

Es sei jetzt eine Superposition von Elementarobjekten $L_k(A_1, \ldots, A_{s_k})$ vom Rang n gegeben, wo die A_i ($i = 1, \ldots, s_k$) Superpositionen höchstens vom Rang $n - 1$ sind. Wir nehmen an, daß für die Superposition A_i,

$$A_i = L_{k_i}(A_{t(i,1)}, \ldots, A_{t(i,k_i)}),$$

das geometrische Bild bereits konstruiert ist, dessen Wurzel das Symbol L_{k_i} ist und dessen Endkanten die Symbole x_μ zugeordnet sind. Zur Konstruktion des geometrischen Bildes von $L_k(A_1, \ldots, A_{s_k})$ identifizieren wir die i-te Endkante des Sternes $L_k(x_1, \ldots, x_{s_k})$ mit der Wurzel des Bildes von A_i, und der so erhaltenen Kante ordnen wir das Symbol L_{k_i} zu, während die übrigen Symbole beibehalten werden. Als Wurzel des Bildes von $L_k(A_1, \ldots, A_{s_k})$ bezeichnen wir die Wurzel des Sternes $L_k(x_1, \ldots, x_{s_k})$ und als Endkanten alle Endkanten der Bilder von $A_1, \ldots, A_{s_k}$.

Im geometrischen Bild des Objektes $L_k(A_1, \ldots, A_{s_k})$ werden also die Wurzel mit dem Symbol L_k und die Endkanten mit den Symbolen x_μ belegt.

Es ist leicht einzusehen, daß das geometrische Bild der Superposition $L_k(A_1, \ldots, A_{s_k})$ ein Baum mit einer ausgezeichneten Kante, der Wurzel, ist [13]. Den Kanten dieses Baumes sind die Symbole L_k oder x_μ zugeordnet. Befindet sich in der Superposition ein Objekt innerhalb eines anderen (Anm. d. Red.: Verschachtelung), dann sind die Kanten so angeordnet, daß man stets einen Weg angeben kann von einer ersten Kante, die zum äußeren Objekt gehört, zu einer zweiten, die zum inneren Objekt gehört. Im folgenden nennen wir das

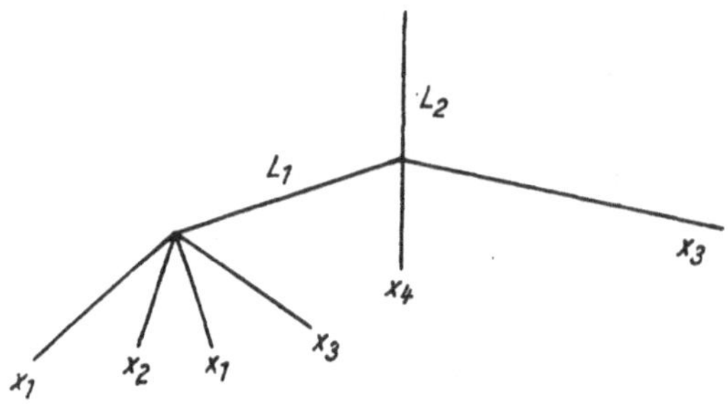

Abb. 2

geometrische Bild einer Superposition einen Baum mit Symbolen oder einen (L, x)-Baum.

Beispiel. Die Superposition $L_2(L_1(x_1, x_2, x_1, x_3), x_4, x_3)$ hat als geometrisches Bild den in Abb. 2 dargestellten (L, x)-Baum. Streicht man im (L, x)-Baum alle Symbole L_k und x_μ, so erhält man einen Baum.

1.3. Isomorphismus

Zur Berechnung der Anzahl der Superpositionen brauchen wir den Begriff des Isomorphismus von Superpositionen aus σ und ebenfalls den Begriff des Isomorphismus von Bäumen.

Definition. *Zwei Superpositionen* heißen dann und nur dann *isomorph*, wenn sie graphisch identisch sind, d. h. wenn an gleichen Stellen gleiche Zeichen des Alphabets stehen, wobei das Alphabet aus den Symbolen L_k, x_μ aus Klammern und Kommas besteht.

Wir ordnen jetzt jedem Baum ein Wort des Alphabets zu, das aus den Symbolen L, x, den Klammern und Kommas besteht. Dieses Wort erhält man, wenn man in einer beliebigen Superposition aus σ, deren geometrisches Bild der gegebene Baum ist, die Symbole L_k durch L und x_μ durch x ersetzt. Hierbei sind, welche Superposition man auch wählt, die erhaltenen Wörter identisch.

Definition. *Zwei Bäume sind isomorph*, wenn ihre Wörter identisch sind.

1.4. Der Kompliziertheitsgrad

Wir führen den Begriff des Kompliziertheitsgrades ein, der die Kompliziertheit einer Superposition charakterisiert.

Definition. *Kompliziertheitsgrad*[1]) heißt ein nichtnegatives Funktional, das auf der Vereinigung der Mengen σ_0, σ und $\{x_\mu\}$ definiert und auf der Menge $\{x_\mu\}$ gleich Null ist.

Beispiele. Der Kompliziertheitsgrad kann wie folgt definiert werden:

a) Der Kompliziertheitsgrad einer Superposition ist gleich der Anzahl der Endkanten ihres Baumes (diese Zahl ist gleich der Anzahl der in der Superposition vorkommenden Symbole x_μ); der Kompliziertheitsgrad eines l-stelligen Elementarobjektes aus σ_0 ist $l - 1$, $l = 1, 2, \ldots$.

[1]) Im Original: ,,Индекс простоты", also wörtlich übersetzt ,,Einfachheitsindex". Im folgenden anstatt ,,Kompliziertheitsgrad" auch kurz ,,Grad". — Anm. d. Red.

b) Der Kompliziertheitsgrad einer Superposition ist gleich der Anzahl aller Kanten ihres Baumes (diese Zahl ist gleich der Gesamtzahl der in der Superposition vorkommenden Symbole L_k und x_μ); der Kompliziertheitsgrad eines beliebigen l-stelligen Elementarobjektes aus σ_0 ist gleich l.

c) Der Kompliziertheitsgrad einer Superposition ist gleich dem Rang der Superposition; auf σ_0 ist er beliebig festsetzbar.

Es seien $L_k(\,,\ldots,\,)$ ein s_k-stelliges Elementarobjekt, $A_1,\ldots,A_{s_k}$, $L_k(A_1,\ldots,A_{s_k})$ Superpositionen aus σ und $G[L_k(\,,\ldots,\,)]$, $G[A_1],\ldots,G[A_{s_k}]$, $G[L_k(A_1,\ldots,A_{s_k})]$ die entsprechenden Kompliziertheitsgrade.

Der Kompliziertheitsgrad erfülle folgende Bedingung:

$$G[L_k(A_1,\ldots,A_{s_k})] \geqq G[L_k(\,,\ldots,\,)] + G[A_1] + \cdots + G[A_{s_k}]\,. \tag{1}$$

Aus (1) folgt

$$G[L_k(A_1,\ldots,A_{s_k})] \geqq \sum_{l>1} n_l\, p_l\,, \tag{2}$$

wo p_l die untere Grenze der Grade aller l-stelligen Elementarobjekte in σ_0 und n_l die Anzahl der l-stelligen Elementarobjekte in der Superposition $L_k(A_1,\ldots,A_{s_k})$ ist.

Häufig genügen die Grade der schärferen Bedingung:

$$G[L_k(A_1,\ldots,A_{s_k})] = p_0 + \sum_{l>1} n_l\, p_l\,, \tag{3}$$

wo p_0 eine nicht negative Konstante ist.

Der Grad im Beispiel a) genügt der Bedingung (3) (siehe Lemma 3). Der Grad im Beispiel b) genügt ebenfalls der Bedingung (3). Der Grad in c) genügt nicht der Bedingung (2), wie man ihn auch auf σ_0 festlegt (außer im Fall, wenn er auf σ_0 gleich Null ist).

Ohne es immer besonders zu erwähnen, setzen wir im folgenden stets voraus, daß die hier betrachteten Kompliziertheitsgrade der Bedingung (2) *genügen.*

1.5. Realisierung. Die Shannonsche Funktion $L(D_h)$

$\{f\}$ sei eine Menge gewisser Elemente. Wir definieren den Begriff der Realisierung von $\{f\}$ mittels Superpositionen aus σ. Wir ordnen jeder Superposition genau ein Element f zu, und für jedes Element f existiere auch eine Superposition. Die Superpositionen, die im Urbild von f vorkommen, nennen wir *Realisierung* von f.

D_h sei eine beliebige Untermenge von $\{f\}$.

Den kleinsten Grad der ein Element f realisierenden Superpositionen aus σ bezeichnen wir mit $L(f)$, und mit $L(D_h)$ wird $\max_{f\in D_h} L(f)$ bezeichnet.

Mit anderen Worten, $L(D_h)$ ist die kleinste der Zahlen, für die es möglich ist, jedes Element aus D_h durch Superpositionen zu realisieren, ohne daß die vorkommenden Kompliziertheitsgrade diese Zahl übersteigen.

$L(D_h)$ charakterisiert die Möglichkeiten, Elemente aus D_h zu erzeugen.

1.6. Zwei Beispiele

Zur Erläuterung des Begriffs der Superposition betrachten wir zwei Beispiele.

A) P sei eine abgeschlossene Funktionenklasse der zweiwertigen Aussagenlogik, also eine Untermenge aller zweiwertigen aussagenlogischen Wahrheitsfunktionen, die mit jedem System von Funktionen auch jede beliebige Verkettung von ihnen enthält. Nach dem Postschen Theorem [7] hat diese Klasse eine endliche Basis

$$\varphi_1(x_1, \ldots, x_{t_1}), \ldots, \varphi_r(x_1, \ldots, \varphi_{t_r}), \tag{4}$$

d. h., jede beliebige Funktion aus P läßt sich durch die Funktionen (4) darstellen. Die gegebene Klasse P kann durch Superpositionen realisiert werden. Hierfür wählen wir als Menge der Elementarobjekte die Menge $\sigma_0 = \{L_1(, \ldots,), \ldots, L_r(,\ldots,)\}$, wo jedem L_i die Zahl $s_i = t_i$ zugeordnet ist, $i = 1, 2, \ldots, r$. Wir setzen voraus, daß die Menge $\{x_\mu\}$ dieselbe Mächtigkeit hat wie die Menge der Argumente der zur Klasse P gehörigen Funktionen.

Der Menge der Superpositionen der oben angegebenen Elementarobjekte ist eindeutig die Menge aller Verkettungen der Funktionen (4) zugeordnet. Man erhält nämlich die entsprechende Verkettung, wenn man in der Superposition das Symbol L_i durch φ_i und das Symbol x_μ durch das Symbol des Arguments x_μ ersetzt. Zur Realisierung der Elemente von P durch Superpositionen aus σ ordnen wir jeder Superposition die Funktion zu, die durch die entsprechende Verkettung definiert ist. Es sei D_j eine Unterklasse von P, die alle Funktionen von j Argumenten enthält, und $m = m(j)$ sei die Anzahl dieser Funktionen.

Nach 1.5 ist $L(D_j)$ die kleinste der Zahlen, für die es möglich ist, jede Funktion von j Argumenten durch Verkettung der Funktionen (4) darzustellen, deren Kompliziertheitsgrade nicht größer als eine solche Zahl sind. Unter dem Kompliziertheitsgrad einer Verkettung verstehen wir den Kompliziertheitsgrad der ihr entsprechenden Superposition.

B) Wir betrachten die Klasse S der zweipoligen stark zusammenhängenden Netze[1]) (siehe [8]). Sie ist abgeschlossen bezüglich der Operation R, d. h. bzgl. der Ersetzung der Kante eines Netzes durch ein anderes Netz. Die beiden Ersetzungsmethoden (siehe Abb. 5) sind zulässig. Die Menge aller unzerlegbaren Netze $\{\Gamma_1^{t_1}, \ldots, \Gamma_r^{t_r}\}$, $r \leqq \infty$ (t_i ist die Anzahl der Kanten des Netzes $\Gamma_i^{t_i}$) von S

[1]) Als *zweipoliges Netz* bezeichnet man einen endlichen Graphen (siehe [3]) mit zwei ausgezeichneten Punkten, den Polen. *Grenzpunkte* des Teilgraphen γ eines gegebenen Netzes Γ nennt man solche Punkte, die γ und dem Komplement von γ gemeinsam sind. Dabei versteht man unter dem *Komplement* von γ denjenigen Teilgraphen des Netzes, der aus nicht zu γ gehörenden Kanten und aus deren Endpunkten besteht, also auch aus den Polen des Teilgraphen. ϱ_γ^Γ sei die Anzahl der Grenzpunkte von γ. Das Netz heißt *stark zusammenhängend*, wenn es zusammenhängend ist und das Minimum von ϱ_γ^Γ, genommen über alle Teilgraphen von Γ (mit Ausnahme des Netzes Γ selbst), nicht kleiner als Zwei ist. Ein stark zusammenhängendes Netz heißt *unzerlegbar*, wenn das Minimum von ϱ_γ^Γ, genommen über alle Teilgraphen von Γ (mit Ausnahme der aus einer einzigen Kante bestehenden Teilgraphen und des Netzes Γ selbst), nicht kleiner als Drei ist.

bildet eine Basis von S, d. h., jedes beliebige Netz von S kann durch eine endliche Anzahl von Operationen R aus den Basisnetzen erzeugt werden. Die Klasse der stark zusammenhängenden Netze hat als Basis die Menge aller unzerlegbaren stark zusammenhängenden Netze.

Definition. Eine Klasse, deren Basis aus einer endlichen Anzahl unzerlegbarer Netze besteht, heißt *Klasse mit beschränkter Topologie.*

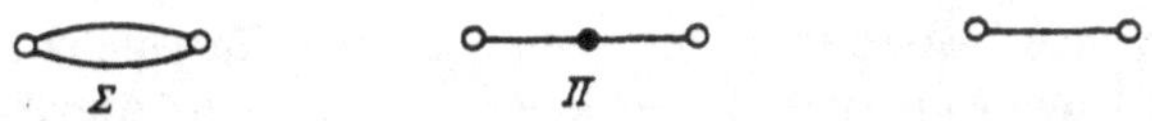

Abb. 3

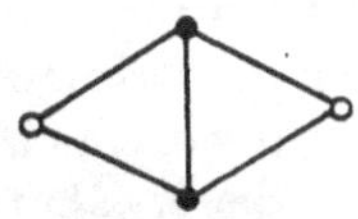

Abb. 4

Ein Beispiel für eine Klasse mit beschränkter Topologie ist die Klasse der π-Netze. Die Basis dieser Klasse besteht aus den drei in Abb. 3 dargestellten Netzen. Nehmen wir zu dieser Basis noch eine Brücke (Abb. 4) hinzu, dann erhalten wir eine andere Klasse. Die bezüglich R abgeschlossene Klasse S kann durch Superpositionen erzeugt werden. Hierfür wählen wir als Menge der Elementarobjekte die Menge

$$\sigma_0 = \{L_1(\,,\ldots,\,),\ L_1'(\,,\ldots,),\ldots,\ L_r(\,,\ldots,\,),\ L_r'(\,,\ldots,)\},$$

wo sowohl L_i als auch L_i' dieselbe Zahl $s_i = t_i$, $i = 1, \ldots, r$, zugeordnet ist. Als Menge $\{x_\mu\}$ nehmen wir die aus dem einen Element x bestehende Menge (x wird den Kanten zugeordnet). $L_i(\,,\ldots,\,)$ und $L_i'(\,,\ldots,\,)$ entsprechen den beiden Möglichkeiten, die man hat, wenn das Netz $\Gamma_i^{t_i}$ in einem anderen Netz anstelle einer Kante gesetzt wird.

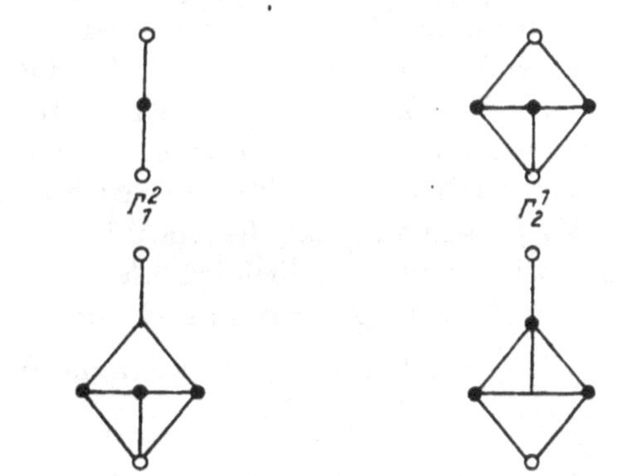

Abb. 5

Jede Superposition aus σ beschreibt eindeutig, wie man ein beliebiges Netz der Klasse S durch Anwendung der Operation R auf die Basisnetze erhält (siehe Beispiel Abb. 5). Hierbei kann ein Netz verschiedenen Superpositionen aus σ entsprechen. In jedem Fall kann jedoch die Klasse S durch die Menge σ erzeugt werden.[1])

Wenn die Basis S aus $\nu_l(S)$ unzerlegbaren Netzen mit l Kanten besteht, so ist die Anzahl der in σ_0 enthaltenen l-stelligen Objekte gleich $2\,\nu_l(S)$.

[1]) Der Zusammenhang zwischen σ und S wird ausführlicher in [8] beschrieben.

§ 2. Abschätzung von $L(D_h)$

2.1. Aufgabenstellung. Lösungsmethode

Wir stellen uns die Aufgabe, $L(D_h)$ nach unten abzuschätzen. Dabei verwenden wir die hier eingeführten Begriffe. Der Grundgedanke der Abschätzung ist der gleiche wie in [1, 2, 3] und einer Reihe anderer Arbeiten. Zunächst (Theorem 1) berechnen wir, wieviele nichtisomorphe, die Klasse D_h erzeugende Superpositionen einen Kompliziertheitsgrad haben, der nicht größer als n ist. Anschließend erhalten wir eine asymptotische Darstellung der oberen Grenze für solche n, bei denen die erwähnte Anzahl der Superpositionen kleiner ist als die Anzahl der Elemente von D_h. Mit dieser oberen Grenze läßt sich $L(D_h)$ nach unten abschätzen.

2.2. Einige Einschränkungen für den Kompliziertheitsgrad

Das Ziel des vorliegenden Beitrages ist die Abschätzung von $L(D_h)$ für beliebige Kompliziertheitsgrade, die die Bedingung (2) erfüllen. Um ein nichttriviales Ergebnis zu bekommen, das auch ohne Konkretisierung des Begriffes der Realisierung Verwendung finden kann, müssen wir fordern, daß die Anzahl der Superpositionen, deren Kompliziertheitsgrad n nicht übersteigt, für alle n endlich ist. Sonst könnte es nämlich eine kleinste Zahl n_1 geben, für welche die Anzahl der Superpositionen, deren Grad n_1 nicht überschreitet, nicht endlich ist. In diesem Fall sind wir nicht sicher, ob alle Elemente einer beliebigen Klasse D_h durch Superpositionen erzeugt werden können, deren Grad n_1 nicht übersteigt, und es könnte folgende Aussage richtig sein: Für jede Menge D_h gilt $n_1 > L(D_h)$, und wenn $n_2 > n_1$ ist, dann ist für eine beliebige Menge D_h mit hinreichender Elementezahl $L(D_h) > n_2$. Solche Definitionen des Kompliziertheitsgrades sind uninteressant, und wir werden sie deshalb nicht betrachten (obwohl man auch für sie entsprechende Resultate darlegen könnte).

Wir fordern also, daß die Anzahl der Superpositionen, deren Grad nicht größer als n ist, für alle n endlich ist. Genügt der Grad der Bedingung (3), dann erfüllt er auch die Bedingungen (5) und (6):

$$\lim_{l\to\infty} p_l = \infty \quad \text{(wenn die Basis } \sigma_0 \text{ unendlich ist)}, \tag{5}$$

$$p_l > 0 \qquad l = 1, 2, \ldots . \tag{6}$$

In der Tat, ist nämlich die Basis unendlich, (5) aber nicht erfüllt, dann sind alle p nicht größer als eine bestimmte Konstante p. Dann läßt sich für jedes l ein l-stelliges Objekt $L_k(\ ,\ ,\ldots,\ )$ mit dem Grad p angeben; wegen (3) ist $G[L_k(x_1, \ldots, x_l)] = p_l + p_0 < p + p_0 = \text{const}$. Folglich ist die Anzahl der Superpositionen (sogar solcher vom Rang 1), deren Grad nicht größer als eine bestimmte Konstante ist, unendlich.

Nun sei (6) nicht erfüllt, d. h., für ein gewisses l ist $p_l = 0$. Zum Beispiel sei $p_2 = 0$ und $G[L_1(\ ,\ )] = 0$. Alle Superpositionen $L_1(x, x)$, $L_1(x, L_1(x, x))$, $L_1(x, L_1(x, L_1(x, x)))$,

... haben dann nach (3) den Grad p_0, d.h., die Anzahl der nichtisomorphen Superpositionen, deren Grad gleich p_0 ist, ist unendlich. Da (3) ein Spezialfall von (2) ist, betrachten wir Grade, die (2) befriedigen; dann sind (5) und (6) notwendige Bedingungen dafür, daß die Anzahl der Superpositionen, deren Grad nicht größer als n ist, für alle n endlich ist.

Die Forderung $p_1 > 0$ ist jedoch zu stark. Durch Grade, die wie im Beispiel a) des Abschnittes 1.4 definiert sind, wird man auf den Fall $p_1 = 0$ geführt. Wir lassen also zu, daß p_1 den Wert Null annimmt, und ersetzen die Bedingung (6) durch (6′):

$$p_l > 0\,, \qquad l = 2, 3, \ldots\,. \tag{6'}$$

Wie aber aus obigem folgt, müssen wir die Realisierung in gewisser Weise einschränken (siehe Bedingung (7)).

Bezeichnen wir mit $\sigma^{(\tau)}$ die Menge solcher Superpositionen aus σ, in denen jedes einstellige Objekt nicht mehr als τ-mal hintereinander vorkommt.

Beispiel. Die Superposition

$$L_1\big(L_1\big(L_2(L_3(L_1(x)),\ L_1(x)\,,\ L_1(x)\,,\ L_1(x)))\big)\big)$$

gehört zu einem beliebigen $\sigma^{(\tau)}$ mit $\tau \geqq 2$. Die Realisierung wird folgender Bedingung unterworfen:

Wenn die Klasse D_h durch Superpositionen aus σ erzeugt wird, dann existiert ein $\tau > 0$ derart, daß sie auch durch Superpositionen aus $\sigma^{(\tau)}$ erzeugt werden kann (d.h., auf das Urbild jedes Elementes f aus D_h wird mindestens eine Superposition aus σ angewandt). (7)

Diese Bedingung dürfte nur solchen Graden auferlegt werden, für die $p_1 = 0$ ist. Es ist jedoch bequemer, (7) von allen Graden zu fordern. Die Forderung ist nicht allzu scharf und in den uns interessierenden Fällen erfüllt.

Die Bedingungen (5), (6′) und (7) sind auch hinreichend dafür, daß die Anzahl der Superpositionen, deren Grad n nicht übersteigt, für alle n endlich ist (dies folgt aus Theorem 1).

Im weiteren setzen wir stets voraus, daß die Bedingungen (2), (5), (6), (7) erfüllt sind.

2.3. Bezeichnungen

Wir führen folgende Bezeichnungen ein:

1. k_l ist die Anzahl der l-stelligen Elementarobjekte in σ_0. Nach 1.1 ist k_l für alle l endlich.

2.
$$\varrho(n) = \begin{cases} \inf\limits_{l\geqq 2,\, p_l\leqq n} \dfrac{p_l}{l-1} & \text{für} \quad p_1 = 0\,, \\[2ex] \inf\limits_{l\geqq 1,\, p_l\leqq n} \dfrac{p_l}{l-1} & \text{für} \quad p_1 > 0\,. \end{cases}$$

Die Zahl $\varrho(n)$ kann man spezifisches Gewicht des l-stelligen Elementarobjektes nennen. Offenbar ist $\varrho(n)$ eine nichtwachsende und von Null verschiedene Funktion (nach (5) und (6')).

3.

$$\psi(n) = \begin{cases} \sup\limits_{l \geqq 2, p_l \leqq n} \dfrac{\log_2 k_l}{p_l} & \text{für} \quad p_1 = 0\,, \\ \sup\limits_{l \geqq 1, p_l \leqq n} \dfrac{\log_2 k_l}{p_l} & \text{für} \quad p_1 > 0\,. \end{cases}$$

Offenbar ist $\psi(n)$ eine überall definierte nichtfallende Funktion (nach (5) und (6')).

4. $\tilde{\sigma}^{(\tau)}$ ist die Menge der Bäume, die den Superpositionen aus $\sigma^{(\tau)}$ entsprechen.

5. $d_{\nu,\tau}$ ($\nu > 1$) ist die Anzahl der nichtisomorphen Bäume aus $\tilde{\sigma}^{(\tau)}$ mit ν Endkanten. $d_{1,\tau}$ ist die Mächtigkeit der Menge, die aus dem leeren Baum und den Bäumen aus $\tilde{\sigma}^{(\tau)}$ mit einer Endkante besteht.

6. $\Delta_{n,\tau} = \sum\limits_{\nu \leqq n} d_{\nu,\tau}$.

7. $q_{n,j,\tau}$ ist die Anzahl der nichtisomorphen (L, x)-Bäume aus $\tilde{\sigma}^{(\tau)}$, die folgende Eigenschaften besitzen:

a) Ihr Grad ist nicht größer als n;

b) den Endkanten sind die Symbole x_μ der fixierten Menge $\{x_{\mu_1}, \ldots, x_{\mu_j}\}$ zugeordnet.

Nach 1.2 ist $q_{n,j,\tau}$ gleich der Anzahl der Superpositionen mit einem Grad nicht größer als n. Die Superpositionen enthalten nicht mehr als j fixierte Symbole aus $\{x_\mu\}$, und einstellige Objekte mit dem Grad Null kommen in ihnen nicht mehr als τ-mal hintereinander vor.

Theorem 1. *Es ist*

$$q_{n,j,\tau} < M\, j (C\, j)^{\frac{n}{\varrho(n)}}\, 2^{n\psi(n)}\,,$$

wo $C = C(k_1, \tau)$ *ist und* M *eine positive Konstante.*

Zum Beweis des Theorems schicken wir einige Lemmata voraus.

Lemma 1[1]). *Für die Zahlen* $d_{\nu,\tau}$ *gilt die Rekursionsformel*

$$d_{1,\tau} = 1 + \tau\,; \quad d_{\nu,\tau} = d_{1,\tau} \sum_{\substack{l \geqq 2 \\ k_l \neq 0}} \sum_{\substack{\nu_1 + \cdots + \nu_l = \nu \\ \nu_1, \ldots, \nu_l \geqq 1}} d_{\nu_1,\tau}\, d_{\nu_2,\tau} \ldots d_{\nu_l,\tau}\,. \tag{8}$$

Beweis. Die Bäume aus $\tilde{\sigma}^{(\tau)}$, die nur eine Endkante haben, sind Ketten, die aus $1, 2, \ldots, \tau$ Kanten bestehen. Daraus folgt $d_{1,\tau} = 1 + \tau$.

Die Anzahl der Bäume mit ν Endkanten, bei denen von der Wurzel $l > 1$ Kanten ausgehen, ist gleich

$$\delta_{\nu,l} \sum_{\substack{\nu_1 + \cdots + \nu_l = \nu \\ \nu_1, \ldots, \nu_l \geqq 1}} d_{\nu_1,\tau}\, d_{\nu_2,\tau} \ldots d_{\nu_l,\tau}\,. \tag{8'}$$

In der Tat kann man alle derartigen Bäume dadurch erhalten, daß man auf den Kanten des Wurzelsternes alle möglichen Bäume aufbaut, sofern sie nur ν End-

[1]) Vgl. [12].

kanten haben. Die Anzahl der Bäume mit ν Endkanten, bei denen von der Wurzel nur eine Kante ausgeht und der erste Stern mit mehr als einer Kante $l > 1$ Kanten besitzt, ist offenbar gleich

$$\tau\, \delta_{\nu,l}\,. \tag{8''}$$

Die Anzahl der Bäume mit ν Endkanten, bei denen der erste Stern mit mehr als einer Kante $l > 1$ Kanten hat, ist gleich der Summe von (8') und (8''), nämlich

$$\delta_{\nu,l} + \tau\, \delta_{\nu,l} = d_{1,\tau} \cdot \delta_{\nu,l}\,. \tag{8'''}$$

Summiert man (8''') über alle l, so erhält man die Behauptung (8).

Lemma 2. *Die Anzahl $\Delta_{n,\tau}$ der nichtisomorphen Bäume aus $\sigma^{(\tau)}$, die nicht mehr als n Endkanten haben, genügt der Ungleichung*

$$\Delta_{n,\tau} < M\, C_1^n\,, \tag{9}$$

wo $C_1 = C_1(\tau)$ und M eine positive Konstante ist.

Beweis. Wir betrachten die Gleichung

$$x = \frac{y}{d_{1,\tau}} - \sum_{\substack{l \geq 2\\ k_l \neq 0}} y^l\,. \tag{10}$$

Die Funktion $x(y)$ ist für $|y| < 1$ analytisch, wobei $\left.\frac{dx}{dy}\right|_{y=0} \neq 0$ ist. Deshalb existiert auch die Funktion $y = y(x)$, $y(0) = 0$. Sie ist in einer gewissen Umgebung des Punktes $x = 0$ analytisch und genügt (10). In dieser Umgebung ist

$$y(x) = a_{1,\tau}\, x + \cdots + a_{\nu,\tau}\, x^\nu + \cdots\,. \tag{11}$$

Wir setzen (11) in (10) ein und erhalten durch Koeffizientenvergleich

$$\begin{gathered} d_{1,\tau} = a_{1,\tau}\,, \\ d_{1,\tau} \sum_{\substack{l \geq 2\\ k_l \neq 0}} \sum_{\substack{\nu_1 + \cdots + \nu_l = \nu\\ \nu_1, \ldots, \nu_l \geq 1}} a_{\nu_1,\tau} \cdot a_{\nu_2,\tau} \cdots a_{\nu_l,\tau} = a_{\nu,\tau}\,. \end{gathered} \tag{12}$$

Aus (12) und (8) erhalten wir

$$d_{2,\tau} = a_{2,\tau}\,, \quad \ldots\,, \quad d_{\nu,\tau} = a_{\nu,\tau}\,, \quad \ldots\,.$$

Es gilt die Ungleichung $a_{\nu,\tau} \leq a^1_{\nu,\tau}$, wo $a^1_{\nu,\tau}$ der Koeffizient von x^ν ist, wenn man die Lösung der Gleichung

$$x = \frac{y_1}{d_{1,\tau}} - \sum_{l \geq 2} y_1^l$$

nach Potenzen von x entwickelt.

In der Tat gilt für $a^1_{\nu,\tau}$ eine zu (12) analoge Beziehung nur mit dem Unterschied, daß die äußere Summe über alle l zu nehmen ist und nicht nur über solche, für die $k_l \neq 0$ gilt, wie in (12). Singuläre Punkte der Funktion $y = y(x)$ sind die Wurzeln der Gleichungen

$$\left.\begin{aligned} \frac{d}{dy_1}\left(\frac{y_1}{d_{1,\tau}} - \sum_{l \geq 2} y_1^l\right) &= 0\,, \\ x = \frac{y_1}{d_{1,\tau}} - \sum_{l \geq 2} y_1^l &= 0\,. \end{aligned}\right\} \tag{13}$$

Das dem Betrag nach kleinste x, welches (13) erfüllt, ist

$$x_0 = \frac{1 + 2\, d_{1,\tau} - 2 \sqrt{d_{1,\tau}(1 + d_{1,\tau})}}{d_{1,\tau}} .$$

Man kann zeigen (siehe [9]), daß für $x = x_0$ die Reihe $y_1 = \sum_{\nu \geqq 1} a^1_{\nu,\tau}\, x^\nu$ konvergiert; das bedeutet aber $a^1_{\nu,\tau}\, x_0^\nu < \mu$, $\nu = 1, 2, \ldots$. Hieraus folgt, daß $d_{\nu,\tau} = a_{\nu,\tau} \leqq a^1_{\nu,\tau} < M\, C_1^\nu$, wo M eine positive Konstante und $C_1 = \frac{1}{x_0}$ ist,

$$\Delta_{n,\tau} = \sum_{\nu \leqq n} d_{\nu,\tau} \leqq M \sum_{\nu \leqq n} C_1^\nu \leqq M'\, C_1^n ,$$

wo M' eine positive Konstante ist, q. e. d.

Lemma 3. *Ein Baum, der n_l Sterne der Stellenzahl l besitzt (oder was dasselbe ist, n_l Kanten, von denen wieder je l Kanten abzweigen), hat $1 + \sum_{l \geqq 1} n_l\,(l - 1)$ Endkanten.*

Beweis. Tatsächlich ist die Anzahl aller Kanten eines Baumes einschließlich der Wurzel gleich $1 + \sum_{l \geqq 1} l \cdot n_l$. Die Anzahl der Nichtendkanten ist gleich $\sum_{l \geqq 1} n_l$. Folglich gibt es

$$1 + \sum_{l \geqq 1} l\, n_l - \sum_{l \geqq 1} n_l = 1 + \sum_{l \geqq 2} (l - 1)\, n_l$$

Endkanten, womit Lemma 3 bewiesen ist.

Beweis von Theorem 1.

1. Wir zählen die Endkanten der (L, x)-Bäume zusammen, deren Grad nicht größer als n ist. Diese Bäume genügen der Bedingung $\sum_{l \geqq 1} n_l\, p_l \leqq n$. Enthält ein solcher Baum einen l-stelligen Stern, dann ist

$$p_l \leqq n . \tag{13'}$$

Nach der Definition von $\varrho(n)$ gilt deshalb für Bäume, deren Grad nicht größer als n ist, die Ungleichung

$$\varrho(n) \leqq \frac{p_l}{l - 1} .$$

Die Anzahl der Endkanten eines Baumes ist nach Lemma 3

$$1 + \sum_{l \geqq 1} (l - 1)\, n_l . \tag{14}$$

Es ist aber

$$1 + \sum_{l \geqq 1} (l - 1)\, n_l \leqq 1 + \frac{1}{\varrho(n)} \sum_{l \geqq 1} p_l\, n_l \leqq 1 + \frac{n}{\varrho(n)} .$$

Folglich haben die Bäume, deren Grad nicht größer als n ist, nicht mehr als $1 + \frac{n}{\varrho(n)}$ Endkanten.

2. Die Anzahl der Bäume, aus denen man durch Anordnung von Symbolen Superpositionen mit einem Grad nicht größer als n erhält, ist offensichtlich gleich

der Anzahl der Bäume, deren Grad n nicht übersteigt, und folglich (Lemma 2) nicht größer als

$$M\, C_1^{\frac{n}{\varrho(n)}}, \tag{15}$$

wo M eine positive Konstante und $C_1 = C_1(\tau)$ ist.

3. Es lassen sich j Symbole aus $\{x_\mu\}$ höchstens auf

$$j^{1+\frac{n}{\varrho(n)}} \tag{16}$$

verschiedene Arten den Endkanten des Baumes zuordnen, aus dem durch Anbringung von Symbolen eine Superposition mit einem Grad nicht größer als n entsteht.

4. Die Anzahl der Zuordnungen zwischen den Symbolen aus $\{L_k\}$ und den inneren Kanten oder der Wurzel des Baumes ist gleich $\prod\limits_{l \geqq 1} k_l^{n_l}$. Es sei $p_1 > 0$. Wenn der Grad einer Superposition n nicht übersteigt, dann ist $p_l \leqq n$ und folglich $\frac{\log_2 k_l}{p_l} \leqq \psi(n)$,

$$\log_2 \prod_{l \geqq 1} k_l^{n_l} \leqq \psi(n) \sum_{l \geqq 1} n_l\, p_l \leqq n\, \psi(n)\,, \tag{17}$$

$$\prod_{l \geqq 1} k_l^{n_l} \leqq 2^{n\,\psi(n)}\,. \tag{18}$$

Das gilt jedoch nur für solche Grade, bei denen $p_1 > 0$ ist. Im Fall $p_1 = 0$ gibt es höchstens $2^{n\,\psi(n)}$ Zuordnungen für die Symbole von L_k, ausgenommen die Symbole der einstelligen Objekte. Einstellige Objekte hingegen kann man auf $k_1^{n_1}$ verschiedene Arten zuordnen. Aber von jeder Kante des Baumes kann eine Kette ausgehen, die nicht mehr als τ einkantige Sterne enthält. Die Anzahl aller Kanten eines Baumes, vom einkantigen abgesehen, ist gleich $2\,n_2 + 3\,n_3 + \cdots + l\,n_l + \cdots$. Daraus folgt

$$n_1 \leqq \tau \Big(\sum_{l \geqq 2} l\, n_l \Big) \leqq 2\,\tau \sum_{l \geqq 2} (l-1)\, n_l \leqq 2\,\tau \left(1 + \frac{n}{\varrho(n)}\right)$$

für Superpositionen, deren Grad nicht größer als n ist.

Mit Hilfe der Punkte 1 bis 4 des vorliegenden Beweises bestätigt man die Gültigkeit der Ungleichung

$$q_{n,j,\tau} < M\, C_1^{\frac{n}{\varrho(n)}}\, j^{1+\frac{n}{\varrho(n)}}\, 2^{n\,\psi(n)}\, k_1^{2\tau\left(1+\frac{n}{\varrho(n)}\right)}.$$

Diese Ungleichung kann in der Form

$$q_{n,j,\tau} < M\, j (C\, j)^{\frac{n}{\varrho(n)}}\, 2^{n\,\psi(n)} \tag{19}$$

geschrieben werden, wo M eine Konstante und $C = C(k_1, \tau)$ ist. Damit ist Theorem 1 bewiesen.

2.4. Abschätzung von $L(D_h)$

Die Klasse D_h habe die endliche Mächtigkeit $m = m(D_h)$. Weiter sei $j = j(D_h)$ die kleinste Zahl, für die alle Elemente D_h durch Superpositionen realisiert werden können, die nicht mehr als j Symbole aus $\{x_\mu\}$ enthalten. $\tau = \tau(D_h)$ sei die kleinste Zahl, für die alle Elemente von D_h durch Superpositionen realisiert werden können, die nicht mehr als τ einstellige Objekte hintereinander enthalten. Die Zahl τ existiert nach Bedingung (7). Nach Theorem 1 läßt sich leicht folgender Satz herleiten.

Theorem 2. *Wenn es eine Folge von Klassen D_h gibt, derart, daß*

$$m \to \infty \quad \textit{und} \quad \frac{\log_2 m}{\log_2 j} \to \infty \quad \textit{für} \quad h \to \infty ,$$

dann gilt

1. *Zu jedem $\varepsilon > 0$ gibt es ein $h_0(\varepsilon)$ so, daß $L(D_h) > n_0 (1 - \varepsilon)$ ist für alle $h > h_0$, wo n_0 die größte Lösung der Ungleichung*[1])

$$n \left(\frac{\log_2 C j}{\varrho(n)} + \psi(n)\right) \leqq \log_2 m \tag{20}$$

ist.

2. *Der Anteil derjenigen Elemente aus D_h, die durch Superpositionen mit einem Grad kleiner als $n_0 (1 - \varepsilon)$ realisiert werden, wird für genügend großes h beliebig klein.*

Theorem 2 besagt, daß bei Klassen mit sehr vielen Elementen die Realisierung fast aller Elemente sehr kompliziert ist.

Beweis. Wir beweisen die zweite Behauptung des Theorems, die erste folgt aus der zweiten. Die Anzahl der Elemente aus D_h, die durch Superpositionen realisiert werden, deren Grad n nicht übersteigt, ist nicht größer als

$$q_{n,j,\tau}, \quad \text{wo} \quad j = j(D_h) , \ \tau = \tau(D_h) .$$

Nach Theorem 1 und in Anbetracht dessen, daß $\varrho(n)$ nicht wächst und $\psi(n)$ nicht fällt, erhalten wir

$$\log_2 \frac{q_{n_0(1-\varepsilon),j,\tau}}{m} \leqq \log_2 M + \log_2 j + (1 - \varepsilon)\, n_0 \left(\frac{\log_2 C j}{\varrho(n_0)} + \psi(n_0)\right) - \log_2 m .$$

Da n_0 eine Lösung von (20) ist, erhalten wir

$$\log_2 \frac{q_{n_0(1-\varepsilon),j,\tau}}{m} \leqq \log_2 M + \log_2 j - \varepsilon \log_2 m \to -\infty \tag{21}$$

für $h \to \infty$ (weil für $h \to \infty$ auch $m \to \infty$). Ungleichung (21) zeigt uns, daß die Anzahl der Elemente aus D_h, die durch Superpositionen mit einem Grad kleiner

[1]) Als n_0 kann man eine beliebige Lösung von (20) nehmen.

als $n_0(1-\varepsilon)$ erzeugt werden, für große m beliebig klein ist gegenüber m, was aber das Theorem beweist. Häufig ist es bequemer, nicht Theorem 2, sondern ein drittes Theorem anzuwenden.

Theorem 3. *Wenn es eine Folge von Klassen D_h gibt, derart, daß*

1. *für $h \to \infty$ auch $m \to \infty$ und $j \to \infty$;*
2. *$\psi(n) \leqq \psi$, wo ψ eine Konstante ist;*
3. *$\dfrac{\log_2 m}{\log_2 j} \to \infty$ für $h \to \infty$,*

dann gilt

a) *$L(D_h) > n_0(1-\varepsilon)$, wo n_0 die größte Lösung der Ungleichung*

$$\frac{n}{\varrho(n)} \leqq \frac{\log_2 m}{\log_2 j} \tag{22}$$

und $\varepsilon \to 0$ für $h \to \infty$ sind;

b) *der Anteil derjenigen Elemente aus D_h, die durch Superpositionen mit einem Grad kleiner als $n_0(1-\varepsilon)$ erzeugt werden, konvergiert gegen Null für $h \to \infty$.*

Der Beweis verläuft wie bei Theorem 2 (man überzeugt sich, daß $\dfrac{q_{n_0(1-\varepsilon), j, \tau}}{m} \to 0$ für $h \to \infty$). Aus Theorem 3 ergibt sich offenbar eine Folgerung.

Folgerung. Aus $\varrho(n) \geqq \varrho = \text{const}$ folgt

$$L(D_h) > \varrho \frac{\log_2 m}{\log_2 j}(1-\varepsilon).$$

Anwendungsbeispiele zu Theorem 3:

1. Für $p_l \geqq \varrho(l-1)^\alpha$, $0 \leqq \alpha \leqq 1$, $l = 1, 2, \ldots, \varrho = \text{const}$ ist

$$L(D_h) \geqq \varrho\left(\frac{\log_2 m}{\log_2 j}\right)^\alpha (1-\varepsilon), \quad \varepsilon \to 0 \quad \text{für} \quad m \to \infty.$$

In der Tat ist

$$\varrho(n) \geqq \min_{\varrho(l-1)^\alpha \leqq n} \varrho(l-1)^{\alpha-1} = \varrho\left(\frac{n}{\varrho}\right)^{\frac{\alpha-1}{\alpha}}.$$

2. Für $p_l \geqq \varrho(l-1)^\alpha$, $\alpha \geqq 1$, $\varrho = \text{const}$ ist

$$L(D_h) \geqq \varrho \frac{\log_2 m}{\log_2 j}(1-\varepsilon).$$

3. Für $p_l \geqq \varrho \log_{(r)}(l-1)$ (und große l) mit $\varrho = \text{const}$ und

$$\log_{(r)}(l-1) = \underbrace{\log_2 \log_2 \ldots \log_2}_{r\text{-mal}}(l-1)$$

ist

$$L(D_h) > \varrho \log_{(r)} m(1-\varepsilon).$$

§ 3. Anwendungen der Theoreme 1, 2 und 3

3.1.

Zur Realisierung der Elemente der Klasse D_h benutzten wir nur Superpositionen, in denen einstellige Funktionen nicht mehr als τ-mal hintereinander auftreten (Bedingung (7)). Das unten zu beweisende einfache Lemma rechtfertigt die Behauptung, daß (7) in der N-wertigen Logik erfüllt ist.

Als Länge einer Verkettung von einstelligen Funktionen bezeichnen wir die Anzahl der in sie eingehenden Funktionen. Zum Beispiel ist die Länge der Verkettung $\varphi_1(\varphi_1(\varphi_1(\varphi_1(x))))$ gleich Vier.

Lemma 4. *Wir haben r einstellige Funktionen der N-wertigen Logik* $\varphi_1(x), \ldots, \varphi_r(x)$. *Dann existiert eine solche Zahl* τ, *daß sich für jede Verkettung der Funktionen* $\varphi_1(x), \ldots, \varphi_r(x)$ *eine äquivalente (d.h. dieselbe Funktion ausdrückende) Verkettung finden läßt, deren Länge nicht größer als* τ *ist.*

Beweis. Tatsächlich würde im entgegengesetzten Fall eine unendliche Folge von Zahlen $\tau_1 < \cdots < \tau_2 < \cdots < \tau_i < \cdots$ existieren, so daß sich für jedes i eine Funktion finden läßt, die zwar durch Verkettung der Länge τ_i, aber nicht durch Verkettung einer kleinsten Länge ausgedrückt wird. Aber das ist unmöglich, weil es nur endlich viele einstellige Funktionen gibt.

3.2. Anwendung auf die zweiwertige Aussagenlogik

Wenden wir uns nun wieder dem Beispiel A in 1.6 zu. Die dort konstruierte Menge σ_0 ist endlich. Deshalb ist Bedingung 2 von Theorem 3 erfüllt. Weiter ist $\varrho(n) \geqq \varrho = \text{const}$. Definiert man den Kompliziertheitsgrad als Anzahl der Zeichen der in der Verkettung der Basisfunktionen enthaltenen Argumente, dann ist $\varrho = 1$; ist der Grad jedoch gleich der Anzahl der in der Verkettung vorkommenden Zeichen, dann ist $\varrho = \frac{1}{s-1}$, wo s die maximale Stellenzahl der Basisfunktionen bedeutet. Mit m_j bezeichnen wir die Anzahl der von j Argumenten abhängigen Funktionen der abgeschlossenen Klasse P, mit $L_j(P)$ das $\max L(f)$ dieser Funktionen.

Dann gilt folgender Sachverhalt (siehe Theorem 3): Wenn $\frac{\log_2 m_j}{\log_2 j} \to \infty$ für $j \to \infty$, dann existiert für alle $\varepsilon > 0$ ein $j_0(\varepsilon)$ derart, daß nicht alle Funktionen aus P von $j > j_0(\varepsilon)$ Argumenten durch Verkettung der Basisfunktionen erzeugt werden können, deren Grad kleiner als $\varrho \frac{\log_2 m_j}{\log_2 j} (1 - \varepsilon)$ ist; durch Verkettung mit einem kleineren Grad kann nur ein unendlich kleiner Teil der Funktionen von $j > j_0(\varepsilon)$ Argumenten aus P ausgedrückt werden.

Beispiele.

1. P sei die Klasse aller zweiwertigen aussagenlogischen Wahrheitsfunktionen. In diesem Fall ist

$$m_j = 2^{2^j}\,,\quad L_j(P) > \varrho \cdot \frac{2^j}{2\log_2 j}(1-\varepsilon)\,.$$

2. P sei die Klasse der selbstdualen Funktionen.[1]) In diesem Fall ist

$$m_j = 2^{2^{j-1}},\quad L_j(P) > \varrho \cdot \frac{2^j}{2\log_2 j}(1-\varepsilon)\,.$$

3. P sei die Klasse der monotonen Funktionen. In diesem Fall ist

$$m_j > 2^{2^j \cdot \sqrt{\frac{2}{\pi j}}} \quad \text{(siehe [10])}\,,$$

$$L_j(P) > \sqrt{\frac{2}{\pi}}\,\varrho \cdot \frac{2^j}{j\log_2 j}(1-\varepsilon)\,.$$

3.3. Anwendung auf die N-wertige Logik

In der N-wertigen Logik ist das Theorem über die Endlichkeit der Basis bei abgeschlossenen Klassen, analog zum Postschen Theorem, nicht bewiesen. Es ist hier nur eine Hypothese.

Wenn obiges Theorem richtig ist, dann $\left(L_j(P)\right.$ bezeichnet wieder $\max L(f)$ aller von j Argumenten abhängigen Funktionen aus $\left.P\right)$ gilt:

$$L_j(P) > \varrho \frac{\log_2 m_j}{\log_2 j}(1-\varepsilon)\,, \tag{23}$$

wo $\varrho = \inf\limits_{l>1} \frac{p_l}{l-1} = \text{const}$ für beliebiges P. Wenn P die Klasse aller aussagenlogischen Wahrheitsfunktionen der N-wertigen Logik ist, dann gilt

$$L_j(P) > \varrho \frac{N^j}{\log_N j}(1-\varepsilon)\,,$$

wobei wiederum der Anteil derjenigen Funktionen, die einfacher erzeugt werden können, beliebig klein wird. Wenn aber das dem Postschen Theorem entsprechende Theorem in der N-wertigen Logik nicht gilt, dann ist (23) nur für Klassen mit endlicher Basis richtig. Für Klassen mit unendlicher Basis erhalten wir eine Abschätzung für $L_j(P)$ mit Hilfe von (20) oder (22) (siehe Beispiele zu Theorem 3).

3.4. Anwendung auf die Theorie der Netze

Kommen wir nun auf das Beispiel B aus 1.6 zurück. Wir nehmen $p_l = l-1$ ($l = 1, 2, \ldots$) an, so daß also der Grad um Eins kleiner ist als die Kantenzahl des

[1]) Eine zweiwertige aussagenlogische Wahrheitsfunktion $\varphi(x_1, \ldots, x_n)$ heißt selbstdual, falls für alle $x_1, \ldots, x_n$ gilt: $\varphi(x_1, \ldots, x_n) = \overline{\varphi(\bar{x}_1, \ldots, \bar{x}_n)}$. — Anm. d. Red.

Netzes, dessen Konstruktionsprozeß durch die Superposition charakterisiert wird. Für $k_1 = 0$, $j = 1$ erhalten wir (nach Theorem 1) den Satz:

Die Anzahl der zur abgeschlossenen Klasse S gehörigen Netze mit $n > 1$ Kanten, deren Basis aus $\nu_1(S)$ unzerlegbaren Netzen mit l Kanten besteht, ist nicht größer als

$$M\, C_1^n\, [\nu_{i(S,n)}]^{\frac{n}{i(S,n)-1}}, \tag{24}$$

wo M und C_1 Konstanten sind und $i(S, n)$ derjenige Wert von l, für den das $\max\limits_{l \leqq n} [\nu_l(S)]^{\frac{1}{l-1}}$ erreicht wird.

Ein Abschätzung für die Anzahl s_n aller stark zusammenhängenden zweipoligen Netze mit n Kanten ergibt sich aus [11]

$$s_n > \left(\frac{C_3\, n}{(\log_2 n)^2}\right)^n, \tag{25}$$

wo $C_3 = \text{const}$ ist.

A. S sei eine Klasse mit beschränkter Topologie. Dann ist die Funktion $[\nu_{i(S,n)}]^{\frac{n}{i(S,n)-1}}$ beschränkt, und die Anzahl der n-kantigen Netze dieser Klasse übersteigt nicht $M\, C_2^n$, wo $C_2 = \text{const}$ ist, d.h., die Anzahl der n-kantigen Netze einer Klasse mit beschränkter Topologie wird beliebig klein im Vergleich zur Anzahl aller Netze mit n Kanten.

B. S sei die Klasse aller zweipoligen stark zusammenhängenden Netze, ν_l die Anzahl aller unzerlegbaren Netze und $i = i(n)$ der Wert von l, für den $\max\limits_{i \leqq n} \nu_l^{\frac{1}{l-1}}$ erreicht wird. Aus (24) und (25) folgt

$$M\, C_1^n\, \nu_i^{\frac{n}{i-1}} > s_n > \left(\frac{C_3\, n}{(\log_2 n)^2}\right)^n.$$

Folglich ist

$$\nu_i > \left(\frac{C_3\, n}{(\log_2 n)^2\, C_1 \sqrt[n]{M}}\right)^{i-1}. \tag{26}$$

Wegen $i \leqq n$ folgt aus (26)

$$\nu_i > \left(\frac{A\, i}{(\log_2 i)^2}\right)^i, \tag{27}$$

wo $A = \text{const}$ ist.

Da die rechte Seite der Ungleichung (26) für $n \to \infty$ gegen unendlich strebt, geht auch $i \to \infty$ für $n \to \infty$.

Es wurde gezeigt, daß *eine unendliche Zahlenfolge $i_1, i_2, \ldots, i_l, \ldots$ existiert, so daß*

$$\nu_{i_l} > \left(\frac{A \cdot i_l}{(\log_2 i_l)^2}\right)^{i_l}$$

ist. Wir sehen, daß der wesentliche Teil der i_l-kantigen Netze unzerlegbar ist.

3.5. Anwendung auf die Theorie der Kontaktschaltungen

Wir betrachten die Klasse S der Netze mit beschränkter Topologie und ordnen jeder Kante einen der Kontakte $x_1, \bar{x}_1, \ldots, x_j, \bar{x}_j$ zu. Wir erhalten damit die Klasse S^* der Kontaktschaltungen von j Relais, die man naturgemäß als Klasse von Schaltungen mit beschränkter Topologie bezeichnet. Die Klasse S^* kann durch Superpositionen realisiert werden; σ_0 wählen wir so wie im Beispiel A aus 1.6, und die Menge der Symbole besteht aus den $2j$ Symbolen $x_1, x_2, \ldots, x_{2j-1}, x_{2j}$. Nach 3.4 ist die Anzahl der Schaltungen mit beschränkter Topologie, die aus j Relais von $n > 1$ Kontakten bestehen, nicht größer als

$$M\, C_4^n\, j^{n+1}\,, \quad \text{wo} \quad C_4 = 2\, C_2 = \text{const}$$

ist. Wir wollen die Klasse P der zweiwertigen aussagenlogischen Wahrheitsfunktionen durch Schaltungen aus S^* realisieren. $L(f)$ sei die Minimalzahl der Kontakte, die zur Realisierung der Funktion f durch Schaltungen aus S^* notwendig sind, und weiter sei $L_j(P) = \max L(f)$, genommen über alle von j Argumenten abhängigen Funktionen der Klasse P.

Man überzeugt sich leicht von der Richtigkeit des folgenden Satzes:

Wenn $\dfrac{\log_2 m_j}{\log_2 j} \to \infty$ *für* $j \to \infty$, *dann existiert für alle* $\varepsilon > 0$ *ein* $j_0(\varepsilon)$, *so daß*

$$L_j(P) > \frac{\log_2 m_j}{\log_2 j}\,(1 - \varepsilon) \quad \text{für alle} \quad j > j_0(\varepsilon)\,.$$

Der Anteil der Funktionen, die mit weniger Kontakten realisiert werden können, wird beliebig klein für $j \to \infty$.

Bedeutet P insbesondere die Gesamtheit aller zweiwertigen aussagenlogischen Wahrheitsfunktionen, dann ist

$$L_j(P) > \frac{2^j}{\log_2 j}\,(1 - \varepsilon)\,.$$

Diese Abschätzung wurde in [1] für den Fall, daß S^* die Klasse der Reihenparallelschaltungen ist, angegeben. Wir erinnern daran, daß, wenn als realisierende Klasse nicht die Klasse der Schaltungen mit beschränkter Topologie, sondern die Klasse aller Schaltungen genommen wird, dann die wesentlich schwächere Abschätzung

$$L_j(P) > \frac{2^j}{j}\,(1 - \varepsilon)$$

gilt.

3.6.

Wir haben jetzt zwei zweistellige Funktionen

$$f(x, y) = x + y\,; \quad g(x, y) = x \cdot y\,.$$

Jede natürliche Zahl kann durch diese beiden Funktionen und die Konstante 1 dargestellt werden. Beispiel:

$$10 = \big(\ldots((1 + 1) + 1)\ldots\big)\,; \; 10 = \Big(\big(((1 + 1) + 1)\,((1 + 1) + 1)\big) + 1\Big)\,.$$

$L(m)$ sei die kleinste Anzahl der Zeichen $+$ und $\cdot$, mit deren Hilfe man alle Zahlen von 1 bis m darstellen kann. Um aus Theorem 2 eine Abschätzung für $L(m)$ zu erhalten, setzen wir $j = 1$, $p_2 = 1$, $k_2 = 2$, $k_l = 0$ für $l \neq 2$. In diesem Fall kann man einen genaueren Wert für C_1 finden, nämlich $C_1 = 4$, und es ist $\varrho(n) = 1$, $\psi(n) = 1$. Ungleichung (20) lautet dann

$$n \log_2 8 \leqq \log_2 m \, .$$

Wir erhalten

$$L(m) > \frac{1}{3} (1 - \varepsilon) \log_2 m \, ,$$

wo $\varepsilon \to 0$ für $m \to \infty$; der Anteil der Zahlen, die sich auf einfachere Art darstellen lassen, wird beliebig klein.

Es ist klar, daß die Abschätzung nur sehr grob sein kann, da unter den Formeln, die als verschieden gezählt werden, tatsächlich viele äquivalente sind.

(Bei der Redaktion eingegangen am 12. 11. 1957)

Literatur

[1] Riordan, J./Shannon, C. E., The number of two-terminal series-parallel networks. Journ. Math. and Phys. **21** (1942) 83—93.

[2] Shannon, C. E., The synthesis of two-terminal switching circuits. Bell. Syst. Techn. J. **28** (1949) 59—98.

[3] Лупанов, О. Б., О возможностях синтеза схем из разнообразных элементов. ДАН **103**, № 4 (1955) 561—563.
Lupanow, O. B., Über Möglichkeiten der Synthese von Schaltungen durch verschiedene Elemente. Doklady **103** (1955) 561—563.

[4] Яблонский, С. В., Об одном семействе классов функций алгебры логики, допускающих простую схемную реализацию. Труды III Всесоюзного математического сьезда 2, 149.
Jablonski, S. W., Über eine Familie von Funktionenklassen der zweiwertigen Aussagenlogik, die eine einfache Realisierung durch Schaltungen gestatten. Abhandlungen des III. Allunions-Mathematikerkongresses 2, S. 149.

[5] Поваров, Г. Н., О синтезе контактных многополюсников. ДАН 94, № 6 (1954) 1075—1078.
Powarow, G. N., Über die Synthese von Mehrpolkontakten. Doklady **94** (1954) 1075—1078.

[6] Поваров, Г. Н., Математическая теория синтеза контактных (1, К)-полюсников. ДАН **100**, № 5 (1955) 909—912.
Powarow, G. N., Mathematische Theorie der Synthese von (1, K)-Polkontakten. Doklady **100** (1955) 909—912.

[7] Post, E. L., The two-terminal iterative systems of mathematical logic. Ann. Math. Studies **5** (1941).

[8] Трахтенброт, Б. А., Синтез безповторных схем. ДАН **103**, № 6 (1955) 973—976.
Trachtenbrot, B. A., Synthese wiederholungsfreier Schaltungen. Doklady **103** (1955) 973—976.

[9] Маркушевич, А. И., Теория аналитических функций. Гостехиздат, М. 1950.
Markuschewitsch, A. I., Theorie der analytischen Funktionen. Gostechisdat, Moskau 1950.

[10] Gilbert, E. N., Lattice theoretic properties of frontal switching functions. Journ. Math. and Phys. **33** (1954) 57—67.

[11] Gilbert, E. N., N-terminal switching circuits. Bell. Syst. Techn. J. **30** (1951) 668—688.

[12] Polya, G., Kombinatorische Anzahlbestimmungen für Gruppen, Graphen und chemische Verbindungen. Acta. Math. **68** (1937) 145—254.

[13] König, D., Theorie der endlichen und unendlichen Graphen. Leipzig 1936.

Übersetzung und fachliche Bearbeitung: Gerhard Zielke

Ferritkern-Transistor-Schaltungen im Zweitaktbetrieb und eine algebraische Methode ihrer Synthese

M. L. ZETLIN und L. M. SCHECHTMAN (Moskau)

In letzter Zeit wurden Ferritkern-Transistor-Schaltungen immer häufiger bei Rechenautomaten, datenverarbeitenden Systemen und Steuerungsanlagen angewendet. In der Literatur, die sich mit diesen Schaltungen beschäftigt [1], führt man viele Beispiele von Ferritkern-Transistor-Schaltungen verschiedener Art an, aber es fehlt eine allgemeine Methode für ihre Konstruktion. Das Ziel dieses Artikels besteht darin, eine algebraische Methode zur Synthese von Ferritkern-Transistor-Schaltungen im Zweitaktbetrieb zu entwickeln, die für die Konstruktion einer ganzen Reihe von Anlagen verwendet werden kann. Diese Methode kann leicht verallgemeinert werden. Sie kann für weitere Ferritkern-Schaltungen und vielleicht sogar für Schaltungen kapazitiver Elemente angewendet werden.

In § 1 werden kurz grundlegende Angaben über Ferritkern-Transistor-Elemente für die Leser gemacht, die auf diesem Gebiet erst zu arbeiten beginnen. Ferner findet man hier die nötigen Literaturhinweise. Der Inhalt dieses Paragraphen erhebt keinen Anspruch auf Vollständigkeit und ist nicht als Grundlage für eine technische Realisierung der Schaltungen gedacht.

Die Paragraphen 2 und 3 sind der Beschreibung einer algebraischen Methode zur Synthese von Schaltungen mit Ferritkern-Transistor-Elementen gewidmet. Bei der Ausarbeitung dieser Methode wurden von uns die Resultate eines der Autoren von [2, 3] verwendet.

In § 4 werden einige Beispiele der Synthese von Ferritkern-Transistor-Schaltungen angeführt, die häufig in digitalen Rechengeräten angewendet werden. Viele dieser Schaltungen wurden experimentell überprüft. Die Entwicklung dieser Schaltschemata wurde fast bis zum Aufbau prinzipieller Schaltschemata geführt. Wir wollten in Anbetracht der möglichen Verschiedenheit der verwendeten Elemente keine ausführlicheren Schaltungen konstruieren. Weil es in diesen Fragen noch keine festgefügte Terminologie gibt, muß man die verwendeten Ausdrücke als vorläufig ansehen.

Wir setzen voraus, daß der Leser die Elemente der Aussagenlogik kennt. Unbedingt erforderliche Angaben findet der Leser in den Büchern [4, 5, 6, 7].

Es ist unsere Pflicht, den Professoren K. F. Teodortschik und N. E. Kobrinski für ihr Interesse und ihre Aufmerksamkeit an der vorliegenden Arbeit zu danken.

Wir danken ferner S. W. Jablonski, O. B. Lupanow, N. J. Matuchin und J. B. Piltschak für ihre wertvollen Bemerkungen hinsichtlich der erhaltenen Resultate.

§ 1. Einige Angaben über Ferritkern-Transistor-Elemente und-Schaltungen

Zum Aufbau von Schaltelementen für die Realisierung von Wahrheitsfunktionen oder als Speicher benötigt man ferromagnetische Materialen mit rechtwinkliger Hysteresiskurve. Viele dieser Elemente sind Ringkerne mit Wicklungen (Abb. 1). Als Material für die Kerne verwendet man heute am häufigsten Ferrite, die aus den pulverisierten Oxyden ferromagnetischer Metalle unter Verwendung verschiedener Beimischungen gesintert werden (z. B. [8]). Im Ausland verwendet man häufig Bänder aus dünner Folie spezieller Legierungen. Solche Bänder haben im Vergleich zu Ferriten eine Reihe von Vorzügen, aber sie erfordern die Verwendung einer komplizierteren Technologie für die Herstellung der Kerne.

Für ferromagnetische Materialien ergibt die Abhängigkeit der magnetischen Induktion B von der Größe der Spannung H des Magnetfeldes eine Kurvenschar $B(H)$ entsprechend der Abb. 2. Diese Abhängigkeit ist nicht eindeutig, so daß einer gewissen Feldstärke H, die vom Strom durch die Wicklung des Kerns erzeugt wird, verschiedene magnetische Induktionen B entsprechen, die von der maximalen Magnetisierung abhängen. Wenn die Anfangswerte B und H gleich 0 sind, werden, wenn ein äußeres Feld angelegt wird, die entsprechenden Größen der Induktion auf der Kurve $(-B_m, 0, B_m)$ liegen. Die Größe B_m ist die größtmögliche Induktion für ein gegebenes Material (Sättigungsinduktion). Nehmen wir an, es werde ein Magnetfeld mit der Feldstärke H_A angelegt und die Größe der Induktion sei B_A. Wenn man danach das äußere Feld verringert, wird die Induktion die Werte auf der Kurve AB_r durchlaufen, wird $H = 0$, so erhält man $B = B_r \neq 0$ (Remanenz). Bei weiterer Magnetisierung des Kernes durch das äußere Feld in umgekehrter Richtung (negatives Feld) liegen die entsprechenden Werte der Induktion auf der Kurve B_rA. Die Feldstärke des äußeren Magnetfeldes H_c, bei der die Induktion 0 wird, nennt man Koerzitivkraft. Für $H = -H_A$ wird $B = -B_A$.

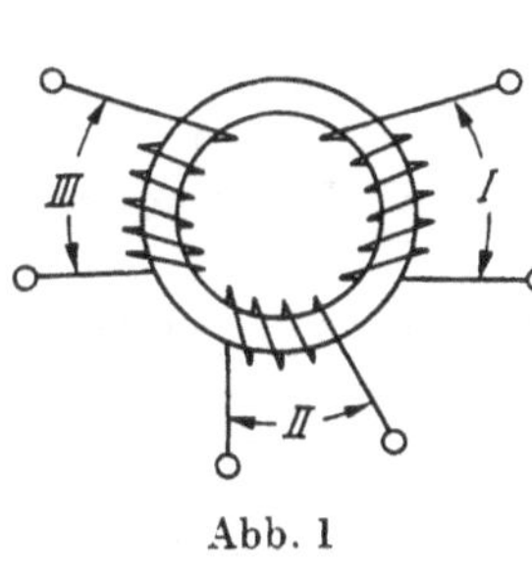

Abb. 1

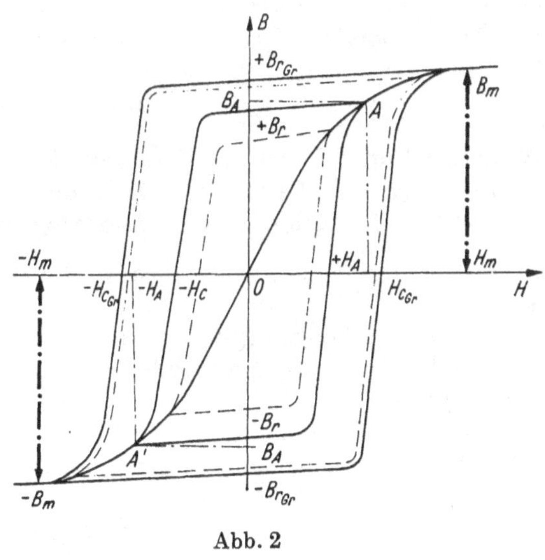

Abb. 2

Legt man danach von neuem die Feldstärke H_A an, so nimmt die Induktion den zum Punkt A gehörigen Wert an und hat nun die geschlossene Kurve (A, B_r, $-H_c$, A', $-B_r$, A) beschrieben, die sogenannte Hysteresiskurve. Verschiedenen Feldstärken H entsprechen bei der Ausmagnetisierung verschiedene Hysteresiskurven. Es ist jedoch festzustellen, daß diese sich bei ausreichend großen Feldern immer weniger voneinander unterscheiden und danach streben, in eine Grenzkurve überzugehen (B_m, B_{rGr}, $-B_m$, $-B_{rGr}$).

Die Existenz der Grenzhysteresiskurve bei genügend großer Feldstärke H_A garantiert die Unabhängigkeit der Remanenz B_r von der Feldstärke. In praktischen Schaltungen verwendet man im allgemeinen so große Feldstärken H des steuernden magnetischen Feldes, daß die erzeugte Induktion die Größe $\pm B_m$ unabhängig von der Anfangsinduktion des Kernes erreicht. Dabei kann beim Fehlen des Feldes, d.h. in den Intervallen zwischen den Impulsen, die magnetische Induktion des Kernes nur die Werte $+B_r$ und $-B_r$ annehmen. Dem ersten dieser Werte ordnen wir die Zahl 1 zu, dem zweiten 0. Wir werden manchmal den Zustand 1 den erregten und den Zustand 0 den nicht erregten nennen. Die Wicklungen, die auf dem Kern liegen, werden in der Regel von Impulsen eines Stromes gleicher Polarität durchflossen. Die beiden zu erzeugenden Richtungen des Magnetfeldes erhält man durch den Windungssinn der Wicklungen. Deshalb kann man alle Wicklungen, die zu einem Kern gehören und die die Änderung seines Magnetzustandes bewirken, in Abhängigkeit vom Windungssinn in 2 Klassen einteilen: Wicklungen, die den Kern in den Zustand 1 überführen und Wicklungen, die den Kern in den Zustand 0 überführen. Erstere werden wir Erregungswicklungen nennen und letztere Entmagnetisierungswicklungen.

Nehmen wir an, daß der Kern sich im Zustand 1 befindet, dem die Induktion $+B_r$ entspricht. Durch die Erregungsspule fließe ein rechteckiger Stromimpuls. Dann erreicht die Induktion des Kernes die Größe B_m, um nach Beendigung des Impulses wieder den Wert $+B_r$ anzunehmen. Die größte Änderung der Induktion ist also

$$\Delta_1 B = B_m - B_r\,. \tag{1.1}$$

Wenn durch die Entmagnetisierungswicklung ein Stromimpuls fließt, erreicht die Induktion den Wert $-B_m$. Nach Beendigung des Impulses nimmt sie den Wert $-B_r$ an, so daß die größte Änderung der Induktion

$$\Delta_2 B = B_m + B_r \tag{1.2}$$

ist.

Analoge Beziehungen gelten, wenn an die Wicklungen des sich im Zustand 0 befindenden Kernes entsprechende Entmagnetisierungs- bzw. Erregungsspannungen gelegt werden.

Bei der Induktionsänderung des Kernes entsteht an den Enden einer zu ihm gehörenden Wicklung eine elektromotorische Kraft

$$E = W S \frac{dB}{dt} \cdot 10^{-8}\,, \tag{1.3}$$

wobei E die elektromotorische Kraft in Volt, W die Anzahl der Windungen der Wicklung, S der Kernquerschnitt in cm², t die Zeit in Sekunden, B die Induktion in Gauß ist.

Diese Formel kann annähernd

$$E = \frac{W\,S\,\Delta B}{\tau} \cdot 10^{-8} \tag{1.4}$$

geschrieben werden, wenn τ die mittlere Ummagnetisierungszeit ist.[1]) Auf diese Weise entsteht bei der Abgabe eines Steuerimpulses, der nicht den Zustand des Kernes verändert, auf der Spule eine elektromotorische Kraft

$$E_1 = 10^{-8} \frac{W\,S}{\tau} \Delta_1 B = 10^{-8} \frac{W\,S}{\tau} (B_m - B_r)\,. \tag{1.5}$$

Wenn der Steuerimpuls den Kern ummagnetisiert (d.h. ihn aus dem Zustand 1 in den Zustand 0 oder umgekehrt überführt), dann ist die elektromotorische Kraft

$$E_2 = 10^{-8} \frac{W\,S}{\tau} \Delta_2 B = 10^{-8} \frac{W\,S}{\tau} (B_m + B_r)\,. \tag{1.5'}$$

Die Polarität des Impulses hängt von der Richtung des angelegten Feldes ab. Bei der Anwendung von Kernen ist es wichtig, daß das Verhältnis E_1/E_2 möglichst klein ist. Dieses Verhältnis hängt von dem Parameter $\alpha = B_r/B_m$ ab, der manchmal Rechteckigkeitskoeffizient genannt wird. Die Größe dieses Parameters für Ferrite schwankt zwischen 0,9 bis 0,98.

Die Eigenschaft des Kernes, seinen Magnetzustand zu erhalten, ermöglicht es, ihn in elektronischen Maschinen als Speicherelement zu verwenden. Dabei muß man in der Lage sein, zu geeigneten Zeitpunkten Auskunft über seinen Magnetisierungszustand zu bekommen. Augenblicklich verwendet man dafür im wesentlichen zwei Methoden.[2])

Die erste dieser Methoden nutzt den Umstand aus, daß die Impedanz der Kernspule, wenn der Zustand des Kernes sich verändert, wesentlich größer ist als die Impedanz der Spule, solange der Zustand des Kernes sich nicht verändert. Solche Schaltungen nennt man Impedanzschaltungen [13, 14]. Wir wollen sie hier nicht betrachten.

Die zweite Methode, Information über den Magnetzustand des Kernes zu bekommen, besteht darin, daß in einem bestimmten Moment der Kern einer Ummagnetisierung unterworfen wird. Dabei wird auf einer besonderen Ausgangsspule ein Impuls bestimmter Polarität hervorgerufen, dessen Größe nach der

---

[1]) Die mittlere Ummagnetisierungszeit τ hängt von dem angelegten Magnetfeld [9]

$$\tau = \frac{S_w}{H_m - H_0}$$

ab, wobei S_w der Umschaltkoeffizient (in Oersted-Sekunden) ist, der von Kernparametern abhängt, H_0 die minimale Feldstärke, die noch ein Umschalten des Kernes hervorruft. Annähernd ist $H_0 = H_c$.

[2]) Wir betrachten hier nicht spezielle Elemente, die ihren Zustand bei der Abgabe der Information nicht verändern. Solche Elemente kann man z. B. herstellen, indem man zwei wechselseitige rechtwinklige Felder verwendet und auch auf andere Weise [10, 11, 12].

Formel (1.5) und (1.5′) vom Zustand des Kernes im Moment der Ummagnetisierung abhängt. Solche Schaltungen nennt man im allgemeinen Transformatorschaltungen [14]. Die Ummagnetisierung des Kernes mit dem Ziel, Information über seinen Zustand zu erhalten, nennt man Lesen und die entsprechenden Ummagnetisierungswicklungen heißen Lesewicklungen. Die Ummagnetisierungswicklungen, die nicht für das Lesen verwendet werden, nennt man Verhinderungswicklungen.

In Transformatorschaltungen können die Impulse gleichzeitig auf die Erregungswicklungen und auf die Entmagnetisierungswicklungen gegeben werden. Dabei wird das wirkende Feld durch die algebraische Summe der Felder, die durch die einzelnen Wicklungen entstehen, bestimmt. Das gibt die Möglichkeit, die Kerne für die Realisierung logischer Verknüpfungen zu verwenden.[1]) Die Arbeit solcher Schaltungen kann in zwei Etappen aufgeteilt werden: Das Beschreiben — in dieser Zeit kann der Kern entsprechend der durchgeführten logischen Operation in den Zustand 1 gebracht werden — und das Lesen, wobei die Entmagnetisierung des Kernes mit gleichzeitiger Abgabe der Information über seinen Zustand erfolgt.[2])

Es ist unbedingt erforderlich, wie schon früher gesagt wurde, daß nach dem Beschreiben die Induktion des Kernes einen der beiden Werte $+B_r$ oder $-B_r$ hat. Weil beim Lesen der Kern entmagnetisiert wird, d.h. seine Induktion den Wert $-B_r$ annimmt, ist es beim Beschreiben erforderlich, daß die Feldstärke H_{St} des steuernden Magnetfeldes in Abhängigkeit von der zu erfüllenden logischen Operation eine der beiden Ungleichungen

$$H_{St} \geqq H_m \quad \text{oder} \quad H_{St} \leqq 0 \tag{1.6}$$

erfüllt.

In Transformatorschaltungen wird gewöhnlich das Beschreiben folgendermaßen durchgeführt: Der Kern wird in den Zustand 1 versetzt, wenn die Steuerimpulse auf eine der Erregungswicklungen gehen. Wenn ein Impuls auch nur auf eine der Verhinderungswicklungen gegeben wird, bleibt der Kern im Zustand 0, unabhängig von der Zahl der Erregungswicklungen, auf die in diesem Moment Impulse gegeben werden. Deshalb ist es entsprechend der Ungleichungen (1.6) unbedingt erforderlich, daß das Feld, das durch irgendeine Erregungswicklung gebildet wird, genügend groß und von genügender Dauer ist, um den Kern in den Zustand 1 zu versetzen. Andererseits muß das Feld, das durch irgendeine der Verhinderungswicklungen gebildet wird, die Summe der Felder aller Erregungswicklungen übertreffen und damit die Erfüllung der zweiten der Ungleichungen aus (1.6) gewährleisten.

Es ist besonders wichtig, daß beim Auftreten eines Verhinderungsimpulses die Summe der Felder aller Spulen während der ganzen Dauer des Beschreibens nicht

---

[1]) Schaltungen, in denen die Kerne nur als Verzögerung benutzt werden, betrachten wir nicht.

[2]) Zuweilen, um die gleichzeitige Abgabe von Impulsen auf die Verhinderungswicklung und die Erregungswicklung zu vermeiden, teilt man das Beschreiben in zwei Etappen. Schaltungen dieser Art sind in dem Artikel [15] beschrieben.

positiv ist. Hierzu muß man fordern, daß die Breite des Verhinderungsimpulses größer ist als die des Erregungsimpulses.

Beim Bau von Schaltungen, die Ferritkerne verwenden, braucht man für die Steuerung Elemente desselben Typs, damit die beim Lesen entstehenden Impulse verwendet werden können. Dafür muß man einerseits jedes Feld genügend verstärken, andererseits die gegenseitige Beeinflussung ausschalten.

Der Ausgangsimpuls muß so groß sein, daß er das Beschreiben ermöglicht. Für den Bau von logischen Schaltungen ist es wichtig, daß der Ausgangsimpuls eines Elementes so groß ist, daß er mindestens 2 Elemente steuert. Die Aufhebung gegenseitiger Störung muß gewährleisten, daß beim Beschreiben irgendeines Kernes die von ihm gesteuerten Kerne ihren Zustand nicht verändern und beim Lesen der gesteuerten Kerne der sie steuernde Kern seinen Zustand nicht ändert. Mit anderen Worten: Es ist unbedingt erforderlich, daß die Information nur beim Lesen gegeben wird und nur vom steuernden Kern zu dem, der gesteuert wird.

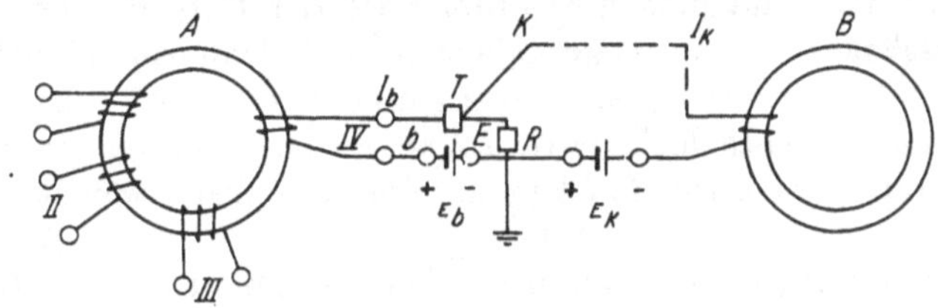

Abb. 3

Es gibt einige Möglichkeiten, Schaltungen zu bauen, die diesen Forderungen genügen. In den letzten Jahren wurden sogenannte Ferritkern-Transistor-Schaltungen weitaus verwendet, in denen der Ausgangsimpuls durch einen Transistor verstärkt wird. Eine der möglichen Schaltungen eines Ferritkern-Transistor-Bauelements wird in Abb. 3 dargestellt, wo mit den Zahlen I, II, III und IV bzw. Erregungswicklung, Verhinderungswicklung, Lesewicklung und Ausgangswicklung und mit dem Buchstaben T der Transistor bezeichnet ist.

Bei negativem Potential der Basis b bezüglich des Emitters E des Transistors wird der Strom I_k, der in der Kollektorstrecke fließt, durch den Strom I_b, der in der Basisstrecke fließt, bestimmt. Dabei findet eine bedeutende Strom- und Leistungsverstärkung statt. Bei positivem Potential der Basis bezüglich des Emitters ist der Strom in der Kollektorstrecke unbedeutend. Es ist auch wichtig, daß der Basisstrom und der Kollektorstrom nur ganz wenig von der Kollektorspannung abhängen.[1])

Beim Beschreiben des Kernes kann eine Veränderung seines Zustandes von 0 nach 1 vor sich gehen. Die dabei auf der Ausgangswicklung entstehende und auf die Basis des Transistors gegebene elektromotorische Kraft hat positive Polarität und ruft folglich keinen Strom auf der Kollektorstrecke hervor.

---

[1]) Eine ausführliche Beschreibung der Arbeit von Transistoren in verschiedenen Schaltungen befindet sich z. B. in den Büchern [16] und [17].

Bei der Veränderung des Zustandes der Kernes von 1 nach 0 — etwa beim Lesen — wird auf die Basis ein negativer Impuls gegeben, der in der Kollektorstrecke und folglich auch in den Wicklungen der zu steuernden Kerne einen Strom hervorruft, der zum Beschreiben ausreicht. Eine Änderung des Zustandes von Kernen, die eine Änderung des Potentials des Kollektors hervorruft, bewirkt nur einen unbedeutenden Strom in Basis und Kollektor, wodurch die Erhaltung des Zustandes des Steuerkerns gewährleistet wird.

Das Anlegen eines kleinen positiven Anfangspotentials E_b an die Basis und die Verwendung eines Widerstandes R im Sendekreis ermöglichen die Verbesserung der Frequenzeigenschaften von Schaltungen. Außerdem kann sich eine Änderung der Größe E_b nach der Regulierung der Impulsdauer des Kollektorstroms richten.

Bekanntlich müssen Impulse, die auf Verhinderungswicklungen gegeben werden, eine größere Breite haben als Impulse, die auf Erregungswicklungen gehen. Dies macht die Anwendung zweier Varianten von Schaltungen notwendig, die sich z. B. durch die Größe der anfänglichen Spannung auf der Basis des Transistors voneinander unterscheiden. Bauelemente, die eine große Impulsbreite liefern, werden wir als Elemente des Typs H bezeichnen, und Bauelemente, die eine kleinere Breite liefern, als Elemente des Typs G. Im allgemeinen werden wir aber gelegentlich die Ferritkern-Transistor-Bauelemente dieser Typen Elemente des Typs F nennen.[1])

Zur Illustration wird in Abb. 4 a, b die Photographie eines Ferritkern-Transistor-Bauelements, das von den NII-Mitarbeitern J. Ch. Riskin, W. M. Tarassewitsch und L. M. Schechtman entwickelt worden ist, gezeigt. In dieser Zelle werden eine Halbleitertriode des Typs П6В und ein Kern der Marke Л-2 (Größe $3 \cdot 2 \cdot 1{,}3$) verwendet. Bei der Spannung $E_K \approx 10$ V ist der Stromverstärkungsfaktor etwa 20. Im Sendekreis liegt der Widerstand $R = 27$ Ohm. Die Anfangsspannung an der Basis ist gleich 0,8 V für Elemente des Typs G. In Elementen des Typs H ist diese Spannung gleich 0. Die Breite der Ausgangsimpulse ist entsprechend gleich $2{,}0 \pm 0{,}2\,\mu$sec und $2{,}7 \pm 0{,}2\,\mu$sec. Die maximale Folgefrequenz beträgt bis 125 KHz. In Abb. 5 werden Oszillogramme von Ausgangsimpulsen gezeigt.

Bei der Benutzung von Ferritkern-Transistor-Bauelementen muß man oft den Ausgangsimpuls eines der Elemente benutzen, um andere Elemente zu steuern. Das Element des Typs F, dessen Daten oben angeführt wurden, kann eine große Anzahl von Kernen steuern, von denen jedoch nicht mehr als fünf gleichzeitig ummagnetisiert werden. Diese Einschränkung ist durch den Energieaufwand bei der Ummagnetisierung bedingt und wird durch die Leistung der Triode bestimmt. Benutzt man leistungsfähige Trioden oder verdoppelt man die Elemente, so kann die Zahl der Kerne, die gleichzeitig ummagnetisiert werden, bedeutend vergrößert werden. Die Wicklungen der Kerne, die von einem gegebenen Element gesteuert werden, sind in Serie geschaltet, wodurch in allen Wicklungen der gleiche Strom-

[2]) Die Methodik zur Berechnung von Ferritkern-Transistor-Bauelementen dieses Typs wurde von I. Ch. Riskin ausgearbeitet.

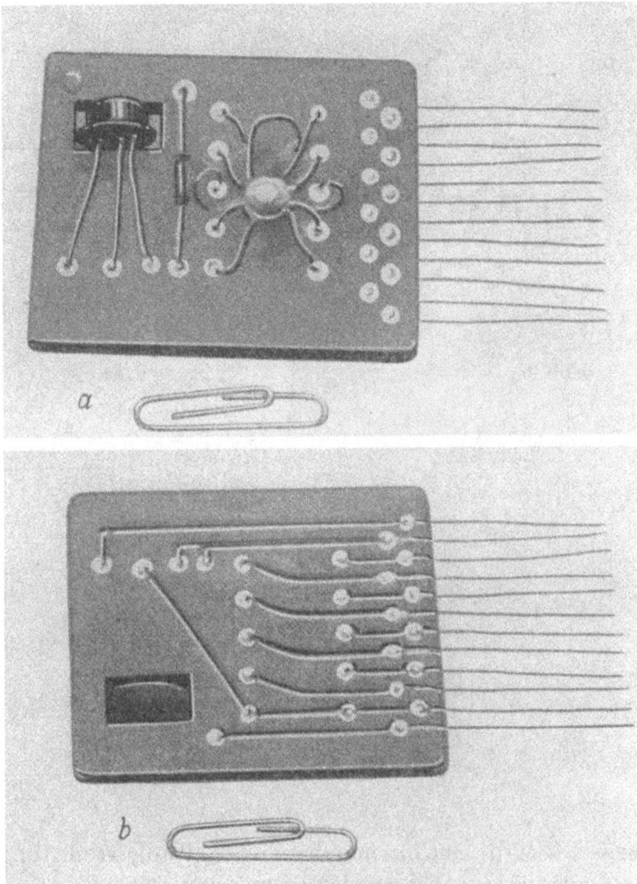

Abb. 4

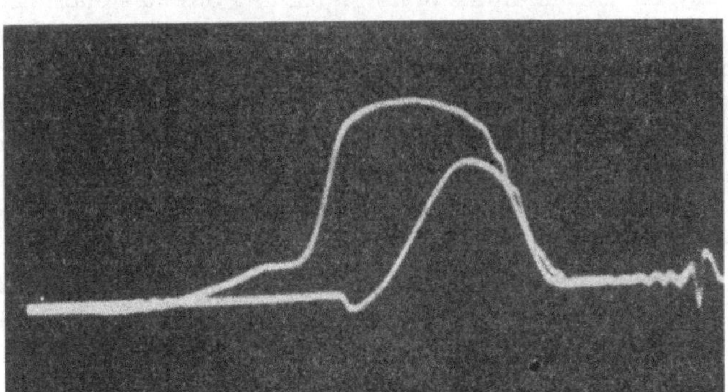

Abb. 5

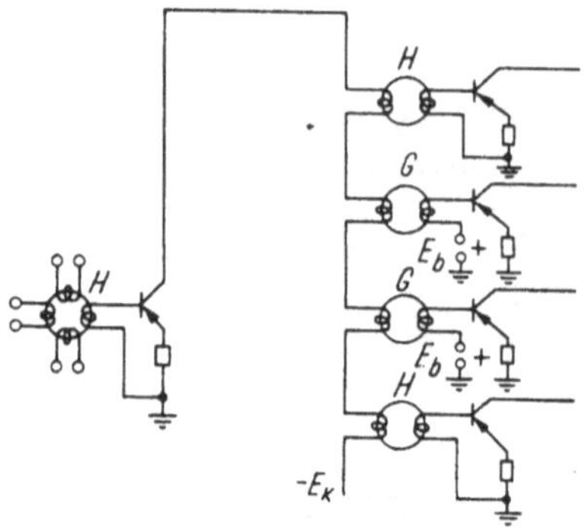

Abb. 6

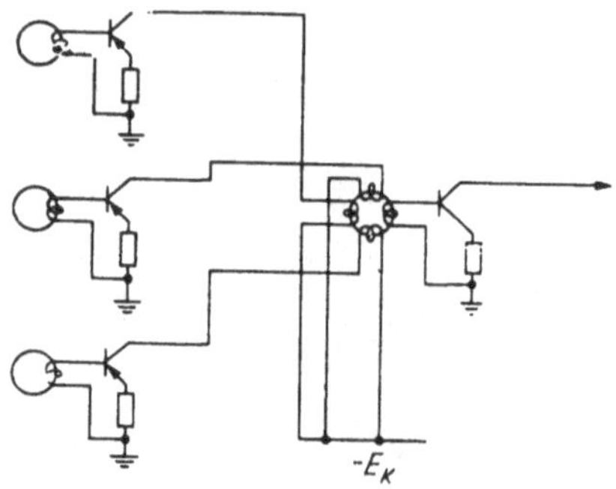

Abb. 7

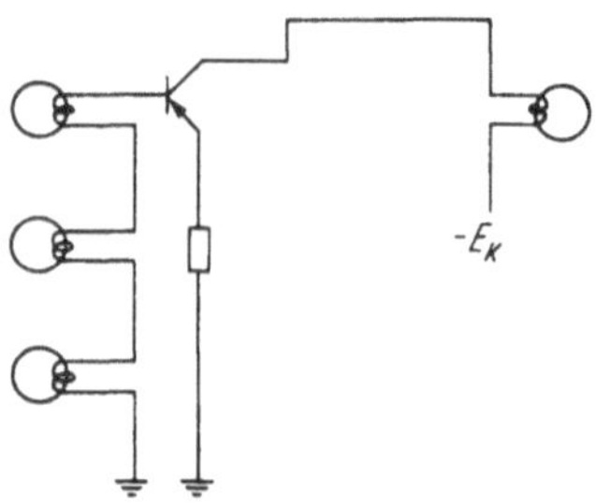

Abb. 8

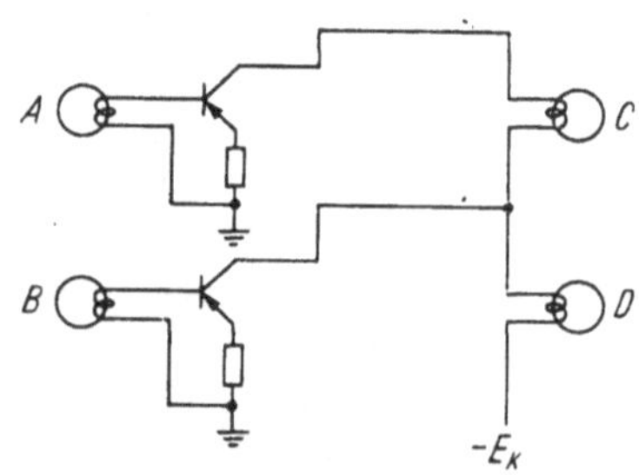

Abb. 9

verlauf gewährleistet wird. Die entsprechende Schaltung ist in Abb. 6 abgebildet. In dieser Abbildung sind keine Lesewicklungen eingezeichnet.

Eine wichtige Rolle beim Aufbau von Schaltungen spielt die Alternative. Dabei muß genau dann ein Stromimpuls in der Wicklung des zu steuernden Kernes auftreten, wenn mindestens eines der Steuerelemente beim Lesen einen Ausgangsimpuls abgibt. Es gibt einige Verfahren zur Realisierung der Alternative. Eines dieser Verfahren besteht darin, daß der zu steuernde Kern mehrere Wicklungen besitzt, von denen jede durch ein Element gesteuert wird (Schaltung Abb. 7).[1]) Wenn die Steuerelemente nur einen Kern steuern sollen, dann ist für die Alternative nur eine Triode für alle Steuerelemente notwendig, die so geschaltet ist, wie es in Abb. 8 gezeigt wird. Dabei spart man sowohl Trioden als auch Wicklungen. Oft gelingt es, die Anzahl der Wicklungen zu verringern, indem man, wie in Abb. 9 dargestellt, schaltet. In dieser Schaltung steuert das Element A die Kerne C und D und das Element B den Kern D. Dann werden durch die Wicklung des Kerns D Kollektorströme der Elemente A und B fließen. In vielen unten

[1]) In Abbildung 7, 8 und 9 sind keine Lesewicklungen dargestellt.

angeführten Beispielen führen die beschriebenen Methoden zu einer bedeutenden Einsparung von Trioden und Wicklungen.[1])

Transformatorschaltungen kann man nach dem Leseverfahren in verschiedene Klassen einteilen.

Untersuchen wir zuerst solche Schaltungen, in denen alle Elemente gleichzeitig gelesen werden. Um in solchen Schaltungen einen Kern durch einen anderen zu steuern, muß man in den Verbindungskreisen zwischen den Elementen spezielle Verzögerungsstrecken verwenden. Diese Elemente sichern, daß die Steuerimpulse erst nach Beendigung des Lesevorgangs auf die Kerne wirken. Solche Schaltungen nennt man Eintaktschaltungen. Sie werden in den Arbeiten [18, 19] beschrieben. Dieser Artikel ist der Synthese sogenannter Zweitaktschaltungen gewidmet. In derartigen Schaltungen werden alle Elemente in zwei Gruppen geteilt. Elemente, die zu einer Gruppe gehören, werden gleichzeitig gelesen. Im ersten Takt findet der Eintritt einer Information in die Eingangswicklungen der ersten Gruppe statt. Diese Information kann sowohl von äußeren Quellen als auch von den Ausgängen der zweiten Gruppe von Kernen, die im ersten Takt gelesen wird, stammen. Im zweiten Takt wird die erste Gruppe von Kernen gelesen und die Information, die von ihren Ausgängen abgenommen wird, tritt in die Steuerwicklung der zweiten Gruppe ein.

Da logische Operationen sowohl im ersten als auch im zweiten Takt durchgeführt werden können, gewährt die Verwendung von Zweitaktschaltungen in logischen Kreisen bedeutende Vorteile im Vergleich zu Eintaktschaltungen.[2])

In der Regel werden Leseimpulse von speziellen Generatoren periodisch abgegeben. Jedoch gibt es auch solche Schaltungen, in denen das Lesen eines beliebigen Elements durch den Ausgangsimpuls eines anderen Elementes erzeugt werden kann. Diese Schaltungen muß man gesondert untersuchen.

Zum Abschluß des Paragraphen führen wir ein Schaltzeichen (Abb. 10) für ein Element des Typs G ein. Die Bezeichnung eines Elements vom Typ H unter-

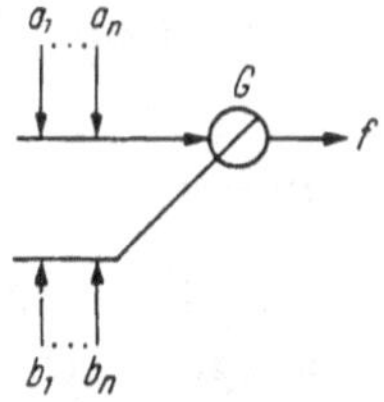

Abb. 10

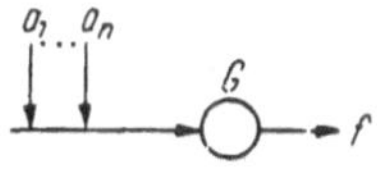

Abb. 11

[1]) Die logischen Transformatorschaltungen aus Ferritkernen können ohne Verwendung von Verstärkern auch mit Hilfe von Halbleitertrioden aufgebaut werden. Die notwendigen Forderungen nach Leistungsfähigkeit und Unterdrückung gegenseitiger Störungen werden durch Anwendung starker Lesefelder und Benutzung von Dioden in den Verbindungskreisen zwischen den Kernen erfüllt. Solche Schaltungen (manchmal auch ferrodiodisch genannt) wurden in der Literatur [18, 19, 20, 21] mehrfach beschrieben. Der Aufbau logischer Schaltungen mittels dieser Elemente hat viel mit den aus Elementen vom Typ F bestehenden Schaltungen gemein. Deshalb können die Resultate von § 2, 3, 4 des vorliegenden Artikels auch auf ferrodiodische Transformatorschaltungen angewandt werden.

[2]) Schaltungen mit mehr als 2 Takten sind in [22] beschrieben.

scheidet sich nur durch den Buchstaben, der neben dem Kern steht. Mit den Pfeilen $a_1, \ldots, a_n$ sind die Kanäle der Erregung bezeichnet, mit den Pfeilen $b_1, \ldots, b_n$ die Verhinderungskanäle. Mit dem vom Element wegführenden Pfeil ist sein Ausgang bezeichnet. Die Lesewicklung ist nicht bezeichnet. Wenn der Kern keine Verhinderungswicklungen hat, dann wird ein vereinfachtes Schaltzeichen (Abb. 11) angewandt.

§ 2. Die Synthese kombinatorischer Schaltungen

In diesem Paragraphen werden kombinatorische Schaltungen allgemeinen Typs und einige dabei entstehende Begriffe und Wechselbeziehungen untersucht. Ferner werden logische Operationen betrachtet, die durch ein Element des Typs F realisiert werden können. Der Begriff einer normalen g-Form zur Darstellung von zweiwertigen aussagenlogischen Wahrheitsfunktionen[1]) wird eingeführt, und es wird auch die Möglichkeit der Realisierung einer beliebigen Wahrheitsfunktion für zwei Takte bewiesen. Zum Schluß des Paragraphen werden Transformationsformeln und einige Beispiele angeführt.

Wir sehen uns nun eine elektrische Schaltung Q, die n Eingänge $X^1, \ldots, X^n$ und p Ausgänge $F^1, \ldots, F^p$ hat, von denen sich jeder zu einem beliebigen Zeitpunkt t $(t = 1, 2, \ldots)$ in einem von zwei Zuständen befinden kann, genauer an. Den Zustand des Eingangs X^i (bzw. Zustand des Ausgangs F^k) zum Zeitpunkt t nennen wir *erregt*, wenn zu diesem Zeitpunkt auf den Kanal ein Steuersignal gegeben ist (bzw. auf Kanal F^k ein Signal erscheint). Den Zustand des Kanals werden wir durch denselben Buchstaben bezeichnen, durch den der Kanal selbst bezeichnet ist. (Der Zeitpunkt wird durch einen unteren Index bezeichnet.) Dem erregten Zustand wird die Zahl 1 und dem nicht erregten die Zahl 0 zugeordnet. Wenn z. B. zum Zeitpunkt t nur der i-te Eingang und der k-te Ausgang erregt sind, dann ergibt sich

$$X_t^i = f_t^k = 1 \quad \text{und} \quad X_t^{i_1} = 0 \quad \text{bei} \quad i_1 \neq i \quad \text{und} \quad f_t^{k_1} = 0 \quad \text{bei} \quad k_1 \neq k\,.$$

Wir bezeichnen die Schaltung als *kombinatorisch*, wenn der Zustand jedes ihrer Ausgänge zum Zeitpunkt t vollständig bestimmt ist durch den Zustand ihrer Eingänge zu gewissen vorangehenden, für jeden Eingang festgesetzten Zeitpunkt, d. h., wenn der Zustand ihrer Ausgänge mit den Zuständen der Eingänge durch die Beziehungen

$$f_t^i = f^i\,(x^1_{t-\tau_{i1}}, \ldots, x^n_{t-\tau_{in}})\,, \qquad i = 1, 2, \ldots, p \tag{2.1}$$

verbunden ist.

---

[1]) Im russischen Original: „Функция алгебры логики“, also „Funktion der Algebra der Logik“. Anstatt „zweiwertige aussagenlogische Wahrheitsfunktion“ sprechen wir im folgenden, wo keine Verwechslungen zu befürchten sind, auch kurz von „Funktion“. — Anm. d. Red.

Die in den Arbeiten [2, 3] gegebene Definition einer kombinatorischen Schaltung unterscheidet sich von der hier angeführten durch das Fehlen von Verzögerungen, die jedoch physikalisch gesehen in Schaltungen unvermeidlich sind.[1])

In den praktischen Realisierungen kombinatorischer Schaltungen werden die Steuersignale in der Regel gleichzeitig auf alle Eingänge gegeben und haben die gleiche Breite τ. Für die Realisierung vorgegebener Funktionen ist notwendig, daß die Breite der Eingangssignale nicht kleiner als die Größe

$$\Delta = \max(\tau_{ik} - \tau_{i'k'}) , \quad i', i = 1, \ldots, p , \quad k', k = 1, \ldots, n$$

ist.

Nach Verlauf der Zeit $\tau_{\max} = \max(\tau_{ik})$, gerechnet vom Zeitpunkt an, zu dem die Eingangssignale zugeführt wurden, werden am Ausgang der Schaltung sich die vorgegebenen Funktionen realisieren, wobei die Breite τ_{ri} der richtigen Ausgangssignale gegeben ist durch

$$\tau_{ri} = \tau_E - \Delta . \tag{2.2}$$

Wir bemerken, daß, wenn alle Verzögerungen gleich sind,

$$\tau_{ik} = \tau \ (i = 1, \ldots, p;\ k = 1, \ldots, n) , \quad \Delta = 0 \quad \text{und} \quad \tau_{ri} = \tau_E$$

ist.

Dann geht (2.1) über in

$$f_t^i = f^i(x_{t-\tau_0}^1, \ldots, x_{t-\tau_0}^n) . \tag{2.3}$$

Untersuchen wir nun ausführlicher die Fälle, die die Annahme gleicher Verzögerungen und die Anwendung dieser Formel zulassen.

Es werden Steuersignale der Breite τ_E an die Eingänge der Schaltung zum Zeitpunkt $t = 0$ angelegt. Dann hängen bis zum Zeitpunkt $t = \tau_{\min} = \min(\tau_{ik})$ die Zustände ihrer Ausgänge nicht vom Zustand ihrer Eingänge ab. Im Zeitintervall $\tau_{\min} \leqq t \leqq \tau_{\max}$ werden die Zustände der Ausgänge von den Zuständen der Eingänge abhängen, aber sie werden nicht alle vorgegebenen Funktionen $f^1, \ldots, f^p$ richtig darstellen (Intervall falscher Abhängigkeit). Im nächsten Zeitintervall, nämlich $\tau_{\max} \leqq t \leqq \tau_E + \tau_{\min}$, werden alle vorgegebenen Funktionen richtig realisiert, aber im Intervall $\tau_E + \tau_{\min} \leqq t \leqq \tau_E + \tau_{\max}$ wird aufs neue eine falsche Abhängigkeit vorliegen. Die Arbeit der kombinatorischen Schaltung kann wie in Abb. 12 schematisch dargestellt werden. Die Breite des Intervalls der richtigen Abhängigkeit ist

$$\tau_{ri} = \tau_E - \Delta , \tag{2.2}$$

[1]) Die in der Arbeit [3] angeführten Gleichungen (1) stellen einen Spezialfall der Glei chung (2.1) dar, wenn man festsetzt, daß $\tau_{ik} = 0$ ($i = 1, 2, 3, \ldots, p$ und $k = 1, 2, 3, \ldots, n$) ist.

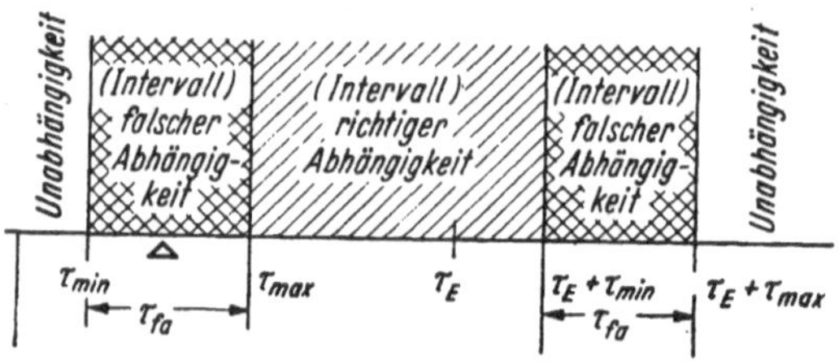

Abb. 12

und die Breite der beiden Intervalle falscher Abhängigkeit ist

$$\tau_{fa} = \Delta\ . \tag{2.4}$$

Die Ausgangssignale einer kombinatorischen Schaltung werden gewöhnlich als Eingangssignale anderer Schaltungen oder irgendwelcher anderer Elemente benutzt. Es sei $\tau_{A\,\min}$ als minimale Breite des Ausgangssignals definiert, die für eine sichere Ausführung der Schaltfunktionen ausreichend ist. $\tau_{A\,\min} - \lambda$ $(\lambda > 0)$ sei die maximale Breite des Ausgangssignals, bei der keine Schaltfunktion ausgeführt wird, d. h. eine solche Breite des Ausgangssignals, bei welcher man die Wahrscheinlichkeit des Zusammenwirkens nicht zu beachten braucht. Für die zuverlässige Arbeit der nächsten Schaltungen ist die Erfüllung der Ungleichungen

$$\tau_E - \Delta = \tau_{ri} > \tau_{A\,\min}\ , \tag{2.5}$$

$$\Delta = \tau_{fa} < \tau_{A\,\min} - \lambda \tag{2.6}$$

notwendig.

Sind diese Ungleichungen erfüllt, so hat die Streuung der Verzögerungen Δ keinen Einfluß auf die Arbeit der Schaltung; in diesem Fall braucht man die Größe Δ nicht zu beachten. Man setzt $\Delta = 0$ und benutzt die Gleichungen (2.3).

In der Praxis erreicht man jedoch nicht, daß die Ungleichung (2.6) automatisch erfüllt ist. Es kann ein falsches Zusammenwirken der darauffolgenden Schaltungen und Elemente für die Zeit falscher Abhängigkeit entstehen. Um diese Erscheinungen zu bekämpfen, wird oft das sogenannte Pattern angewandt, d. h. das Abnehmen des Ausgangssignals nur im Intervall richtiger Abhängigkeit. Mitunter wird dieselbe Wirkung auch durch Vergrößerung von $(\tau_{A\,\min} - \lambda)$ erreicht.

Bei aufeinanderfolgender Verbindung (Kaskadierung) von Schaltungen gleichen Typs, die etwa gleiche Größen $\tau_{A\,\min}$ haben, verringert sich die Breite richtiger Ausgangssignale von Schaltung zu Schaltung (s. Ungleichung (2.5)). Wenn in irgendeinem Kettenglied diese Ungleichung nicht mehr erfüllt ist, dann muß man durch spezielle Maßnahmen die Breite des Signals vergrößern (Formierung der Impulsbreite).[1]) Durch eine solche Formierung kann man am Ausgang der

[1]) Wir betrachten hier keine Schaltungen, die die Amplituden der Ausgangsimpulse nicht wiederherstellen; die Einführung einer Verstärkung erlaubt diese Aufgaben leicht zu lösen.

Schaltung ein Signal von einer Breite erhalten, die in weiten Grenzen nicht von der Breite der Eingangssignale abhängt. Die Formierung der Impulsbreite wird durchgeführt durch Ausnutzung innerer Rückverbindungen in den Elementen, die die Schaltung bilden. Solche Elemente sind z. B. elektronische Schalteinrichtungen verschiedener Art. In Ferritkern-Bauelementen wird eine solche innere Rückverbindung dank spezieller magnetischer Eigenschaften der Kerne durchgeführt.

Aus dem Dargelegten ergibt sich, daß die Wirkungsgeschwindigkeit kombinatorischer Schaltungen, genauer, die minimale Periode der Eingabe einer Information, durch die Größe $T_{\min} = T_{A\,\min} + \Delta$ bestimmt wird. Tatsächlich muß gemäß Ungleichung (2.5) die Breite des Eingangsimpulses diese Größe übertreffen; die Abstände zwischen den Signalen können beliebig klein genommen werden. Bei $\Delta = 0$ wird die Größe $T_{\min}$ durch den Parameter $\tau_{A\,\min}$ bestimmt, der der Breite des Eingangsimpulses eine Begrenzung auferlegt. Die Größe $T_{\min}$ wird durch physikalische Gesichtspunkte der Schaltung bestimmt und schwankt für die verschiedenen Schaltungen in sehr weiten Grenzen.

Bei der Anwendung der oben dargelegten Überlegungen auf Schaltungen mit Elementen des Typs F müssen wir einige spezifische Besonderheiten der letzteren berücksichtigen.

In Elementen des Typs F hat man es mit zwei Arten von Verzögerungen zu tun: Verzögerungen, die bedingt sind durch die Zeit der Ummagnetisierung, und Verzögerungen, die durch die Frequenz der Wiederholung von Leseimpulsen, welche das Pattern durchführen, festgelegt werden. Die Frequenz der letzteren muß so gewählt werden, daß der Zeitabstand zwischen den Impulsen die Zeit der Ummagnetisierung übertrifft. Dabei wird das Ausgangssignal nur im Zeitraum der richtigen Abhängigkeit abgegeben. Die Breite des Ausgangsimpulses, der beim Lesen erhalten wird, hängt dank magnetischer Eigenschaften des Kernes nicht von der Breite der Eingangsimpulse ab und ist bei entsprechender Wahl der Parameter für das sichere Zusammenspiel der darauffolgenden Schaltungen dieses Typs ausreichend.

Untersuchen wir jetzt die logischen Operationen, die durch ein Element des Typs F durchgeführt werden, welches einen Erregungseingang X, einen Verhinderungseingang Y und den Ausgang F hat. Wir werden den Zustand von Eingang und Ausgang zum Zeitpunkt t entsprechend mit x_t, y_t, f_t bezeichnen. Dabei nehmen wir an, daß $x_t = 1$ (entsprechend $y_t = f_t = 1$) ist, wenn zum Zeitpunkt t auf Kanal X ein Impuls gegeben wird (entsprechend auf Kanal Y ein Impuls gegeben wird, von Kanal F ein Impuls abgenommen wird) und $x_t = 0$ (entsprechend $y_t = 0$, $f_t = 0$) im entgegengesetzten Fall.

Wir bezeichnen ferner durch λ_t den Zustand der Aufmagnetisierung des Kernes zum Zeitpunkt t. Es sei $\lambda_t = 1$, wenn zum Zeitpunkt t der Kern auf eine bestimmte Art aufmagnetisiert (erregt) ist, und $\lambda_t = 0$, wenn zu diesem Zeitpunkt der Kern in entgegengesetzter Richtung aufmagnetisiert (nicht erregt) ist. In jeder Periode wird der Kern durch einen Leseimpuls in den nichterregten Zustand ($\lambda = 0$) versetzt.

Bei der Eingabe von Steuerimpulsen wird der Kern erregt oder nicht erregt gemäß

$$\lambda_t = x_{t-\tau_x} \bar{y}_{t-\tau_y}, \tag{2.7}$$

in welcher durch τ_x, τ_y die entsprechenden Verzögerungen der Eingänge X und Y bezeichnet sind. Für richtiges Arbeiten der Schaltung ist notwendig, daß die Breite des Impulses, der auf den Eingang X gegeben wird, die Zeit τ_x der Ummagnetisierung durch diese Wicklung bei gegebener Amplitude des Impulses übertrifft, da sonst die Induktion des Kernes nicht die Sättigung erreicht. Analog muß die Breite des Impulses, der auf den Eingang Y gegeben wird, die Zeit τ_y der Ummagnetisierung durch diese Wicklung übertreffen. Außerdem muß die Breite des Verhinderungsimpulses die Breite des Erregungsimpulses etwas übertreffen. Wenn die Breiten der Eingangssignale auf entsprechende Art ausgewählt sind und der Zeitabstand zwischen den Leseimpulsen die Verzögerungen τ_x und τ_y übertrifft, dann werden die letzteren in der Arbeit der Schaltung nicht wirksam werden, so daß man sie nicht zu beachten braucht. Man kann dann (2.7) in der Gestalt

$$\lambda_t = x_t \bar{y}_t \tag{2.8}$$

aufschreiben.

Wir bemerken noch, daß der Zustand der Aufmagnetisierung bis zum Zeitpunkt $t + 1$ der Eingabe des Leseimpulses erhalten bleibt, d. h., es ist

$$\lambda_{t+1} = \lambda_t .$$

Bei der Eingabe eines Leseimpulses entsteht Spannung am Ausgang F nur dann, wenn der Kern vorher erregt wurde. Folglich ist

$$f_{t+1} = \lambda_{t+1} = \lambda_t$$

oder, wenn man (2.8) benutzt,

$$f_{t+1} = x_t \bar{y}_t . \tag{2.9}$$

Dieses stellt einen Sonderfall der Beziehungen (2.1), die eine kombinatorische Schaltung beschreiben, dar ($p = 1$, $n = 2$, $\tau_{11} = \tau_{12} = 1$). Wir bemerkten schon, daß die Breite eines Ausgangsimpulses nicht von der Breite der Steuerimpulse und Verzögerungen τ_x, τ_y abhängt, da sie völlig durch die Parameter des Kernes und der Ausgangskreise bestimmt wird.

Oben (s. § 1, Seite 166) wurde gezeigt, daß die Elemente des Typs F in zwei Varianten in Abhängigkeit von der Breite des Ausgangsimpulses angewandt werden müssen. Ausgangsimpulse geringerer Breite von Elementen des Typs G können nur auf Erregungswicklungen gegeben werden, und Impulse größerer Breite von Elementen des Typs H auf Verhinderungswicklungen. Wenn der Kern keine Verhinderungswicklungen hat, dann können auf seine Erregungswicklungen Impulse sowohl von Elementen des Typs G als auch von Elementen des Typs H gegeben werden.

Wir bemerken, daß Elemente der Typen G und H logisch äquivalent sind. Wenn man den Zustand des Erregungs- (bzw. Verhinderungs-)Eingangs des Elementes G zum Zeitpunkt t mit dem Buchstaben x_t (bzw. y_t) bezeichnet und mit dem Buchstaben u_t (bzw. v_t) den Zustand des Erregungs- (Verhinderungs-) Eingangs des Elementes H zum Zeitpunkt t, dann werden die Zustände der Ausgänge g, h dieser Elemente folgermaßen beschrieben:

$$g_{t+1} = g(x_t, y_t) = x_t \bar{y}_t \,, \qquad h_{t+1} = h(u_t, v_t) = u_t \bar{v}_t \,. \tag{2.10}$$

Falls an die Dauer des Ausgangssignals keine speziellen Forderungen gestellt werden, werden wir für die Bezeichnung der Elemente den Buchstaben g gebrauchen.

Auf die Eingangswicklungen der Elemente vom Typ F kann auch die Alternative aus verschiedenen Signalen gegeben werden. Oben, in § 1, wurden Schaltungen angeführt, die die Alternative realisieren. Dort wurde gezeigt, daß die Realisierung der Alternative keine zusätzlichen Verzögerungen hervorruft. Wir werden die Alternative in den Formeln mit „$\vee$" bezeichnen.

Man muß bemerken, daß allgemein gesprochen verschiedene Funktionen während verschiedener Takte realisiert werden. Um die gleichzeitige Realisierung aller aussagenlogischen Wahrheitsfunktionen zu gewährleisten, muß man zusätzliche Verzögerungen verwenden.

Betrachten wir einige einfache Beispiele der Realisierung von Funktionen in zwei Takten. In Abb. 13 ist eine Schaltung mit doppelter Verzögerung angeführt. Auf diesem Bild fehlen bei beiden Elementen die Verhinderungswicklungen. In Übereinstimmung mit (2.10) kann die Arbeit einer solchen Schaltung durch

$$f_{t+2} = g[g(x_t, 0), 0]$$

beschrieben werden.

Abb. 13

In Abb. 14 sind die Schaltungen der Negation (a), der Konjunktion (logische Multiplikation) (b, c) und der Implikation (d, e) und die ihnen entsprechenden Gleichungen dargestellt. Man muß beachten, daß man in jedem Schreibtakt die Möglichkeit zur Abgabe eines Erregungsimpulses haben muß, der in den Schaltungen mit einer Eins bezeichnet ist. Es ist nicht schwer, sich davon zu überzeugen, daß mit Elementen des Typs F die Konjunktion in einem Takt nicht realisiert werden kann. Die Implikation kann in einem Takt (Abb. 14e) erhalten

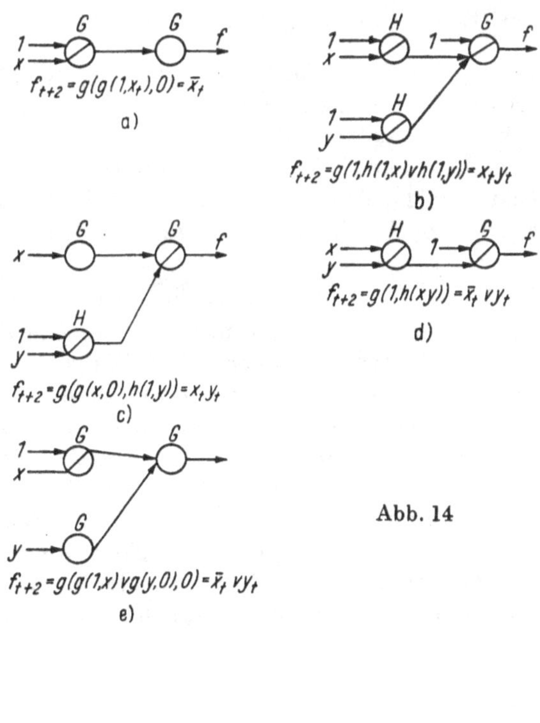

Abb. 14

werden, dabei ist aber die Verwendung eines zusätzlichen Elementes für die Verzögerung notwendig.

Für die Realisierung zweiwertiger aussagenlogischer Wahrheitsfunktionen durch Elemente des Typs F ist folgende Tatsache wichtig: Eine beliebige Funktion beliebig vieler Elemente kann in zwei Takten realisiert werden, d. h., für eine beliebige Funktion $f(x^1, \ldots, x^n)$ kann aus Elementen des Typs F eine kombinatorische Schaltung aufgebaut werden, die durch

$$f_{t+2} = f(x_t^1, \ldots, x_t^n) \tag{2.11}$$

beschrieben wird.

Hierzu betrachten wir eine gewisse Funktion $f(x^1, \ldots, x^n)$. Sie hängt von den n Größen $x^1, \ldots, x^n$ ab, die den Wert 0 oder 1 annehmen können. Zur Bestimmung der minimalen Anzahl von Takten, die für ihre Realisierung mittels Elemente vom Typ F genügt, benutzen wir die Darstellung dieser Funktion in der alternativen Normalform [4, 5, 6, 7]

$$f(x^1, \ldots, x^n) = \bigvee_{\alpha_1, \ldots, \alpha_n} f(\alpha_1, \ldots, \alpha_n) \; (x^1 \equiv \alpha_1) \ldots (x^n \equiv \alpha_n) \,. \tag{2.12}$$

In Formel (2.12) ist $(a \equiv b) = a\,b \vee \bar{a}\,\bar{b}$, so daß

$$(a \equiv 0) = \bar{a}\,, \quad (a \equiv 1) = a\,, \quad [(a \equiv b) \equiv c] = [a \equiv (b \equiv c)]$$

ist. Die minimale Anzahl von Takten, die für die Realisierung dieser Funktion ausreichen, ist gleich der Anzahl von Takten, die zur Realisierung der Funktionen der Form $(x^1 \equiv \alpha_1) \ldots (x^n \equiv \alpha_n)$ ausreichen, deren Alternative ja gemäß Formel (2.12) die Funktion f darstellt.

Man überzeugt sich leicht von der Richtigkeit der Gleichung

$$(x_{t+2}^1 \equiv \alpha_1) \ldots (x_{t+2}^n \equiv \alpha_n) = g\left\{1, \bigvee_{i=1}^{n} [\bar{\alpha}_i\, h(x_t^i, 0) \vee \alpha_i\, h(1, x_t^i)]\right\}, \tag{2.13}$$

die zeigt, daß die Funktionen der Form $(x^1 \equiv \alpha_1) \ldots (x^n \equiv \alpha_n)$, und mit ihnen auch eine beliebige Funktion $f(x^1, \ldots, x^n)$ durch Elemente des Typs F in zwei Takten realisiert werden können. Da es Funktionen gibt (z. B. $f = x\,y$), die nicht in einem Takt realisiert werden können, ist eine geringere Anzahl von Takte für die Realisierung einer beliebigen aussagenlogischen Wahrheitsfunktion nicht ausreichend. Aus (2.12) und (2.13) folgt leicht, daß

$$f_{t+2} = f(x_t^1, \ldots, x_t^n) = \bigvee_{\alpha_1, \ldots, \alpha_n} f(\alpha_1, \ldots, \alpha_n)\, g\left\{1, \bigvee_{i=1}^{n} [\bar{\alpha}_i\, h(x_t^i, 0) \vee \alpha_i\, h(1, x_t^i)]\right\} \tag{2.14}$$

ist. Wir nennen diese Formel *die normale g-Form der Darstellung der aussagenlogischen Wahrheitsfunktion.* Aus dieser Formel ist ersichtlich, daß es für die Realisierung eines beliebigen Bestandteils der Funktion f nötig ist, die Argumente dieses Bestandteils, die nicht negiert werden, durch Elemente des Typs H einer Inversion und die zu negierenden Argumente einer Verzögerung um einen Takt zu unterwerfen. Danach muß man die Alternative der so erhaltenen Zwischenargumente erzeugen und sie auf den Verhinderungseingang eines Elementes G (oder H — in Abhängigkeit davon, wie die Information weiter verarbeitet wird) geben. Nachdem alle Bestandteile der Funktion f so realisiert sind, muß man noch ihre Alternative erzeugen.

Wir erinnern nochmals daran, daß die Funktion f zum Zeitpunkt $t+2$ realisiert wird, wenn die Argumente $x^1, \ldots, x^n$ zum Zeitpunkt t gegeben sind.[1])

Man muß beachten, daß die Größen $\alpha_1, \ldots, \alpha_n$ und die Funktionen, die von diesen Größen abhängig sind, nur von der Gestalt der Funktion f, nicht aber von den Werten der Argumente abhängen. Die Multiplikation der Argumente mit diesen Größen oder ihren Funktionen bedeutet einfach das Bestehen der einen oder anderen Verbindung in der Schaltung.

Wie soeben gezeigt wurde, kann eine beliebige aussagenlogische Wahrheitsfunktion in normaler g-Form (2.14) realisiert werden. Es kann jedoch sein, daß man Funktionen mit weniger Elementen realisieren kann als für die Darstellung der normalen g-Form notwendig sind.

Diese Vereinfachungen werden mit Hilfe entsprechender Transformationsformeln vorgenommen, deren Richtigkeit durch den Leser leicht selbst bewiesen werden kann. Man benutzt dazu die grundlegenden Relationen (2.10). Selbstverständlich kann man die Formeln vereinfachen, indem man die üblichen Rechenregeln für die Alternative, Konjunktion und Negation benutzt und zumindest bei der schalttechnischen Realisierung die Formeln nur durch Funktionen g und Alternativen darstellt. Jedoch entsprechen die einfachsten Formeln aus Alternativen, Konjunktionen und Negationen nicht immer einfachsten Schaltungen aus den beschriebenen Elementen. Die Verwendung der zugegebenen Transformationsformeln erlaubt aber, die Vereinfachung einer Schaltung im Verlaufe der Umrechnung zu kontrollieren.[2])

Wir möchten vor allem auf die folgenden zwei Beziehungen hinweisen, die unmittelbar aus den Formeln (2.10) folgen:

$$g(x, x) = 0\,, \tag{2.15}$$

$$\bigvee_i g(x^i, y) = g\Big(\bigvee_i x^i, y\Big)\,. \tag{2.16}$$

Die Richtigkeit der folgenden Identitäten, in denen R eine beliebige Funktion ist, ist ebenfalls leicht zu zeigen:

$$g[1, h(a, b) \vee R] = g[g(1, a) \vee g(b, 0), R]\,, \tag{2.17}$$

$$g[g(a, b), R] = g[1, h(1, a) \vee h(b, 0) \vee R]\,. \tag{2.18}$$

Es kann vorkommen, daß die Funktion $f(x^1, \ldots, x^n)$ von einigen ihrer Argumente nur formal abhängt. In diesem Fall kann man die Schaltung vereinfachen gemäß

$$\bigvee_{\alpha_1, \ldots, \alpha_q} g\Big[R, P \vee \bigvee_{i=1}^{q} [\alpha_i\, h(1, x^i) \vee \bar{\alpha}_i\, h(x^i, 0)]\Big] = g(R, P)\,, \tag{2.19}$$

wo R und P Funktionen sind, die nicht von $x_i (i = 1, \ldots, q)$ abhängen. Zur Anschaulichkeit schreiben wir die Formel (2.19) für den Fall $q = 1$ einmal auf:

$$g[R, P \vee h(1, x)] \vee g[R, P \vee h(x, 0)] = g(R, P)\,. \tag{2.20}$$

[1]) In der weiteren Darstellung werden wir manchmal die den Zeitpunkt bezeichnenden Indizes weglassen, wobei wir aber stets daran denken, daß der Fluß eines Impulses durch ein beliebiges Element vom Typ F eine Verzögerung um einen Takt hervorruft und daß die Funktionen immer mit einer Verzögerung um zwei Takte realisiert werden.

[2]) Die weiter unten angeführten Formeln sind nicht unabhängig voneinander.

Zum Beispiel ist die Funktion $f = x\,y\,z \vee \bar{x}\,y\,z$ durch ihre (vollständige) alternative Normalform dargestellt. Ihre normale g-Form hat die Gestalt

$$f = g[1, h(1, x) \vee h(1, y) \vee h(1, z)] \vee g[1, h(x, 0) \vee h(1, y) \vee h(1, z)]\,.$$

Dies stimmt mit dem linken Teil von (2.10) überein $[R = 1,\ P = h(1, y) \vee h(1, z)]$, und deshalb ist $f = g[1, h(1, y) \vee h(1, z)]$.

Häufig begegnet man auch Funktionen, die von der Summe einiger ihrer Argumente abhängen. Die nötigen vereinfachenden Umformungen können ohne Schwierigkeit aus

$$\bigvee_{i=1}^{q} g[R, P \vee h(1, x^i)] = g\left[R, P \vee h\left(1, \bigvee_{i=1}^{q} x^i\right)\right] \tag{2.21}$$

erhalten werden, wo R und P beliebige Funktionen sind.

Im Fall $i = 2$ nimmt (2.21) die Form

$$g[R, P \vee h(1, x^1)] \vee g[R, P \vee h(1, x^2)] = g[R, P \vee h(1, x^1 \vee x^2)] \tag{2.22}$$

an. So kann beispielsweise die Funktion $f = x\,z\,t \vee y\,z\,t$ leicht in der Form einer Alternative von normalen g-Formen (nach Veränderlichen x, z, t und Veränderlichen y, z, t)

$$f = g[1, h(1, x) \vee h(1, z) \vee h(1, t)] \vee g[1, h(1, y) \vee h(1, z) \vee h(1, t)]$$

dargestellt werden. Mit Hilfe von (2.22) $\big(R = 1,\ P = h(1, t) \vee h(1, z)\big)$ erhält man

$$f = g[1, h(1, z) \vee h(1, t) \vee h(1, x \vee y)]\,.$$

Bei Vereinfachungen gemäß der Identität $a\bar{b} \vee b = a \vee b$, welcher die Gleichung $g(a, b) \vee g(b, 0) = g(a \vee b, 0)$ entspricht, können sich die folgenden Beziehungen als nützlich erweisen:

$$g[R, P \vee Q \vee h(1, y)] \vee g[R, P \vee h(y, 0)] = g[R, P \vee Q] \vee g[R, P \vee h(y, 0)]\,, \tag{2.23}$$

$$g[R, P \vee Q \vee h(y, 0)]\, g[R, P \vee h(1, y)] = g[R, P \vee Q] \vee g[R, P \vee h(1, y)]\,, \tag{2.24}$$

wobei R, P, Q beliebige Funktionen sind.

Wir führen das Beispiel einer Schaltung an, bei deren Vereinfachung man eine ganze Reihe von Umformungen benutzen muß. Betrachten wir die Funktion $f(x, y) = x\,y \vee \bar{x}\,y \vee \bar{x}\,\bar{y}$. Die normale g-Form der Darstellung dieser Funktion ist

$$f = g[1, h(1, x) \vee h(1, y)] \vee g[1, h(x, 0) \vee h(1, y)] \vee g[1, h(x, 0) \vee h(y, 0)]\,.$$

Gemäß (2.20) eliminieren wir die Veränderliche x aus den ersten beiden Summanden, wonach wir erhalten

$$f = g[1, h(1, y)] \vee g[1, h(x, 0) \vee h(y, 0)]\,.$$

Diese Gleichung vereinfacht sich nach (2.24) zu

$$f = g[1, h(1, y)] \vee g[1, h(x, 0)]\,.$$

Nach (2.16) und (2.17) erhalten wir endgültig

$$f = g[g(y, 0), 0] \vee g[g(1, x), 0] = g[g(y, 0) \vee g(1, x), 0] = g[1, h(x, y)]\,.$$

Wir geben nun einige Beispiele der Synthese kombinatorischer Schaltungen an. Vor allem werden wir eine häufig vorkommende kombinatorische Schaltung aufbauen, die zwei Eingänge X und Y und einen Ausgang F hat und die die Funktion

$$f = x\bar{y} \vee \bar{x}y \tag{2.25}$$

realisiert. Die g-Normalform für diese Funktion lautet

$$f = g[1, h(1, x) \vee h(y, 0)] \vee g[1, h(x, 0) \vee h(1, y)] .$$

Für die Realisierung der Funktion in dieser Form sind sechs Elemente nötig. Wenn wir zweimal (2.18) anwenden, erhalten wir

$$f = g[1, h(1, x) \vee h(y, 0)] \vee g[g(y, x), 0] .$$

Die Realisierung der Funktion f in dieser Gestalt erfordert fünf Kerne. Wegen der Notwendigkeit der verschiedenen Impulsbreiten, die auf Erregungs- und Verhinderungseingänge gegeben werden, ist eine weitere Vereinfachung dieser Schaltung unmöglich.

Wir führen noch eine Variante für den Aufbau der Schaltung an:

$$f = g[g(x, y), 0] \vee g[g(y, 0), h(x, 0)] .$$

Die entsprechende Schaltung ist in Abb. 15 angeführt. So führte in diesem Fall die Anwendung der Transformationsformeln zu einer gewissen Vereinfachung der Schaltung.

Beim Aufbau kombinatorischer Schaltungen, die mehrere Ausgänge haben, besonders dann, wenn man von den Ausgängen nur wenige zusammenlegen darf, realisiert man am besten im ersten Takt die aussagenlogischen Wahrheitsfunktionen einer Variablen, denen Schaltungen des Typs $g(x, 0)$, $g(1, x)$, $h(x, 0)$, $h(1, x)$ entsprechen. Dann kann man jedes Element des ersten Taktes für die Realisierung mehrerer Ausgangsfunktionen verwenden. So wird z. B. die durch die Gleichungen

$$f^1 = x\bar{y} \vee \bar{x}y , \qquad f^2 = xy \vee \bar{x}\bar{y}$$

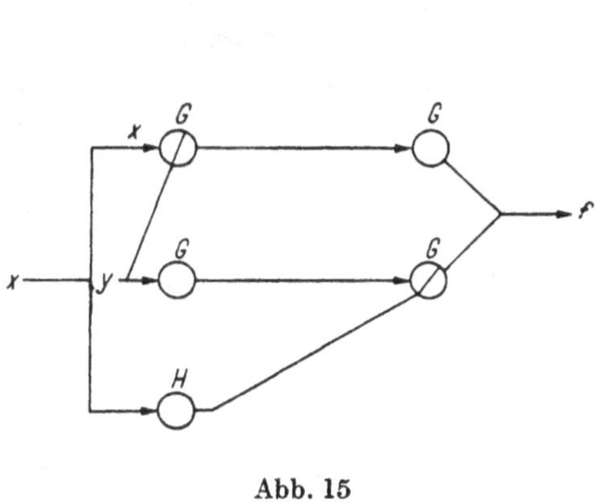

Abb. 15

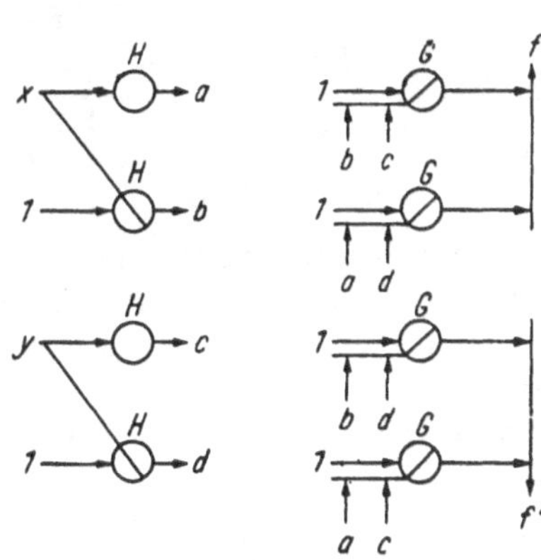

Abb. 16

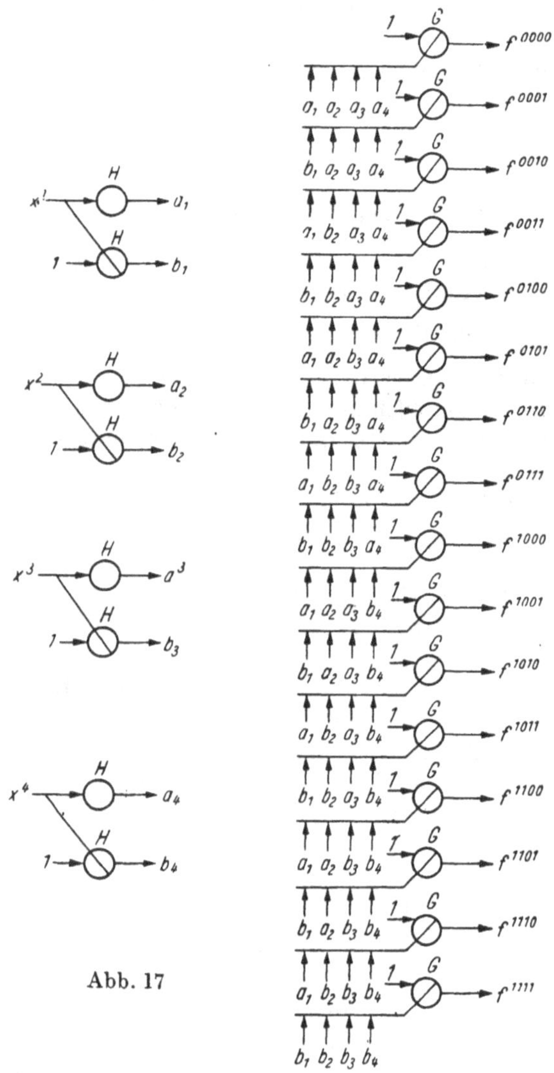

Abb. 17

bestimmte Schaltung in der Form

$$\left.\begin{aligned} f^1 &= g[1,\, h(1,\, x) \vee h(y,\, 0)] \\ &\quad \vee g[1,\, h(x,\, 0) \vee h(1,\, y)]\,, \\ f^2 &= g[1,\, h(1,\, x) \vee h(1,\, y)] \\ &\quad \vee g[1,\, h(x,\, 0) \vee h(y,\, 0)] \end{aligned}\right\} \tag{2.26}$$

realisiert. Die entsprechende Schaltung wird in Abb. 16 angegeben.[1])

Weiter oben wurde gezeigt, daß man die Funktion f^1 durch fünf Elemente realisieren kann. Die Funktion f^2 kann selbstverständlich auch durch fünf Elemente verwirklicht werden:

$$\begin{aligned} f^2 &= g[g(x,\, 0),\, h(1,\, y)] \\ &\quad \vee g[1,\, h(x \vee y)]\,. \end{aligned}$$

Ihre einfachste gemeinsame Realisierung, die nur acht Elemente erfordert, kann jedoch gemäß Formel (2.26) durchgeführt werden, weil dabei alle Elemente des ersten Taktes zur Herstellung beider Funktionen benutzt werden. Bei der Synthese jeder der Funktionen f^1 und f^2 einzeln durch fünf Elemente würde die gesamte Schaltung zehn Elemente erfordern, weil kein Element des ersten Taktes, das an der Realisierung einer dieser Funktionen beteiligt ist, für die Realisierung des anderen benutzt werden kann.

Als ein weiteres Beispiel für den Aufbau einer kombinatorischen Schaltung führen wir die Synthese einer Schaltung an, die vier Eingänge und 16 Ausgänge besitzt und deren Funktionsweise durch Gleichungen beschrieben wird, die die Gestalt

$$f^{\alpha_4,\alpha_3,\alpha_2,\alpha_1} = (x^4 \equiv \alpha_4)\,(x^3 \equiv \alpha_3)\,(x^2 \equiv \alpha_2)\,(x^1 \equiv \alpha_1) \tag{2.27}$$

---

[1]) Punkte, die in Abb. 16 durch die gleichen Buchstaben bezeichnet sind, sind selbstverständlich direkt verbunden.

haben, wobei α_1, α_2, α_3, α_4 unabhängig voneinander die Werte 0 oder 1 annehmen und

$$(x^i \equiv \alpha_i) = x^i \alpha_i \vee \bar{x}^i \bar{\alpha}_i$$

ist.

Diese Schaltung wird häufig Dual-Entschlüsseler mit vier Eingängen genannt.

Weil wir für die Herstellung aller 16 Ausgangsfunktionen alle Bestandteile realisieren müssen, benutzen wir zur Synthese (2.14), nämlich:

$$f^{\alpha_4,\alpha_3,\alpha_2,\alpha_1} = g\left\{1, \bigvee_{i=1}^{4} [\bar{\alpha}_i\, h(x^i, 0) \vee \alpha_i\, h(1, x^i)]\right\}. \tag{2.28}$$

Die entsprechende Schaltung ist in Abb. 17 angeführt, wo Punkte mit gleichen Buchstaben als unmittelbar verbunden vorausgesetzt werden.

§ 3. Die Synthese sequentieller Schaltungen

In diesem Paragraphen werden sequentielle Schaltungen und die Methode ihrer Realisierung durch Elemente vom Typ F betrachtet. Für die Synthese sequentieller Schaltungen wird die Matrizenmethode benutzt, die in den Arbeiten [2, 3] entwickelt wurde. Viele Sätze sind im vorliegenden Paragraphen ohne Beweise angeführt. Der Leser kann sie in den angegebenen Arbeiten finden. Am Schluß des Paragraphen werden Beispiele der Synthese von Schaltungen durch Elemente des Typs F angegeben, und es wird auch die Analyse solcher Schaltungen betrachtet.

Wir betrachten eine kombinatorische Schaltung P, die $n + s$ Eingänge $x^1, \ldots, x^n, y^1, \ldots, y^s$ und $r + s$ Ausgänge $f^1, \ldots, f^r, \varphi^1, \ldots, \varphi^s$ besitzt.

Entsprechend der Definition einer kombinatorischen Schaltung (siehe S. 170) werden die Zustände aller Ausgänge dieser Schaltung zum Zeitpunkt t vollständig durch den Zustand ihrer Eingänge zu gewissen vorhergehenden, für jeden Eingang festgelegten Zeitpunkt bestimmt, so daß die folgenden Beziehungen gelten:

$$\left.\begin{aligned} f_t^i &= f^i(x^1_{t-\tau_{i1}}, \ldots, x^n_{t-\tau_{in}}, y^1_{t-\tau^1_{i1}}, \ldots, y^s_{t-\tau^1_{is}}), \\ \varphi_t^j &= \varphi^j(x^1_{t-\sigma_{j1}}, \ldots, x^n_{t-\sigma_{jn}}, y^1_{t-\sigma^1_{j1}}, \ldots, y^s_{t-\sigma^1_{js}}), \\ & i = 1, \ldots, r, \quad j = 1, \ldots, s. \end{aligned}\right\} \tag{3.1}$$

Wir verbinden jetzt, nachdem wir

$$\varphi_t^1 = y_t^1, \ldots, \varphi_t^s = y_t^s \tag{3.2}$$

gesetzt haben, die Ausgänge $\varphi^1, \ldots, \varphi^s$ in der angegebenen Reihenfolge mit den Eingängen $y^1, \ldots, y^s$.

Diese Verbindungen (Abb. 18) werden wir Rückführungen und die auf solche Weise erhaltene Schaltung Q *sequentiell* nennen. Unter Berücksichtigung von (3.1) und (3.2) erhalten wir als Gleichungen der sequentiellen Schaltung:

$$\left.\begin{aligned} f^i &= f^i(x^1_{t-\tau_{i1}}, \ldots, x^n_{t-\tau_{in}}, \varphi^1_{t-\tau^1_{i1}}, \ldots, \varphi^s_{t-\tau^1_{is}}), \\ \varphi_t^j &= \varphi^j(x^1_{t-\sigma_{j1}}, \ldots, x^n_{t-\sigma_{jn}}, \varphi^1_{t-\sigma^1_{1j}}, \ldots, \varphi^s_{t-\sigma^1_{js}}), \\ & i = 1, \ldots, r, \quad j = 1, \ldots, s. \end{aligned}\right\} \tag{3.3}$$

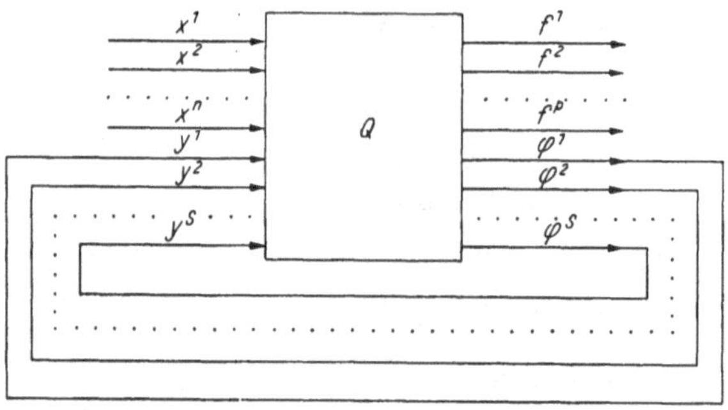

Abb. 18

Die hier angeführten Gleichungen (3.3) einer sequentiellen Schaltung sind etwas allgemeiner als die in [2, 3] angegebenen. Die letzteren können aus (3.3) erhalten werden, wenn man setzt:

$$\tau_{ik} = \sigma_{jk} = 0; \quad \tau_{im}^1 = \sigma_{jm}^1 = 1;$$
$$i = 1, \ldots, r; \quad j = 1, \ldots, s,$$
$$k = 1, \ldots, n; \quad m = 1, \ldots, s.$$

Eine sequentielle Schaltung muß also wie eine solche kombinatorische Schaltung betrachtet werden, bei der ein Teil der Ausgangssignale im weiteren als Eingangssignale für dieselbe Schaltung benutzt wird. Weiter oben wurde bei der Betrachtung kombinatorischer Schaltungen gezeigt, daß, falls die Ausgangssignale für die Steuerung nachfolgender Schaltungen benutzt werden, für das richtige Arbeiten der Schaltungen notwendig ist, daß die Ungleichungen (2.5) und (2.6) gelten. Mit anderen Worten: Es ist nötig, daß die Breite eines in den Ausgang gelangenden Nutzsignals zum Steuern der nachfolgenden Schaltung ausreicht, daß aber Störsignale sicher kein Schalten verursachen. Weil in der sequentiellen Schaltung ein Teil der Ausgänge mit den Eingängen verbunden ist, stellen die in den Ungleichungen (2.5) und (2.6) auftretenden Größen $\tau_{A\,\min}$ und $\tau_{A\,\min} - \lambda$ Parameter derselben Schaltung dar, d. h., die Parameter (eines Teils) der Ausgangssignale einer sequentiellen Schaltung müssen die Forderungen befriedigen, die an ihre Eingangssignale gestellt werden.

Früher (s. S. 173) wurde gezeigt, daß die minimale Zeitspanne $T_{\min}$ für die Eingabe einer Information gleich $\tau_{A\,\min} + \Delta$ ist. Die Eingabe (eines Teils) der Ausgangssignale auf die Eingänge $y^1, \ldots, y^s$ der sequentiellen Schaltung muß gleichzeitig mit der Eingabe der Steuersignale auf die übrigen Eingänge $x^1, \ldots, x^n$ erfolgen. Deshalb müssen die Ausgangssignale um die Zeitdauer der Eingabe einer Information verzögert werden. Die minimale Eingabezeit $T_{\min}$ einer Information bestimmt auch die minimale Verzögerung in einem Kreis der Rückführung und damit zusammen auch die Wirkungsgeschwindigkeit der Schaltung.

Wir kehren zu Schaltungen aus Elementen des Typs F zurück und erinnern uns daran, daß die Erfüllung der Ungleichung (2.6) automatisch durch die Anwendung ausblendender Impulse (Pattern) erreicht wird. Die diese Impulse trennenden Zeitintervalle umfassen die Zeit der Übermagnetisierung eines Kernes. Die Gültigkeit der Ungleichung (2.5) wird dadurch erreicht, daß die Breite der Ausgangssignale von der Breite der Eingangssignale unabhängig ist. Die Streuung der Verzögerung Δ kann man dabei vernachlässigen. Wir erinnern ebenfalls daran, daß beliebige zweiwertige aussagenlogische Wahrheitsfunktionen mit einer beliebigen Anzahl von Argumenten in zwei Takten realisiert werden können. Deshalb können wir jetzt für Zweitaktschaltungen die Gleichungen einer sequentiellen Schaltung aus Elementen des Typs F folgendermaßen schreiben:

$$\left.\begin{aligned} f^i_{t+2} &= f^i(x^1_t, \ldots, x^n_t, \varphi^1_t, \ldots, \varphi^s_t)\,, \qquad i = 1, \ldots, r\,, \\ \varphi^j_{t+2} &= \varphi^j_t(x^1_t, \ldots, x^n_t, \varphi^1_t, \ldots, \varphi^s_t)\,, \qquad j = 1, \ldots, s\,. \end{aligned}\right\} \tag{3.4}$$

Als *Zustand der sequentiellen Schaltung* zum Zeitpunkt t bezeichnen wir das Tupel $\Phi_t = (\varphi^1_t, \ldots, \varphi^s_t)$, wo die φ^i_t die Werte 0 oder 1 annehmen und den Zustand der Rückführungen zu diesem Zeitpunkt charakterisieren. Sind zum Zeitpunkt t beispielsweise nur die erste und zweite Rückführung erregt (d. h., ist ein Impuls auf ihnen vorhanden), so wird der Zustand der Schaltung durch das Tupel $\Phi_t = (1, 1, 0, 0, \ldots, 0)$ beschrieben. Es ist evident, daß die Anzahl der möglichen Zustände gleich 2^s ist. Jedem Zustand $\Phi_t = (\varphi^1_t, \ldots, \varphi^s_t)$ ordnen wir eine Nummer $i = \sum_{\alpha=1}^{s} 2^{\alpha-1} \varphi^\alpha_t$ zu. Die Darstellung der Zahl i im dualen Zahlsystem hat die Form $i \sim \varphi^s_t, \ldots, \varphi^1_t$.[1]) So entspricht z. B. dem Tupel $(1, 1, 0, \ldots, 0)$ die Zahl $i = 3 \sim 0, 0, \ldots, 0, 1, 1$.

Wir stellen dem Zustand der Schaltung zum Zeitpunkt t, d. h. dem Tupel $\Phi_t = (\varphi^1_t, \ldots, \varphi^s_t)$, den *einfachen Zustandsvektor* der Schaltung, d. h. das Tupel $\tilde{\Phi}_t = (\tilde{\varphi}^0_t, \ldots, \tilde{\varphi}^{2^s-1}_t)$, bestehend aus den 2^s Koordinaten $\tilde{\varphi}^l_t (l = 0, \ldots, 2^s - 1)$, zum Vergleich gegenüber. Von den Koordinaten $\tilde{\varphi}^l_t$ ist stets nur diejenige gleich 1, deren Nummer l mit der Nummer des entsprechenden Zustandes übereinstimmt. Alle übrigen Koordinaten sind gleich 0. Dann existieren zwischen den Größen $\varphi^i_t (i = 1, \ldots, s)$ und deren Koordinaten des einfachen Vektors die Beziehungen

$$\varphi^i_t = \bigvee_{\alpha_s, \ldots, \alpha_1;\, \alpha_i = 1} \tilde{\varphi}^{\alpha_s, \ldots, \alpha_1}_t ; \; \tilde{\varphi}^{\alpha_s, \ldots, \alpha_1}_t = \prod_{i=1}^{s} (\varphi^i_t \equiv \alpha_i)\,, \tag{3.5}$$

wo

$$\alpha_s, \ldots, \alpha_1 \sim i\,, \qquad (a \equiv b) = a\,b \vee \bar{a}\,\bar{b}$$

ist.

Als *Eingang* der Schaltung zum Zeitpunkt t bezeichnen wir auch das Tupel $X_t(x^1_t, \ldots, x^n_t)$ und als *Ausgang* der Schaltung das Tupel $F_t = (f^1_t, \ldots, f^p_t)$. Diese

[1]) Wir trennen die Ziffern der Dualdarstellung der Zahlen durch ein Komma, um die Darstellung nicht mit dem Produkt dieser Größen zu verwechseln. Um die Dualdarstellung einer Zahl von einem n-Tupel zu unterscheiden, werden wir letzteres in Klammern einschließen. Das Zeichen „$\sim$" bedeutet eine Zuordnung zwischen einer Zahl und ihrer Darstellung im dualen Zahlsystem. In den Formeln ist die Zahl manchmal auch im dualen Zahlsystem aufgeschrieben.

Tupel können ebenso wie die Zustände durchnumeriert werden. Wenn j die Nummer des Tupels X_t und k die Nummer des Tupels F_t ist, dann ist $j \sim x_t^n, \ldots, x_t^1$; $k \sim f_t^p, \ldots, f_t^1$. Genauso wie dies für die Zustände getan wurde, führen wir *einfache Eingangs- und Ausgangsvektoren* $\widetilde{X}_t = (\tilde{x}_t^0, \ldots, \tilde{x}_t^{2^n-1})$ und $\widetilde{F}_t = (f_t^0, \ldots, f_t^{2^p-1})$ ein. Zwischen den Größen, die den Ein- und Ausgang der Schaltung darstellen, und den Koordinaten der entsprechenden einfachen Vektoren bestehen zu (3.5) analoge Beziehungen.

Zu einem gewissen Zeitpunkt t befinde sich die Schaltung im Zustand mit der Nummer i. Bei Eingabe einer Information geht die Schaltung gemäß den Gleichungen (3.4) in einen gewissen Zustand mit der Nummer k über. Wir wollen eine solche Funktion $a_{ik}(x_t^1, \ldots, x_t^n)$ aufbauen, welche für diejenigen Eingänge $X_t = (x_t^1, \ldots, x_t^n)$ den Wert 1 annimmt, die den Übergang der Schaltung aus dem Zustand i in den Zustand k bewirken, bei den übrigen Eingängen aber zu 0 wird. Aus den Funktionen a_{ik} bilden wir eine quadratische Matrix $A(X_t)$ der Ordnung 2^s: $A(X_t) = \| a_{ik}(x_t^1, \ldots, x_t^n)\|$. Diese Matrix werden wir *Zustandsmatrix der sequentiellen Schaltung* nennen. Es ist klar, daß $a_{ik}(x_t^1, \ldots, x_t^n) \equiv 0$ ist, falls der Übergang vom i-ten Zustand in den k-ten bei keinem Eingang möglich ist, und daß umgekehrt $a_{ik}(x_t^1, \ldots, x_t^n) \equiv 1$ ist, wenn der Übergang vom i-ten in den k-ten Zustand bei jedem beliebigen Eingang realisiert wird. Wenn sich die Schaltung in einem beliebigen Zustand i befindet, dann geht sie bei einem beliebigen, aber festen Eingang in einen und nur einen Zustand k über. Deshalb wird, wenn wir einen gewissen Eingang $X_t = (x_t^1, \ldots, x_t^n)$ und einen Zustand i zum Zeitpunkt t festgelegt haben und wenn dieser Eingang den Übergang vom i-ten in den k-ten Zustand bedingt, genau ein Element a_{ik} in der i-ten Zeile gleich 1.

Es ist klar, daß die Alternative der Elemente dieser Zeile gleich 1 und die Konjunktion zweier nicht identischer Elemente gleich 0 ist. Da dieser Umstand für einen beliebigen Eingang X_t gilt, genügt die Matrix $A(X_t)$ folgenden Beziehungen:

$$\bigvee_{k=0}^{2^s-1} a_{ik} = 1\,, \quad a_{ik} \cdot a_{ik'} = 0 \quad \text{für} \quad k \neq k' \quad (i = 0, \ldots, 2^s)\,. \tag{3.6}$$

Matrizen mit dieser Eigenschaft werden wir im folgenden, in Übereinstimmung mit [2, 3], als *einfach* bezeichnen. Ist $\widetilde{\Phi}_t$ der einfache Zustandsvektor der Schaltung zum Zeitpunkt t und $A(X_t)$ die Zustandsmatrix der sequentiellen Schaltung, so kann der einfache Zustandsvektor der sequentiellen Schaltung zum Zeitpunkt $t + 2$ aus den folgenden Gleichungen erhalten werden:

$$\widetilde{\Phi}_{t+2} = \widetilde{\Phi}_t\, A(X_t)\,, \qquad \tilde{\varphi}_{t+2}^{\beta_s,\ldots,\beta_1} = \bigvee \tilde{\varphi}_t^{\alpha_s,\ldots,\alpha_1}\, a_{\alpha_s,\ldots,\alpha_1;\,\beta_s,\ldots,\beta_1}(x_t^1, \ldots, x_t^n)\,. \tag{3.7}$$

Nach den gegebenen Gleichungen der sequentiellen Schaltung (3.4) kann die Zustandsmatrix eindeutig gemäß

$$a_{\alpha_s,\ldots,\alpha_1;\,\beta_s,\ldots,\beta_1}(x_t^1, \ldots, x_t^n) = \prod_{j=1}^{s} [\varphi^j(x_t^1, \ldots, x_t^n, \alpha_1, \ldots, \alpha_s) \equiv \beta_j] \tag{3.8}$$

aufgebaut werden, wo $\alpha_s, \ldots, \alpha_1 \equiv i$; $\beta_s, \ldots, \beta_1 \sim k$ gilt. Umgekehrt bestimmt die Zustandsmatrix eindeutig die zweite Zeile der Gleichungen (3.4)

$$\varphi^j(x_t^1, \ldots, x_t^n, \varphi_t^1, \ldots, \varphi_t^s) = \bigvee_{\substack{\alpha_s, \ldots, \alpha_1 \\ \beta_s, \ldots, \beta_1;\, \beta_j = 1}} a_{\alpha_s, \ldots, \alpha_1; \beta_s, \ldots, \beta_1}(x_t^1, \ldots, x_t^n)\,(\varphi_t^1 \equiv \alpha_1), \ldots, (\varphi_t^s \equiv \alpha_s)\,. \quad (3.9)$$

Folglich wird die Zustandsänderung der s Rückführungen $\varphi^1, \ldots, \varphi^s$ unter den insgesamt $p + s$ Ausgängen der sequentiellen Schaltung durch die Zustandsmatrix $A(X_t)$ beschrieben.

Für die Beschreibung der Zustandsänderung der Ausgänge $F^1, \ldots, F^p$ benutzen wir ebenfalls eine spezielle Matrix, die auf analoge Weise konstruiert wird.

Es sei zum Zeitpunkt t auf die Eingänge der Schaltung ein n-Tupel $X_t = (x_t^1, \ldots, x_t^n)$ gegeben, dem die Nummer i entspricht. Dann bauen wir eine Funktion $l_{ik}(\varphi_t^1, \ldots, \varphi_t^s)$ auf, die bei den Zuständen der Schaltung, bei denen der Ausgang $F_{t+2} = (f_{t+2}^1, \ldots, f_{t+2}^p)$ die Nummer k hat, den Wert 1 annimmt, bei allen übrigen Zuständen aber zu 0 wird. Aus den Funktionen l_{ik} bilden wir eine rechteckige Matrix $L(\Phi_t)$ mit 2^n Zeilen und 2^p Spalten. Wir nennen diese Matrix *Wirkungsmatrix der sequentiellen Schaltung*.

Bei einem beliebigen, aber festen Zustand kann einem gegebenen Eingang ein und nur ein Ausgang entsprechen. Deshalb ist in jeder Zeile der Wirkungsmatrix bei einem beliebigen aber festen Zustand der Schaltung ein und nur ein Element gleich 1, und alle übrigen Elemente sind 0. Mit anderen Worten: Die Alternative der Elemente einer beliebigen Zeile ist gleich 1 und die Konjunktion zweier beliebiger, nicht identischer Elemente einer beliebigen Zeile gleich 0:

$$\bigvee_{k=0}^{2^p-1} l_{ik}(\varphi_t^1, \ldots, \varphi_t^s) = 1; \quad l_{ik}(\varphi_t^1, \ldots, \varphi_t^s) \cdot l_{ik'}(\varphi_t^1, \ldots, \varphi_t^s) = 0$$

bei
$$k \neq k', \qquad (i = 0, \ldots, 2^n - 1)\,, \quad (3.10)$$

so daß die Wirkungsmatrix einfach ist.

Ist $\tilde{X}_t$ ein einfacher Eingangsvektor zum Zeitpunkt t und $L(\Phi_t)$ die Wirkungsmatrix der sequentiellen Schaltung, so ist der einfache Ausgangsvektor $\tilde{F}_{t+2}$ der Schaltung $\tilde{F}_{t+2} = \tilde{X}_t\, L(\Phi_t)$ mit

$$\tilde{f}_{t+2}^{\beta_p, \ldots, \beta_1} = \bigvee_{\alpha_n, \ldots, \alpha_1} \tilde{x}_t^{\alpha_n, \ldots, \alpha_1}\, l_{\alpha_n, \ldots, \alpha_1; \beta_p, \ldots, \beta_1}(\varphi_t^1, \ldots, \varphi_t^s)\,. \quad (3.11)$$

Die Gleichungen der sequentiellen Schaltung (3.4) bestimmen eindeutig die Wirkungsmatrix der Schaltung:

$$l_{\alpha_n, \ldots, \alpha_1; \beta_p, \ldots, \beta_1}(\varphi_t^1, \ldots, \varphi_t^s) = \prod_{i=1}^{p} [f^i(\alpha_1, \ldots, \alpha_n, \varphi_t^1, \ldots, \varphi_t^s) \equiv \beta_i]\,. \quad (3.12)$$

Umgekehrt kann aus der Wirkungsmatrix eindeutig die erste Gruppe der Gleichungen (3.4) wiederhergestellt werden:

$$f^i(x_t^1, \ldots, x_t^n, \varphi_t^1, \ldots, \varphi_t^s) = \bigvee_{\substack{\alpha_n, \ldots, \alpha_1 \\ \beta_p, \ldots, \beta_1;\, \beta_i = 1}} l_{\alpha_n, \ldots, \alpha_1; \beta_p, \ldots, \beta_1}(\varphi_t^1, \ldots, \varphi_t^s)\,(x_t^1 \equiv \alpha_1) \ldots (x_t^n \equiv \alpha_n)\,. \quad (3.13)$$

Unter Zuhilfenahme der Zustands- und Wirkungsmatrizen sequentieller Schaltungen kann die Arbeit dieser Schaltungen in Abhängigkeit von der Zeit anschaulich beschrieben werden. Außerdem ist die Aufstellung dieser Matrizen aus den Bedingungen der jeweiligen Aufgaben bedeutend einfacher als die Aufstellung der Gleichungen (3.4), die ja überdies nach (3.9) und (3.13) aus den Matrizen erhalten werden können. Wenn man diese Gleichungen und die Methoden zur Synthese kombinatorischer Schaltungen (Reduktion auf die g-Normalform und nachfolgende Vereinfachung), die im vorhergehenden Paragraphen dargelegt wurden, kennt, kann man nun zum Aufbau der Schaltungen aus Elementen des Typs F übergehen. Natürlich ist es durchaus nicht nötig, die Gleichungen (3.4) aus den Matrizen zu gewinnen. Weiter unten werden Gleichungen angeführt, die es gestatten, die g-Normalformen unmittelbar aus den Matrizen zu erhalten. Im ersten Beispiel der Synthese werden wir diese Formeln jedoch nicht anwenden.

Wir führen die Synthese einer sequentiellen Schaltung mit einem Ein- und einem Ausgang durch, welche den Zustand jedesmal bei Erregung des Eingangs ändert und deren Ausgang bei Zustandsänderung der Schaltung vom erregten zum nicht erregten Zustand erregt wird.[1]) Diese Schaltung kann leicht durch zwei Trioden realisiert werden; in der praktischen Elektronik wird sie häufig Trigger mit einem Eingang (Bauelement eines Dualzählers) genannt.

Wir bauen zuerst die Zustandsmatrix dieser Schaltung auf.

Die Schaltung hat nach Voraussetzung insgesamt zwei Zustände und folglich eine Rückführung, so daß die Zustandsmatrix zwei Zeilen und zwei Spalten besitzt. Da die Schaltung ihren Zustand bei Erregung ändert und bei Nichterregung des Eingangs beibehält, ist $a_{10}(x_t) = a_{01}(x_t) = x_t$; $a_{00}(x_t) = a_{11}(x_t) = \bar{x}_t$, und damit ist die Zustandsmatrix

$$A(x_t) = \begin{Vmatrix} \bar{x}_t & x_t \\ x_t & \bar{x}_t \end{Vmatrix}.$$

Ferner muß, da die Schaltung einen Ein- und einen Ausgang besitzt, die Wirkungsmatrix zwei Zeilen und zwei Spalten besitzen. Da nach Voraussetzung der Ausgang nur beim Übergang der Schaltung vom erregten zum nicht erregten Zustand erregt wird und dieser Übergang seinerseits nur bei Erregung des Eingangs möglich ist, ist bei nicht erregtem Eingang eine Erregung des Ausgangs unmöglich. Deshalb ist $l_{00}(\varphi_t) = 1$ und $l_{01}(\varphi_t) = 0$. Ist der Eingang erregt, so wird der Ausgang nur dann erregt, wenn der Zustand der Schaltung erregt war, so daß $l_{10}(\varphi_t) = \bar{\varphi}_t$, $l_{11}(\varphi_t) = \varphi_t$ ist und die Wirkungsmatrix die folgende Form besitzt:

$$L(\varphi_t) = \begin{Vmatrix} 1 & 0 \\ \bar{\varphi}_t & \varphi_t \end{Vmatrix}.$$

---

[1]) Dabei ist selbstverständlich, daß die Schaltung den Zustand zu Beginn der folgenden Periode ändert.

Die von uns gebildeten Matrizen sind einfach. Wir benutzen nun diese Matrizen zum Aufbau der Gleichungen (3.4). Nach Formel (3.9) erhalten wir

$$\varphi_{t+2} = \varphi(x_t, \varphi_t) = \bigvee_{\alpha;\beta=1} a_{\alpha;\beta}(x_t)\,(\varphi_t \equiv \alpha) = a_{01}(x_t)\,(\varphi_t \equiv 0) \vee a_{11}(x_t)\,(\varphi_t \equiv 1)$$

$$= x_t\,\bar{\varphi}_t \vee \bar{x}_t\,\varphi_t; \qquad \varphi_{t+2} = x_t\,\bar{\varphi}_t \vee \bar{x}_t\,\varphi_t\,.$$

Nach (3.13) erhalten wir für die Ausgangsfunktion

$$f_{t+2} = \bigvee_{\alpha;\beta=1} l_{\alpha;\beta}(\varphi_t)\,(x_t \equiv \alpha) = l_{01}(\varphi_t)\,(x_t \equiv 0) \vee l_{11}(\varphi_t)\,(x_t \equiv 1) = 0 \cdot \bar{x}_t \vee x_t\,\varphi_t;$$

$$f_{t+2} = x_t\,\varphi_t\,.$$

Somit haben wir die Gleichungen (3.4) erhalten. Für den Aufbau der Schaltung benutzen wir die g-Normalform

$$\varphi_{t+2} = x_t\,\bar{\varphi}_t \vee \bar{x}\,\varphi_t = g[1, h(1, x_t) \vee h(\varphi_t, 0)] \vee g[1, h(x_t, 0) \vee h(1, \varphi_t)]\,,$$

$$f_{t+2} = g[1, h(1, x_t) \vee h(1, \varphi_t)]\,.$$

Man kann nachprüfen, daß man durch keinerlei Umformungen die Anzahl der notwendigen Elemente verringern kann. Der Ausgang φ der Schaltung muß sowohl auf die Erregungs- als auch auf die Verhinderungswicklung geführt werden. Er muß daher große Breite haben, d. h. von Elementen des Typs H erzeugt werden. Auf Grund dieser Feststellung erhalten die Beziehungen die Form

$$\varphi_{t+2} = h[1, h(1, x_t) \vee h(\varphi_t, 0)]$$
$$\vee\, h[1, h(x_t, 0) \vee h(1, \varphi_t)]\,,$$

$$f_{t+2} = g[1, h(1, x_t) \vee h(1, \varphi_t)]\,.$$

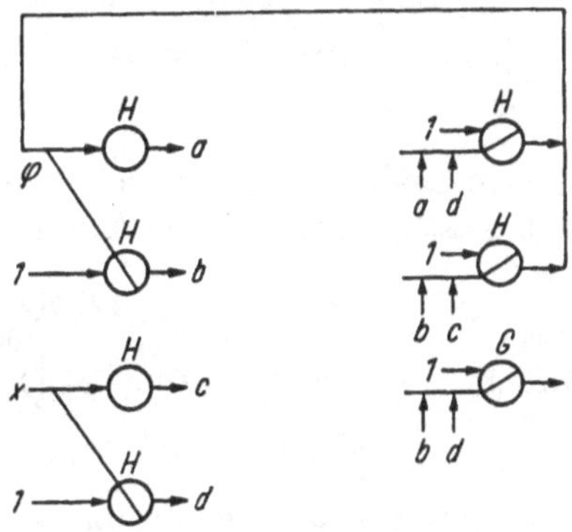

Abb. 19

Die nach diesen Beziehungen aufgebaute Schaltung ist in Abb. 19 dargestellt. Dabei sind die Punkte, die in der Schaltung verbunden sind, durch die gleichen Buchstaben bezeichnet.

Wir werden jetzt Beziehungen herleiten, die es gestatten, aus Zustands- und Wirkungsmatrizen sofort Ausdrücke in der g-Normalform zu erhalten, die unmittelbar durch Elemente des Typs F realisiert werden können.[1])

Die erste wird uns aus der Zustandsmatrix eine g-Normalform für die Ausgänge, die zum Aufbau der Rückführungen benutzt werden, gewinnen lassen.

[1]) Wir bemerken, daß es mitunter auch günstig ist, die Bedingungen (3.4) als Zwischenstadium der Berechnungen zu benutzen.

Dabei werden wir von (3.9) ausgehen. Wir schreiben dies in die alternative Normalform um:

$$\begin{aligned}\varphi^j(x_t^1, \ldots, x_t^n, \varphi_t^1, \ldots, \varphi_t^s) &= \bigvee_{\substack{\alpha_s, \ldots, \alpha_1 \\ \beta_s, \ldots, \beta_1;\, \beta_j = 1}} a_{\alpha_s, \ldots, \alpha_1; \beta_s, \ldots, \beta_1}(x_t^1, \ldots, x_t^n)\, (\varphi_t^1 \equiv \alpha_1) \ldots (\varphi_t^s \equiv \alpha_s) \\ &= \bigvee_{\substack{\alpha_s, \ldots, \alpha_1 \\ \beta_s, \ldots, \beta_1;\, \beta_j = 1 \\ \gamma_n, \ldots, \gamma_1}} a_{\alpha_s, \ldots, \alpha_1; \beta_s, \ldots, \beta_1}(\gamma_1, \ldots, \gamma_n)\, (\varphi_t^1 \equiv \alpha_1) \ldots (\varphi_t^1 \equiv \alpha_s) \\ &\qquad \times (x_t^1 \equiv \gamma_1) \ldots (x_t^n \equiv \gamma_n)\,.\end{aligned}$$

Nach (2.13) für den Aufbau der g-Normalform erhalten wir

$$\begin{aligned}\varphi^j(x_t^1, \ldots, x_t^n, \varphi_t^1, \ldots, \varphi_t^s) &= \bigvee_{\substack{\alpha_s, \ldots, \alpha_1 \\ \beta_s, \ldots, \beta_1;\, \beta_j = 1 \\ \gamma_n, \ldots, \gamma_1}} a_{\alpha_s, \ldots, \alpha_1; \beta_s, \ldots, \beta_1}(\gamma_1, \ldots, \gamma_n)\, g\Big\{1, \bigvee_{i=1}^{s} [\alpha_i\, h(1, \varphi_t^i) \\ &\qquad \vee \bar{\alpha}_i\, h(\varphi_t^i, 0)] \vee \bigvee_{k=1}^{n} [\gamma_k\, h(1, x_t^k) \vee \bar{\gamma}_k\, h(x_t^k, 0)]\Big\}\,. \qquad (3.14)\end{aligned}$$

Eine analoge Beziehung zum Auffinden der g-Normalformen für die Ausgänge $F^1, \ldots, F^p$ kann aus der Wirkungsmatrix auf gleiche Weise erhalten werden. Sie besitzt die Form

$$\begin{aligned}f^j(x_t^1, \ldots, x_t^n, \varphi_t^1, \ldots, \varphi_t^s) &= \bigvee_{\substack{\alpha_n, \ldots, \alpha_1 \\ \beta_p, \ldots, \beta_1;\, \beta_j = 1 \\ \gamma_s, \ldots, \gamma_1}} l_{\alpha_n, \ldots, \alpha_1; \beta_p, \ldots, \beta_1}(\gamma_1, \ldots, \gamma_s)\, g\Big\{1, \bigvee_{j=1}^{n} [\alpha_j, h(1, x_t^j) \vee \bar{\alpha}_j\, h(x_t^j, 0)] \\ &\qquad \vee \bigvee_{h=1}^{s} [\gamma_k\, h(1, \varphi_t^k) \vee \bar{\gamma}_k\, h(\varphi_t^k, 0)]\Big\}\,. \qquad (3.15)\end{aligned}$$

Als Anwendung dieser Beziehungen führen wir den Aufbau der schon betrachteten Triggerschaltung aus den Matrizen durch. Nach (3.14) erhalten wir

$$\varphi(x_t, \varphi_t) = \bigvee_{\alpha;\, \beta=1;\, \gamma} a_{\alpha;\beta}(\gamma)\, g[1, \alpha\, h(1, \varphi_t) \vee \bar{\alpha}\, h(\varphi_t, 0) \vee \gamma\, h(1, x_t) \vee \bar{\gamma}\, h(x_t, 0)]\,.$$

Beachten wir, daß $a_{01}(0) = a_{11}(1) = 0$ und $a_{01}(1) = a_{11}(0)$ ist, so erhalten wir

$$\varphi(x_t, \varphi_t) = g[1, h(\varphi_t, 0) \vee h(1, x_t)] \vee g[1, h(1, \varphi_t) \vee h(x_t, 0)]\,.$$

Analog finden wir die g-Form für den Ausgang f der Schaltung aus der Wirkungsmatrix:

$$f(x_t, \varphi_t) = \bigvee_{\alpha;\, \beta=1;\, \gamma} l_{\alpha;\beta}(\gamma)\, g[1, \alpha\, h(1, x_t) \vee \bar{\alpha}\, h(x_t, 0) \vee \gamma\, h(1, \varphi_t) \vee \bar{\gamma}\, h(\varphi_t, 0)]\,.$$

Da $l_{01}(0) = l_{01}(1) = l_{11}(0) = 0$ und $l_{11}(1) = 1$ ist, folgt

$$f(x_t, \varphi_t) = g[1, h(1, x_t) \vee h(1, \varphi_t)]\,.$$

Es ist leicht zu sehen, daß diese Beziehungen mit den oben erhaltenen übereinstimmen. Wir betrachten nun die Anwendung der dargelegten Methode der Synthese auf zwei Beispiele.

Wir führen die Synthese einer Schaltung durch, die zwei Eingänge X und Y und einen Ausgang F hat und folgendermaßen funktioniert: Die Schaltung behält ihren Zustand bei, wenn ihre Eingänge nicht erregt sind; bei Erregung nur des Einganges X geht die Schaltung in den erregten Zustand über; bei Erregung des Einganges Y geht die Schaltung, unabhängig vom Zustand des Einganges X, in den nicht erregten Zustand über. Die Realisierung dieser Schaltung mittels Relais und Kontakten ist als Schaltschütz bekannt.

Wir stellen die Zustandsmatrix dieser Schaltung auf. Befand sich die Schaltung im nicht erregten Zustand, so ist für ihre Erregung das Vorhandensein nur des Signals x notwendig, deshalb ist $a_{01}(x, y) = x\bar{y}$.

Damit die nicht erregte Schaltung ihren Zustand beibehält, ist das Auftreten des Signals y oder das Fehlen des Signals x nötig, weshalb $a_{00}(x, y) = \bar{x} \vee y$ ist. Für den Übergang der erregten Schaltung in den nicht erregten Zustand ist das Auftreten des Signals y notwendig. Beim Fehlen dieses Signals verbleibt die Schaltung im erregten Zustand. Es ist also

$$a_{10}(x, y) = y; \quad a_{11}(x, y) = \bar{y}\,.$$

Damit ist die Zustandsmatrix

$$A(x, y) = \begin{Vmatrix} \bar{x} \vee y & x\bar{y} \\ y & \bar{y} \end{Vmatrix}.$$

Wegen

$$\bar{x} \vee y \vee x\bar{y} = 1\,, \qquad (\bar{x} \vee y)\, x\,\bar{y} = 0\,, \qquad y \vee \bar{y} = 1\,, \qquad y\,\bar{y} = 0$$

ist die Matrix einfach.

Bei der Synthese einer Schaltung ist diese Kontrolle nützlich, weil man damit Fehler bei der Aufstellung der Matrizen aufklären kann.

Wir stellen nach (3.14) die g-Normalform auf:

$$\begin{aligned}\varphi_{t+2} = \bigvee_{\alpha,\gamma_1,\gamma_2;\,\beta=1} & a_{\alpha;\beta}(\gamma_1, \gamma_2)\, g[1, \alpha\, h(1, \varphi_t) \vee \bar{\alpha}\, h(\varphi_t, 0) \vee \gamma_1\, h(1, x_t) \\ & \vee \bar{\gamma}_1\, h(x_t, 0) \vee \gamma_2\, h(1, y_t) \vee \bar{\gamma}_2\, h(y_t, 0)]\,.\end{aligned}$$

Da $a_{01}(1, 1) = a_{01}(0, 0) = a_{01}(0, 1) = 0$; $a_{01}(1, 0) = 1$ und $a_{11}(1, 1) = a_{11}(0, 1) = 0$ und $a_{11}(1, 0) = a_{11}(0, 0) = 1$ ist, folgt

$$\begin{aligned}\varphi_{t+2} = {} & g[1, h(\varphi_t, 0) \vee h(1, x_t) \vee h(y_t, 0)] \vee g[1, h(1, \varphi_t) \\ & \vee h(x_t, 0) \vee h(y_t, 0)] \vee g[1, h(1, \varphi_t) \vee h(1, x_t) \vee h(y_t, 0)]\,.\end{aligned}$$

Nach Umformung mit (2.20) erhalten wir

$$\varphi_{t+2} = g[1, h(1, x) \vee h(y, 0)] \vee g[1, h(x, 0) \vee h(y, 0) \vee h(1, \varphi)]\,,$$

und nach (2.24), (2.18) und (2.16) schließlich

$$\begin{aligned}\varphi_{t+2} &= g[1, h(1, x) \vee h(y, 0)] \vee g[1, h(y, 0) \vee h(1, \varphi)] \\ &= g[g(x, y), 0] \vee g[g(\varphi, y), 0] = g[g(x \vee \varphi, y), 0]\,.\end{aligned}$$

Die dieser Beziehung entsprechende Schaltung ist in Abb. 20 angegeben.

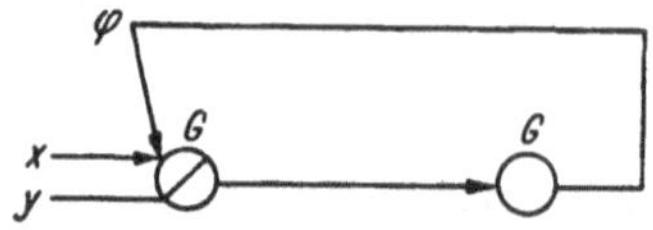

Abb. 20

Wir bringen nun noch ein etwas schwierigeres Beispiel für die Synthese einer sequentiellen Schaltung. Wir wollen eine Schaltung aufbauen, die einen Eingang x und 2^s Zustände mit den Nummern $0, 1, 2, \dots, 2^s - 1$ besitzt. Die Schaltung arbeitet folgendermaßen: Der Zustand der Schaltung wird beibehalten bei nicht erregtem Eingang; bei Erregung des Eingangs geht die Schaltung in den nächstfolgenden Zustand über, wobei für den Zustand mit der Nummer $2^s - 1$ der Zustand Nummer 0 der nächstfolgende ist.

Zum Aufbau der Zustandsmatrix dieser Schaltung bemerken wir, daß wir s Rückführungen zur Realisierung der Zahl der Zustände brauchen. Da die Schaltung bei nicht erregtem Eingang ihren Zustand beibehält, ist

$$a_{ii}(0) = 1; \qquad a_{ik}(0) = 0 \qquad \text{für} \qquad i \neq k\,.$$

Bei Erregung des Eingangs soll die Schaltung in den nächsten Zustand übergehen, d. h., es ist für $i \neq 2^s - 1$

$$a_{i,\,i+1}(1) = 1; \qquad a_{ik}(1) = 0 \qquad \text{für} \qquad k \neq i + 1\,.$$

Außerdem ist $a_{2^s-1,0}(1) = 1$ und $a_{2^s-1,k}(1) = 0$ für $k \neq 0$. Wir schreiben die erhaltene Matrix auf:

$$A(x) = \left\| \begin{matrix} \bar{x} & x & 0 & \dots & 0 & 0 \\ 0 & \bar{x} & x & \dots & 0 & 0 \\ 0 & 0 & \bar{x} & \dots & 0 & 0 \\ \dots & \dots & \dots & \dots & \dots & \dots \\ 0 & 0 & 0 & \dots & \bar{x} & x \\ x & 0 & 0 & \dots & 0 & \bar{x} \end{matrix} \right\|.$$

Wir bemerken, daß, wenn $i \sim \beta_s, \dots, \beta_1$ ist,

$$i - 1 = (\beta_s \equiv \beta_{s-1} \vee \dots \vee \beta_1),\ (\beta_{s-1} \equiv \beta_{s-2} \vee \dots \vee \beta_1),\ \dots,\ (\beta_2 \equiv \beta_1),\ \bar{\beta}_1$$

ist und die Elemente der Matrix $A(x)$ in der Form dargestellt werden können:

$$a_{\alpha_s,\dots,\alpha_1;\,\beta_s,\dots,\beta_1}(x) = \bar{x}\,(\alpha_s \equiv \beta_s) \dots (\alpha_1 \equiv \beta_1) \vee x\,[\alpha_s \equiv (\beta_s \equiv \beta_{s-1} \vee \dots \vee \beta_1)] \dots$$
$$\dots [\alpha_2 \equiv (\beta_2 \equiv \beta_1)]\,(\alpha_1 \equiv \bar{\beta}_1)\,.$$

Nach (3.14) gilt

$$\varphi^i(x, \varphi^1, \dots, \varphi^s) = \bigvee_{\substack{\alpha_s,\dots,\alpha_1 \\ \beta_s,\dots,\beta_1;\,\beta_i = 1}} a_{\alpha_s,\dots,\alpha_1;\,\beta_s,\dots,\beta_1}(\gamma)\, g \Bigl[1, \bigvee_{j=1}^{s} [\alpha_j\, h\,(1, \varphi^j) \vee \bar{\alpha}_j\, h(\varphi^j, 0)]$$
$$\vee\, \gamma\, h(1, x) \vee \bar{\gamma}\, h(x, 0)\Bigr] = \bigvee_{\substack{\alpha_s,\dots,\alpha_1 \\ \beta_s,\dots,\beta_1;\,\beta_i = 1}} \bar{\gamma}\,(\alpha_s \equiv \beta_s) \dots (\alpha_i \equiv 1) \dots (\alpha_1 \equiv \beta_1)$$
$$\times\, g \Bigl[1, \bigvee_{j=1}^{s} [\alpha_j\, h(1, \varphi^j) \vee \bar{\alpha}_j\, h\,(\varphi^j, 0)] \vee \gamma\, h(1, x) \vee \bar{\gamma}\, h(x, 0)\Bigr]$$
$$\vee \bigvee_{\substack{\alpha_s,\dots,\alpha_1 \\ \beta_s,\dots,\beta_1;\,\beta_i = 1}} \gamma\,[\alpha_s \equiv (\beta_s \equiv \beta_{s-1} \vee \dots \vee \beta_1)] \dots [\alpha_i \equiv (1 \equiv \beta_{i-1} \vee \dots \vee \beta_1)] \dots$$
$$\dots [\alpha_2 \equiv (\beta_2 \equiv \beta_1)]\,[\alpha_1 \equiv (\beta_1 \equiv 0)]\, g \Bigl[1, \bigvee_{j=1}^{s} [\alpha_j\, h\,(1, \varphi^j)$$
$$\vee\, \bar{\alpha}_j\, h(\varphi^j, 0)] \vee \gamma\, h(1, x) \vee \bar{\gamma}\, h(x, 0)\Bigr]\,.$$

Führen wir die Alternative über die Indizes $\alpha_1, \ldots, \alpha_s$ und γ aus und setzen den Wert $\beta_i = 1$, dann erhalten wir

$$\varphi^i(x, \varphi^1, \ldots, \varphi^s) = \bigvee_{\beta_s, \ldots, \beta_1;\, \beta_i = 1} g\Big\{1 \bigvee_{j=1, j \neq i}^{s} [\beta_j\, h(1, \varphi^j) \vee \overline{\beta_j}\, h(\varphi^j, 0)]$$

$$\vee\, h(1, \varphi^i) \vee h(x, 0)\Big\} \vee \bigvee_{\substack{\beta_s, \ldots, \beta_1 \\ \beta_i = 1}} g\Big\{1, \bigvee_{j=i+1}^{s} [\beta_j\, h(1, \varphi^j) \vee \overline{\beta_j}\, h(\varphi^j, 0)]$$

$$\vee\, (\beta_1 \vee \beta_2 \vee \cdots \vee \beta_{i-1})\, h(1, \varphi^i) \vee \overline{\beta_1}\, \overline{\beta_2} \cdots \overline{\beta_{i=1}}\, h(\varphi^i, 0)$$

$$\vee \bigvee_{j=2}^{i-1} [(\beta_j \equiv \beta_{j-1} \vee \cdots \vee \beta_1)\, h(1, \varphi^j) \vee (\overline{\beta_j} \equiv \beta_{j=1} \vee \cdots \vee \beta_1)\, h(\varphi^j, 0)]$$

$$\vee\, \overline{\beta_1}\, h(1, \varphi^1) \vee \beta_1\, h(\varphi^1, 0) \vee h(1, x)\Big\}.$$

Wir eliminieren nun einen Teil der Variablen mit Hilfe von (2.19):

$$\varphi^i(x, \varphi^1, \ldots, \varphi^s) = g\,[1, h(1, \varphi^i) \vee h(x, 0)]$$

$$\vee \bigvee_{\beta_{i-1}, \ldots, \beta_1} g\,\{[1, (\beta_1 \vee \beta_2 \vee \cdots \vee \beta_{i-1})\, h(1, \varphi^i) \vee \overline{\beta_1}\, \overline{\beta_2} \cdots \overline{\beta_{i-1}}\, h(\varphi^i, 0)$$

$$\vee \bigvee_{j=2}^{i-1} [(\beta_j \equiv \beta_{j-1} \vee \cdots \vee \beta_1)\, h(1, \varphi^j) \vee (\overline{\beta_j} \equiv \beta_{j-1} \vee \cdots \vee \beta_1)\, h(\varphi^j, 0)]$$

$$\vee\, \overline{\beta_1}\, h(1, \varphi^1) \vee \beta_1\, h(\varphi^1, 0) \vee h(1, x)\}.$$

Führen wir die Alternative über den Index β_1 aus und verwenden noch einmal (2.19), dann folgt:

$$\varphi^i(x, \varphi^1, \ldots, \varphi^s) = g\,[1, h(1, \varphi^i) \vee h(x, 0)]$$

$$\vee \bigvee_{\beta_2, \ldots, \beta_{i-1}} g\Big\{1, h(1, \varphi^i) \vee h(1, x) \vee h(\varphi^1, 0) \vee \bigvee_{j=2}^{i-1} [\beta_j\, h(1, \varphi^j) \vee \overline{\beta_j}\, h(\varphi^j, 0)]\Big\}$$

$$\vee \bigvee_{\beta_2, \ldots, \beta_{i-1}} g\Big\{1, \overline{\beta_2} \cdots \overline{\beta_{i-1}}\, h(\varphi^i, 0) \vee (\beta_2 \vee \cdots \vee \beta_{i-1})\, h(1, \varphi^i) \vee h(1, x) \vee h(1, \varphi^1)$$

$$\vee \bigvee_{j=3}^{i-1} [(\beta_j \equiv \beta_{j-1} \vee \cdots \vee \beta_2)\, h(1, \varphi^j) \vee (\overline{\beta_j} \equiv \beta_{j-1} \vee \cdots \vee \beta_2)\, h(\varphi^j, 0)]$$

$$\vee\, \overline{\beta_2}\, h(1, \varphi^2) \vee \beta_2\, h(\varphi^2, 0)\Big\}$$

$$= g\,[1, h(1, \varphi^i) \vee h(x, 0)] \vee g\,[1, h(1, \varphi^i) \vee h(1, x) \vee h(\varphi^1, 0)]$$

$$\vee \bigvee_{\beta_2, \ldots,\, i-1} g\Big\{1, (\beta_2 \vee \cdots \vee \beta_{i-1})\, h(1, \varphi^i) \vee \overline{\beta_2}\, \overline{\beta_3} \cdots \overline{\beta_{i-1}}\, h(\varphi^i, 0) \vee h(1, x)$$

$$\vee\, h(1, \varphi^1) \vee \bigvee_{j=3}^{i-1} [(\beta_j \equiv \beta_{j-1} \vee \cdots \vee \beta_2)\, h(1, \varphi^j) \vee (\overline{\beta_j} \equiv \beta_{j-1} \vee \cdots \vee \beta_2)\, h(\varphi^j, 0)$$

$$\vee\, \overline{\beta_2}\, h(1, \varphi^2) \vee \beta_2\, h(\varphi^2, 0)\Big\}.$$

Das letzte Alternativglied in dem erhaltenen Ausdruck hat genau dieselbe Gestalt wie das letzte Alternativglied des vorhergehenden Ausdrucks, aber die Anzahl der Alternativglieder wurde in ihm um Eins verringert. Wenn wir jetzt die aufeinanderfolgenden Alternativen nach den Indizes $\beta_2, \beta_3, \ldots, \beta_{i-1}$ durchführen, erhalten wir folgendes

$$\begin{aligned}\varphi^i(x, \varphi^1, \ldots, \varphi^s) = {} & g\,[1, h(1, \varphi^i) \vee h(x, 0)] \\ & \vee g\,[1, h(1, \varphi^i) \vee h(1, x) \vee h(\varphi^1, 0)] \vee g\,[1, h(1, \varphi^i) \vee h(1, x) \vee h(1, \varphi^1) \\ & \vee h(\varphi^2, 0)] \vee \cdots \vee g\,[1, h(1, \varphi^i) \vee h(1, x) \vee h(1, \varphi^1) \vee h(1, \varphi^2) \\ & \vee \cdots \vee h(1, \varphi^{i-2}) \vee h(\varphi^{i-1}, 0)] \vee g\,[1, h(\varphi^i, 0) \vee h(1, x) \\ & \vee h(1, \varphi^1) \vee h(1, \varphi^2) \vee \cdots \vee h(1, \varphi^{i-1})]\,.\end{aligned}$$

Dies formen wir nach (2.23) um

$$\begin{aligned}\varphi^i(x, \varphi^1, \ldots, \varphi^s) = {} & g\,[1, h(1, \varphi^i) \vee h(x, 0)] \vee g\,[1, h(1, \varphi^i) \vee h(1, x) \\ & \vee h(\varphi^1, 0)] \vee g\,[1, h(1, \varphi^i) \vee h(1, x) \vee h(\varphi^2, 0)] \vee \cdots \vee g\,[1, h(1, \varphi^i) \\ & \vee h(1, x) \vee h(\varphi^{i-1}, 0)] \vee g\,[1, h(\varphi^i, 0) \vee h(1, x) \vee h(1, \varphi^1) \vee h(1, \varphi^2) \\ & \vee \ldots \vee h(1, \varphi^{i-1})] = g\,[1, h(1, \varphi^i) \vee h(x, 0)] \\ & \vee \bigvee_{k=1}^{i-1} g\,[1, h(1, \varphi^i) \vee h(1, x) \vee h(\varphi^k, 0)] \\ & \vee g\,[1, h(\varphi^i, 0) \vee h(1, x) \vee \bigvee_{k=1}^{i-1} h(1, \varphi^k)]\,.\end{aligned}$$

Durch Benutzung von (2.16), (2.17), (2.18), (2.23) formen wir das eben erhaltene Resultat um in

$$\begin{aligned}& g\,[1, h(1, \varphi^i) \vee h(x, 0)] \vee g\left[\bigvee_{k=1}^{i-1} g\,(1, \varphi^k), h(1, \varphi^i) \vee h(1, x)\right] \\ & \quad \vee g\left[1, h(\varphi^i, 0) \vee h(1, x) \vee \bigvee_{k=1}^{i-1} h(1, \varphi^k)\right] \\ & \quad = g\,[1, h(1, \varphi^i) \vee h(x, 0)] \vee g\left[\bigvee_{k=1}^{i-1} g(1, \varphi^k), h(1, \varphi^i)\right] \\ & \quad \vee g\left[1, h(\varphi^i, 0) \vee h(1, x) \vee \bigvee_{k=1}^{i-1} h(1, \varphi^k)\right] = g\left[g(1, x) \vee \bigvee_{k=1}^{i-1} g(1, \varphi^k), h(1, \varphi^i)\right] \\ & \quad \vee g\left[g(1, \varphi_i), h(1, x) \vee \bigvee_{k=1}^{i-1} h(1, \varphi^k)\right].\end{aligned}$$

Da die Signale von den Ausgängen φ^k nicht nur auf die Erregungs-, sondern auch auf die Verhinderungswicklungen der Kerne des ersten Taktes gegeben werden, müssen als Ausgang Elemente des Typs H gewählt werden. Die endgültige Beziehung hat die Form

$$\begin{aligned}\varphi^i(x_t, \varphi_t^1, \ldots, \varphi_t^s) = {} & h\,[g(1, x) \vee \bigvee_{k=1}^{i-1} g(1, \varphi^k), h(1, \varphi^i)] \\ & \vee h\,[g(1, \varphi^i), h(1, x) \vee \bigvee_{k=1}^{i-1} h(1, \varphi^k)] \qquad (i = 2, \ldots, s)\,.\end{aligned}$$

Für φ^1 erhalten wir

$$\varphi^1(x_t, \varphi_t^1, \ldots, \varphi_t^s) = h\,[g(1, x), h(1, \varphi^1)] \vee h\,[g(1, \varphi^1), h(1, x)]\,.$$

Die entsprechende Schaltung ist in Abb. 21 angegeben (Punkte, die mit gleichen Buchstaben bezeichnet sind, sind wie üblich direkt verbunden).

Eine Reihe weiterer Beispiele der Synthese sequentieller Schaltungen, die in Ziffernrechenmaschinen angewandt werden, wird weiter unten im nachfolgenden Paragraphen angegeben.

Wir gehen jetzt zum Gegenstück der Synthese, nämlich der Analyse sequentieller Schaltungen über. Unter der Analyse einer sequentiellen Schaltung werden wir den Aufbau der entsprechenden Matrizen nach einer gegebenen Schaltung (Zeichnung) verstehen, die es gestatten, die Arbeit der Schaltung anschaulich zu beschreiben. Eine Analyse der Schaltung muß man durchführen, wenn man sie durch andere Elemente realisieren will, und auch beim Studium allgemeiner Schaltungen, für deren Arbeit noch keine logische Beschreibung bekannt ist.

Die Analyse einer sequentiellen Schaltung geschieht in folgenden Teilschritten[1]):

a) Aufstellung der logischen Gleichungen nach einer Zeichnung in der g-Form, d.h. in Formeln, die aus den Operationen g (bzw. h) alternativ zusammengesetzt sind.

b) Überführung der g-Form (mittels (2.10)) in logische Formeln, die die Operationen Alternative, Konjunktion und Negation benutzen.[2])

c) Aufbau der Zustands- und Wirkungsmatrix nach den erhaltenen Gleichungen der sequentiellen Schaltung ((3.8) und (3.12)).

Zum Schluß dieses Paragraphen führen wir als Beispiel die Analyse der Schaltung an, die in Abb. 22 dargestellt ist. Die nach dieser Schaltung aufgestellten Beziehungen in der g-Form haben die Gestalt

$$\varphi_{t+2} = h\,[g(y_t, \varphi_t), 0] \vee h\,[g(\varphi_t, 0), h(x_t, 0)]\,,$$
$$f_{t+2} = g\,[g(\varphi_t, 0), h(1, x_t)]\,.$$

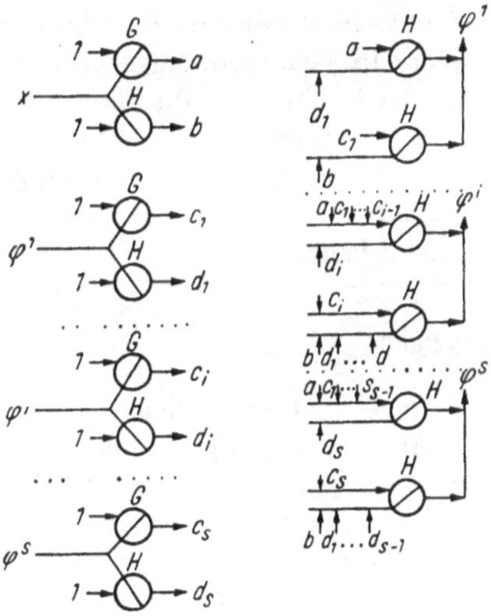

Abb. 21

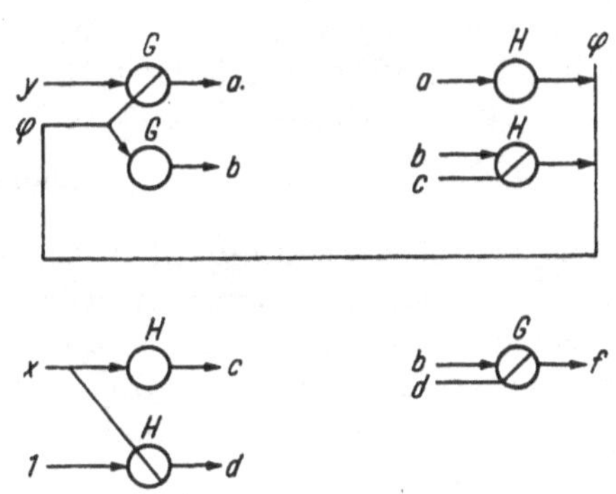

Abb. 22

[1]) Die Analyse einer kombinatorischen Schaltung umfaßt nur die Durchführung der Teilschritte a) und b).

[2]) Da eine solche Aufzeichnungsform existiert, ist sie möglicherweise am universellsten.

Nach (2.10) erhalten wir

$$\varphi_{t+2} = y_t \bar{\varphi}_t \vee \varphi_t \bar{x}_t ,$$
$$f_{t+2} = \varphi_t x_t .$$

Nach (3.8) bauen wir nun die Zustandsmatrix dieser Schaltung auf:

$$a_{00}(x_t, y_t) = (y_t \equiv 0) = \bar{y}_t ; \quad a_{10}(x_t, y_t) = (\bar{x}_t \equiv 0) = x_t ,$$
$$a_{01}(x_t, y_t) = (y_t \equiv 1) = y_t ; \quad a_{11}(x_t, y_t) = (\bar{x}_t \equiv 1) = \bar{x}_t .$$
$$A(x, y) = \begin{Vmatrix} \bar{y} & y \\ x & \bar{x} \end{Vmatrix} .$$

Die Matrix $A(x)$ ist einfach. Die nach (3.12) aufgebaute Wirkungsmatrix ist

$$L(\varphi) = \begin{Vmatrix} 1 & 0 \\ \bar{\varphi} & \varphi \\ 1 & 0 \\ \bar{\varphi} & \varphi \end{Vmatrix} .$$

Diese Schaltung ist einer Triggerschaltung mit zwei Eingängen äquivalent.

§ 4. Beispiele zur Synthese von Schaltungen

In diesem Paragraphen werden einige Beispiele zur Synthese von Schaltungen angeführt, die häufig in Ziffernrechenmaschinen verwendet werden. Zum besseren Verständnis sind die zu betrachtenden Beispiele in Gruppen eingeteilt. Die Schaltungen, deren Synthese hier durchgeführt wird, sind für die Benutzung in Maschinen mit serienmäßiger Zahlenverarbeitung bestimmt, d.h., daß bei Eingabe der Zahl $x \sim x^n, \ldots, x^1$ auf den Kanal A dieser Kanal die Folge der Zustände $a_1, \ldots, a_t$ mit $a_t = x^t$ $(t = 1, \ldots, n)$ durchläuft. Selbstverständlich werden nicht alle in solchen Maschinen auftretenden Schaltungen behandelt.

1. Vergleichsschaltungen

Eine Vergleichsschaltung (die Schaltung „größer — kleiner — gleich") besitzt zwei Eingänge X, Y und zwei Ausgänge F^1, F^2. Auf die Eingänge X und Y werden entsprechend die Zahlen $x \sim x^n, \ldots, x^1$ und $y \sim y^n, \ldots, y^1$ gegeben. Zum Zeitpunkt $t + 2$ soll nur der Ausgang F^1 (bzw. F^2) erregt werden, wenn die Zahl $x_t \sim x^t, \ldots, x^1$ größer (bzw. kleiner) als die Zahl $y_t \sim y^t, \ldots, y^1$ ist. Im Falle der Gleichheit der Zahlen $x_t \sim x^t, \ldots, x^1$ und $y_t \sim y^t, \ldots, y^1$ werden die Ausgänge nicht erregt.

Zum Aufbau der Zustands- und Wirkungsmatrix dieser Schaltung bemerken wir, daß die Schaltung mindestens drei Zustände besitzen muß (den Zustand „größer", „kleiner" und „gleich"). Dazu braucht man zwei Rückführungen φ^1 und φ^2. Diese Rückführungen werden auch als Ausgänge der Schaltung benutzt.

Die Zustände „größer", „kleiner" und „gleich" sollen die Nummern 01, 10 und 00 haben, d.h. dem Zustand „$x > y$" entspricht die Erregung nur der ersten Rückführung, dem Zustand „$x < y$" die Erregung nur der zweiten Rückführung und dem Zustand „$x = y$" die Nichterregung beider Rückführungen.

Befand sich die Schaltung im Zustand „$x = y$", so geht die Schaltung bei Erregung nur des Kanals x in den Zustand „$x > y$" und bei Erregung nur des Kanals y in den Zustand „$x < y$" über; bei gleichzeitigem Erregen oder Nichterregen beider Eingänge verbleibt die Schaltung im Zustand „$x = y$". Demnach hat die erste Zeile der Zustandsmatrix die Gestalt

$$x\,y \vee \bar{x}\,\bar{y} \quad x\,\bar{y} \quad \bar{x}\,y \quad 0\,.$$

Wenn sich die Schaltung im Zustand „$x > y$" befand, dann verbleibt sie bei Erregung des Einganges X oder Nichterregung des Einganges Y in diesem Zustand, aber bei Erregung nur des Einganges Y geht sie in den Zustand „$x < y$" über. Die zweite Zeile der Zustandsmatrix ist also

$$0 \quad x \vee \bar{y} \quad \bar{x}\,y \quad 0\,.$$

Analog erhält man als dritte Zeile der Matrix

$$0 \quad x\,\bar{y} \quad \bar{x} \vee y \quad 0\,.$$

Da der Zustand 11, der der Erregung beider Ausgänge der Schaltung entspricht, nicht auftritt, besitzt die vierte Zeile die Form:

$$0 \; 0 \; 0 \; 1\,.$$

Wir schreiben die erhaltene Zustandsmatrix der Vergleichsschaltung auf:

$$A(x,.y) = \begin{Vmatrix} x\,y \vee \bar{x}\,\bar{y} & x\,\bar{y} & \bar{x}\,y & 0 \\ 0 & x \vee \bar{y} & \bar{x}\,y & 0 \\ 0 & x\,\bar{y} & \bar{x} \vee y & 0 \\ 0 & 0 & 0 & 1 \end{Vmatrix}.$$

Die mit dieser Matrix (nach Formel (3.14)) aufgebaute g-Normalform für die Funktionen φ^1 und φ^2 hat die Gestalt

$$\begin{aligned} \varphi^1_{t+2} = {} & h\,[1, h(1, x_t) \vee h(y_t, 0)] \vee h\,[1, h(1, x_t) \vee h(1, \varphi^1_t)] \\ & \vee h\,[1, h(1, \varphi^1_t) \vee h(y_t, 0)] \vee h\,[1, h(1, \varphi^1_t) \vee h(1, \varphi^2_t)]\,. \\ \varphi^2_{t+2} = {} & h\,[1, h(1, y_t) \vee h(x_t, 0)] \vee h\,[1, h(1, y_t) \vee h(1, \varphi^2_t)] \\ & \vee h\,[1, h(1, \varphi^2_t) \vee h(x_t, 0)] \vee h\,[1, h(1, \varphi^2_t) \vee h(1, \varphi^1_t)]\,. \end{aligned}$$

Weitere Umformungen führen zu keiner Verringerung der Anzahl der benutzten Elemente.[1])

In Abb. 23 ist die entsprechende Schaltung dargestellt. Wir führen noch eine etwas einfachere Vergleichsschaltung, die manchmal auch Schaltung „gleich—ungleich" genannt wird, an. Diese Schaltung besitzt zwei Eingänge X und Y

[1]) Eine gewisse Verringerung kann man auf Kosten einer vergrößerten Anzahl von Arbeitstakten erreichen.

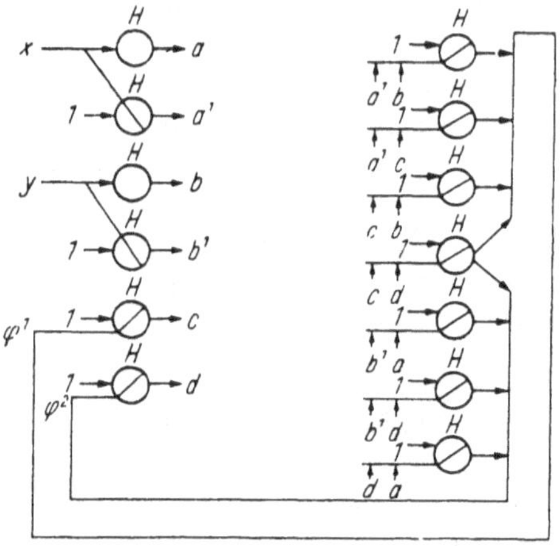

Abb. 23

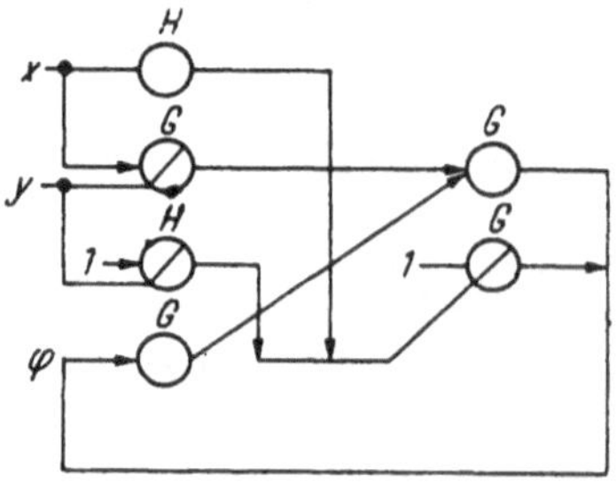

Abb. 24

und einen Ausgang F. Wie im vorhergehenden Fall werden auf die Eingänge X und Y entsprechend die Zahlen $x \sim x^n, \ldots, x^1$ und $y \sim y^n, \ldots, y_1$ gegeben. Der Ausgang der Schaltung soll zum Zeitpunkt $t + 2$ erregt werden, falls die Zahlen

$$x^t, \ldots, x^1 \quad \text{und} \quad y^t, \ldots, y^1$$

ungleich sind. Die Schaltung hat eine Rückführung, die auch als Ausgang dient. Die Zustandsmatrix dieser Schaltung hat die Gestalt

$$A(x, y) = \left\| \begin{matrix} x\, y \vee \bar{x}\, \bar{y} & x\, \bar{y} \vee y\, \bar{x} \\ 0 & 1 \end{matrix} \right\|,$$

und die mit ihr aufgebaute g-Form kann nach einigen Vereinfachungen auf die folgende Form gebracht werden:

$$\varphi_{t+2} = g\,[g(\varphi_t, 0) \vee g(x_t, y_t), 0] \vee g\,[1, h(1, y_t) \vee h(x_t, 0)]\,.$$

Die dieser Formel entsprechende Schaltung wird in Abb. 24 angegeben.

2. Addiatoren

Wir führen die Synthese eines Dualaddiators mit den Eingängen X und Y und dem Ausgang F durch. Ist auf den Eingang X die Zahl $x \sim x^n, \ldots, x^1$ und auf den Eingang Y die Zahl $y \sim y^n, \ldots, y^1$ gegeben worden, dann soll am Ausgang F der Schaltung die Folge $f^{n+1}, f^n, \ldots, f^1, 0$ so entstehen, daß $x + y \sim f^{n+1}, \ldots, f^1$ ist. Die Null vor der Ausgangsfolge der Impulse entsteht infolge einer unvermeidlichen Verzögerung der eingegebenen Information um eine Periode.

Die Schaltung muß eine Rückführung besitzen, mit deren Hilfe man den Übertrag einer Eins von der q-ten auf die $(q + 1)$-te Stelle merken kann.

Ist kein Übertrag von der $(q - 1)$-ten auf die q-te Stelle vorhanden, so ist für das Entstehen eines Übertrags von der q-ten auf die $(q + 1)$-te Stelle nötig, daß auf der entsprechenden Stelle beider Summanden eine Eins vorhanden ist, d.h., daß beide Eingänge erregt sind; damit kein Übertrag entsteht, genügt es, daß ein Eingang nicht erregt ist.

Findet ein Übertrag von der $(q - 1)$-ten auf die q-te Stelle statt, dann genügt für das Entstehen eines Übertrages auf die $(q + 1)$-te Stelle die Erregung eines Einganges und für das Fehlen des Übertrages auf die $(q + 1)$-te Stelle ist notwendig, daß keiner der Eingänge erregt ist. Nach dem Dargelegten kann man leicht die Zustandsmatrix dieser Schaltung aufbauen:

$$A(x, y) = \begin{Vmatrix} \bar{x} \vee \bar{y} & x\,y \\ \bar{x}\,\bar{y} & x \vee y \end{Vmatrix}.$$

Zur Wirkungsmatrix bemerken wir, daß, falls zum Zeitpunkt t keiner der Eingänge erregt worden ist, der Ausgang erregt wird, wenn ein Übertrag von der vorhergehenden Stelle vorhanden ist. Ist nur ein Eingang erregt, so wird der Ausgang nur beim Fehlen des Übertrages von der vorhergehenden Stelle erregt. Schließlich ist, falls beide Eingänge erregt worden sind, für die Erregung des Ausgangs das Vorhandensein eines Übertrages notwendig. Somit ist die Wirkungsmatrix

$$L(\Phi) = \begin{Vmatrix} \bar{\varphi} & \varphi \\ \varphi & \bar{\varphi} \\ \varphi & \bar{\varphi} \\ \bar{\varphi} & \varphi \end{Vmatrix}.$$

Man kann sich leicht davon überzeugen, daß beide Matrizen einfach sind.

Die mit diesen Matrizen nach (3.14) und (3.15) gebildeten g-Normalformen haben die Gestalt

$$\begin{aligned} \varphi_{t+2} = {} & h\,[1, h(1, x_t) \vee h(1, y_t)] \vee h\,[1, h(1, x_t) \vee h(1, \varphi_t)] \\ & \vee h\,[1, h(1, \varphi_t) \vee h(1, y_t)]\,; \end{aligned}$$

$$\begin{aligned} f_{t+2} = {} & g\,[1, h(1, x_t) \vee h(y_t, 0) \vee h(\varphi_t, 0)] \vee g\,[1, h(x_t, 0) \vee h(y_t, 0) \vee h(1, \varphi_t)] \\ & \vee g\,[1, h(x_t, 0) \vee h(\varphi_t, 0) \vee h(1, y_t)] \vee g\,[1, h(1, x_t) \vee h(1, y_t) \vee h(1, \varphi_t)]\,. \end{aligned}$$

Weitere Umformungen führen zu keiner Verringerung der Anzahl der benutzten Elemente. Die nach diesen Formeln aufgebaute Addiatorschaltung ist in Abb. 25 angegeben. Wir führen jetzt die Synthese einer Subtraktorschaltung durch, die der Addiatorschaltung in vielem ähnelt.

Als Subtraktor werden wir eine Schaltung bezeichnen, die zwei Eingänge X und Y und einen Ausgang F besitzt und auf folgende Art und Weise arbeitet: Ist auf den Eingang X die Zahl $x \sim x^n, \ldots, x^1$ und auf den Eingang Y die Zahl $y \sim y^n, \ldots, y^1$ gegeben, dann soll am Ausgang F der Schaltung eine solche Folge $f^n, \ldots, f^1, 0$ entstehen, daß $x - y \sim f^n, \ldots, f^1$ ist.[1])

[1]) Wenn $x < y$ ist, dann wird die Folge $f^{n+1}, \ldots, f^1$ dem Absolutbetrag der Differenz in komplementärem Code entsprechen.

Die Zustands- und Wirkungsmatrix des Subtraktors werden ebenso wie für den Addiator aufgebaut:

$$A(x, y) = \begin{Vmatrix} x \vee \bar{y} & \bar{x}\, y \\ x\, \bar{y} & x \vee y \end{Vmatrix}; \qquad L(\Phi) = \begin{Vmatrix} \bar{\varphi} & \varphi \\ \varphi & \bar{\varphi} \\ \varphi & \bar{\varphi} \\ \bar{\varphi} & \varphi \end{Vmatrix}.$$

Wir schreiben die mit diesen Matrizen gebildeten g-Normalformen auf:

$$\begin{aligned} \varphi_{t+2} = {} & h\,[1, h(x_t, 0) \vee h(1, y_t)] \vee h\,[1, h(1, \varphi_t) \vee h(x_t, 0)] \\ & < h\,[1, h(1, \varphi_t) \vee h(1, y_t)]\,; \end{aligned}$$

$$\begin{aligned} f_{t+2} = {} & g\,[1, h(1, x_t) \vee h(y_t, 0) \vee h(\varphi_t, 0)] \vee g\,[1, h(x_t, 0) \vee h(y_t, 0) \vee h(1, \varphi_t)] \\ & \vee g\,[1, h(x_t, 0) \vee h(\varphi_t, 0) \vee h(1, y_t)] \vee g\,[1, h(1, x_t) \vee h(1, y_t) \vee h(1, \varphi_t)]\,. \end{aligned}$$

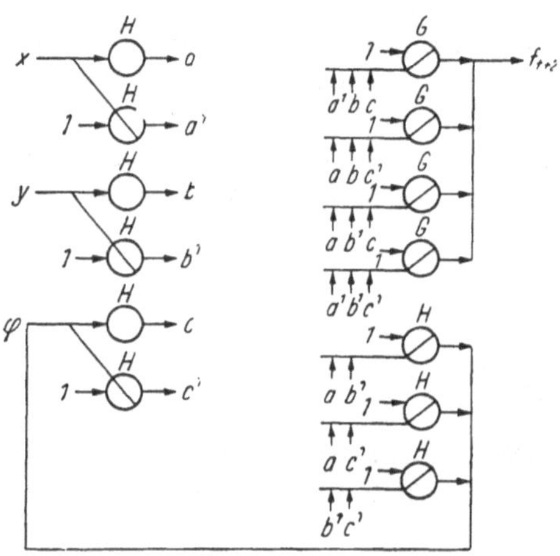

◀ Abb. 25

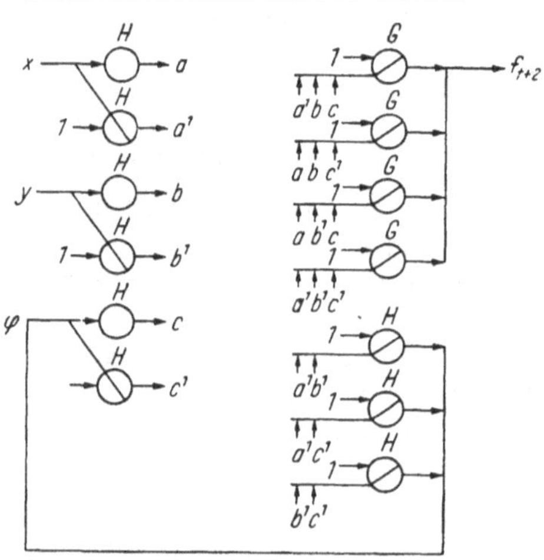

Abb. 26

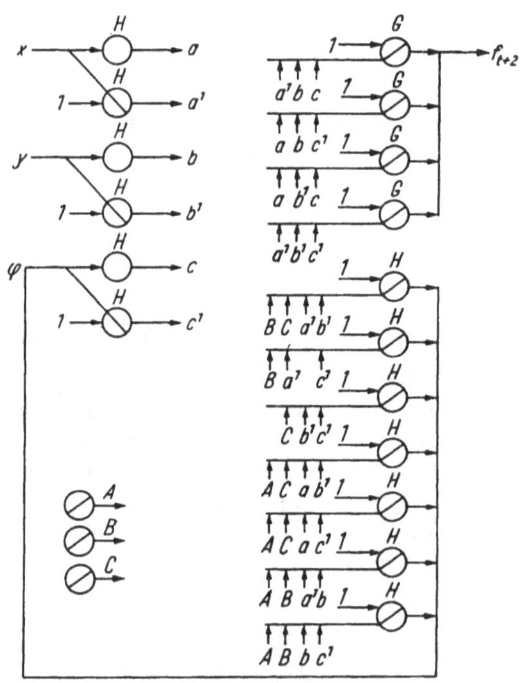

Abb. 27

Nebenbei bemerken wir, daß die Wirkungsmatrizen und die entsprechenden g-Formen für Addiator und Subtraktor übereinstimmen. Der nach diesen Formeln aufgebaute Subtraktor ist in Abb. 26 dargestellt. Mit dem betrachteten Addiator und Subtraktor ist der sogenannte Addiator-Subtraktor, der die Operationen $x + y$, $x - y$ oder $y - x$ realisiert, leicht aufzubauen. Eine solche Schaltung wird in Abb. 27 angegeben.

An Hand der Schaltung in Abb. 27 kann man sich überzeugen, daß diese Schaltung in den Addiator $x + y$ (Abb. 25) übergeht, wenn in jeder Periode Steuer-(Befehls-)Impulse auf den durch den Buchstaben A gekennzeichneten Kanal gegeben werden; werden Befehlsimpulse auf den Kanal B gegeben, dann führt die Schaltung die Subtraktion $x - y$ (Subtraktor Abb. 26) durch, und gibt man die Befehlsimpulse auf Kanal C, so realisiert die Schaltung die Subtraktion $y - x$.

3. Register

Wir konstruieren nun die Schaltung eines Registers (Ringes) s-ter Ordnung, das zwei Befehlseingänge X und Y, s parallele Eingänge $R^1, \ldots, R^s$ und s parallele Ausgänge $F^1, \ldots, F^s$ besitzt. Die Arbeit eines solchen Registers kann auf folgende Weise beschrieben werden. Die Schaltung befinde sich zum Zeitpunkt t im Zustand $\Phi_t = (\varphi_t^1, \ldots, \varphi_t^s)$, welchem die Nummer $k_t \sim \varphi_t^s, \varphi_t^{s-1}, \ldots, \varphi_t^2, \varphi_t^1$ entspricht. Sind die Befehlskanäle X und Y nicht erregt, dann behält die Schaltung ihren Zustand bei, so daß dabei $k_{t+2} = k_t$ ist. Wird zum Zeitpunkt t nur der Kanal X erregt, so geht eine „Verschiebung nach rechts" vor sich, d.h., der Zustand des Kanals φ^i zum Zeitpunkt $t + 2$ stimmt mit dem Zustand des Kanals φ^{i-1} zum Zeitpunkt t überein ($i = 2, 3, \ldots, s$), und der Zustand des Kanals φ^1 zum Zeitpunkt $t + 2$ stimmt mit dem Zustand des Kanals φ^s zum Zeitpunkt t überein. Falls nur der Befehlskanal X erregt wird, ist deshalb

$$k_{t+2} \sim \varphi_t^{s-1}, \ldots, \varphi_t^1, \varphi_t^s .$$

Falls nur der Befehlskanal Y zum Zeitpunkt t erregt wird, erfolgt eine „Verschiebung nach links", d.h., dabei ist

$$k_{t+2} \sim \varphi_t^1, \varphi_t^s, \ldots, \varphi_t^2 .$$

Werden beide Befehlskanäle gleichzeitig erregt, wird die Information im Register gelöscht und von den parallelen Eingängen $R^1, \ldots, R^s$ läuft eine Information ein, die den nachfolgenden Zustand der Schaltung gerade so bestimmen muß, daß bei Erregung beider Befehlskanäle

$$k_{t+2} \sim r_t^s, \ldots, r_t^1$$

ist.

Der Ausgang der Schaltung zum Zeitpunkt $t + 2$, d. h. das s-Tupel $F_{t+2} = (f_{t+2}^1, \ldots, f_{t+2}^s)$, stimmt mit dem s-Tupel $\Phi_{i+2} = (\varphi_{t+2}^1, \ldots, \varphi_{t+2}^s)$ überein, d.h., die Ausgänge der Schaltung sind die Rückführungen. Deshalb genügt es, zur Synthese der Schaltung die g-Formen für die Funktionen $\varphi^i(x_t, y_t\, r_t^1, \ldots, r_t^s, \varphi_t^1, \ldots, \varphi_t^s)$ zu bilden.

Benutzt man diese Voraussetzungen, so kann man die Zustandsmatrix $A(x, y, r^1, \ldots, r^s) = ||a_{\alpha_s,\ldots,\alpha_1;\,\beta_s,\ldots,\beta_1}(x, y, r^1, \ldots, r^s)||$ der Registerschaltung leicht aufschreiben:

$$a_{\alpha_s,\ldots,\alpha_1;\,\beta_s,\ldots,\beta_1}(x, y, r^1, \ldots, r^s) = \bar{x}_t \bar{y}_t (\beta_s \equiv \alpha_s) \ldots (\beta_1 \equiv \alpha_1)$$
$$\vee\, x_t \bar{y}_t (\beta_s \equiv \alpha_{s-1}) \ldots (\beta_2 \equiv \alpha_1)(\beta_1 \equiv \alpha_s) \vee \bar{x}_t y_t (\beta_s \equiv \alpha_1)(\beta_{s-1} \equiv \alpha_s) \ldots (\beta_1 \equiv \alpha_2)$$
$$\vee\, x_t y_t (\beta_s \equiv r_s) \ldots (\beta_1 \equiv r_1)\,.$$

Wir führen den Aufbau der g-Formen für diese Schaltung etwas ausführlicher als gewöhnlich durch, da die durchzuführenden Berechnungen für Schaltungen mit einer großen Anzahl Rückführungen charakteristisch sind. Setzen wir den Ausdruck für die Matrixelemente der Schaltung, deren Synthese durchgeführt wird, in (3.14) ein, so erhalten wir

$$\varphi^i_{t+2} = \bigvee_{\substack{\alpha_s,\ldots,\alpha_1 \\ \beta_s,\ldots,\beta_1;\,\beta_i=1 \\ \delta_s,\ldots,\delta_1;\,\gamma_1,\gamma_2}} [\bar{\gamma}_1 \bar{\gamma}_2 (\beta_s \equiv \alpha_s) \ldots (\beta_1 \equiv \alpha_1) \vee \gamma_1 \bar{\gamma}_2 (\beta_s \equiv \alpha_{s-1}) \ldots (\beta_2 \equiv \alpha_1)$$
$$\times (\beta_1 \equiv \alpha_s) \vee \bar{\gamma}_1 \gamma_2 (\beta_s \equiv \alpha_1)(\beta_{s-1} \equiv \alpha_s) \ldots (\beta_1 \equiv \alpha_2) \vee \gamma_1 \gamma_2 (\beta_s \equiv \delta_s) \ldots (\beta_1 \equiv \delta_1)]$$
$$\times\, g\Big\{1, \bigvee_{k=1}^{s} [\alpha_k h(1, \varphi^k) \vee \bar{\alpha}_k h(\varphi^k, 0)] \vee \bigvee_{l=1}^{s} [\delta_l h(1, r^l) \vee \bar{\delta}_l h(r^l, 0)]$$
$$\vee\, \gamma_1 h(1, x) \vee \bar{\gamma}_1 h(x, 0) \vee \gamma_2 h(1, y) \vee \bar{\gamma}_2 h(y, 0)\Big\}\,.$$

Wir führen zuerst die Alternative über die Indizes $\alpha_s, \ldots, \alpha_1, \gamma_1, \gamma_2$ aus. Wegen $\beta_i = 1$ erhalten wir

$$\varphi^i_{t+2} = \bigvee_{\substack{\beta_s,\ldots,\beta_1;\,\beta_i=1 \\ \delta_s,\ldots,\delta_1}} g\Big\{1, \bigvee_{\substack{k=1 \\ k\neq i}}^{s} [\beta_k h(1, \varphi^k) \vee \bar{\beta}_k h(\varphi^k, 0)] \vee h(1, \varphi^i)$$
$$\vee \bigvee_{l=1}^{s} [\delta_l h(1, r^l) \vee \bar{\delta}_l h(r^l, 0)] \vee h(x, 0) \vee h(y, 0)\Big\}$$
$$\vee \bigvee_{\substack{\beta_s,\ldots,\beta_1;\,\beta_i=1 \\ \delta_s,\ldots,\delta_1}} g\Big\{1, \bigvee_{\substack{k=1 \\ k\neq i-1}}^{s-1} [\beta_{k+1} h(1, \varphi^k) \vee \bar{\beta}_{k+1} h(\varphi^k, 0)] \vee h(1, \varphi^{i-1})$$
$$\vee\, \beta_1 h(1, \varphi^s) \vee \bar{\beta}_1 h(\varphi^s, 0)$$
$$\vee \bigvee_{l=1}^{s} [\delta_l h(1, r^l) \vee \bar{\delta}_l h(r^l, 0)] \vee h(1, x) \vee h(y, 0)\Big\}$$
$$\vee \bigvee_{\substack{\beta_s,\ldots,\beta_1;\,\beta_i=1 \\ \delta_s,\ldots,\delta_1}} g\Big\{1, \bigvee_{\substack{k=2 \\ k\neq i+1}}^{s} [\beta_{k-1} h(1, \varphi^k) \vee \bar{\beta}_{k-1} h(\varphi^k, 0)] \vee \beta_s h(1, \varphi^1)$$
$$\vee\, \bar{\beta}_s h(\varphi^1, 0) \vee h(1, \varphi^{i+1})$$
$$\vee \bigvee_{l=1}^{s} [\delta_l h(1, r^l) \vee \bar{\delta}_l h(r^l, 0)] \vee h(x, 0) \vee h(1, y)\Big\}$$
$$\vee \bigvee_{\substack{\beta_s,\ldots,\beta_1;\,\beta_i=1 \\ \delta_s,\ldots,\delta_1}} g\Big\{1, \bigvee_{\substack{l=1 \\ l\neq i}}^{s} [\delta_l h(1, r^l) \vee \bar{\delta}_l h(r^l, 0)] \vee h(1, r_i) \vee h(1, x) \vee h(1, y)\Big\}\,.$$

Nach (2.19) führen wir jetzt die Alternative über die Indizes $\beta_1, \ldots, \beta_s$ und $\delta_1, \ldots, \delta_s$ aus und erhalten

$$\varphi_{t+2}^{i} = g\,[1, h(1, \varphi^{i}) \vee h(x, 0) \vee h(y, 0)] \vee g\,[1, h(1, \varphi^{i-1}) \vee h(1, x) \vee h(y, 0)] \vee g\,[1, h(1, \varphi^{i+1}) \vee h(x, 0) \vee h(1, y)] \vee g\,[1, h(1, r^{i}) \vee h(1, x) \vee h(1, y)]\,.$$

Man überzeugt sich leicht davon, daß eine weitere Verminderung der Anzahl der Elemente unmöglich ist. Für die Realisierung ist es etwas günstiger, dieser g-Form folgende Gestalt zu geben:

$$\varphi_{t+2}^{i} = g\,[g(\varphi^{i}, 0)\, h(x, 0) \vee h(y, 0)] \vee g\,[g(\varphi^{i-1}, 0), h(1, x) \vee h(y, 0)] \vee g\,[g(\varphi^{i+1}, 0), h(x, 0) \vee h(1, y)] \vee g\,[g(r^{i}, 0), h(1, x) \vee h(1, y)]\,.$$

In Abb. 28 ist die entsprechende Schaltung angegeben. Mit dieser Schaltung kann man folgende Transformationen einer Information durchführen:

1. Parallele Eingabe einer Information: Eine Information läuft gleichzeitig in die Eingänge $R^1, \ldots, R^s$ (oder einen Teil von ihnen) ein, beide Befehlskanäle X und Y werden erregt. Dabei wird die Information, die vorher im Register stand, gelöscht.

2. Durchführung der Umformungen „zyklische Verschiebung nach links" und „zyklische Verschiebung nach rechts". Für die erste Umformung braucht nur der Kanal X, für die zweite nur der Kanal Y erregt zu werden. Die Operationen „Verschiebung nach links", „Verschiebung nach rechts" sind durch eine einfache Änderung der Schaltung realisierbar. Dazu genügt es, die Elemente G_{-1} aus dem ersten und G_{+1} aus dem s-ten Block der Schaltung zu entfernen.

3. Eine Information wird parallel ausgegeben, indem sie von den Kanälen $\varphi^1, \ldots, \varphi^s$ oder einen Teil von ihnen abgenommen wird. Dabei verändert die Ausgabe einer Information den Zustand des Registers nicht.

4. Eine Information wird serienmäßig ausgegeben, indem sie von einem beliebigen der Kanäle $\varphi^1, \ldots, \varphi^s$ abgenommen wird. Ist nur der Kanal X erregt, wird die Zahlengruppe in der Reihenfolge von der stellenwertmäßig niedrigsten zur höchsten Zahl abgenommen, ist nur der Kanal Y erregt, in umgekehrter Reihenfolge.

5. Eine Information wird wie folgt serienmäßig eingegeben: Löschen der im Register enthaltenen Information durch Erregung beider Befehlskanäle X, Y und nachfolgendes Eingeben der Information auf einen beliebigen der Kanäle $\varphi^1, \ldots, \varphi^s$ im Laufe einer s nicht übersteigenden Anzahl von Perioden bei gleichzeitiger Erregung des Kanals X oder Y.

In den Fällen, wo nicht die Realisierung aller aufgezählten Operationen notwendig ist, vereinfacht sich die Schaltung entsprechend. So können z.B., wenn es genügt, die serienmäßige Eingabe, die nichtzyklische Verschiebung nach rechts, die serienmäßige Ausgabe, beginnend mit der niedrigsten Ordnung, und die parallele Ausgabe zu realisieren, die Elemente G_{+1}, G_r, G_{ri} in allen Blöcken der Schaltung und die Elemente H_y herausgenommen werden, und die Schaltung erhält die in Abb. 29 angegebene Gestalt.

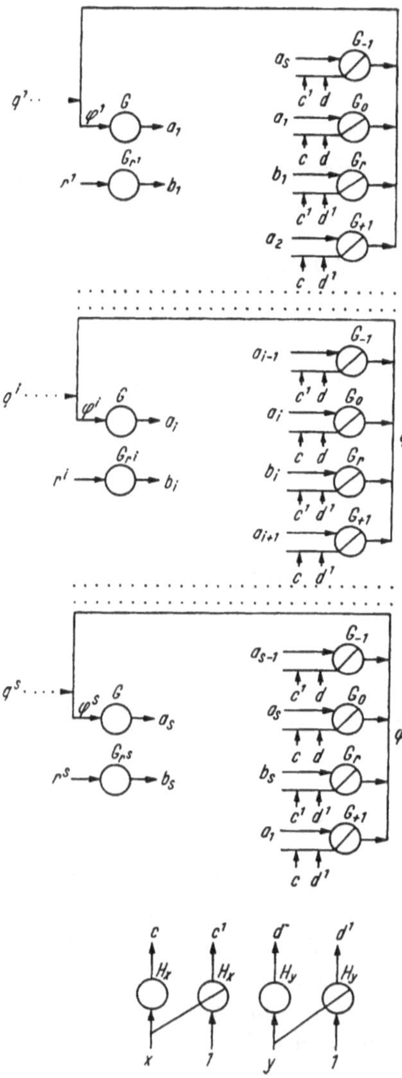

Abb. 28

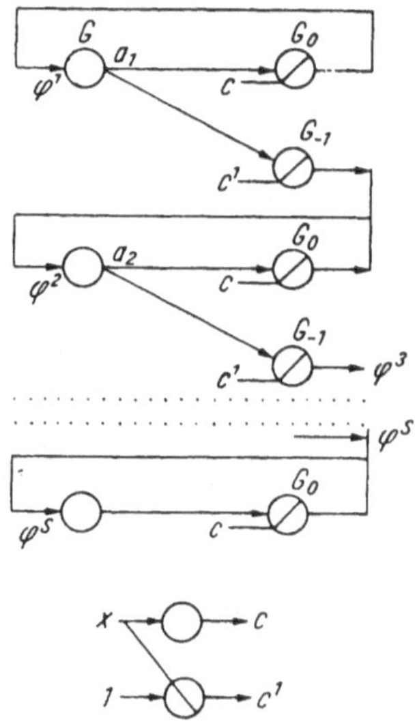

Abb. 29

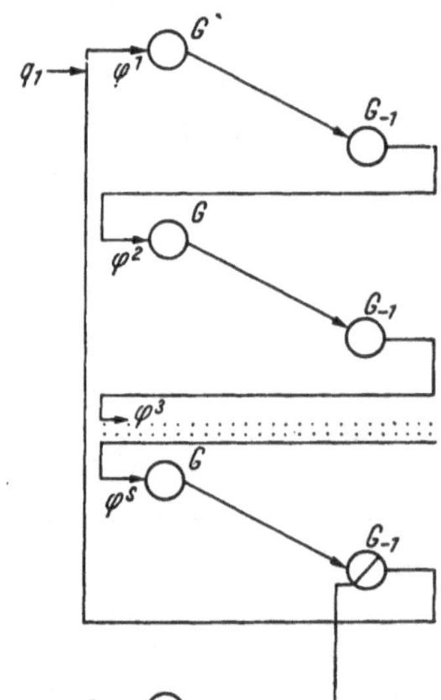

Abb. 30

Wenn das Register nur die serienmäßige Ein- und Ausgabe einer Information mit einer unbedingten Verschiebung nach rechts in jedem Takt gewährleisten soll, dann können die Elemente G_{+1}, G_0, G_{ri}, G_r, H_y, H_x aus der Schaltung Abb. 28 herausgenommen werden; die entsprechende Schaltung wird in Abb. 30 angegeben. Zum Löschen einer Information wird ein einziger Befehlskanal Z benutzt.

4. Zählschaltungen

Zählschaltungen, manchmal auch Zähler genannt, werden sehr oft in digitalen Rechenautomaten und anderen Geräten angewandt. Wir führten schon weiter oben in § 3 das Beispiel einer solchen Schaltung an. Wir geben hier noch ein solches Beispiel an, das man vielfältig anwenden kann.

Als dualen Differentialzähler der Ordnung s bezeichnen wir eine Schaltung, die 2^s Zustände und zwei Eingänge X und Y besitzt und folgendermaßen arbeitet: Die Schaltung befindet sich zum Zeitpunkt t im Zustand $\Phi_t = (\varphi_t^1, \ldots, \varphi_t^s)$ mit der Nummer k. Wird zu diesem Zeitpunkt nur der Kanal X erregt, so soll die Schaltung in den Zustand $k_{t+2} = k_t + 1$ $(k_t = 0, 1, \ldots, 2^s - 1)$ übergehen. Dabei soll die Schaltung aus dem Zustand Nummer $2^s - 1$ in den Zustand Nummer 0 übergehen. Wird zu demselben Zeitpunkt nur der Kanal Y erregt, so soll die Schaltung in den Zustand Nummer $k_{t+2} = k_t - 1$ $(k_t = 1, 2, \ldots, 2^s - 1)$ übergehen. Aus dem Zustand Nummer 0 geht die Schaltung in den Zustand Nummer $2^s - 1$ über. Sind zum Zeitpunkt t beide Kanäle X und Y erregt oder nicht, dann bleibt der Zustand der Schaltung ungeändert, so daß in diesem Falle $k_{t+2} = k_t$ ist.

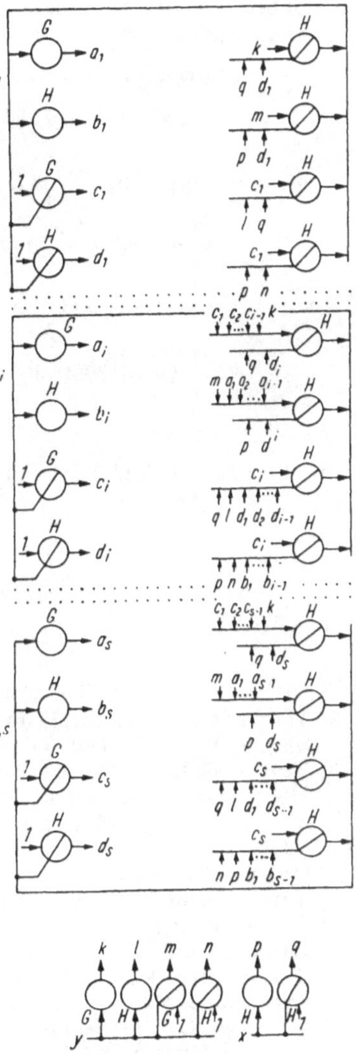

Abb. 31

Als Ausgänge dieser Schaltung dienen Rückführungen. Ihre zur Realisierung der 2^s Zustände notwendige Anzahl ist gleich s. Die Zustandsmatrix des dualen Differentialzählers hat die Gestalt

$$A(x, y) = \left\| \begin{array}{cccccc} x \equiv y & x\bar{y} & 0 \ldots 0 & 0 & \bar{x}y \\ \bar{x}y & x \equiv y & x\bar{y} \ldots 0 & 0 & 0 \\ 0 & \bar{x}y & x \equiv y \ldots 0 & 0 & 0 \\ \cdots & \cdots & \cdots & \cdots & \cdots & \cdots \\ \cdots & \cdots & \cdots & \cdots & \cdots & \cdots \\ 0 & 0 & 0 & x \equiv y & x\bar{y} & 0 \\ 0 & 0 & 0 & xy & \bar{x} \equiv y & x\bar{y} \\ x\bar{y} & 0 & 0 & 0 & \bar{x}y & x \equiv y \end{array} \right\| .$$

Wir schreiben die mit dieser Matrix gebildeten g-Formen für die Funktionen $\varphi^1, \ldots, \varphi^s$ auf:

$$\begin{aligned}\varphi_{t+2}^1 &= h\,[g(y_t, 0), h(1, x_t) \vee h(1, \varphi_t^1)] \vee h\,[g(1, y_t), h(x_t, 0) \\ &\quad \vee h(1, \varphi_t^1)] \vee h\,[g(1, \varphi_t^1), h(1, x_t) \vee h(y_t, 0)] \vee h\,[g(1, \varphi_t^1), h(x_t, 0) \vee h(1, y_t)]\ ;\end{aligned}$$

$$\begin{aligned}\varphi_{t+2}^i &= h\left[g(y_t, 0) \vee \bigvee_{k=1}^{i-1} g(1, \varphi_t^k), h(1, x_t) \vee h(1, \varphi_t^i)\right] \\ &\quad \vee h\left[g(1, y_t) \vee \bigvee_{k=1}^{i-1} g(\varphi_t^k, 0), h(x_t, 0) \vee h(1, \varphi_t^i)\right] \\ &\quad \vee h\left[g(1, \varphi_t^i), h(1, x_t) \vee h(y_t, 0) \vee \bigvee_{k=1}^{i-1} h(1, \varphi_t^k)\right] \\ &\quad \vee h\left[g(1, \varphi_t^i), h(x_t, 0) \vee h(1, y_t) \vee \bigvee_{k=1}^{i-1} h(\varphi_t^k, 0)\right],\end{aligned}$$

$$i = 2, 3, \ldots, s.$$

Eine Ferritkern-Transistor-Schaltung zur Realisierung des dualen Differentialzählers ist in Abb. 31 angegeben.

(Bei der Redaktion eingegangen am 1. 10. 1957)

Literatur

[1] GUTERMAN, CARRY, IRE National Convention Record, Band 3, Teil 4 (1955) 84—94.

[2] Цетлин, М. Л., ДАН **117**, № 6 (1957).
ZETLIN, M. L., Doklady **117** (1957).

[3] ZETLIN, M. L., Probleme der Kybernetik, Bd. 1, S. 23. Akademie-Verlag, Berlin 1962. Übersetzung aus dem Russischen.

[4] Гильберт, Д./Аккерман, В., Основы теоретической логики. ИЛ., 1947.
Original: HILBERT, D./ACKERMANN, W., Grundzüge der theoretischen Logik. Springer-Verlag, Berlin/Göttingen/Heidelberg 1949.

[5] Яблонский, С. В., Функциональные построения в k-значной логике, гл. I, § 1 и 2. Труды Матем. ин-та АН СССР ЛI (1957).
JABLONSKI, S. W., Funktionale Strukturen in der k-wertigen Logik, Kap. I, § 1 und 2. Arbeiten des Mathematischen Instituts der Akad. d. Wiss. der UdSSR **51** (1957).

[6] Клини, С., Введение в метаматематику. ИЛ., 1957.
Original: KLEENE, S., Introduction to metamathematics. Amsterdam 1952.

[7] Гаврилов, М. А., Теория релейно-контактных схем. М., Изд. АН СССР, 1950.
GAWRILOW, M. A., Theorie der Relais-Kontakt-Schaltungen. Verlag der Akad. d. Wiss. d. UdSSR, Moskau 1950.

[8] Поливанов, К. М., Ферромагнетики. Госэнергоиздат, М. 1957.
POLIWANOW, K. M., Ferromagnetika. Moskau 1957.

[9] MENYUK, N./GOODENOUGH, J. B., J. Appl. Phys. **26** (1955).

[10] RAJCHMAN, J. A./LO, A. W., Proc. IRE **44**, Nr. 3 (1956) 321—332.

[11] ABBOT, U. W., Suran, Proc. IRE **45**, Nr. 8 (1957) 1081—1093.

[12] GIANOLA, U. F./JAMES, D. B., J. Appl. Phys. **27** (1956) 608—609.

[13] RAMEY, R. A., Communication and Electronics, Nr. 4 (January 1953) 442.

[14] LOEV, D./MICHLE, W./PAIVINEN, J./WYLEN, J., Proc. IRE **44**, Nr. 2 (1956) 154—162.

[15] Дорохова, И. А., Залкинд, А. Б., Чернов, А. И., Чумаков, И. Л., Труды ЛУМС АН СССР, т. 1. 1957.
DOROCHOWA, J. A./SALKIND, A. B./TSCHERNOW, A. J./TSCHUMAKOW, J. L., Arbeiten der Akad. d. Wiss. d. UdSSR, 1 (1957).
[16] Кобленц, А./Оуэн, Г., Транзисторы, Теория и ирименение. М., ИЛ., 1956.
KOBLENZ, A./OUEN, G., Transistoren, Theorie und Anwendung. Verlag für fremdsprachige Literatur, 1956.
[17] Ши, Полупроводниковые триоды и их применение. М., Госэнергоиздат, 1957.
SCHI, Halbleitertrioden und ihre Anwendung, Moskau 1957.
[18] GUTERMAN/KODIS/RUHMAN, IRE National Convention Record, Band 2, Teil 4 (1954) 124—132.
[19] KODIS/RUHMAN/WOO, IRE National Convention Record, Band 1, Teil 7 (1953).
[20] GUTERMAN/KODIS, National Electronic Conference, September 1953.
[21] GANZHORN, Elektronische Rundschau 8 (1957) 229—234.
[22] Гутенмахер, Л. И., Отчеты лаборатории электромоделирования АН СССР за 1955, 1956.
GUTENMACHER, L. I., Rechenschaftsberichte des Laboratoriums für Elektromodellierung der Akad. d. Wiss. d. UdSSR für 1955, 1956.

Übersetzung: Klaus Thümer
Fachliche Bearbeitung: Claus Frischmuth

III. PROGRAMMIERUNG

Über eine Methode des automatischen Programmierens

W. M. GLUSCHKOW (Kiew)

Die Lösung einer wissenschaftlichen oder technischen Aufgabe, die man auf eine Aufgabe aus der numerischen Mathematik zurückgeführt hat, verläuft in zwei Grundetappen: Die erste (vorbereitende) Etappe besteht darin, eine Lösungsmethode für die Aufgabe und ein Rechenschema auszuwählen, die zweite, die Rechnung wirklich ausführen.

Die heutigen elektronischen Rechenmaschinen gestatten es, die zweite, die eigentliche Rechenetappe vollständig zu automatisieren, nachdem ihre Leistung im Vergleich zur manuellen Rechnung auf über das 10000fache angestiegen ist. Die Ansprüche an die vorbereitende Etappe wurden jedoch mit der Einführung von Rechenautomaten nicht kleiner, im Gegenteil, sie wuchsen an. Den Grund hierfür versteht man unschwer, wenn man überlegt, daß der Vorrat an elementaren Grundoperationen, über die die Maschine verfügt, recht beschränkt ist.

Ein Mathematiker, der das Rechenprogramm für die Maschine ausarbeitet, muß die vorliegenden Rechnungen in die einzelnen Elementaroperationen zerlegen. Die Maschine fordert überdies, im Unterschied zum menschlichen Rechner, auch Hinweise, wo die einen oder anderen Größen aufzubewahren sind, z.B. die Ergebnisse der Zwischenrechnungen. So ist es verständlich, daß die Bearbeitung einer Aufgabe für eine Maschine viel mehr Arbeit fordert, als das Zusammenstellen von Hinweisen für Handrechner.

Dieser Tatbestand wird etwas gemildert, wenn man Bibliotheken von Standardunterprogrammen für einzelne, oft auftretende Kombinationen von Elementaroperationen anlegt. Doch sogar unter diesen Bedingungen bleibt die vorbereitende Etappe beim Benutzen einer Maschine sehr mühevoll im Vergleich zur vorbereitenden Etappe beim manuellen Rechnen.

Aus dem Gesagten wird klar, daß man eine größere Arbeitsproduktivität auf dem Gebiet der wissenschaftlichen und technischen Berechnungen nicht nur durch eine weitere Erhöhung der Maschinengeschwindigkeit erreicht, dadurch wird sogar nicht einmal Entscheidendes gewonnen, als vielmehr durch eine Automatisierung des Aufbereitungsprozesses, d.h. durch Automatisierung des Programmiervorganges.

Wichtige Schritte in der Entwicklung der Theorie des automatischen Programmierens waren die 1953 von A. Ljapunow vorgelegte Operatorenmethode und die auf ihrer Grundlage in den Jahren 1954—1955 geschaffenen universellen programmierenden Programme. Ihre Anwendung erleichtert die Arbeit des Programmierers beträchtlich und erlaubt es, den Arbeitsaufwand für die Vorbereitung zur maschinellen Lösung einer Aufgabe dem Arbeitsaufwand bei der Vorbereitung der entsprechenden Aufgabe für Rechner anzunähern. Eine vollständige Automatisierung des Programmierens wird hierbei jedoch nicht erreicht, denn der die größte Qualifizierung fordernde Teil der Arbeit — dies ist die Auswahl einer Lösungsmethode und die Ausarbeitung eines allgemeinen Rechenplans (des Programmschemas) — muß vom Menschen ausgeführt werden.

Indessen ist es prinzipiell möglich, den Prozeß der automatischen Programmierung bis zu seinem logischen Ende zu bringen, d.h., daß die vorbereitende Etappe zwar nicht für alle, so doch zumindest für eine große Anzahl von Aufgaben wegfällt. Genauer gesagt, man kann eine beliebig umfangreiche Klasse „zulässiger" Aufgaben abgrenzen, die für ihre Lösung auf einem gegebenen Digitalrechner keinerlei Vorbereitung erfordern. Die Information zur Aufgabenstellung wird dabei die übliche mathematische Gestalt haben und wird, was hier wesentlich ist, nicht mehr von Besonderheiten der speziellen Maschine abhängen.

Eine vollständige automatische Programmierung läßt sich erreichen, wenn man die Aufstellung des Programmschemas automatisiert und anschließend das universelle programmierende Programm anwendet. Es ist jedoch leicht einzusehen, daß ein solcher Lösungsweg für eine Aufgabe äußerst unzweckmäßig ist. In der Tat, wenn man die Programmierung vollständig automatisiert hat, muß die Information über die Lösungsverfahren einer Aufgabe der zulässigen Klasse im Innern der Maschine oder in den automatisch verbundenen äußeren Anlagen enthalten sein. Oft kann man diese Information raumsparend aufschreiben, wenn einzelne ihrer Teile als fertige Unterprogramme vorliegen. Offensichtlich wäre es unzweckmäßig, wollte man von einer so aufgezeichneten Information zum Programmschema zurückkehren. Viel zweckmäßiger ist es, für jede Methode der numerischen Mathematik, die man zur Lösung der Aufgaben aus der zulässigen Klasse anwendet, ein eigenes, vereinfachtes spezielles programmierendes Programm auszuarbeiten. Hierbei gelangen wir zu einer Methode der automatischen Programmierung, die man zweckmäßig als Methode der programmierenden Bibliotheksprogramme bezeichnet. Das Wesen dieser Methode besteht in folgendem:

1. Es wird eine gewisse (endliche) Menge von Aufgabentypen aus der numerischen Mathematik ausgewählt, diese heißt Klasse der zulässigen Aufgaben. Elemente dieser Menge sind Typen von Aufgaben (die im allgemeinen eine unendliche Menge von speziellen Aufgaben enthalten), aber nicht einzelne spezielle Aufgaben.

2. Für jeden der ausgesuchten Aufgabentypen wird ein spezielles programmierendes Programm aufgestellt, das mit einem Minimum an Eingangsinformation auskommt, die überdies in einer leichtverständlichen naturgemäßen Form vorgegeben ist, ohne die Besonderheiten einer gegebenen elektronischen Rechenmaschine oder ohne die Besonderheiten der elektronischen Digitalrechner allgemein zu berücksichtigen. (Die Information muß natürlich codiert sein, doch nicht nach irgendeinem speziellen Verfahren, sondern als Buchstabenfolge.)

3. Jedes der aufgestellten programmierenden Programme muß vorsehen, daß irgendein Verfahren zur Rechenkontrolle programmiert und in das Grund-

(Rechen-)programm eingebaut wird. Wenn die Lösung der einen oder anderen Aufgabe unmöglich ist, weil der innere Speicher eine ungenügende Kapazität besitzt, so muß das programmierende Programm bereits zu Beginn seiner Arbeit diesen Fehler erkennen und diese Feststellung mit dem Anhalten der Maschine und einer entsprechenden Anzeige verbinden.

4. Die verschiedenen speziellen programmierenden Programme können einige gemeinsame Blöcke enthalten, z.B. den Block des arithmetischen Operators oder den Block zur Einsparung von Arbeitszellen. Diese Blöcke wird man natürlich nur einmal aufbewahren (in günstiger Weise im inneren Speicher geringer Zugriffszeit), während in den speziellen programmierenden Programmen ihr Aufruf zur gegebenen Zeit vorgesehen ist. Der Satz dieser Blöcke wird eine gewöhnliche Bibliothek von Standardunterprogrammen darstellen. Weil das Aneinanderreihen der Blöcke zu einem Programm automatisch erfolgt, muß dem Problem der rationellen Codierung der Eingangs- und Ausgangsinformation von Standardunterprogrammen besondere Aufmerksamkeit zugewandt werden, um die verschiedenen Zusammensetzungen auf einfachste Weise zu ermöglichen.

5. Neben den programmierenden Programmen für numerische (arithmetische) Verfahren ist es wünschenswert, in der Bibliothek auch programmierende Programme für einige nichtarithmetische (genauer gesagt, nicht vollständig arithmetische) Verfahren zu besitzen, z.B. für analytische Lösungsmethoden von Differentialgleichungen. Als Standardblöcke in diesen Programmen wird man Programme zur Differentiation und Integration elementarer Funktionen, Programme zur Umformung und Vereinfachung von Formeln u.ä. benutzen.

Die Zusammenfassung spezieller Aufgaben zu einem Typ ist bis zu einem gewissen Grade willkürlich. Bei einer solchen Vereinigung hat man vor allem zu beachten, daß die Lösungsmethoden der betreffenden speziellen Aufgaben allgemein gültig sind. So wird man z.B. in einem Typ alle Aufgaben zusammenfassen, die das folgende frei wählbare System gewöhnlicher Differentialgleichungen nach dem Verfahren von ADAMS-STÖRMER zu integrieren gestatten (auf einem beliebigen endlichen Intervall mit beliebiger Schrittlänge)

$$\frac{dy_i}{dx} = f_i(x, y_1, \ldots, y_n) , \qquad (i = 1, \ldots, n) .$$

Dabei ist n eine beliebige natürliche Zahl, und $f_1, f_2, \ldots, f_n$ sind beliebige, stückweise elementare Funktionen. (Ein programmierendes Programm für diesen Aufgabentyp ist auf Anregung des Autors von A. A. STOGNI aufgestellt worden.)[1])

Ein zweites Beispiel liefert die Aufgabe, das DIRICHLETsche Randwertproblem für eine beliebige lineare elliptische Differentialgleichung mit konstanten Koeffizienten in einem Raum von beliebiger Dimension mit der Gitterpunktmethode zu lösen. Dabei muß man voraussetzen, daß die Parametergleichungen für den Rand genauso wie die Randwerte mittels stückweise elementarer Funktionen vorgegeben sind.

---

[1]) Siehe den folgenden Beitrag dieses Bandes. — Anm. d. Red.

Weiter ist zu bemerken, daß die Vereinigung einer Menge von speziellen Aufgaben zu einem Typ im allgemeinen nicht ausschließt, daß man die Aufgaben einer echten Untermenge dieser Menge zu einem neuen Typ vereinigt. Dieses Vorgehen ist dann zweckmäßig, wenn der erneut auszuwählende Aufgabentyp häufig in der Praxis auftritt und das programmierende Programm sich für ihn im Vergleich zu dem programmierenden Programm für den umfassenden umfangreicheren Aufgabentyp wesentlich vereinfacht. So ist es beim zweiten oben betrachteten Beispiel zweckmäßig, den Fall der LAPLACEschen Gleichung für zwei oder drei Dimensionen abzutrennen.

Bei einer ersten Etappe des automatischen Programmierens wird man sich auf eine Bibliothek von speziellen programmierenden Programmen beschränken. Doch schon in diesem Fall erreicht man für die Klasse der zulässigen Funktionen einen höheren Stand der automatischen Programmierung als mit einem universellen programmierenden Programm, denn man braucht nicht in jedem einzelnen Fall ein Programmschema, einen Speicherbelegungsplan u. ä. aufzustellen. Die Wahl der Methode (die Nummer des speziellen programmierenden Programmes) und die Codierung wird zwar noch vom Menschen erledigt, doch auch unter diesen Umständen ist die Vorbereitung der Aufgabe (aus der Klasse der zulässigen Aufgaben) zur maschinellen Lösung einfacher, als die Vorbereitung der gleichen Aufgabe für die manuelle Rechnung, wenn man über Rechner mittlerer Qualifikation verfügt.

Für nicht zulässige Aufgaben muß man selbstverständlich entweder die direkte Programmierung oder ein universelles programmierendes Programm anwenden. Im übrigen werden diese „Sonderfälle“ immer seltener werden, je weiter die Bibliothek programmierender Programme anwächst.

Die speziellen programmierenden Programme sind bedeutend kürzer als ein universelles programmierendes Programm. Diese Tatsache erlaubt es, sie auch bei Maschinen mit verhältnismäßig kleiner Speicherkapazität anzuwenden. Sobald ein spezielles programmierendes Programm für eine Aufgabenklasse fertig ist, kann es sofort eingesetzt werden, ohne daß man warten muß, bis die Bibliothek vollständig geworden ist. Damit ist sogar eine Spezialisierung einzelner Maschinen, ja sogar einzelner Rechenzentren auf begrenzte Aufgabentypen möglich.

Die Methode der programmierenden Bibliotheksprogramme zeichnet sich schließlich dadurch aus, daß sie relativ einfach ist und leicht erkennen läßt, wie man auf ihrer Grundlage zu einer weiteren Automatisierung der Aufgabenvorbereitung gelangt: Wenn die Bibliothek der programmierenden Programme einen genügenden Umfang erreicht hat, kann man sie in Abteilungen zerlegen und ein besonderes die Methode auswählendes Programm aufstellen. Aus der in Worten codierten Eingangsinformation (z. B. „Integriere das System gewöhnlicher Differentialgleichungen“) und der Gestalt der Formel muß ein solches Programm zuerst die entsprechende Abteilung der Bibliothek ermitteln und dann nach einem speziellen, dieser Abteilung zugehörigen Unterprogramm alle in diesem Programm enthaltenen Kriterien untersuchen, um so einer bestimmten Methode den Vorzug zu geben (d. h. der Nummer des speziellen programmierenden Programmes). Fehlt dagegen eine Vorzugsmethode, so wird die erste geeignete Lösungsmethode für die gegebene Aufgabe ausgewählt. Abschließend ruft das Programm evtl. über eine spezielle Relaisschaltung denjenigen äußeren Speicher auf, der das ausgewählte programmierende Programm enthält, so daß der erste Block dieses Programmes in den Operativspeicher der Maschine eingegeben wird.

Die Eingangsinformation läßt sich auch automatisch codieren, wenn man ein besonderes Leseprogramm zu Hilfe nimmt, das einen gedruckten oder sogar handgeschriebenen Text zu lesen und buchstabenweise zu codieren erlaubt, wenn dieser Text auf den Schirm einer Bildspeicherröhre projiziert wird.

Eine solche Methode wird es erlauben, der Maschine ein Blatt Papier mit dem aufgedruckten Problem zu „zeigen", worauf sie ohne weitere Einwirkung des Menschen beginnt, die Aufgabe zu lösen und nach einer gewissen Zeit die Antwort auszugeben.

(Bei der Redaktion eingegangen am 27. 11. 1957)

Übersetzung: Roland Strobel
Fachliche Bearbeitung: Immo Kerner, Roland Strobel

Über den prinzipiellen Aufbau eines speziellen programmierenden Programmes

A. A. STOGNI (Kiew)

W. M. GLUSCHKOW hat eine Methode zur automatischen Programmfertigung vorgeschlagen, die im Rechenzentrum der Akademie der Wissenschaften der UdSSR ausgearbeitet wurde (siehe [1]). Sie besteht darin, daß man sich eine Bibliothek von speziellen programmierenden Programmen und von solchen Programmen anlegt, die eine Lösungsmethode und ein Programmschema auswählen können, nach denen die Aufgabe gelöst wird. Für viele, auf elektronischen Digitalrechnern lösbare Aufgaben erlaubt diese Methode, die Information für die Aufgabe auf ein Minimum zu reduzieren und den die meiste Qualifizierung fordernden Teil ihrer Vorbereitung zu erleichtern.

In diesem Artikel werden wir als Programmierungsbeispiel die Lösung einer Klasse von zulässigen Aufgaben untersuchen. Speziell ist dies die Lösung der CAUCHYschen Randwertaufgabe für ein System von gewöhnlichen Differentialgleichungen erster Ordnung mittels einer numerischen Methode.[1])

Es sei ein System von m gewöhnlichen Differentialgleichungen erster Ordnung gegeben, die nach den Ableitungen aufgelöst sind:

$$\begin{aligned} \frac{dy_1}{dx} &= f_1(x, y_1, y_2, \ldots, y_m)\,, \\ \frac{dy_2}{dx} &= f_2(x, y_1, \ldots, y_m)\,, \\ &\ldots\ldots\ldots\ldots\ldots\ldots \\ \frac{dy_m}{dx} &= f_m(x, y_1, \ldots, y_m)\,. \end{aligned} \tag{1}$$

Die Anfangsbedingungen sind

$$y_k(x_0) = y_{k0} \qquad (k = 1, 2, \ldots, m)\,, \tag{2}$$

und ε sei die Genauigkeit, mit der die Funktionen $y_k(x)$ auf dem Intervall $[x_0, X]$ zu bestimmen sind.

Wie man weiß, gibt es einige numerische Methoden zur Lösung von (1) unter den Anfangsbedingungen (2) (siehe z. B. [2]). Am geeignetsten für unsere Absichten erscheinen uns die Verfahren von ADAMS-STÖRMER und von RUNGE-KUTTA. Die Programme für beide Methoden sind außergewöhnlich einfach. Beide ergeben Standardprogramme mit drei Zyklen, wobei die Umadressierungs-

[1]) Dem Autor wurde dieses Problem von W. M. GLUSCHKOW gestellt.

und Wiederherstellungsparameter veränderlich sind. Diese werden erst durch die Anzahl der unbekannten Funktionen m, den anfänglichen Integrationsschritt h und die Genauigkeit ε bestimmt. Das erste Programm enthält ungefähr 150 Befehle, das zweite 70—80.

Bevor wir die prinzipiellen Schemata dieser Programme beschreiben, möchten wir folgendes bemerken:

Beide Programme (wie überhaupt die Mehrzahl von Bibliotheksprogrammen) müssen noch von einem besonderen Programm (hier mit A bezeichnet) vorbereitend bearbeitet werden. Das Programm A ist auch ein Bibliotheksprogramm und stellt eine Modifikation des arithmetischen Operators im programmierenden Programm dar (siehe [3], S. 175—213).

A bewirkt, daß die Ausgangsdaten der Aufgabe abgespeichert werden, und stellt weiter ein Programm auf, das die für die gegebene Aufgabe benötigten Funktionen berechnet. Im vorliegenden Fall stellt A ein Programm auf, mit dem die rechten Seiten von (1) berechnet werden.

A arbeitet folgendermaßen:

1. Es werden die Formeln der Funktionen f_r[1]) durchgesehen. Alle Konstanten A_i und alle Variablen x und y_k in ihnen werden durch Zellennummern ersetzt, in die die entsprechenden Konstanten und die Anfangswerte der Variablen abgespeichert werden; es werden somit folgende Befehle ausgeführt:

Speichere A_i in α_i,
speichere x_0 in β_0,
speichere y_{k0} in β_k.

Dabei sind α_i, β_0, β_k die Zellennummern, durch die die Konstanten A_i und die Veränderlichen x, y_k ersetzt werden.

Hierbei gilt:

a) Gleiche Konstanten bzw. Veränderliche werden durch die Nummer ein und derselben Speicherzelle ersetzt.

b) Zum Abspeichern einer Konstanten wird die erste freie Speicherzelle benutzt.

c) Zum Abspeichern der Anfangswerte wird eine bestimmte Gruppe aufeinanderfolgender Speicherzellen benutzt (die Zellen $\beta_0, \beta_1, \ldots, \beta_m$; m werden in der Information gegeben).

2. Es werden Programme aufgestellt, um die Funktionen in der Reihenfolge ihres Auftretens zu berechnen. A setzt voraus, daß im Speicher der Maschine (oder in der Bibliothek) Unterprogramme zur Berechnung der elementaren Funktionen vorhanden sind. Diese Unterprogramme sind entweder direkt in

[1]) Die Funktion kann mittels einer Formel oder mittels mehrerer Formeln stückweise in verschiedenen Bereichen des Arguments oder auch mittels einer Tabelle vorgegeben sein. In den ersten beiden Fällen werden die Formeln in der gewöhnlichen Form aufgeschrieben (ohne die Zusatzklammern, die man gewöhnlich für Formeldarstellungen auf elektronischen Digitalrechnern braucht).

das Hauptprogramm eingebaut, oder sie haben eine solche Struktur [4], daß sie zu dem Befehl des Hauptprogrammes zurückführen, der auf den Absprungbefehl ins Unterprogramm folgt.

Es wird die erste Formel durchgesehen und die erste Gruppe der Gestalt

$$\gamma_{i_1}\ \boxed{\mathrm{Op}}\ \gamma_{i_2} \tag{3}$$

gesucht, wobei γ_{i_1} und γ_{i_2} Zellennummern sind und $\boxed{\mathrm{Op}}$ eine Operation mit zwei Operanden bezeichnet. Steht in der Gruppe (3) das Plus- oder Minuszeichen, so wird das auf γ_{i_2} folgende Element gesucht. Wenn dieses Element eine Klammer oder ein Plus- bzw. Minuszeichen ist, so wird ein Befehl

$$\boxed{\mathrm{Op}}\ \gamma_{i_1}\gamma_{i_2}\gamma_{i_3} \tag{4}$$

aufgeschrieben, wobei $\boxed{\mathrm{Op}}$ die Codierung des Operationszeichens bedeutet, während γ_{i_3} die Speicherzelle angibt, in die das Ergebnis abgespeichert werden soll. Dann wird die Gruppe (3) in der Formel durch die Zellennummer γ_{i_3} ersetzt. Waren Klammern vorhanden, so werden sie gelöscht. Ist dagegen das auf γ_{i_2} folgende Element ein Multiplikations- oder Divisionszeichen, so wird kein Befehl aufgeschrieben, sondern die folgende Gruppe der Gestalt (3) gesucht. Diese Regel erlaubt es uns, ohne zusätzliche Klammern auszukommen (siehe die Fußnote S. 215).

Wenn es keine Gruppe der Gestalt (3) in der Formel gibt, so wird eine Gruppe der Gestalt

$$E_f(\gamma_{i_1}) \tag{5}$$

gesucht, wobei E_f eine elementare Funktion ist, und folgende Befehle aufgeschrieben:

$$\underset{\mathrm{Sp}}{+} \div \gamma_{i_1}\gamma_{P_i}\,.$$

Dabei ist γ_{P_i} die Nummer der Eingangszelle des Unterprogrammes, das die gegebene elementare Funktion berechnet, während n_i die Nummer seines ersten Befehls ist. Dann wird die Gruppe (5) durch die Nummer der Ausgangszelle des Unterprogrammes ersetzt, das E_f berechnet.

Diese Arbeit wird solange fortgesetzt, bis die ganze Formel auf eine einzige Zelle reduziert worden ist. Dann werden die Befehle

$$\underset{\mathrm{Sp}}{+} \underset{u}{\div} \gamma_{i_k}\beta$$

aufgeschrieben. Hierbei ist β die festgehaltene Nummer der Ausgangszelle des aufgestellten Unterprogrammes; Sp ist ein Sprungbefehl mit leerer Adresse, der nur dann abgearbeitet wird, wenn vorher eine Sprungadresse angegeben ist. Diese von der Maschine aufgestellten Unterprogramme zur Funktionsberechnung werden nicht in das Hauptprogramm eingefügt, sondern der Reihe nach auf einen besonderen Speicherteil geschrieben. Die Sprungbefehle mit Leeradresse erlauben uns daher, die Funktionen nach Wahl zu berechnen, d. h. die gerade benötigten, und dann auf die richtige Programmstelle zurückzuspringen.

Danach wird die folgende Funktion programmiert. Der Vorgang läuft solange, bis Programme für alle Funktionen aufgestellt sind, die in die gegebene Aufgabe eingehen.

Das Programm zur Lösung des Systems (1) unter den Anfangsbedingungen (2) nach der ADAMS-STÖRMERschen Methode (wir nennen es Programm B) sieht vor:

a) die Konstruktion von groben Anfangsnäherungen $y_k(x)$ (für alle k) in den Punkten x_1 und x_2 nach dem Rechenschema

$$1.\ \eta_{k0} = f_k(x_0, y_{10}, y_{20}, \ldots, y_{m0}) \cdot h; \quad \Delta y_{k0} = \eta_{k0};$$
$$y_{k1} = y_{k0} + \Delta y_{k0}; \quad x_1 = x_0 + h;$$
$$2.\ \eta_{k1} = f_k(x_1, y_{11}, y_{21}, \ldots, y_{m1}) \cdot h; \quad \Delta\eta_{k0} = \eta_{k1} - \eta_{k0};$$
$$\Delta y_{k1} = \eta_{k1} + \frac{1}{2}\Delta\eta_{k0}; \quad y_{k2} = y_{k1} + \Delta y_{k1}; \quad x_2 = x_1 + h;$$

b) die Verfeinerung dieser Näherungen nach dem Schema

$$1.\ \eta_{k2} = f_k(x_2, y_{12}, y_{22}, \ldots, y_{m2})\, h; \quad \Delta\eta_{k1} = \eta_{k2} - \eta_{k1}; \quad \Delta^2\eta_{k0} = \Delta\eta_{k1} - \Delta\eta_{k0};$$
$$\Delta y_{k0} = \eta_{k0} + \frac{1}{2}\Delta\eta_{k0} - \frac{1}{12}\Delta^2\eta_{k0}; \quad y_{k1} = y_{k0} + \Delta y_{k0}; \quad x_1 = x_2 - h;$$
$$2.\ \eta_{k1} = f_k(x_1, y_{11}, y_{21}, \ldots, y_{m1}) \cdot h;$$
$$\Delta y_{k1} = \eta_{k1} + \frac{1}{2}\Delta\eta_{k0} + \frac{5}{12}\Delta^2\eta_{k0}; \quad y_{k2} = y_{k1} + \Delta y_{k1}$$

und schließlich

c) die Berechnung der folgenden $y_{k,i+1}$ nach dem Schema

$$\left.\begin{aligned} &\eta_{ki} = f_k(x_i, y_{1i}, y_{2i}, \ldots, y_{mi}) \cdot h; \quad \Delta\eta_{k,i-1} = \eta_{ki} - \eta_{k,i-1}; \\ &\Delta^2\eta_{k,i-2} = \Delta\eta_{k,i-1} - \Delta\eta_{k,i-2}; \\ &\Delta y_{ki} = \eta_{ki} + \frac{1}{2}\Delta\eta_{k,i-1} + \frac{5}{12}\Delta^2\eta_{k,i-2}; \\ &y_{k,i+1} = y_{ki} + \Delta y_{ki}; \quad x_{i+1} = x_i + h \\ &(i = 2, 3, \ldots, n; \quad k = 1, 2, \ldots, m)\,. \end{aligned}\right\} \tag{6}$$

Damit B arbeiten kann, wird folgende Information für die Aufgabe (1, 2) verlangt:

1. Anfangs- und Endpunkt des Definitionsbereiches für x_0 und X, sowie die Länge des Integrationsschrittes h;

2. die Anzahl m der gesuchten Funktionen des Systems (1) und die geforderte Rechengenauigkeit ε[1]). x_0 und h werden gebraucht, damit man im Programm B die Unterteilungspunkte $x_i = x_0 + i\,h$ des Intervalles $[x_0, X]$ bilden kann, X benötigt man, um zu entscheiden, ob der Rechenvorgang beendet ist, während m bei der Umadressierung bzw. Adressen-Wiederherstellung benötigt wird.

---

[1]) Die linken Seiten des Systems (1) und die Anfangswerte (2) werden in der Information für das Programm A gegeben.

Das Programm B arbeitet folgendermaßen:

Im ersten Zyklus (bezüglich k) werden die Werte aller Funktionen $y_k(x)$ ($k = 1, 2, \ldots, m$) im gegebenen Punkt berechnet. Der zweite Zyklus (bezüglich i) umfaßt die Bestimmung der Funktionen $y_k(x)$ ($k = 1, 2, \ldots, m$) in allen Punkten x_i ($i = 1, 2, \ldots, n$). Der dritte Zyklus (bezüglich ε_i) wird folgendermaßen verwirklicht: Nachdem man die Funktionen $y_k^{(l)}(x)$ mit dem Integrationsschritt $h_l = \frac{h_l}{2}$ berechnet hat, werden dieselben Rechnungen mit der Schrittlänge $h_{l+1} = \frac{h_l}{2}$ durchgeführt, und die erhaltenen Werte $y_k^{(l+1)}(x_j)$ ($k = 1, 2, \ldots, m$) ($j = 1, 2, \ldots, 2n$) werden mit den früher erhaltenen Werten $y_k^{(l)}(x_i)$ ($k = 1, 2, \ldots, m$; $i = 1, 2, \ldots, n$) verglichen; ist dann

$$\max_k \max_i |y_k^{(l)}(x_i) - y_k^{(l+1)}(x_j)| \leqq \varepsilon, \tag{7}$$

so ist die geforderte Genauigkeit erreicht, und die Rechnung wird abgebrochen. Die $y_k^{(l+1)}(x_j)$ werden ausgedruckt. Nicht immer läßt sich jedoch die geforderte Genauigkeit erhalten, da der Fehler einer jeden Methode ein gewisses Minimum besitzt, das zu einer optimalen Schrittzahl gehört (siehe [5], S. 227—228). Wenn daher die Ungleichung (7) nicht erfüllt ist, so muß geklärt werden, ob der erhaltene Fehler minimal ist. Zu diesem Zweck wird folgende Ungleichung geprüft:

$$\max_k \max_i |y_k^{(l)}(x_i) - y_k^{(l+1)}(x_i)| \leqq \max_k \max_i |y_k^{(l-1)}(x_i) - y_k^{(l)}(x_i)|. \tag{8}$$

Ist sie erfüllt, so werden die Werte $y^{(l)}$ gelöscht, $\max_k \max_i |y_k^{(l)}(x_i) - y_k^{(l+1)}(x_i)|$ bleibt erhalten, l wird um 1 vergrößert, und der ganze Vorgang wird wiederholt.

Wenn (8) nicht erfüllt ist, so wird diejenige Näherung ausgedruckt, bei der die linke Seite von (7) einen minimalen Wert annimmt, sowie der minimale Wert dieser Größe.

Die richtige Arbeit des Programmes wird kontrolliert, indem die Berechnung der $y_k(x_i)$ ($k = 1, 2, \ldots, m$; $i = 1, 2, \ldots, n$) mit der gegebenen Schrittlänge h wiederholt wird. Stimmen beide Rechenergebnisse überein, so wird zu weiteren Rechnungen übergegangen, stimmen sie jedoch nicht überein, so wird ein drittes Mal gerechnet und das Ergebnis als richtig angesehen, das bei zwei Rechnungen auftrat. In dem Fall, daß kein einziges Ergebnispaar übereinstimmt, hält die Maschine an, und die Fehleranzeige erscheint.

Das Programmschema zur Lösung des Systems (1), (2) nach dem Runge-Kutta-Verfahren unterscheidet sich prinzipiell nicht von dem Programmschema, das von uns beschrieben wurde. Dieses Programm ist ungefähr halb so lang wie B und benötigt auch eine geringere Zahl von Operativzellen. Dagegen springt es dreimal so oft ins Unterprogramm zur Funktionsberechnung und verliert dadurch bei komplizierten Systemen (1) seine Vorzüge gegenüber dem Programm B.

(Bei der Redaktion eingegangen am 27. 11. 1957)

Literatur

[1] GLUSCHKOW, W. M., Über eine Methode des automatischen Programmierens. Siehe Artikel im vorliegenden Band, Seite 209—213.

[2] Крылов, А. Н., Лекции о приближенных вычислениях. Гостехиздат, 1954.
KRYLOW, A. N., Vorlesungen über Näherungsrechnungen. Gostechisdat, Moskau 1954.

[3] Китов, А. И., Электронные цифровые машины. Изд. ,,Сов. радио'', 1956.
KITOW, A. I., Elektronische Digitalmaschinen. Verlag ,,Sowj. Radio'', 1956.

[4] Лебедев, С. А., Быстродействующая электронная счетная машина А Н СССР. Изд. А Н СССР, 1952.
LEBEDJEW, S. A., Die elektronische Rechenmaschine (BESM — Anm. d. Red.) der Akademie der Wissenschaften der UdSSR, Verlag der Akad. d. Wiss. d. UdSSR. 1952.

[5] Китов, А. И., Криницкий, Н. А., Комолов, П. Н., Элементы программирования. 1956.
KITOW, A. I./KRINITZKI, N. A./KOMOLOW, P. N., Elemente der Programmierung, S. 224—228, 1956.

Übersetzung: Roland Strobel
Fachliche Bearbeitung: Immo Kerner, Roland Strobel

IV. STEUERMECHANISMEN UND RECHENMASCHINEN

Elektronenstrahlröhren als Operationsspeicher

A. N. MJAMLIN und W. K. SMIRNOW (Moskau)

In diesem Abschnitt wird das Arbeitsprinzip des Speichers der Maschine „Strela 1" mit Elektronenstrahlröhren vom Typ „Potentialoskop" behandelt, die eine Kapazität von 2048 Wörtern für 43stellige Code besitzt.

Einführung

Der Speicher der Maschine Strela 1 aus Elektronenstrahlröhren hat die Aufgabe, eine Information zu speichern, die binär verschlüsselt ist. Die Information wird als positive oder negative Ladung auf der dielektrischen Schicht, dem Schirm der Röhre, gespeichert. Jede Röhre kann 2048 Binärzeichen speichern. Die 2048 Speicherzellen der Röhre sind schachbrettförmig auf der dielektrischen Schicht angeordnet, die 100×100 mm groß ist. Die Auswahl der 2048 diskreten Punkte auf dieser Schicht wird durch Anlegen eines Punktrasters durchgeführt. Das Raster wird auf Abb. 1 gezeigt.

Abb. 1. Schachbrettförmiges Raster aus 2048 Zellen

Die gewünschte Speicherzelle wird dadurch ausgewählt, daß an die vertikalen und horizontalen Ablenkplatten Spannungen von entsprechender Größe gegeben werden.

Beim Einschreiben der Information in die Röhre wird nach der Ablenkung des Strahls in den vorgegebenen Punkt des Rasters, d. h. nach Auswahl der Speicherzelle, an den WEHNELTzylinder ein Markierungsimpuls gelegt. Dabei entsteht auf der Signalschicht in Abhängigkeit davon, ob eine „1" oder „0" in die ausgewählte Zelle geschrieben werden soll, ein positives oder negatives Potential. Gelesen wird die Information bei Nullpotential der Signalschicht.

Für jede Zahlenstelle der Maschine wird eine Elektronenstrahlspeicherröhre vom Typ ЛН-4 verwendet. Insgesamt arbeiten in dem Speicher 43 Röhren gleichzeitig. Dadurch können Code gespeichert werden, die 43 Dualstellen haben. Beim Aufruf des Speichers wird an allen 43 Röhren der Punkt des Rasters ausgewählt, der der angegebenen Adresse entspricht.

Folgende Grundforderungen muß der Operationsspeicher einer Rechenmaschine erfüllen:

1. große Arbeitsgeschwindigkeit, d. h. kleine Ansprechzeit der Speicherzelle;
2. große Kapazität;
3. möglichst lange Speicherfähigkeit der Information;
4. Aufzeichnung und Auswahl in beliebiger Reihenfolge.

1. Ablenkung des Strahls

Die Ablenkung des Strahls der Röhre zu irgendeiner Zelle des Speichers wird durch die entsprechende Adresse (bei Aufzeichnung oder Ausgabe der Informationen) bestimmt, die in einem Binärcode dargestellt wird. Abb. 2 zeigt das Arbeitsprinzip der Schaltung, mit welcher der Binärcode der Adresse in die entsprechende Ablenkspannung umgewandelt wird.

Die einzelnen Kreise der in Reihe geschalteten Widerstände bilden die Belastung der Röhren, durch die gleiche Ströme I fließen können. Die Größe der Belastung wächst wie $2^{n-1} R$: Für die erste Röhre ist die Belastung $2^0 R$, für die zweite $2^2 R$ usw.

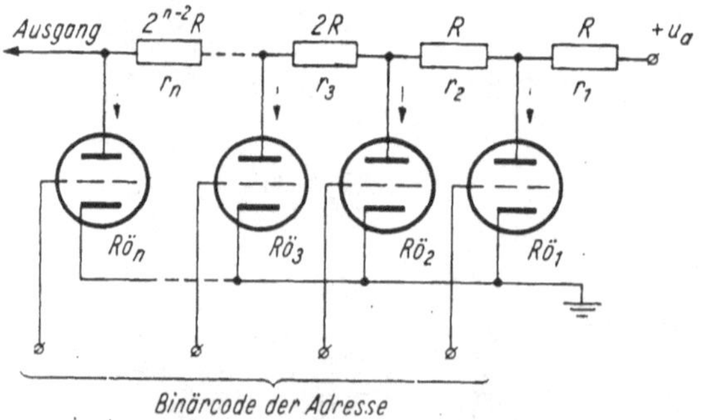

Abb. 2. Schaltung für die Umwandlung des Binärcodes einer Adresse in die Ablenkspannung

In der Ablenkeinrichtung gibt es zwei solche voneinander unabhängigen Schaltungen. Eine von ihnen für die Auswahl der Punkte in der Zeile (horizontale Strahlablenkung) und die andere für die Auswahl der Zeile (vertikale Strahlablenkung).

An den Eingang der Röhren wird der Binärcode der Adresse gegeben. Im Fall einer „1" ist die Röhre geöffnet, und es fließt durch sie ein Strom I, im Fall einer „0" ist die Röhre gesperrt. Die Ausgangsspannung der Schaltung ergibt sich aus der Summe der Spannungsabfälle der Ströme, die durch alle geöffneten Röhren fließen.

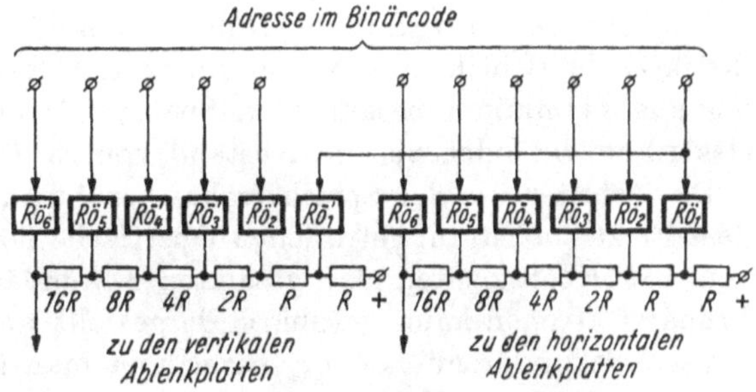

Abb. 3. Schaltung zur Realisierung eines schachbrettförmigen Rasters aus 2048 Zellen

Wenn an die Eingänge der Schaltung für die horizontale Ablenkung der Code 000 001 gegeben wird, dann wird die erste Röhre geöffnet und am Ausgang entsteht die Spannung IR, die bewirkt, daß der Strahl zum ersten Punkt der Zeile ausgelenkt wird. Wenn an die Eingänge der Code 000 010 gegeben wird, dann entsteht am Ausgang die Spannung $2IR$ und der Strahl wird auf den zweiten Punkt fallen. Beim Code 000 011 sind zwei Röhren geöffnet, durch den Widerstand r_1 fließt der Strom $2I$, durch den Widerstand r_2 der Strom I. Dadurch entsteht die Ausgangsspannung $3\,IR$, und der Strahl fällt auf den 3. Punkt des Rasters.

In analoger Weise wird die Auswahl der verschiedenen Zeilen des Rasters durchgeführt.

Abb. 3 zeigt eine Schaltung für einen Raster mit 2048 schachbrettförmig angeordneten Speicherzellen.

2. Die Arbeitsweise der Röhre

Auf Abb. 4 ist der Aufbau der Speicherröhre mit Schirmgitter schematisch dargestellt.

Es ist nicht notwendig, sich mit Einzelheiten über die Einrichtung des Optik- und Ablenksystems aufzuhalten, weil es sich prinzipiell nicht von einer beliebigen Elektronenstrahlröhre mit elektrostatischer Ablenkung und Fokussierung unterscheidet.

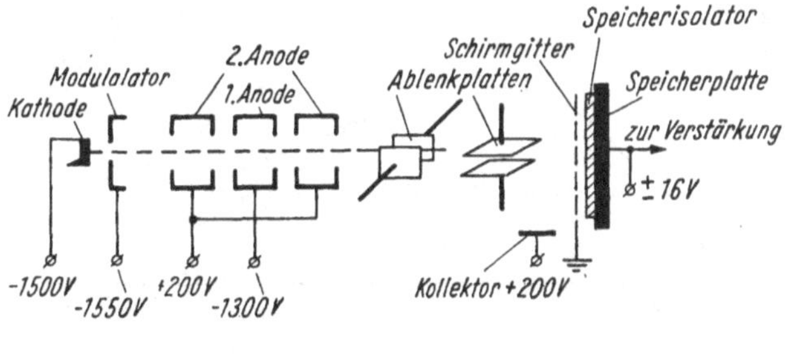

Abb. 4. Aufbau einer Elektronenstrahlröhre ЛН-4 für Speicherzwecke

Die Information wird in der Röhre durch den Elektronenstrahl auf eine dünne dielektrische Schicht aus Aluminiumoxyd aufgezeichnet, die auf der Oberfläche der aus Aluminium bestehenden Speicherplatte aufgetragen ist. Vor dem Dielektrikum befindet sich im Abstand von ca. 0,2 mm das Schirmgitter.

Die Arbeitsweise der Speicherröhre beruht auf der Sekundäremission der von dem Elektronenstrahl getroffenen Oberfläche des Dielektrikums. Die Abhängigkeit des Koeffizienten der gesamten Sekundäremission von der Energie der Primärelektronen kann graphisch dargestellt werden. Als Koeffizienten der gesamten Sekundäremission σ_{ges} bezeichnet man üblicherweise das Verhältnis des Gesamtstromes der Sekundärelektronen zum Strom der Primärelektronen, die den Schirm treffen

$$\sigma_{ges} = \frac{i_s}{i_p} .$$

Unter der Voraussetzung, daß sich alle Sekundärelektronen am Kollektor sammeln, entspricht die Kurve der Sekundäremission der Darstellung auf Abb. 5.

Die Einführung des Schirmgitters erlaubt es, den Koeffizienten der Sekundäremission verhältnismäßig leicht von dem Abschnitt zu steuern, auf den die Elektronen aufprallen. Zur Charakterisierung der Arbeitsweise der Röhren mit Schirmgitter wird der Koeffizient der wirksamen Sekundäremission $\sigma_w = \frac{i_k}{i_p}$ eingeführt, wobei i_k der Kollektorstrom (der Gesamtstrom der Sekundärelektronen und der reflektierten Elektronen auf dem Kollektor) und i_p der Strom des Primärelektronenstrahlbündels ist.

Da der Wert des Koeffizienten der wirksamen Sekundäremission von dem Potential der Aufprallfläche in bezug auf das Gitter bestimmt wird, wird im folgenden unter dem Potential der Aufprallfläche das Potential bezüglich des Gitters verstanden. Für einen bestimmten konstanten Wert des Gitterpotentials U_g ist die Abhängigkeit des Koeffizienten der wirksamen Sekundäremission von der Energie der Primärelektronen auf Abb. 6 dargestellt. Aus dieser graphischen Darstellung ist zu ersehen, daß im Bereich $U_e < U_g$ alle Sekundärelektronen die Aufprallfläche verlassen und den Kollektor erreichen, weil in diesem Fall zwischen dem Gitter und der Aufprallschicht ein Feld wirkt, das den Sekundärelektronen hilft, die Aufprallschicht zu verlassen.

In diesem Abschnitt stimmt σ_w mit σ_{ges} überein. Für $U_e > U_g$ ist zwischen dem Gitter und der Aufprallfläche ein Feld wirksam, das die Sekundärelektronen

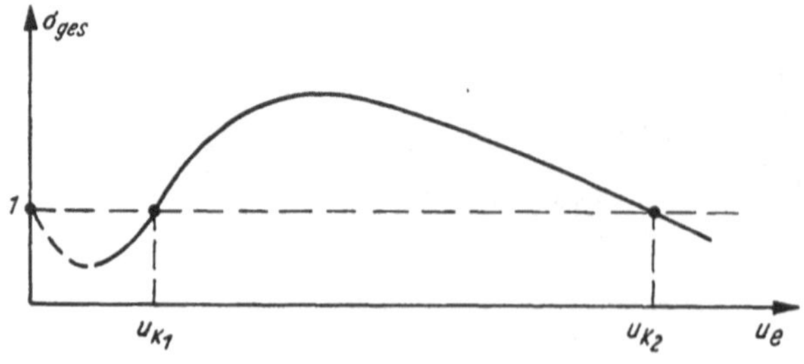

Abb. 5. Abhängigkeit des Koeffizienten der gesamten Sekundäremission σ_{ges} von der Spannung U_e, die die Primärelektronen beschleunigt

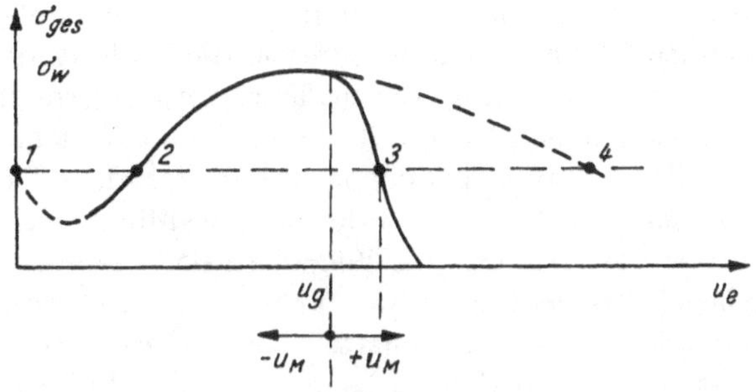

Abb. 6. Abhängigkeit des Koeffizienten der wirksamen Sekundäremission σ_w bei festgelegtem Schirmgitterpotential U_g

bremst, daher wird die Größe des Koeffizienten der wirksamen Sekundäremission um so kleiner werden, je größer dieses Feld ist. Aus der graphischen Darstellung ist zu ersehen, daß, von einem gewissen Potential der Aufprallfläche an, $\sigma_w < 1$ ist. Das Potential der Aufprallfläche, bei welchem $\sigma_w = 1$ ist (Punkt 3 auf Abb. 6), stellt einen Gleichgewichtszustand dar. Seine Größe hängt von der Sekundärelektronen-Verteilung über der Austrittsgeschwindigkeit und von konstruktiven Besonderheiten der Röhre ab. Punkt 3 ist der Punkt des stabilen Gleichgewichts. Eine Veränderung des Potentials der Aufprallfläche nach der einen oder anderen Seite vom Gleichgewichtszustand führt zu einer solchen Veränderung des Koeffizienten der wirksamen Sekundäremission der Aufprallstelle, daß diese in der Folge zu dem Gleichgewichtspotential zurückzukehren strebt.

Wenn als Ergebnis der Veränderung des Potentials der Aufprallfläche σ_w größer ist als 1, dann wird nach Erreichen des Gleichgewichtszustandes der getroffene Teil eine positive Ladung annehmen.

Wenn σ_w kleiner als 1 ist, nimmt der getroffene Teil eine negative Ladung an.

Auf diese Weise kann man durch Veränderung des Potentials der Aufprallfläche während des Auftreffens des Elektronenstrahls das Aufzeichnen von Ladungen mit verschiedenen Vorzeichen durchführen.

Wenn man etwa vereinbart, daß eine negative Ladung die „1" und eine positive Ladung die „0" bedeuten soll, dann kann man damit eine im binären Code verschlüsselte Zifferninformation aufzeichnen.

In der Schaltung wird beim Einschreiben einer 1 an die Signalplatte ein positiver Impuls mit der Amplitude 16 V und eine Dauer von 6 μsec gelegt. Dabei wird der Koeffizient der Sekundäremission σ_w kleiner 1. Hat der getroffene Teil des Dielektrikums den Gleichgewichtszustand erreicht und wird von der Speicherplatte ein Schreibimpuls für eine Eins abgenommen, dann liegt die vorgegebene Speicherzelle auf einem Potential, welches kleiner ist als das des Gleichgewichts.

Besonders wichtig ist die Tatsache, daß nicht alle Sekundärelektronen durch das angelegte Feld zu dem Abschnitt des Dielektrikums zurückkehren werden, der in dem vorgegebenen Moment getroffen wurde. Ein Teil der Sekundärelektronen fällt auf die benachbarten Abschnitte des Dielektrikums. Eine solche

Neuverteilung oder „Streuung“ der Sekundärelektronen auf benachbarte Abschnitte ist unerwünscht, weil sie die Ladung der benachbarten Speicherzellen verändern kann, d. h. die in ihnen gespeicherte Information verderben kann.

Es ist offensichtlich, daß dieser Effekt in dem Maße zunehmen wird, in dem sich die negativen Ladungen in der getroffenen Zelle vergrößern, weil das Feld zwischen dem Gitter und der ausgewählten Zelle kleiner wird und seine Konfiguration ändert, was zur Folge hat, daß die Sekundärelektronen eine wesentlich größere Tangentialgeschwindigkeit erlangen werden. Daraus folgt, daß ein Dauerbeschuß der Speicherzelle unerwünscht ist. Andererseits ist zur Erzielung eines maximalen Signals beim Lesen der Information erwünscht, daß die Zelle den Gleichgewichtszustand erreicht, d. h. den Zustand, bei dem die Ladung in ihr nicht mehr wächst und die Anzahl der Primärelektronen gleich der der Sekundärelektronen ist. Diese beiden Forderungen stehen im Widerspruch zueinander. Einen Kompromiß zwischen diesen beiden Forderungen zu finden, ist wesentlich bei der Wahl des Arbeitspunktes der Röhre. Allerdings wird diese Aufgabe infolge der Ungleichartigkeit des Dielektrikums der Speicherplatte, der Ungleichartigkeit des Feldes zwischen Dielektrikum und Gitter und einer Reihe anderer Gründe noch erschwert.

Zum Speichern einer „0“ auf der Signalplatte wird ein 6 μsec langer negativer Impuls mit einer Amplitude von 16 V angelegt. In diesem Fall geraten die Sekundärelektronen, die durch den Primärstrahl aus der Speicherzelle geschlagen wurden, unter den Einfluß der saugenden Wirkung des Feldes in dem Abschnitt Gitter—Platte. Die Elektronen, die durch das Gitter gehen, sammeln sich dann auf dem Kollektor, der positives Potential besitzt. Beim Speichern einer „0“ ist der Koeffizient der wirksamen Sekundäremission des Dielektrikums größer als 1, d. h., der getroffene Teil des Dielektrikums erlangt eine positive Ladung. Nach Wegnehmen des Speicherimpulses von der Speicherplatte erhält die Speicherzelle ein Potential, das größer ist als das des Gleichgewichts.

Das Lesen der Information wird bei Nullpotential der Speicherplatte durchgeführt.

Da als Ergebnis des Speicherns sich das Potential der Speicherzelle von dem des Gleichgewichts unterscheidet, wird durch die Einwirkung des Elektronenstrahls eine Veränderung der Ladung auf der Speicherzelle geschehen ($\sigma_g \neq 1$), d. h., es geschieht eine Entladung der Elementarkapazität, die aus der Oberfläche der Elementarzelle und der Signalplatte gebildet wird. Die Richtung des Entladungsstromes der Elementarkapazität, der durch den Belastungswiderstand fließt, wird durch das Vorzeichen der Ladung bestimmt, die vorher in der Speicherzelle gespeichert wurde.

Beim Lesen einer 1 erscheint am Belastungswiderstand ein positiver Spannungsimpuls, beim Lesen einer „0“ ein negativer Spannungsimpuls.

Die Entladung der Elementarkapazität führt als Ergebnis des Lesens zur Zerstörung der Information, was die Notwendigkeit ihrer Wiederherstellung hervorruft.

3. Die Wiederherstellung und Aufbewahrung der Information

Für die Wiederherstellung der beim Lesen zerstörten Information wird unmittelbar nach dem Lesen in die ausgewählte Zelle eine Ladung mit demselben Vorzeichen gespeichert. Dazu wird eine Schaltung benutzt, die auf Abb. 7 dargestellt ist. Die Schaltung arbeitet auf folgende Weise.

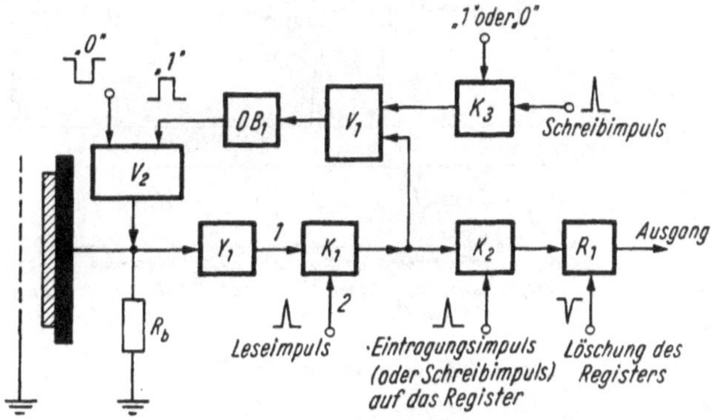

Abb. 7. Schaltung für die Aufzeichnung und Wiedergabe von Informationen mit der Röhre

Das von der Röhre abgelesene Signal wird in dem Verstärker Y verstärkt und einem der Eingänge des Ventils[1]) K_1 zugeführt (siehe Blockschaltbild). Wenn von der Röhre eine „1" abgelesen wird, dann wird vom Ausgang des Verstärkers an das Ventil ein positives, wenn eine „0" gelesen wird, ein negatives Signal geführt. An den zweiten Eingang des Ventils K_1 wird ein schmaler positiver Impuls gelegt. Das Ventil K_1 ist als Pentode ausgeführt, die durch zwei Gitter gesteuert wird. Beim Lesen einer „1" erscheint am Ausgang des Ventils ein Signal, das den Univibrator (OB) anstößt. Der positive Impuls vom Univibrator wird zur Wiederherstellung der zerstörten Information benutzt. Dieser Impuls wird an die Speicherplatte geführt mit dem Ergebnis, daß die Ladung der ausgewählten Zelle wiederhergestellt ist. Wenn eine „0" gelesen wird, dann wird der Univibrator nicht angestoßen[2]), die Speicherplatte erhält einen negativen Impuls und die „0" wird wiederhergestellt. Auf Abb. 8 ist das Zeitdiagramm der Hauptsignale der Speichereinrichtung dargestellt.

Wie bereits erwähnt wurde, führt das Aufrufen der Speicherzelle mit dem Elektronenstrahl zu einer Veränderung der benachbarten Zellen. Außerdem findet eine Veränderung aller Speicherzellen statt, da das Dielektrikum eine gewisse Leitfähigkeit besitzt. Damit diese Veränderungen nicht zur Zerstörung der Informationen führen, ist es notwendig, von Zeit zu Zeit die Ladung in jedem Speicherelement wiederherzustellen. Der Regenerationsvorgang besteht darin,

[1]) Im Deutschen meistens „Gate", seltener „Tor" oder „Ventil". — Anm. d. Red.

[2]) Die spezielle Blockschaltung V_1 erfüllt die Funktion einer Oder-Schaltung und gewährleistet, daß sich die Ströme von dem Aufzeichnungsimpuls „0" und dem Aufzeichnungsimpuls „1" am Widerstand R_ρ addieren.

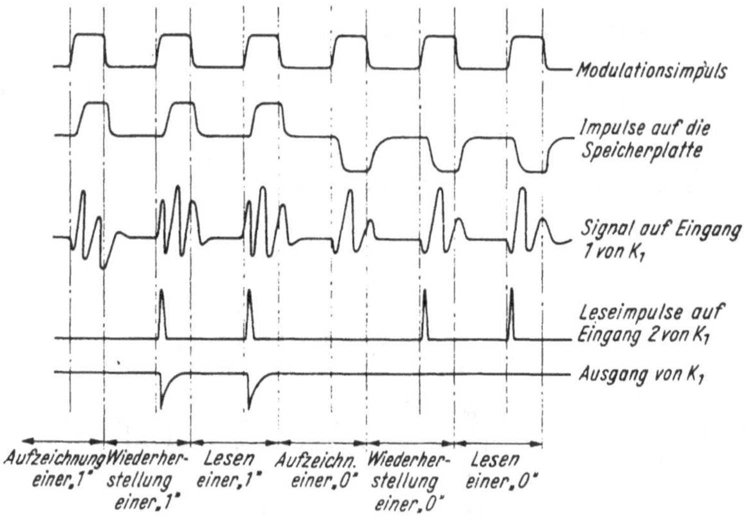

Abb. 8. Zeitdiagramm der Hauptsignale der Speichereinrichtung

daß in jedem Punkt des Rasters die darin enthaltene Ladung abgelesen wird und danach in diesen Punkt die Ladung mit demselben Vorzeichen gespeichert wird. Vom Gesichtspunkt der Arbeitsweise der Röhre unterscheidet sich der Regenerationsvorgang nicht vom Lesen und wird mit Hilfe derselben Schaltung durchgeführt. Der ganze Unterschied besteht darin, daß sich im Moment des Lesens das Ventil K_2 öffnet und das Signal, das von der Röhre abgelesen wird, in das Register 2 gebracht wird, von wo es in andere Einrichtungen der Maschine gelangt. Während der Regeneration ist das Ventil K_2 geschlossen, und das Signal gelangt nicht in das Register. Für ein sicheres Arbeiten der Röhre ist es offenbar notwendig, daß sich für die Zeit zwischen zwei aufeinanderfolgenden Wiederherstellungen die Ladung in der Speicherzelle nicht so stark verändert, daß sie als Ladung mit entgegengesetztem Vorzeichen aufgefaßt werden kann. Diese Bedingung begrenzt die zulässige Zahl von Aufrufen in einem Punkt während einer Periode zwischen zwei nacheinanderfolgenden Regenerationen.

Die maximale Anzahl von Anrufen für einen beliebigen Punkt der Speichereinrichtung in der Zeit zwischen zwei nacheinanderfolgenden Regenerationen wird durch folgende Formel bestimmt:

$$N = \frac{E \cdot t\, n_1}{T - n \cdot t} = \frac{E \cdot n_1}{\frac{T}{t} - n} = \frac{E}{\frac{T}{t} - n} \cdot n_1 ,$$

wobei E die Kapazität der Speichereinrichtung (Anzahl der Zellen), t die Aufrufzeit des Speichers, n_1 die Anzahl der Aufrufe an einem bestimmten Punkt für einen Takt, T die Dauer jeder kurzen arithmetischen oder logischen Operation, n die Anzahl der Aufrufe am Speicher während eines Taktes bedeutet; n und n_1

werden durch logische Struktur der Maschine bestimmt. Bei einer vorgegebenen Kapazität des Speichers kann man die maximale Anzahl von Aufrufen auf Kosten der Verringerung der Zeit eines Aufrufes herabsetzen.

Die Aufrufzeit schließt ein:

1. Die Zeit, die zum Aufzeichnen oder zum Lesen mit Regenerierung der Ladung der Röhre erforderlich ist. Sie hängt von den Parametern der Röhre ab.

2. Die Zeit, die zur Herstellung der Spannungen notwendig ist, die den Elektronenstrahl ablenken.

3. Die Zeit, die zum Ausschwingen (Abklingen der Übergangsprozesse) des Verstärkers nach dem Aufzeichnen notwendig ist.

Die Zeit, die zum Speichern und Lesen notwendig ist, d. h. die Zeit, in deren Verlauf die Umladung der Elementarkapazitäten vor sich geht, beträgt 4,5 μsec. Die Zeit zur Herstellung der Ablenkspannungen beträgt 6 μsec und die Zeit zum Ausschwingen des Verstärkers mit Eingangskreis, der auf Abb. 7 gezeigt wird, 12 μsec.

Da die Herstellung der Ablenkspannungen zur Auswahl der nächsten Zelle gleichzeitig mit dem Ausschwingen des Verstärkers nach der darauffolgenden Aufzeichnung geschieht und die Zeit, die zur Herstellung der Ablenkspannungen benötigt wird, bedeutend kleiner ist als die Zeit zum Ausschwingen des Verstärkers, muß man zu einer Verkürzung der Aufrufzeit die Ausschwingungszeit des Verstärkers verringern.

4. Der Verstärker

Wie auf Abb. 7 ersichtlich ist, gelangen an den Eingang des Verstärkers außer den Signalen von der Röhre, die die Größenordnung von einigen mV besitzen, die Aufzeichnungsimpulse „1“ und „0“ mit einer Amplitude von 16 V. Diese Impulse laden die Koppelkapazitäten auf, und für ihre Entladung ist eine beträchtliche Zeit erforderlich.

Um zu verhindern, daß der Verstärker durch die Aufzeichnungsimpulse „zugestopft“ wird, wurde am Eingang des Verstärkers die Schaltung verwendet, die auf Abb. 9 dargestellt ist.

In dieser Schaltung gelangen die Aufzeichnungsimpulse über die Spule L_1 an die Speicherplatte. Das Gitter der Röhre ist über die Spule L_2 mit Erde verbun-

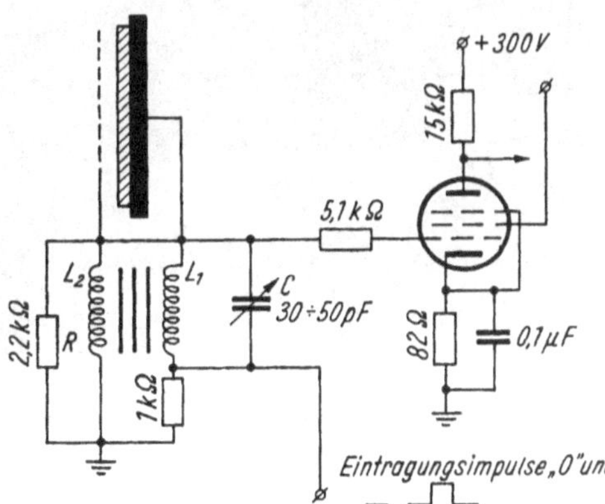

Abb. 9. Die Eingangsschaltung des Verstärkers

den. Die Kapazität Gitter—Speicherplatte wird durch die Aufzeichnungsimpulse über die Spulen L_1 und L_2 aufgeladen. Dabei sind die Ladeströme in diesen Spulen in der Größe gleich und in der Richtung entgegengesetzt. Dank dessen liegt bei genügend großer Kopplung der Spulen die Störung durch die Aufzeichnungsimpulse auf der Spule L_2 in der Größenordnung des Nutzsignals der Röhre. Eine große Kopplung der Spulen erreicht man dadurch, daß man ihre Wicklungen gleichzeitig als zwei verdrillte Leitungen ausführt. Jede Spule enthält 60 Windungen. Für den Kern wird Oxyfer 2000 verwendet. Der Widerstand R dient zur Unterdrückung parasitärer Schwingungen und die Kapazität C zur Kompensation parasitärer Kapazitäten der Schaltung. Zur Kompensation der Temperaturänderungen der Kapazität besteht sie aus zwei Kapazitäten mit Temperaturkoeffizienten verschiedenen Vorzeichens.

Der Verstärker besitzt zwei Verstärkerstufen mit den Röhren 6 Ж 4,[1]) getrennt durch einen Kathodenverstärker und einen Differenzierkreis. Nach der zweiten Stufe wird das Signal über einen Kathodenverstärker und einen Differenzierkreis an das Steuergitter einer Pentode gegeben, die als Leseventil gebraucht wird (K_1 auf Abb. 7). Die Empfindlichkeit der Schaltung wird durch Veränderung der Einstellung am Steuergitter des Ventils reguliert.

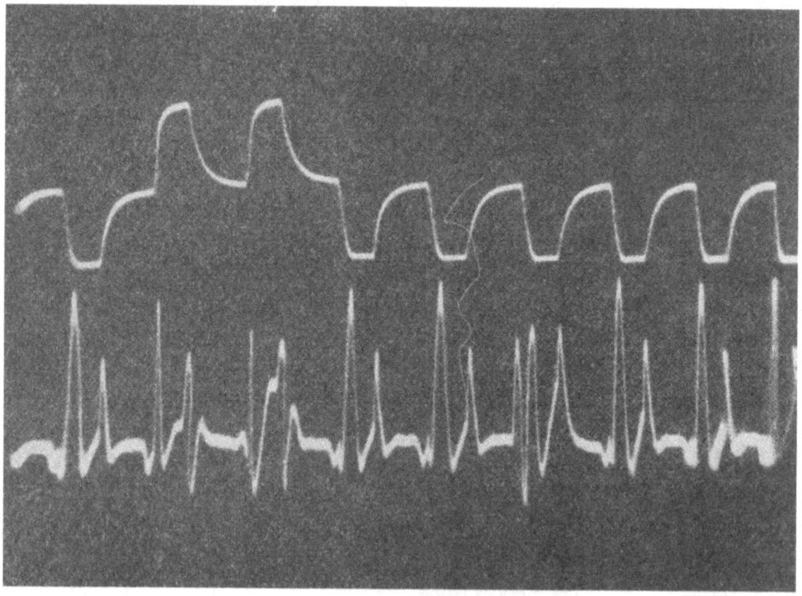

Abb. 10. Oszillogramm des Spannungsverlaufs auf der Speicherplatte der Röhre und im Punkt 1 der auf Abb. 7 dargestellten Schaltung

[1]) Im englischen und deutschen Sprachgebrauch tritt hier die amerikanische Röhre 6 AC 7 auf. — Anm. d. Red.

Die Veränderung der Einstellung nach beiden Seiten des Arbeitspunktes wird für die prophylaktische Kontrolle des Verstärkers und der Röhre während der Prüfung des Speichers durch spezielle Prüfprogramme benutzt.

Auf Abb. 10 ist ein Oszillogramm des Spannungsverlaufs am Eingang des Ventils zu sehen.

5. Die Festlegung der Arbeitsweise der Röhre

Höchst ungünstig hinsichtlich der Sicherheit wird offensichtlich eine Arbeitsweise der Röhre sein, bei der mehrfach eine Eins[1]) (Speichern oder Lesen) in einem Punkt aufgerufen wird, der neben Punkten liegt, in denen eine Null gespeichert ist. Dabei kann die positive Ladung der Null vollständig kompensiert oder sogar in gewissem Maße durch eine negative Ladung der Sekundärelektronen ersetzt werden, die aus der benachbarten Speicherzelle herausgeschlagen wurden. Da in der benachbarten Speicherzelle der Aufruf einer Eins stattfindet, veranlaßt das Feld auf dem Abschnitt Gitter—Signalplatte die Sekundärelektronen zum Dielektrikum zurückzukehren.

In der Nähe der Speicherzelle mit negativer Ladung aber wird das örtliche Feld das Hauptfeld zwischen Gitter und Signalplatte kompensieren.

Diese kompensierende Wirkung der negativen Ladung wird nach Erreichen des Gleichgewichtszustandes durch die Speicherzelle maximal sein. Dadurch erhalten die Sekundärelektronen in der Nähe der Speicherzelle eine große Tangentialgeschwindigkeit, und ein Teil von ihnen kann sich in bedeutender Entfernung von der Speicherzelle befinden, aus der sie herausgeschlagen wurden.

Wenn in einer benachbarten Zelle eine Null gespeichert wird, d. h. eine positive Ladung, dann wird in ihrer Nähe das Hauptfeld durch das örtliche Feld der positiven Ladung verstärkt, und die Wahrscheinlichkeit, daß Sekundärelektronen auf diese Zelle auftreffen, wird größer. Beim Ablesen einer Information aus dieser Zelle kann am Eingang des Ventils an Stelle des negativen Signals „0“ ein positives Signal erscheinen. Für ein sicheres Arbeiten der Schaltung ist es notwendig, daß dieses Störsignal in der Amplitude eine bestimmte Größe nicht übertrifft, die kleiner als die Ansprechschwelle des Ventils ist. Die maximal zulässige Anzahl von Aufrufen in einer Speicherzelle wird eine solche Zahl von Einsaufrufen in einer Speicherzelle sein, bei der das Signal „0“ aus der benachbarten Speicherzelle eine bestimmte Größe U, kleiner als die Ansprechschwelle des Leseventils, nicht überschreitet. Wie schon erwähnt, kann man die Größe des Störsignals verringern, wenn man die Zeit verkürzt, in deren Verlauf der Elektronenstrahl auf den Abschnitt des Dielektrikums trifft, der den dynamischen Gleichgewichtszustand erreicht hat. Das erreicht man dadurch, daß man vor

[1]) Der Ausdruck „Aufruf einer Eins“ bedeutet, daß der Aufruf durch den Elektronenstrahl in der Speicherzelle bei positivem Potential der Signalplatte geschieht, der Ausdruck „Aufruf einer Null“ bedeutet, daß der Aufruf durch den Elektronenstrahl in der Speicherzelle bei negativem Potential der Signalplatte vor sich geht.

der Aufzeichnung irgendeiner beliebigen Ladung in der Speicherzelle ihre früher abgespeicherte Ladung löscht.

Der dynamische Gleichgewichtszustand einer Zelle wird praktisch für ein bis zwei Aufzeichnungen erreicht.

Wenn in einer Speicherzelle mehrmals hintereinander gespeichert wird, dann hört die Ladung nach ein bis zwei Aufzeichnungen auf sich zu vergrößern, und es beginnt eine intensive Streuung von Sekundärelektronen auf die benachbarten Zellen. Um diese Streuung zu vermindern, wird folgendes Speichersystem verwendet. Im Verlauf der ersten $1^1/_2\,\mu$sec trifft der Strahl bei Nullpotential auf der Speicherplatte die Speicherzelle. Dabei wird die dort befindliche Ladung gelöscht. Danach wird an die Speicherplatte ein positives Potential gelegt, und im Verlauf der folgenden 4 bis 5 μsec wird eine negative Ladung gespeichert. Ein analoges System wird auch für das Aufzeichnen einer positiven Ladung (einer Null) in die Speicherzelle verwendet. Dadurch wird bei wiederholter Aufzeichnung einer Ladung mit demselben Vorzeichen in die Speicherzelle der Zustand des dynamischen Gleichgewichts nur am Ende jeder Aufzeichnung erreicht.

Bei Elektronenstrahlröhren vorgegebener Konstruktion ist es prinzipiell unmöglich, der Streuung benachbarter Zellen ganz zu entgehen, ohne den Umfang der zu speichernden Informationen zu vermindern, weil immer Sekundärelektronen da sein werden, deren Tangentialgeschwindigkeit genügend groß ist, um eine benachbarte Zelle zu erreichen. Ein anderes Arbeitssystem der Röhre, das Forderungen erhebt, die im Widerspruch zu den Forderungen des ersten Systems stehen, ist das Überschreiben einer Null auf eine Eins. Wenn die Eins in eine Zelle geschrieben wird, in der bis dahin mehrfach eine Null aufgerufen wurde, dann kann die Null nicht vollständig bis zu Ende überschrieben werden, und beim Lesen dieser Zelle kann das Signal für die Eins zum Anstoßen der nächsten Schaltung nicht ausreichen. Infolgedessen wird in der Zelle die Ladung einer Null anstatt der Ladung einer Eins wiederhergestellt. Letzten Endes wird durch mehrfachen Eins- oder Nullaufruf in der Zelle die Ladung verwischt. Die Stromdichte der fokussierten Elektronen hat annähernd Gausssche Verteilung. Deshalb werden die Abschnitte des Dielektrikums, die unter Einwirkung der fokussierten Elektronen stehen, mit verschiedener Geschwindigkeit geladen. Während im Zentrum des Flecks die Ladungsgröße ein Maximum erreicht, bleibt sie an den Rändern niedriger als die maximale Größe. Mit wachsender Anzahl der Aufrufe wird sich die Fläche des Abschnitts vergrößern, der den Zustand des dynamischen Gleichgewichts erreicht hat. Bei einmaligem Überschreiben werden die zentralen Abschnitte umgeladen, während es nicht gelingt, die äußersten Abschnitte umzuladen. Wenn man nach mehrfachem Aufruf einer Null in einer beliebigen Zelle der Aufprallfläche eine Eins aufzeichnet, dann wird infolge des unvollständigen Überschreibens beim Lesen der Eins, d. h. bei Abnahme der negativen Ladung, ein Teil der Sekundärelektronen zur Kompensation der verbliebenen positiven Ladung der „0“ verbraucht. Infolgedessen wird das Lesesignal der „1“ vermindert.

Somit verbessert die Einführung einer Vorlöschung vor der Aufzeichnung die Bedingungen für das Überschreiben einer Information, und sie vermindert die Streuung auf benachbarte Zellen bei mehrfachem Aufruf in einer Zelle.

Die Forderungen, die an das System zum Überschreiben gestellt werden, stehen im Widerspruch zu den Forderungen, die an das System zur Regeneration gestellt werden.

Es ist tatsächlich notwendig, um eine „1" in einem Punkt aufzuzeichnen, in welchem vorher mehrfach eine Null aufgerufen wurde, die Aufzeichnungszeit so auszuwählen, daß während dieser die Ladung eine maximale Größe erreicht. Da die Aufprallflächen der Röhren nicht vollkommen gleich sind, ist es notwendig, die Zeit so zu wählen, daß sie zum Erreichen der maximalen Ladung im schlechtesten Punkt ausreicht. Dabei bleibt in einigen Punkten die maximale Ladung bis zum Ende des Aufzeichnens (des Aufrufs) erhalten, und in der gesamten restlichen Zeit findet die Streuung auf die benachbarten Zellen statt. Da alle Röhren der Speichereinrichtung gemeinsame Steuerimpulse haben, ist es nicht möglich, einen optimalen Arbeitsbereich für alle Röhren auszuwählen. Man muß in einem bestimmten mittleren Bereich arbeiten.

Infolgedessen wird sich eine Reihe von Röhren unter ungünstigen Bedingungen hinsichtlich des Überschreibens befinden, während sich andere unter ungünstigen Bedingungen hinsichtlich der Streuung befinden. Dieser Widerspruch wird durch individuelle Regulierung des Strahlstromes, die bei jeder Röhre möglich ist, und durch Regulierung der Amplitude der Aufzeichnungsimpulse für die Eins und die Null aufgehoben.

6. Die Kontrollmethoden

Eine Speichereinrichtung aus Elektronenstrahlröhren hat den Mangel, daß während der Arbeit der Röhre eine allmähliche Verringerung des Strahlstromes stattfindet. Infolgedessen verringert sich das Nutzsignal, das von der Röhre abgenommen wird. Es ist nicht erwünscht, einen großen Vorrat von Strahlstrom während der Arbeit der Röhre zu besitzen, weil das infolge der oben dargelegten Gründe die Sicherheit der Informationsspeicherung herabsetzt. Damit man jedoch nicht sehr oft eine Regulierung einzelner Röhren vornehmen muß, ist eine bestimmte Reserve an Strahlstrom notwendig, die die Arbeit der Speichereinrichtung während genügend langer Zeit nach der Kontrolle gewährleisten soll.

Zur Kontrolle der Speichereinrichtung und auch zur Regulierung einzelner Röhren verwendet man spezielle Prüfprogramme, die die schwierigsten Arbeitsbedingungen nachbilden. Die Regulierung und Überprüfung der Speichereinrichtung wird als prophylaktische Kontrolle durchgeführt, die darin besteht, daß einzelne Elemente der Schaltung schwierigeren Arbeitsbedingungen ausgesetzt werden als bei der Lösung der Aufgaben. Die Prüfung der Einrichtung durch Versuchsprogramme in Form der prophylaktischen Kontrolle erlaubt nicht nur die Arbeitsfähigkeit der Einrichtungen im Moment der Prüfungen zu bestimmen, sondern gewährleistet ein sicheres Arbeiten der Einrichtung während genügend langer Zeit nach der Prüfung.

Die Speichereinrichtung wird darauf geprüft, ob die Aufzeichnung einer „1" oder „0" in einem beliebigen Punkt und die Aufbewahrung einer „0" bei mehrfachem Aufruf einer „1" in den Nachbarzellen sicher ist.

Die Sicherheit der Aufzeichnungen wird so geprüft, daß in alle Zellen des Speichers eine „1" eingeschrieben wird. Danach werden alle Zellen fortlaufend abgefragt und geprüft, ob die Aufzeichnung richtig ist. Danach erfolgt die Aufzeichnung der „0" in allen Zellen des Speichers, und es wird wieder geprüft, ob die Aufzeichnung richtig ist.

Ob die Aufbewahrung einer „0" sicher ist, wird in der Weise geprüft, daß der Reihe nach in jede Zelle eine „0" geschrieben wird und das Vorhandensein einer Null in dieser Zelle nach mehrfachem Aufruf der „1" in der Nachbarzelle geprüft wird. Im Betriebszustand ist die Vorspannung am Leseventil gleich —5,5 V. Wenn man mit Hilfe der speziellen Prüfprogramme die Speichereinrichtung daraufhin prüft, ob eine Eins mit Sicherheit aufgezeichnet und aufbewahrt wird, beträgt die Vorspannung am Leseventil 9 V, bei einer Null aber —3 V.

Die maximal zulässige Zahl von Aufrufen bei dem festgelegten Betriebszustand der Speichereinrichtung beträgt 500.

(Bei der Redaktion eingegangen am 1. 11. 1957)

Übersetzung: Heinz Martin
Fachliche Bearbeitung: Hans-Jürgen Grunewald

Über bioelektrische Steuersysteme

M. G. BREJDO, W. S. GURFINKEL, A. E. KOBRINSKI, A. J. SYSIN, M. L. ZETLIN, J. S. JAKOBSON (Moskau)

Der vorliegende Beitrag beschäftigt sich hauptsächlich mit der Frage, wie durch bioelektrische Signale technische Einrichtungen (z. B. Prothesen) gesteuert werden können, sowie mit dem Prinzip und der Konstruktion eines für diesen Zweck gebauten Antriebsmodells. Wegen der Verschiedenartigkeit der angesprochenen Gebiete halten wir gewisse Einführungen in die Physiologie für zweckmäßig, um nicht den Leser auf die verschiedenen Literaturquellen verweisen zu müssen. Da in dem Beitrag Fragen der Physiologie, Mechanik und Elektronik zugleich berührt werden, werden dem Leser im allgemeinen wohl einige Stellen elementar, andere dagegen kompliziert erscheinen. Dieser Eindruck kann noch dadurch verstärkt werden, daß es bis zur Gegenwart keine festgelegte Terminologie der hier berührten Begriffsklasse gibt. Dennoch hoffen die Autoren, daß es nur wenige solcher Stellen gibt, und daß sie die Klarheit der Darlegung nicht beeinflussen.

Die natürlichen Bewegungen eines Menschen oder eines hochorganisierten Lebewesens unterscheiden sich wesentlich von denen mechanischer Systeme. Die Bewegung eines lebenden Organismus werden durch besondere Kräfte — Muskelkräfte — bewirkt; sie erweisen sich als außerordentlich kompliziert, da der zeitliche Bewegungsablauf einzelner Organe dabei von zahlreichen Parametern abhängt.

Die menschlichen Bewegungen werden durch ein besonderes System — das Zentralnervensystem gesteuert. Da das Nervensystem eine sehr große Anzahl logischer Elementarbausteine (bis zu 10^{15} Neuronen) besitzt, vermag es verhältnismäßig schnell große Mengen von eingehenden Informationen zu verarbeiten und dabei sowohl einzelne Kommandos als auch ganze Programme und Komplexe von solchen auszuführen. (Auf die komplizierte Multiniveau-Struktur des Nervensystems und seine Selbstorganisation wollen wir trotz ihrer Wichtigkeit hier nicht eingehen.) Eine Information tritt in das Zentralnervensystem über vielzählige Nervenenden ein, wobei diese Rezeptoren Reize aufnehmen, die aus der Umwelt erzeugt werden (Exterorezeptoren, Telerezeptoren) oder auch in gewissen inneren Zuständen des Organismus (Interorezeptoren) ihre Ursache haben können.

Besonders reich an solchen Rezeptoren sind die Bewegungsorgane des Menschen, die Muskeln, Sehnen, Bänder und Gelenkkapseln. Dieses verzweigte Netz von Rezeptoren bietet die Möglichkeit, bei der Ausführung einer Bewegung notwendige Informationen sowohl von den einzelnen Elementen des Bewegungssystems als auch von den Organen zu erhalten, die die resultierenden Bewegungen bewerten.

Die vom Zentralnervensystem erarbeiteten Kommandofolgen (Programme) werden auf Leitungswegen in die Effektorenden (in unserem Fall die der Bewegung, weitergegeben, die eine bestimmte Tätigkeit bewirken. Dabei muß man auch die Möglichkeit einer gleichzeitigen und voneinander unabhängigen Steuerung durch mehrere Effektoren berücksichtigen.

Zur koordinierten Durchführung einer solchen Bewegung werden Informationen, die von verschiedenartigen Rezeptoren eintreffen, zur Korrektur der Bewegung noch während ihres Ablaufs benutzt („Sensorkorrektur" nach N. A. Bernstein [1]) oder auch aus einer Bewertung ihrer Resultate (Rückführung nach P. K. Anochin [2]). Dabei kann eine Korrektur an den Kommandos bzw. Programmen, die durch diese Rückverbindungen realisiert wird, an verschiedenen Stellen des Steuersystems vor sich gehen.

Auf diese Art ist das Steuersystem lebender Organismen in der Lage, die unterschiedlichsten komplizierten und zielstrebigen Bewegungen zu realisieren. In vielen Fällen arbeitet es dauerhafte Stereotypen für bestimmte Bewegungen aus, wobei die entsprechenden Programme fixiert werden. Für die Ausführung solcher stereotyper Bewegungen benutzt es das ganze komplizierte System vorhandener Rückkopplungen. Allgemein kann man eine von einem Menschen gelenkte Maschine als biomechanisches Steuersystem betrachten, wenn dabei das Arbeitsprogramm der Maschine, vom Zentralnervensystem des Operateurs erarbeitet, ihr so codiert geboten wird, daß jeder Codegruppe bestimmte Bewegungen entsprechen („Bewegungscode"). Die Bewegungen des Menschen zeitigen einen steuernden Einfluß auf diese Maschine. Hier soll man unter einer Bewegung nicht nur eine mechanische Bewegung verstehen, sondern auch z. B. Sprachlaute usw. So ist beispielsweise eine Maschine, die nach Diktat druckt, auch zu dieser Klasse von Systemen zu rechnen.

Man beachte, daß die Bewegungen des Menschen nicht schlechthin notwendiger Bestandteil eines biomechanischen Steuersystems sind. Wenn es gelänge, vom Zentralnervensystem kommende Kommandos unmittelbar auf die Steuerorgane der Maschine zu geben, wäre ein biomechanisches System ohne den Umweg über einen „Bewegungscode" realisiert.

Leider sind bis zur Gegenwart noch keine Methoden gefunden worden, die eine Information unmittelbar aus den vom Zentralnervensystem erarbeiteten Kommandos zu entnehmen erlauben. Demzufolge muß man verschiedene indirekte Wege benutzen. Man kann z.B. eine solche Information unter Berücksichtigung der Muskelerregung erhalten, die unter dem Einfluß entsprechender Kommandos des Zentralnervensystems auftritt. Schon I. M. Setschenow zeigte, daß „die gesamte Vielzahl äußerer Erscheinungen der Gehirntätigkeit letzthin lediglich zu einer Erscheinung, nämlich der „Muskelbewegung", führt[1]). Damit wird offensichtlich, daß das Ausnutzen solcher von den Muskeln aufgenommener Signale („Muskelcode"), eine Möglichkeit bietet, Informationen über Kommandos zu

[1]) I. M. Setschenow, Ausgewählte Werke, Bd. 1, Verlag der Akad. d. Wissensch. d. UdSSR, 1952, S. 9.

erhalten, die im Zentralnervensystem erarbeitet wurden, unabhängig davon, ob sie die entsprechenden Bewegungen hervorrufen oder nicht. Auf diese Weise kann z.B. ein Invalide, dessen Hand amputiert ist, mit einer Maschine umgehen, indem er seine gewohnheitsmäßige Umgangsfertigkeit mit der Hand ausnutzt, dafür ist es ausreichend, eine Information über Kommandos zu erhalten, die aus dem Zentralnervensystem bei den entsprechenden Muskeln eintreffen.

Um diese Information zu gewinnen, benutzen wir die elektrographische Methode. Wir legen kurz das Wesen dieser Methode dar.

Ohne einen zu großen Fehler zu machen, kann man annehmen, daß sich die elementare Muskelfaser unter der Einwirkung des sie regelnden Nervenimpulses in zwei Zuständen befinden kann — dem verkürzten und dem erschlafften. Dabei muß man anmerken, daß die Fasern der sogenannten quergestreiften (Skelett-) Muskulatur nicht lange im verkürzten Zustand verbleiben können.

Daher folgen im arbeitenden Muskel Kontraktionen und Erschlaffungen seiner elementaren Fasern ständig aufeinander. Die Kontraktion eines Muskels selbst ist ein komplizierter summarischer Effekt aus dem Zusammenspiel seiner elementaren Muskelfasern.

Der Grad der Muskelkontraktion hängt von der relativen Zahl der elementaren Fasern ab, die sich im gegebenen Augenblick im verkürzten Zustand befinden.

Wahrscheinlich darf man annehmen, daß die Verteilung der Kontraktion auf die elementaren Fasern zufällig ist, da diese Kontraktionen inkohärent vor sich gehen. Diese Eigenart der Muskelarbeit erscheint biologisch zweckmäßig und trägt zur Erhöhung der Sicherheit bei, da sich dabei ein Ausfall einer einzelnen Muskelfaser oder auch einer kleineren Gruppe von ihnen aus dem Gesamtaufbau noch nicht wesentlich auf die Arbeit des gesamten Systems auswirkt [3]. Wichtig ist nun, daß die Erregung einer elementaren Muskelfaser von einer Änderung ihres elektrischen Potentials begleitet ist. Einen entsprechenden bioelektrischen Impuls könnte man daher von Elektroden abnehmen, wenn es gelingen würde, diese mit einer einzelnen Faser in Kontakt zu bringen. Da aber die Kontraktion einer einzelnen Faser zufällig abläuft, kann die auf diese Weise erhaltene Schwingungskurve ihres Potentials nicht als Charakteristik der Muskelkontraktion selbst dienen. Um Informationen über seinen Zustand gewinnen zu können, müßte man zu jedem Zeitpunkt Mitteilungen über den Zustand jeder elementaren Faser haben und das Gesetz kennen, das den Muskelzustand als Funktion der Zustände aller ihn bildenden elementaren Fasern darstellt.

Die außerordentlich große Zahl elementarer Muskelfasern und ihre mikroskopischen Ausmaße machen eine gleichzeitige und unabhängige Erfassung des Zustandes jedes einzelnen von ihnen unmöglich. Dennoch kann man infolge der außerordentlich großen Zahl dieser Fasern und der Inkohärenz ihrer Erregung Meßwerte über die relative Zahl der zu einem gegebenen Zeitpunkt erregten Fasern erhalten. Dabei ist es, um einen solchen Meßwert von den oberflächlich gelegenen Muskeln zu erhalten, nicht erforderlich, die Elektroden unmittelbar in den Muskel selbst einzuführen.

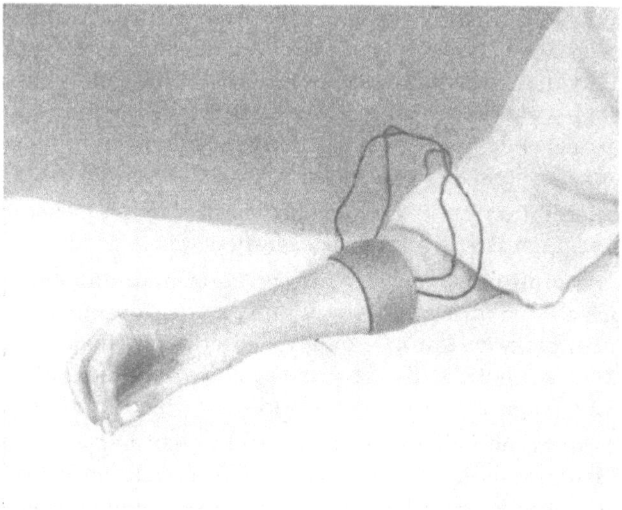

Abb. 1

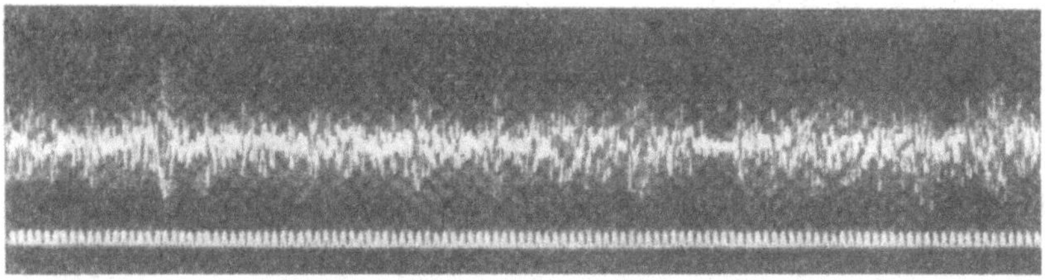

Abb. 2

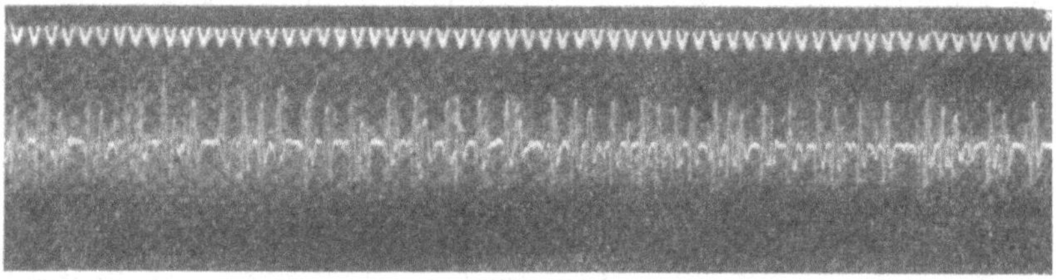

Abb. 3

Wenn man die Elektroden auf die Haut über den zu untersuchenden Muskel so auflegt, wie es in Abb. 1 gezeigt ist, kann man die Schwingungen des auf diese Weise gemessenen Potentials mit Hilfe eines Oszillographen registrieren. Solche Oszillogramme bezeichnet man als Elektromyogramme. In den letzten Jahren fanden die elektromyographischen Methoden breite Anwendung sowohl auf dem Gebiet der Physiologie als auch teilweise schon in der praktischen Medizin zur Diagnostik. Ein typisches Elektromyogramm eines gesunden Muskels ist in Abb. 2 gezeigt. Ein solches Myogramm zeigt charakteristisches regelloses Rauschen, das sich aus der Überlagerung zufälliger inkohärenter Schwingungen erklären läßt. Synchrone Schwingungen und damit verbundene periodische Komponenten sind spezifisch für bestimmte Erkrankungen.

So zeigt beispielsweise Abb. 3 ein Elektromyogramm des Streckens einer Hand bei einem Kranken mit zurückgebliebenen Erscheinungen einer Poliomyelitis. Auf diesem Elektromyogramm kann man unschwer eine charakteristische periodische Komponente feststellen. Elektromyogramme, die mittels Elektroden an der Oberfläche eines Muskels abgetastet werden, charakterisieren die Potentialschwingungen zahlreicher Fasern. Die Schwingungsfrequenz des Biopotentials gibt, wie schon Haas gezeigt hat (Haas [4]), keine Auskunft über die Zahl der erregten Fasern. Jedoch wurde schon in dieser Arbeit und später in den Arbeiten Wachholders [5], Jakobsons [6], Inmans, Launders' und Abbots [7] eine Abhängigkeit zwischen der Muskelanspannung (der Zahl der angeregten Muskelfasern) und dem Biopotential nachgewiesen. In späteren Arbeiten erforschten Inman und andere [8], Lippold [9] diese Abhängigkeit. Analoge Untersuchungen wurden von einem der Autoren dieses Beitrages durchgeführt [10]. Elektromyographische Untersuchungen einzelner Muskeln der oberen und unteren Extremitäten, der Atemmuskulatur und der Muskeln der Bauchpresse zeigten, daß man die Abhängigkeit zwischen der summarischen Muskelanstrengung und dem Biopotential in bestimmten Grenzen als linear annehmen kann. Auf Grund einer erarbeiteten Vorstellung über das bioelektrische Steuersystem wurde vorgeschlagen, die integrale Muskelkontraktion proportional der Schwingungsamplitude des Biopotentials anzunehmen. Möglicherweise wird es gelingen, durch Ausnutzung anderer Parameter des bioelektrischen Signals (z. B. spektraler oder statistischer) eine vollständigere Information über die durch die Muskeln realisierten Kommandos zu erhalten. Das auf die oben beschriebene Weise aufgenommene Myogramm kommt nicht durch einfache Summierung der Potentialschwingungen der in der Nähe der Elektroden gelegenen einzelnen Muskelfasern zustande. Das bis zur Gegenwart gewonnene experimentelle Material erlaubt noch keine Schlußfolgerungen darüber, wie der Beitrag einer einzelnen Muskelfaser zu dem summarischen Effekt des Myogramms von ihrem Abstand von den Elektroden, von ihrer geometrischen Lage usw. abhängt. Man muß beachten, daß die Amplitude eines bei der Kontraktion einer elementaren Faser ausgelösten elektrischen Impulses von der Aktivität benachbarter Fasern abhängen kann, aber auch von der relativen Zahl der Fasern des Muskels usw. Weiterhin ist zu bemerken, daß bei einem erschlafften Muskel die Potentialschwingungen nicht vollkommen verschwinden, sondern lediglich beträchtlich schwächer werden. Diese restlichen Schwingungen, die den Rauschhintergrund der beschriebenen Erscheinungen bilden, haben verschiedene Ursachen. Hauptsächlich werden sie durch die tonische Tätigkeit der Muskeln hervorgerufen, die wiederum durch eine ständige impulsartige Erregung aus dem Zentralnervensystem bedingt ist. Weiter sei bemerkt, daß die Kontraktion eines symmetrischen Muskels (z.B. die Kontraktion des Bizeps des linken Armes bei Abnahme eines Myogramms vom Bizeps des rechten Armes) eine oft beachtliche Vergrößerung des Störpegels nach sich zieht. Schließlich liegt in der

Erregung benachbarter Muskeln eine bedeutende Rauschquelle. Dieses Rauschen kann man verkleinern, indem man den Abstand zwischen den Elektroden verringert; dabei vermindert sich allerdings auch der integrale Effekt merklich. Bekanntlich spielen in den Störpegel weitere Einflüsse verschiedenster Art ein, wie Wärmerauschen und ähnliches. Noch ist die einzige zuverlässige Informationsquelle über Kommandosignale, die vom Zentralnervensystem an einen Muskel gegeben werden, die Schwingungsamplitude der Biopotentiale des Muskels.

Das weiter unten beschriebene System zielt auf eine Ausnutzung dieser Informationen zur Steuerung technischer Einrichtungen (insbesondere von Prothesen). Nach den Literaturangaben liegt in dieser Richtung gegenwärtig nur eine Arbeit vor, nämlich die der Engländer BATTYE, NIGHTINGALE und WHILLIS [11]. Von ihnen wurden, soweit uns bekannt ist, erstmalig Bioströme, die bei der Anspannung des Muskels auftreten, zur Steuerung ausgenutzt. Allerdings waren die Funktionen dieser Einrichtung noch sehr einfach. Es handelt sich um das Einschalten eines Magneten, und eine damit erreichte mechanische Verbindung.

Bei dem Versuch, Bioströme für verhältnismäßig komplizierte Steuerfunktionen auszunutzen, tritt als wesentliche Aufgabe auf, die Bioströme eines Muskels in eine für den Steuerungsprozeß zweckmäßige Form umzuwandeln. Insofern es um die Steuerung von Kräften, Bewegungen und Geschwindigkeiten geht, d.h. von rein mechanischen Parametern, muß verständlicherweise die Aufgabe, ein Steuersystem zu schaffen, die Konstruktion eines entsprechenden mechanischen Systems einschließen. Damit bestand die zweite Aufgabe darin, eine elektromechanische Apparatur zur Ausführung von Kommandosignalen zu schaffen.

Bei dem zu entwickelnden Steuersystem sollte eine evtl. gleichzeitige Steuerung durch zwei oder mehrere Parameter berücksichtigt werden.

So tauchte als dritte Aufgabe auf, eine zweckmäßige Methode auszuarbeiten, um Bioströme zweier oder mehrerer Muskeln zur gleichzeitigen Steuerung nach zwei oder mehreren Funktionen auszunutzen. Diese Aufgaben erschienen uns vorrangig bei der Ausarbeitung eines bioelektrischen Steuersystems. Dabei blieben die Fragen nach Abmessungen, Gewicht und Kompliziertheit der Apparatur verständlicherweise einem zweiten Plan vorbehalten, obwohl sich alle Autoren über die Bedeutung auch dieser Fragen vollkommen klar waren.

Das Blockschema des ausgearbeiteten Steuersystems ist in Abb. 4 dargestellt.

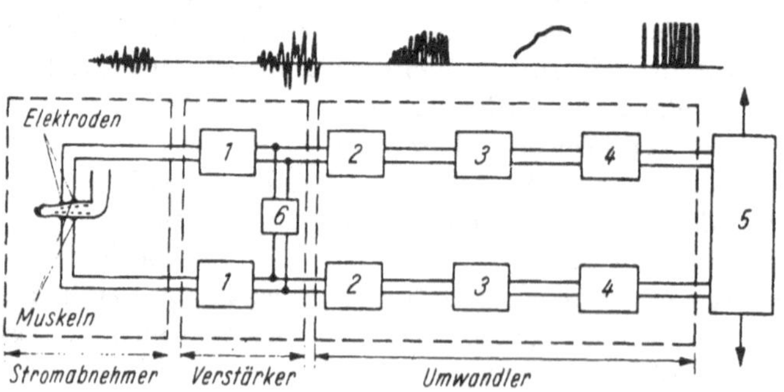

Abb. 4

Aus Überlegungen heraus, daß es entscheidend darauf ankam, alle trägen Massen klein zu halten, wählte man für das beschriebene biomechanische Steuersystem einen mechanischen, durch diskrete Stromstöße gesteuerten Antrieb. Bei der Konstruktion des Modells mußte man davon ausgehen, aus dem ständig gemessenen bioelektrischen Potential einen Parameter auszusondern, der die benötigte Information leistungsstark trägt; danach waren die so erhaltenen Informationen in eine Folge von Standardimpulsen mit einer der Biostromstärke proportionalen Folgefrequenz zu verwandeln. Für diese Aufgabe wurde die folgende spezielle elektronische Einrichtung unter Verwendung von Röhren geschaffen.

Von den in Muskelnähe auf die Haut geklebten Elektroden wird das Potential abgenommen und durch einen Linearverstärker 1 beträchtlich verstärkt zu einem Zweiweggleichrichter 2 geführt. Vom Ausgang des Gleichrichters wird die Spannung auf den Eingang des integrierenden Blockes 3 gegeben, der bei entsprechender Parameterwahl der integrierenden Kette eine annähernd dem Momentanwert der Biostromstärke proportionale Spannung abgibt. Vom Block 3 gibt man die Spannung zu einem Thyratronimpulsformer 4, der Impulse erzeugt, deren gegenseitiger Abstand reziprok proportional der Eingangsspannung des Impulsformers ist. Nach einer weiteren Verstärkung (Block 5) gibt man die geformten Impulse zum Steuerantrieb.

Ein Kontrolloszillograph 6 bietet die Möglichkeit, die vom Muskel abgenommene Spannung ständig zu beobachten.

Um die Bewegung wiederzugeben, führt man Bioströme von zwei entgegengesetzt wirkenden Muskeln (z.B. Beuger-Strecker) auf zwei entsprechende Kanäle für die Informationsumwandlung. Es werden somit gleichzeitig zwei Gruppen von Programmsignalen in den Steuerantrieb gegeben.

Der das Programm realisierende Steuerantrieb ist als mechanischer Schrittmotor ausgebildet, dessen Aufbau wesentlich dem in [12] beschriebenen analog ist. Ein Unterschied besteht nur darin, daß im vorliegenden bioelektrischen Steuersystem dieser Schrittmotor in differentieller Weise arbeitet, und somit die Möglichkeit bietet, mittels Bioströmen zweier entgegengesetzt wirkender Muskeln zu steuern.

Die Wirkungsweise des Steuerantriebes (Abb. 5) läuft auf folgendes hinaus. Die Welle 1 wird von einer Kraftquelle gleichmäßig angetrieben. Auf ihr sitzen Scheiben 2, die ihre Drehung in entgegengesetzten Richtungen auf die Scheiben 3 übertragen, wobei diese frei auf Buchsen gezogen sind, in denen sich die Welle 4 dreht. Mit der Welle 4 ist der Mitnehmer 5 eines Differentialgetriebes verbunden, zu dem außer dem Mitnehmer 5 die Zahnräder 6, 7 und 8 gehören. Die Zahnräder 6 und 8 sitzen frei auf der Welle 4. Jedes von ihnen ist mit einem der Ankerräder 9 und 10 verbunden, deren Seiten eine Nuten-Reihe tragen. In eine Nut jedes Ankerrades greifen die Anker 11 bzw. 12 ein, so daß die Räder 9 und 10 und zusammen mit ihnen auch die Zahnräder 6 und 8 vor Drehungen zurückgehalten werden.

Die Scheiben 3, an deren Stirnflächen Zwischenschichten aus Reibmaterial angenietet sind, werden durch die Federn 13 an die Stirnflächen der Ankerräder 9

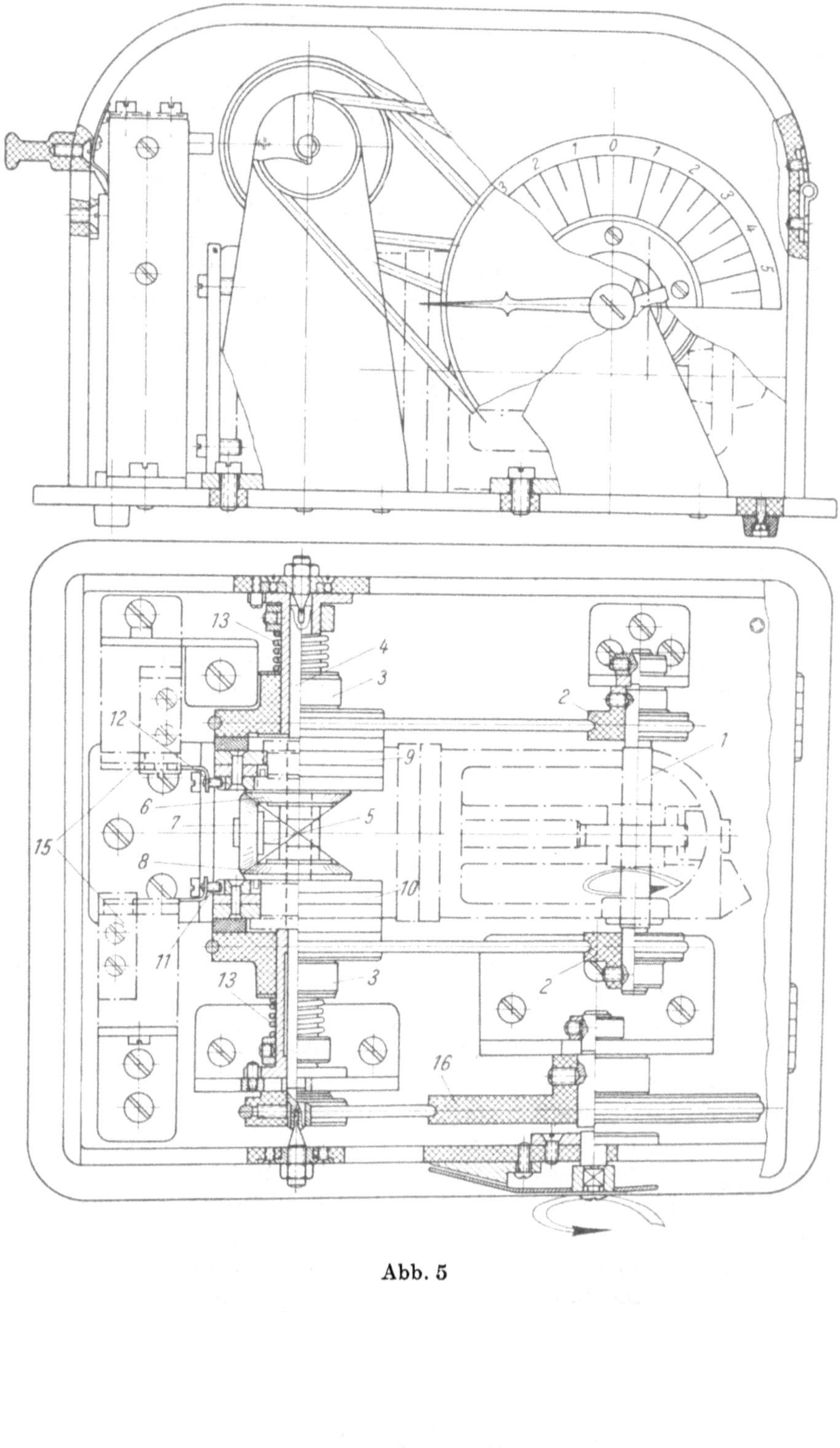

Abb. 5

und 10 angedrückt. Bei Drehung der Scheiben 3 bilden sich zwischen ihnen und den Ankerrädern Reibungskräfte aus, mit der Tendenz, jedes dieser Räder und damit auch, einander gegenläufig, die Zahnräder 6 und 8 des Differentials zu drehen.

Solange sich jedoch beide Anker 11 und 12 in Nuten der Ankerräder befinden, sind diese blockiert. Damit bleiben aber auch die Zahnräder 6, 7, 8 der Mitnehmer 5 und die fest mit ihm verbundene Ausgangswelle 4 des Steuerantriebs unbeweglich.

Die Anker 11 und 12 sind auf Blattfedern befestigt, die mit den Kernen zweier Elektromagneten 15 verbunden sind. Beim Einschalten eines Elektromagneten gibt der entsprechende Anker ein Ankerrad frei. Beim Ausschalten des Elektromagneten greift der Anker unter der Einwirkung einer Feder in die nächste Nut des Ankerrades ein, und dieses bleibt erneut stehen. So kann man durch Kommandoimpulse, die man auf die Elektromagneten gibt, die Anker steuern, dadurch die Räder 6 und 8 des Differentials wechselnd freigeben und blockieren und damit die Umdrehung der Ausgangswelle des Antriebes steuern.

Von der Ausgangswelle können das Drehmoment und die Leistung auf die ausführenden Organe der Steuermaschine oder das Gerät übertragen werden.

Wie aus allgemein bekannten Eigenschaften von Differentialgetrieben folgt, wird die Verstellung am Ausgang bzw. die Verstellgeschwindigkeit eine lineare Funktion der Anzahl der einlaufenden Signale sein. Bei dem hergestellten und in Betrieb genommenen Modell (Abb. 6) eines bioelektrischen Steuersystems wird eine visuelle Rückverbindung vorausgesetzt. Mit anderen Worten, der Operateur, der mittels eines solchen Gerätes einen Mechanismus steuert, verfolgt unmittelbar die Aktion dieses Mechanismus und spannt aus seinen Beobachtungen heraus zielstrebig den entsprechenden Muskel.

In Fällen, da ein sich häufig wiederholender Prozeß gesteuert werden soll, erscheint es zweckmäßig, zwischen dem zu steuernden Mechanismus und dem Operateur eine Rückkopplung zu schaffen, die der Wirkung spezifischer Muskelrezeptoren, der sogenannten Propriorezeptoren entspricht. Bei der Entwicklung bioelektrischer Regelsysteme[1]) wird man sich wohl auch um die Erforschung solcher Rückkopplungen bemühen müssen.

Offensichtlich besitzt man eine Reihe technischer Möglichkeiten, in das System eine Rückkopplung einzubauen, die nicht auf einem visuellen Prinzip oder auf der Verwendung von Propriorezeptoren beruht, sondern auf der Anwendung spezieller im Ausführungsorgan angeordneter Geber basiert, die im Ausführungsorgan ihren Platz hat.

Nach unseren Vorstellungen werden sich bioelektrische Regelsysteme bei verschiedenartigen Untersuchungen auf dem Gebiet der Bewegungsphysiologie als nützlich erweisen; darüber hinaus kann man bereits gegenwärtig einige praktische Anwendungen solcher Systeme nennen.

---

[1]) Sind Rückkopplungen vorhanden, sollte man besser von „Regelsystemen" sprechen. — Anm. d. Red.

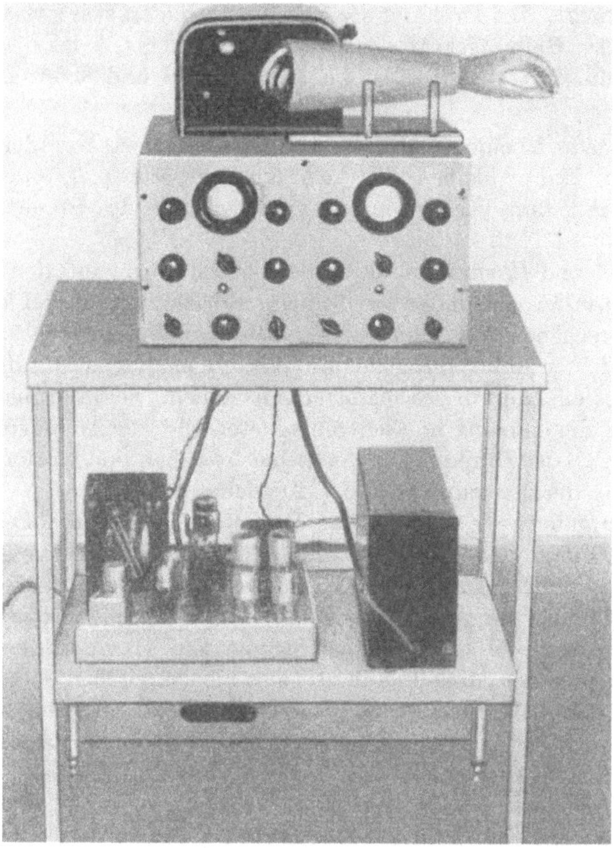

Abb. 6

Bioelektrische Systeme, die den „Muskelcode" benutzen, ermöglichen die Konstruktion von Prothesen, bei denen ein eingebauter Motor durch die Bioströme von entsprechenden Muskeln her gesteuert wird und so die Bewegung hervorruft.

Solche Prothesen erlauben, die Bewegungsfunktionen verlorener Gliedmaßen besser nachzuahmen und erleichtern dabei das Erlernen ihres Gebrauchs wesentlich, da sie schon vorhandene Fertigkeiten berücksichtigen. So wurde z. B. die in dem vorliegenden Beitrag beschriebene Konstruktion eines recht einfachen bioelektrischen Systems zur Steuerung einer Handprothese benutzt. Dabei konnte der Invalide R., dessen Hand amputiert ist, mühelos zweckgerichtete Bewegungen der Prothese ausführen und früher erworbene Fertigkeiten ausnutzen. Man kann auch daran denken, bioelektrische Systeme der beschriebenen Art für das automatische Einschalten von Schutzvorrichtungen auszunutzen und dies durch entsprechende Einrichtungen zu steuern. So kann man z. B. die Bioströme der Atemmuskulatur für das Einschalten und die Steuerung von Einrichtungen ausnützen, die eine, bei schweren Formen der Poliomyelitis notwendige künstliche

Atmung realisieren. Analoge Einrichtungen kann man bei Sauerstoffmangel anwenden.

Schließlich lassen sich bioelektrische Regelsysteme bei verschiedenartigen ferngesteuerten Manipulatoren und anderen derartigen Einrichtungen einsetzen.

(Bei der Redaktion eingegangen am 15. 7. 1957)

Literatur

[1] Бернштейн, Н. А., Проблема взаимоотношения координации и локализации. Архив биол. наук **38**, вып. 1 (1935) 1—34.
BERNSTEIN, N. A., Das Problem der Wechselbeziehung von Koordination und Lokalisation. Arch. d. biol. Wiss. **38**, 1 (1935) 1—34

[2] Анохин, П. К., Проблемы нервной регуляции. М. 1939.
ANOCHIN, P. K., Fragen der Nervensteuerung. Moskau 1939.

[3] Нейман, Дж., Вероятностная логика и зинтез надежных организмов из ненадежных компонентов. Сб. „Автоматы" под ред. Шеннона и Маккарти. Русский перевод под ред. А. А. Ляпунова, М. 1956.
Original: NEUMANN, J. v., Probabilistic Logics and the Synthesis of Reliable Organisms from Unreliable Components, Automata Studies, S. 43—98, Edited by C. E. SHANNON and J. MCCARTHY, Princeton University Press, Princeton 1956.

[4] HAAS, E., Über die Art der Tätigkeit unserer Muskeln beim Halten verschieden schwerer Gewichte Pflugers. Archiv für die gesamte Physiologie **212** (1926) 651—656.

[5] WACHHOLDER, K., Willkürliche Haltung und Bewegung, insbesondere im Lichte elektrophysiologischer Untersuchungen. 1928.

[6] JACOBSON, E., „Tonus„ in striated muscle. The Amer. Journ. of Psych. **56** (1943) 433—437.

[7] INMAN, V./SAUNDERS, I. A./ABBOT, L., Observations of the function of the shoulder joint. Journ. of Bone and Joint Surgery **26**, No. 1 (1944) 1—30

[8] INMAN, V./Ralston, P./SAUNDERS, I./FEINSTEIN, A./Wright, Relation of human electromyogramm to muscular tension. Electroencephalography and clinical Neurophysiology **4**, No. 2 (1952) 187—194.

[9] LIPPOLD, O., The relation between integrated action potentials in a Human muscles and its isometric tension. The Journ. of Physiology **117**, No. 4 (1952) 492—499.

[10] Гурфинкель, В. С., К вопросу о соотношении электрической активности мышцы и величны развиваемого ею усилия. Доклад на секции авиамедицины Московского общества физиологов, май 1955 г.
GURFINKEL, W. S., Zur Frage nach dem Verhältnis zwischen elektrischer Aktivität der Muskeln und der dadurch entwickelten Kraft. Vortrag bei der Sektion Flugmedizin der Moskauer Physiologenvereinigung, Mai 1955.

[11] BATTYE, C. K./NIGHTINGALE, A./WHILLIS, J., The use of myoelectric currents in the operation of protheses. The Journ. of Bone and Joint Surgery **37** (1955) 506—510.

[12] Брейдо, М, Г., Кобринский, А. Е., Бесстрашнов, В. К., Система программного управления фрезерным станком. Станки и инструмент **12** (1956).
BREJDO, M. G./KOBRINSKI, A. E./BESSTRASCHNOW, W. K., Das System einer programmgesteuerten Fräsmaschine. Werkzeugmaschinen und Instrumente **12** (1956).

Übersetzung: Ingrid Müller-Pfeiffer
Fachliche Bearbeitung: Immo Kerner

V. STEUERPROZESSE BEI LEBENDEN ORGANISMEN

Untersuchung der extrapolierenden Reflexe bei Tieren

L. W. KRUSCHINSKI (Moskau)

Vorbemerkungen der Redaktion

Der Artikel von L. W. KRUSCHINSKI „Untersuchung der extrapolierenden Reflexe bei Tieren", der dem Gebiet der Physiologie der Nerventätigkeit angehört, ist auf Grund seiner Tendenz auch für die Kybernetik von größtem Interesse. Die Kybernetik erarbeitet allgemeine Methoden zur Untersuchung von Steuersystemen und Steuerprozessen. Dabei wird das Faktenmaterial, auf das sie sich stützt, den einzelnen Wissenschaftsgebieten entnommen, die sich mit konkreten Steuersystemen und Steuerprozessen befassen. Als eines der wichtigsten Gebiete in diesem Zusammenhang erscheint die Physiologie der Nervensysteme. Natürlich kann jede Arbeit, die dem Studium dieses Gebietes gewidmet ist, in einem Band über kybernetische Probleme veröffentlicht werden. Wie auch in jedem anderen Wissenschaftszweig gibt es in der Physiologie der höheren Nerventätigkeit spezielle und besonders tiefliegende Probleme von großem wissenschaftlichem Interesse, zu deren ausführlicher Erörterung man in der gegenwärtigen Zeit nur Spezialisten der Physiologie heranziehen kann.

Aufgaben aus dem Bereich der Physiologie, die schon jetzt für die Kybernetik von Bedeutung sind, zeichnen sich dadurch aus, daß sie darauf gerichtet sind, Schemata für die Zirkulation von Informationen im Arbeitsprozeß des Nervensystems zu konstruieren (diesen Fragen ist eine Arbeit von J. A. BERNSTEIN gewidmet, welche in einer der folgenden Bände der „Probleme der Kybernetik" erscheint), weiterhin Algorithmen aufzufinden, mit deren Hilfe eine Information im Nervensystem verarbeitet wird und präzise Begriffe zu bilden, die eine ausreichend genaue und detaillierte Beschreibung der Funktionsweise des Nervensystems ermöglichen.

Dieser letzten Aufgabe ist die folgende Arbeit von L. W. KRUSCHINSKI gewidmet.

Es ist allgemein bekannt, daß ein lebender Organismus die Fähigkeit besitzt, auf eine ganze Reihe verschiedener äußerer Einflüsse spezifisch zu reagieren. Bei höheren Organismen sind diese Reaktionen stark differenziert und werden vom Nervensystem gesteuert. Die Arbeit des Nervensystems besteht, streng genommen, in der Wahrnehmung einzelner Ströme äußerer Informationen und in deren Verarbeitung zu einer Information, die das Verhalten eines Lebewesens steuert.

Für die weitere Betrachtung dieser Erscheinungen ist es wichtig, ein Begriffssystem zur Verfügung zu haben, das eine zweckmäßige Klassifikation der Verhaltensweisen der Tiere ermöglicht. Ein erster Schritt in dieser Richtung war die

Erarbeitung der Begriffe bedingter und unbedingter Reflexe und ein gründliches Studium derselben.

Diese Begriffe reichen jedoch keineswegs aus, um alle Möglichkeiten zur Klassifizierung der Typen des Verhaltens von Tieren auszuschöpfen. Eine sinnvolle Erweiterung und die Abtrennung weiterer Typen, die einerseits genügend allgemein gehalten sind und andererseits eine klar umrissene Charakterisierung gestatten, werden nur in dem Maße möglich sein, in dem die Kenntnis der bedingten Reflexe hinreichend vervollständigt wird.

Dieses Problem steht im Mittelpunkt der Arbeit von L. W. KRUSCHINSKI. Die Definition des Begriffs des extrapolierenden Reflexes erfordert die Auswertung und ausführliche Beschreibung eines umfangreichen experimentellen Materials, das in der Arbeit in hinreichendem Maße angeführt ist. Es ist in erster Linie für Physiologen gedacht, die in der Lage sind, im einzelnen den experimentellen Teil der Arbeit zu beurteilen. Zur Arbeitserleichterung für die Leser, die keine Physiologen sind, ist das Material im Kleindruck beigefügt.

Vom Standpunkt der Kybernetik besteht das wesentliche der vorliegenden Arbeit darin, daß der Autor den Begriff des extrapolierenden Reflexes analysiert und gleichzeitig die Begriffe bedingter und unbedingter Reflex präzisiert sowie sie dem Begriff des extrapolierenden Reflexes gegenüberstellt. Noch bis zum Zeitpunkt des Druckes der Arbeit war der Standpunkt des Autors hart umstritten.[1])

In der Diskussion entstand die Frage, ob es notwendig sei, die Klassifikation der Verhaltenstypen von Tieren zu vervollkommnen, insbesondere, ob es zweckmäßig sei, Systeme auszuarbeiten, die von verschiedenen Standpunkten ausgehen vom funktionellen, vom historisch-genetischen, vom physiko-chemischen, morphologischen usw.

Solche Klassifizierungen dienen auch der Klärung, welche einfachsten Typen der Informationszirkulation fähig sind, den einen oder anderen Typ des Verhaltens hervorzurufen. Insbesondere ist das mit der Klärung der Rolle der unmittelbar eingehenden Informationen, der im Verlauf des Lebens im Nervensystem gespeicherten Informationen und der durch Vererbung in der Struktur des Nervensystems verankerten Informationen verbunden.

Wir beschränken uns auf eine Formulierung dieser Aufgaben und hoffen, daß diese Fragen auch in den folgenden Bänden der „Probleme der Kybernetik“ erörtert werden.

1. Einführung

In Verbindung mit der fortschreitenden Entwicklung der Grenzgebiete zwischen Biologie, Technik und Mathematik gewinnt die Betrachtung von Steuerprozessen im lebenden Organismus eine besondere Bedeutung. Das wichtigste Steuersystem im lebenden Organismus ist das Nervensystem. Die vollständige Kenntnis

---

[1]) Der Inhalt der Arbeit von L. W. KRUSCHINSKI wurde am 10. X. 1955 in einem Seminar über Grenzfragen der Kybernetik und Physiologie und am 24. X. 1957 in einem Seminar über Kybernetik an der Staatlichen Universität Moskau erörtert.

der Gesetzmäßigkeiten der Nerventätigkeit, besonders ihrer höheren Abschnitte, wie der Steuersysteme, erlangt in der gegenwärtigen Zeit große Bedeutung.

Lange Zeit konnte die Naturwissenschaft nicht zu einem objektiven Studium der Gesetzmäßigkeiten der Gehirntätigkeit, die grundlegend sind für die komplizierteste Funktion eines Organismus, sein Verhalten, gelangen.

I. P. Pawlow hat in vortrefflichen Worten die Schwierigkeit ausgedrückt, vor der die Wissenschaft steht: „Man kann mit Recht sagen, daß die seit Galileis Zeiten unaufhaltsam fortschreitende Naturwissenschaft zum ersten Male merklich vor dem höchsten Abschnitt des Gehirns oder, allgemeiner gesagt, vor dem Organ, welches die kompliziertesten Beziehungen der Lebewesen zur Umwelt ermöglicht, innehielt. Und es scheint dies seinen Grund darin zu haben, daß hier ein wirklich kritischer Moment in der Naturwissenschaft vorliegt. Das Gehirn, das in seiner höchsten Form, dem menschlichen Gehirn, die Naturwissenschaft schuf und noch schafft, wird nun selbst zum Objekt dieser Naturwissenschaft“ ([1], Band III, Teil 1, S. 113).

Die Überwindung dieser Schwierigkeit war damit verbunden, daß man seit der Mitte des vorigen Jahrhunderts, genauer gesagt, seit dem Erscheinen der bekannten Arbeit von I. M. Setschenow „Reflexe des Hirns“ im Jahre 1863, begann, das Verhalten von einem streng objektiven Gesichtspunkt aus zu betrachten. In dem Buch von I. M. Setschenow wurde der Gedanke zum Ausdruck gebracht, daß dem Verhalten des Menschen Reflexe zugrunde liegen und daß es in allen seinen kompliziertesten Erscheinungen einer streng objektiven physiologischen Betrachtung unterzogen werden kann. Ein Erfolg beim Studium der Gesetzmäßigkeiten des Verhaltens und der Hirntätigkeit war nur dann zu erwarten, wenn man eine streng formulierte *elementare Erscheinung, den Reflex, für die zu untersuchende Handlungsweise zugrunde legte.*

I. P. Pawlow wies eindringlich auf die Bedeutung des Begriffs des Reflexes für das Studium der Nerventätigkeit hin. Er schrieb: „Descartes verglich die Tätigkeit der Tiere, im Gegensatz zu der des Menschen, mit einer Maschine und führte schon vor 300 Jahren den Begriff des Reflexes als eine Grundfunktion des Nervensystems ein. Jede beliebige Tätigkeit eines Organismus ist die gesetzmäßige Antwort auf ein bestimmtes äußeres Agens, wobei die Verknüpfung des tätigen Organs mit einem entsprechenden Agens, als Ursache und Wirkung, über bestimmte Nervenbahnen zustande kommt. Damit war die Erforschung der Tätigkeit des Nervensystems der Tiere auf eine feste naturwissenschaftliche Grundlage gestellt“ ([1], Band IV, S. 18).

I. P. Pawlow leitete aus der reflektorischen Tätigkeit des Gehirns zwei Arten von Reflexen ab, die ihrer Herkunft nach verschieden sind.

Erstens angeborene Reflexe, die sich beim lebenden Organismus bei Handlungen bezüglich einiger Agenzien der Umwelt unbedingt einstellen; hieraus ergibt sich die Bezeichnung *unbedingter Reflex.*

Zweitens Reflexe, die durch jeden Organismus im Verlauf seines Lebens individuell erworben werden. Diese Reflexe treten nur unter bestimmten Bedingungen auf; hieraus folgt die Bezeichnung *bedingter Reflex.*

I. P. Pawlow und seine Schule richteten die Hauptaufmerksamkeit auf das Studium der bedingt-reflektorischen Tätigkeit. In den klassischen Untersuchungen der Pawlowschen Schule wurden die Hauptgesetzmäßigkeiten der Bildung und die biologische Bedeutung der bedingten Reflexe aufgezeigt, die den lebenden Organismus bestens den Bedingungen seiner Existenz anpassen. Indem I. P. Pawlow den bedingten Reflex in seiner Eigenschaft als Indikator der Prozesse, die in den höchsten Teilen des Nervensystems stattfinden, verwendete, zeigte er gleichzeitig, welche physiologischen Grundgesetzmäßigkeiten der bedingt-reflektorischen Tätigkeit zugrunde liegen.

Die Untersuchungen I. P. Pawlows und seiner Schule stellten die grundlegenden physiologischen Gesetzmäßigkeiten der Wissenserwerbung im weitesten Sinne dieses Wortes fest.

Dem Studium der unbedingt-reflektorischen Tätigkeit widmeten Pawlow und seine Schule relativ wenig Aufmerksamkeit.

Die klassischen Forschungen von Scherrington, Bechterew, Magnus, Uchtomski und Hess schufen eine atomar-physiologische Basis für die Untersuchung der unbedingt-reflektorischen Tätigkeit. Das Studium der Bildungsgesetzmäßigkeiten unbedingt reflektorischer (instinktiver) Verhaltensreaktionen wurde schon nach dem Tode von I. P. Pawlow durch Birjukow, Promptow, Slonim, Malyschew u. a. aufgenommen.

Auf Grund dessen werden heute zwei Typen der reflektorischen Gehirntätigkeit unterschieden: der unbedingt-reflektorische und der bedingt-reflektorische. Wenn auch beide nach ihren eigenen für sie charakteristischen Gesetzmäßigkeiten arbeiten, die gemeinsame und auch trennende Züge besitzen, befinden sie sich gleichzeitig in ständiger untrennbarer Wechselwirkung und Einheit und bilden neue komplizierte Kategorien der Nerventätigkeit: Biokomplexe der Aktivität (Promptow [2]), Einheitsreaktionen und biologische Formen des Verhaltens (Kruschinski [3]), die als Ergebnis einer Integration bedingter und unbedingter Reflexe erscheinen und Elementareinheiten für kompliziertere Stufen des Verhaltens darstellen.

Es entsteht die Frage: Erschöpft sich die ganze reflektorische Gehirntätigkeit in den zwei obenangeführten Typen der Nerventätigkeit? Natürlich ruft diese Fragestellung sofort Widerspruch hervor. Insofern eine der charakteristischen Eigenschaften der unbedingten Reflexe ihr Angeborensein und der bedingten Reflexe ihre individuelle Aneignung ist, kann es keine andere reflektorische Tätigkeit geben, da vollkommen klar ist, daß eine andere als die angeborene oder die individuell erworbene nicht existiert. Dieser Widerspruch wird möglicherweise gerechtfertigt, wenn man die Klassifikation der reflektorischen Tätigkeit nur nach dem Prinzip der geschichtlichen Entwicklung vornimmt. Außer der Klassifikation der reflektorischen Tätigkeit nach dem Prinzip ihrer geschichtlichen Entwicklung ist jedoch auch ein anderer Aufbau, der *nach dem Prinzip ihrer physiologischen Mechanismen*, möglich (so auch bei I. P. Pawlow). Bei einer solchen Klassifikation der unbedingten Reflexe mit der ihnen zugrunde liegenden leitenden Funktionen der Neuronen und der bedingten Reflexe mit der ihnen zugrunde liegenden schließenden Funktion der Nervenbahnen ist die Möglichkeit der Existenz reflektorischer Mechanismen, die komplizierter sind als die elementaren leitenden und schließenden, keineswegs ausgeschlossen.

Der reflektorische Mechanismus der Nerventätigkeit muß, wenn er wirklich ein universaler Anpassungsmechanismus sein soll, das Tier an alle möglichen Kategorien der Einwirkung äußerer Reizerreger anpassen. Die unbedingten Reflexe sind ein reflektorischer Mechanismus, der den lebenden Organismus an die wenigen aber *ständig tätigen Reizerreger* anpaßt. Die bedingten Reflexe sind ein reflektorischer Mechanismus, der den lebenden Organismus an jene äußeren Reizerreger anpaßt, die *vorübergehenden Einfluß* haben. Außerdem existiert noch eine Gruppe äußerer *Reizerreger, die sich in einem Umwandlungsprozeß befinden.* Wenn der lebende Organismus keinen reflektorischen Anpassungsmechanismus (d.h. biologisch adäquate Reaktionen) für die ständig wechselnden Bedingungen der Umwelt zur Verfügung hätte, dann hätte man die Schlußfolgerung zu ziehen, daß es entweder irgendeinen nichtreflektorischen Mechanismus gibt, mit dessen Hilfe dieses verwirklicht wird, oder daß das Nervensystem keine universale Anpassung an die äußeren Bedingungen gewährleistet. Wir nehmen an, daß diese beiden Schlußfolgerungen falsch sind. *Der reflektorische Mechanismus ist ein einzigartiger und universaler Anpassungsmechanismus der Nerventätigkeit, der ein Tier an alle möglichen Veränderungen, durch die Tätigkeit der äußeren Reizerreger bedingt, anpaßt.* Wenn wir von diesem Standpunkt ausgehen, so entsteht unvermeidlich die Frage nach der Notwendigkeit eines reflektorischen Mechanismus der Nerventätigkeit, der den Organismus nicht nur den ständigen und gelegentlichen Einwirkungen der Umwelt anpaßt, sondern auch den ununterbrochen wechselnden Einflüssen der Umwelt mit allen komplizierten Veränderungen ihrer Beziehungen.

Versuche, im Verhalten von Tieren neben bedingten und unbedingten Reflexen andere Typen der Tätigkeit zu finden, wurden wiederholt von verschiedenen Forschern gemacht.

KÖHLER, der zahlreiche Versuche mit Menschenaffen durchführte, kam an Hand seiner „gegenwärtigen Ergebnisse" zu der Schlußfolgerung: „Für letztere ist in der Regel, in höherem Maß ein gerichteter, in sich selbst abgeschlossener Prozeß, charakteristisch, der streng getrennt ist von allem, was ihm, dank der plötzlichen Entstehung, vorausgeht. Dieser Prozeß entspricht zugleich damit als Ganzes der Struktur einer Situation, dem objektiven Verhältnis ihrer Teile" ([4], S. 147—148). KÖHLER stellte bei Tieren (in jedem Fall bei den höheren Affen) das Vorhandensein verstandesmäßigen Verhaltens fest. Er hebt das Merkmal dieser Verständigkeit hervor: „Daher muß dieses Merkmal — die Entstehung der Gesamtentscheidung im Einklang mit der Struktur des Situationsfeldes — als Kriterium eines verstandesmäßigen Verhaltens genommen werden."

Seine Vorstellung davon, daß es im Verhalten von Tieren kompliziertere Elemente gibt, als das bedingt- und unbedingt-reflektorische Verhalten, äußert KONORSKI (1950), in dem er bemerkt, daß „wir eine ausreichende Anzahl physiologischer Gründe haben, die darauf hinweisen, daß es einen speziellen Typ des Verhaltens gibt, der auf dem „Verstand" (reason) oder auf dem „Verständnis" (insight) und auf dem sogenannten „intellektuellen Verhalten" (intelligent behaviour) basiert, das durch seine Unterschiedlichkeit zum erworbenen Verhalten gekennzeichnet ist und sich oft im Widerspruch mit ihm befindet" ([5], S. 422). Wenn man sich jedoch der theoretischen Begründung dieser Fragestellung zuwendet, sowie dem Faktenmaterial, das dieser Darstellung zugrunde liegt, hinterläßt das ein Gefühl großer Unzufriedenheit. Das rührt vor allem daher, daß es in allen diesen Aussagen keine exakt formulierte Darstellung darüber gibt, was man unter einem solchen streng vom physiologischen Standpunkt aus gesehenen „verstandesmäßigen" Verhalten versteht, wie es sich von anderen Typen des Verhaltens unterscheidet und welche elementaren Erscheinungen es gibt, die ihm zugrunde liegen. Das Kriterium der „Verstandesmäßigkeit" zum Beispiel, das von KÖHLER dargelegt wurde, entspricht kaum den Forderungen. Vielmehr ergibt sich aus dem angeführten Zitat eine außerordentlich unexakte Definition, die von der Möglichkeit einer streng wissenschaftlichen Analyse jener Kategorien des Verhaltens, von denen die Autoren sprechen, weit entfernt liegt. Selbst I. P. PAWLOW nimmt, wie das aus seinen Ausführungen klar ersichtlich ist, außer dem Mechanismus der bedingten Reflexe das Vorhandensein anderer Mechanismen an, die einen Zusammenhang zwischen den Erscheinungen herstellen. Er nimmt an, daß die Fähigkeit des Nervensystems zur Herstellung zeitweiliger Verbindungen zwischen den Erscheinungen (Assoziationen) eine umfassendere Eigenschaft ist als die Fähigkeit zur Bildung bedingt-reflektorischer Verbindungen. Drei Monate vor seinem Tode am Mittwoch, dem 13. November 1935 sagte er: „Wenn sich ein Affe zu seiner vollen Größe aufrichtet, um eine Frucht zu erreichen, dann kann man das nicht als einen bedingten Reflex bezeichnen. Das ist ein Fall der Wissensbildung, eine Wahrnehmung der normalen Beziehung der Dinge. Hier muß man sagen, daß das der Anfang der Wissensbildung ist. Die Wahrnehmung der ständigen Beziehungen zwischen den Dingen ist das, was aller wissenschaftlichen Tätigkeit, den Kausalitätsgesetzen usw. zugrunde liegt. Darauf wollte ich die Aufmerksamkeit lenken. Ich habe darüber gesprochen, aber aus den Gesprächen wurde ersichtlich, daß es nicht zur Kenntnis genommen wurde" ([10], S. 262 bis 263).

Es ist bedauerlich, daß diesen Worten I. P. PAWLOWS bis zur heutigen Zeit wenig Aufmerksamkeit gewidmet wurde.

Wir sind fest überzeugt, *daß die gesamte Tätigkeit des Gehirns sowohl beim Tier als auch beim Menschen völlig reflektorisch verläuft. Gleichzeitig nehmen wir an, daß sich diese reflektorische Tätigkeit nicht nur in elementaren bedingten und unbedingten Reflexen erschöpft. Wir vermuten, daß in besonderen Fällen noch eine reflektorische Form der Nerventätigkeit existiert, die völlig der physiologischen Betrachtungsweise unterliegt und die in einer Wechselwirkung mit bedingten und unbedingten Reflexen den Organismus an die komplizierten und plötzlichen Veränderungen der Umwelt anpaßt.* Diese Form der reflektorischen Tätigkeit, auf Grund derer sich schnell entstehende Assoziationen zusammensetzen, wie später gezeigt wird, schließt unbedingt- und bedingt-reflektorische Komponenten ein, kann jedoch nicht vollständig auf eine derselben zurückgeführt werden, weshalb für das Studium spezielle Methoden erforderlich sind.

2. Problemstellung

Die Voraussetzung für einen physiologischen Versuch ist, das Tier in künstliche Bedingungen unter Berücksichtigung aller Vielfältigkeit seines Verhaltens zu bringen.

Unter den künstlichen Bedingungen des Experimentes, die absichtlich so geschaffen wurden, daß das Verhalten eines Tieres nur dem Typ entspricht, den der Experimentator untersuchen will, ist es nicht möglich, alle Seiten des Verhaltens zu berücksichtigen, die unter anderen Bedingungen auftreten. Die Schaffung solcher künstlichen Bedingungen jedoch, unter denen das Experiment durchgeführt wird, ist unbedingt notwendig für jedes objektive physiologische Studium des Verhaltens von Tieren.

Die Beobachtungen des Verhaltens der Tiere, die unter den Bedingungen der freien Existenz und nicht im abgegrenzten Rahmen des Experimentes durchgeführt werden, sind genau so nützlich für das Studium aller dem Tier zur Verfügung stehenden Verhaltensmöglichkeiten. Mit ihrer Hilfe wird wertvolles beschreibendes Material gesammelt, das die ganze Vielfalt des Verhaltens verschiedener Arten von Tieren illustriert; doch diese Methode birgt auch große Gefahren in sich. Sie gibt Anlaß zu vielen spekulativen Überlegungen, die in Fachausdrücken einer subjektiven Psychologie die vielfältigen Erscheinungen des Verhaltens von Tieren zu beschreiben versuchen, erschwerte jedoch eine objektive Bewertung der beobachteten Erscheinungen. Das veranlaßte die Physiologen allem, was ein Forscher außerhalb des Experimentierraumes beobachtet, mit großem Mißtrauen zu begegnen.

Wir meinen, daß die Beobachtung des Verhaltens der Tiere für sich allein — ohne ein entsprechendes Experiment — eine bestimmte Frage aus dem Bereich der physiologischen Gesetzmäßigkeiten, die dem Verhalten zugrunde liegen, nicht zu lösen vermag, nichtsdestoweniger aber auf den Gedanken einer neuen Problemstellung und ihre experimentelle Untersuchung bringen kann.

So verhielt es sich auch mit den vorliegenden Untersuchungen. Als Grundlage für deren Durchführung dienen dem Autor Beobachtungen des Verhaltens von Tieren, nicht nur im Experiment, sondern auch unter den freien Bedingungen ihrer Existenz. Diese Beobachtungen riefen von Anfang an Zweifel darüber hervor, ob das gesamte Verhalten von Tieren nur durch die elementare bedingt- und unbedingt-reflektorische Tätigkeit des Nervensystems bedingt ist. Später verstärkten sich die Zweifel so, daß sie zu dem Versuch Anlaß gaben, exakt zu formulieren, welche Gruppe von Fakten sich nicht in den Rahmen dieser elementaren reflektorischen Handlungen der Nerventätigkeit einfügen.

Als man schließlich verstand, daß sich diese Fakten zusammensetzen, wurde der nächste Schritt unternommen — es wurde die Elementarerscheinung ausgesucht, die den beobachteten Fakten zugrunde liegt. Nachdem diese Elementarerscheinung ausgesondert und exakt formuliert worden war, begann man mit ihrer experimentellen Untersuchung. Man gewann den Eindruck, daß *Tiere fähig sind nicht nur auf die Lage, in der sich im gegebenen Augenblick die Reizursache befindet, zu reagieren, sondern auch auf die Stelle, auf der sich diese Reizursache nach einer gewissen Zeit infolge ihrer gesetzmäßigen Bewegung befinden wird.*

Beobachtung: In Richtung auf einen senkrecht die Straße überquerenden Hund bewegt sich ein Lastauto. Wenn der Hund seine Bewegung in demselben Tempo fortsetzen würde, würde er in wenigen Sekunden unvermeidlich unter die Räder des Autos kommen. Der Hund jedoch beschleunigt seinen Lauf und überquert rechtzeitig den Kreuzungspunkt beider Bahnen, ehe das Auto diesen Punkt erreicht. Sobald dieser Kreuzungspunkt hinter ihm zu liegen scheint, verlangsamt der Hund erneut seinen Lauf bis zu seiner ursprünglichen Geschwindigkeit.

Ein anderes Beispiel: Auf einer großen Waldwiese laufen zwei Elche. Ein (Jagd-)Hund, der sich in annähernd 100 Schritt Entfernung von den Elchen befindet, erblickt sie, wendet sich ihnen zu, läuft aber nicht direkt auf sie zu, sondern berücksichtigt ihre Bewegungsrichtung. Die Richtung seiner Bewegung verläuft nicht senkrecht zur Bewegungsrichtung der Elche, sondern bildet mit dieser einen Winkel von 60—70° (Abb. 1).

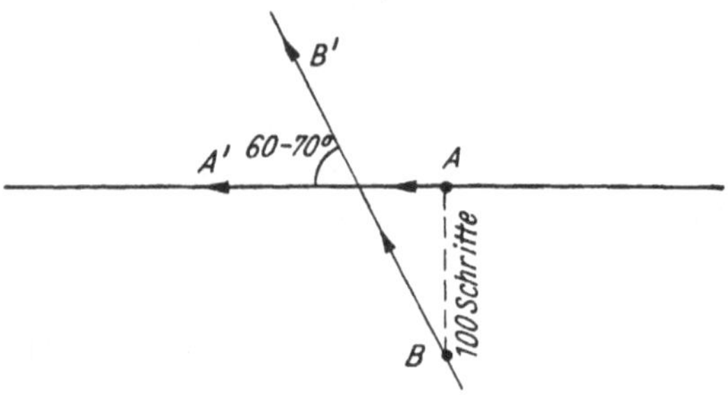

Abb. 1

Mehrfach durchgeführte Beobachtungen ähnlicher Art an verschiedenen Tieren haben gezeigt, daß *einige von ihnen über eine unbezweifelbare Fähigkeit zur Reaktion auf die Bewegungsrichtung der Reizursachen verfügen* und sie in ihrem Alltagsleben ausnutzen. Das gab uns Grund zur Annahme, daß *Tiere über Reflexe verfügen, die nicht nur unmittelbar auf eine bestimmte Reizursache gerichtet sind, sondern auch auf jene Stelle, an der sich diese Reizursache infolge ihrer Bewegung nach einer gewissen Zeit befinden wird.* Es ist evident, daß ähnlichen Verhaltensakten ein und dieselbe Elementarerscheinung zugrunde liegt, die dazu führt, daß das Tier fähig ist, die Bewegungsrichtung in einem bestimmten Punkt zu extrapolieren.

Da wir annehmen, daß diese Erscheinung eine völlig gesetzmäßige Reaktion des Nervensystems auf einen völlig gesetzmäßigen äußeren Reiz ist, ist sie ein Reflex. Deshalb bezeichnen wir diese Antwortreaktionen des Nervensystems als *extrapolierende Reflexe und nehmen an, daß es möglich ist, deren physiologisches Studium durchzuführen.* In der Art und Weise ihrer Realisierung weisen sie eine Reihe spezifischer Züge auf. Die Aufgabe der vorliegenden Arbeit besteht in der Wiedergabe einiger Resultate der von uns durchgeführten experimentellen Studien extrapolierender Reflexe bei Tieren.

3. Material und Methode

Bei der Auswahl des Materials für das Studium der extrapolierenden Reflexe gingen wir von der Notwendigkeit aus, diese Untersuchung an Tieren mit relativ einfachem Bau ihrer höheren Nerventätigkeit zu beginnen, weil zu erhoffen war, daß bei solchen Tieren die zu studierenden Reflexe in ihrer einfachsten und unkompliziertesten Form in Erscheinung treten.

Als geeignetste Objekte für diesen Zweck erweisen sich im ersten Abschnitt des Studiums der extrapolierenden Reflexe Vögel und Kaninchen (Untersuchungen, die an höher organisierten Tieren durchgeführt wurden, dienen uns als Material für die folgenden Mitteilungen).[1]) Von den Vögeln haben wir genauer Tauben, Hühner und Rabenvögel (Krähen, Elstern u. Saatkrähen) studiert. Die Rabenvögel müssen vollkommen zahm sein; am besten werden zu diesem Zweck Vögel ausgewählt, die als Junge aus dem Nest genommen und in einem Laboratorium großgezogen wurden.

Das Studium der extrapolierenden Reflexe wird auf der Grundlage unbedingter Nahrungsreflexe durchgeführt. Die Erregbarkeit der Tiere durch die Nahrung muß dabei ausreichend hoch sein; deshalb erhalten die Tiere vor Beginn des Versuches 24 Stunden lang keine Nahrung.

Als Erreger der Nahrungsreize wurden verwendet: für Hühner — Hirse; für Tauben — Hanf; für Rabenvögel — Fleisch, Eier; für Kaninchen — Mohrrüben, rote Rüben. Die Versuche wurden im Laboratorium durchgeführt; die Tiere hatten die Möglichkeit, sich frei im ganzen Laboratorium zu bewegen.

Ein allgemeines Prinzip, das den durchgeführten Versuchen zugrunde lag, bestand in folgendem. Der Nahrungsreizerreger A bewegt sich mit gleichförmiger Geschwindigkeit auf einer Geraden. Der erste Abschnitt seiner Bewegung verläuft sichtbar für das Tier, sogar mehr als das, das Tier hat die Möglichkeit A nicht nur zu sehen, sondern sich von A füttern zu lassen. Wenn die Reizursache auf dem bestimmten Wegabschnitt sichtbar für das Tier vorgerückt ist, verschwindet sie aus dem Blickfeld des Tieres. Das wird dadurch erreicht, daß ein gewisser Gegenstand B den Gegenstand A versperrt und damit die Möglichkeit seiner visuellen Wahrnehmung unterbindet.

Wir fragen: *Können Tiere, ungeachtet dessen, daß sie den Reizerreger A durch ihren Aufnahmeapparat nicht wahrzunehmen vermögen, seine Bewegungsrichtung extrapolieren?*

Die Hauptaufgabe fällt auf diese Weise in die zweite Etappe, in die Zeit, zu der die Tiere erstens aus dem Verhältnis zu den festen Punkten des Raumes die Änderung der Lage (Bewegung) des Punktes A (Reizursache) bestimmen müssen und zweitens zu der sie mit Hilfe der Änderung dieses Verhältnisses die unbekannte Größe (Bewegungsrichtung A) bestimmen müssen.

In Übereinstimmung mit dem eben dargelegten allgemeinen Prinzip des Experimentaufbaus wurden die konkreten Versuche durchgeführt.

[1]) Um die mögliche Rolle des Geruchsinnes in den durchgeführten Versuchen auszuschließen, wurde er bei allen Versuchskaninchen vorher durch Zwiebelgeruch ausgeschaltet.

4. Extrapolierende Reflexe

a) Versuche mit Korridoren

Die Versuchsmethode bestand in folgendem: Ein Futternapf mit Futter bewegt sich auf einer Schiene mit einer mittleren Geschwindigkeit von 8—10 cm in der Sekunde. Die ersten 1,5 m bewegt er sich offen, so daß das Tier die Möglichkeit hat, zu dem Napf zu laufen und aus ihm zu fressen. Danach fährt der Napf in einen von allen Seiten bedeckten Gang (Tunnel) ein. Sobald das Futter in diesen Korridor eingefahren ist, wird dessen Eingang mit einer Klappe geschlossen, und das Tier kann das Futter, das sich durch den Gang bewegt, nicht mehr wahrnehmen. Der Gang besteht aus zwei Abschnitten von 1,5 m Länge. Bei einigen Versuchsanordnungen blieb zwischen den beiden Hälften des Ganges ein Spalt (3—5 cm), durch welchen das Tier die Möglichkeit hatte, den Futternapf in dem Augenblick zu sehen, in dem er sich am Spalt vorbeibewegte.

Während des Versuches wurde registriert: 1. Macht das Tier den Versuch, das Futter an der Stelle zu suchen, an der es im Gang verschwunden war oder entlang seiner Bewegungsrichtung im Gang, 2. in welcher Zeitspanne und in welcher Entfernung wird die Suche nach dem Futter entlang des Ganges durchgeführt.

Vor dem Versuch mit gefülltem Futternapf wurde ein Kontrollversuch durchgeführt bei dem sich ein *leerer* Futternapf durch den Gang bewegte. Es traten Unterschiede im Verhalten der Tiere bei Bewegung des leeren bzw. des gefüllten Futternapfes auf: Sucht das Tier also wirklich das Futter nach seinem Verschwinden oder zeigt es eine Orientierungsreaktion auf den Lärm des sich durch den Gang bewegenden Futternapfes?

Zur Klärung dieser Frage wurden ebenfalls Kontrollversuche durchgeführt, in denen der Futternapf mit Futter, sofort nachdem er verschwunden war stehenblieb. Sie ergaben, daß die Tiere, die das Futter in der Bewegungsrichtung entlang des Ganges suchten, es unabhängig davon suchten, ob der Futternapf stehenblieb oder ob er sich weiterbewegte. Sie zeigten damit, daß der Lärm, hervorgerufen durch den sich fortbewegenden Futternapf, keine wesentliche Orientierungsmöglichkeit für das Tier bedeutet.

Versuche mit Tauben

Die Resultate der mit Tauben durchgeführten Versuche erwiesen sich als überaus gleichartig. In allen 14 Versuchen, die mit ihnen durchgeführt wurden, liefen die Tauben nach dem sich bewegenden Futternapf und pickten sich Futter heraus; sobald der Futternapf aber im Gang verschwunden war, lief die Mehrzahl der Tauben vom Gang weg und an der Schiene, auf der sich eben erst das Futter bewegt hatte, entlang zurück. Nur in einem Versuch lief eine Taube (Nr. 1) nach dem Verschwinden des Futternapfes an die Seite des Ganges und blieb dort und zupfte sich Federn aus; in zwei anderen Versuchen hielten sich die Tauben (Nr. 2 und 3) eine kurze Zeit (3 und 1 sec) nach dem Verschwinden der Nahrung in der Nähe des Ganganfanges auf.

Beispiele:

Taube Nr. 5. Versuch 14/V, 14.22 Uhr. Bewegungsgeschwindigkeit des Futternapfes 10 cm/sec. Der Futternapf bewegt sich 1,5 m auf der Schiene, bevor er im Gang verschwindet. Die Taube läuft und pickt Futter aus dem Napf; sobald dieser im Gang verschwindet, wendet sich die Taube sofort vom Gang ab, begibt sich auf die andere Seit der Schiene und läuft an ihr entgegengesetzt zur Bewegungsrichtung des Futters zurück (s. Abb. 2)[1]).

Abb. 2

Abb. 3

Taube Nr. 2. Versuch 14/IV, 17.15 Uhr. Bewegungsgeschwindigkeit des Futternapfes 10 cm/sec. Der Futternapf bewegt sich 1,5 m auf der Schiene entlang, ehe er im Gang verschwindet. Die Taube läuft hinter dem Napf her und pickt Futter heraus, sobald der Futternapf im Gang verschwindet, entfernt sie sich einige Schritte vom Ganganfang, dreht den Kopf nach dem Gang zurück und schaut 3 sec auf die Stelle, an der das Futter verschwunden war, danach läuft sie längs der Schiene zurück und wendet sich schließlich unter einem Winkel von 45° von ihr ab (s. Abb. 3).

Die auf diese Weise durchgeführten Versuche ergaben ein gleichartiges Resultat: *Die Tauben haben, nachdem der Futternapf im Tunnel verschwunden war, keinerlei Versuche unternommen, die Suche in Richtung der Bewegung des Futters fortzusetzen.* Mehr als das, die Tauben sind sofort, nachdem das Futter im Tunnel verschwunden war, in entgegengesetzter Richtung zur Bewegung des Futternapfes zurückgelaufen, — auf demselben Weg, auf dem sie eben erst das Futter aufgepickt hatten.

Versuche mit Hühnern

Die durchgeführten Versuche haben gezeigt, daß sich die Hühner in ihrer Reaktion auf das im Tunnel verschwindende Futter merklich von den Tauben unterscheiden.

Im wesentlichen wird das Verhalten der meisten Hühner nach dem Verschwinden des Futters durch eine kurze Suche in der Nähe der Stelle, an der das Futter verschwunden war, charakterisiert. Um festzustellen, ob der Auf-

---

[1]) Die Abbildungen zeigen das Verhalten der Tiere. Genaue Maßstäbe sind nicht berücksichtigt.

=<= Bewegungsrichtung des Futternapfes

←– – – Bewegung des Tieres bis zum Verschwinden des Napfes

←—— Bewegung des Tieres nach dem Verschwinden des Napfes

enthalt der Hühner am Tunneleingang nicht zufällig war, wurden Kontrollversuche mit leeren Futternäpfen durchgeführt.

Die Aufenthaltszeit der Hühner am Tunneleingang, d. h. an dem Platz, an dem das Futter verschwand, wird für gefüllten und leeren Futternapf in der Tabelle 1 angegeben.

Tabelle 1

Vergleich der Aufenthaltszeiten der Hühner vor dem Tunneleingang bei Bewegung des Napfes mit und ohne Futter (erster Versuch mit jedem Huhn)

Nr.	Name oder Nummer	Geschlecht	Suchzeit (in sec) bei Bewegung des Futternapfes		Nr.	Name oder Nummer	Geschlecht	Suchzeit (in sec) bei Bewegung des Futternapfes	
			mit Futter	leer				mit Futter	leer
1	Linker	♂	70	10	13	Eule	♀	2	0
2	Rechter	♂	43	4	14	1715	♀	33	0
3	Bandit	♂	0	0	15	Schwarze	♀	6	7
4	Häkchen	♂	7	0	16	Bunte	♀	0	0
5	Aufrichtiger	♂	16	0	17	Kämpfer	♂	0	0
6	1714	♀	0	0	18	Rötling	♂	4	0
7	1728	♀	0	0	19	Flinker	♂	12	0
8	1724	♀	18	0	20	Schöner	♂	4	0
9	1702	♀	10	0	21	Streitiger	♂	12	0
10	1713	♀	30	0	22	Schwänzchen	♂	5	0
11	Hörnchen	♀	3	0	23	Punkt	♀	0	0
12	1742	♀	18	0	24	Zottige	♀	7	0

Als Beispiel für das Suchen nach dem im Gang verschwundenen Futter mögen die Versuche mit dem Hahn „Linker“ dienen.

Versuch 11/IV. Bewegungsgeschwindigkeit des Futternapfes 1,5 cm/sec. Sichtbarer Weg des Futternapfes 1,5 m.

14.25 Uhr. Der Hahn läuft hinter dem *leeren* Futternapf her und sieht hinein. Nachdem der Futternapf im Tunnel verschwunden ist, bleibt er 10 sec am Tunneleingang stehen, läuft dann auf die andere Seite des Tunnels und an ihm entlang, schließlich kommt er wieder zurück (s. Abb. 4).

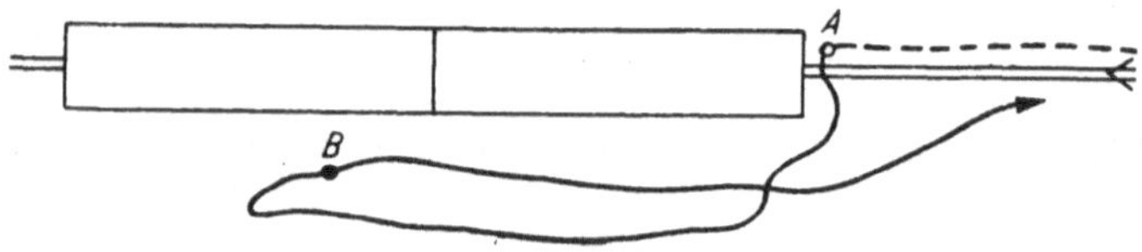

Abb. 4. *A* — Aufenthalt des Hahns; *B* — die Stelle, an der sich der Hahn befand, als der Futternapf aus dem Tunnel herausfuhr

14.30 Uhr. Voller Futternapf. Der Hahn läuft und pickt intensiv Futter aus dem Napf; als das Futter im Tunnel verschwindet, fliegt er sofort auf den Tunnel und beginnt mit den Füßen an der Stelle des Tunnels zu scharren, wo das Futter verschwand. Er scharrt mit den Füßen und dreht sich 70 sec lang hin und her, schließlich springt er vom Tunnel herunter und läuft weg (Abb. 5).

In einem Versuch, der 2 Tage nach dem eben beschriebenen ersten Experiment durchgeführt wurde, beobachtete man wieder das Suchen nach dem Futter, das sich in den scharrenden Bewegungen der Füße in der Nähe des Tunnelanfangs ausdrückte, nachdem das Futter in ihm verschwunden war.

Versuch 13/IV. Bewegungsgeschwindigkeit des Futternapfes 10 cm/sec. Offener Weg des Futternapfes 1,5 m.

Abb. 5

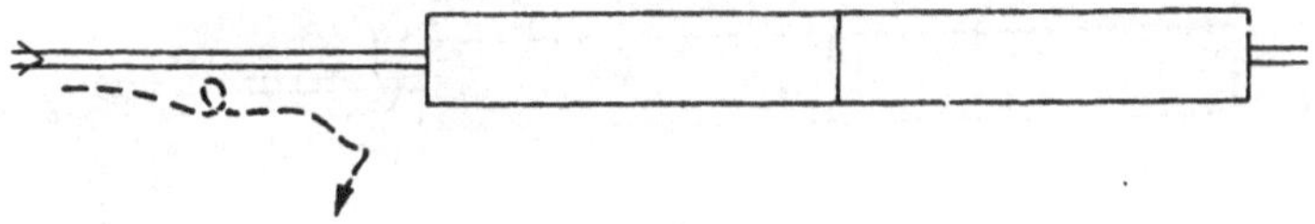

Abb. 6

Abb. 7. *A* — die Stelle, an der der Hahn auf dem Boden scharrt

14.50 Uhr. Der Hahn läuft dem leeren Futternapf nach, läßt sich jedoch durch jede Unebenheit des Fußbodens ablenken. Der Futternapf bleibt in dem Moment, als er in den Tunnel einfährt, stecken, sein Rand ragt aus dem Tunnel heraus, doch ungeachtet dessen wendet sich der Hahn vom Tunnel ab (Abb. 6).

14.55 Uhr. Der Hahn läuft hinter dem vollen Futternapf her und pickt sich intensiv Futter heraus. Nachdem der Futternapf im Tunnel verschwunden ist, bleibt der Hahn 10 sec lang vor dem Tunnel stehen und scharrt mit den Füßen auf dem Fußboden (Abb. 7).

In dem Versuch 13/IV erweist sich die Suche nach dem Futter schon als bedeutend kürzer und weniger intensiv als in dem Versuch 11/IV. Der Hahn fliegt nicht mehr auf den Tunnel und macht nur einige scharrende Bewegungen unmittelbar am Tunneleingang. Die scharrenden Bewegungen mit den Füßen sind ein charakteristischer Bestandteil des Nahrungsreflexes hinsichtlich des Wegscharrens des Bodens bei der Nahrungssuche.

Bei einigen Versuchstieren wurden Suchbewegungen nicht nur unmittelbar am Tunneleingang festgestellt, sondern sogar kurze Bewegungen in der Richtung des im Tunnel verschwundenen Futters.

Als Beispiel dazu können wir den Versuch mit dem Huhn Nr. 1724 anführen.

Versuch 19/X. Bewegungsgeschwindigkeit des Futternapfes 9 cm/sec. Offener Weg des Futternapfes 1,5 m.

18.20 Uhr. Das Huhn reagiert nicht auf den sich bewegenden leeren Futternapf. Es läuft bis zum Tunneleingang (Abb. 8).

18.25 Uhr. Das Huhn läuft dem vollen Futternapf hinterher und pickt Futter heraus; sobald der Futternapf im Tunnel verschwunden ist, streckt das Huhn den Hals vor und läuft am Tunnel 50 cm entlang, versucht während der ganzen Zeit über den Tunnel zu sehen, kommt bis zum Tunneleingang zurück, läuft auf die andere Seite, läuft 25—30 cm, ist wieder die ganze Zeit bemüht über den Tunnel zu sehen, kehrt wiederum zum Tunneleingang zurück, danach wendet es sich vom Tunnel ab und läuft an der Schiene entlang zurück. Dauer der Futtersuche 18 sec (Abb. 9).

Abb. 8

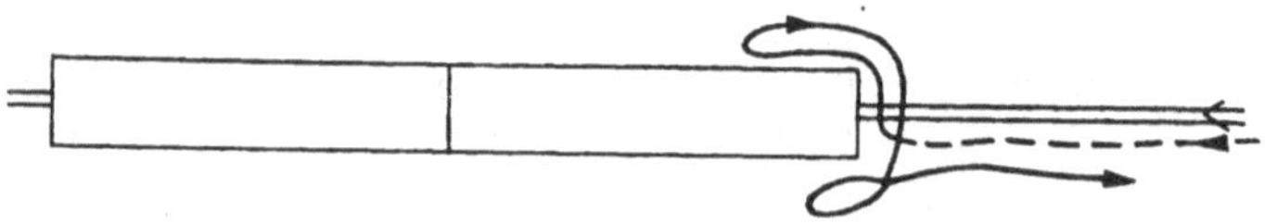

Abb. 9

Dieser Versuch zeigt, daß nach Verschwinden des Futters einige Hühner nicht nur direkt am Tunneleingang suchen, sondern auch kurze extrapolierend-reflektorische Bewegungen bis zu 50 cm entlang des Tunnels machen.

Charakteristischer für Hühner ist jedoch der kurze Aufenthalt unmittelbar am Tunneleingang, d. h. die Suche nach dem Futter am Ort seines Verschwindens.

Versuche mit Rabenvögeln

Die Versuche mit Rabenvögeln unterschieden sich im Charakter der Suche nach dem im Tunnel verschwundenen Futter erheblich von den mit Tauben, wie auch mit Hühnern durchgeführten Versuchen. Alle 8 Versuchsvögel suchten das Futter nach seinem Verschwinden sehr aktiv und lange längs des Tunnels. Alle Vögel suchten das Futter nicht nur an der Stelle seines Verschwindens, d. h. am Tunneleingang, sondern längs des Tunnels. Die Suche nach dem leeren Futternapf fehlte.

In der Tabelle 2 sind die Resultate der durchgeführten Versuche dargestellt.

Als charakteristisches Beispiel für die Suche nach dem verschwundenen Futter kann man den Versuch mit der Krähe „Warja“ anführen.

Versuch 1/X. Bewegungsgeschwindigkeit des Futternapfes 8 cm/sec. Offener Weg des Futternapfes 1,5 m.

15.20 Uhr. Die Krähe läuft hinter dem Futternapf her, in dem ein Stück Fleisch befestigt ist und hackt daran. Sobald der Futternapf im Tunnel verschwunden ist, läuft die Krähe 240 cm am Tunnel entlang, kehrt um, läuft zum Tunneleingang, kommt aber nicht bis zu ihm, sondern läuft erneut am Tunnel in Richtung des bewegten Futters entlang Nach 47 sec gibt sie die Suche auf und wendet sich vom Tunnel ab (Abb. 10).

Tabelle 2

Zeitvergleich und längs des Tunnels zurückgelegte Wegstrecken bei der Futtersuche der Rabenvögel bei Bewegung des Napfes mit und ohne Futter (erster Versuch mit jedem Vogel)

Nr.	Name	Art	Suche bei der Bewegung des Futternapfes			
			mit Futter		ohne Futter	
			Zeit in sec	Weg in cm	Zeit in sec	Weg in cm
1	Pawa	Aaskrähe	< 50	300	0	0
2	Maschka	,,	45	150	0	0
3	Warja	,,	47	240	0	0
4	Waräger	,,	75	120	2	10
5	Schöne	,,	51	230	0	0*)
6	Jule	Elster	< 15	150	0	0
7	Unbekannte	,,	80	120	10**)	0
8	Artemia	,,	50	150	0	0

*) Nachdem der leere Futternapf im Tunnel verschwunden war, lief die Krähe am Tunnel entlang, aber beachtete ihn überhaupt nicht.
**) Blieb 10 sec am Tunneleingang stehen.

15.25 Uhr. Auf den sich bewegenden leeren Futternapf reagiert die Krähe überhaupt nicht, wendet sich von ihm ab und läuft zur Seite (Abb. 11).

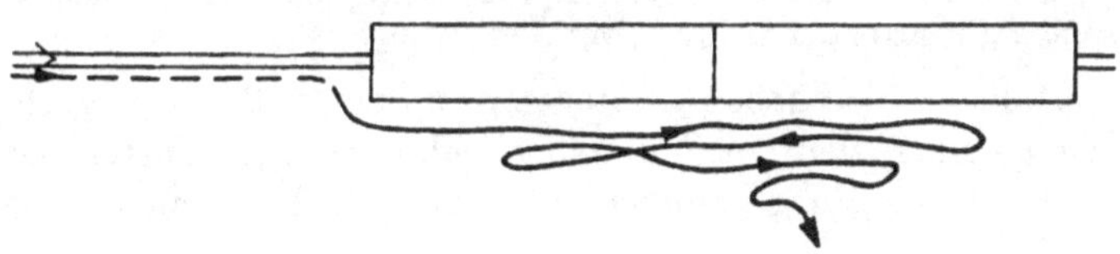

Abb. 10

Abb. 11. A — die Stelle, an der sich die Krähe in dem Moment befand, als der Futternapf verschwand

Sehr lehrreich waren die Versuche, in denen beide Teile des Tunnels nicht fest zusammenhingen, sondern durch einen kleinen Spalt getrennt waren, durch den die Vögel das Futter in dem Augenblick sehen konnten, in dem der Futternapf sich am Spalt vorbeibewegte.

In zwei Fällen liefen die Vögel, als sie das Futter durch den Spalt sahen, augenblicklich bis zum Tunnelende und hielten sich dort auf.

Versuch Nr. 1 mit der Elster ,,Jule" 11/II. Bewegungsgeschwindigkeit des Futternapfes 10 cm/sec. Spalt zwischen beiden Teilen des Tunnels 4 cm.

12.45 Uhr. Sobald sich der Futternapf mit dem darin befestigten Stück Fleisch zu bewegen beginnt, läuft die Elster nach dem Futter und pickt davon. Als das Futter im

Tunnel verschwindet, läuft Jule sofort 60—70 cm am Tunnel entlang, kehrt zum Tunneleingang zurück und läuft schnell bis zum Spalt, schaut hinein, wendet sich nochmals kurz zurück, läuft erneut zum Spalt. In diesem Moment bewegt sich das Futter gerade am Spalt vorbei. Jule läuft sofort am zweiten Teil des Tunnels entlang. Als sie 50—60 cm gelaufen ist, kehrt sie zum Spalt zurück, schaut hinein, läuft bis zum Tunnelende und bleibt unmittelbar davor stehen. Den Kopf zum Tunnelausgang gewendet, wartet der Vogel ganz gespannt und aufmerksam. Er bleibt am Tunnelausgang stehen, bis das Futter erscheint und pickt dann davon (Abb. 12).[1])

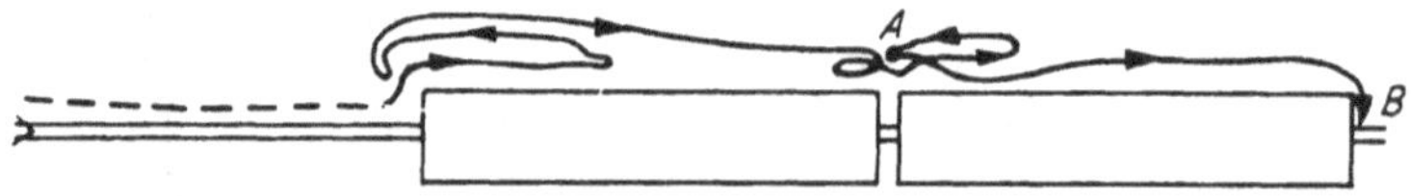

Abb. 12. *A* — der Punkt, an dem sich Jule befand, als sich das Futter am Spalt vorbeibewegte; *B* — der Punkt, an dem Jule das Futter erwartet

In dem durchgeführten Versuch führte Jule zur Erlangung des Futters zwei extrapolierende reflektorische Läufe aus:

1. längs des ersten Teiles des Tunnels bis zum Spalt,
2. längs des zweiten Teiles des Tunnels, nach dem der Vogel den sich am Spalt vorbeibewegenden Futternapf erspäht hatte.

Sehr ähnlich ist das Resultat, das aus einem Versuch mit einer anderen Elster ,,Artemia“ erhalten wurde, die genauso den extrapolierenden Lauf am ersten Teil des Tunnels entlang machte, den sich vorbeibewegenden Futternapf erblickte, bis zum Tunnelausgang lief und dort in gespannter abwartender Haltung verblieb.

Die durchgeführten Versuche demonstrierten den großen Unterschied im Charakter der Suche nach dem im Tunnel verschwundenen Futter bei allen acht beobachteten Rabenvögeln gegenüber Hühnern und Tauben.

Versuche mit Kaninchen

Die mit Kaninchen durchgeführten Versuche waren, was die Suche nach dem Futter anbetrifft, denen mit Hühnern am ähnlichsten. In Tabelle 3 sind die Resultate der durchgeführten Versuche wiedergegeben.

Tabelle 3

Zeit und Wegstrecke längs des Tunnels bei der Futtersuche (Resultate des ersten durchgeführten Versuchs)

Nr.	Name	Geschlecht	Suche nach dem Futter bei Bewegung des Futternapfes	
			Zeit in sec	Weg in cm
1	Kolka	♂	40	150
2	Schlappohr	♀	22*)	0
3	Grauchen	♀	7*)	0
4	Zwerg	♂	5*)	0
5	Dickerchen	♀	12*)	0

*) Aufenthalt unmittelbar am Tunneleingang.

[1]) Der Vogel sieht den sich im Tunnel bewegenden Futternapf nicht, weil der Tunnelausgang mit einer Klappe verschlossen ist.

Sowohl auf Grund der ersten als auch der folgenden Versuche kam man zu der Schlußfolgerung, daß die Kaninchen während einer gewissen Zeit das Futter an dem Ort seines Verschwindens weitersuchen. Nur in einem Fall fand diese Suche längs des Tunnels statt.

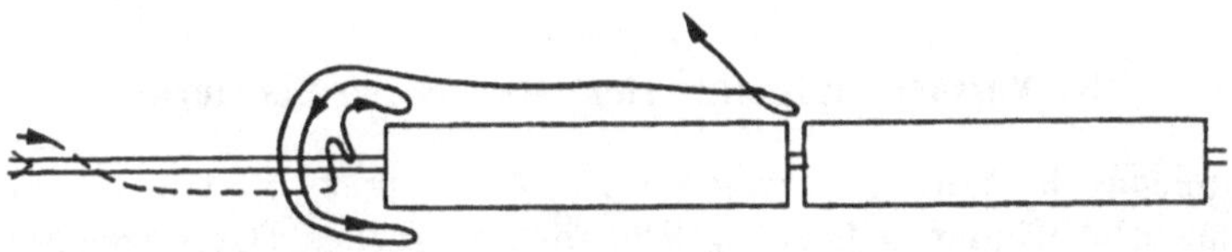

Abb. 13

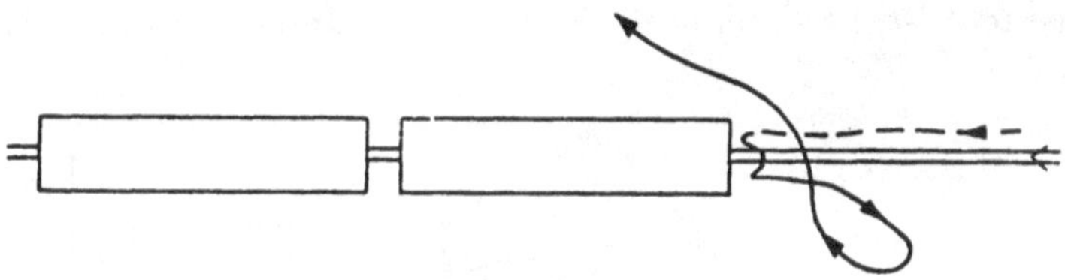

Abb. 14

Zur Illustration sei das Resultat des Versuchs mit dem Kaninchen „Kolka“ angeführt.

Versuch 11/II. Bewegungsgeschwindigkeit 10 cm/sec. Der Spalt zwischen beiden Teilen des Tunnels beträgt 4 cm. Offener Weg des Futters 1,5 m.

15.25 Uhr. Der Futternapf mit einer darin befestigten Mohrrübe bewegt sich auf der Schiene. Das Kaninchen läuft hinter dem Futternapf her und nagt an der Mohrrübe. Als der Futternapf im Tunnel verschwindet, läuft es beharrlich vor dem Tunneleingang hin und her, setzt einige Male über die Schiene, umläuft den Tunnel von beiden Seiten, danach läuft es bis zum Spalt, sieht hinein (das Futter hat sich schon am Spalt vorbeibewegt) und wendet sich nach 40 sec vom Tunnel ab (Abb. 13).

In einigen Versuchen mit Kaninchen konnte jedoch nach dem Verschwinden des Futternapfes nur der Aufenthalt in der Nähe des Tunneleingangs beobachtet werden.

Versuch mit dem Kaninchen „Grauchen“ 28/X.

14.33 Uhr. Das Kaninchen läuft nach dem sich bewegenden Futternapf und nagt an der Mohrrübe. Als der Futternapf im Tunnel verschwindet, bleibt es 7 sec vor dem Tunneleingang sitzen, darauf läuft es von ihm weg und beachtet ihn nicht mehr (Abb. 14).

In allen folgenden Experimenten mit unseren Versuchskaninchen ergab sich ein ähnliches Bild: Entweder ein Aufenthalt, der in einigen Fällen deutlich die Suche nach dem Futter am Tunneleingang ausdrückte oder die Suche des Futters auf einer kurzen Strecke längs des Tunnels.

Wenn wir aus den durchgeführten Versuchen eine Bilanz ziehen, kommen wir zu folgendem Ergebnis.

Es wurde ein großer Unterschied hinsichtlich des Ausprägungsgrades der extrapolierenden Reflexe bei der Suche nach dem sich bewegenden und im Tunnel verschwindenden Futter beobachtet. Bei Tauben fand man keinerlei Anzeichen für das Vorhandensein dieser Reflexe. Hühner und Kaninchen suchen nach dem Futter am Ort seines Verschwindens, wobei die Suche in einigen Fällen längs des Anfangsteiles des Tunnels fortgesetzt wird. Bei Rabenvögeln ist die Fähigkeit, die Bewegungsrichtung des im Tunnel verschwundenen Futternapfes zu extrapolieren, gut entwickelt. Diese Vögel suchen das Futter nicht nur längs des Tunnels, sondern sie sind fähig, *den Ort zu extrapolieren, auf den sich das Futter hinbewegt.*

b) Versuche mit einer sich bewegenden Plattform

Der Versuch besteht in folgendem: Auf einer Plattform aus Metall (18,5 × 37,5 cm) befindet sich ein in Fugen bewegliches Dach, welches dicht an die Vorderwand der Plattform herangeschoben werden kann. Der Futternapf mit Futter, der zwischen der Vorderwand der Plattform und dem beweglichen Dach aufgestellt ist, kann im geeigneten Moment durch das Dach verdeckt werden (Abb. 15).

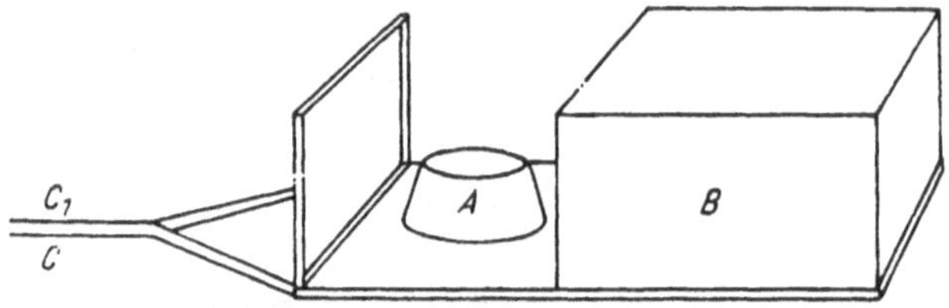

Abb. 15

A — Futternapf; B — das Dach; C und C_1 — Schnüre, mit deren Hilfe Plattform und Dach bewegt werden können.

Der Versuch besteht darin, daß das sich auf der Plattform bewegende Futter (Reizursache A) von dem Dach (B) überdeckt wird und die Plattform danach entweder sofort stehenbleibt oder sich in derselben Richtung weiterbewegt.

Das Tier muß in diesem Versuch zur Erlangung des Futters[1]) zwei elementare Handlungen ausführen: 1. feststellen, daß A nicht verschwunden ist, sondern nur durch B verdeckt ist (sich in B befindet); 2. feststellen, wenn A sich in B befindet und B sich weiterbewegt, sich auch A in B weiterbewegt.

Bleibt die Plattform sofort stehen, nachdem A durch B verdeckt ist, so braucht das Tier nur die erste Handlung durchführen, nämlich A am Ort seines Verschwindens in B zu suchen. Dafür genügt es offensichtlich, eine Assoziation zwischen A und B herzustellen. Bewegt sich die Plattform weiter, nachdem A durch B verdeckt wurde, so muß das Tier, abgesehen von der ersten Feststellung, die Suche nach A nicht an dem Ort seines Verschwindens fortsetzen, sondern in dem sich weiterbewegenden B.

Versuche mit Tauben

Bei Verdeckung des Futters und gleichzeitigem Anhalten der bewegten Plattform wenden sich die Tauben entweder sofort von der Plattform ab oder, wie

[1]) Es ist den Tieren nicht möglich, das Dach zu verschieben.

in der Hälfte der durchgeführten Versuche, halten sie sich eine kurze Zeit (4—8 sec) in ihrer Nähe auf (nur in einem Fall kehrte die Taube im Verlauf von 80 sec mehrmals zur stehengebliebenen Plattform zurück, flog danach auf das Dach und begann sich zu putzen).

In den Versuchen, in denen sich die Plattform nach Verdeckung des Futters durch das Dach weiterbewegte, entfernten sich die Tauben meistens sofort von der bewegten Plattform und reagierten nicht mehr darauf. In 19 durchgeführten Versuchen lief nur in einem Fall eine Taube (Nr. 2) einige Schritte hinter dem verdeckten und sich auf der Plattform weiterbewegenden Futter her und entfernte sich darauf. In einem anderen Fall entfernte sich eine Taube (Nr. 5) sofort von der sich bewegenden Plattform, auf der das Futter durch das Dach verdeckt war, lief in zwei großen Bogen durch das Laboratorium, schließlich lief sie zu der sich weiterbewegenden Plattform und kehrte sich sofort von ihr ab.

Ein charakteristisches Bild für das Verhalten der Tauben liefern die Resultate der Versuche mit der Taube Nr. 6.

Versuch 2/IV.

13.15 Uhr. Die Plattform mit dem Futternapf bewegt sich mit einer Geschwindigkeit von 5 cm/sec. Die Taube läuft hinter der Plattform her und pickt Futter aus dem Napf. Nachdem sich die Plattform um 1,5 m verschoben hat, wird das Futter vom Dach überdeckt und gleichzeitig bleibt die Plattform stehen. Die Taube entfernt sich einige Schritte, kommt zur Plattform zurück, streckt den Kopf vor, als ob sie durch das auf das Futter geschobene Dach zu sehen versucht und entfernt sich von ihr. Die Reaktion auf die stillstehende Plattform mit dem verdeckten Futter dauert 8 Sekunden (Abb. 16).

13.35 Uhr. Die Plattform bewegt sich mit einer Geschwindigkeit von 4,5 cm/sec. Die Taube läuft hinter der Plattform her und pickt Futter aus dem Napf. Nachdem sich die Plattform um 1,5 m verschoben hat, wird das Futter durch das darübergeschobene Dach verdeckt, aber die Plattform bewegt sich weiter. Sobald der Futternapf verdeckt ist, wendet sich die Taube sofort von der Plattform ab (Abb. 17).

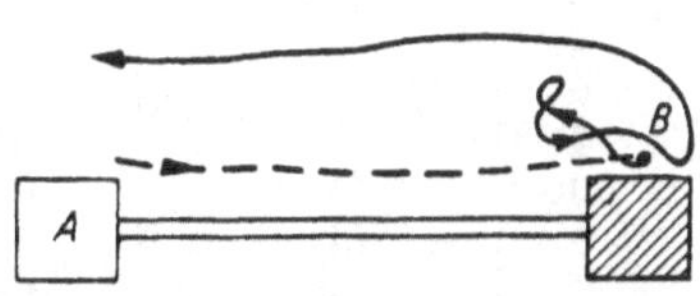

Abb. 16. *A* — Plattform mit dem nicht verdeckten Futter; schraffiert — Plattform mit dem verdeckten Futter; = — Bewegung des Futternapfes; ------- — Bewegung des Tieres bis zur Verdeckung des Futternapfes; — — Bewegung des Tieres, nachdem der Futternapf verdeckt wurde; *B* — die Stelle, an der die Taube stehenblieb

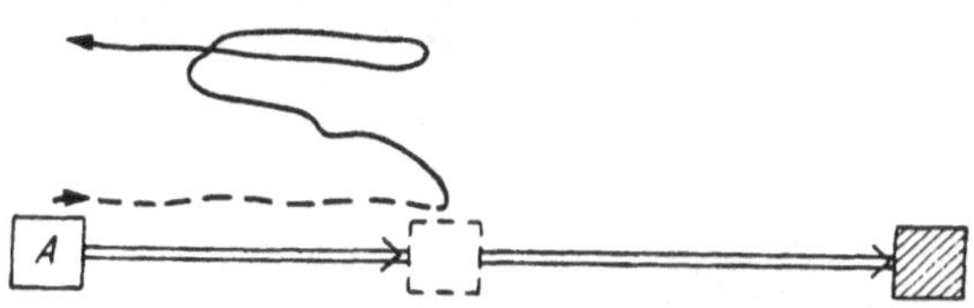

Abb. 17. gestricheltes Quadrat — Stelle, an der der Futternapf verdeckt wurde; schraffiert — Haltepunkt der Plattform (die übrigen Bezeichnungen sind aus der Abb.14 zu entnehmen)

Wenn man die durchgeführten Versuche mit Tauben zusammenfaßt, kommt man zu dem Schluß, daß das sofortige Entfernen oder der nur kurze Aufenthalt (4—8 sec) in der Nähe des verdeckten und gleichzeitig stillstehenden Futters charakteristisch für ihr Verhalten sind. Ist das Futter jedoch verdeckt und bewegt sich weiter, so wenden sich die Tauben in den meisten Fällen sofort von der sich bewegenden Plattform ab.

Versuche mit Hühnern

Die Resultate der mit Hühnern durchgeführten Versuche werden in der Tabelle 4 wiedergegeben.

Aus der beigefügten Tabelle ist ersichtlich, daß alle Hühner bei Abdeckung des Futters und gleichzeitigem Anhalten der Plattform etliche Sekunden darauf reagieren.

Tabelle 4

Reaktion der Hühner auf Weiterbewegung bzw. Stillstand der Plattform nach Abdeckung des Futters (Resultate des ersten Versuchs mit jedem Huhn)

Nr.	Name oder Nummer des Huhns	Geschlecht	Reaktion auf das verdeckte Futter: bei stillstehender Plattform		
				bei sich weiter bewegender Plattform	
			Reaktionszeit in sec	Reaktionszeit in sec	Hinter der bewegten Plattform zurückgelegte Strecke in cm
1	Bandit	♂	17	0	0
2	Krümchen	♀	32	1	10—12
3	Gelbe	♀	30	0	0
4	Rechter	♂	26	16	125*)
5	Häkchen	♂	30	0	0
6	Schwänzchen	♂	55	0	0**)
7	1714	♀	40	5	40
8	1728	♀	55	8***)	5—6
9	1724	♀	65	9***)	0
10	Schwarze	♀	38	8***)	0
11	armes Schluckerchen	♀	44	8	0
12	Bunte	♀	37	9***)	0
13	Zottige	♀	57	10	100
14	Hörnchen	♀	16	0	0
15	Punkt	♀	18	0	0
16	Rötling	♂	12	5***)	0
17	Jurka	♂	14	0	0
18	Schöner	♂	15	6***)	0
19	Streitender	♂	80	3***)	0
20	Eule	♀	13	10***)	0
21	Kämpfer	♂	8	5***)	0

*) Kontrollversuche, die mit diesem Hahn durchgeführt wurden, zeigten, daß er hinter den verschiedensten bewegten Gegenständen herlief, Merkmale einer Orientierungsreaktion zeigend. Es ist deshalb wahrscheinlich, daß auch bei dem durchgeführten Versuch die Bewegung in Richtung des verdeckten und sich bewegenden Futters mit einem Orientierungs-Reflex des Hahns bezüglich des sich bewegenden Gegenstandes verbunden ist.

**) Als das Futter verdeckt wurde, entfernte sich der Hahn sofort von ihm, lief zurück, holte danach die Plattform wieder ein, näherte sich ihr bis auf 20—25 cm und lief sofort wieder weg.

***) Die Hühner bewegten sich nicht, sie blieben nur an der Stelle stehen, an der sie sich befanden, als das Futter vom Dach überdeckt wurde.

Alle Hühner suchen das Futter intensiv auf der stehengebliebenen Plattform. Bewegt sich diese nach Abdeckung des Futters durch das Dach weiter, so entfernen sie sich entweder sofort von ihr oder bleiben noch 6—9 Sekunden an der Stelle, an der das Futter verdeckt wurde, stehen, wobei sie manchmal scharrende Bewegungen mit den Füßen machen.

Nur wenige Hühner laufen dem verdeckten, auf der Plattform bewegten, Futter nach.

Zur Illustration eines typischen Falles sei ein Versuch mit dem Huhn „Schwarze" angeführt.

Versuch 20/XII.

17.33 Uhr. Die Plattform mit daraufstehendem leerem Futternapf bewegt sich mit einer Geschwindigkeit von 11 cm/sec. Nachdem sie sich um 1,5 m verschoben hat, wird der Futternapf durch das Dach verdeckt, aber die Plattform bewegt sich noch um 2,5 m weiter. Das Huhn, das sich bei Beginn der Bewegung in der Nähe der Plattform befindet, reagiert überhaupt nicht auf dieselbe (Abb. 18).

17.38 Uhr. Die Plattform mit daraufstehendem Futternapf mit Futter bewegt sich mit einer Geschwindigkeit von 9 cm/sec. Das Huhn läuft hinter der Plattform her und pickt Futter aus dem Napf. Nachdem sich die Plattform um 1,5 m verschoben hat, wird der Futternapf vom Dach überdeckt, bewegt sich jedoch noch 2,5 m weiter. Sobald das Futter verdeckt ist, bleibt das Huhn sofort stehen (8 sec) und läuft zurück (Abb. 19).

17.45 Uhr. Die Plattform mit daraufstehendem Futternapf bewegt sich mit einer Geschwindigkeit von 8 cm/sec. Das Huhn läuft hinter der Plattform her und pickt Futter aus dem Napf. Nachdem die Plattform um 1,5 m verschoben wurde, wird der Futternapf vom Dach überdeckt und bleibt gleichzeitig stehen. Das Huhn läuft um die Plattform herum, pickt einmal am Dach. Nach 38 sec läuft es weg (Abb. 20).

Als Beispiel für die Verfolgung der bewegten Plattform dient der Versuch, der mit dem Huhn Nr. 1714 durchgeführt wurde.

Versuch 10/XII.

17.48 Uhr. Die Plattform mit daraufstehendem Futternapf mit Futter bewegt sich mit einer Geschwindigkeit von 8 cm/sec; die Weglänge beträgt 4 m. Nachdem die Plattform um 1,5 m fortbewegt wurde, wird das Futter vom Dach überdeckt. Darauf läuft das Huhn in 5 Sekunden 40 cm hinter der bewegten Plattform her (Abb. 21).

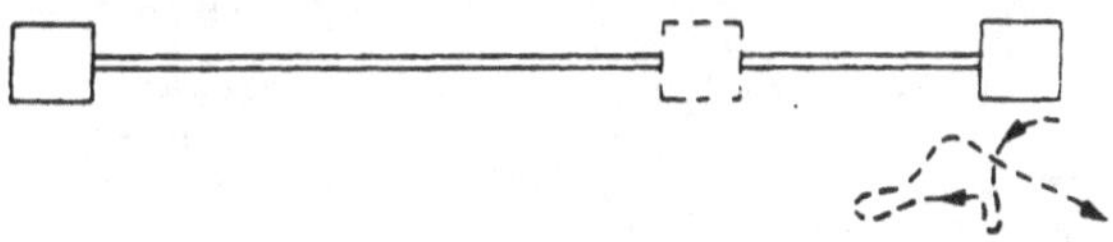

Abb. 18

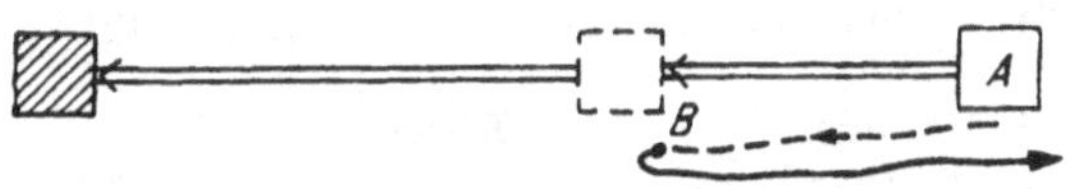

Abb. 19. B — die Stelle, an der das Huhn stehenblieb

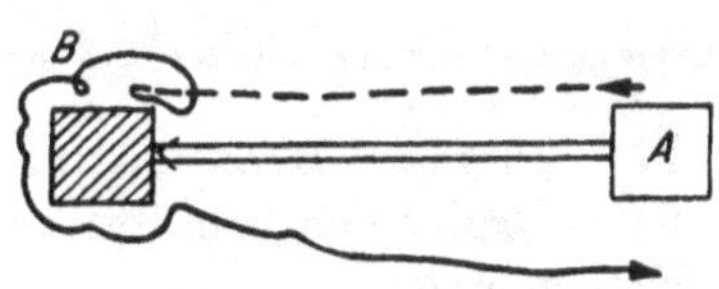

Abb. 20. B — die Stelle, an der das Huhn am Dach pickte

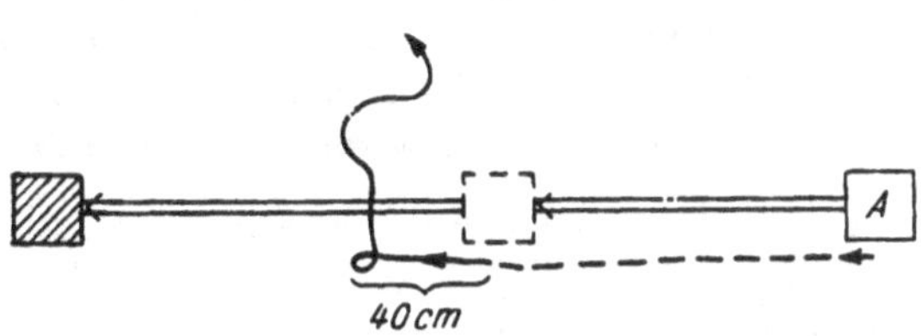

Abb. 21

Auf Grund der durchgeführten Versuche ergab sich, daß *alle Hühner die Suche nach dem verdeckten und stillstehenden Futter fortsetzen und daß nur wenige von ihnen auf das verdeckte und sich weiterbewegende Futter reagieren.*

Versuche mit Rabenvögeln

Die mit Rabenvögeln durchgeführten Versuche zeigten, daß die Suche nach dem verdeckten Futter erfolgt, ganz gleich, ob dieses stehenbleibt oder sich weiterbewegt.

In der Tabelle 5 sind die Resultate dargestellt.

Aus der Tabelle ist ersichtlich, daß bei allen Versuchsvögeln eine Reaktion auf die Plattform mit dem verdeckten Futter zu verzeichnen war, unabhängig davon, ob diese stehen blieb oder sich weiterbewegte.

Tabelle 5

Reaktion der Rabenvögel auf die stillstehende oder sich weiterbewegende Plattform nach der Abdeckung der Futters (Resultate des ersten Versuchs mit jedem Vogel)

Nr.	Name	Art	Reaktion auf das verdeckte Futter		
			bei stillstehender Plattform	bei sich weiterbewegender Plattform	
			Reaktionszeit in sec	Reaktionszeit in sec	Wegstrecke in cm
1	Pawa	Aaskrähe	45*)	< 29	< 250
2	Maschka	,,	—	< 10	< 80
3	Warja	,,	124*)	8	90
4	Waräger	,,	53	35	250
5	Jule	Elster	—	10	100
6	Unbekannte	,,	30	38	< 250
7	Artemia	,,	88	30	< 250

*) Beiden Krähen gelang es schließlich, das Dach wegzuschieben und an das Futter heranzukommen.

In allen Fällen kam die Reaktion auf das verdeckte Futter klar zum Ausdruck: Die Vögel waren beharrlich bemüht, unter das sich über dem Futter befindende Dach zu schauen und einzudringen. Um zu prüfen, ob es sich nicht um eine Orientierungsreaktion auf den unbekannten bewegten Gegenstand handelt, begann man die Versuche mit der Bewegung einer leeren Plattform ohne Futter. *In keinem Fall stellte man bei den Versuchsvögeln die geringste Reaktion auf die bewegte Plattform ohne Futter fest. Alle reagierten jedoch weiter auf die Plattform, wenn das auf ihr stehende Futter durch das Dach ihrem Blickfeld entzogen wurde.*

Als Beispiel beschreiben wir Versuche mit der Elster ,,Unbekannte''.

Versuch 28/IV.

14.30 Uhr. Die leere Plattform mit dem verdeckten Dach bewegt sich mit einer Geschwindigkeit von 10 cm/sec. Zu Beginn der Bewegung befindet sich die Elster in der

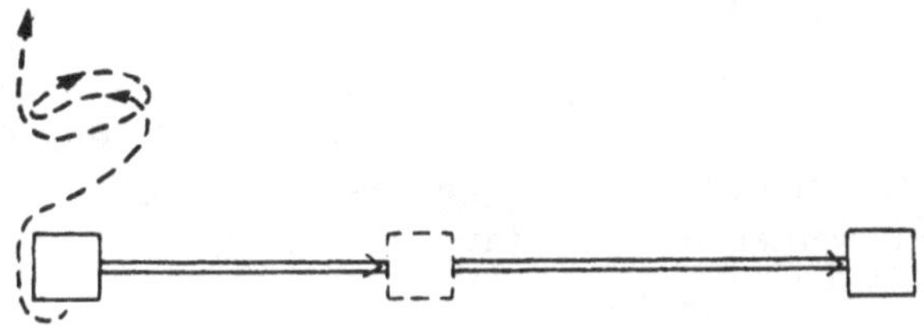

Abb. 22

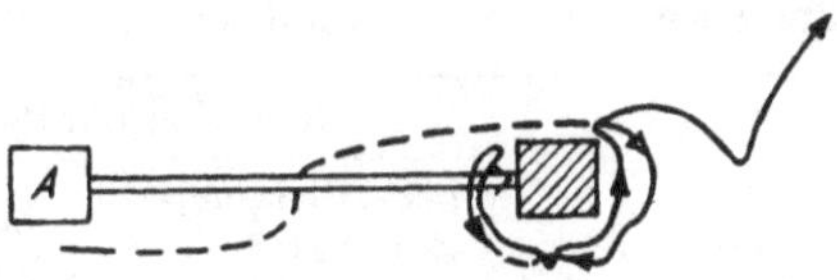

Abb. 23

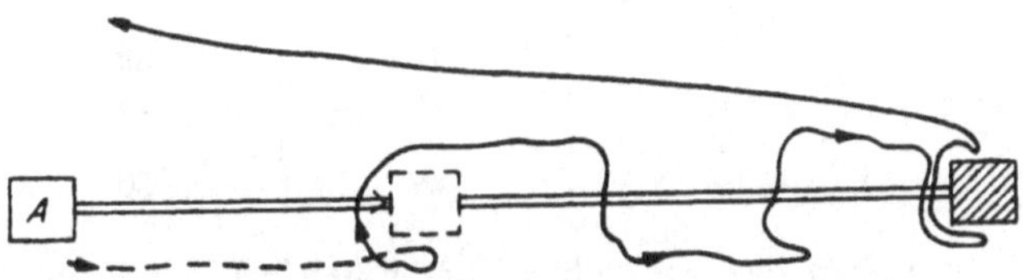

Abb. 24

Nähe der Plattform. Sie beachtet sie nicht, sondern entfernt sich von ihr und zeigt während des ganzen Bewegungsverlaufes nicht die geringste Reaktion (Abb. 22).

14.47 Uhr. Die Plattform, auf der der Futternapf mit dem Futter steht, bewegt sich mit einer Geschwindigkeit von 5 cm/sec. Die Elster hackt am Fleisch, zeigt jedoch einige Symptome der Angst vor der sich bewegenden Plattform. Nachdem diese sich um 1,5 m verschoben hat, wird das Futter von dem Dach überdeckt und bleibt gleichzeitig stehen. Die Elster umläuft im Verlauf von 30 Sekunden die Plattform zweimal von allen Seiten und bemüht sich, unter das über das Futter geschobene Dach zu sehen. Dann entfernt sie sich und beachtet die Plattform nicht mehr (Abb. 23).

14.55 Uhr. Die Plattform mit dem daraufstehenden Futter bewegt sich mit einer Geschwindigkeit von 6,5 cm/sec. Die Elster läuft und hackt am Fleisch. Nachdem sich die Plattform um 1,5 m fortbewegt hat, wird das Futter von dem darübergeschobenen Dach verdeckt, aber die Plattform setzt ihre Bewegung noch 2,5 m fort. Nach Abdeckung des Futters läuft die Elster weiter hinter der Plattform her, umkreist sie von allen Seiten und versucht, während der ganzen Zeit unter das Dach zu sehen. Einmal hackt sie am Dach. Sie läuft hinter der Plattform her und als diese stehenbleibt, umkreist sie sie von beiden Seiten, danach wendet sie sich von ihr ab (Abb. 24).

Die mit Krähen und Elstern durchgeführten Versuche zeigten, daß sich deren Verhalten merklich von dem der Tauben und Hühner unterscheidet. *Ihre Reaktion auf das verdeckte Futter, unabhängig davon, ob es, nachdem es verdeckt wurde, stehenblieb oder sich weiterbewegte, kam zum Ausdruck und war auf den Versuch gerichtet, das durch das Dach verdeckte Futter zu erlangen.*

Versuche mit Kaninchen

Die durchgeführten Versuche zeigten, daß die Kaninchen die Suche nach dem verdeckten Futter fortsetzen, unabhängig davon, ob die Plattform mit darauf befindlichem Futter stehenbleibt oder sich weiterbewegt.

In der Tabelle 6 werden die Resultate der durchgeführten Versuche wiedergegeben.

Tabelle 6

Die Reaktion der Kaninchen auf das bewegte oder stillstehende verdeckte Futter (Resultate des ersten Versuchs mit jedem Kaninchen)

Nr.	Name	Geschlecht	Reaktion auf das verdeckte Futter		
			bei stillstehender Plattform	bei bewegter Plattform	
			Reaktionszeit in sec	Reaktionszeit in sec	Wegstrecke in cm
1	Kolka	♂	14	33	170
2	Schlappohr	♀	90	25	150
3	Grauchen	♀	90	20	150
4	Dickerchen	♀	47	30	150

Die Kaninchen suchen das verdeckte Futter beharrlich sowohl bei Stillstand wie auch bei Bewegung.

20/XII. Versuch mit dem Kaninchen „Grauchen“.

11.30 Uhr. Die leere Plattform bewegt sich mit einer Geschwindigkeit von 11 cm/sec. Sie beginnt ihre Bewegung in einem Moment, in dem das Kaninchen sich in ihrer Nähe befindet. Dieses wendet sich sofort von ihr ab und reagiert überhaupt nicht mehr darauf (Abb. 25).

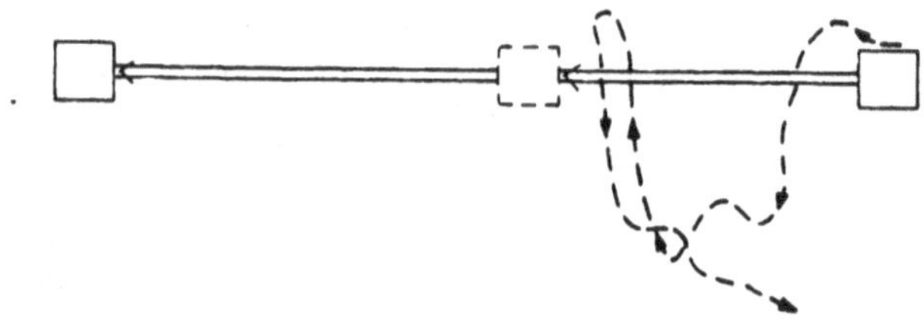

Abb. 25

11.34 Uhr. Die Plattform mit daraufstehendem Futternapf mit Futter (Mohrrübe) bewegt sich mit einer Geschwindigkeit von 8 cm/sec; die Länge der Strecke beträgt 4 m. Das Kaninchen läuft hinter der Plattform her und nagt an der Mohrrübe. Nachdem sich die Plattform um 1,5 m fortbewegt hat, wird das Futter von dem Dach überdeckt. Das Kaninchen setzt seine Bewegung fort und stößt von Zeit zu Zeit mit dem Kopf an das Dach (Abb. 26).

11.47 Uhr. Die Plattform mit dem Futternapf mit Futter bewegt sich mit einer Geschwindigkeit von 8,5 cm/sec. Das Kaninchen läuft hinter ihr her und nagt an der Mohrrübe. Nachdem sie sich um 1,5 m fortbewegt hat, wird das Futter verdeckt und bleibt gleichzeitig stehen. Das Kaninchen läuft 35 Sekunden lang ununterbrochen um die Platt-

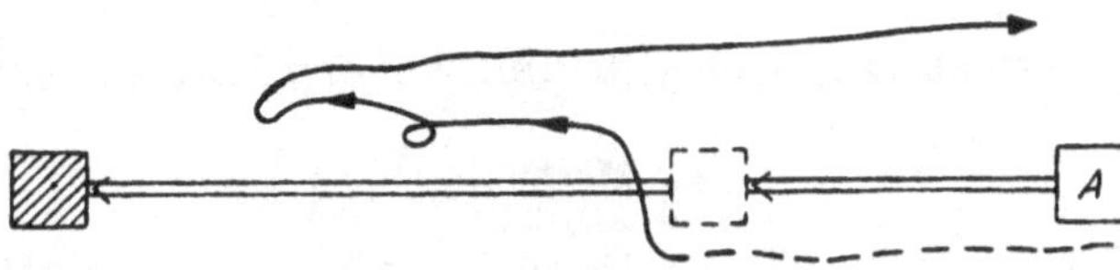

Abb. 26

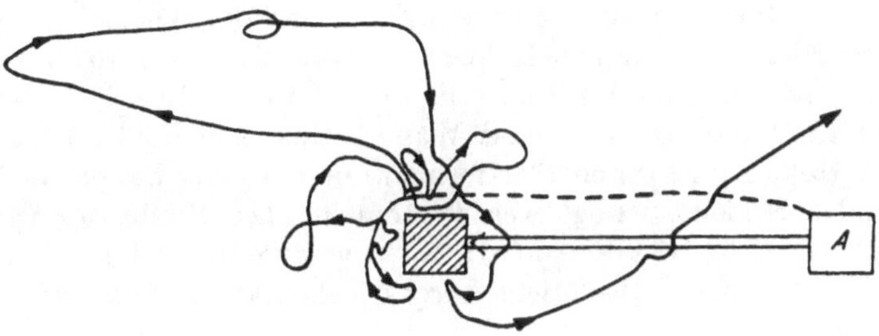

Abb. 27

form herum und versucht, mit dem Kopf unter das Dach zu gelangen, entfernt sich 2 bis 2,5 m von der Plattform und kehrt nach 65 Sekunden zurück. Nach 90 Sekunden wendet es sich ab und kommt nicht mehr zurück (Abb. 27).

Die dargestellten Versuche zeigen, daß Kaninchen sowohl bei Stillstand wie bei Weiterbewegung der Plattform nach dem verdeckten Futter suchen.

Die durchgeführten Untersuchungen zeigten, daß Tiere nicht nur die elementare Fähigkeit besitzen, Spuren der einwirkenden unbedingt-reflektorischen Reizursachen aufzubewahren; sie reagieren nicht nur auf unmittelbar wirksame Reizursachen oder auf die Stelle, an der diese sich befanden, sondern *sie besitzen auch die Fähigkeit, diese Reizursachen in Richtung ihrer Bewegungen zu verfolgen*, nachdem sie keinen unmittelbaren Einfluß mehr auf den rezeptiven Apparat des Tieres ausüben. *Das deutet auf die Fähigkeit von Tieren hin, die Bewegungsrichtung der Reizursache zu extrapolieren.* Die Fähigkeit der Extrapolation ist jedoch, wie die durchgeführten Untersuchungen gezeigt haben, bei verschiedenen Tieren in ganz unterschiedlichem Maße ausgebildet. Wir konnten sie in der durchgeführten Form des Versuches praktisch nur nicht bei Tauben feststellen. Das einzige, was bei ihnen manchmal beobachtet werden konnte, war ein sehr kurzer Aufenthalt (für einige Sekunden) an der Stelle, an der das sich bewegende Futter verschwand. Bei Hühnern und Kaninchen kann man offenbar schon von einem Vorhandensein extrapolierender Reflexe sprechen. Bei den beobachteten Rabenvögeln schließlich konnte man eine stark ausgeprägte Fähigkeit zur Extrapolation feststellen: Sie suchen die aus ihrem Wahrnehmungsbereich verschwundene Reizursache aktiv in Richtung ihrer Bewegung und sind zu einer Vorausbestimmung jenes Ortes fähig, auf den sie sich hinbewegt.

Die durchgeführten Versuche, die auf das Vorhandensein extrapolierender Reflexe bei Tieren hindeuten, gaben den Anlaß zu einem weiteren Schritt der Untersuchung zum Studium der Wechselbeziehungen zwischen extrapolierenden und bedingten Reflexen.

5. Die Wechselbeziehung zwischen bedingten und extrapolierten Reflexen

a) Methodik

Für die Untersuchung der Wechselbeziehungen zwischen bedingten und extrapolierenden Reflexen wurde von uns folgende Methode entwickelt. Dem Tier wird durch den Querspalt einer aufgestellten Wand aus einem von zwei nebeneinanderstehenden Futternäpfen Nahrung verabreicht (ein Napf mit Futter für den Versuch und ein Napf zur Kontrolle ohne Futter). Der Spalt befindet sich in der Mitte der Wand. Die Länge der Wand beträgt 2 m, die Höhe 75 cm. Beide Futternäpfe stehen auf kleinen Plattformen, die auf einer hinter der Wand entlang führenden Schiene bewegt werden können. Die Breite des Spaltes kann man je nach der Größe des Versuchstieres so verändern, daß das Tier den Kopf durch den Spalt stecken, aber nicht durchkriechen kann (Abb. 28).

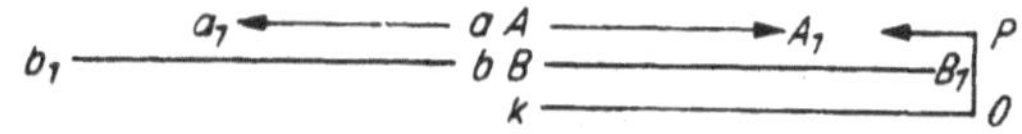

Abb. 28. b_1B_1 — Wand; b_1b und BB_1 — Wandabschnitte;
bB — der Spalt, durch den das Tier die Möglichkeit hat, das Futter aufzunehmen;
A — Ausgangsposition des Futternapfes mit Futter;
a — Ausgangsposition des Futternapfes ohne Futter;
AA_1 — Weg des Futternapfes mit Futter;
aa_1 — Weg des Futternapfes ohne Futter; K — erste Ausgangsstellung des Tieres;
KOP — Weg des Tieres bis zu der Stelle, von der aus es A wahrnehmen kann

Nachdem das Tier einige Sekunden lang Futter aus dem Napf gefressen hat, beginnen sich beide Futternäpfe (der Versuchs- und der Kontrollnapf) gleichzeitig mit der gleichen Geschwindigkeit nach den verschiedenen Seiten auf der Schiene hinter der Wand entlang zu bewegen, so daß das Tier nicht in der Lage ist, das Futter zu erreichen. Um wieder an dieses heranzukommen, muß es den Kopf aus dem Spalt herausziehen und um die Wand herum auf die Seite laufen, nach der sich der Futternapf mit Futter bewegt. Wenn das Tier von der günstigen Seite aus um die Wand herumläuft, dann kann es hinter ihr wieder aus dem Futternapf fressen. Wenn es zur anderen Seite läuft, dann kommt es zu dem leeren Futternapf und der gefüllte wird weggeräumt, so daß sich dieser Weg als ungünstig erweist.

Das Schema dieser Versuchsanordnung ist in Abb. 28 wiedergegeben.

In diesem Versuch muß das Tier, um zu dem Futternapf mit dem Futter zu gelangen, den Kopf aus dem Spalt herausziehen, darf die Spur der Reizursache (die Bewegung des Futters in der Richtung AA_1) nicht verlieren und muß die Strecke KOP zurücklegen (von der Stelle P aus kann es schon den Futternapf mit dem Futter sehen).

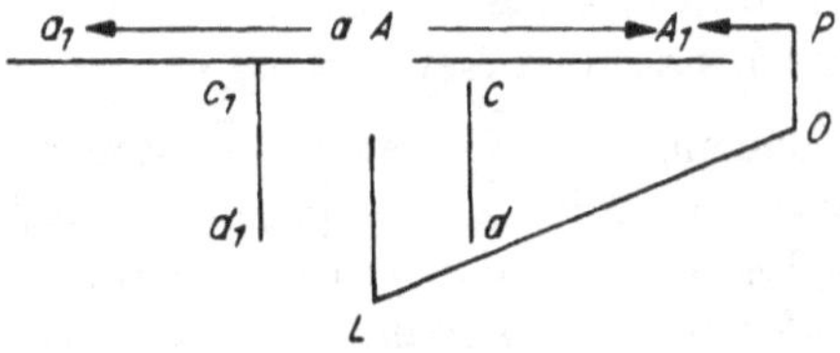

Abb. 29

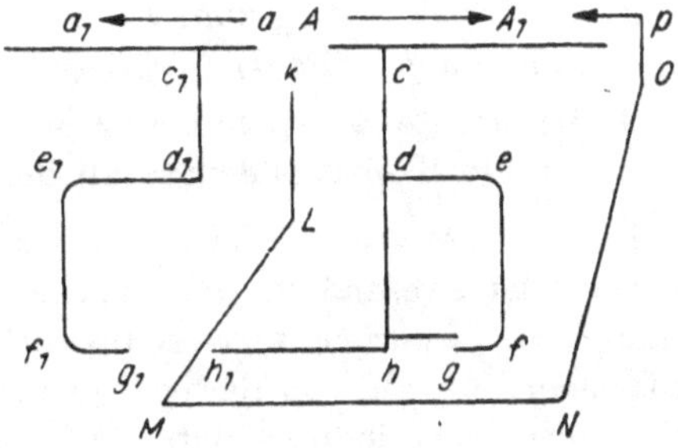

Abb. 30

Auf diese Weise verläuft die Anfangsbewegung des Tieres *KO* parallel zur Bewegungsrichtung des Futternapfes AA_1. Das Tier hat die Möglichkeit, das Futter im Laufe von 1—1,5 Min. nach Beginn der Bewegung zu suchen.

Wenn das Versuchstier zur richtigen Seite läuft, wird die Aufgabe erschwert. An die Wand werden die Teile c_1d_1, *dc* angefügt (Abb. 29).

Bei dieser Versuchsanordnung muß sich das Tier, wenn es das Futter erreichen will, um 180° drehen und sich in Richtung *KL*, d. h. senkrecht zur Bewegungsrichtung des Futters AA_1, bewegen. Wenn das Tier auch in diesem Versuch den richtigen Weg zurücklegt, kann die Aufgabe noch mehr erschwert werden. An die Wand werden die Teile $c_1d_1e_1f_1g_1h_1$ *hgfedc* angefügt (Abb. 30).

Dabei wird der Weg des Tieres verlängert, außerdem verläuft ein Stück desselben (*LM*) nach der entgegengesetzten Seite der Futterbewegung (AA_1).

Bei der Bewegung des Futters in Richtung AA_1 wird der Teil *dh* in die Lage d_1h_1 und der Riegel *hg* in die Lage h_1g_1 gebracht. In den drei Varianten des Versuchs geschieht folgendes: Sobald das Tier den Kopf aus dem Spalt herauszieht und das Futter nicht mehr sieht, muß sein Nervensystem dafür, daß das Tier um die Wand herumlaufen und das Futter erlangen kann, *nicht nur die Spur der wirkenden Ursache, sondern auch deren Bewegungsrichtung im Verhältnis zur Stellung des Tieres bestimmen.* Das ist eine notwendige Bedingung für die Extrapolation der Bewegungsrichtung.

In den folgenden Versuchen mit aufgestellten Wänden (Wand, Wand mit einfachen Anbauteilen und Wände mit zusammengesetzten Anbauteilen) *muß das Nervensystem des Tieres die Bewegungsrichtung des Futters unter Berücksichtigung aller erschwerenden Veränderungen der Bewegungsrichtung des Tieres festhalten.*

Diese Arbeitsmethode entsprach vollkommen der gestellten Aufgabe. Sie offenbarte die Mittel, mit deren Hilfe die Tiere das Futter erreichen können (bedingt-reflektorisch oder extrapolierend-reflektorisch), und gab die Möglichkeit zu einer objektiven Beurteilung des Verhaltens der Tiere. Als objektive Kennzeichen dienten

1. die Tatsache, daß die Tiere entweder nach der Seite des bewegten Napfes mit Futter oder nach der des leeren Futternapfes liefen,

2. die für den Weg zum Futternapf benötigte Zeit (von dem Beginn seiner Bewegung an gerechnet),

3. die latente Zeitspanne zu Beginn des Laufes (von dem Moment an, in dem das Tier den Kopf aus dem Spalt herauszieht bis zu dem ersten Schritt).

Der Gesamtweg des Tieres wurde aufgezeichnet. Die Versuche wurden mit jedem Tier zweimal in der Woche durchgeführt. Am Versuchstag wiederholte man diese Experimente vier- bis sechsmal. Versuchs- und Kontrollnapf führten die gleiche Anzahl von Bewegungen nach beiden Seiten der Wand aus. Zu Beginn der Versuchsperiode erfolgte ihre Bewegung abwechselnd nach der linken und rechten Seite. Damit sich aber nicht ein bedingter Reflex auf die abwechselnde Bewegung der Futternäpfe herausbilden konnte, sah man im weiteren Verlauf davon ab.

b) Experimenteller Teil

Versuche mit Tauben

Bei den beschriebenen Versuchen kann man bei Tauben drei Reaktionsperioden bezüglich des sich bewegenden Futters unterscheiden. In der ersten sehr kurzen Periode machten einige Tauben offensichtlich Versuche, das aus ihrem Gesichtsfeld verschwundene Futter zu suchen. Die suchenden Bewegungen verliefen in Richtung des sich bewegenden Futters. Nachdem sie den Kopf aus dem Spalt gezogen hatten und nicht mehr in der Lage waren, den Futternapf zu erreichen, liefen vier von sieben Versuchstauben 10—13 cm in Richtung des sich bewegenden Futters an der Wand entlang und führten dabei charakteristische Bewegungen mit dem ganzen Körper aus, um in die Wand einzudringen. Die Suche nach dem Futter dauerte nur kurze Zeit, insgesamt 2—10 sec. Sie führte in keinem Fall dazu, daß die Tauben um die Wand herumliefen, und hörte nach den ersten Versuchen, d. h. nach einer vier- bis sechsmaligen Bewegung des Futters hinter der Wand, ganz auf.

Als Beispiel für die suchenden extrapolierend-reflektorischen Bewegungen während des ersten Versuches geben wir das Protokoll eines Versuchs mit der Taube Nr. 4 wieder.

2/II. Versuch mit der Wand Nr. 1. Die Bewegungsgeschwindigkeit der Futternäpfe beträgt 3—4 cm/sec, die Weglänge 30—40 cm.

16.35 Uhr. Die Taube pickt durch den Spalt Futter aus dem Napf. Als dieser sich so weit bewegt hat, daß sie das Futter nicht mehr erreichen kann, zieht sie den Kopf zurück und läuft 10—12 cm in Richtung des bewegten Futternapfes an der Wand entlang und versucht in diese einzudringen; nach 2—3 sec entfernt sie sich von der Wand und umgeht sie nicht.

16.40 Uhr. Die Taube pickt Futter aus dem Napf. Als sie das Futter nicht mehr erreichen kann, zieht sie den Kopf aus dem Spalt heraus, führt etwa 10 sec lang mit dem ganzen Körper Bewegungen aus, um in die Wand in Richtung des sich bewegenden Futternapfes einzudringen; danach entfernt sie sich von ihr, beschreibt einen Bogen, läuft erneut zur Wand und versucht sie zu durchdringen. Hierauf wendet sie sich endgültig von ihr ab und umgeht sie nicht.

In den übrigen beiden Fällen dieses Versuches führte die Taube eindeutige Suchbewegungen nach dem Futter aus, aber nicht einmal machte sie den Versuch, die Wand zu umgehen.

Die zweite Periode im Verhalten der Tauben ist durch eine gerichtete Futtersuche gekennzeichnet. Diese Periode umfaßt gewöhnlich nur einige Versuche. In ihr zieht die Taube, sobald sich der Futternapf fortbewegt, den Kopf aus dem Spalt und beginnt in die verschiedensten Richtungen zu laufen, wobei sie, zufällig um die Wand laufend, früher oder später zu dem Futternapf mit Futter gelangt. Nach einigen Malen bildet sich ein bedingtreflektorisches Umgehen der Wand von einer der Seiten her aus.

Als Beispiel für das zufällige Umgehen der Wand und die Auffindung des Futters geben wir das Protokoll eines Versuches mit der Taube Nr. 4 wieder.

9/III. Versuch Nr. 3. Der Futternapf mit Futter bewegt sich mit einer Geschwindigkeit von 2—3,5 cm in der Sekunde, die Weglänge beträgt 35—50 cm.

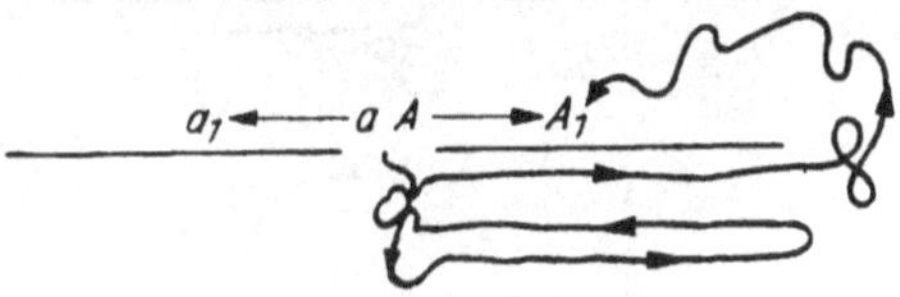

Abb. 31

Abb. 32

9[1]). 12.50 Uhr. Der Futternapf mit Futter bewegt sich nach rechts. Sobald die Taube das Futter nicht mehr erreichen kann, zieht sie den Kopf aus dem Spalt, läuft vor der Wand hin und her, umgeht sie und stößt auf den Futternapf (darf 10 sec lang fressen) (Abb. 31).

10. 13.00 Uhr. Der Futternapf mit Futter bewegt sich nach links. Die Taube läuft vom Spalt weg, kehrt zurück, umgeht die Wand von rechts und erreicht nach 35 Sekunden den leeren Futternapf (Abb. 32).

Wir erkennen hier bereits den Anfang der Bildung eines bedingt-reflektorischen Umgehens der Wand von der rechten Seite.

Die dritte Periode im Verhalten der Tauben ist schon durch ein deutliches und beständiges bedingt-reflektorisches Umgehen der Wand von einer Seite her gekennzeichnet, unabhängig davon, in welcher Richtung sich dabei das Futter bewegt.

Zur Illustration dessen dient das Verhalten der Taube Nr. 4 im 20. Versuch nach der 61. Bewegung des Futternapfes.

21/VI. Versuch Nr. 20. Bewegungsgeschwindigkeit der Futternäpfe 2—6 cm/sec, Weglänge 20—60 cm.

62. 14.13 Uhr. Der Futternapf mit Futter bewegt sich nach links. Sobald die Taube nicht mehr in der Lage ist, den Futternapf zu erreichen, zieht sie den Kopf aus dem Spalt, entfernt sich 30—40 cm von der Wand, umgeht sie von der rechten Seite und erreicht nach 10 Sekunden den leeren Futternapf (Abb. 33).

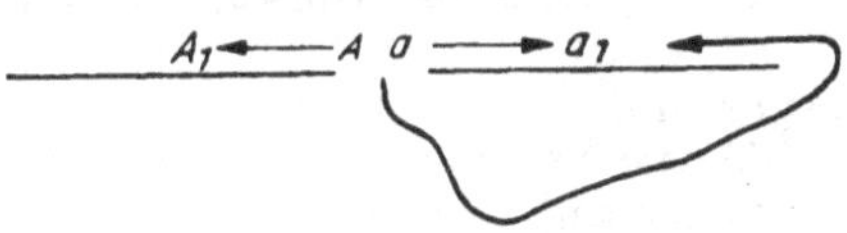

Abb. 33

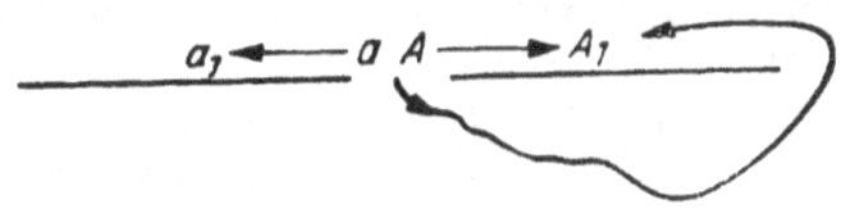

Abb. 34

[1]) Die Zahl vor der Uhrzeit gibt an, zum wievielten Male der Futternapf seit Beginn der Versuche bewegt wird.

63. 14.15 Uhr. Der Futternapf mit Futter bewegt sich nach rechts. Die Taube zieht den Kopf aus dem Spalt und läuft nach 1,5 Sekunden nach rechts, läuft um die Wand herum und gelangt nach 15 Sekunden zum Futternapf mit Futter (Abb. 34).

64. 14.13 Uhr. Der Futternapf mit Futter bewegt sich nach links. Die Taube zieht den Kopf aus dem Spalt und wendet sich sofort von ihm ab. Dann läuft sie in entgegengesetzter Richtung, umgeht die Wand von rechts und erreicht nach 12 Sekunden den leeren Futternapf (Abb. 35).

65. 14.20 Uhr. Der Futternapf mit dem Futter bewegt sich nach rechts. Die Taube zieht den Kopf aus dem Spalt und wendet sich sofort von ihm ab. Sie läuft in einigen Windungen in Richtung des bewegten Futternapfes mit Futter, umgeht die Wand und erreicht ihn nach 17 Sekunden (Abb. 36).

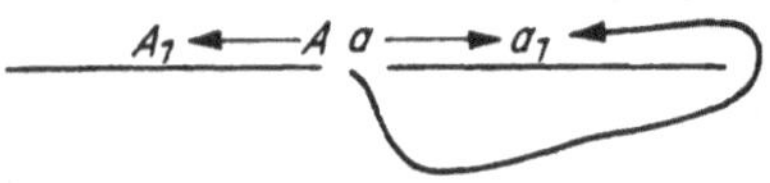

Abb. 35

Abb. 36

Bei allen sieben Versuchstauben bildet sich ein bedingter Reflex zur Umgehung der Wand von einer ihrer Seiten heraus. Die erzeugten bedingten Reflexe waren überaus stabil und konnten nur mit großer Mühe durch die ständige Bewegung des Futternapfes nach der dem bedingt-reflektorischen Lauf entgegengesetzten Seite beseitigt werden; zum Beispiel bei der Taube Nr. 7 (eine bei uns im Laboratorium großgezogene Straßentaube) konnte die bedingt-reflektorische Umgehung der Wand von der rechten Seite sogar, nachdem sich der Futternapf 132 mal nach links bewegt hatte, nicht ausgeschaltet werden.

Die Beseitigung des bedingt-reflektorischen Umgehens der Wand wird bei Tauben dadurch erschwert, daß sie, wenn sie während der Beseitigung zur Seite des bewegten Futters laufen, eben das Futter erreichen, wodurch der gerade geschwächte Reflex wieder verstärkt wird. Sie umlaufen den Schirm erneut von der Seite, deren Umgehung beseitigt werden sollte. Wenn die Beseitigung der bedingt-reflektorischen Umgehung der Wand von einer Seite gelungen ist, dann hört die Taube auf, überhaupt nach irgendeiner Seite die Wand zu umgehen. Als Beispiel hierzu dient der Versuch mit der Taube Nr. 5, bei der eine vollkommene Beseitigung der früher herausgebildeten bedingt-reflektorischen Umgehung der Wand von der rechten Seite gelang.

Taube Nr. 5.

24/IX. Versuch Nr. 10 zur Beseitigung des bedingt-reflektorischen Umgehens der Wand von der rechten Seite. Bewegungsgeschwindigkeit der Futternäpfe 1 cm/sec; Weglänge: 10 cm.

36. 15.20 Uhr. Der Futternapf mit Futter bewegt sich nach links. Die Taube zieht den Kopf aus dem Spalt heraus und hält sich noch 18 Sekunden am Spalt auf, danach beginnt sie mit den Flügeln zu schlagen und sich von der Wand zu entfernen (Abb. 37).

37. 15.22 Uhr. Der Futternapf mit dem Futter bewegt sich nach links. Die Taube zieht den Kopf aus dem Spalt heraus, bleibt noch 8 Sekunden am Spalt stehen, dann läuft sie auf die Seite des leeren Futternapfes, wendet sich aber von der Wand ab und kommt nicht wieder zu ihr zurück (Abb. 38).

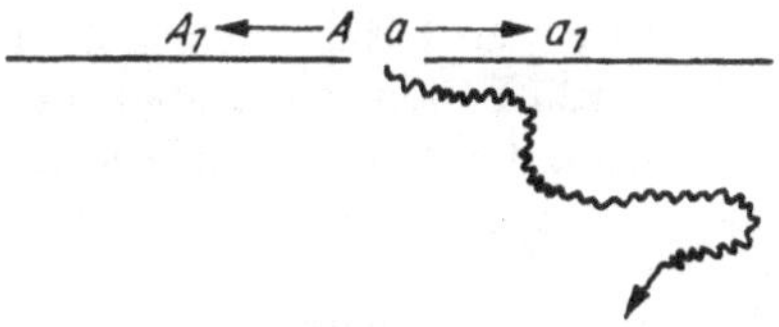

Abb. 37

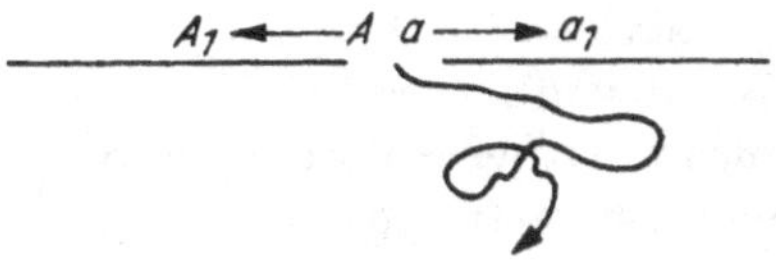

Abb. 38

Zusammenfassend kann man über die durchgeführten Versuche mit Tauben folgendes sagen: Von Anfang an sind bei den Versuchen mit hinter einer Wand bewegtem Futter bei einigen Tauben eindeutig *suchende Bewegungen* festzustellen, die 10—30 cm vom Spalt weg *in Richtung des bewegten Futters* führen. Dieses Streben nach dem Futter, das dem Blickfeld des Vogels entzogen ist, verschwindet nach einigen Wiederholungen des Versuches. *Bei Tauben* lassen sich also in der einfachsten Anordnung des Experimentes *Elemente schnell erlöschender extrapolierender Reflexe feststellen.* Sie sind jedoch so schwach ausgeprägt, daß sie in keinem Falle zu einer Umgehung der Wand von der Seite, nach der sich das Futter bewegte, führten. Allmählich bildet sich als Ergebnis eines zufälligen Umgehens der Wand und der Auffindung des Futters ein beständiges bedingtreflektorisches Umgehen der Wand von einer Seite her aus. Nach seiner Beseitigung hören die Tauben im allgemeinen auf, die Wand nach irgendeiner Richtung zu umgehen. Die extrapolierenden Reflexe spielen offensichtlich in ihrem Verhalten eine außerordentlich geringe Rolle, eine weitaus größere Bedeutung haben die bedingten Reflexe.

Versuche mit Hühnern

Das erste, was bei den beschriebenen Versuchen auffällt, ist dies, daß die Hühner schon beim ersten Versuch meistens die Wand umgehen und im Verlauf von 1,5 Minuten, vom Beginn der Bewegung des Futternapfes an gerechnet, das Futter erreichen. Das Verhalten der meisten Hühner ist also schon im ersten Versuch auf eine Umgehung der Wand gerichtet. So wurde die Wand im ersten Versuch, der mit 24 Hühnern durchgeführt wurde, und in dem das Futter hinter der Wand vier- bis achtmal bewegt wurde, 125mal umgangen, wobei die Hühner die Futternäpfe (mit Futter oder ohne Futter) erreichten, zweimal überflogen, viermal krochen Hühner durch den Spalt und nur in 24 Fällen erreichten sie nicht die Futternäpfe.

Weiterhin wird das Verhalten der Hühner im ersten Versuch dadurch charakterisiert, daß ihre *erste Bewegung*, nachdem sich der Futternapf mit Futter hinter der Wand weiter bewegt hat, und sie den Kopf aus dem Spalt gezogen haben, *in den meisten Fällen nach der Seite gerichtet ist, nach der sich der Futternapf mit Futter bewegt.* So verlief in 106 Fällen die erste Bewegung in Richtung des bewegten Futternapfes mit Futter, in 38 Fällen in Richtung des leeren Futternapfes und in 11 Fällen entfernten sich die Hühner sofort von der Wand. Die Tatsache jedoch, daß die erste Bewegung häufiger nach der Seite des bewegten

Futters verlief, brachte keine wesentliche Vermehrung der Fälle, in denen die Wand von dieser Seite umgangen wurde. Von den 125 Fällen des ersten Versuches entfielen 66 auf die Seite des gefüllten Futternapfes und 59 auf die des leeren Futternapfes.

Es folgen nun charakteristische Beispiele der ersten Versuche mit Hühnern.

Versuch mit dem Hahn „Streitender".

5/III. Versuch Nr. 1. Bewegungsgeschwindigkeit der Futternäpfe 7—8 cm/sec, Weglänge 35—40 cm.

1. 17.58 Uhr. Der Futternapf mit Futter bewegt sich nach rechts. Nachdem der Hahn den Futternapf nicht mehr erreicht, zieht er den Kopf aus dem Spalt, bleibt 6 Sekunden am Spalt stehen und läuft dann etwa 25—30 cm nach der Seite des bewegten Futternapfes mit Futter, danach kehrt er zum Spalt zurück und läuft erneut in gleicher Richtung um die Wand herum. Nach 30 Sekunden erreicht er das Futter (Abb. 39).

2. 18.01 Uhr. Der Futternapf mit Futter bewegt sich nach links. Der Hahn zieht den Kopf aus dem Spalt heraus und läuft nach 2,5 Sekunden 20—25 cm in Richtung des bewegten Futternapfes mit Futter, wobei er intensive Kopfbewegungen ausführt, als ob er durch die Wand zu stoßen versuche. Er kehrt zum Spalt zurück und läuft erneut in die gleiche Richtung, umgeht die Wand und erreicht nach 23 Sekunden das Futter (Abb. 40).

3. 18.04 Uhr. Der Futternapf mit dem Futter bewegt sich nach rechts. Der Hahn zieht den Kopf aus dem Spalt heraus und läuft nach 3 Sekunden in Richtung des leeren Futternapfes, läuft um die Wand herum und erreicht ihn nach 11 Sekunden (Abb. 41).

4. 18.06 Uhr. Der Futternapf mit Futter bewegt sich nach links. Der Hahn zieht den Kopf aus dem Spalt und läuft nach 4 Sekunden etwa 30 cm in Richtung des gefüllten Futternapfes, danach läuft er auf die Seite des leeren Futternapfes und erreicht diesen nach 18 Sekunden (Abb. 42).

5. 18.08 Uhr. Der Futternapf mit Futter bewegt sich nach rechts. Nach 1 Sekunde wendet sich der Hahn vom Spalt ab, läuft in Richtung des gefüllten Futternapfes, wobei er mit dem Kopf unter der Wand einzudringen versucht, läuft um diese herum und erreicht nach 9 Sekunden das Futter (Abb. 43).

6. 18.10 Uhr. Der Futternapf mit dem Futter bewegt sich nach links. Der Hahn zieht den Kopf aus dem Spalt und läuft nach 2 Sekunden in Richtung des leeren Futternapfes bis zum Ende der Wand. Er läuft aber nicht um diese herum. sondern in Richtung des gefüllten Futternapfes, den er nach 26 Sekunden erreicht (Abb. 44).

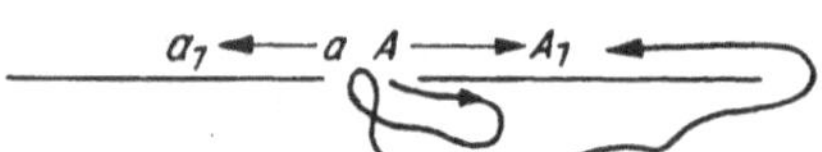

Abb. 39

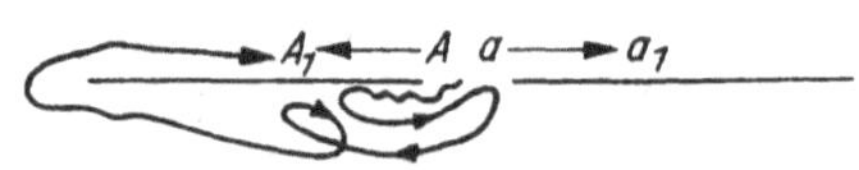

Abb. 40

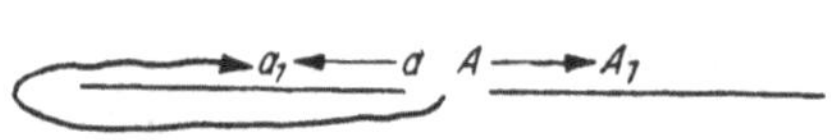

Abb. 41

Abb. 42

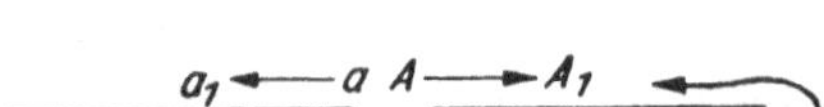

Abb. 43

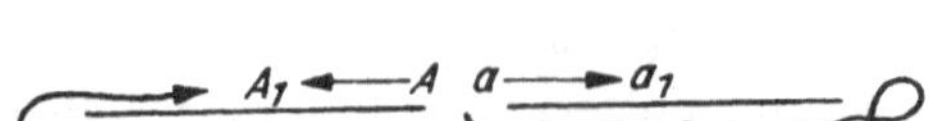

Abb. 44

In diesem Versuch ist es offensichtlich, daß der Hahn das Futter in Richtung des bewegten Futternapfes mit Futter sucht. Dies tritt besonders klar bei der 2. und 5. Bewegung hervor, wo der Hahn nicht nur in gleicher Richtung mit dem gefüllten Futternapf läuft, sondern durch die Wand zu dem für ihn nicht sichtbaren Futter zu gelangen versucht. Auf Grund der angeführten Tatsachen kann man folgendes sagen. Im ersten mit Hühnern durchgeführten Versuch zeigte sich die Fähigkeit ihres Nervensystems, die Spur des wirksamen Nahrungsreizerregers festzuhalten. Dadurch ist es den Hühnern in den meisten Fällen möglich, das Futter hinter der Wand zu suchen, wobei die erste Bewegung nach seinem Verschwinden häufiger in Richtung seiner Bewegung verlief.

Wir verweilten beim ersten Versuch deshalb so lange, weil sich vom zweiten bzw. dritten Versuch an das Verhalten der meisten Hühner auffallend veränderte. Das kam darin zum Ausdruck, daß das Suchen nach dem Futter in Richtung des bewegten vollen Futternapfes aufhörte und die Hühner begannen, die Wand bedingt-reflektorisch von einer Seite her zu umgehen. Als Beispiel sei das Protokoll des Versuchs Nr. 3 mit dem oben erwähnten Hahn „Streitender" angeführt.

12/III. Versuch Nr. 3. Bewegungsgeschwindigkeit der Futternäpfe 6—8 cm/sec, Wegstrecke 30—40 cm.

13. 14.31 Uhr. Der Futternapf mit Futter bewegt sich nach rechts. Der Hahn läuft sofort auf die linke Seite der Wand, läuft um sie herum und gelangt nach 9 Sekunden zum leeren Futternapf (Abb. 45).

14. 14.33 Uhr. Der Futternapf mit Futter bewegt sich nach links. Der Hahn zieht den Kopf aus dem Spalt und läuft nach 3 Sekunden auf die linke Seite der Wand, läuft um sie herum und erreicht den Futternapf mit Futter nach 10 Sekunden (Abb. 46).

15. 14.35 Uhr. Der Futternapf mit Futter bewegt sich nach rechts. Der Hahn zieht den Kopf aus dem Spalt, nach einer Sekunde läuft er auf die linke Seite der Wand und nach 5 Sekunden erreicht er den leeren Futternapf (Abb. 47).

16. 14.37 Uhr. Der Futternapf mit Futter bewegt sich nach links. Der Hahn zieht den Kopf aus dem Spalt, nach einer Sekunde läuft er auf die linke Seite der Wand und erreicht nach 8 Sekunden das Futter (Abb. 48).

17. 14.40 Uhr. Der Futternapf mit Futter bewegt sich nach rechts. Der Hahn zieht den Kopf aus dem Spalt, nach 1,5 Sekunden wendet er sich der Seite des bewegten Futternapfes mit Futter zu, läuft aber in entgegengesetzter Richtung (nach links) und erreicht nach 8 Sekunden den leeren Futternapf (Abb. 49).

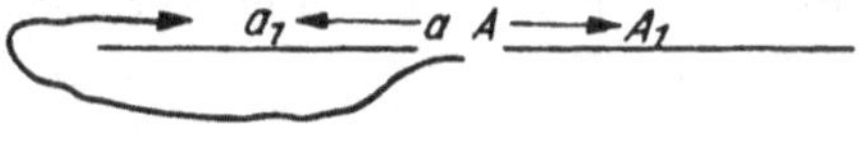

Abb. 45

Abb. 46

Abb. 47

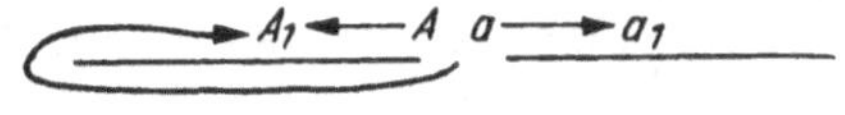

Abb. 48

Abb. 49

Abb. 50

18. 14.42 Uhr. Der Futternapf mit Futter bewegt sich nach links. Der Hahn zieht den Kopf aus dem Spalt, läuft nach 1,5 Sekunden nach links um die Wand herum und erreicht nach 9 Sekunden das Futter (Abb. 50).

Aus dem Protokoll ist ersichtlich, daß das Verhalten des Hahns schon im dritten Versuch auffallend gleichartig war. Jegliche Versuche, das Futter in Richtung seiner Bewegung zu suchen, fehlten völlig. Man beobachtete nur ein bedingt-reflektorisches Umgehen der Wand von der linken Seite, unabhängig von der Bewegungsrichtung des Futters.

Nur bei 5 von den 24 Versuchshühnern bildete sich das bedingt-reflektorische Umgehen der Wand von einer Seite nicht heraus. Bei den übrigen 19 Hühnern stellte es sich nach 3—5 Versuchen, unabhängig von der Bewegungsrichtung des Futters, ein. Dabei verschwand die im ersten Versuch beobachtete Bewegung in Richtung des Futters bei den meisten Hühnern völlig, blieb bei einigen jedoch trotz des bedingt-reflektorischen Umgehens erhalten. Letztere liefen jedes Mal, wenn sich das Futter entgegengesetzt zum bedingt-reflektorischen Weg bewegte, ein kleines Stück dem Futter nach, obgleich sie danach die Wand in entgegengesetzter Richtung umgingen.

Die Versuche, in denen das bedingt-reflektorische Umgehen der Wand von einer Seite her ausgeschaltet wurde (durch die Bewegung des Futternapfes nach der entgegengesetzten Seite), zeigten die individuellen Unterschiede im Verhalten der Hühner. Es ergaben sich zwei Grundtypen:

1. Die bedingt-reflektorische Umgehung der Wand von der einen Seite (der ausgeschalteten) wird durch die von der anderen Seite (der Seite, nach der sich das Futter während der Beseitigung bewegt) ersetzt oder

2. die Bewegung verläuft parallel zu der des Futters und die Wand wird umgangen.

Als Beispiel für 1 seien Versuche mit dem Huhn „Eule" angeführt. Bei diesem Huhn hatte sich ein bedingt-reflektorisches Umgehen der Wand von der linken Seite her herausgebildet. Seine Beseitigung gelang dadurch, daß man das Futter nur nach der rechten Seite bewegte. Die vollständige Ausschaltung wurde im 11. Versuch erreicht (unter einer völligen Ausschaltung verstehen wir, wenn das Tier dreimal hintereinander in ein und demselben Versuch die Wand entgegengesetzt zum bedingt-reflektorischen Weg umgeht).

17/VI. Versuch Nr. 11 zur Beseitigung der bedingt-reflektorischen Umgehung der Wand von links. Bewegungsgeschwindigkeit der Futternäpfe 8—12 cm/sec; Wegstrecke 40—60 cm.

59. 14.34 Uhr. Der Futternapf mit Futter bewegt sich nach rechts. Das Huhn zieht den Kopf aus dem Spalt und läuft nach 4 Sekunden nach der rechten Seite der Wand, umgeht sie und erreicht nach 12 Sekunden das Futter (Abb. 51).

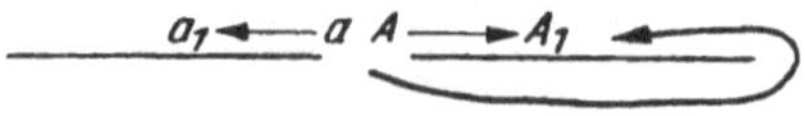

Abb. 51

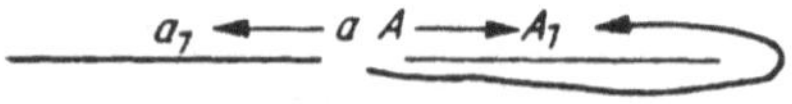

Abb. 52

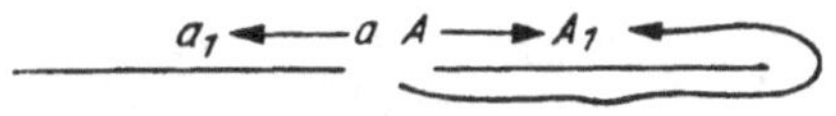

Abb. 53

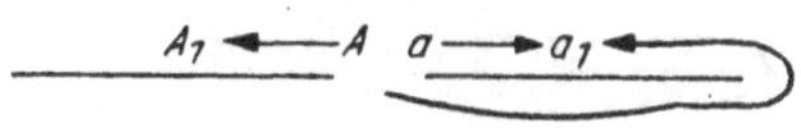

Abb. 54

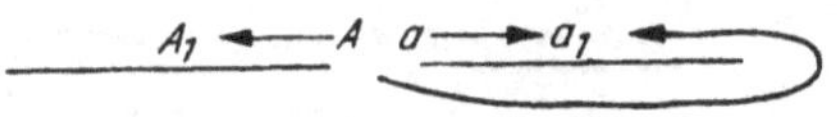

Abb. 55

Abb. 56

60. 14.35 Uhr. Der Futternapf mit Futter bewegt sich nach rechts. Das Huhn zieht den Kopf aus dem Spalt und läuft nach einer Sekunde nach der rechten Seite der Wand, umgeht sie und erreicht nach 8 Sekunden das Futter (Abb. 52).

61. 14.36 Uhr. Der Futternapf mit Futter bewegt sich nach rechts. Das Huhn zieht den Kopf aus dem Spalt und läuft nach einer Sekunde nach der rechten Seite der Wand, umgeht sie und erreicht nach 7 Sekunden das Futter (Abb. 53).

Nachdem das Huhn dreimal nach der rechten Seite der Wand gelaufen war, wo es Futter vorfand, haben wir das bedingt-reflektorische Umgehen der Wand von links als beseitigt betrachtet und setzten die Versuche in gewöhnlicher Weise fort, in dem wir den Futternapf nach beiden Seiten bewegten.

1[1]) 14.37 Uhr. Der Futternapf mit Futter bewegt sich nach links. Das Huhn zieht den Kopf aus dem Spalt und läuft nach 2 Sekunden nach rechts, umgeht die Wand und erreicht nach 9 Sekunden den leeren Futternapf (Abb. 54).

2[1]) 14.40 Uhr. Der Futternapf mit Futter bewegt sich nach rechts. Das Huhn zieht den Kopf aus dem Spalt und läuft nach einer Sekunde nach rechts, umgeht die Wand und erreicht nach 9 Sekunden das Futter (Abb. 55).

3[1]) 14.42 Uhr. Der Futternapf mit Futter bewegt sich nach links. Das Huhn zieht den Kopf aus dem Spalt und läuft nach einer Sekunde nach rechts, umgeht die Wand und erreicht nach 9 Sekunden den leeren Futternapf (Abb. 56).

Aus dem Protokoll des Versuches geht hervor, daß das Huhn nach dem Erlöschen des bedingt-reflektorischen Umgehens der Wand von links mit dem Umgehen von rechts begann. Letzteres erwies sich als äußerst beständig und trat, obwohl man es zu beseitigen versuchte, immer wieder auf.

Als Beispiel für das richtige Umgehen der Wand nach Beseitigung des bedingt-reflektorischen können die Versuche mit dem oben bereits erwähnten Hahn „Streitender" dienen. Wie sich gezeigt hatte, wurden die extrapolierenden Bewegungen und Umgehungen der Wand nach beiden Seiten, wie sie im ersten Versuch beobachtet wurden, im dritten Versuch durch bedingt-reflektorische Umgehungen der Wand von der linken Seite ersetzt. Nachdem der Hahn nach der bei uns üblichen Norm 18 mal hintereinander die Wand von dieser Seite umging, wurde mit der Beseitigung des bedingt-reflektorischen Umgehens begonnen. Schon im 3. Versuch lief der Hahn dreimal von rechts um die Wand herum. Nun zu dem Versuch:

22/IV. Versuch Nr. 3, *zur Beseitigung der bedingt-reflektorischen Umgehung der Wand von links.* Die Bewegungsgeschwindigkeit der Futternäpfe beträgt 6—7 cm/sec; die Wegstrecke 30—35 cm.

11. 11.43 Uhr. Der Futternapf mit Futter bewegt sich nach rechts. Der Hahn zieht den Kopf aus dem Spalt und läuft nach der linken Seite der Wand, umgeht sie und erreicht nach 11 Sekunden den leeren Futternapf (Abb. 57).

---

[1]) Nummer der Bewegung des Futternapfes nach der Beseitigung.

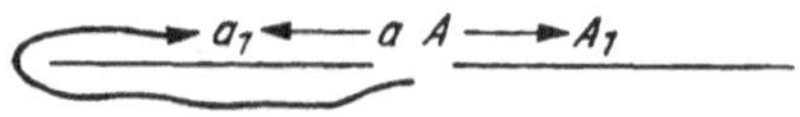

Abb. 57

Abb. 58

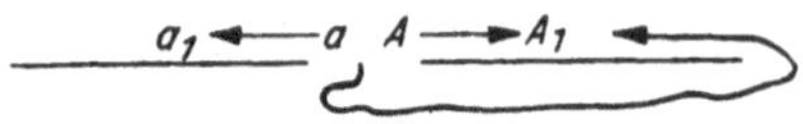

Abb. 59

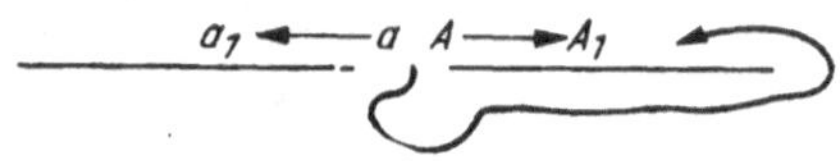

Abb. 60

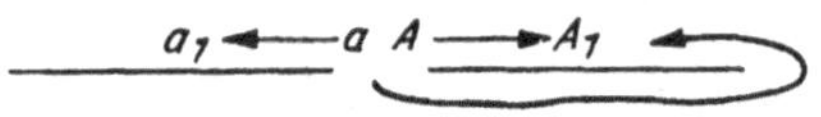

Abb. 61

Abb. 62

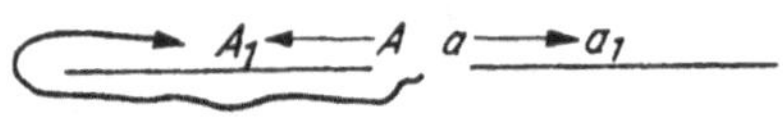

Abb. 63

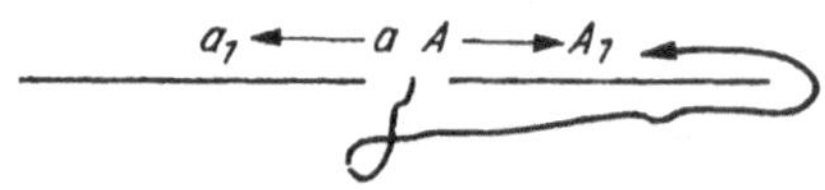

Abb. 64

12. 11.45 Uhr. Der Futternapf mit dem Futter bewegt sich nach rechts. Der Hahn läuft einige Schritte vom Spalt weg und dann nach der linken Seite der Wand, läuft um sie herum und erreicht nach 14 Sekunden den leeren Futternapf (Abb. 58).

13. 11.47 Uhr. Der Futternapf mit Futter bewegt sich nach rechts. Der Hahn zieht den Kopf aus dem Spalt, läuft einige Schritte nach links (nach der Seite, nach der sich der leere Futternapf bewegt), läuft dann nach rechts und erreicht nach 24 Sekunden den Futternapf mit Futter (Abb. 59).

14. 11.49 Uhr. Der Futternapf mit Futter bewegt sich nach rechts. Der Hahn zieht den Kopf aus dem Spalt, beschreibt einen Bogen in Richtung des bewegten leeren Futternapfes, läuft dann aber nach der rechten Seite der Wand, umgeht sie und erreicht nach 18 Sekunden das Futter (Abb. 60).

15. 11.51 Uhr. Der Futternapf mit Futter bewegt sich nach rechts. Der Hahn läuft auf die rechte Seite der Wand, läuft um sie herum und erreicht nach 20 Sekunden das Futter (Abb. 61).

Nachdem der Hahn dreimal hintereinander die Wand von der rechten Seite umgangen und das Futter erreicht hatte, wurde mit der Bewegung des gefüllten Futternapfes nach links begonnen.

1. 11.53 Uhr. Der Futternapf mit Futter bewegt sich nach links. Der Hahn läuft nach der linken Seite der Wand, umgeht sie und erreicht nach 12 Sekunden das Futter (Abb. 62).

In den folgenden Versuchen bewegte sich der Hahn eindeutig in der gleichen Richtung wie der gefüllte Futternapf und umging in einigen Fällen die Wand von der richtigen Seite. Nach sieben Versuchen lief er, obwohl der übliche Stereotyp des Versuches (die abwechselnde Bewegung des gefüllten Futternapfes nach der einen und nach der anderen Seite) abgeändert wurde, jedes Mal in Richtung des gefüllten Futternapfes um die Wand herum.

20/V. Versuch Nr. 7. Bewegungsgeschwindigkeit der Futternäpfe 6—8 cm/sec; Weglänge 30—40 cm.

38. 19.00 Uhr. Der Futternapf mit Futter bewegt sich nach links. Der Hahn zieht den Kopf aus dem Spalt und läuft sofort nach der linken Seite der Wand, umgeht sie und erreicht nach 10 Sekunden das Futter (Abb. 63).

39. 19.02 Uhr. Der Futternapf mit Futter bewegt sich nach rechts. Der Hahn wendet sich nach 2 Sekunden vom Spalt ab, läuft dann nach der rechten Seite der Wand, umgeht sie und erreicht nach 11 Sekunden das Futter (Abb. 64).

Abb. 65

Abb. 66

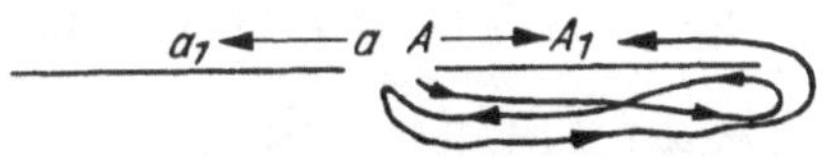

Abb. 67

Abb. 68

40. 19.03 Uhr. Der Futternapf mit Futter bewegt sich nach links. Der Hahn läuft nach 2 Sekunden nach der linken Seite der Wand, läuft um sie herum und erreicht nach 10 Sekunden das Futter (Abb. 65).

41. 19.04 Uhr. Der Futternapf mit Futter bewegt sich nach links (eine Veränderung des üblichen Stereotyps). Der Hahn läuft nach 2 Sekunden nach links, umgeht die Wand und erreicht nach 9 Sekunden das Futter (Abb. 66).

42. 19.05 Uhr. Der Futternapf mit Futter bewegt sich nach rechts. Der Hahn läuft nach 2 Sekunden auf der rechten Seite bis zum Ende der Wand, kehrt zum Spalt zurück, läuft wieder nach rechts, umgeht die Wand und erreicht nach 18 Sekunden das Futter (Abb. 67).

43. 19.07 Uhr. Der Futternapf mit Futter bewegt sich nach rechts (eine Veränderung des üblichen Stereotyps). Der Hahn zieht den Kopf aus dem Spalt und läuft nach 2 Sekunden nach der rechten Seite der Wand, läuft um sie herum und erreicht nach 12 Sekunden das Futter (Abb. 68).

Aus den angeführten Versuchen ist ersichtlich, daß sich nach Erlöschen des bedingt-reflektorischen Umgehens der Wand von der linken Seite bei dem Hahn kein bedingt-reflektorisches Umgehen von irgendeiner Seite mehr herausbildete, sondern daß er allmählich die Wand richtig, d. h. von der Seite, nach der das Futter bewegt wurde, umging. Die Änderung der üblichen abwechselnden Bewegung der Futternäpfe hatte keinen Einfluß auf das richtige Umgehen der Wand. Das weist darauf hin, daß das Umgehen der Wand von der richtigen Seite nicht das Resultat eines herausgebildeten bedingten Reflexes auf die wechselnde Bewegungsrichtung des Futternapfes war.

So erkennt man aus den Beispielen zur Beseitigung des bedingt-reflektorischen Umgehens der Wand bei dem Huhn „Eule“ und dem Hahn „Streitender“ verschiedene Wege, um weiterhin das Futter zu erlangen. Das Huhn „Eule“ löste die an sein Nervensystem gestellte Aufgabe weiter durch ein bedingt-reflektorisches Umgehen der Wand von einer Seite. Es wechselte nur die Seite. Der Hahn „Streitender“ führte nach der Beseitigung, wie im ersten Versuch, suchende Bewegungen in Richtung des gefüllten Futternapfes aus. Die Zahl der richtigen Umgehungen der Wand wuchs von Versuch zu Versuch, bis der Hahn schließlich jedesmal richtig lief. Sein Nervensystem war entsprechend den gegebenen Versuchsbedingungen einer günstigeren Lösung der gestellten Aufgabe fähig.

Wie wir oben gezeigt haben, hat sich nicht bei allen unseren Versuchshühnern ein bedingt-reflektorisches Umgehen der Wand herausgebildet. So z. B. bei 5 Hühnern, bei denen im Verlauf der ganzen Arbeit die Suche nach dem Futter erhalten blieb, sich allmählich festigte und jedesmal zu einem richtigen Umgehen der Wand führte. Als Beispiel mögen Versuche mit dem Huhn Nr. 1724 dienen. Dieses Huhn umging schon im 7. Versuch die Wand in allen Fällen von der richtigen Seite.

2/II. Versuch Nr. 7. Bewegungsgeschwindigkeit der Futternäpfe 7—9 cm/sec; Weglänge 35—45 cm.

49. 16.00 Uhr. Der Futternapf mit Futter bewegt sich nach links. Das Huhn läuft auf die linke Seite der Wand, umgeht sie und erreicht nach 12 Sekunden das Futter (Abb. 69).

50. 16.02 Uhr. Der Futternapf mit Futter bewegt sich nach rechts. Das Huhn zieht den Kopf aus dem Spalt und läuft auf die rechte Seite der Wand, läuft um sie herum und erreicht nach 10 Sekunden das Futter (Abb. 70).

51. 16.04 Uhr. Der Futternapf mit Futter bewegt sich nach links. Das Huhn zieht den Kopf aus dem Spalt und läuft nach der linken Seite, läuft um die Wand herum und erreicht nach 10 Sekunden das Futter (Abb. 71).

52. 16.06 Uhr. Der Futternapf mit Futter bewegt sich nach rechts. Das Huhn zieht den Kopf aus dem Spalt, läuft nach der rechten Seite der Wand, umgeht sie und erreicht nach 10 Sekunden das Futter (Abb. 72).

53. 16.08 Uhr. Der Futternapf mit Futter bewegt sich nach links. Das Huhn läuft auf die linke Seite der Wand, umgeht sie und erreicht nach 10 Sekunden das Futter (Abb. 73).

54. 16.10 Uhr. Der Futternapf mit Futter bewegt sich nach rechts. Das Huhn läuft auf die rechte Seite der Wand, umgeht sie und erreicht nach 11 Sekunden das Futter (Abb. 74).

55. 16.12 Uhr. Der Futternapf mit Futter bewegt sich nach links. Das Huhn läuft auf die linke Seite der Wand, läuft um sie herum und erreicht nach 11 Sekunden das Futter (Abb. 75).

56. 16.14 Uhr. Der Futternapf mit Futter bewegt sich nach rechts. Das Huhn läuft nach der rechten Seite der Wand, umgeht sie und erreicht nach 11 Sekunden das Futter (Abb. 76).

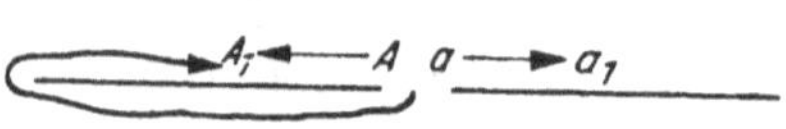

Abb. 69

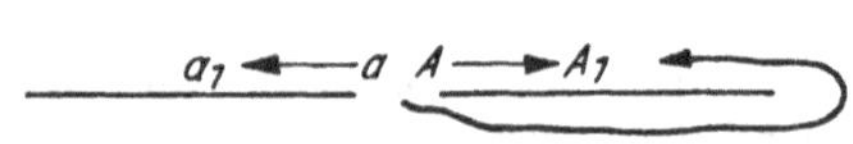

Abb. 70

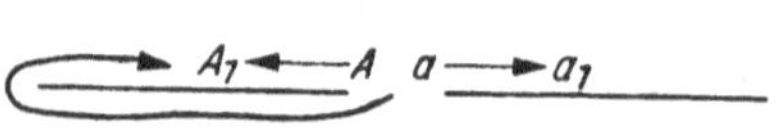

Abb. 71

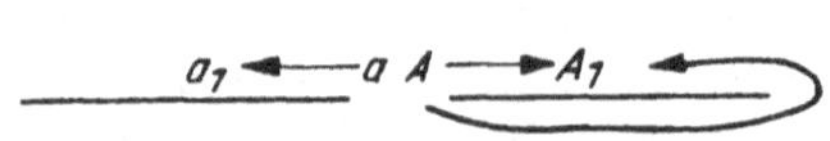

Abb. 72

Abb. 73

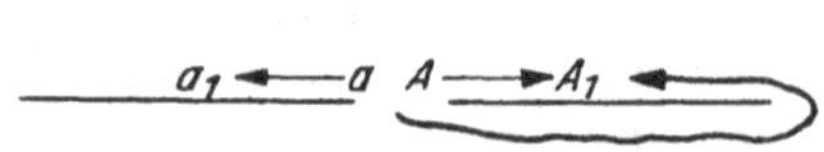

Abb. 74

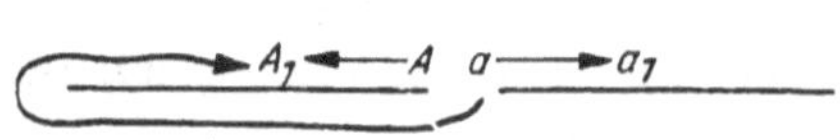

Abb. 75

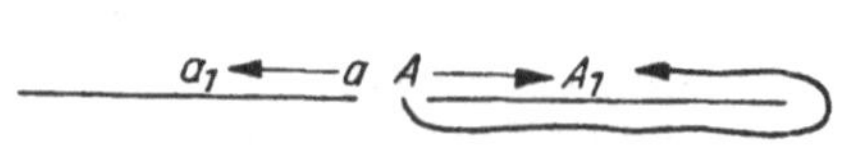

Abb. 76

Eine Abänderung in der stereotypen Aufeinanderfolge der Bewegungen hatte keinen Einfluß auf das richtige Umgehen der Wand.

Danach wurde der Versuch erschwert. An die Wand wurden Teile angebaut. Schon im ersten Versuch lief das Huhn in drei von 4 Fällen von der richtigen Seite um die Wand herum.

In den folgenden Versuchen zeigte es sich, daß das Huhn bedeutend häufiger die Wand von der Seite des bewegten Futternapfes mit Futter umging. Der Versuch wurde noch mehr erschwert: An die Wand wurden weitere Teile angebaut. Bereits im ersten Versuch umging das Huhn in allen vier Fällen die Wand von der günstigen Seite.

Nun zu diesem Versuch:

7/XII. Versuch Nr. 1 (Wand mit zusammengesetzten Anbauteilen). Bewegungsgeschwindigkeit der Futternäpfe 8—10 cm/sec; Weglänge 40—45 cm.

1. 15.00 Uhr. Der Futternapf mit Futter bewegt sich nach rechts. Das Huhn wendet sich nach 3 Sekunden vom Spalt ab, läuft aus den zusammengesetzten Anbauteilen heraus, läuft von der rechten Seite um die Wand herum und erreicht nach 19 Sekunden das Futter (Abb. 77).

2. 15.03 Uhr. Der Futternapf mit Futter bewegt sich nach links. Das Huhn zieht den Kopf aus dem Spalt, beschreibt einen Bogen in Richtung des bewegten Futters, läuft aus den Anbauteilen heraus nach der linken Seite der Wand, läuft um sie herum und erreicht nach 15 Sekunden das Futter (Abb. 78).

3. 15.08 Uhr. Der Futternapf mit Futter bewegt sich nach rechts. Das Huhn zieht den Kopf aus dem Spalt, beschreibt nach 3 Sekunden einen Bogen in Richtung des gefüllten Futternapfes, läuft aus den Anbauteilen heraus nach der rechten Seite der Wand, läuft um sie herum und erreicht nach 17 Sekunden das Futter (Abb. 79).

4. 15.13 Uhr. Der Futternapf mit Futter bewegt sich nach links. Das Huhn zieht den Kopf aus dem Spalt, beschreibt nach 3 Sekunden einen Bogen in Richtung des gefüllten Futternapfes, läuft aus den Anbauteilen heraus auf die linke Seite der Wand, umgeht sie und erreicht nach 17 Sekunden den gefüllten Futternapf (Abb. 80).

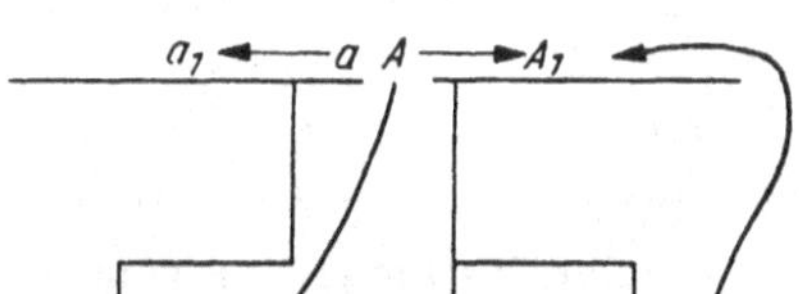

Abb. 77

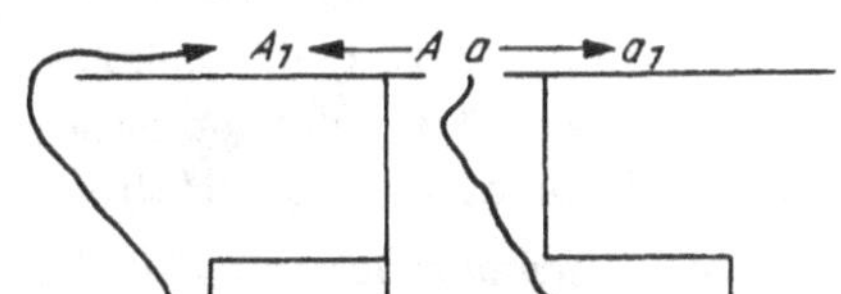

Abb. 78

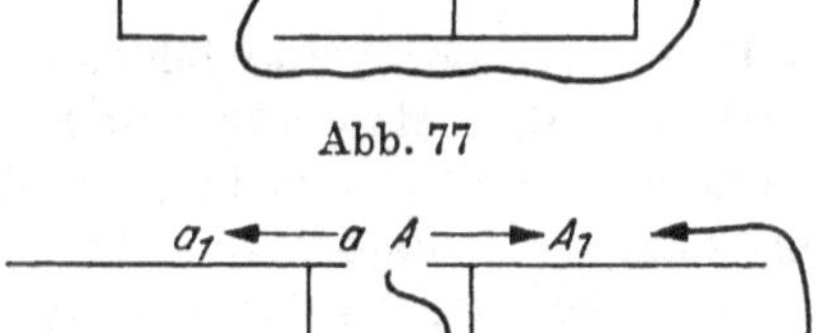

Abb. 79

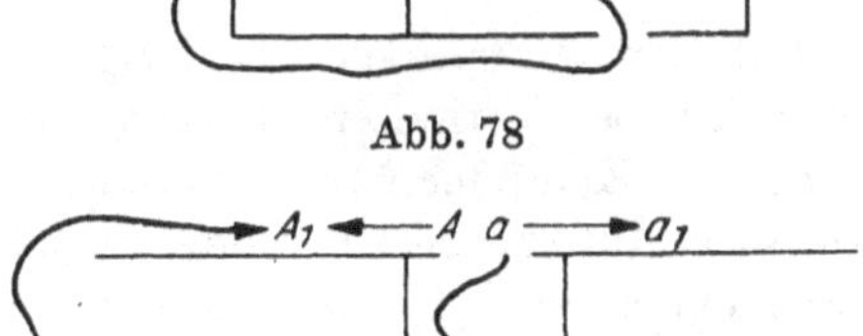

Abb. 80

Die weiteren Versuche zeigten, daß das Huhn in den meisten Fällen die Wand mit zusammengesetzten Anbauteilen von der Seite umging, nach der sich der Futternapf mit Futter bewegte. Ähnliche Resultate erzielte man auch bei den übrigen vier Hühnern, bei denen sich, wie bei diesem, das bedingt-reflektorische Umgehen der Wand nicht herausgebildet hatte, aber die Suche nach dem Futter im Laufe aller folgenden Versuche erhalten blieb. Sie umgingen die Wand, sowohl bei Anbau der einfachen wie der zusammengesetzten Teile in Richtung des bewegten Futters.

Die mit Hühnern durchgeführten Versuche ergaben *eine außerordentlich große Wandelbarkeit ihrer Fähigkeit, das sich hinter der Wand bewegende Futter aufzufinden.* Die Suche nach dem Futter in Richtung seiner Bewegung hinter der Wand, wie sie während des ersten Versuches beobachtet werden konnte, wird bei den meisten Hühnern durch ein bedingt-reflektorisches schablonenhaftes Umgehen der Wand von einer Seite her ersetzt. *In allen drei stufenweise schwieriger werdenden Versuchsvarianten wurde die Wand von den Hühnern richtig umgangen, bei denen sich kein bedingter Reflex zur Umgehung der Wand von einer Seite her herausgebildet hatte.* Wenn er sich jedoch gebildet hatte, so konnten nach seiner Beseitigung wieder extrapolierend-reflektorische Bewegungen in Richtung des bewegten Futters auftreten, die bei einigen Hühnern zu einem den gegebenen Versuchsbedingungen adäquaten Umlaufen der Wand führten. Bei den übrigen Hühnern erwiesen sich die extrapolierenden Reflexe als nicht so stark ausgeprägt, daß sie ihnen die Möglichkeit gegeben hätten, die Wand von der richtigen Seite zu umgehen. Bei ihnen trat wieder das bedingt-reflektorische Umgehen der Wand nur von der anderen Seite her auf.

In den durchgeführten Versuchen werden also zwei scharf ausgeprägte Wege zur Auffindung des dem Blickfeld der Hühner entzogenen Futters sichtbar:

1. das bedingt-reflektorische Umgehen der Wand nur von einer Seite her; dieser bedingte Reflex, der sich als Ergebnis eines zufälligen Umgehens der Wand von einer Seite her und der Erlangung des Futters eingestellt hat, führt dazu, daß die Hühner nur in der Hälfte der Fälle den Futternapf mit Futter erreichen.

2. das Umgehen der Wand in Richtung des bewegten Futters, wenn genügend stark ausgeprägte extrapolierende Reflexe vorhanden sind.

Auf Grund dieser gesetzmäßig gerichteten Umgehung der Wand bildet sich eine Art des Verhaltens heraus, die sich durch den Einschluß bedingt-reflektorischer Komponenten allmählich automatisch einstellt. Die bedingt-reflektorische Automatisierung des Umgehens führt dazu, daß die Wand nicht von irgendeiner Seite her, sondern von der Seite des bewegten Futters umgangen wird, wodurch die Möglichkeit gegeben ist, das Futter in jedem Fall zu erreichen. Es ist klar, daß dieser Weg zur Erlangung des Futters mehr den Bedingungen entspricht, unter denen der Versuch durchgeführt wird. Man kann deshalb behaupten, daß *das Vorhandensein genügend ausgeprägter extrapolierender Reflexe die Bildung eines Verhaltens begünstigt, das das Tier am besten in die Lage setzt, das Futter unter den gegebenen Versuchsbedingungen zu erreichen.*

Versuche mit Rabenvögeln

Schon beim ersten Versuch der beschriebenen Art unterschied sich das Verhalten der Rabenvögel deutlich von dem der Tauben und Hühner. Von Anfang an umgingen sie in den meisten Fällen die Wand von der richtigen Seite[1]). Im ersten Versuch mit neun Rabenvögeln wurde die Wand in 38 von 44 Fällen in Richtung des gefüllten Futternapfes, in 5 Fällen in entgegengesetzter Richtung und einmal überhaupt nicht umgangen. Vom zweiten Versuch an wurde die Wand praktisch überhaupt nicht mehr falsch umgangen. Nur eine Krähe, „Warja“, beginnt die Wand nur von einer Seite her zu umgehen.

Als Beispiel für das Verhalten der Rabenvögel im ersten Versuch wird das Protokoll des Versuchs mit der Elster „Unbekannte“ geführt.

26. IV. Versuch Nr. 1. Bewegungsgeschwindigkeit der Futternäpfe 3—4 cm/sec; die Weglänge beträgt 30—40 cm.

1. 13.30 Uhr. Der Futternapf mit Futter bewegt sich nach links. Sobald die Elster das Futter nicht mehr erreichen kann, zieht sie den Kopf aus dem Spalt, läuft 3 Sekunden vor dem Spalt hin und her, umgeht darauf die Wand von der linken Seite her und erreicht nach 14 Sekunden das Futter (Abb. 81).

13.45 Uhr. Der Futternapf mit Futter bewegt sich nach rechts. Sobald die Elster das Futter nicht mehr erreichen kann, läuft sie 20 bis 30 cm nach der richtigen Seite, kommt zum Spalt zurück, schaut hinein und läuft wieder in Richtung des bewegten vollen Futternapfes, umgeht die Wand und erreicht nach 17 Sekunden das Futter (Abb. 82).

13.50 Uhr. Der Futternapf mit Futter bewegt sich nach links. Sobald die Elster das Futter nicht mehr erreicht, zieht sie den Kopf aus dem Spalt, hält sich 3 Sekunden vor ihm auf, schaut hinein und läuft dann nach der linken Seite, umgeht die Wand und erreicht das Futter nach 15 Sekunden (Abb. 83).

13.55 Uhr. Der Futternapf mit Futter bewegt sich nach rechts. Die Elster zieht den Kopf aus dem Spalt und läuft sofort nach der rechten Seite, umgeht die Wand und erreicht nach 11 Sekunden das Futter (Abb. 84).

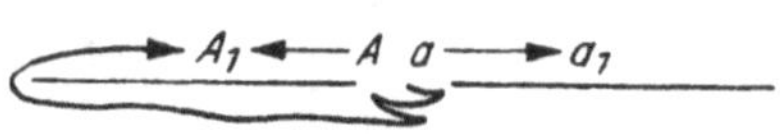

Abb. 81

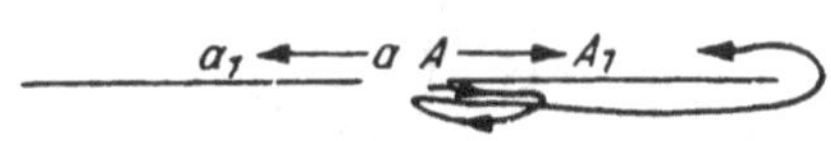

Abb. 82

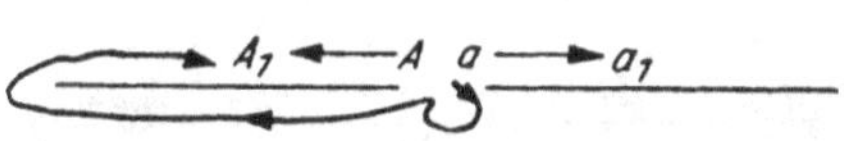

Abb. 83

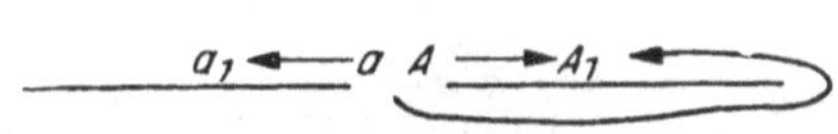

Abb. 84

Bei der Bewältigung der schwierigeren Aufgabe (Wand mit einfachen Anbauteilen) traten bei einigen unserer Versuchsvögel bereits eindeutige Schwierigkeiten auf. Die Wand mit Anbauteilen wurde im ersten Versuch in 22 von 32 Fällen in Richtung des gefüllten Futternapfes und in 10 Fällen in entgegengesetzter Richtung umgangen. Nach dem 3. bis 4. Versuch jedoch umgingen die meisten Vögel die Wand von der richtigen Seite.

[1]) In zwei Fällen überflog eine Krähe die spanische Wand nach der Richtung, nach der sich der gefüllte Futternapf bewegte.

Die im ersten Versuch auftretenden Schwierigkeiten machten sich nicht nur durch die verhältnismäßig große Zahl der falschen Umgehungen, sondern auch durch die Tendenz, *die Wand mit Anbauteilen von irgendeiner Seite zu umgehen*, bemerkbar. So zum Beispiel begann die Elster „Unbekannte“, nachdem sie im ersten oben angeführten Versuch die Wand mit Anbauteilen in allen Fällen richtig umging, diese in den folgenden Versuchen nur noch von der rechten Seite zu umgehen.

10./V. Versuch Nr. 2 (Wand mit einfachen Anbauteilen).

Die Bewegungsgeschwindigkeit der Futternäpfe beträgt 8 cm/sec; die Weglänge 40 cm.

7. 14.45 Uhr. Der Futternapf mit Futter bewegt sich nach links. Sobald die Elster das Futter nicht mehr erreicht, kommt sie aus dem Anbauteil heraus, läuft nach rechts um die Wand herum und erreicht nach 5 Sekunden den leeren Futternapf (Abb. 85).

8. 14.48 Uhr. Der Futternapf mit Futter bewegt sich nach rechts. Die Elster kommt aus dem Anbauteil heraus, läuft von rechts um die Wand herum und erreicht nach 6 Sekunden das Futter (Abb. 86).

14/V. Versuch Nr. 3 (Wand mit Anbauteilen). Bewegungsgeschwindigkeit der Futternäpfe 4—10 cm/sec; Weglänge 25—35 cm.

9. 13.47 Uhr. Der Futternapf mit Futter bewegt sich nach rechts. Die Elster läuft aus den Anbauteilen heraus und von rechts um die Wand herum; nach 6 Sekunden erreicht sie den gefüllten Futternapf (Abb. 87).

10. 13.52 Uhr. Der Futternapf mit Futter bewegt sich nach links. Die Elster kommt aus dem Anbauteil heraus, läuft nach der rechten Seite der Wand, umgeht sie und erreicht nach 9 Sekunden den leeren Futternapf (Abb. 88).

11. 13.56 Uhr. Der Futternapf mit Futter bewegt sich nach rechts. Die Elster läuft aus dem Anbauteil heraus und von rechts um die Wand herum. Nach 8 Sekunden erreicht sie den gefüllten Futternapf (Abb. 89).

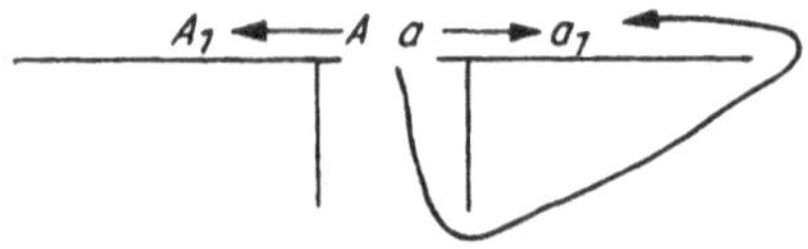

Abb. 85

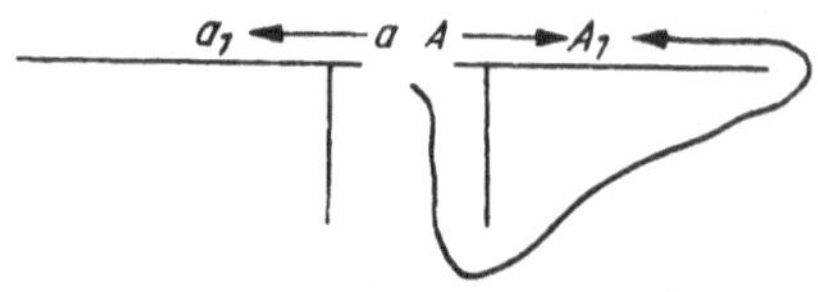

Abb. 86

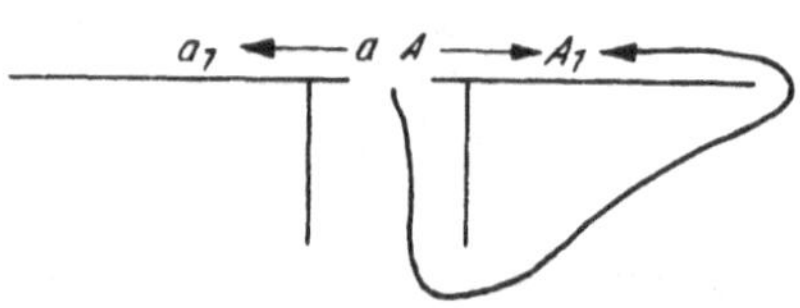

Abb. 87

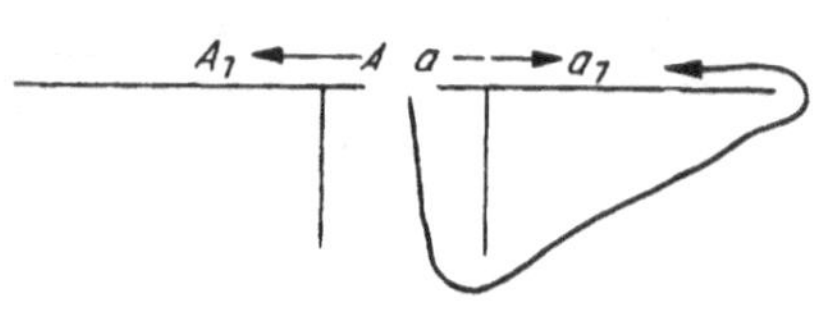

Abb. 88

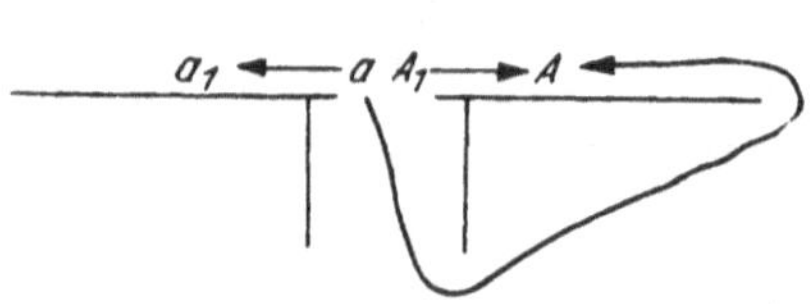

Abb. 89

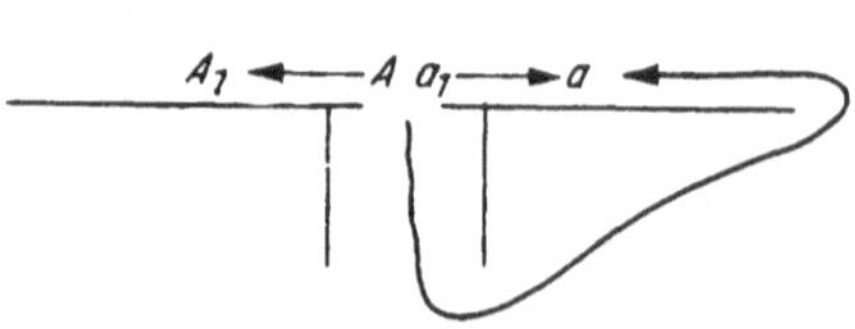

Abb. 90

12. 14.03 Uhr. Der Futternapf mit Futter bewegt sich nach links. Die Elster läuft aus dem Anbauteil heraus und nach der rechten Seite der Wand, umgeht sie und erreicht nach 7 Sekunden den leeren Futternapf (Abb. 90).

Aus dem angeführten Protokoll geht hervor, daß die Elster bei der Bewältigung der schwereren Aufgabe von der extrapolierenden zur bedingt-reflektorischen Lösungsweise übergeht.

Die Schwierigkeiten beim Umgehen der Wand mit Anbauteilen drückten sich bei unserer Krähe „Pawa“ dadurch aus, daß sie *Symptome der Angst vor dem Futternapf mit Futter zeigte*. Wir haben anfangs dieser Erscheinung keine Aufmerksamkeit geschenkt, stellten im weiteren jedoch fest, daß diese Angstsymptome bei einigen Tieren gesetzmäßig bei der Lösung schwieriger Aufgaben auftraten.

24/V. Versuch Nr. 2: Wand mit Anbauteilen (Krähe „Pawa“). Bewegungsgeschwindigkeit der Futternäpfe 6—10 cm/sec; Weglänge 30 cm.

5. 16.33 Uhr. Der Futternapf mit Futter bewegt sich nach links. Pawa läuft sofort aus den Anbauteilen heraus, umgeht die Wand von der linken Seite, bleibt aber plötzlich stehen und *sieht mit eindeutigen Merkmalen eines passiv-abwehrenden Verhaltens auf den Futternapf*, läuft zurück zum Anbau und dann erneut von links um die Wand herum, *wieder treten Anzeichen eines abwehrenden Verhaltens auf*, wiederum läuft sie zum Anbau zurück und dann nochmals an das Ende der Wand, schaut um sie herum, erblickt das Futter *und wendet sich ganz ab* (Abb. 91).

6. 16.40 Uhr. Der Futternapf mit Futter bewegt sich nach rechts. Die Krähe kommt aus den Anbauteilen heraus, läuft auf der rechten Seite der Wand bis zu deren Ende, Merkmale eines passiv-abwehrenden Reflexes machen sich bemerkbar. Die Krähe läuft zurück und an die entgegengesetzte Seite der Wand, kommt dann wieder zur rechten Seite zurück und erreicht schließlich mit großer „Vorsicht“ nach 48 Sekunden den Futternapf mit Futter (Abb. 92).

7. 16.44 Uhr. Der Futternapf mit Futter bewegt sich nach links. Die Krähe läuft sofort aus dem Anbau heraus, läuft nach der linken Seite der Wand und um sie herum. Nach 14 Sekunden erreicht sie das Futter (Abb. 93).

8. 16.47 Uhr. Der Futternapf mit Futter bewegt sich nach rechts. Pawa läuft sofort aus dem Anbau heraus, umgeht die Wand von der rechten Seite und erreicht nach 8 Sekunden das Futter (Abb. 94).

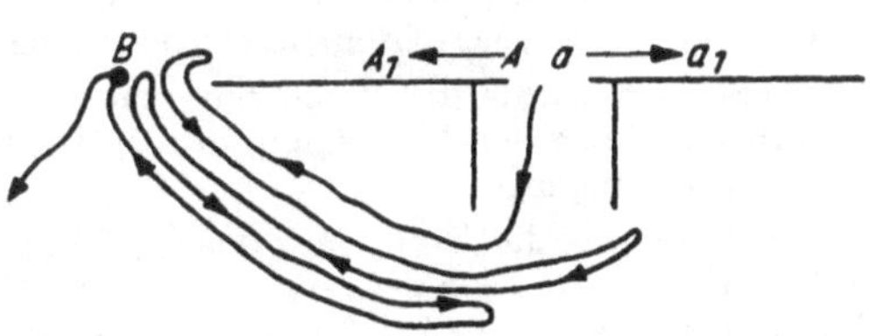

Abb. 91. *B* — der Punkt, von dem aus die Krähe auf das Futter sieht

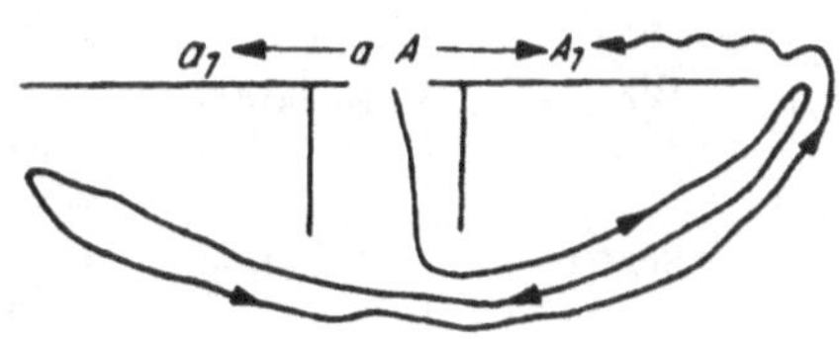

Abb. 92

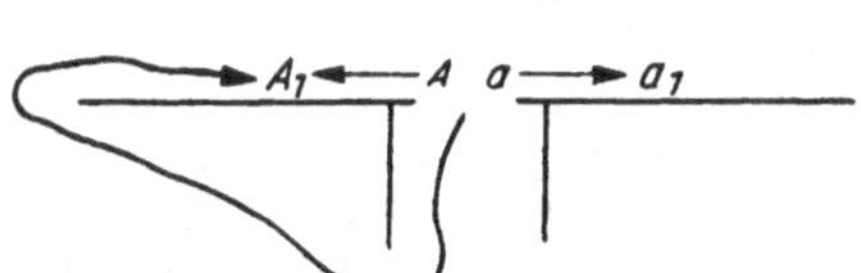

Abb. 93

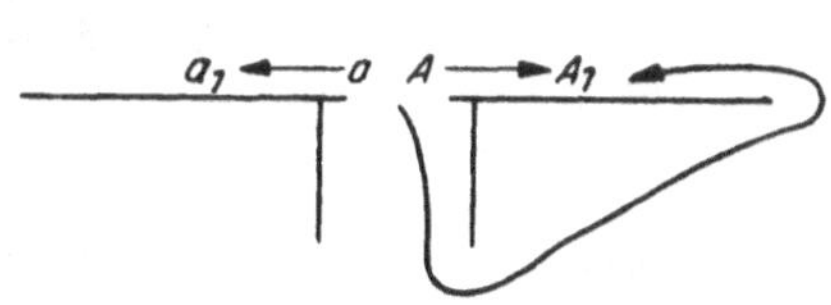

Abb. 94

Diese Merkmale einer passiv-abwehrenden Reaktion auf den Futternapf, die in dem Versuch mit „Pawa", einer völlig zahmen Krähe mit einer sehr hohen Nahrungsreizbarkeit, auftraten, setzten uns in Erstaunen, aber wir haben sie nicht mit dem Charakter des Versuches selbst in Verbindung gebracht. Wie sich im weiteren jedoch herausstellte, wird sie durch die „Schwierigkeit" der an das Nervensystem gestellten Aufgabe selbst hervorgerufen.

Zusammenfassend kann man über die Versuche — Wand mit einfachen Anbauteilen — sagen, daß diese Aufgabe von allen unseren Rabenvögeln mit einer Ausnahme im Laufe von zwei bis drei Versuchen gelöst wurde. Dabei beobachteten wir in ihrem Verhalten Hemmungen, die sich in der Tendenz ausdrückten, die Wand nur von einer Seite zu umgehen und in den Symptomen eines passiv-abwehrenden Verhaltens gegenüber der Versuchseinrichtung.

In der folgenden noch um einen Grad schwierigeren Aufgabe — Wand mit zusammengesetzten Anbauteilen — traten noch größere Schwierigkeiten bei der Bewältigung auf. Im ersten Versuch, der mit sieben Rabenvögeln angestellt wurde, gab es 14 (von 27) Umgehungen der Wand von der Seite, nach der sich der gefüllte Futternapf bewegte, 10 von der entgegengesetzten Seite, und in drei Fällen erreichten die Vögel die Futternäpfe hinter der Wand überhaupt

Tabelle 7

Nr.	Name	Art	Resultate der Versuche — Wand mit zusammengesetzten Anbauteilen
1	Pawa	Aaskrähe	Im 2. Versuch wurde die Wand in allen 4 Fällen in Richtung des bewegten vollen Futternapfes umgangen. In den folgenden Versuchen trat eine deutliche Angst vor der gesamten Versuchseinrichtung auf.
2	Waräger	Aaskrähe	Im 2. Versuch wurde die Wand in allen Fällen in Richtung des gefüllten Futternapfes umgangen. Im folgenden wechselten Versuche, in denen die Wand richtig umgangen wurde, mit solchen ab, in denen sie hauptsächlich von einer Seite (der rechten) umgangen wurde.
3	Warja	Aaskrähe	In allen Versuchen wurde die Wand nur von einer Seite umgangen. Nach der Beseitigung des Reflexes wurde sie richtig umgangen.
4	Schöne	Aaskrähe	Im 2. Versuch umging die Krähe in 5 (von 6) Fällen die Wand von der Seite, nach der sich der Futternapf mit Futter bewegte, in den folgenden Versuchen hauptsächlich von einer Seite (der rechten).
5	Jule	Elster	In allen Versuchen wurde die Wand nur von einer Seite umgangen.
6	Artemia	Elster	Im 6. Versuch wurde die Wand in 5 (von 6) Fällen in Richtung des bewegten Futters umgangen. In den folgenden Versuchen wurde sie richtig umgangen.
7	Zigeunerin	Saatkrähe	Im 3. Versuch wurde die Wand in 5 (von 6) Fällen in Richtung des bewegten Futters umgangen. Dann begannen Umgehungen nur von einer Seite.

nicht. In den folgenden Versuchen erwies sich das Resultat bei verschiedenen Vögeln als sehr unterschiedlich. Aus der Tabelle 7 sind die Versuchsresultate zu ersehen, die beim Umgehen der Wand mit zusammengesetzten Anbauteilen erzielt wurden.

Aus der Tabelle ist ersichtlich, daß ein richtiges Umgehen der Wand mit zusammengesetzten Anbauteilen vom 2. bis 6. Versuch bei fünf Vögeln (Pawa, Waräger, Schöne, Artemia und Zigeunerin) zu beobachten war. Zwei Vögel (Warja und Jule) begannen die Wand nur von einer Seite zu umgehen.

Bei drei von den fünf Vögeln traten beim richtigen Umgehen der Wand Störungen auf. Die Saatkrähe „Zigeunerin" und die Krähe „Schöne" begannen, die Wand im wesentlichen nur von einer Seite zu umgehen, bei der Krähe „Pawa" entwickelte sich nach der richtigen Lösung der Aufgabe eine eindeutige Phobie[1]) vor der Versuchseinrichtung (Angst vor der Wand und den Futternäpfen).

Wir haben schon oben darauf hingewiesen, daß bei der Krähe Pawa während der Versuche mit einfachen Anbauteilen Symptome der Angst vor der Versuchseinrichtung auftraten. Diese Symptome traten nicht immer auf. *Als wir jedoch zu den Versuchen mit zusammengesetzten Anbauteilen übergingen, wurde die Phobie vor der Versuchseinrichtung erheblich stärker, so daß eine Arbeit mit der Krähe überhaupt nicht mehr möglich war.* Es ist interessant, daß im ersten Versuch mit zusammengesetzten Anbauteilen bei Pawa eine eindeutige Angst nur vor der linken Seite der Wand auftrat. Wir haben deshalb im zweiten Versuch mit ihr, um ihre Reizbarkeit durch die Nahrung zu steigern, zu dem Fleisch (mit dem gewöhnlich der Versuch durchgeführt wurde) Quark hinzugefügt. Diese Mischung fraß der Vogel mit einer außerordentlichen Gier und in allen vier Fällen umging er ohne irgendwelche Anzeichen einer Phobie die Wand von der Seite, nach der sich der Futternapf mit Futter bewegte und erreichte das Futter.

Nun zu dem Versuch.

28/VI. Bewegungsgeschwindigkeit des gefüllten Futternapfes 4—12 cm/sec; Weglänge 20—60 cm.

7. 17.20 Uhr. Der Futternapf mit Futter bewegt sich nach links. Pawa läuft sofort aus den zusammengestellten Anbauteilen heraus, läuft nach der linken Seite, umgeht die Wand und erreicht nach 8 Sekunden das Futter (Abb. 95).

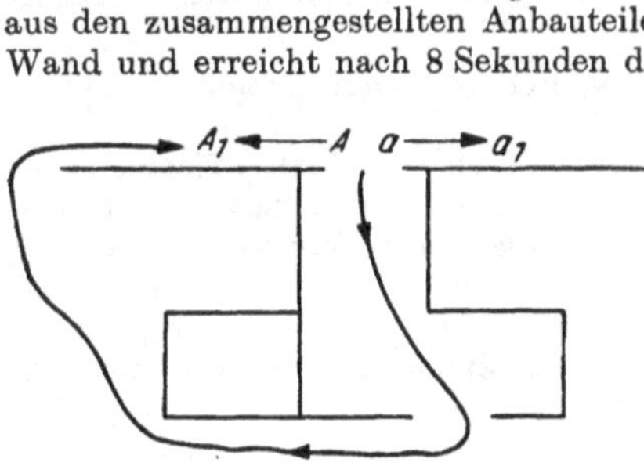

Abb. 95

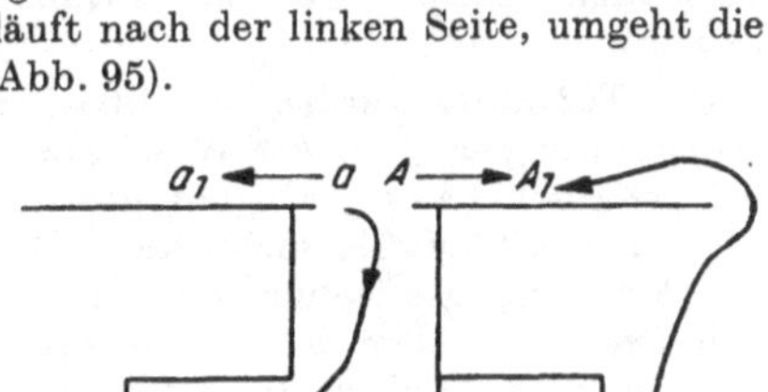

Abb. 96

8. 17.22 Uhr. Der Futternapf mit Futter bewegt sich nach rechts. Die Krähe läuft sofort aus den zusammengesetzten Anbauteilen heraus, läuft auf die rechte Seite der Wand, umgeht sie und erreicht nach 10 Sekunden das Futter (Abb. 96).

[1]) Phobie — krankhafte Furcht.

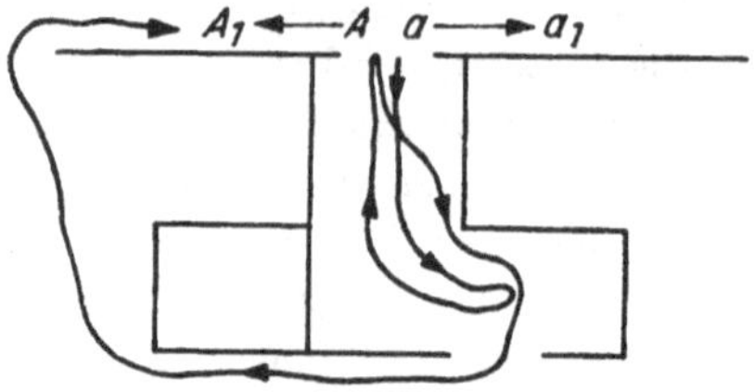

Abb. 97

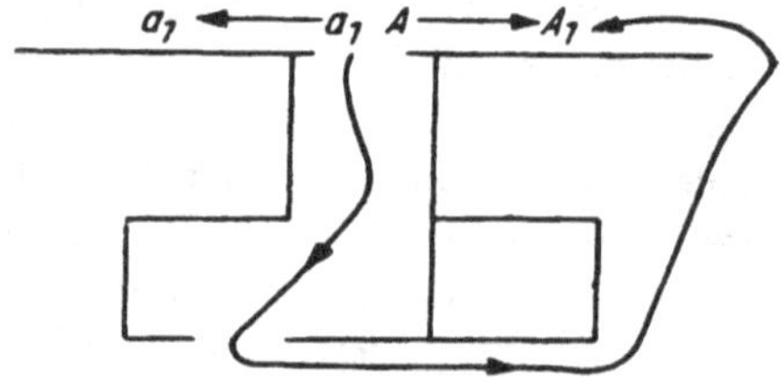

Abb. 98

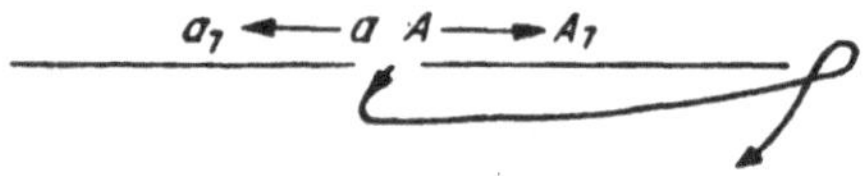

Abb. 99

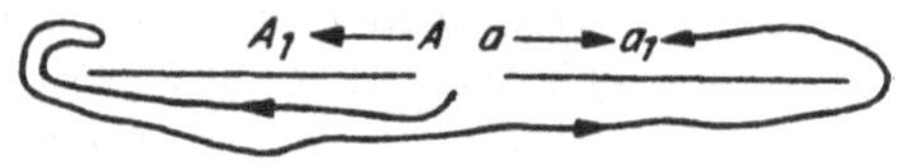

Abb. 100

9. 17.45 Uhr. Der Futternapf mit Futter bewegt sich nach links. Pawa läuft sofort vom Spalt weg, jedoch nicht aus den Anbauteilen heraus, kommt wieder bis zum Spalt zurück, schaut hinein, läuft wieder weg, aus den Anbauteilen heraus in Richtung des gefüllten Futternapfes, umgeht die Wand und erreicht nach 10 Sekunden das Futter (Abb. 97).

10. 17.52 Uhr. Der Futternapf mit dem Futter bewegt sich nach rechts. Pawa läuft sofort aus den Anbauteilen heraus und auf die rechte Seite der Wand, umgeht diese und erreicht nach 8 Sekunden das Futter (Abb. 98).

Diese Anstrengung der extrapolierend-reflektorischen Tätigkeit überforderte das Nervensystem des Vogels, und in den folgenden Versuchen (2/VII und 5/VII) trat eine erhebliche Angst vor der gesamten Versuchseinrichtung auf. Der Vogel begann sich nicht nur vor der linken Seite, sondern auch vor der rechten Seite der Wand zu fürchten. Er lief mit ausgeprägten Symptomen der Angst zum Futter, das in einer Entfernung von einigen zehn Zentimetern von der Wand aufgestellt worden war.

5/VII. Versuch mit der Wand.

Der Versuch begann um 12.10 Uhr. Pawa nähert sich weder den zusammengesetzten Anbauteilen, noch den einfachen Anbauteilen. Sie fürchtet sich vor der ganzen Versuchseinrichtung.

Um 12.53 Uhr wurden die einfachen und die zusammengesetzten Anbauteile weggeräumt. Die Angst vor der Wand allein ist geringer.

12.58 Uhr. Pawa pickt mit großer Vorsicht Futter durch den Spalt. Nachdem sie gepickt hat, hüpft sie sofort weg. Der Futternapf mit Futter bewegt sich nach rechts. Die Bewegungsgeschwindigkeit des Futters beträgt 7 cm/sec; die Weglänge 35 cm. In dem Moment, in dem sich der Futternapf mit Futter zu bewegen beginnt, hüpft die Krähe vom Spalt weg, läuft in Richtung des gefüllten Futternapfes, umgeht die Wand von rechts, läuft aber nicht bis zum Futter hin, sondern sieht nur 15 Sekunden lang darauf (Abb. 99).

13.04 Uhr. Der Futternapf mit Futter wird vor die Wand in der Nähe des Spaltes aufgestellt. Pawa läuft zum Futternapf und pickt, ohne jede Anzeichen von Angst, Futter aus dem Napf.

13.05 Uhr. Der Futternapf wird wieder hinter die Wand gesetzt. Die Bewegungsgeschwindigkeit beträgt 7 cm/sec, die Weglänge 35 cm. Der Futternapf mit Futter bewegt sich nach links. In dem Moment, in dem er sich zu bewegen beginnt, hüpft die Krähe vom Spalt weg und läuft in Richtung des gefüllten Futternapfes, umgeht die Wand von links, läuft jedoch nicht bis zum Futter, sondern wieder zurück auf die entgegengesetzte Seite der Wand, umgeht sie, erreicht den leeren Futternapf und sieht hinein (Abb. 100).

Aus den angeführten Versuchen ist ersichtlich, daß sich bei Pawa infolge der Lösung der für ihr Nervensystem zu schweren Aufgabe — Umgehen der Wand mit zusammengesetzten Anbauteilen in Richtung des gefüllten Futternapfes — eine Störung der normalen Nerventätigkeit entwickelte. Es trat Angst vor dem sich bewegenden Futter und vor der gesamten Versuchseinrichtung auf. Besonders stark entwickelte sich diese Phobie in Verbindung mit der komplizierteren Versuchseinrichtung — Wand mit zusammengesetzten Anbauteilen —. Man muß dabei unbedingt beachten, daß Pawa eine vollkommen zahme Krähe war, die aus einem schulischen Biologiezirkel, in dem sie einige Jahre gehalten wurde, übernommen wurde und sich nun schon länger als ein Jahr in unserem Laboratorium befand. Wir hatten sie öfter aus dem Käfig freigelassen und sie bewegte sich frei im Laboratorium. Es wurden jedoch niemals auch nur die geringsten Anzeichen von Angst vor der Laboratoriumseinrichtung festgestellt.

Nach der Entwicklung der Phobie wurden alle Versuche mit Pawa eingestellt, und es wurde beschlossen, ihr eine lange Ruhepause zu gewähren. Drei Wochen später (26/VII) verendete Pawa.

Wir haben uns so eingehend mit der Entwicklung des pathologischen Zustandes dieser Krähe befaßt, weil wir das Auftreten der Phobie bei der Lösung der für das Nervensystem zu schweren Aufgabe gleichfalls an zwei anderen Versuchsvögeln beobachtet haben: bei Warja und bei Waräger.

Warja war die einzige Krähe, die die Wand ohne Anbauteile nicht in der richtigen Richtung, sondern nur von der rechten Seite her, unabhängig von der Bewegungsrichtung des Futters, umging. Die Beseitigung des bedingt-reflektorischen Umgehens von dieser Seite führte zu einem richtigen Umgehen der Wand. Im folgenden Versuch jedoch begann sie sich davor zu fürchten, zum Futternapf mit dem Futter zu laufen. Diese Phobie trat anfangs nur vor dem Futternapf der rechten (der ausgeschalteten) Seite auf, später auch vor dem der linken Seite und schließlich auch vor dem Futternapf hinter dem Spalt. Die Angst steigerte sich erheblich, nachdem die Aufgabe erschwert wurde und die Krähe um die Wand mit einfachen Anbauteilen laufen sollte.

Eine Behandlung der Phobie mit bromhaltigem Natrium erwies sich als erfolgreich. Die Angst verschwand völlig.

Bei der Krähe Waräger wird die Analyse der auftretenden Phobie dadurch erschwert, daß dieser Vogel während des Versuchs 21/I (in dem Augenblick, als er durch den Spalt Nahrung aufnahm) vor einem herunterfallenden Furnierbrett erschrak. Im folgenden Versuch (24/I) machte sich die Angst vor dem Futter nur während der ersten Bewegung hinter der Wand mit zusammengesetzten Anbauteilen bemerkbar; in den übrigen 5 Fällen wurden keinerlei Anzeichen einer Phobie festgestellt. Im Versuch 31/I stellte sich jedoch die Furcht beim Umgehen der Wand während der ersten beiden Bewegungen des Futternapfes wieder ein. In dem darauffolgenden Versuch (4/II) fehlte sie wieder, die Krähe umging die Wand mit zusammengesetzten Anbauteilen in fünf (von sechs) Fällen nur von einer (der rechten) Seite. Im weiteren Verlauf wechselten Versuche, in denen die Phobie vor der Versuchseinrichtung periodisch bald auftrat, bald verschwand, mit solchen ab, in denen die Krähe die Wand mit zusammengesetzten Anbauteilen im wesentlichen nur von einer Seite (der rechten) umging. Mitte März begann die Krähe die Wand nur von der Seite, nach der sich der gefüllte Futternapf bewegte, zu umgehen und die Phobie vor der Versuchseinrichtung verschwand. Es ist sehr wahrscheinlich, daß der Schreck, der durch das im Versuch 21/I heruntergefallene Furnierbrett hervorgerufen worden war, durch den neurotischen Zustand des Vogels infolge der Überanstrengung seiner Nerventätigkeit und durch die Lösung der schweren Aufgabe erhalten blieb. Dafür, daß die an das Nervensystem des Vogels gestellte Aufgabe zu schwer war, zeugt die ständige Tendenz zum Umgehen der Wand nur von einer Seite her — die bedingt-reflektorische Automatisierung der Nerventätigkeit.

Die physiologische Analyse, die von M. K. Petrowa [11] im Laboratorium von I. P. Pawlow an Hunden durchgeführt wurde, zeigte die große Rolle, die die Überanstrengung der Nerventätigkeit bei der Äußerung einer Phobie spielt, die aus einem vorangehenden Trauma, hervorgerufen durch eine Schreckwirkung, hervorgegangen ist. Es ist offensichtlich, daß in unserem Fall die Überanstrengung der Nerventätigkeit, die durch die Lösung der schweren Aufgabe hervorgerufen wurde, zu langanhaltenden Folgen einer zufälligen Nervenerschütterung führt.

Zusammenfassend können wir über die oben beschriebenen Versuche mit Rabenvögeln folgendes sagen: Sie umgingen schon im ersten Versuch in den meisten Fällen die Wand (ohne Anbauteile) in der Bewegungsrichtung des gefüllten Futternapfes; die darauffolgende Erweiterung des Versuches erschwerte die richtige Umgehung der Wand; noch größere Schwierigkeiten entstanden in den Versuchen mit zusammengesetzten Anbauteilen. Obwohl viele Vögel während des 2. bis 6. Versuchs die Wand von der richtigen Seite zu umgehen begannen, führte die Überanstrengung ihrer Nerventätigkeit dennoch zur Entwicklung pathologischer Symptome im Verhalten, d. h. zur Entwicklung einer Phobie. Die Schwierigkeit, die Wand mit zusammengesetzten Anbauteilen richtig zu umgehen, drückte sich auch darin aus, daß einige Vögel diese nur noch von einer Seite umgingen, unabhängig davon, nach welcher Seite sich der Napf mit dem Futter bewegte.

Versuche mit Kaninchen

Das Verhalten aller drei Versuchskaninchen im ersten Versuch war ziemlich eindeutig. Im ersten und zweiten Versuch liefen die Kaninchen, bei 14 (von 16) Bewegungen der Futternäpfe hinter der Wand, nachdem sie den Kopf aus dem Spalt gezogen hatten, in Richtung des gefüllten Futternapfes. Die suchenden Bewegungen schwächten sich jedoch ab, und, nachdem die Kaninchen 30—50 cm an der Wand entlanggelaufen waren, liefen sie von ihr weg oder umgingen sie noch, suchten aber das Futter nicht weiter und erreichten den Futternapf nicht. In 5 von den 16 Fällen wurde die Wand in Richtung des gefüllten Futternapfes umgangen, aber nicht einmal wurde das Futter erreicht. Von der entgegengesetzten Seite, nach der sich der leere Futternapf bewegte, wurde die Wand nur einmal umgangen, in 10 Fällen überhaupt nicht.

Die weitere Arbeit zeigte individuelle Unterschiede im Verhalten der beobachteten Kaninchen.

Das Kaninchen „Kolka“. In den ersten Versuchen wurden bei diesem Kaninchen eindeutige suchende Bewegungen in Richtung des bewegten Futters beobachtet. Im Laufe der ersten sechs Versuche lief das Kaninchen in 19 (von 25) Fällen in Richtung des Futters (umging die Wand und erreichte das Futter jedoch nur in 7 Fällen); in vier Fällen lief es nach der entgegengesetzten Seite und in zwei Fällen schließlich lief es in einem Winkel von 45—50° von der Wand weg entgegengesetzt zur Bewegungsrichtung des Futters.

Nach den sechs Versuchen wurde die Arbeit mit dem Kaninchen für 11 Monate unterbrochen. Nach dieser Pause wurde wieder beobachtet, daß die Anzahl der Umgehungen und der entlang der Wand zurückgelegten Wege nach der Seite, nach der sich der volle Futternapf bewegte, überwog. Vom sechsten Versuch (nach der Pause) an begann das Kaninchen die Wand bedingt-reflektorisch nur von einer Seite (der rechten) zu umgehen, unabhängig von der Bewegungsrichtung des Futters. Im 10. Versuch nahmen die Umgehungen einen vollkommen gleichförmigen Charakter an: Das Kaninchen lief jedesmal, unabhängig von der Bewegungsrichtung des vollen Futternapfes, nach der rechten Seite der Wand und erreichte den Futternapf (den leeren oder den mit Futter). Danach begannen wir mit der Beseitigung des bedingten Reflexes, d.h., wir bewegten den gefüllten Futternapf ständig nach der linken Seite. Nach 47 Bewegungen des vollen Futternapfes nach der linken Seite war das bedingt-reflektorische Umlaufen der Wand von rechts beseitigt. Das Kaninchen umging die Wand dreimal hintereinander von links und erreichte das Futter. Danach wurde das Futter wieder in der üblichen Weise abwechselnd nach rechts und nach links bewegt. Das Kaninchen begann jetzt jedoch die Wand beharrlich nur von der linken Seite zu umgehen, d.h., nach der Beseitigung der bedingt-reflektorischen Umgehung von rechts wurde diese durch ein Umgehen der Wand von links ersetzt. Nachdem das Kaninchen die Wand sechsmal von links umgangen hatte, begannen wir mit der Beseitigung der bedingt-reflektorischen Umgehung der Wand von links. Nach 26 Bewegungen des Futternapfes nach der rechten Seite war das bedingt-reflektorische Umgehen von links beseitigt: Das Kaninchen lief dreimal hintereinander um die Wand herum und erreichte das Futter von der rechten Seite. Als wir jetzt jedoch das Futter wieder nach beiden Seiten bewegten, zeigte es sich, daß das Kaninchen die Wand nur von rechts umging. Darauf brachen wir die Versuche mit dem Kaninchen Kolka ab, weil es vollkommen klar war, daß das bedingt-reflektorische Umgehen der Wand von einer Seite nach Beseitigung durch das von der anderen Seite ersetzt wurde.

Das Kaninchen „Grauchen“. Bei diesem Kaninchen wurden die suchenden Bewegungen in Richtung des Futters, die wir im ersten Versuch festgestellt hatten, schon im dritten Versuch durch das bedingt-reflektorische Umgehen der Wand von einer Seite (der rechten) ersetzt. Im zweiten Versuch wiesen sie einen völlig gleichartigen Charakter auf: Das Kaninchen umging jedesmal, unabhängig von der Bewegungsrichtung des Futters, die Wand von der rechten Seite und gelangte zum Futternapf (dem leeren oder mit dem Futter). Danach begannen wir das bedingt-reflektorische Umgehen der Wand von der rechten Seite zu beseitigen, d.h., wir bewegten das Futter ständig nach der linken Seite. Ein Fortschritt zeigte sich nur langsam; erst nach 115 Bewegungen des Futters nach links umging das Kaninchen zweimal hintereinander die Wand von der linken Seite. Danach wurde das Futter wieder abwechselnd nach beiden Seiten bewegt. Das Kaninchen begann die Wand richtig zu umgehen. Am folgenden Versuchstag umging es in allen Fällen die Wand von der Seite, nach der sich das Futter bewegte. Als wir uns überzeugt hatten, daß sich nach Beseitigung des bedingt-reflektorischen Umgehens die extrapolierende Weise der Umgehung durchsetzte, wurden die Versuche mit der um einen Grad schwierigeren Aufgabe — Wand mit einfachen Anbauteilen — begonnen.

Schon im ersten Versuch mit einfachen Anbauteilen umging das Kaninchen die Wand nur von der linken Seite. Im 2. Versuch wurden die Anbauteile entfernt, das Kaninchen umging die Wand jedoch weiter nur von einer Seite. Also löste es, als sich die Aufgabe als zu schwer für sein Nervensystem erwies, diese auf die bedingt-reflektorische Weise, die auch Einfluß auf die Lösung der einfacheren Aufgabe — Wand ohne Anbauteile — die vorher immer richtig gelöst wurde, ausübte.

Dieses einseitige Umgehen der Wand ohne Anbauteile von der linken Seite erwies sich jedoch als ziemlich unbeständig. Nach vier Bewegungen des Futternapfes nach rechts lief das Kaninchen in der Bewegungsrichtung des Futters. In den folgenden beiden Versuchen umging es die Wand fast ohne Fehler, indem es jedesmal in gleicher Richtung mit dem gefüllten Futternapf lief. Die Bewältigung der Aufgabe auf diese Weise überstieg jedoch die Kräfte seines Nervensystems. In den folgenden Versuchen begann es wieder die Wand einseitig zu umgehen (wobei sich die Seite von Versuch zu Versuch änderte, manchmal war es vorwiegend die linke, manchmal die rechte). Gleichzeitig damit traten Weigerungen auf, die Wand von irgendeiner Seite zu umgehen. Das Kaninchen lief sofort, nachdem sich die Futternäpfe in Bewegung setzten, von der Wand weg und kehrte nicht mehr zu ihr zurück. *Zusammen damit beobachtete man eindeutige Symptome einer Phobie.* Das Kaninchen lief zum Spalt in der Wand, begann aber nicht zu fressen, sondern, nachdem es den Kopf durch den Spalt gesteckt hatte, lief es plötzlich weg, trommelte mit den Hinterläufen, was auf den erregten Zustand des Tieres hindeutete. Es ist wesentlich, *daß die Symptome der Phobie und die Verweigerung der Arbeit in jenen Versuchen auftraten, in denen das Kaninchen die Wand von der richtigen Seite zu umlaufen begann.*

Nun zum ersten Versuch, in dem Symptome auftraten, die auf eine Störung der Nerventätigkeit des Kaninchens hindeuteten.

19/V. Versuch mit der Wand. Bewegungsgeschwindigkeit der Futternäpfe 7—8 cm/sec; Weglänge 35—40 cm.

11.54 Uhr. Der Futternapf mit Futter bewegt sich nach links. Das Kaninchen zieht den Kopf aus dem Spalt, läuft nach 10 Sekunden eine Schleife und dann nach der linken Seite der Wand, umgeht sie und erreicht nach 27 Sekunden das Futter (Abb. 101).

Abb. 101

Abb. 102

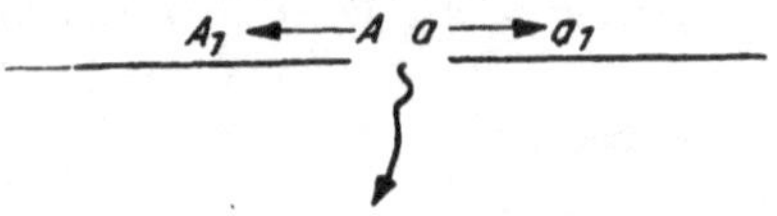

Abb. 103

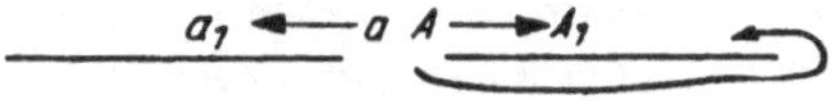

Abb. 104

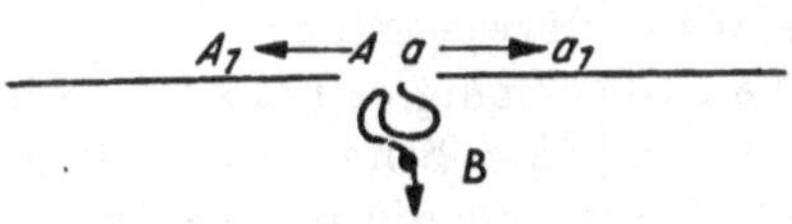

Abb. 105. B — ist die Stelle, wo das Kaninchen mit den Pfoten trommelt

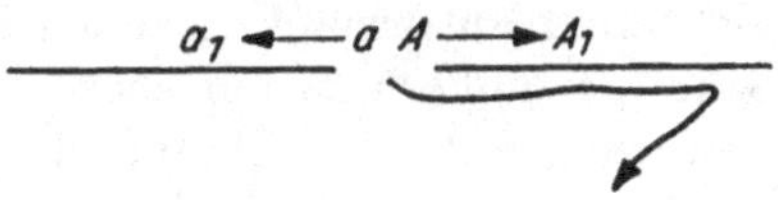

Abb. 106

Abb. 107

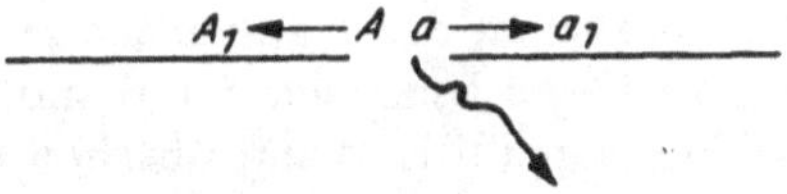

Abb. 108

11.58 Uhr. Der Futternapf mit Futter bewegt sich nach rechts. Das Kaninchen zieht den Kopf aus dem Spalt und läuft nach 1 Sekunde nach der rechten Seite der Wand, umgeht sie und erreicht nach 6 Sekunden das Futter (Abb. 102).

12.00 Uhr. Der Futternapf mit dem Futter bewegt sich nach links. Das Kaninchen läuft nach 4 Sekunden vom Spalt weg und entfernt sich von der Wand (Abb. 103).

12.02 Uhr. Der Futternapf mit Futter bewegt sich nach rechts. Das Kaninchen zieht den Kopf aus dem Spalt und läuft nach der rechten Seite der Wand, umgeht sie und erreicht nach 10 Sekunden das Futter (Abb. 104).

12.04 Uhr. Der Futternapf mit Futter bewegt sich nach links. Das Kaninchen zieht den Kopf aus dem Spalt, trommelt aufgeregt mit den Läufen und wendet sich von der Wand ab (Abb. 105).

12.05 Uhr. Der Futternapf mit Futter bewegt sich nach rechts. Das Kaninchen zieht den Kopf aus dem Spalt, läuft nach 1 Sekunde in Richtung des vollen Futternapfes, jedoch nicht bis zum Ende der Wand, sondern entfernt sich von ihr (Abb. 106).

12.08 Uhr. Der Futternapf mit Futter bewegt sich nach links. Das Kaninchen zieht den Kopf aus dem Spalt, läuft in einem Bogen nach der Seite des leeren Futternapfes, läuft aber dann nach der richtigen Seite, umgeht die Wand von links und erreicht nach 17 Sekunden das Futter (Abb. 107).

12.09 Uhr. Der Futternapf mit Futter bewegt sich nach rechts. Das Kaninchen zieht den Kopf aus dem Spalt, läuft nach 2 Sekunden vom Spalt weg und wendet sich ganz ab (Abb. 108).

Anmerkung. Das Kaninchen wurde sehr scheu. Die Arbeit mußte unter dieser Bedingung durchgeführt werden.

In den weiteren Versuchen verstärkte sich die Tendenz, die Wand von irgendeiner beliebigen Seite zu umgehen. Manchmal z. B. umlief es in der ersten Versuchshälfte die Wand von der rechten Seite, in der zweiten von der linken Seite. Gleichzeitig mit dem Auftreten des einseitigen Umgehens der Wand, d. h. *beim Übergang von der extrapolierenden zur bedingt-reflektorischen Lösungsweise der Aufgabe, verschwand die Scheu des Tieres und die Weigerungen, die Wand von irgendeiner beliebigen Seite zu umgehen, hörten auf.*

Die Versuche mit diesem Kaninchen wurden abgebrochen.

Das Kaninchen „Dickerchen“. Im Laufe der ersten beiden Versuche wurde beobachtet, daß das Kaninchen hauptsächlich in Richtung des gefüllten Futternapfes an der Wand entlanglief. Es umging die Wand jedoch nicht und gelangte nicht zum Futternapf. Danach begann es die Wand vorwiegend nur von einer Seite (der linken) zu umgehen. Im sechsten Versuch umging es bei allen sechs Bewegungen der Futternäpfe die Wand nur von der linken Seite. Das bedingt-reflektorische schablonenhafte Umgehen trat jedoch nicht ständig auf. Im 10. und 11. Versuch umging das Kaninchen die Wand vorzugsweise von der Seite, nach der sich das Futter bewegte. Dann gingen wir zu Versuchen mit der schwereren Aufgabe über — Wand mit einfachen Anbauteilen. Diese Aufgabe war für das Nervensystem des Kaninchens zu schwer. Wir beobachteten ein zufälliges, unregelmäßiges Umgehen der Wand mit einfachen Anbauteilen von beiden Seiten, Weigerungen, die Wand überhaupt zu umgehen und Versuche, durch den Spalt der Wand einzudringen. Es wurde beschlossen, auf Grund solcher offenkundigen Schwierigkeiten bei der Lösung der Aufgabe, die *Wirkung von bromhaltigem Natrium* auszuprobieren. Das Ergebnis war sehr demonstrativ. Das Kaninchen löste die für sein Nervensystem zu schwere Aufgabe.

Nun zu dem Versuch.

21/I. Versuch Nr. 5: Wand mit einfachen Anbauteilen. Bewegungsgeschwindigkeit der Futternäpfe 8—10 cm/sec; Weglänge 40—50 cm.

10.00 Uhr. Der Futternapf mit Futter bewegt sich nach rechts. Das Kaninchen zieht den Kopf aus dem Spalt und läuft nach 10 Sekunden aus den Anbauteilen heraus, entfernt sich 40—50 cm von ihnen und kehrt wieder in sie zurück, dann läuft es abermals heraus und von links um die Wand herum. Nach 37 Sekunden erreicht es den leeren Futternapf (Abb. 109).

10.03 Uhr. Der Futternapf mit Futter bewegt sich nach links. Das Kaninchen zieht den Kopf aus dem Spalt, läuft nach vier Sekunden aus den Anbauteilen heraus nach der linken Seite, umgeht die Wand und erreicht nach 14 Sekunden das Futter (Abb. 110).

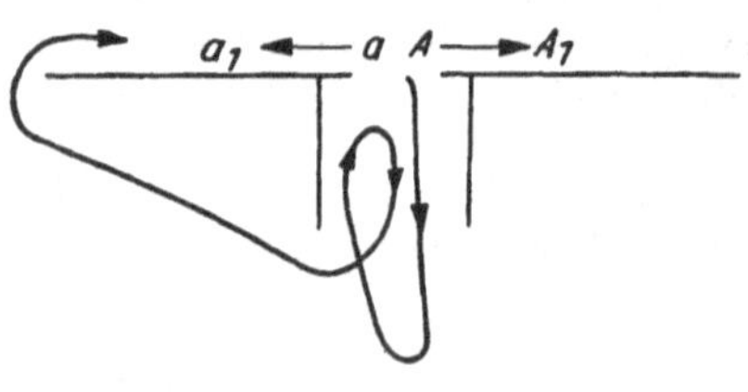

Abb. 109

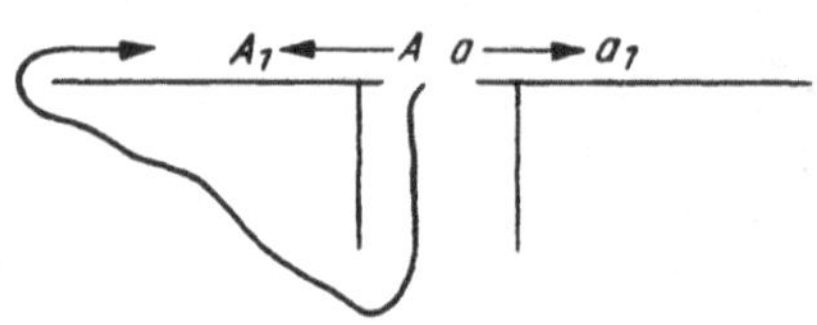

Abb. 110

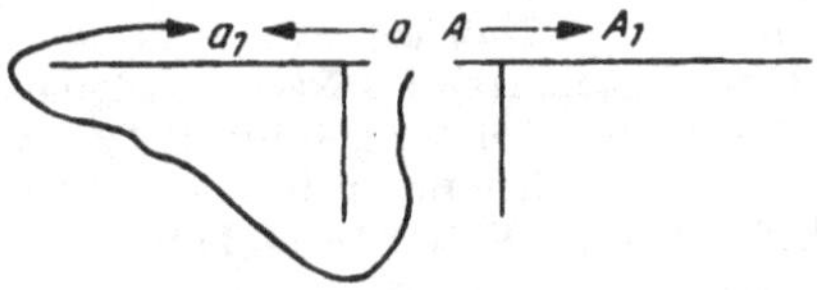

Abb. 111

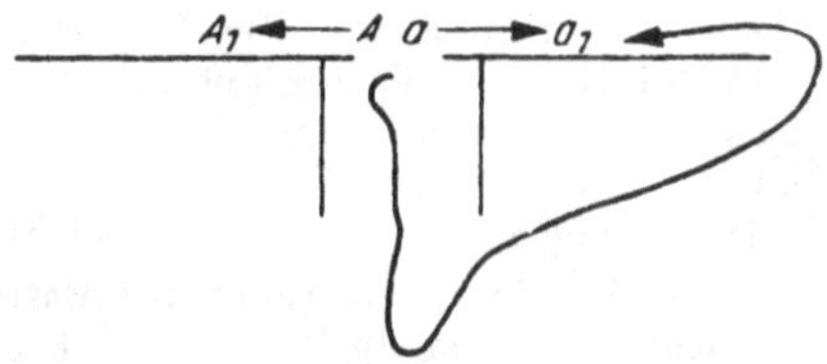

Abb. 112

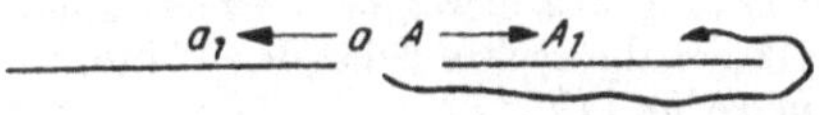

Abb. 113

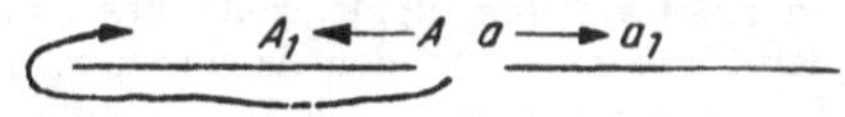

Abb. 114

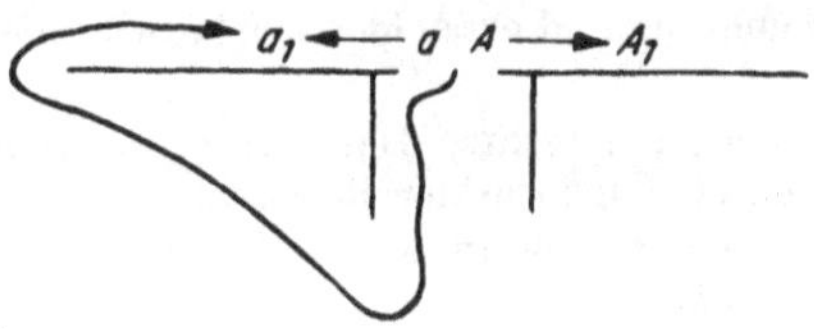

Abb. 115

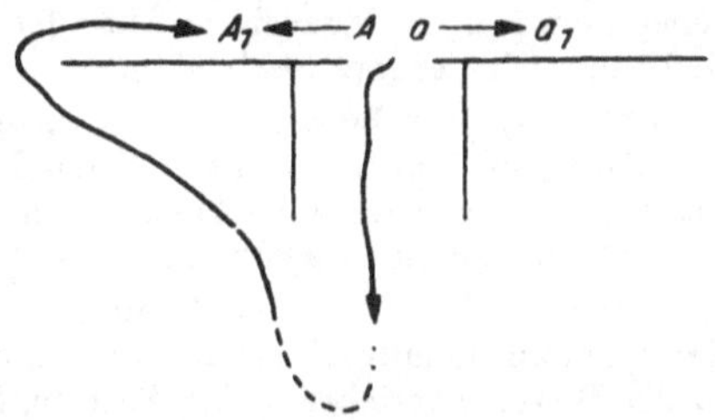

Abb. 116

10.06 Uhr. Der Futternapf mit Futter bewegt sich nach rechts. Das Kaninchen zieht den Kopf aus dem Spalt, läuft nach 4 Sekunden aus den Anbauteilen heraus nach der linken Seite der Wand, umgeht sie und erreicht nach 15 Sekunden den leeren Futternapf (Abb. 111).

10.08 Uhr. Der Futternapf mit Futter bewegt sich nach links. Das Kaninchen zieht den Kopf aus dem Spalt, läuft nach 5 Sekunden in einem Bogen in Richtung des gefüllten Futternapfes aus den Anbauteilen heraus, entfernt sich 50—60 cm, kommt zurück, umgeht die Wand von rechts und erreicht nach 25 Sekunden den leeren Futternapf (Abb. 112).

Die Anbauteile werden weggeräumt, weil klar ist, daß das Kaninchen die Wand nicht von der Seite umgeht, nach der sich der Futternapf mit Futter bewegt.

10.10 Uhr. Der Futternapf mit Futter bewegt sich nach rechts, das Kaninchen zieht den Kopf aus dem Spalt und läuft sofort auf die rechte Seite der Wand, umgeht sie und erreicht nach 10 Sekunden das Futter (Abb. 113).

10.12 Uhr. Der Futternapf mit Futter bewegt sich nach links. Das Kaninchen zieht den Kopf aus dem Spalt, läuft nach der linken Seite der Wand, umgeht sie und erreicht nach 13 Sekunden den gefüllten Futternapf (Abb. 114). Nachdem die Anbauteile weggeräumt wurden, war das Kaninchen fähig, die Bewegungsrichtung des Futternapfes hinter der Wand zu extrapolieren. Dann wurden die Anbauteile wieder aufgestellt.

10.14 Uhr. Der Futternapf mit Futter bewegt sich nach rechts. Das Kaninchen macht einen Bogen nach der Seite, nach der sich der leere Futternapf bewegt, läuft aus den Anbauteilen heraus nach der linken Seite der Wand, umgeht sie und erreicht den leeren Futternapf (Abb. 115).

10.16 Uhr. Der Futternapf mit Futter bewegt sich nach links. Das Kaninchen macht einen Bogen nach der Seite des gefüllten Futternapfes, läuft aus den Anbauteilen heraus, entfernt sich auf 1,5 bis 2 m, wendet sich dann nach der linken Seite der Wand, umgeht sie und erreicht nach 11 Sekunden den gefüllten Futternapf (Abb. 116).

Um 10.30 Uhr werden dem Kaninchen 150 mg bromhaltiges Natrium verabreicht.

11.15 Uhr. Der Futternapf mit Futter bewegt sich nach rechts. Nach 5 Sekunden macht das Kaninchen einen Bogen nach der Seite, nach der sich der gefüllte Futternapf bewegt, läuft aus den Anbauteilen heraus und in einem großen Bogen in Richtung des Futters, umgeht die Wand und erreicht nach 16 Sekunden das Futter (Abb. 117).

11.18 Uhr. Der Futternapf mit Futter bewegt sich nach links. Das Kaninchen zieht den Kopf aus dem Spalt, läuft nach 5 Sekunden aus den Anbauteilen heraus nach der linken Seite der Wand, umgeht sie und erreicht nach 14 Sekunden das Futter (Abb. 118).

11.20 Uhr. Der Futternapf mit Futter bewegt sich nach rechts. Das Kaninchen zieht den Kopf aus dem Spalt, läuft einen Bogen in Richtung des bewegten Futters, kommt nach 3 Sekunden aus den Anbauteilen heraus, läuft auf die rechte Seite der Wand, umgeht sie und erreicht nach 12 Sekunden das Futter (Abb. 119).

11.23 Uhr. Der Futternapf mit Futter bewegt sich nach links. Das Kaninchen zieht den Kopf aus dem Spalt, bleibt 8 Sekunden lang am Spalt sitzen, läuft aus den Anbauteilen heraus nach der rechten Seite der Wand, umgeht sie und erreicht nach 17 Sekunden den leeren Futternapf (Abb. 120).

11.25 Uhr. Der Futternapf mit Futter bewegt sich nach rechts. Das Kaninchen zieht den Kopf aus dem Spalt, macht nach 2 Sekunden einen Bogen in der Bewegungsrichtung des Futters, läuft aus den Anbauteilen heraus nach der rechten Seite der Wand, umgeht sie und erreicht nach 9 Sekunden das Futter (Abb. 121).

11.28 Uhr. Der Futternapf mit Futter bewegt sich nach links. Das Kaninchen zieht den Kopf aus dem Spalt, bleibt 4 Sekunden lang am Spalt sitzen, macht dann einen Bogen in der Bewegungsrichtung des Futters, läuft aus den Anbauteilen heraus nach der linken Seite und umgeht die Wand. Nach 13 Sekunden erreicht es das Futter (Abb. 122).

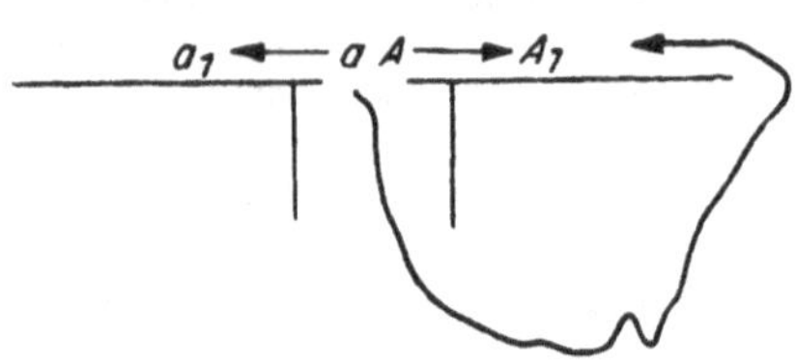

Abb. 117

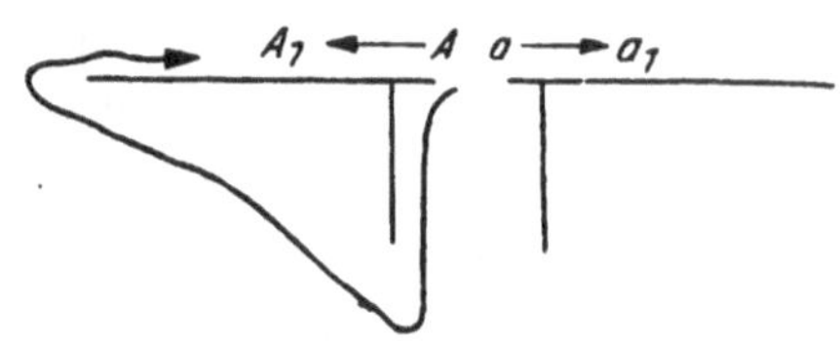

Abb. 118

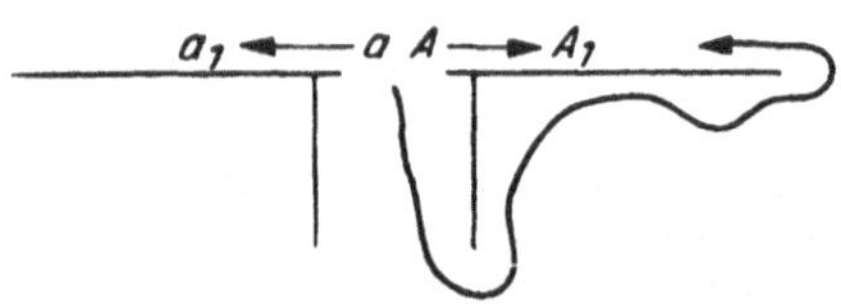

Abb. 119

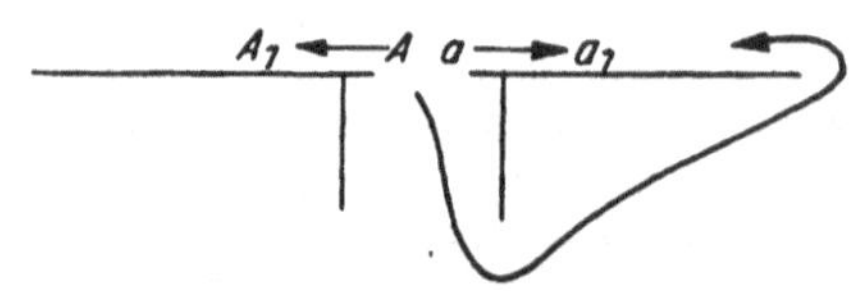

Abb. 120

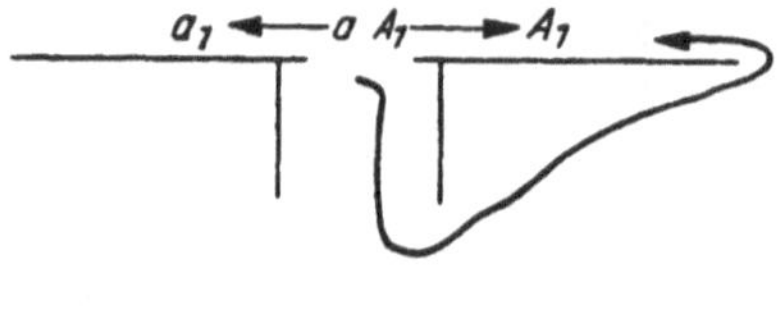

Abb. 121

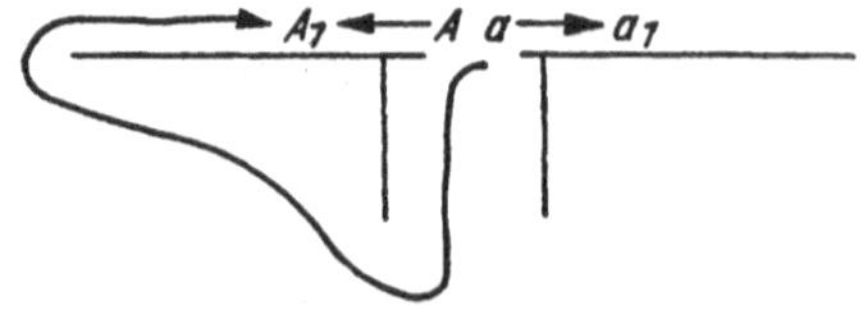

Abb. 122

Aus den beschriebenen Versuchen geht hervor, daß das Kaninchen während der ersten Hälfte des Experiments, d.h. bis zur Einnahme des bromhaltigen Natriums nicht fähig war, die Wand von der Seite zu umgehen, nach der sich das Futter bewegte. Dabei war eine eindeutige Tendenz nach der linken Seite festzustellen (nur im Versuch, der um 10.08 Uhr durchgeführt wurde, umging das Kaninchen die Wand von rechts). Nachdem die Anbauteile weggeräumt wurden, umging es beide Male die Wand von der richtigen Seite. Nach Einnahme des bromhaltigen Natriums umging es in den meisten Fällen (in fünf von sechs Fällen) die Wand mit Anbauteilen in Richtung des gefüllten Futternapfes.

In den folgenden Versuchen, am 24. und 28. Januar umging das Kaninchen bei der Bewegung des Futternapfes hinter der Wand mit einfachen Anbauteilen in 10 von 14 Fällen die Wand in der Bewegungsrichtung des Futters.

Die einmalige Einnahme von bromhaltigem Natrium übte einen positiven Einfluß auf die richtige Lösung der für das Nervensystem zu schwierigen Aufgabe aus.

Die nächste, noch um einen Grad schwierigere Aufgabe — das Umgehen der Wand mit zusammengesetzten Anbauteilen — konnte das Kaninchen nicht lösen. Schon im ersten Versuch begann es, die Wand bedingt-reflektorisch von einer Seite (der rechten) zu umgehen, unabhängig davon, wohin sich der volle Futternapf bewegte. Nach sieben Versuchen, in deren Verlauf es die Wand vorwiegend von der rechten Seite umgangen hatte, wurde die Aufgabe vereinfacht: Die zusammengesetzten Anbauteile wurden weggeräumt. Es zeigte sich, daß das bedingt-reflektorische Umgehen von der rechten Seite auch bei der Bewältigung der Aufgabe — Wand mit einfachen Anbauteilen und weiter sogar bei der Aufgabe — Wand ohne Anbauteile — erhalten blieb.

Nach einer dreiwöchigen Pause (vom 12/III bis 1/IV), während der keinerlei Versuche mit dem Kaninchen durchgeführt wurden, begann es die Wand ohne Anbauteile wieder in der Bewegungsrichtung des Futters zu umgehen, die Wand mit Anbauteilen umging es jedoch weiterhin nur von einer (der rechten) Seite.

Das richtige Umgehen der Wand ohne Anbauteile blieb jedoch nach der Pause nur im Verlauf einiger Versuche. Es machte sich eine eindeutige Tendenz bemerkbar, nicht nur die Wand mit Anbauteilen, sondern auch die ohne Anbauteile von einer (der rechten) Seite zu umgehen. Zusammen damit traten im Versuch 6/V *die ersten Anzeichen einer Phobie* auf, die sich als Furcht vor der Wand und dem Spalt äußerten. Vom Versuch 9/V an begannen wir das Umgehen der Wand von rechts zu beseitigen, d.h., wir bewegten den Futternapf nur nach der linken Seite. Die Beseitigung des bedingt-reflektorischen Automatismus und die damit verbundene Notwendigkeit zum Übergang einer extrapolierenden Lösungsweise der Aufgabe waren für das Kaninchen zu schwer. *In den Versuchen am 19. und 23. Mai zeigte es eine deutlich ausgeprägte Phobie vor der Versuchseinrichtung.* Mit großer Vorsicht umging es die Wand, näherte sich zögernd dem Futter. Manchmal lief es, bevor es das Futter erreicht hatte, weg, manchmal holte es sich mit den Zähnen die an dem Futternapf befestigte Mohrrübe, zog sie hinter sich her, wobei es von der Wand wegstrebte. Die Phobie trat hauptsächlich vor der linken Seite der Wand in Erscheinung, nämlich der Seite, längs der sich das Futter jetzt bewegte. *Nachdem das bedingt-reflektorische Umgehen der Wand von rechts beseitigt war und das Kaninchen die Wand wieder in der Bewegungsrichtung des Futters umging, schwächte sich auch die Phobie vor der Versuchseinrichtung ab.* Gerade die Notwendigkeit von der bedingt-reflektorischen Lösungsweise der Aufgabe zur extrapolierenden übergehen zu müssen, erwies sich als besonders schwierig für das durch die vorangehenden Versuche erschöpfte Nervensystem des Kaninchens. Danach wurden die Versuche mit dem Kaninchen abgebrochen.

Zusammenfassend können wir über die mit Kaninchen durchgeführten Versuche folgendes sagen: Die extrapolierenden Reflexe sind bei ihnen relativ schwach ausgeprägt. Die Bemühungen, das sich hinter der Wand bewegende Futter mit Hilfe extrapolierender Reflexe aufzufinden, wie das in den ersten Versuchen zu beobachten war, tendierten dahin, durch ein bedingt-reflektorisches Umgehen der Wand von einer Seite ersetzt zu werden. Es traten Symptome auf, die den Eintritt einer pathologischen Nerventätigkeit bezeugten (Verweigerung der Arbeit, Phobie vor der Versuchseinrichtung).

Unsere nächste, um einen Grad schwierigere Aufgabe — die Wand mit einfachen Anbauteilen — konnte nur von einem Kaninchen unter dem Einfluß bromhaltigen Natriums gelöst werden. Die Aufgabe — die Umgehung der Wand mit zusammengesetzten Anbauteilen — wurde von keinem unserer drei Kaninchen gelöst.

6. Schluß

Die durchgeführten Untersuchungen berechtigen zu der Annahme, daß es elementare Reflexe gibt, die eine Extrapolation ermöglichen, d.h. eine Reaktion nicht nur auf den vorhandenen Reizerreger, sondern auch auf dessen Bewegungsrichtung. *Die extrapolierenden Reflexe* müssen unserer Meinung nach *als reflektorische Grundlage der Fähigkeit zur „Voraussicht" zukünftiger Entstehungsmöglichkeiten elementarer Ereignisse nicht nur unter den für das Tier relativ stabilen „gewohnten" Bedingungen der Umwelt, sondern auch im Prozeß der schnellen Veränderung der Beziehungen zwischen den Reizerregern* betrachtet werden.

Mit Hilfe der bedingt-reflektorischen Tätigkeit des Nervensystems wird eine elementare Voraussicht oder die Benachrichtigung durch die signalisierende Bedeutung zukünftiger Ereignisse ebenso realisiert, wie das P. K. ANOCHIN [6] hervorhob. Darin sah auch J. P. PAWLOW die grundlegende biologische Bedeutung der bedingten Reflexe. Der Hauptunterschied zwischen der bedingt-reflektorischen und der extrapolierenden Voraussicht zukünftiger Ereignisse liegt jedoch darin, daß die eine unter sich wiederholende Bedingung verwirklicht wird, die andere aber *unter der Bedingung besonderer Veränderungen innerhalb der Beziehungen zwischen den Reizerregern der Umwelt verwirklicht werden kann.*

Es ist bekannt, daß die Grundbedingung für die Bildung bedingter Reflexe die zeitliche Übereinstimmung zweier Ereignisse der Umwelt ist. Erstens, die Wirkung eines Agens, das eine unbedingt-reflektorische Antwortreaktion hervorruft:

Der Realisierung dieser Reaktion liegt eine allgemeine Eigenschaft des Nervensystems zugrunde — die Leitung von Impulsen (daher die Bezeichnung der unbedingt-reflektorischen Tätigkeit als leitende). Zweitens, die Wirkung eines indifferenten Agens der Umwelt: Der physiologische Mechanismus, der die Verbindung zwischen diesen zeitlich zusammenfallenden Agenzien herstellt, ist der „Kurzschluß" zwischen zwei Aktivitätsherden der Hirnrinde, die durch die beiden Agenzien der Umwelt hervorgerufen wurden (daher die Bezeichnung der bedingt-reflektorischen Tätigkeit als kurzschließende Tätigkeit).

Es ergibt sich die Frage: Gibt es einen Hinweis auf irgendwelche elementaren Eigenschaften des Nervensystems, abgesehen von der Leitung und der Kurzschließung, die dem physiologischen Mechanismus der extrapolierenden Reflexe zugrunde liegen können?

Wir meinen, daß über eine Arbeitshypothese bestimmte Erwägungen angestellt werden können.

Wenn wir uns auf unser Faktenmaterial beziehen und vergleichen, was die Versuchstiere grundsätzlich bei der Lösung der zugrunde liegenden Aufgaben voneinander unterscheidet, dann ist es klar, daß das vor allem die verschiedenartige Fähigkeit ist, die Spuren der vorangehenden Reizursache längere Zeit festzuhalten.

Wenn die Reizursache, die sich in einem Zustand der Bewegung befindet, auf das Tier einwirkt, dann ist die notwendige Bedingung für die Extrapolation ihrer Bewegungsrichtung, streng genommen, „das Operieren" mit ihrem Bewegungsgesetz.[1])

Ein einfacher Fall ist die geradlinige Bewegung eines Punktes (Reizursache) (d.h. die Bewegung der Reizursache, die wir in unseren Versuchen verwendet haben). Für die Extrapolation der Bewegungsrichtung des Punktes muß das Tier jedoch auch in diesem einfachen Fall mit dessen Lageänderung im Raum operieren. Es ist evident, daß dieses Operieren nur dann möglich ist, wenn die sich bewegende Reizursache eine Spur im Nervensystem hinterläßt, die hinreichend lange erhalten bleibt. Es ist weiterhin vollkommen klar, daß ein schnelles Erlöschen der Spur des einwirkenden Reizerregers die „Operationsmöglichkeiten" sogar in diesem einfachen Fall begrenzen muß. Existiert im Nervensystem ein automatisch physiologischer Mechanismus, der es ermöglicht, die Spuren der einmalig einwirkenden Reizursachen festzuhalten?

Die zytologischen Untersuchungen von Lorento de Nó [7] zeigten, daß in der Hirnrinde Ketten geschlossener Ringe neuronischer Verbindungen existieren. Dank der Existenz dieser geschlossenen neuronischen Verbindungen können die Erregungsimpulse, die über die afferenten Fasern in die Hirnrinde eintreten, nicht nur von einem Neuron auf das andere übergehen, sondern zurückkehren und die

[1]) Wenn wir von einem „Operieren mit dem Gesetz" sprechen, können wir diesen Begriff nicht im buchstäblichen Sinne dieses Wortes verstehen. Wir haben dabei nur im Auge, daß das Tier über elementare empirische Möglichkeiten verfügt, um in seinem täglichen Leben aus den gesetzmäßigen Beziehungen zwischen den Erscheinungen, die genügend deutlich ausgeprägt sein müssen, Nutzen zu ziehen.

Neuronen erregen, von denen die Erregung eben erst ausging und die sonst in den Ruhezustand übergegangen wären.

Durch das abgeschlossene System von Kreis- und Rückverbindungen kann sich das Nervensystem noch lange Zeit nach der Wirkung eines bestimmten Reizerregers in angeregtem Zustand befinden. Offenbar kann dieses Festhalten der Spuren vorangehender Erregungen, ein sogenanntes „operatives Gedächtnis“ vom Nervensystem zur Aufbewahrung der Spuren einwirkender Reizursachen benutzt werden, was als eine notwendige Bedingung für die extrapolierend-reflektorische Tätigkeit erscheint. Für diesen Gedächtnistyp bedarf es offenbar keines mehrmaligen vorangehenden Versuchs.

Die Untersuchungen von G. J. POLJAKOW (1956) haben gezeigt, daß die philogenetisch jüngsten oberen Schichten der Hirnrinde, die bei Primaten und Menschen am weitesten entwickelt sind, über eine relativ hohe Zahl von Neuronen mit einem System kurzer abzweigender Axone (Stern-Zellen-Neuronen) verfügen. Diese Neuronen bilden die Hauptmasse des Apparates, der die Möglichkeit, Spuren vorangehender Erregungen festzuhalten, garantiert. Es erscheint uns als sehr wahrscheinlich, daß die Evolution eines „operativen“ Gedächtnisses, das die Spuren einmalig einwirkender Reizerreger festhält und die morphologische Komplizierung des Systems von neuronischen Ringen und Rückverbindungen parallel laufen.

Die Existenz eines operativen Gedächtnisses schafft die Möglichkeit, die Erregungszentren im Nervensystem zu erhalten, die durch einmalig einwirkende äußere Reizerreger entstanden sind. Sie ist notwendig bei der Bestimmung der Beziehungen zwischen den Reizursachen, bei der schnellen Herstellung von Assoziationen zwischen ihnen und bei der Extrapolation der Veränderung dieser Beziehungen.[1]) Der Begriff des operativen Gedächtnisses reicht jedoch für die Erläuterung der physiologischen Mechanismen extrapolierender Reflexe nicht aus. Ein zweiter physiologischer Mechanismus, der diesen Reflexen zugrunde liegen kann, ist der, *daß eine Trägheit*[2]) *bei der räumlichen Bewegung des reizerregenden Prozesses in den Neuronen der oberen Teile des Gehirns vorliegt.* Es ist völlig klar, daß die räumliche Wahrnehmung der objektiv vorhandenen Beziehungen zwischen den Gegenständen der Umwelt nur bei der Widerspieglung dieser Beziehungen in der neuronischen Struktur des Gehirns möglich ist. Deshalb muß bei der Wahrnehmung der Bewegung eines Punktes in den neuronischen Strukturen wahrscheinlich auch eine Verschiebung des Erregungsherdes erfolgen, die der Bewegung des wahrgenommenen Reizerregers entspricht. Man kann annehmen, daß bei der Wahrnehmung des Reizerregers, der sich im Raum verschiebt, nicht nur die

---

[1]) Wie O. M. ATTLI in dem Artikel „Zeitliche und räumliche Nachbildungen bedingter Wahrscheinlichkeiten auf der Maschine“ unterstreicht, ist die Speicherung der Effekte vergangener Wahrnehmungen für die Aufnahme eines räumlichen Bildes von Bedeutung. Siehe „Automata studies“, Princeton University Press, Princeton 1956.

[2]) Die Trägheit der räumlichen Bewegung des reizerregenden Prozesses ist natürlich nicht identisch mit einer Eigenschaft des Nervensystems, die als Indolenz bezeichnet wird und die den langsamen Übergang aus dem Erregungszustand in den Zustand der Hemmung und umgekehrt charakterisiert.

Neuronen in einen erregten Zustand versetzt werden, in denen sich die Beziehungen des im gegebenen Moment wahrgenommenen Reizerregers zum Raum widerspiegeln, sondern auch die, die nach einem bestimmten Zeitraum in einen erregten Zustand übergegangen wären, wenn die Verschiebung des stehengebliebenen Reizerregers in gleicher Richtung fortgesetzt worden wäre.

Dieser schematische Prozeß kann auf folgende Weise dargestellt werden: Der Punkt A (Reizerreger) bewegt sich auf einer geraden Linie. Nach jedem genügend kleinen Zeitabschnitt entsteht durch den sich bewegenden Reizerreger ein Erregungsherd und damit eine aufeinanderfolgende Reihe von Erregungsherden im zentralen Nervensystem, die eine Projektion der Veränderung seiner räumlichen Lage darstellen. Der kontinuierlichen Verschiebung des Reizerregers A im Raum muß eine Verschiebung des Erregungsherdes in den höheren Abschnitten des zentralen Nervensystems entsprechen, sonst kann man sich die Wahrnehmung der Bewegung nicht vorstellen.

Wenn wir annehmen, daß die anfängliche Bewegung des Erregungsherdes nicht sofort abbricht, nachdem der Reizerreger A aufhört, einen Einfluß auf den rezeptorischen Apparat des Tieres auszuüben, sondern noch eine gewisse Zeit danach weitergeht, dann kann dadurch die Annahme eines elementar physiologischen Extrapolationsmechanismus begründet werden:

$$\begin{array}{lllllll} A_1 & \to A_2 & \to \cdots \to & A_n & & & \\ \downarrow & \ \downarrow & & \downarrow & & & \\ a_1 & \to a_2 & \to \cdots \to & a_n & \to \cdots \to & a_{n+m} & \end{array}$$

$A_1 \to A_2 \to \cdots \to A_n$ — geradlinige Verschiebung des Reizerregers A

$a_1 \to a_2 \to \cdots \to a_n \to \cdots \to a_{n+m}$ — Verschiebung des Erregungsherdes über die Neuronen des Gehirns als Projektion der Veränderung der räumlichen Lage von A.

Die Größe m wird durch die Verschiebung des Erregungsherdes a charakterisiert, die erfolgt, nachdem der Reizerreger A aufgehört hat, unmittelbaren Einfluß auf den rezeptorischen Apparat des Tieres auszuüben. Sie charakterisiert das physiologische Element der Extrapolation. Es ist denkbar, daß die „Trägheit“ des reizerregenden Prozesses nicht irgendeine besondere physiologische Erscheinung ist. Offenbar liegt ihr eine Irradiation des reizerregenden Prozesses, der lediglich eine bestimmte Richtung hat, zugrunde. Die Bewegungsrichtung der Erregung ist bedingt durch die Assoziation, die zwischen der Änderung der Koordinaten des sich bewegenden Reizerregers und der Umgebung, in der dessen Bewegung stattfindet, hergestellt wird. Sie fällt in den Zeitabschnitt, in dem die Bewegung des Reizerregers von den Rezeptoren des Tieres aufgenommen wird, aber ihre Weiterverfolgung (Extrapolation) wird fortgesetzt, bis die entstandene assoziative Verbindung durch den Mechanismus des „operativen“ Gedächtnisses festgehalten wird.

Offenbar ist das operative Gedächtnis und ebenso auch die Trägheit der reizerregenden Prozesse bei Tauben sehr schwach entwickelt. Das bedingt, daß einige Sekunden, nachdem der sich bewegende Reizerreger keinen unmittelbaren Einfluß mehr auf den rezeptorischen Apparat ausübt, die Suche nach dem Futter vollkommen aufhört. Bei Hühnern ist das operative Gedächtnis bedeutend besser entwickelt. Sie suchen in der Regel etwa zehn Sekunden lang nach dem durch das Dach verdeckte Futter, das in dem Moment, in dem es verdeckt wurde, stehenblieb. Bei ihnen sind zweifellos Ansätze einer Extrapolationsfähigkeit vorhanden. Manche Hühner suchen das verschwundene Futter nicht nur an dem Ort, an dem der unmittelbare Einfluß auf den rezeptorischen Apparat aufhörte, sondern auch in Richtung der weiteren Bewegung. Bei Kaninchen konnte man sowohl die Existenz eines operativen Gedächtnisses wie auch Elemente der Fähigkeit, die Richtung, in der sich der aus dem Blickfeld verschwundene Reizerreger bewegte, zu extrapolieren, feststellen. Das beste operative Gedächtnis und die Fähigkeit zu extrapolieren, besitzen zweifellos die Rabenvögel. Ihre extrapolierenden Reflexe sind so gut entwickelt, daß sie die Reizursache nicht nur in Richtung ihrer Bewegung suchen, sondern auch jene Stelle vorauszusehen vermögen, nach der dieselbe verschoben wird.

Auf Grund des oben Gesagten glauben wir annehmen zu können, daß den extrapolierenden Reflexen im Grunde genommen elementare Eigenschaften des Nervensystems zugrunde liegen: außer der Leitung und der Kurzschließung die Eigenschaft, Spuren der wirksamen Reizerreger *festzuhalten* und die *Trägheit* der räumlichen Bewegung des reizerregenden Prozesses, der eine Extrapolation bei Veränderung dieser Beziehungen ermöglicht.

Wenn auch, wie wir annehmen, den extrapolierenden Reflexen kompliziertere Mechanismen als die elementare Leitung und Kurzschließung zugrunde liegen, so können sie natürlich nur auf der Basis der angeborenen und individuell erworbenen Komponenten der Nerventätigkeit realisiert werden. Der Reaktion des Tieres auf die sich bewegende Reizursache liegt ein elementarer unbedingter Reflex zugrunde; die Extrapolation der Bewegungsrichtung ist nur in dem Maße möglich, in dem das Tier die Lageveränderung der Reizursache wahrnimmt. Das ist natürlich eine individuelle Erfahrung. Die Eigenschaft, die Spuren der besonders einwirkenden Reizursachen festzuhalten und die Trägheit der räumlichen Bewegung des reizerregenden Prozesses schaffen die Möglichkeit zur Bildung von Assoziationen zwischen der Lageveränderung der sich bewegenden Reizursache und, der Umgebung, in der die Bewegung stattfindet.

In welcher Wechselbeziehung stehen extrapolierende und bedingte Reflexe? Auf Grund der durchgeführten Untersuchungen ist es möglich, auf einige Seiten der Wechselbeziehungen hinzuweisen. Erstens: *Extrapolierende Reflexe schließen, wenn die Bedingungen, unter denen sie verwirklicht werden, sich in irgendeinem Maße stabilisieren, in sich Elemente einer bedingt-reflektorischen Tätigkeit ein.* Das geht aus allen von uns durchgeführten Versuchen mit der Wand klar hervor. Eine große Rolle bei der richtigen Lösung dieser Aufgabe spielt die individuelle Erfahrung. Nur die Rabenvögel waren in der Lage, die Wand ohne vorherige individuelle Erfahrung von der Seite zu umgehen, nach der sich der Futternapf mit Futter bewegte. Bei einer Erschwerung der Aufgabe jedoch (Wand mit einfachen Anbauteilen und Wand mit zusammengesetzten Anbauteilen) benötigten auch sie eine gewisse individuelle Erfahrung, um das Futter unter den Versuchsbedingungen aufzufinden. Die Rolle der individuellen Erfahrung trat sehr anschaulich bei den Versuchshühnern in Erscheinung, die in der Lage waren, die Wand sogar mit zusammengesetzten Anbauteilen von der Seite zu umgehen, nach der sich der Futternapf mit Futter bewegte. Dafür bedurfte es aber eines mehrwöchentlichen individuellen Versuchs. Bei den Tieren jedoch, bei denen, wie zum Beispiel bei Tauben, die extrapolierenden Reflexe fast unentwickelt sind, führte der individuelle Versuch nicht einmal zur Lösung der einfachsten Aufgabe, nämlich, die Wand ohne Anbauteile von der Seite zu umgehen, nach der sich der gefüllte Futternapf bewegte. Auf diese Weise werden die extrapolierenden Reflexe, ähnlich wie die unbedingten Reflexe, die ständig von bedingten Reflexen „überdeckt" werden uns so eine originelle „Verschmelzung" der beiden Typen darstellen, auch dauernd durch bedingte Reflexe „überdeckt". Dabei können extrapolierende und bedingte Reflexe bei der Lösung einer bestimmten Aufgabe ein verschiedenes Gewicht haben. Das, was manche Tiere ohne oder mit geringfügiger individueller Erfahrung leisten, können andere nur nach einem längeren individuellen Versuch ausführen, und eine dritte Gruppe schließlich auch dann nicht.

Zweitens: *Extrapolierende und bedingte Reflexe stehen unter bestimmten Bedingungen antagonistisch zueinander.* Das geschieht, wenn das Tier bei festen Beziehungen zwischen den es umgebenden Reizursachen die Möglichkeit hat, eine bestimmte Aufgabe auf zwei Weisen zu lösen: durch Extrapolation oder durch Ausarbeitung eines bedingten Reflexes. Ähnliche Bedingungen lagen bei unseren Versuchen mit der Wand. Die immer schwieriger werdende Aufgabe wurde solange durch Extrapolation gelöst, bis eine bestimmte Schwierigkeitsgrenze für das Nervensystem des gegebenen Individuums überschritten wurde. Sobald die Aufgabe zu schwer wurde, ging das Tier sofort zur bedingt-reflektorischen Lösungsweise über, obwohl die Lösung der Aufgabe mit Hilfe extrapolierender Reflexe biologisch vorteilhafter ist (in unserem Versuch bekommt das Tier auf diese Art doppelt so viel Futter wie beim bedingt-reflektorischen Umgehen der Wand von einer Seite). Die bedingt-reflektorische Lösungsweise der Aufgabe ist, trotz ihres geringeren biologischen Vorteils im Vergleich zur extrapolierenden physiologisch „sparsamer" und sicherer. Bei keinem unserer Versuchstiere, das die Aufgabe auf dem bedingt-reflektorischen Wege löste, wurden die geringsten Symptome einer Störung der höheren Nerventätigkeit beobachtet. Diese Störungen wurden aber als Furcht vor der Versuchseinrichtung, als Verweigerung der Arbeit und als erregter Zustand wiederholt bei der extrapolierenden Art der Aufgabenlösung beobachtet.

Nun kann das Tier, das eine gestellte Aufgabe bedingt-reflektorisch löst, vor die Notwendigkeit gestellt werden, zur extrapolierenden Lösungsweise übergehen zu müssen. Auf eine ähnliche Erscheinung stießen wir bei der Beseitigung des bedingt-reflektorischen Umgehens der Wand von einer Seite. Dieser Übergang zur extrapolierenden Lösungsweise einer für das Nervensystem zu schwierigen Aufgabe überforderte jedoch viele Tiere: Es entwickelte sich eine Phobie vor der Versuchseinrichtung oder das Tier ging allmählich wieder dazu über, die Wand bedingt-reflektorisch von einer Seite zu umgehen. Die durchgeführten Versuche zeigen also, daß die extrapolierende Lösungsweise, obgleich sie dem Tier die Möglichkeit gibt, sich besser an die sich verändernden Bedingungen der Umwelt anzupassen, gleichzeitig eine für das Nervensystem zu schwierige Anpassungsweise ist und daß, sobald sich die Bedingungen stabilisieren, sofort der Übergang zur „sparsameren" bedingt-reflektorischen Methode erfolgt. Das sind also, wie wir annehmen, die Grundzüge der wechselseitigen Beziehungen zwischen extrapolierenden und bedingten Reflexen.

Einzelne Untersuchungen, die von L. G. WORONIN [9] durchgeführt wurden, ergaben, daß sich bei verschiedenen Klassen von Wirbeltieren elementare bedingte Reflexe mit gleicher Geschwindigkeit bilden. Die Fähigkeit zur Ausbildung aller Arten innerer Hemmungen ist jedoch um so besser entwickelt, je höher die Stufe der phylogenetischen Entwicklung liegt, auf der das Tier steht. Wesentliche Unterschiede zwischen den einzelnen Tierarten können in den analytisch-synthetischen[1]) Eigenschaften der Nerventätigkeit beobachtet werden. Die Ausbildung bedingter Reflexe, die auf die Wirkung komplizierterer Reizursachen (komplexe und verkettete) zurückgeht, ist am besten bei Tieren mit einer relativ hohen Organisation der Nerventätigkeit verwirklicht.

Das in der vorliegenden Arbeit angeführte Material begründet die Annahme, daß die Evolution der höheren Nerventätigkeit nicht nur den Weg der Veränderung der unbedingt- und bedingt-reflektorischen Tätigkeit ging, sondern offenbar auch den der Veränderung der Fähigkeit zu extrapolieren. Als in der Phylogenese die Fähigkeit zu extrapolieren auftrat, erschien damit zweifellos eine neue Qualität in der höheren Nerventätigkeit der Tiere. Sie ermöglichte es, das Entstehen elementarer Ereignisse unter den Bedingungen der mannigfaltigen Veränderungen der Umwelt vorauszusehen. Die progressive Evolution dieser Fähigkeit zusammen mit den oben angeführten Veränderungen in der bedingt-reflektorischen Tätigkeit muß die Anpassungsmöglichkeiten der Tiere außerordentlich erweitern und als reflektorische Vorgeschichte des Intellekts betrachtet werden.

Für eines der Hauptkriterien einer „intellektuellen" oder „vernunftsmäßigen" Tätigkeit halten wir die reflektorische Tätigkeit der höheren Abschnitte des Nervensystems, die im einfachsten Fall wenigstens zwei Hauptgruppen von Operationen einschließt:

1. Aus der großen Mannigfaltigkeit der äußeren Reize, die auf das Nervensystem einwirken, werden die *elementaren Erscheinungen* ausgewählt, die im gegebenen Moment eine konkrete biologische Bedeutung haben.[2]) Die Auswahl

[1]) Analyse — die Trägheit der großen Hemisphären zur Feststellung einzelner, spezieller Komponenten in Gesamterscheinungen; Synthese — die Vereinigung verschiedener Reize und ihre Verbindung mit den verschiedenen Funktionen des Organismus durch den Reflexmechanismus.

[2]) Die Bedeutung der Auswahl einer bestimmten Elementarerscheinung aus der Gesamtheit der im gegebenen Augenblick auf das Nervensystem einwirkenden Reizursachen ist im einfachsten Fall aus dem von uns durchgeführten Versuch mit der Wand ersichtlich. Es ist völlig klar, daß die erste Etappe zur Erreichung des sich hinter der Wand bewegenden gefüllten Futternapfes seine Wahl aus der Gesamtheit der beiden sich gleichzeitig nach verschiedenen Richtungen bewegenden Futternäpfe, dem leeren und dem mit Futter, ist.

einer konkreten Erscheinung ist die erste Etappe der verstandesmäßigen Tätigkeit, die durch einen *korpuskularen Prozeß* erzeugt wird.[1])

2. Die *Extrapolation* der gegebenen konkreten Erscheinungen, wenn sie in irgendein sich bewegendes (sich entwickelndes) System eingehen.

Bei der Verwirklichung dieser beiden Operationsgruppen fällt offenbar der Hauptanteil 1. auf die bedingten Reflexe mit ihrer analytisch-synthetischen Tätigkeit, die es ermöglichen, auf der Basis der individuellen Erfahrung einzelne Reize der Umwelt auszuwählen und zu vereinigen und 2. auf die extrapolierenden Reflexe, die es ermöglichen, auf der Basis schnell entstehender Assoziationen zwischen der sich verändernden Lage der Reizursache und dem Raum, in dem die Veränderung erfolgt und auf Grund vorangehender Informationen den Eintritt zukünftiger Ereignisse unter Voraussetzung außergewöhnlicher Veränderungen der äußeren Bedingungen vorauszusehen.

Das Operieren mit Reflexionen konkreter Erscheinungen der Umwelt ermöglicht es, Beziehungen zwischen ihnen herzustellen und ihre biologische Bedeutung einzuschätzen. Die extrapolierenden Reflexe haben zweifellos eine wesentliche Bedeutung für die Bewertung und die nachfolgende Auswahl der möglichen Lösungen. Wenn das Tier in unseren Versuchen den Kopf aus dem Spalt zieht, steht es vor der Wahl, die Wand von einer der beiden Seiten zu umgehen (um das sich bewegende Futter zu erreichen). Sind genügend stark ausgeprägte extrapolierende Reflexe vorhanden, so wird die Wahl der richtigen Seite gesetzmäßig auf der Basis dieses Reflextypes verwirklicht. Die Frage, welche Bedeutung der Auswahl zufälliger Lösungsmöglichkeiten zukommt, wird gegenwärtig in der Theorie der Automaten von ASHBY [8] aufgerollt. Dieses Problem hat eine große Bedeutung für die Konstruktion elektronischer Rechenmaschinen. Die nähere Betrachtung der Steuerungsprozesse des Nervensystems kann, wie wir annehmen, zum Verständnis dieses wesentlichen Problems aus der Theorie der Automaten beitragen.

Die von uns durchgeführte Arbeit zeigt, daß die Tiere über Elemente einer höheren Nerventätigkeit verfügen, die als Keime des Denkens und als Elemente des Verstandes definiert werden können. Wir stimmen in dieser Beziehung vollkommen mit L. G. WORONIN überein, wenn er schreibt: „Die Tiere besitzen ein Denken und einen Verstand, aber das ist nichts anderes als die Folge der höheren Nerventätigkeit, die für das Tier spezifisch ist; es ist der tierische Verstand und das tierische Denken" ([9], S. 166). Dieser tierische Verstand ist ein rein physiologischer Prozeß, der ganz dem physiologischen Studium unterliegt. Er ist die physiologische Grundlage, auf der sich in der weiteren Evolution unter dem Einfluß von Sozial- und Arbeitsbeziehungen der menschliche Verstand bildete. Wenn letzterer sich auch qualitativ vom Verstand des Tieres unterscheidet (vor allem im Zusammenhang mit der Entstehung der Sprache), so hat er doch zweifellos elementare Züge mit ihm gemeinsam.

---

[1]) Unter einem korpuskularen Denkprozeß verstehen wir, daß dieser Prozeß realisiert wird, wenn das Nervensystem mit elementaren Widerspiegelungen konkreter Erscheinungen der Umwelt operiert.

Eine umfassende Kenntnis der Gesetzmäßigkeiten in der Funktion der höheren Nerventätigkeit sowie der Steuerungssysteme im tierischen Organismus kann sich als nützlich für die Annäherung biologischer und technischer Wissenschaften erweisen, wenn solche schwierigen Fragen entschieden werden sollen, wie sie in den letzten Jahren an der Grenze dieser, wie es schien, so weit entfernten Disziplinen entstanden waren.

(Bei der Redaktion eingegangen am 24. 10. 1957)

Literatur

[1] Павлов, И. П., Полное собрание сочинений. Изд. АН СССР, 1951.
Pawlow, I. P., Vollständige Gesamtausgabe. Akademie-Verlag, Berlin 1956. Übersetzung aus dem Russischen.

[2] Промптов, А. Н., Очерки по проблеме биологической адаптации иоведения воробьиных птиц. Изд. АН СССР, 1956.
Promptow, A. N., Aufzeichnungen über Probleme der biologischen Adaptation des Verhaltens der Rabenvögel. Verlag der AdW der UdSSR, 1956.

[3] Крушинский., Л. В., Некоторые этапы интеграции в формировании поведения животных. Успехи соврем. биол. **26** (1948).
Kruschinski, L. W., Einige Etappen der Integration bei der Herausbildung des Verhaltens der Tiere. Erfolge der zeitg. Biol. **26**, Nr. 2(5) (1948).

[4] Келер, В., Исследование интеллекта человекоподобных обезьян. Изд. Комакадемии, М. 1930.
Köhler, W., Untersuchungen des Intellekts Menschenaffen. Moskau 1930.

[5] Konorski, J., Mechanism of leaving, Physiological mechanism in animal behaviour. Cambridge 1950.

[6] Анохин, П. К., О физиологическом субстрате сигнальных реакций. Журнал высшей нервной деятельности им. И. П. Павлова **7**, Н. 1 (1957).
Anochin, P. K., Über das physiologische Substrat der Signal-Reaktionen, Zeitschrift über die höhere Nerventätigkeit von I. P. Pawlow **7**, H. 1 (1957).

[7] Lorento de Nó, Celebral cortex: architecture, intracortical connection, motor projection, Physiology of the nervous system by Fulton IE, third edition, 1951.

[8] Эшби, У. Р., Схема усилителя мыслительных способностей, Автоматы, ИЛ., М. 1956.
Ashby, W. R., Design for an Intelligenz-Amplifier, Automata studies, Princeton 1956.

[9] Воронин, Л. Г., Лекции по сравнительной физиологии высшей нервной деятельности, Изд. МГУ, 1957.
Woronin, L. G., Vorlesungen über vergleichende Physiologie der höheren Nerventätigkeit. Verlag d. Staatl. Moskauer Universität, 1957.

[10] Павловские среды, Протоколы и стенограммы физиологических бесед, Изд. АН СССР, т. III, 1949.
Pawlowsche Mitteilungen, Protokolle und Stenogramme physiologischer Gespräche, Moskau—Leningrad. Verlag der AdW der UdSSR, Bd. 3, 1949.

[11] Петрова, М. К., Случай экспериментально полученной фобии глубины, Тезисы сообщений XV. Международного физиологического конгресса, 1935.
Petrowa, M. K., Ein Fall experimentell erhaltener Phobie vor der Tiefe, Mitteilungsthesen des XV. Internationalen physiologischen Kongresses, 1935.

Übersetzung: Barbara Schneider
Fachliche Bearbeitung: Christa Hottenrott

VI. FRAGEN DER MATHEMATISCHEN LINGUISTIK

Probeübersetzungen aus dem Französischen ins Russische auf der Maschine „Strela“

O. S. KULAGINA und G. W. WAKULOWSKAJA (Moskau)

I. A. MELTSCHUK hatte mit einem der Verfasser des vorliegenden Aufsatzes einen Algorithmus für die maschinelle Übersetzung mathematischer Texte aus dem Französischen ausgearbeitet[1]). Dieser Algorithmus setzt ein spezielles Wörterbuch voraus, dessen Besonderheit darin besteht, daß nicht die Wörter, sondern ihre Stämme darin verzeichnet sind (als Stamm eines Wortes gilt sein größter graphisch unveränderlicher Teil). Bei jedem Wort ist im Wörterbuch die erforderliche grammatische Information dazu angegeben. Hierzu gehören: die Wortart, der Typ der grammatischen Veränderung, das Vorkommen in besonderen Redewendungen, die keine wörtliche Übersetzung gestatten, die Möglichkeit mehrdeutiger Übersetzungen sowie der Einfluß von Vorhandensein oder Fehlen des betreffenden Wortes auf die Übersetzung anderer Wörter im Satz.

Das Wörterbuch, das in der vorliegenden Variante der Übersetzung benutzt wird, besteht aus drei Teilen:

1. Wörterbuch der französischen Stämme mit der entsprechenden Information (das Wörterbuch besteht aus 1200 Wörtern); bei jedem französischen Wort ist die Nummer des russischen Wortes, das ihm entspricht, angegeben;

2. Wörterbuch der Redewendungen (etwa 250 Wendungen);

3. Wörterbuch der russischen Stämme mit der grammatischen Information (das Wörterbuch umfaßt 1300 verschiedene Wörter).

Der Übersetzungsalgorithmus besteht aus zwei Teilen: Der erste Teil analysiert den Bau des französischen Satzes und speichert die Information über den Bau des russischen Satzes, durch den er wiederzugeben ist; der zweite Teil konstruiert den russischen Satz auf Grund der gespeicherten Information.

An der Programmierung dieses Algorithmus waren beteiligt: D. A. BESSABOTNOWA, I. CH. SUSMAN, T. G. ISSAJENKO, S. S. KAMYNIN, W. M. KANTOR, M. N. MARTYNOWA, A. F. TROSCHINA, J. I. JANOW. Auf Grund des aufgestellten Programms werden gegenwärtig Probeübersetzungen durchgeführt.

Der vorliegende Artikel hat die Aufgabe, die Probeübersetzungen und einige Vervollkommnungen des Algorithmus zu beschreiben.

---

[1]) Siehe die Arbeit: Кулагина, О. С., и И. А. Мельчук, Машинный перевод с французского языка на русский, Вопросы языкознания 5 (1956). — KULAGINA, O. S., und I. A. MELTSCHUK, Maschinelle Übersetzung aus dem Französischen ins Russische, Fragen der Sprachwissenschaft 5 (1956).

I.

Das Programm, das aufgestellt wurde, besteht aus 17 besonderen Teilen, die nacheinander wirksam werden. Wir wollen die Reihenfolge in der Arbeit der Übersetzungsprogramme beschreiben.

Die Übersetzung geht satzweise vor sich. Sie beginnt damit, daß der jeweilige Satz in den Speicher der Maschine eingegeben wird. Sodann ordnet die Maschine die Wörter des Satzes alphabetisch, wobei die ursprüngliche Reihenfolge gespeichert wird, und beginnt, die Wortstämme im Wörterbuch aufzusuchen. Jenen Teil des Wortes, der übrigbleibt, wenn der Stamm abgetrennt ist, bezeichnen wir als Endung. Sobald die Maschine einen Stamm findet, entnimmt sie dem Wörterbuch die Angaben, die sich bei ihm befinden; wir werden sie im weiteren kurz als die „französische Information des Wortes" bezeichnen.

Ebenso werden wir die Charakteristika und die Angaben, die bei dem russischen Stamm stehen, die „russische Information des Wortes" nennen. Wird für einige Wörter der Stamm nicht gefunden, so werden sie gespeichert und hernach ohne Veränderung ausgegeben (siehe Sätze 12 und 13). Diese ganze Arbeit führt das erste Programm aus.

Das zweite Programm bearbeitet die Redewendungen. Unter Redewendungen sind idiomatische Ausdrücke zu verstehen, Wortverbindungen, deren wörtliche Übersetzung ein unrichtiges Resultat ergeben würde. Zuerst wird geprüft, ob der Satz Redewendungen enthält. Wenn das der Fall ist, so wird die Information, die dem Wörterbuch der Stämme entnommen worden war, für die zu der Redewendung gehörigen Wörter durch eine andere Information ersetzt, die dem Wörterbuch der Wendungen entnommen wurde.

Das dritte Programm dient der Umcodierung der grammatischen Information. Es handelt sich darum, daß die französische Information zu jedem Wort nach der Arbeit der beiden ersten Programme eine besondere Zelle besetzt, und diese Zellen sind in der Reihenfolge angeordnet, in der die Wörter aufeinander folgen.

Diese Art, die Information aufzubewahren, ist jedoch in den Fällen ungünstig, wenn die Anordnung der Wörter im Satz festgestellt werden muß oder wenn es gilt, irgendein Wort, das uns interessiert, ausfindig zu machen. In solchen Fällen muß man die Information oftmals befragen; deshalb ist es wünschenswert, sie in der Weise umzucodieren, daß jede Befragung durch eine möglichst geringe Anzahl von Befehlen ausgeführt wird und eine möglichst geringe Anzahl von Takten erfordert. Vorteilhaft ist eine Codierung, bei der die einzelne Zelle nicht die Daten für ein einziges Wort enthält, sondern eine bestimmte Besonderheit im Bau des Satzes als eines Ganzen spiegelt.

Derartige Zellen werden *Skalen* genannt. Genauer gesagt, Skala ist eine Zelle, wo an denjenigen Stellen Einsen stehen, deren Nummern mit den laufenden Nummern der Wörter, denen die betreffende Skala zugewiesen ist, im Satz übereinstimmen.

Wir unterscheiden zwei Typen von Skalen: a) Skalen der Wortarten und b) Skalen der Wörter mit individuellen Besonderheiten, d. h. solcher Wörter, deren Vorhandensein oder Fehlen die Übersetzung anderer Wörter des Satzes beeinflußt.

Beispielsweise:

Cette discussion trouvera sa place dans une autre partie de cet ouvrage.

Die Skala der Substantive, die für diesen Satz gebildet wird, sieht so aus: 010010001001.

Da an der zweiten, der fünften, der neunten und der zwölften Stelle im Satz Substantive stehen, müssen an der 2., 5., 9. und 12. Stelle der Skala Einsen, an den übrigen Stellen dagegen Nullen stehen.

Die folgenden drei Programme (4 bis 6) bearbeiten die Homonyme. Unter *Homonymen* verstehen wir Wörter, die unterschiedliche Wortarten vertreten können, sowie Wörter, die einer einzigen Wortart angehören, aber mehrere Übersetzungen haben. Für alle Wort-Homonyme muß bestimmt werden, welche Wortart oder welche Übersetzung zu wählen ist. Zur Klärung werden (wie auch bei der weiteren Analyse des zu übersetzenden Satzes) die abgetrennten Endungen, die französischen Informationen der Wörter und ihre Position im Verhältnis zueinander benutzt.

Nachdem die Regeln zur Unterscheidung der Homonyme ihre Arbeit beendet haben, geht die Maschine zur Analyse der französischen Wörter nach Wortarten über (7. bis 12. Programm). Hierbei werden die Formen des französischen Wortes und seine Stellung im Satz unter den anderen Wörtern analysiert. Die Reihenfolge der Analyse-Programme ist folgende: Zuerst werden die Verben bearbeitet, danach die Präpositionen, Substantive, Pronomina, dann diejenigen Partizipien, die nicht zu zusammengesetzten Formen des Verbs gehören. Als Resultat der Arbeit der Analyse-Programme werden die Daten über die Form der russischen Wörter und ihre Stellung im Satz gewonnen.

Das 13. Programm wählt die Wörter und die entsprechende Information aus dem russischen Wörterbuch auf Grund der Nummern der Übersetzung, die sich in der französischen Information befinden.

Das 14. Programm schließlich bearbeitet die Adjektive und Partizipien; ferner trägt es bei den Verben, die im Singular Präteriti stehen, das Genus ein. Dieses Programm arbeitet erst nach dem Programm zur Auswahl der russischen Information aus dem Wörterbuch, weil man, um das Genus der Adjektive, Partizipien und der Präteritalformen des Verbs bestimmen zu können, das Genus des russischen Substantivs kennen muß, mit dem sie kongruieren. Sofern ein Substantiv mehrere Übersetzungen hat, sind die Adjektive, Partizipien und Verben, die sich auf jenes beziehen, mit der ersten Übersetzung kongruent (siehe Satz 18).

Dieses selbe Programm nimmt auch eine Umstellung der Wörter im Satz vor, wenn sie notwendig ist; so werden z. B. Adjektive und Partizipien, wenn sie nicht eine rechts von ihnen stehende Präposition regieren, vor das Substantiv gestellt, mit dem sie kongruent sind.

Die letzten drei Programme der Synthese (15 bis 17) bilden die erforderlichen Formen der russischen Wörter; sie benutzen dabei die russische Information des Wortes sowie die im Verlauf der Analyse erarbeiteten Daten, d. h., sie wählen den erforderlichen Stamm des russischen Wortes aus, wenn es mehrere solche Stämme gibt, und sie tragen die Endungen ein. Der gewonnene russische Satz wird ausgedruckt.

Wenn ein Wort mehrere Übersetzungen hat und keine Regeln für eine Entscheidung darüber, welche Übersetzung auszuwählen ist, vorliegen, gibt die Maschine sämtliche Übersetzungen in der erarbeiteten Form aus. Diese Übersetzungen werden in der Reihenfolge ausgegeben, in der sie im Wörterbuch stehen, wobei alle Übersetzungen mit Ausnahme der ersten in Klammern gesetzt werden. Die Auswahl der erforderlichen Übersetzung wird dem Leser überlassen; sie ist gewöhnlich nicht schwierig, wie die Beispiele der Sätze 16, 18, 19, 22 u. a. zeigen.

II.

Wir bringen jetzt einige allgemeine Angaben zur Charakterisierung der Übersetzungsprogramme. Der Gesamtumfang aller Übersetzungsprogramme beträgt 7000 Befehle; die Tabellen und Konstanten füllen etwa 1800 Zellen.

Von Interesse ist die Frage, welche von den elementaren Operationen der Maschine in den Übersetzungsprogrammen benutzt werden. Dies wurde mit Hilfe eines speziellen Programmes klargestellt. Es ergab sich, daß von den arithmetischen Operationen lediglich die Subtraktion verwendet werden kann, und auch sie nur in vier Programmen, nämlich zu dem Zweck, das Steuersignal für den Sprungbefehl zu erarbeiten. 45,5% der Gesamtzahl der Operationen, die bei der Übersetzung eines Satzes ausgeführt werden, stellen logische Operationen dar (Operationen der logischen Multiplikation und Addition, Operationen des Vergleichs und der Verschiebung). Ungefähr 25% aller Operationen sind Operationen der Umadressierung von Befehlen, und ebensoviele sind Sprungoperationen.

Die Anzahl der Takte, die bei der Übersetzung eines Satzes von 8 bis 10 Wörtern ausgeführt werden, beträgt 45000 bis 50000 (d. h., die Bearbeitung eines Satzes dauert 20 bis 25 Sekunden); davon entfallen etwa 21000 Takte auf die Arbeit des ersten Programmes. Deshalb ist eine richtige Organisation beim Aufsuchen der französischen Wortstämme im Wörterbuch wesentlich, um die Übersetzungszeit zu verkürzen.

Um die Zeit bei der maschinellen Übersetzung ökonomischer auszunützen, bedarf es eines großen äußeren Speichers mit kurzer Zugriffszeit.

III.

Die Aufstellung der Programme wurde im Februar 1956 begonnen. Die einzelnen Programme wurden jedesmal, wenn sie aufgestellt worden waren, „eingerichtet", d. h. auf Grund eigens ausgewählter Teste wurde festgestellt, wie das Programm in diesen oder jenen Fällen arbeitet. Anfangs wurden zum Testen Sätze benutzt, die mathematischen Texten entnommen waren; aber es stellte sich heraus, daß es bei der Einrichtung einzelner Programme rationeller ist, künstlich zusammengestellte Sätze zu verwenden, deren jeder möglichst viele der verschiedenen im Programm berücksichtigten Fälle erfaßt.

Diese Arbeit war in der Hauptsache im Mai 1956 beendet; zur selben Zeit wurde die komplexe Einrichtung aller Übersetzungsprogramme in Angriff genommen, und die erste Übersetzung eines Satzes wurde angefertigt (siehe Satz 1).

Aus technischen Gründen mußten jedoch einige Programme umgearbeitet werden, und das Programm für die Auswahl aus dem russischen Wörterbuch wurde neu aufgestellt.

Die komplexe Einrichtung der bereits umgearbeiteten Programme begann man Ende 1956.

Im Januar 1957 begannen Probeübersetzungen, deren Zweck darin bestand, den Algorithmus zu überprüfen und zu verbessern. Die Sätze für die Übersetzung wurden folgenden Büchern entnommen:

PICARD: „Traité d'Analyse";
SCHWARTZ: „Théorie des distributions";
BOREL: „Leçons sur les fonctions entières";
BOURBAKI: „Théorie des ensembles" u. a.

Vor allem interessiert uns die Übersetzung verschiedenartiger grammatischer Konstruktionen mit dem Ziel der Überprüfung des Algorithmus; darum wählen wir für die Übersetzung nicht ganze Textstücke, die von diesem Standpunkt aus weniger interessant sind, sondern einzelne Sätze.

Bei der Übersetzung treten sowohl Mängel des Algorithmus zutage als auch Fehler in der Codierung des Wörterbuches und der Tabellen, ferner zufällige Fehler im Programm, die aus irgendeinem Grund bei der Einrichtung nicht aufgedeckt worden waren.

Betrachten wir das Beispiel eines Satzes, bei dem durch die Übersetzung ein Fehler im Programm zutage trat.

Für den Satz:

On peut conserver seulement deux membres de série lautete die Übersetzung:

Мы могем сохранить только два члена ряда.

Für die Übersetzung des Verbs „*pouvoir*" waren im russischen Wörterbuch zwei Stämme angegeben: „мог" und „мож"; infolge eines Fehlers im Programm wurde statt des zweiten Verbs das erste gewählt. Nachdem die Verbesserung im Programm vorgenommen worden war, ergab sich die Übersetzung:

Мы можем сохранить только два члена ряда.

IV.

Wir bringen als Beispiele eine Reihe von Sätzen mit ihren Übersetzungen, die auf der Maschine „Strela" vorgenommen worden sind. Für diejenigen Sätze, deren erste Übersetzung Fehler enthielt, werden diese besprochen und dann die Übersetzung angeführt, die herauskam, nachdem der Algorithmus korrigiert worden war.

Zuerst geben wir Beispiele von Sätzen, die fehlerlos ausgegeben wurden.

1. *Nous allons considérer d'abord deux systèmes d'équations.*

Мы рассмотрим сначала две системы уравнений.

2. *Les solutions précédentes tendent vers zéro quand t augmente indéfiniment.*

Предыдущие решения стремятся к нулю, когда t возрастает неограниченно.

3. *La solution trouvée exprime le théorème de convergence.*

Найденное соотношение выражает теорему сходимости.

4. *Nous pouvons par suite énoncer pour l'équation* (α) *le théorème suivant.*

Мы можем следовательно сформулировать для уравнения (α) следующую теорему.

5. *La démonstration de la convergence va encore résulter d'une comparaison avec un système convenable.*

Доказательство сходимости еще последует из сравнения с подходящей системой.

6. *Cette formule nous sera très utile.*

Эта формула нам будет очень полезной.

7. *Indiquons une autre méthode pour établir l'existence des intégrales des équations différentielles ordinaires.*

Укажем другой метод, чтобы установить существование интегралов обыкновенных дифференциальных уравнений.

8. *Le théorème qui vient d'être établi subsiste dans ces nouvelles conditions.*

Теорема которая только что была установлена существует в этих новых условиях.

9. *Admettons donc que l'intégrale ait un certain nombre de points singuliers logarithmiques.*

Допустим значит, что (,чтобы) интеграл имел некоторое число логарифмических особых точек.

10. *Les relations que nous avons trouvées entre les racines et les coefficients d'une équation conduisent assez naturellement à l'étude des formes symétriques.*

Соотношения которые мы нашли между корнями и коэффициентами уравнения приводят достаточно естественно к изучению симметрических форм.

11. *Il faut maintenant démontrer la convergence des séries que nous avons déduites des équations* (24).

Нужно теперь доказать сходимость рядов которые мы вывели из уравнений (24).

12. *Si on l'ordonne suivant les puissances de u, on obtiendra une série dont les coefficients seront positifs.*

Если мы это упорядочим по степеням u, мы получим ряд (tous) коэффициенты которого будут положительными.

13. *Or, si le nombre „k“ augmente indéfiniment, on obtient $A = x^n + x^{n-1} + \cdots + x + 1$, c'est-à-dire que tous les coefficients deviennent égaux à l'unité.*

Итак, если число „k“ возрастает неограниченно, мы получим $A = x^n + x^{n-1} + \cdots + x + 1$, то есть, что (tous) коэффициенты становятся равными единице.

14. *Nous partagerons ces intégrales en deux catégories différentes.*

Мы разделим эти интегралы на две различные категории.

15. *Ensembles et éléments sont désignés dans les raisonnements par les symboles, qui sont en général les lettres ou les combinaisons de lettres.*

Множества и элементы обозначаются в рассуждениях через символы, которые, вообще говоря, буквы или сочетания (комбинации) букв.

16. *Nous supposons que le cercle ait l'origine pour centre et l'unité pour rayon et de plus que le centre du cercle correspond au point z_0 de l'aire A.*

Мы предполагаем, что („чтобы) круг (окружность) имеет начало в качестве центра и единицу в качестве радиуса и сверх того, что („чтобы) центр круга (окружности) соответствует точке z_0 площади (области) A.

Untersuchen wir nun einige Sätze, deren Übersetzungen der Verbesserung bedurften.

17. *Il résulte de cette égalité que la fonction de z ne change pas quand on change z en $z + h$.*

Anfänglich erhielten wir die Übersetzung:

Следует из этого равенства, что („чтобы) функция z не изменяется, когда мы изменяем z на $z + h$.

Die Ungenauigkeit dieser Übersetzung besteht darin, daß der Ausdruck „fonction de z“ mit „функция z“ wiedergegeben wurde, während es heißen muß: „функция от z“. Dies zeigt, daß man folgende Regel einfügen muß: Wenn die Präposition „de“ zwischen dem Substantiv „fonction“ links und einer Formel rechts steht, so muß sie durch „от“ übersetzt werden.

Nach Einfügung dieser Regel erhielten wir:

Следует из этого равенства, что („чтобы) функция от z не изменяется, когда мы изменяем z на $z + h$.

18. *Cela posé considérons d'abord les points δ du contour, qui admettent une tangente bien déterminée.*

Если это так, рассмотрим сначала точки δ контура, которые допускают вполне определенное касательное (тангенс).

Anfänglich wurde bei den substantivierten Adjektiven als Genus das Neutrum eingetragen; da aber die meisten dieser Adjektive unseres Wörterbuches im Femininum gebraucht werden (wie „прямая“, „кривая“, „производная“, „касательная“ u. a.), erhielten sie später das Femininum als Genus.

Die neue Übersetzung, die für diesen Satz herauskam, lautet:

Если это так, рассмотрим сначала точки δ контура, которые допускают вполне определенную касательную (тангенс).

19. *La considération d'une telle expression ne peut présenter aucun intérêt particulier.*

Рассмотрение такого выражения не может настоящим никакой частный (особый) интерес.

Im französischen Wörterbuch steht der Stamm „présent", der der Stamm eines Verbs (présenter = представлять) und eines Adjektivs (présent = настоящий) sein kann. In den Regeln für die Unterscheidung der Homonyme war dieser Fall nicht vorgesehen.

Nachdem wir diesen Fall in das Programm für die Untersuchung der Homonyme mitaufgenommen hatten, erhielten wir:

Рассмотрение такого выражения не может представлять никакой частный (особый) интерес.

Nach den Regeln muß das Substantiv hinter einem transitiven Verb ohne Negation im Akkusativ, hinter einem verneinten Verb dagegen im Genitiv stehen. Es kann jedoch eintreten, daß zwar das dem Substantiv nächste Verb in der positiven Form dasteht, daß ihm aber ein anderes Verb mit einer Negation vorhergeht; in diesem Falle muß, wie dies von uns untersuchte Beispiel zeigt, das Substantiv in den Genitiv gesetzt werden.

Nach Korrektur der Regel erhielten wir als endgültige Übersetzung:

Рассмотрение такого выражения не может представлять никакого частного (особого) интереса.

20. *On peut écrire l'expression générale d'une solution de l'équation sous la forme* $u = f(x + y) + g(x - y)$.

Мы можем написать общее выражение решения уравнения под формой $u = f(x + y) + g(x - y)$.

Die Wendung „sous . . . forme" (в . . . форме) wurde nicht bearbeitet, weil bei dieser Wendung zwar in Betracht gezogen war, daß zwischen die Präposition „sous" und das Substantiv „forme" Adjektive und Artikel treten können, der Artikel „la" aber als Homonym ein Pronomen hat (die Unterscheidung der Homonyme war zu dieser Zeit noch nicht durchgeführt) und das Vorkommen eines Pronomens innerhalb der Redewendung nicht in Betracht gezogen worden war.

Nachdem die Ergänzungen eingefügt waren, ergab sich der Satz:

Мы можем написать общее выражение решения уравнения в форме $u = f(x + y) + g(x - y)$.

Auch bei richtiger Arbeit des Programmes sind die gewonnenen Übersetzungen nicht immer glücklich. Der verwendete Algorithmus kann nicht als endgültig angesehen werden; er wurde zu experimentellen Zwecken aufgestellt und hat nur eine begrenzte Leistungsfähigkeit.

Wir bringen einige Beispiele für Übersetzungen, bei denen der Sinn richtig wiedergegeben wurde, die gewonnenen Sätze aber nicht ganz richtig gebaut sind.

21. *Cette transformation pourrait s'effectuer par les calculs relativement simples, en appliquant la remarque suivante.*

Это преобразование может осуществиться относительно простыми исчислениями (вычислениями), применяя следующее замечание.

22. *On vérifie sans peine que, pour tout point du contour C, en désignant par S l'arc de courbe, les relations précédentes prennent la forme* (3).

Мы удовлетворяем (проверяем) легко, что (,чтобы) для всякой точки контура C, обозначая через S дугу кривой, предыдущие соотношения принимают форму (3).

23. *On ne peut espérer arriver à étudier aussi complètement une fonction entière donnée par un développement en série.*

Мы не можем понадеяться придти к тому, чтобы изучить также полностью целую функцию данную разложением в ряд.

24. *Effectuons le développement de cette fonction autour d'un point „a" intérieur au cercle C.*

Осуществим разложение этой функции вокруг точки „a" внутри круга (окружности) C.

25. *Nous signalerons seulement que lorsque on se place au point de vue de l'étude de ces correspondances, les fonctions d'ordre nul se divisent en deux grandes classes.*

Мы отметим только, что (,чтобы), когда мы помещаемся в точке зрения изучения этих соответствий, функции равного нулю порядка делятся на два больших класса.

(Bei der Redaktion eingegangen am 16. 7. 1957)

Übersetzung und fachliche Bearbeitung: Dr. F. Siegmund-Schultze

Die Beschreibung von Übersetzungsalgorithmen mit Hilfe der Operatorenmethode und die automatische Programmierung solcher Algorithmen

O. S. KULAGINA (Moskau)

Die Programmierung von Algorithmen für die Übersetzung aus einer Sprache in eine andere ist eine komplizierte Aufgabe, deren Lösung viel Mühe und viel Zeit erfordert. Deshalb ist es wünschenswert, daß man diesen Teil der Arbeit an der maschinellen Übersetzung automatisiert. Übersetzungsprogramme haben eine spezifische Struktur, die sich von der Struktur der Programme für mathematische Berechnungen unterscheidet. So fehlen in Übersetzungsprogrammen die Rechenoperatoren, die den wesentlichsten Teil der Programme für mathematische Aufgaben bilden.

Die Übersetzungsprogramme haben gewöhnlich eine sehr komplizierte logische Struktur, mit einer Vielzahl von Aufspaltungen, Wiederholungen, Verflechtungen usw., die von sehr vielen logischen Bedingungen abhängen, welche im Verlaufe der Arbeit zu prüfen sind. Die Hauptschwierigkeit bei der Aufstellung eines Programmes für eine Übersetzung ist dabei der Aufbau des logischen Schemas des Programmes, das Aufspüren all der verschiedenartigen Wege, die sich auf Grund aller möglichen Kombinationen von Bedingungen, wie sie im Algorithmus auftreten, eröffnen. Dagegen ist die Umwandlung des im Speicher der Maschine verzeichneten Materials, die sich auf Grund eines bestimmten Komplexes von Bedingungen vollzieht, gewöhnlich unkompliziert. Deshalb ist es für die Programmierung einer Übersetzung unrationell, wenn man die existierenden programmierenden Programme, die für die Programmierung mathematischer Aufgaben ausgearbeitet worden sind, benutzen will; denn diese Programme erfordern in der Regel noch die Angabe eines logischen Programmschemas, d. h. sie liefern der Maschine eben jene Etappe der Arbeit, die bei der Programmierung einer Übersetzung keine ernsten Schwierigkeiten bietet.

Um die Arbeit zur Programmierung einer Übersetzung wesentlich zu erleichtern, muß man eine solche Form der Aufzeichnung von Übersetzungsalgorithmen erarbeiten, die 1. umfassend genug wäre, um mit ihrer Hilfe alle möglichen Fälle, die unter den verschiedenen Bedingungen auftreten, leicht aufzuspüren; 2. verständlich genug, um auch von einem des Programmierens Unkundigen verwendet werden zu können; 3. exakt genug, um den Übergang von ihr zum Programm nach genau festgelegten Regeln zu ermöglichen.

Die Erarbeitung eines solchen Systems zur Beschreibung von Übersetzungsalgorithmen verlangt eine bestimmte Erfahrung in der Aufstellung von Übersetzungsprogrammen; sie wäre kaum möglich, bevor die ersten Versuchsalgorithmen für die Übersetzung ausgearbeitet sind. Anderseits erfordert diese

Arbeit die Klarstellung einiger allgemeiner Prinzipien, allgemeiner Momente, die für die verschiedensten Übersetzungsalgorithmen gelten, für welche Sprachen sie auch geschaffen sein mögen.

Der Übersetzungsprozeß gliedert sich naturgemäß in mehrere Etappen, die in dieser oder jener Form für alle Sprachen gültig sind. Vor allem besteht er aus der Analyse des Eingabetextes und der Synthese des Ausgabetextes. Analyse und Synthese können auf verschiedene Weise organisiert sein, je nachdem, welcher Art die behandelten Sprachen sind und welcher Art der Algorithmus ist, der verwendet wird, d. h. ob er für ein gegebenes Paar von Sprachen oder für die Übersetzung aus mehreren Sprachen in mehrere andere mit Hilfe einer Art Zwischensprache aufgestellt wurde. Bei der paarweisen Übersetzung wird die Analyse des Eingabetextes im Hinblick darauf vorgenommen, daß bestimmte Angaben über den Ausgabetext zu ermitteln sind, d. h., die Analyse berücksichtigt die Besonderheiten der Sprache, in die übersetzt wird. Bei einem Algorithmus, der für die Übersetzung in mehrere verschiedene Sprachen bestimmt ist, werden im Verlaufe der Analyse die Daten über den Eingabetext selbst ermittelt, sodann werden sie in Daten über den Ausgabetext verwandelt, auf Grund deren der Algorithmus synthetisiert wird. In allen Fällen ist die Analyse des Eingabetextes der schwierigste Teil des Übersetzungsalgorithmus.

Bei der Übersetzung aus jeder Sprache, die sich der Buchstabenschrift bedient, wird in die Maschine der nach Buchstaben verschlüsselte Text eingegeben. Es wäre jedoch aus verschiedenen Gründen für die Maschine unbequem, die Analyse direkt an dem Text vorzunehmen, der in Form von Wörtern (wenn auch von codierten Wörtern) eingetragen ist. Diese Gründe sind: die Ungleichheit der Länge der Wörter; die Schwierigkeit, die Prüfungen anhand der Wörter selbst vorzunehmen; die sehr große Mannigfaltigkeit derartiger Prüfungen, usw. Darum beginnt die Bearbeitung des Textes durch die Maschine damit, daß er durch einen Text von besonderer Gestalt ersetzt wird: Jedes Wort wird durch eine Art Zusammenfassung seiner Merkmale, durch eine Reihe von Daten über das Wort ersetzt, so daß diese neue Eintragung ebendieselbe Information enthält wie der ursprünglich eingegebene Satz, aber in einer für die Maschine bequemeren Form. Zu diesem Zweck werden die Wörter des Eingabetextes in einem besonderen Wörterbuch aufgesucht, wo den Wörtern die Angaben über sie hinzugefügt sind, die sog. lexikalischen Informationen der Wörter.

Bei der paarweisen Übersetzung gelangt in die lexikalische Information des Wortes eine Angabe darüber, durch welches Wort es wiederzugeben ist. Bei der Übersetzung mit Hilfe einer Zwischensprache wird in die Information ein besonderer Hinweis hineingebracht, der es gestattet, die Übersetzung des Wortes in jede der Sprachen, die von dem Algorithmus mit erfaßt sind, ausfindig zu machen.

Je nach der Sprache und nach dem verwendeten Übersetzungsalgorithmus kann die lexikalische Information der Wörter unterschiedliche Angaben enthalten. Die allgemeinen Forderungen an sie bestehen darin, daß sie das Wort vollständig charakterisieren muß, d. h., sie muß auf seine Zugehörigkeit zu einer der Wortklassen hinweisen, auf die sich die in dem Algorithmus formulierten Regeln beziehen; sie muß die Art und Weise anzeigen, wie die verschiedenen Formen des betreffenden Wortes gebildet werden, wenn es verändert wird; sie muß seine individuellen Besonderheiten charakterisieren, wenn es solche gibt, usw. Überdies muß die Information so beschaffen sein, daß mit ihrer Hilfe die vom Algorithmus vorgesehenen Prüfungen ohne große Mühe vorgenommen werden können.

Im Wörterbuch für die maschinelle Übersetzung können untergebracht sein: 1. entweder die Wörter vollständig in allen Formen, die möglich sind, oder 2. zwar vollständig, aber jedes Wort nur in einer einzigen Form, oder 3. lediglich die Stämme der Wörter. Wenn im Wörterbuch die Stämme der Wörter aufbewahrt sind, dann enthalten die lexikalischen Informationen dazu diejenigen Daten, die allen Formen des Wortes gemeinsam sind, d. h. die einem Stamm zugeschrieben werden können. In diesem Fall erhalten wir nach Aufsuchen der Wörter im Wörterbuch die lexikalischen Informationen der Stämme und die Endungen der Wörter, d. h. jene Teile der Wörter, die übrigbleiben, wenn die Stämme von den Wörtern abgetrennt worden sind. Die Endungen ermöglichen es, einige Angaben über die Wörter zusätzlich zur lexikalischen Information zu erhalten, Angaben über die konkreten Formen der Wörter.

Die Gewinnung von Angaben über die Endungen der Wörter ist eine Etappe der morphologischen Bearbeitung des Eingabetextes. Bei Sprachen, in denen die Wörter nicht abgewandelt werden, wird diese Etappe fehlen.

In vielen Sprachen gibt es Wörter, die im Satz in verschiedenen Funktionen auftreten, d. h. die zu verschiedenen Wortklassen gehören können. Das sind alle möglichen Fälle von Homonymie. In einer Sprache gibt es mehr homonyme Wörter, in einer anderen weniger, aber stets erschweren Homonymien die Analyse des Textes. Die Unterscheidung der Homonyme stellt in manchen Algorithmen eine Etappe für sich dar, in anderen ist sie mit der morphologischen oder der syntaktischen Analyse verflochten. Mit der morphologischen Analyse ist die Untersuchung der einfachsten Fälle von Homonymie verbunden, bei denen nur die Stämme der Wörter und nicht ihre vollständigen Formen übereinstimmen. Diese Fälle lassen sich auf Grund der Endung des Wortes klären. Weit schwieriger ist die Klärung der Fälle vollständiger Übereinstimmung von Wörtern, weil man dabei die Wörter der Umgebung, d. h. den Kontext, untersuchen muß. Die Aufklärung dieser Fälle kann entweder der syntaktischen Analyse vorhergehen oder parallel mit ihr vorgenommen werden.

Trotz der Verschiedenheit der möglichen Algorithmen haben die Regeln für die Analyse (nach Auffindung der Wörter im Wörterbuch), welche die Unterscheidung der Homonyme, die morphologische und die syntaktische Analyse des Eingabetextes umfassen, für die unterschiedlichsten Sprachen viel Gemeinames. Sie bestehen aus den aufeinander folgenden Prüfungen einer Reihe von Bedingungen und mehreren Verarbeitungen der Information auf Grund der Daten, die bei den Prüfungen gewonnen wurden. Diese Prüfungen beziehen sich entweder auf konstante Merkmale der Wörter (lexikalische Information) oder auf konkrete Formen der Wörter (die Endung oder die sie ersetzende Information) oder auf die Reihenfolge der Wörter im Satze. Auf Grund der Resultate der Prüfungen werden entweder die Daten über den Eingabesatz oder gleich über den Ausgabesatz erarbeitet. Das können Daten über die Form dieses oder jenes Wortes, über die Verbindung der Wörter untereinander sein usw.

Nach dem Gesagten ist es verlockend, eine geringe Anzahl von Standardgängen (Prüfungen und Verarbeitungen) auszuzeichnen, um mit ihrer Hilfe den analysierenden Teil jedes beliebigen Übersetzungsalgorithmus aufzubauen. Diese Standardgänge müssen derart sein, daß man sie in gewisser Weise, entsprechend der Arbeit an dem oder jenem Wort in der oder jener Position, abwandeln kann, d. h. sie müssen über mehrere Parameter verfügen, denen man verschiedene Werte geben kann.

Es wurde der Versuch unternommen, solche Standardgänge der Umwandlung von Information oder, anders ausgedrückt, solche Operatoren festzulegen. Dies geschah auf Grund des Studiums und der Verallgemeinerung des durchgeführten Versuchs einer Übersetzung aus dem Französischen ins Russische.

Die Erfahrungen mit der Programmierung des Übersetzungsprozesses aus dem Französischen ins Russische haben gezeigt, daß die Programme, welche einen französischen Satz analysieren, im wesentlichen aus einer geringen Anzahl von standardisierten Prüfungen und Verarbeitungen der Informationen bestehen. Auf Grund der Untersuchung dieser Programme wurden 17 Operatoren herausgefunden, aus denen alle untersuchten Programme aufgebaut werden können, und ebenso analoge Programme zur Analyse (möglicherweise mit geringfügigen Änderungen) für einige andere Sprachen.

Die Operatoren für die Syntheseprogramme müssen etwas anders aussehen, aber sie sind bisher noch nicht festgelegt worden.

Der Aufbau von Übersetzungsprogrammen aus fixierten Operatoren ist dann möglich, wenn einige allgemeine Voraussetzungen für den Bau eines Übersetzungsalgorithmus und die Einrichtung von Übersetzungsprogrammen im ganzen erfüllt sind. Für den Algorithmus ist nämlich vorauszusetzen, daß er die Analyse jedes Wortes im Satze für sich (nach Wortarten oder in irgendeiner anderen Reihenfolge), nicht aber die Analyse von Gruppen von Wörtern, wie Konfigurationen, Syntagmata u. dgl., vorsieht. Für die Übersetzungsprogramme ist vorauszusetzen, daß die Maschine vor Beginn der Analyse die Wörter im Wörterbuch heraussucht; im Augenblick, da die Analyse beginnt, müssen sich im Speicher der Maschine befinden: die lexikalischen Informationen der Wörter, die Endungen und eine Konkordanzentabelle, wo jedem Wort eine Zeile zugewiesen ist, in der sich die Adresse seiner Information und die Adresse seiner Endung befinden; dabei sind die Zeilen der Tabelle der Konkordanzen ebenso angeordnet wie die Wörter im Eingabesatz. Nachdem auf Grund der Endungen die zusätzliche Information gefunden worden ist, wird in der Konkordanzentabelle der Platz dieser Information angezeigt. In einigen Fällen geschieht die Feststellung der Daten entsprechend der Information gleichzeitig mit der Suche der Wörter im Wörterbuch; dann werden in der Konkordanzentabelle von Anfang an die

Adresse der lexikalischen Information und die Adresse der zusätzlichen Information angegeben.

Man sieht leicht, daß die genannten Bedingungen in Wirklichkeit keine Einschränkungen sind. Wir bemerken noch, daß bei der Festlegung der Operatoren vorausgesetzt wurde, daß vor der Analyse des Eingabesatzes Skalen[1]) für die Wortarten und für einige Wörter mit Besonderheiten eingerichtet sind, um auf Grund von Skalen die Suche der erforderlichen Wörter und die Prüfungen hinsichtlich ihrer Position im Satze vornehmen zu können. Doch ist die Einrichtung von Skalen nicht unbedingt nötig, da es neben den Operatoren, die auf Grund von Skalen prüfen, auch Operatoren gibt, die die gleichen Prüfungen auf Grund der Informationen der Wörter vornehmen. Einige besondere Einschränkungen, die durch die Eigenart einzelner Operatoren hervorgerufen sind, werden im weiteren bei der Beschreibung dieser Operatoren erwähnt werden.

Die festgelegten Operatoren gliedern sich in drei Gruppen: 1. Operatoren, die Bedingungen prüfen; 2. Operatoren, die Resultate erzeugen, die also irgendeine Information auf Grund der Prüfungen bearbeiten; 3. neutrale Operatoren, die keiner der beiden ersten Gruppen angehören.

Bevor wir jede einzelne dieser Gruppen eingehender untersuchen, wollen wir einige Begriffe klären. Die Analyseprogramme bearbeiten die Wörter des Eingabesatzes in einer gewissen Reihenfolge[2]). Dasjenige Wort, das in dem betreffenden Augenblick vom Programm bearbeitet wird, wollen wir Grundwort (Nullwort) nennen. Um die Daten über das Grundwort festzustellen, muß man oft noch andere Wörter des Satzes zu Hilfe nehmen, die wir Hilfswörter nennen wollen und die wir auf folgende Weise numerieren: Dasjenige Hilfswort, das dem Grundwort von links am nächsten steht, nennen wir das erste, das nach links folgende Hilfswort das dritte, die Hilfswörter rechts vom Grundwort werden entsprechend als das zweite und das vierte bezeichnet. Man kann die Numerierung der Wörter nach demselben Prinzip fortsetzen, doch zeigt die Erfahrung, daß man nicht mehr als vier Wörter in die Untersuchung einzubeziehen braucht. Wir betonen noch einmal, daß an unserer Numerierung nicht die Wörter teilhaben, die dem Grundwort im Satze benachbart sind, sondern nur die Hilfswörter, d. h. jene Wörter, die auf Grund bestimmter Regeln für die Feststellung von Daten über das Grundwort gefunden wurden. Natürlich kann ein Wort, das in einem bestimmten Moment der Arbeit des Programmes Grundwort ist, nachher eines der Hilfswörter sein oder überhaupt nicht an der Analyse teilnehmen und ohne Nummer sein.

Die Feststellung von Daten über das Grundwort hängt davon ab, ob bei den Hilfswörtern 1 bis 4 Angaben vorhanden sind oder fehlen, z. B. ob bei dem

---

[1]) Als Skala irgendeiner Wortklasse wird eine Zelle bezeichnet, in der die Einsen an den Stellen stehen, deren Nummern mit den laufenden Nummern der Wörter der betreffenden Klasse im Satze übereinstimmen.

[2]) Genauer, die Programme bearbeiten die Informationen der Wörter und nicht die Wörter selbst; aber im weiteren werden wir das Wort und die das Wort ersetzende Information nicht unterscheiden. Wenn wir von der Bearbeitung eines Wortes durch das Programm sprechen, haben wir die Verarbeitung seiner Information im Auge.

ersten Wort eine bestimmte Endung oder bei dem vierten Wort eine bestimmte Information vorhanden ist usw. Daher kann jeder der Operatoren entweder mit dem Grundwort oder mit einem der Hilfswörter arbeiten. Das Wort, auf das der Operator einwirkt, nennen wir sein Arbeitswort.

Jeder Operator wird durch eine bestimmte Anzahl von Parametern charakterisiert; indem man diesen Parametern bestimmte Werte gibt, kann man den Operator für die Arbeit mit dem erforderlichen Wort an der erforderlichen Stelle des Programmes einrichten.

Der Algorithmus zur Analyse des Eingabesatzes stellt eine Folge von Operatoren dar, die in einer bestimmten Reihenfolge arbeiten. Das Schema des Algorithmus wird als eine Folge von Symbolen der Operatoren mit Kennzeichnung ihrer Arbeitsreihenfolge aufgeschrieben. Nach einem Operator, der eine Bedingung prüft, arbeitet einer der zwei folgenden Operatoren, je nachdem, ob die geprüfte Bedingung erfüllt ist oder nicht. Nach einem Operator, der ein Resultat erzeugt, arbeitet stets irgendeiner der folgenden Operatoren, am häufigsten der direkt folgende. Für die neutralen Operatoren ist der eine wie der andere Fall möglich.

Betrachten wir nun eingehender jede der Gruppen von Operatoren.

I. Operatoren zur Prüfung von Bedingungen

Jeder der Operatoren dieser Gruppe hat die folgenden allgemeinen Parameter: 1. die Nummer des Arbeitswortes; 2. die Nummer des Operators, zu dem man übergehen muß, wenn die Bedingung erfüllt ist; 3. die Nummer des Operators, zu dem man übergehen muß, wenn die Bedingung nicht erfüllt ist. Außerdem hat jeder Operator seine eigenen besonderen Parameter (siehe unten).

Die Operatoren dieser Gruppe prüfen Bedingungen, die entweder einzelne Wörter oder die Anordnung der Wörter im Satz betreffen. Dabei können sich die Prüfungen, die einzelne Wörter betreffen, entsprechend dem, was wir schon gesagt haben, entweder auf ständige Merkmale des Wortes beziehen, die allen seinen Formen eigen sind, d. h. solchen, die dem Stamme des Wortes zugeschrieben sind (das sind jene Merkmale, die in der lexikalischen Information des Wortes eingetragen sind), oder sie beziehen sich auf eine konkrete Form des Wortes, d. h. auf seine Endung.

Zwei Operatoren nehmen die Prüfung hinsichtlich der Endungen vor.

1. Der Operator, der feststellt, ob ein Wort eine gegebene Endung besitzt.

Dieser Operator prüft entweder die Endung im ganzen, oder er klärt, ob in der Endung ein uns interessierendes Suffix enthalten ist.

Ein Spezialfall dieses Operators ist die Prüfung daraufhin, ob das Wort überhaupt eine Endung hat.

Außer den allgemeinen Parametern wird in diesem Operator angegeben, welche Endung oder welches Suffix uns hier interessiert.

2. Der Operator zur Auffindung der Endung in der Tabelle der Endungen und zur Feststellung der Daten anhand der Tabelle.

Das ist ein Operator, der im Vergleich zu den anderen Prüfungsoperatoren etwas komplizierter ist; denn außer der Feststellung der Tatsache, ob sich eine gegebene Endung in der Tabelle befindet, entnimmt er im Falle einer positiven Antwort der Tabelle auch die Daten, die sich dort für die zu prüfende Endung befinden, und speichert sie.

Zwei Operatoren nehmen die Prüfung auf die Informationen hin vor.

Wenn in die Zellen, in denen am Anfang die lexikalische Information des Wortes eingetragen war, im Verlaufe der Arbeit einige andere Daten gelangen, so werden die Prüfungen, die sich darauf beziehen, durch dieselben beiden Operatoren vorgenommen; denn für die Arbeit dieses oder jenes Typs von Operatoren ist nur die Auffindung des zu prüfenden Materials im Speicher wesentlich, nicht aber die inhaltliche Bedeutung. Ganz ähnlich ist ja auch für die Eintragung eines Befehls nur die Adresse der Zelle wesentlich, d. h. die Stelle, wo sich eine bestimmte Größe befindet, nicht aber, welcher Art diese Größe ist.

1. Der Operator, der das Vorhandensein bestimmter Daten in der Information prüft, d. h. der eine bestimmte Gruppe von Stellen heraussucht und sie mit einer konstanten oder mit irgendeiner im Verlaufe der Analyse erarbeiteten Größe vergleicht.

Im besonderen Fall klärt er nur, ob in den betreffenden Stellen etwas eingetragen ist, das sich von Null unterscheidet. Manchmal kann eine Information, die durch diesen Operator herausgefunden wurde, im weiteren notwendig sein; dann wird sie in einer der Zellen gespeichert, die den Zwischenergebnissen zugewiesen sind. Dieser Operator kann entweder die lexikalische Information prüfen oder die zusätzliche Information oder die Information, die durch irgendeinen der vorhergehenden Operatoren erarbeitet und in einer der oben erwähnten Zellen eingetragen wurde, oder den Inhalt der Konkordanzentabelle.

Abgesehen von den allgemeinen Parametern, muß dieser Operator angeben, an welcher Information wir die Prüfung vornehmen wollen, welche Daten und an welcher Stelle sie uns interessieren, ob es notwendig ist, die herausgefundenen Daten zu speichern und wo, d. h. in welcher der für die Speicherung vorgesehenen Zellen, sie einzutragen sind.

2. Der Operator zum Aufsuchen anhand der Information, d. h. der Operator, der unter den lexikalischen Informationen diejenige ausfindig macht, wo an einem gegebenen Ort einige gesuchte Daten verzeichnet sind.

Arbeitswort für diesen Operator ist jenes Wort, bei dem die Suche beginnt.

Der Operator führt die Suche in bestimmten Grenzen durch, genauer, er sucht das Betreffende solange, bis er es findet oder auf eine Information mit Angaben stößt, an denen er nicht vorübergehen kann. Manchmal darf man bei der Suche an nichts vorübergehen, d. h. eine solche Suche läuft auf die Prüfung mehrerer Daten über ein Wort hinaus, das dem Arbeitswort direkt benachbart ist; manchmal ist die Anzahl der Wörter, die ausgelassen werden dürfen, bekannt, d. h., man prüft die Angaben über ein Wort, das von dem Nachbarwort in einer gegebenen Entfernung steht; manchmal kann man alles auslassen, d. h., die Suche geht durch den ganzen Satz.

Wenn das bei der Suche gefundene Wort eines der Hilfswörter ist, so muß die Nummer dieses Wortes als einer der Parameter des Operators angegeben werden.

Spezielle Parameter dieses Operators sind: 1. die Richtung der Suche (nach rechts oder nach links vom Arbeitswort); 2. die Nummer des gefundenen Wortes; 3. ein Hinweis darauf, was zu suchen ist; 4. ein Hinweis darauf, was die Suche begrenzt; 5. ein Hinweis auf die Speicherung. Der letzte Hinweis steht damit im Zusammenhang, daß es mitunter genügt, lediglich festzustellen, daß das gesuchte Wort vorhanden ist, daß es selbst aber im weiteren nicht benötigt wird; in anderen Fällen wiederum muß man, nachdem man das Wort gefunden hat, noch etwas über dieses Wort feststellen, d. h. gewisse Prüfungen, die es betreffen, vornehmen; in diesem letzten Fall werden sämtliche Daten über das gefundene Wort (seine Information, die Zeile der Konkordanzentabelle, die Endung, die Skala und die Nummer im Satz) in den Standard-Zellen gespeichert, die dem Hilfswort zugewiesen sind.

Zwei Operatoren prüfen auf Grund der Skalen. Ihren Funktionen nach stimmen sie mit den beiden vorhergehenden Operatoren überein und unterscheiden sich von ihnen nur durch die Realisierung (die Prüfung nach den Skalen wird einfacher ausgeführt als die Prüfung nach den Informationen).

1. Der Operator, der prüft, ob das Arbeitswort in einer bestimmten Skala vermerkt ist.

Im Grunde genommen leistet er dasselbe wie der Operator, der das Vorhandensein bestimmter Daten in der Information prüft, da ein Wort dann in die Skala einer Wortklasse eingetragen wird, wenn es die für die betreffende Wortklasse charakteristischen Merkmale besitzt.

Ein besonderer Parameter dieses Operators ist die Nummer der geprüften Skala.

2. Der Operator zur Suche anhand der Skala.

Er stimmt in den Funktionen mit dem Operator für die Suche anhand der Information überein. Der Operator führt die Suche in bestimmten Grenzen aus; ihm ist nämlich angegeben, was bei der Suche ausgelassen werden kann. Sonderfälle dieses Operators sind die Suche eines unmittelbar benachbarten Wortes (nichts darf ausgelassen werden) und die Suche durch den ganzen Satz (alles kann ausgelassen werden).

Arbeitswort für diesen Operator ist das Wort, bei dem die Suche beginnt.

Manchmal genügt es, daß wir feststellen, ob ein gesuchtes Wort vorhanden ist; in anderen Fällen genügt das nicht, und wir müssen wissen, wo das gesuchte Wort steht. Je nachdem muß das Aufsuchen entweder von einer Zählung der vollführten Schritte begleitet werden oder nicht.

Spezielle Parameter dieses Operators sind: 1. die Suchrichtung, 2. die Nummer der Skala des Gesuchten, 3. die Nummer der Skala der Auslassungen, 4. die Nummer des gefundenen Wortes (siehe den Operator für die Suche auf Grund der Information), 5. ein Hinweis darauf, ob ein Zähler nötig ist, 6. ein Hinweis darauf, ob die Daten des gefundenen Wortes gespeichert werden müssen.

II. Operatoren, die Resultate erzeugen

Nach der Arbeit eines Operators dieser Gruppe ist der Übergang nur zu einem der in der Folge stehenden Operatoren möglich; daher ist allgemeiner Parameter der Operatoren dieser Gruppe die Nummer des Operators, zu dem man nach dem gegebenen übergehen muß.

Die Nummer des Arbeitswortes braucht nur für einen Teil der Operatoren der betreffenden Gruppe angegeben zu werden, weil einige der Operatoren, wie unten ersichtlich sein wird, diese Charakteristik nicht besitzen.

Zu den Operatoren, die Resultate erzeugen, gehören folgende:

1. Der Operator für die Eintragung der Information

Dieser Operator hat sehr viele Spielarten, weil man im Verlaufe der Übersetzung eine sehr vielgestaltige Information eintragen muß, die aus verschiedenen Stellen genommen worden ist und die auch an sehr verschiedenen Stellen eingetragen wird. Man kann nämlich die Eintragung in der lexikalischen Information des Arbeitswortes vornehmen, in der zusätzlichen Information des Wortes, in seiner Zeile der Konkordanzentabelle oder auch in einer der Standard-Zellen für die Zwischenergebnisse.

Die eingetragenen Daten können entweder bereits vorher bekannte Konstanten sein oder Größen, die im Laufe der Arbeit gewonnen worden sind, oder Daten, die von einem Wort auf ein anderes übertragen worden sind, wobei sie der lexikalischen Information des anderen Wortes oder der Zeile in der Konkordanzentabelle des anderen Wortes oder auch der zusätzlichen Information entnommen werden können.

Außer den oben erwähnten Parametern (was wir eintragen, woher wir eintragen, wohin wir eintragen), wird diesem Operator noch eine Reihe besonderer Parameter gegeben, deren Aufnahme durch die Werte der vorhergehenden bestimmt wird.

Sofern man Daten eines Wortes aus der lexikalischen Information, der zusätzlichen Information oder der Zeile der Konkordanzentabelle in die lexikalische Information, die zusätzliche Information oder die Zeile der Konkordanzentabelle eines anderen Wortes überträgt, muß man die Nummern der betreffenden Wörter angeben und die Daten, die zu übertragen sind. Wenn wir in die lexikalische oder die zusätzliche Information oder in die Zeile der Konkordanzentabelle eine Konstante oder im Laufe der Analyse gewonnene Daten übertragen, so gibt man anstatt der Nummer des Wortes, von dem man die Daten genommen hat, die Nummer der Konstante oder die Nummer der Standardzelle für die Zwischenergebnisse an.

Es gibt noch andere Spielarten von Aufgaben der besonderen Parameter dieses Operators, auf die wir nicht näher eingehen wollen.

2. Der Operator zur Eintragung in der Skala

Dieser Operator kann entweder ein Wort in der betreffenden Skala notieren oder, im Gegenteil, die Eins an der Stelle des Arbeitswortes in dieser Skala streichen. Im Grunde ist er eine Variante des vorhergehenden Operators, da die Aufzeichnung eines Wortes in der Skala gewissermaßen ein Sonderfall der Eintragung der Information über das Wort ist.

Diesem Operator muß man die Nummer des Arbeitswortes und die Nummer der Skala, in die wir eintragen, angeben und muß vermerken, welche Handlung (Eintragung oder Löschung) vorzunehmen ist.

3. Der Operator zur Löschung einer Information

Dieser Operator wird z. B. dann verwendet, wenn es bei einem homonymen Stamm mehrere Informationszellen gibt, aus denen nach den Regeln für die Unterscheidung der Homonyme eine bestimmte ausgewählt wird, während man die übrigen löschen muß. Der Operator kann entweder eine einzige Informationszelle löschen oder zwei, wenn das Wort zu Beginn drei Informationszeilen hatte (mehr als drei Zeilen sind praktisch nicht vorgekommen). Dem Operator muß man angeben, welche Zeilen der Information (1, 2, 3) zu löschen sind.

4. Der Operator für die Einsetzung eines Wortes

Bisweilen stellt sich während der Analyse heraus, daß ein Wort bei der Übersetzung in mehrere selbständige Wörter zerlegt werden muß (z. B. das französische s'annuler wird durch „обращаться в нуль“ wiedergegeben); manchmal können gewisse spezifische Konstruktionen einer Sprache in einer anderen Sprache nur dadurch wiedergegeben werden, daß man einige Hilfswörter einfügt (z. B. wird die absolute Partizipialkonstruktion im Russischen durch einen von einer subordinierenden Konjunktion eingeleiteten Nebensatz übersetzt). In diesen Fällen muß man während der Analyse Wörter einsetzen. Wir wollen gleich bemerken, daß die Operation der Einsetzung eines Wortes viele Takte der Maschinenarbeit erfordert und die Übersetzung stark aufhält, weil man bei der Einsetzung einen beträchtlichen Teil der Information und der Konkordanzentabelle umstellen und die Skalen auseinanderrücken muß. Deshalb muß man sich eigentlich bemühen, das Einsetzen während der Analyse zu vermeiden, und sich nach Möglichkeit auf Hinweise darauf beschränken, daß an der und der Stelle das und das Wort einzusetzen ist, und auf Grund dieser Hinweise alle notwendigen Einsetzungen nach Abschluß der Analyse vor der Synthese durchführen.

Dem Operator für die Einsetzung muß man angeben, welches Wort einzusetzen ist, sowie die Nummer der Skala, wo das einzusetzende Wort zu notieren ist; ferner sind die Nummern der Zellen anzugeben, in denen durch die vorhergehenden Operatoren die Daten über die Stelle der Einsetzung erarbeitet sein müssen.

III. Die neutralen Operatoren

1. Der Anfangsoperator

Die Analyseprogramme, deren jedes eine bestimmte Gruppe von Wörtern untersucht (eine Wortart oder andere), haben gewöhnlich einen Standardbeginn. Ihre Arbeit beginnt nämlich damit, daß das gerade zu bearbeitende Wort auf Grund der Skala, die der bearbeiteten Wortgruppe zugewiesen ist, aufgesucht wird und seine lexikalische Information, die Zeile der Konkordanzentabelle und die Endung (oder die zusätzliche Information) für die Bearbeitung in die Standardzellen übertragen werden. Eben diese Funktionen übt der Anfangsoperator aus. Im wesentlichen sucht er das Grundwort auf, das gerade an der Reihe ist. Außer der lexikalischen Information, der Zeile der Konkordanzentabelle und der Endung speichert auch der Anfangsoperator den Platz des Grundwortes im Satze.

Diesem Operator muß man die Nummer der Skala angeben, in der die zu bearbeitenden Wörter notiert sind.

Nicht immer muß man die Endung des Grundwortes in die Standardzelle nehmen (z. B. nicht, wenn eine Wortklasse bearbeitet wird, die gar keine Endungen hat). Demgemäß hat der Anfangsoperator zwei Untertypen: 0 ohne Wahl der Endung, 1 mit Wahl der Endung (die übrigen Daten sind immer notwendig).

Der Anfangsoperator achtet darauf, ob die Maschine bei der Suche am Schluß des Satzes (d. h. am Schluß der Skala) angelangt ist. Deshalb muß man ihm die Nummern von zwei Operatoren geben: die Nummer des Operators, zu dem wir übergehen, wenn das gerade bearbeitete Wort gefunden ist, und die Nummer des Operators, zu dem wir übergehen, wenn das Ende des Satzes erreicht ist.

Wir möchten bemerken, daß ein und dasselbe Programm die Bearbeitung mehrerer verschiedener Wortklassen umfassen kann; daher können sich in einem und demselben Programm auch mehrere Anfangsoperatoren befinden.

2. Der Schlußoperator

Nachdem die Bearbeitung eines Wortes beendet ist, muß man die verarbeitete Information und gegebenenfalls die Zeile der Konkordanzentabelle aus den Standardzellen, wo sie verarbeitet wurden, wieder an die früheren Stellen, in das allgemeine Informationslager oder in die Konkordanzentabelle, übertragen.

Dies leistet der Schlußoperator; wie bei dem Anfangsoperator, kann es auch bei dem Schlußoperator vorkommen, daß es mehrere davon im Programm gibt.

Der Schlußoperator vermag nicht nur das Grundwort, sondern auch jedes der Hilfswörter auf die Stelle der Information und in die Zeile der Konkordanzentabelle zu übertragen. Ihm muß nur angegeben werden, für welche Wörter (0 bis 4) die Eintragung vorzunehmen ist und was für jedes von ihnen einzutragen ist.

Außerdem muß man die Nummer des Operators angeben, zu dem überzugehen ist, nachdem der betreffende Operator fertig ist.

3. Der Verzweigungsoperator

Dieser Operator wird dort verwendet, wo der Algorithmus in mehrere (mehr als zwei) verschiedene Wege, je nachdem, was in der Information eingetragen ist, aufgespalten ist. Dieselbe Aufspaltung kann durch nacheinander arbeitende Operatoren erfolgen, die die Daten auf Grund der Information prüfen; der Verzweigungsoperator ist jedoch in der Realisierung einfacher.

Dieser Operator erhält einen Hinweis darauf, wo das Merkmal eingetragen ist, von dessen Werten die Wahl der verschiedenen Wege (in der lexikalischen, der zusätzlichen Information usw.) abhängt, und welcher Art dieses Merkmal ist.

Die Nummern der Operatoren, zu denen man übergehen muß, werden in der Reihenfolge verzeichnet, wie die zahlenmäßigen Ausdrücke der Werte des geprüften Merkmals[1]) anwachsen, d. h., an die erste Stelle wird der Operator gesetzt, zu dem wir übergehen, wenn das geprüfte Merkmal den Zahlenwert 1 hat, an die zweite Stelle der Operator, zu dem wir übergehen, wenn das geprüfte Merkmal den Wert 2 hat, usw.

4. Der Operator für die Skalenbildung

Dieser Operator ist zur Bildung der verschiedenen Hilfsskalen bestimmt. Es handelt sich darum, daß — außer dem Grundvorrat an Skalen — für einzelne Operatoren, die Skalen verwenden, einige kombinierte Skalen notwendig sind. Es wäre unzweckmäßig, alle diese Skalen im Grundvorrat aufzuheben; denn dies würde zu einer unnötigen Belastung des Speichers führen, weil es auch sein kann, daß diese Skalen nicht nötig sind. Ferner wäre es auch unzweckmäßig, daß jeder der Operatoren, die Skalen benutzen, selbst alle Hilfsskalen aufbaute, weil das zu einer unnötigen Vergrößerung und Komplizierung dieser Operatoren führen würde. Deshalb ist es vorteilhaft, in der Lage zu sein, die erforderlichen kombinierten Skalen vor der Arbeit der Operatoren, die sie verwenden werden, zu bilden.

Der Operator für die Bildung der Skalen hat zwei Untertypen: Untertyp 0 ist die Bildung der Skalen durch die Operation der logischen Multiplikation,

---

[1]) Das kann z. B. die Nummer der Verbalgruppe, der Code der Wortart u. a. sein.

d. h. die Gewinnung des gemeinsamen Teiles einer gewissen Anzahl von Skalen; Untertyp 1 bildet Skalen durch die Operation der logischen Addition, d. h., er vereinigt Skalen.

Jeder dieser Operatoren vermag die gewonnene Skala in einer der Standardzellen, die für diese Skalen vorgesehen sind, zu speichern; die Nummer dieser Zelle wird in der Information des Operators angegeben. Man kann auch, wenn man irgendeine Skala erhalten hat, hernach ihre stellenmäßige Ergänzung erhalten und speichern. (Dies kann z. B. dann notwendig sein, wenn wir die Skala der ausgelassenen Wörter für den Operator der Suche in der Skala bilden wollen, indem wir die Skalen verwenden, in denen Wörter stehen, die man nicht auslassen darf, wenn es solche Skalen erheblich weniger gibt als Skalen der auszulassenden Wörter.)

Parameter, die beiden Untertypen gemeinsam sind, sind auch die Nummer des Operators, zu dem man übergehen muß, wenn der betreffende Operator fertig ist, und die sog. Charakteristik: die Zahl, die gleich ist der Zahl der Skalen, wenn nicht eine stellenmäßige Ergänzung der aufgebauten Skala gewonnen werden muß, und die gleich ist der Zahl der Skalen plus 1, wenn dies notwendig ist.

Im Untertyp 1 können Skalen sozusagen im Hinblick auf das Merkmal untergebracht werden. Wenn vor der Nummer einer Skala das Zeichen Plus steht, dann wird zu der aufzubauenden Skala diese Skala selbst hinzugefügt; wenn das Zeichen Minus dasteht, so wird die aufzubauende Skala mit der stellenmäßigen Ergänzung dieser Skala multipliziert.

5. Der Operator zur Modifizierung anderer Operatoren

Während der Arbeit des Übersetzungsprogrammes kann es notwendig werden, die ursprüngliche Form einiger Operatoren zu verändern; dies kann man mit Hilfe des Modifizierungsoperators tun.

Diesem Operator muß man folgendes angeben: 1. die Nummer des Operators, den man umwandeln muß; 2. die Nummern der in ihm zu verändernden Parameter; 3. den Hinweis, welche Umwandlung vorzunehmen ist, und 4. den Hinweis, zu welchem Operator man nach Beendigung des jetzigen übergehen muß.

6. Der Operator für den Transport einer Information

Dieser Operator ist eng mit der konkreten Realisierung des Übersetzungsalgorithmus in der Maschine verbunden. Wenn nach dem Aufsuchen der Wörter im Wörterbuch die Informationen der Wörter nacheinander an eine einzige Stelle des Speichers geschrieben werden und wenn danach die Untersuchung der Homonyme vor sich geht, so erhalten wir nach Löschung der unnötigen Zeilen der Information eine lexikalische Information, die mit mehreren Auslassungen eingetragen ist, was für die Analyse sehr unbequem ist. Um die Auslassungen in der Information zu beseitigen und alle Informationen nacheinanderzusetzen, ist der Operator für den Transport einer Information eingeführt worden. Dieser Operator versetzt die Zeilen der Information so, daß kein einziger freier Platz übrigbleibt. Er hat nur eine einzige Realisierung und besitzt keine speziellen Parameter. Man muß ihm nur die Nummer des Operators angeben, zu dem man nach der Arbeit des jetzigen übergeht.

7. Der nichtstandardisierte Operator

Der nichtstandardisierte Operator ist eine vereinbarte Bezeichnung für jenen Teil des Programms oder des Algorithmus, der nicht oder der nur recht schwierig mit Hilfe der oben aufgezählten Operatoren aufgeschrieben werden kann.

Dieser Teil des Programms muß vollständig in Form von Befehlen aufgeschrieben werden und an die erforderliche Stelle gesetzt werden. Diesem Teil muß eine Zeile des nichtstandardisierten Operators vorhergehen, in der folgendes angegeben wird: seine Länge (die Anzahl der Befehle), die Nummern derjenigen Operatoren, zu denen man nach Ausführung des jetzigen Operators übergehen muß, und die Nummern der Befehle, in denen die Sprünge zu den anderen Operatoren formuliert sein müssen.

Der nichtstandardisierte Operator wurde dazu eingeführt, daß man nicht unerwünschte Beschränkungen auf die Klasse der gebotenen Übersetzungsalgorithmen einführen muß und daß man nicht den Vorrat an elementaren Operatoren übermäßig erweitern muß, um diese Sammlung von Operatoren zur Ausübung aller möglichen Funktionen fähig zu machen.

Wie schon oben erwähnt, sind einige der aufgezählten Operatoren gegenseitig ersetzbar. So kann man z.B. den Verzweigungsoperator dadurch ersetzen, daß man mehrere Operatoren für die Prüfung anhand der Information aufeinander folgen läßt. Man kann ohne die Prüfungen und das Suchen in den Skalen auskommen, wenn man stattdessen Prüfungen und Suchen an Hand der Information vornimmt.

Die Wahl dieses oder jenes der möglichen Operatoren, um ein Operatorenschema des Algorithmus herzustellen, wird teilweise durch im Speicher der Maschine befindliche Daten bestimmt: durch den Vorrat an Skalen, die Anordnung der Information usw., hängt aber auch bis zu einem gewissen Grade von der Erfindungsgabe dessen ab, der das Schema aufstellt.

Die Programmierung eines Übersetzungsprozesses mit Hilfe der beschriebenen Operatoren geht in folgender Weise vor sich. Zuerst werden die Übersetzungsregeln ohne alle Voraussetzungen hinsichtlich der anschließenden Programmierung, aber in einer gewissen speziellen Form beschrieben. Dabei werden die Regeln in Form kleiner Abschnitte entwickelt, von denen jeder entweder eine einfache Bedingung oder eine einfache Operation darstellt, die man auf Grund der Prüfung dieser oder jener Bedingung ausführen muß.

Zu den einfachen Bedingungen gehören: zu prüfen, ob ein Wort eine gegebene Endung besitzt, ob sich die Endung des Wortes in irgendeiner Endungstabelle befindet, ob ein Wort ein bestimmtes Merkmal besitzt. Ferner: ein Wort mit bestimmtem Merkmal im Satz aufzusuchen, ein Wort im Satz unter bestimmten Bedingungen für das Auslassen von Wörtern aufzusuchen, d.h. zu prüfen, ob sich ein solches Wort in einem bestimmten Abschnitt des Satzes befindet.

Zu den einfachen Operationen gehören: irgendwelche Angaben über ein Wort zu speichern, einen der Stichworttexte, wenn das Wort deren mehrere hat, auszuwählen, ein Wort einzusetzen, Operatoren umzuwandeln.

Bei jeder der aufgezählten zulässigen Regeln muß angegeben werden, zu welcher Regel man übergehen muß, wenn die vorliegende angewendet ist. Wenn eine Regel zu den einfachen Bedingungen gehört, so muß man die Nummern derjenigen Regeln angeben, zu denen man übergehen muß, je nachdem, ob die betreffende Bedingung erfüllt ist oder nicht.

Es ist leicht zu erkennen, daß die aufgezählten einfachen Regeln in der Formulierung mit einigen der Operatoren übereinstimmen.

Die Angabe eines Algorithmus in Form aufeinander folgender einfacher Regeln mit Angabe der Reihenfolge ihrer Arbeit hängt in keiner Weise von der folgenden Realisierung des Algorithmus, der Codierung usw. ab. In dieser Aufzeichnung ist alles inhaltsgemäß mit Worten geschrieben (den und den Kasus eintragen, die Wörter so und so umstellen).

Bei solchen Aufzeichnungen können sich dieselben Abschnitte mehrmals wiederholen, z.B. ein und derselbe Kasus eines Wortes des Ausgabetextes kann durch die Erfüllung verschiedener Bedingungen erarbeitet sein, und die Regel „den und den Kasus eintragen“ kann mehrmals wiederholt werden, wenn man dies auch vermeiden kann, indem man die Regel einmal hinschreibt und in allen möglichen Fällen darauf verweist.

Eine derartige Niederschrift des Algorithmus erfordert keine Kenntnisse über die Arbeit der Maschinen, mit deren Hilfe die maschinelle Übersetzung ausgeführt wird; sie ändert sich nicht, wenn man von einer Maschine zu einer anderen übergeht. Der Algorithmus kann in dieser Form direkt vom Verfasser der Regeln niedergeschrieben werden, ohne daß es irgendwelcher zusätzlicher Mühe bedarf, wenn er sich nur daran gewöhnt, den von ihm ausgearbeiteten Regeln die genannten Standardformulierungen zu geben.

Die zweite Etappe der Arbeit besteht darin, daß diese Niederschrift des Algorithmus in eine Folge von Operatoren verwandelt wird. Dies ist die Operatorprogrammierung im eigentlichen Sinne. Jede einfache Bedingung wird ersetzt durch einen oder mehrere Operatoren (z.B. das Aufsuchen eines Wortes, das zu einer der zulässigen Wortklassen gehört, wird als eine Folge von zwei Operatoren aufgeschrieben: des Operators für die Bildung der komplizierten Skala, die die Skalen der uns interessierenden Wortklassen vereinigt, und des Operators, der die Suche auf Grund dieser zusammengesetzten Skala durchführt). Abschnitte der Niederschrift des Algorithmus, die sich wiederholen, werden beseitigt. In die Eintragung gelangen auch die Operatoren, die mit der Technik zusammenhängen, einen Algorithmus auf der Maschine zu realisieren (Operatoren des Transports einer Information, der Skalenbildung; der Schlußoperator) und die unter den einfachen Regeln keine Analoga haben. Die Auswahl dieses oder jenes unter den möglichen Operatoren, wenn mehrere gegenseitig ersetzbare vorhanden sind, wird, wie schon oben erwähnt, durch den Vorrat an Skalen, die man zu bilden beabsichtigt, und durch die Anordnung des Materials im Speicher der Maschine bestimmt; aber auch bis zu einem gewissen Grade durch die Erfindungsgabe des Programmierers.

Die gewonnene Anordnung der Operatoren ist im wesentlichen das Operatorenschema des aufgebauten Programmes.

Sämtliche Operatoren der hergestellten Folge werden numeriert. Für jeden Operator der Folge wird seine Nummer eingetragen, sodann sein Symbol, darauf die Nummern der Operatoren, auf die er verweisen kann (für die Prüfoperatoren schreibt man zu Beginn die Nummer des Operators auf, zu dem man übergehen muß, wenn die Bedingung erfüllt ist, und dann die Nummer des Operators, zu dem man übergeht, wenn die zu prüfende Bedingung nicht erfüllt ist).

Sodann werden in einer bestimmten Reihenfolge die Werte aller Parameter des Operators aufgeschrieben. Alle diese Daten bilden die Zeile der Information des Operators.

Diese Niederschrift ist noch nicht die endgültige, in ihr ist noch die buchstabenmäßige Codierung mit der ziffernmäßigen verbunden: die Nummern der Konstanten, der Arbeitszellen, die für die Zwischenergebnisse vorgesehen sind, und die Werte der anderen Parameter sind in Symbolen niedergeschrieben, die leicht zu entschlüsseln sind. Hierdurch ist eine solche Niederschrift viel leichter zu verstehen und zu prüfen als die endgültig codierte.

Die letzte Etappe der Codierung ist die Numerierung der Operatoren (entsprechend die Veränderung der Hinweise auf sie) im System der in der Maschine eingeführten Zählung, auf Grund deren die Übersetzung ausgeführt wird, sowie die ziffernmäßige Codierung aller Parameterwerte. Diese Codierung ist bereits eine rein technische Arbeit, die nach genau festgelegten Regeln vor sich geht.

Als Ergebnis erhält man eine codierte Folge von Informationszeilen der Operatoren, die in die Maschine eingegeben wird und durch das spezielle kompilierende Programm zu dem Übersetzungsprogramm entwickelt wird.

Zum Aufbau eines Übersetzungsprogramms müssen dem kompilierenden Programm außer der Information der Operatoren Auskünfte über die Anordnung des Materials im Speicher der Maschine während der Arbeit des Übersetzungsprogramms gegeben werden. Es ist nämlich hinzuweisen auf den Anfang des zu schaffenden Programms (die Adresse des ersten Befehls), auf den Anfang und das Ende der Skalen, auf den Platz der lexikalischen Information, den Anfang der Konkordanzentabelle usw.

Das kompilierende Programm besteht aus zwei Teilen.

Der erste Teil berechnet, wo sich die Anfänge der Operatoren in dem zu schaffenden Programm (d.h. die Adressen der ersten Befehle der Operatoren) befinden werden; dies ist für die Eintragung der Befehle, die von einem Operator auf den anderen verweisen, notwendig. Der zweite Teil des kompilierenden Programms baut das Übersetzungsprogramm auf und druckt es aus.

Betrachten wir jeden Teil des kompilierenden Programms genauer.

Vom Gesichtspunkt der Anzahl der Befehle aus lassen sich die Operatoren in drei Gruppen einteilen:

1. die Operatoren, die eine einzige Realisierung und demzufolge eine einheitliche Länge haben; 2. die Operatoren, die mehrere Realisierungen und demzufolge mehrere Längen haben (gewöhnlich zwei); 3. die Operatoren, deren Länge auf Grund ihrer Information ausgerechnet wird, weil sie in weitem Umfange variiert und sämtliche möglichen Varianten von Längen zu speichern unrationell wäre. Zu der ersten Gruppe gehören z. B. die Operatoren zur Prüfung des Vorhandenseins einer bestimmten Endung bei einem Wort sowie des Transports einer Information; zur zweiten Gruppe die Operatoren der Eintragung in der Skala und der Löschung einer Information; zur dritten Gruppe die Operatoren der Verzweigung, der Skalenbildung und der Schlußoperator.

Bei einigen Operatoren kann der letzte Sprungbefehl noch fallengelassen werden, wenn der Sprung zu dem direkt folgenden Operator erfolgt. In diesem Falle braucht man in der Information des Operators nicht die Nummer des Operators anzugeben, zu dem man übergehen muß.

Für jeden Operator ist eine Zelle vorgesehen, in der die möglichen Längen verzeichnet sind. Für die Operatoren, die nur eine einzige Realisierung haben, wird die Länge in der zweiten Adresse dieser Zelle eingetragen; für die Operatoren, die mehrere Realisierungen haben, werden zwei Längen eingetragen (in der ersten und in der zweiten Adresse); die übrigen gewinnt man aus ihnen. Für die Operatoren, deren Länge man ausrechnen muß, wird entweder nichts angegeben, oder es wird irgendeine Zahl angegeben, die bei der Berechnung verwendet wird.

Der erste Teil des Programms stellt die Tabelle der Operatoren auf, in der jedem Operator eine Zeile zugewiesen ist und diese Zeilen in der Reihenfolge der Operatoren angeordnet sind. In dieser Zeile wird in der zweiten Adresse die Länge des Operators, in der dritten Adresse sein Anfang (die Adresse des ersten Befehles) eingetragen.

Für die Aufstellung der Tabelle sieht das kompilierende Programm nacheinander die Information über die Operatoren durch und nimmt die erforderliche Länge entweder aus der dem betreffenden Operator entsprechenden Konstante oder rechnet die Länge des Operators aus.

Nachdem es die Länge des Operators festgestellt hat, klärt es, ob er nicht zu denjenigen gehört, bei denen man auf den letzten Befehl verzichten kann. Für diese Operatoren wird geprüft, ob in ihrer Information die Nummer des Operators eingetragen ist, zu dem man übergehen muß, und wenn nicht, so wird die Länge des Operators um Eins vermindert. Wenn die endgültige Länge des Operators gewonnen ist, rechnet das kompilierende Programm den Anfang des folgenden Operators aus, indem es zu der Adresse des Anfangs des bearbeiteten Operators seine Länge hinzufügt.

Der Anfang des ersten Operators in der Operatorenfolge stimmt mit dem Beginn des Programms überein.

Der zweite Teil des kompilierenden Programms ist erheblich komplizierter als der erste. Er sieht von neuem die gesamte Information über die Operatoren durch und bearbeitet seinerseits jeden Operatorentyp. Für jeden Operator ist eine Programmvorbereitung zusammengestellt worden. Diese Vorbereitungen sind in Befehlen geschrieben, die keine völlig abgeschlossene Form haben. Erstens befinden sich in ihnen einige Adressen, die leer gelassen sind; das sind jene Adressen, in denen im weiteren die Adressen der Skalen, die Adressen der Konstanten usw. stehen müssen. Ferner sind einige Adressen unvollendet gelassen, z.B. in den Adressen, wo eine der Zellen, die für die Speicherung von Zwischenergebnissen vorgesehen sind, auftritt, ist die Adresse als erste von diesen Zellen eingetragen; wenn man zu ihr die laufende Nummer der benutzten Zelle hinzufügt, kann man ihre Adresse erhalten. Zweitens sind die Befehle, in denen Adressen von Befehlen des aufzustellenden Programms auftreten (Sprung- und Umadressierungsbefehle), in relativen Adressen eingetragen, d.h., dort wird die Nummer des Befehls eingetragen, der umadressiert wird oder auf den wir verweisen, indem wir vom Beginn des Operators an zählen. In der relativen Adresse steht ein Kennzeichen, das diese Adresse als relativ markiert.

Der zweite Teil des kompilierenden Programms bearbeitet der Reihe nach alle Operatoren, wobei zuerst in die Vorbereitung des Operators die Werte der speziellen Parameter eingetragen werden, die für den betreffenden Operatorentyp charakteristisch sind, d.h. leere sowie unvollendete Adressen werden ausgefüllt. Danach werden die Werte der für alle Operatoren gemeinsamen Parameter eingetragen. Entsprechend den Nummern (oder einer Nummer), die sich in der Information des Operators befinden, werden die Verweisungen gebildet. Entsprechend der Nummer des Operators, zu dem gesprungen werden muß, findet man seine Zeile in der Tabelle der Operatoren, zieht daraus die Adresse seines ersten Befehls und schreibt diese Adresse an die erforderliche Stelle in die zu bearbeitende Vorbereitung.

Danach werden die relativen Befehlsadressen durch absolute ersetzt, die durch Addition der absoluten Adresse des Operatorbeginns und der relativen Befehlsadresse errechnet werden. Dabei werden die Kennzeichen, daß die betreffenden Adressen relativ waren, gelöscht.

Einige Operatoren (z.B. der Operator für die Prüfung auf Grund der Skala, der Operator für die Eintragung der Information u.a.) haben keine Befehle, die in relativen Adressen eingetragen sind; für sie ist eine Umgehung dieses Teiles des kompilierenden Programms vorgesehen.

Wenn irgendeine Vorbereitung endgültig erarbeitet worden ist, d.h., wenn man aus ihr einen Teil des Programms gemacht hat, so vereinigt die Maschine den Operator mit den vorher hergestellten Teilen.

Soweit das Übersetzungsprogramm aufgestellt ist, errechnet das kompilierende Programm seine gesamte Länge. Sobald das kompilierende Programm an den Schluß der Information über die Operatoren gelangt ist, druckt es das aufgestellte Programm aus.

(Bei der Redaktion eingegangen am 20. 2. 1958)

Übersetzung und fachliche Bearbeitung: Dr. F. Siegmund-Schultze

VII. CHRONIK

Leningrader Universitätsseminar über maschinelle Übersetzungen

Vom 28. November bis 3. Dezember 1957 wurde in Leningrad eine Konferenz des Universitätsseminars über maschinelle Übersetzungen durchgeführt, an der Professoren, Lehrkräfte und Studenten der Staatlichen Leningrader Universität teilnahmen.

Auf dieser Konferenz wurden Vorträge über maschinelle Übersetzungen gehalten, mit denen sich eine Gruppe von Mitarbeitern des Mathematischen Instituts der Akademie der Wissenschaften der UdSSR unter der Leitung von Prof. A. A. LJAPUNOW beschäftigte. Im einzelnen waren es sechs Vorträge: Prof. LJAPUNOW „Über allgemeine Probleme der maschinellen Übersetzung"; zwei Vorträge von O. S. KULAGINA „Über eine abstrakte Grammatik" und „Über eine maschinelle Übersetzung aus dem Französischen ins Russische"; I. A. MELTSCHUK, Institut für Fremdsprachen der Akademie der Wissenschaften der UdSSR „Über eine maschinelle Übersetzung aus dem Ungarischen ins Russische"; zwei Vorträge von T. N. MOLOSCHNAJA „Über eine Strukturanalyse der englischen Sprache" und „Eine Untersuchung der Homonymie bei der Übersetzung aus dem Englischen ins Russische". In dem einführenden Vortrag von A. A. LJAPUNOW wurde auf die Möglichkeit der Anwendung von Rechenmaschinen für Übersetzungen aus einer Sprache in eine andere hingewiesen und kurz die Geschichte dieses Problems und die weiteren Perspektiven der maschinellen Übersetzung erläutert. Der Referent bemerkte, daß das Problem, ein System formaler Regeln auszuarbeiten, deren Anwendung es in Verbindung mit einem Spezialwörterbuch erlaubt, den Text mechanisch zu übersetzen, unbedingt die gemeinsame Arbeit von Mathematikern und Linguisten verlangt. Der Unterschied im grammatischen Aufbau der Sprachen bedingt verschiedenartige Methoden bei der Zusammenstellung der Übersetzungsregeln für Sprachen. Jedoch wird die Ausarbeitung allgemeiner Methoden zur formalen Analyse von Sprachen angestrebt. Die Ausarbeitung solcher Methoden wird es künftig erlauben, zu algorithmieren und der Maschine selbst die Bildung von Übersetzungsalgorithmen zu überlassen.

Im ersten Vortrag legte O. S. KULAGINA eine mögliche Methode für die Konstruktion eines abstrakten grammatischen Systems dar (s. Artikel von O. S. KULAGINA „Eine Methode zur Definition grammatischer Begriffe auf der Grundlage der Mengenlehre", der im ersten Band „Probleme der Kybernetik" abgedruckt wurde).

Der zweite Vortrag von O. S. KULAGINA war einer maschinellen Übersetzung aus dem Französischen ins Russische gewidmet. Für die Maschinenübersetzung eines mathematischen Textes in französischer Sprache wurden ein spezielles Wörterbuch mit 1200 Wörtern und grammatischen Regeln zusammengestellt, nach denen die formale Analyse der zu übersetzenden Sätze abgeleitet wird. Der Übersetzungsalgorithmus zerfällt in zwei Teile: die Analyse der französischen und die Synthese der russischen Sätze. In dem Referat wird die Reihenfolge der zur Analyse und Synthese angewendeten Regeln angeführt, die in der Maschine realisiert werden; einige charakteristische Besonderheiten für das Übersetzungsprogramm werden erwähnt. Die Vortragende gab eine Reihe von Beispielen für Sätze aus mathematischen Texten; die mit Hilfe der Maschine übersetzt wurden.

O. S. Kulagina sprach ebenfalls über die weitere Arbeit auf dem Gebiet der maschinellen Übersetzung, die in folgenden drei Richtungen geführt wird:

1. Vervollkommnung des Algorithmus und des Übersetzungsprogramms auf der Grundlage der durchgeführten Experimente;

2. Ausarbeitung eines formalen grammatischen Systems;

3. Ausarbeitung von Methoden zur rationellen Aufstellung von Übersetzungsprogrammen, die es ermöglichen, von zeit- und kraftraubender Programmierung wegzukommen. Zu diesem Zweck wurden die Übersetzungsprogramme in eine verhältnismäßig kleine Anzahl von elementaren Operationen zerlegt, die die Verarbeitung von Information betreffen und auch Operatoren genannt werden (17 Operatoren). Der Algorithmus wird durch eine Folge elementarer Operatoren beschrieben. Jeder ist mit einer notwendigen Information versehen. Nach dieser Aufzeichnung beschreibt ein spezielles Kompilierprogramm in Befehlen (des Automaten) jeden Operator, d.h., es wird ein Übersetzungsprogramm zusammengestellt.

I. A. Meltschuk unterstrich in seinem Vortrag, daß abgesehen von der bekannten praktischen Bedeutung, die experimentelle Seite der Regeln für eine Maschinenübersetzung wissenschaftlicher Texte aus dem Ungarischen ins Russische auch allgemein von Interesse ist. Die ungarische Sprache zeichnet sich durch eine Reihe von Besonderheiten gegenüber anderen untersuchten Sprachen (der englischen und der französischen) aus; so unterscheidet sich die Reihenfolge der Wörter in einem ungarischen Satz ganz und gar von der Reihenfolge der Wörter in dem übersetzten russischen Satz. Deshalb ist es notwendig, spezielle Regeln für eine neue Wortstellung bei der Übersetzung auszuarbeiten. Die Lösung einiger Probleme, die bei der Zusammenstellung dieses Algorithmus entstanden sind, kann auch bei der Ausarbeitung der Regeln für eine maschinelle Übersetzung aus einer anderen Sprache ausgewertet werden, die ähnlich wie die ungarische Sprache beschaffen ist.

Ein Referat von T. N. Moloschnaja befaßte sich mit dem Problem der Strukturanalyse der englischen Sprache. T. N. Moloschnaja führte aus, daß der Algorithmus der englisch-russischen Übersetzung auf der Festlegung der strukturellen Übereinstimmung zwischen der englischen und der russischen Sprache fußt. In der englischen Sprache wurden grammatische Konfigurationen, die für sie charakteristisch sind (Strukturen), ausgesucht. Jeder Struktur wurde eine russische Konfiguration zugeordnet.

Die maschinelle Übersetzung besteht in der Identifizierung der grammatischen Konfigurationen im zu übersetzenden Satz, der ihre Ersetzung durch entsprechende russische Konfigurationen folgt.

Als Resultat dieser formalen Analyse erhält man ein syntaktisches Schema für den zu übersetzenden russischen Satz. Seine Ergänzung durch eine morphologische Information, die aus der grammatischen Form der englischen Wörter hervorgeht, führt zur vollständigen Übersetzung des Satzes.

Eines der kompliziertesten Probleme der maschinellen Übersetzung ist das Problem der grammatischen Homonymie. Es wurde in einem besonderen Referat von T. N. Moloschnaja behandelt. (Eine ausführliche Darstellung dieses Problems findet sich im Artikel von T. N. Moloschnaja „Die Unterscheidung der Homonymie bei der maschinellen Übersetzung aus dem Englischen ins Russische", der im ersten Band „Probleme der Kybernetik" erschienen ist).

In der Diskussion über die Vorträge hoben die Leningrader Linguisten N. D. Andrejew, L. R. Sinder, M. I. Steblin-Kamenski, Jachontow u.a. die Bedeutung und die Perspektiven der durchgeführten Arbeiten hervor und wiesen die Referenten auf einige sachliche Mängel hin. Weiter kam der gemeinsame Wunsch der Seminarteilnehmer auf Zusammenarbeit der verschiedenen Gruppen aus Moskau und Leningrad zum Ausdruck, die auf dem Gebiet der maschinellen Übersetzung arbeiten.

An den Konferenztagen wurden drei Vorlesungen für Linguisten und Mathematiker gehalten, die sich unmittelbar mit maschinellen Übersetzungen beschäftigen wollten. In der ersten Vorlesung (für Linguisten) wurde die Reihenfolge der Regeln für eine Übersetzung aus dem Französischen ins Russische dargelegt. In der zweiten Vorlesung (für Mathematiker) wurde über die Einrichtung eines Wörterbuches gesprochen und über Probleme der Codierung von Wörtern und Informationen zu Wörtern. Ferner wurden einige praktische Ratschläge zur Teilnahme von Mathematikern bei der Aufstellung von Übersetzungsalgorithmen und bei der Programmierung gegeben. Die dritte Vorlesung (für Linguisten) war einigen Einzelheiten einer Strukturanalyse des Englischen gewidmet.

Allunionskonferenz über maschinelle Übersetzungen

Vom 15. bis 21. Mai 1958 fand im Ersten Moskauer staatlichen pädagogischen Institut für Fremdsprachen eine Allunionskonferenz über maschinelle Übersetzungen statt. Bei der Konferenz waren 79 Institutionen vertreten, davon

21 Institute der Akademie der Wissenschaften der UdSSR,
8 Institute der Akademie der Wissenschaften der Unionsrepubliken,
11 Universitäten,
19 Hochschulen und andere Institutionen.

Linguisten, Mathematiker, Techniker, Psychophysiologen und Mitarbeiter von Verlagen — insgesamt 349 Personen — nahmen an der Arbeit teil. Es wurden zwei große Problemkreise erörtert: Praktische Probleme bei Übersetzungen mit Hilfe von Maschinen und theoretische Probleme der angewandten Sprachwissenschaft.

Prof. M. I. Steblin-Kamenski wies in seinem Vortrag „Die Bedeutung der Maschinenübersetzung für die Sprachwissenschaft" darauf hin, daß die maschinelle Übersetzung und die mathematische Linguistik zu einem der wichtigsten Gebiete in der heutigen Sprachwissenschaft werden.

Im Vortrag von A. A. Ljapunow und O. S. Kulagina „Zur Arbeit des Mathematischen Instituts der Akademie der Wissenschaften der UdSSR an maschinellen Übersetzungen" wurde mitgeteilt, wie an die Aufgaben der maschinellen Übersetzung herangegangen wird, und es wurden die Prinzipien der Arbeitsorganisation erläutert. I. K. Belskaja sprach in ihrem Referat „Zu einigen allgemeinen Problemen der maschinellen Übersetzung" ebenfalls über verschiedene Methoden zur Lösung dieser Aufgaben.

In der Sektion Übersetzungsalgorithmen wurde eine Reihe von Referaten und Mitteilungen vorgetragen, die von den verschiedenen Kollektiven zusammengestellt waren und über ausgearbeitete Übersetzungssysteme und durchgeführte Probeübersetzungen berichteten. Bedeutende Erfolge wurden bei der Ausarbeitung von Algorithmen für paarweise Übersetzungen — von einer Sprache in eine andere — erzielt. Über Probeübersetzungen aus dem Englischen ins Russische berichten G. P. Bagrinowskaja und T. L. Gawrilowa, I. K. Belskaja (Moskau), K. W. Komissarowa (Gorki), T. N. Moloschnaja (Moskau). E. W. Padutschewa und M. M. Langleben (Moskau); aus dem Französischen ins Russische — W. A. Agrajew (Gorki), O. S. Kulagina (Moskau), G. B. Tschekowa (Moskau); aus dem Deutschen ins Russische — S. S. Belokrinizkaja (Moskau),

W. W. PARSCHIN (Moskau); aus dem Chinesischen ins Russische — W. A. WORONIN (Moskau); aus dem Russischen ins Chinesische — LU JUNG-TSIANG (Peking); aus dem Japanischen ins Russische — M. B. JEFIMOW (Moskau), A. A. BABINZEW (Leningrad); aus dem Norwegischen ins Russische — W. P. BERKOW (Leningrad); aus dem Indonesischen — N. D. ANDREJEW (Leningrad); aus dem Vietnamesischen — N. D. ANDREJEW, D. A. BATOWA, W. S. PANFILOW (Leningrad); aus dem Hindi — T. E. KATENINA (Leningrad); aus dem Birmanischen — O. A. TIMOFEJEWA (Leningrad); aus dem Arabischen — O. B. FROLOWA (Leningrad); aus dem Russischen — S. M. WOLOZKAJA (Moskau), L. N. SASORINA (Leningrad), T. M. NIKOLAJEWA (Moskau), E. W. PADUTSCHEWA, I. N. SCHELIMOWA, A. L. SCHUMILINA (Moskau).

Neu in der Entwicklung der maschinellen Übersetzung war die Idee der mehrsprachigen Übersetzung mit Hilfe einer Zwischensprache. In den Vorträgen von N. D. ANDREJEW „Eine Metasprache für maschinelle Übersetzungen" und von I. A. MELTSCHUK „Modell einer Zwischensprache für maschinelle Übersetzungen" wurden Beispiele solcher künstlichen Sprachen dargestellt.

Die Arbeit der theoretischen Sektion der Konferenz zeigte die Vielfalt der linguistischen Probleme in der angewandten Sprachwissenschaft. Große Aufmerksamkeit wurde den Methoden der strukturellen Beschreibung einer Sprache zuteil. Diese Probleme wurden in folgenden Vorträgen erörtert: P. S. KUSNEZOW „Über die folgerichtige Konstruktion eines Sprachsystems", A. A. REFORMATSKI „Übersetzung sub specie structuralismi", W. W. IWANOW „Das Theorem von Gödel und linguistische Paradoxa", I. I. REWSIN „Formale Satztheorie", W. N. GRIGORJEW „Zur Behandlung einiger Begriffe des Strukturalismus" u.a. In großer Breite wurden die Probleme mathematischer Methoden in der Linguistik besprochen. Dazu gehörten die Vorträge von R. L. DOBRUSCHIN „Die Bedeutung der mathematischen Methoden in der Linguistik" und „Ein Versuch einer Definition des Begriffes grammatische Kategorie" und von O. S. KULAGINA „Über eine Methode zur Definition grammatischer Begriffe".

Auch die Probleme der linguistischen Statistik nahmen während der Konferenz einen breiten Raum ein. Vorträge, denen mannigfaltiges Material zugrunde lag, hielten W. M. GRIGORJAN „Über die Bedeutung des Häufigkeitsfaktors für die Definition stilistischer Wortfunktionen", R. G. KOTOW „Linguistische Statistik russischer Texte", M. G. UDARZEWA „Die Häufigkeit lexikaler Einheiten in der englischen geologischen Literatur" und R. M. FRUMKINA „Einige Probleme zur Bearbeitung von Verbalstämmen mit Alternationen bei der Aufstellung eines Algorithmus für eine maschinelle Übersetzung aus dem Spanischen".

Auf der Konferenz wurden folgende Vorträge gehalten:

Plenarsitzungen

N. D. ANDREJEW (Leningrad), Eine Metasprache für maschinelle Übersetzungen.

I. K. BELSKAJA (Moskau), Zu einigen allgemeinen Problemen der maschinellen Übersetzung.

E. A. Bokarjow (Moskau), Eine Zwischensprache und künstliche internationale Sprachen.
L. I. Gutenmacher (Moskau), Über Konstruktionsprinzipien bei Übersetzungsmaschinen.
R. L. Dobruschin (Moskau), Die Bedeutung mathematischer Methoden in der Lingusitik.
W. W. Iwanow (Moskau), Die Umwandlung von Mitteilungen und von Coden.
P. S. Kusnezow (Moskau), Über die folgerichtige Konstruktion eines Sprachsystems.
A. A. Ljapunow, O. S. Kulagina (Moskau), Zur Arbeit des Mathematischen Instituts der Akademie der Wissenschaften der UdSSR an maschinellen Übersetzungen.
I. A. Meltschuk (Moskau), Modell einer Zwischensprache für maschinelle Übersetzungen.
I. I. Rewsin (Moskau), Die „aktive" und „passive" Grammatik von L. W. Stscherba und Probleme der maschinellen Übersetzung.
W. J. Rosenzweig, I. I. Rewsin (Moskau), Eine allgemeine Übersetzungstheorie in Verbindung mit einer maschinellen Übersetzung.
M. I. Steblin-Kamenski (Leningrad), Die Bedeutung der maschinellen Übersetzung für die Sprachwissenschaft.

Theoretische Sektion

W. A. Artemow, I. A. Simnjaja (Moskau), Spektren von Phonemen und ihre Verwendung bei der Maschinenübersetzung.
O. S. Winogradowa, A. R. Lurija (Moskau), Die objektive Untersuchung von Sinnzusammenhängen.
W. I. Grigorjew (Moskau), Zur Behandlung einiger Begriffe des Strukturalismus.
W. M. Grigorjan (Jerewan), Über die Bedeutung des Häufigkeitsfaktors für die Definition stilistischer Wortfunktionen.
R. L. Dobruschin (Moskau), Ein Versuch einer Definition des Begriffs grammatische Kategorie.
A. B. Dolgofolski (Moskau), Die Wahrscheinlichkeitstheorie und die Bestimmung der Sprachverwandtschaft.
A. A. Sinowjew (Moskau), Allgemeine Definitionstheorie und die Möglichkeit ihrer Anwendung in der Theorie von Übersetzungsanlagen.
W. W. Iwanow (Moskau), Linguistische Probleme einer Versübersetzung.
W. W. Iwanow (Moskau), Das Theorem von Gödel und linguistische Paradoxa.
L. I. Ilija (Moskau), Methoden zur Aufgliederung eines syntaktischen Ganzen.
G. W. Kolschanski (Moskau), Über die logische Natur des Kontextes.
R. G. Kotow (Moskau), Linguistische Statistik von Texten der russischen Sprache.
O. S. Kulagina (Moskau), Über eine Methode zur Definition grammatischer Begriffe.
I. I. Rewsin (Moskau), Formale Satztheorie.

A. A. Reformatski (Moskau), Übersetzung sub specie structuralismi.
W. J. Rosenzweig (Moskau), Über ein System zum Niederschreiben einer Rede bei mündlicher Übersetzung.
I. A. Sokoljanski (Moskau), Sprachunterricht der Blinden und Taubstummen.
G. M. Strelkowski (Moskau), Einige allgemeine Grundsätze zur Aufstellung von Wörterbüchern für maschinelle Übersetzungen.
W. N. Toporow (Moskau), Über einige Analogien zu Problemen und Methoden der heutigen theoretischen Sprachwissenschaft in Arbeiten altindischer Grammatik.
M. G. Udarzewa (Petrosawodsk), Die Häufigkeit lexischer Einheiten in der englischen geologischen Literatur.
W. K. Finn, D. G. Lachuti (Moskau), Ein Zugang zur logischen Semantik.
R. M. Frumkina (Moskau), Einige Probleme zur Bearbeitung von Verbalstämmen mit Alternationen bei der Zusammenstellung eines Algorithmus für eine maschinelle Übersetzung aus dem Spanischen.
S. K. Schaumjan (Moskau), Eine logische Analyse des Begriffs Sprachstruktur.
W. Scheworoschkin (Moskau), Antike Texte und Probleme der maschinellen Übersetzung.

Sektion: Algorithmen für maschinelle Übersetzungen

W. A. Agrajew (Gorki), Über einen Algorithmus zur Übersetzung französischer rechentechnischer Texte ins Russische.
N. D. Andrejew (Leningrad), Konstruktionsprinzipien für elektronische Lesegeräte.
N. D. Andrejew (Leningrad), Die Arbeit an einem Algorithmus zur maschinellen Übersetzung aus dem Indonesischen ins Russische.
N. D. Andrejew, D. A. Batowa, W. S. Panfilow (Leningrad), Die Arbeit an einem Algorithmus zur maschinellen Übersetzung aus dem Vietnamesischen ins Russische.
A. A. Babinzew (Leningrad), Die Arbeit an einem Algorithmus zur maschinellen Übersetzung aus dem Japanischen ins Russische.
G. P. Bagrinowskaja, T. L. Gawrilowa (Moskau), Eine Programmierung des Übersetzungsprozesses aus dem Englischen ins Russische.
S. S. Belokrinizkaja (Moskau), Prinzipien für ein deutsch-russisches Wörterbuch von Polysemen für eine maschinelle Übersetzung.
I. K. Belskaja (Moskau), Grundzüge eines Wörterbuches und grammatischer Schemata zur maschinellen Übersetzung aus dem Englischen ins Russische.
W. P. Berkow (Leningrad), Die Arbeit an einem Algorithmus zur maschinellen Übersetzung aus dem Norwegischen ins Russische.
I. L. Bratschikow, S. J. Fitialow, G. S. Zeitin (Leningrad), Über die Struktur eines Wörterbuches und die Codierung von Informationen für eine maschinelle Übersetzung.
W. N. Winogradowa (Moskau), Die Redundanz der Kategorie des Genus beim russischen Verb.

S. M. Wolozkaja (Moskau), Synthese der russischen Verbformen bei der maschinellen Übersetzung.

S. M. Wolozkaja (Moskau), E. W. Padutschewa, I. N. Schelimowa, A. L. Schumilina (Moskau), Syntax der russischen Sprache.

S. M. Wolozkaja, A. L. Schumilina (Moskau), Zum Problem der Synthese des russischen Satzes.

W. A. Woronin (Moskau), Die grammatische Analyse bei einer maschinellen Übersetzung aus dem Chinesischen ins Russische.

W. I. Grigorjew, G. G. Belonogow (Moskau), Die Anwendung von Methoden der maschinellen Übersetzung zur lexischen Codierung telegraphischer und telefonischer Mitteilungen.

M. B. Jefimow (Moskau), Einige Probleme zur maschinellen Übersetzung aus dem Japanischen ins Russische.

L. N. Sasorina (Leningrad), Die Arbeit an einem Algorithmus zur maschinellen Übersetzung aus dem Russischen ins Englische.

T. E. Katenina (Leningrad), Die Arbeit an einem Algorithmus zur maschinellen Übersetzung aus dem Hindustani (Hindi) ins Russische.

K. W. Komissarowa (Gorki), Über einen Algorithmus zur Übersetzung radiotechnischer Texte aus dem Englischen ins Russische.

O. S. Kulagina (Moskau), Zur Automatisierung der Programmierung von Übersetzungen.

O. S. Kulagina (Moskau), Über einen Algorithmus zur Übersetzung aus dem Französischen ins Russische.

M. M. Langleben (Moskau), Die Festlegung syntaktischer Zusammenhänge für Formeln in russischen mathematischen Texten.

M. M. Langleben, E. W. Padutschewa (Moskau), Die Beseitigung morphologischer und syntaktischer Homonymie bei der Analyse eines englischen Textes.

N. N. Leontewa, G. N. Wawilowa (Moskau), Die Redundanz der Flexionen beim russischen Adjektiv.

T. N. Moloschnaja (Moskau), Ein Algorithmus zur maschinellen Übersetzung aus dem Englischen ins Russische.

R. S. Muratow (Swerdlowsk), Eine Einrichtung zum Lesen gewöhnlicher typographischer Texte für Blinde.

T. M. Nikolajewa (Moskau), Analyse der Interpunktionszeichen bei einer maschinellen Übersetzung aus dem Russischen.

E. W. Padutschewa (Moskau), Einige Probleme bei der Analyse von zusammengesetzten Sätzen und Sätzen mit gleichartigen Gliedern.

W. W. Parschin (Moskau), Eine maschinelle Übersetzung zusammengesetzter Substantive aus der deutschen in die russische Sprache.

A. W. Superanskaja (Moskau), Eigennamen in der maschinellen Übersetzung.

O. A. Timofejewa (Leningrad), Die Arbeit an einem Algorithmus zur maschinellen Übersetzung aus dem Birmanischen ins Russische.

O. B. Frolowa (Leningrad), Die Arbeit an einem Algorithmus zur maschinellen Übersetzung aus dem Arabischen ins Russische.

G. W. Tschekowa (Moskau), Probeübersetzungen aus dem Französischen ins Russische.
I. N. Schelimowa (Moskau), Die Festlegung syntaktischer Zusammenhänge für Gruppen mit Präposition und Kasus.
A. L. Schumilina (Moskau), Die Wechselbeziehung zwischen den Personalpronomen der 3. Person und den durch sie ersetzten Substantiven.

Auf der abschließenden Plenarsitzung wurden folgende Vorträge gehalten:

W. J. Rosenzweig (Moskau), Die Arbeitsergebnisse der theoretischen Sektion.
W. A. Uspenski (Moskau), Die Arbeitsergebnisse der Sektion: Algorithmen für maschinelle Übersetzungen.

Im Folgenden werden die Ergebnisse der Konferenz gekürzt wiedergegeben.

1. Die Konferenz hat gezeigt

a) die Untersuchung von Problemen der angewandten und theoretischen Sprachwissenschaft, die im Zusammenhang mit den neuen technischen Gebieten entstanden sind, die die Sprachwissenschaft benutzen, erlangt eine große Bedeutung;

b) schon jetzt besteht ein großes Interesse für den Problemkreis der maschinellen Übersetzungen und der mathematischen Linguistik, und viele Kollektive sind gebildet worden, die eine fruchtbringende Arbeit in dieser Richtung ausführen; die maschinelle Übersetzung und die mathematische Linguistik werden zu einem der wichtigsten Probleme in der heutigen Sprachwissenschaft;

c) es ist notwendig, die Anstrengungen zum formalen Studium der Struktur einer Sprache sowohl in theoretischer als auch in praktischer Hinsicht zu vergrößern; es ist weiterhin notwendig, Methoden für die logische Semantik, sowie formalisierte Sprachen für die Wissenschaft auszuarbeiten;

d) die Ideen der mathematischen Linguistik können außer bei den Problemen der maschinellen Übersetzung auch bei anderen Problemen Anwendung finden, und zwar bei der Übertragung gesprochener Worte auf Entfernung, beim Fremdsprachenunterricht und bei der Übersetzung in eine Fremdsprache, bei der Zusammenstellung von Grammatiken und Wörterbüchern, bei dem allgemeinen und dem historisch-vergleichenden Sprachstudium usw.;

e) bei dem gesamten neuen Fragenkomplex, der vor den Sprachwissenschaftlern steht, muß man alles Wertvolle sowohl aus der eigenen Sprachwissenschaft als auch aus der ausländischen strukturellen Linguistik auswerten;

f) um eine nutzbringende Entwicklung der wissenschaftlichen Probleme bei der maschinellen Übersetzung und der mathematischen Linguistik zu gewährleisten, erscheint es erforderlich, daß Linguisten, Mathematiker und Radio-Ingenieure eine enge gemeinschaftliche Arbeit leisten, ebenso muß eine enge Zusammenarbeit der Gruppen organisiert werden, die sich mit der Ausarbeitung verschiedener Übersetzungsalgorithmen beschäftigen. Es ist sehr wesentlich, größte Aufmerksamkeit auf die Ausarbeitung einer Symbolik zum Niederschreiben von Übersetzungsregeln und von Schemata für Übersetzungsprogramme zu richten. Große Bedeutung hat die Betrachtung vereinfachter Sprachmodelle.

2. Die Konferenz erachtet eine breite Entfaltung der Arbeit auf dem Gebiet der maschinellen Übersetzung als notwendig. Hierauf bezieht sich

a) die Entwicklung der Arbeit auf dem Gebiet der mathematischen Linguistik als theoretische Grundlage bei der maschinellen Übersetzung;

b) die Ausbildung von Kadern auf dem Gebiet der maschinellen Übersetzung, an erster Stelle Linguisten, die über ausreichende Kenntnisse auf dem Gebiet der Mathematik, der Wahrscheinlichkeitstheorie, der Informationstheorie, der mathematischen Statistik, der mathematischen Logik und der Mengenlehre, der Rechenmaschinen und der Programmierung verfügen;

c) die Aufstellung von Übersetzungsalgorithmen, sowohl paarweiser als auch solcher, die für ganze Sprachgruppen gültig sind;

d) die Verbesserung der Konstruktion dieser Algorithmen, um sie in eine Form zu bringen, die eine maximale Genauigkeit und eine maximale Verarbeitungsfähigkeit in Maschinen gewährleistet, mit deren Hilfe sie realisiert werden;

e) die Gewähr dafür, daß genügend breitangelegte Experimente auf dem Gebiet der maschinellen Übersetzung auf elektronischen Rechenanlagen durchgeführt werden;

f) die Vervollkommnung der Programmierungsmethodik für Übersetzungsaufgaben und die Automatisierung der Programmierung;

g) die Projektierung von Spezialmaschinen, die die praktische Realisierung von maschinellen Übersetzungen zum Ziel haben.

3. Die Konferenz hält es für notwendig, die Funktionen der Vereinigung für maschinelle Übersetzungen beim Ersten Moskauer Staatlichen Übersetzungsinstitut für Fremdsprachen (MGPIIJ)[1]) dadurch zu erweitern, daß sie die Arbeit aller ihr angehörenden Organisationen koordiniert.

4. Die Konferenz unterstützt die Initiative der Vereinigung für maschinelle Übersetzungen beim Ersten MGPIIJ, ein „Bulletin“ herauszugeben und erachtet es als notwendig, die polygraphische Grundlage zu erweitern und die Auflage des „Bulletins“ zu erhöhen.

5. Wegen der Wichtigkeit des Erfahrungsaustausches über Versuche und der gemeinsamen Erörterung von Problemen des maschinellen Übersetzens hält die Konferenz es für notwendig, beim Komitee für angewandte Linguistik der Sektion Sprachforschung der Kommission für Akustik der Akademie der Wissenschaften der UdSSR eine Zeitschrift herauszugeben, die in ihrer gesamten Thematik der Tätigkeit des Komitees gewidmet ist. Einzubeziehen sind die maschinellen Übersetzungen und die damit verbundenen Probleme der angewandten und mathematischen Linguistik.

[1]) Im Original: МГПИИЯ Moskauer Stattliches Übersetzungsinstitiut für Fremdsprachen.

6. Die Konferenz billigt die Initiative der philologischen Fakultät der Staatlichen Moskauer Lomonossow-Universität, die in den Jahren 1956—1957 das erste Seminar für mathematische Linguistik in der UdSSR organisierte und in den Jahren 1957—1958 einen fakultativen Mathematik-Kursus für Philologie-Studenten einführte.

7. Die Konferenz begrüßt die Einrichtung eines Versuchslaboratoriums für maschinelle Übersetzungen an der Staatlichen Leningrader Shdanow-Universität und hält die Eröffnung eines ähnlichen Laboratoriums in Moskau am Ersten MGPIIJ für zweckmäßig.

8. Die Konferenz bittet das Präsidium der Akademie der Wissenschaften der UdSSR, in den Arbeitsplan eines der Akademie-Institute die Bearbeitung und Konstruktion einer spezialisierten Übersetzungsmaschine aufzunehmen und die Möglichkeit der Weiterentwicklung der Arbeiten über angewandte Linguistik und maschinelle Übersetzungen in der Sibirischen Abteilung der Akademie der Wissenschaften der UdSSR zu prüfen.

9. Die Konferenz bittet das Präsidium der Akademie der Wissenschaften der UdSSR und die Staatliche Moskauer Universität, die Durchführung von maschinellen Übersetzungsversuchen auf Rechenmaschinen zu gewährleisten.

10. Die Konferenz begrüßt die Initiative der Akademien der Wissenschaften der Armenischen und Grusinischen SSR, die mit der Arbeit an maschinellen Übersetzungen aus anderen Sprachen in die Sprache ihrer Republik begonnen haben.

11. Die Konferenz unterstützt die Befürwortung des Rektors der Staatlichen Leningrader Shdanow-Universität zur Einführung des Faches „Mathematische Linguistik“ an der philologischen Fakultät der Leningrader Universität.

Die Konferenz unterstützt die Befürwortung des Rektors der Staatlichen Lobatschewski-Universität in Gorki zur Einführung des Faches „Maschinelle Übersetzungen“ an der philologischen Fakultät der Universität Gorki.

Die Konferenz ruft die Staatliche Universität in Moskau auf, dem Beispiel der Leningrader Universität zu folgen und ebenfalls das Fach „Mathematische Linguistik“ einzurichten.

12. Die Konferenz bittet das Komitee für angewandte Linguistik in der Sektion Sprachforschung der Kommission für Akustik der Akademie der Wissenschaften der UdSSR eine größere Aufmerksamkeit den Problemen der maschinellen Übersetzung und der mathematischen Linguistik zu widmen; daraus ergibt sich, daß es die Konferenz für zweckmäßig hält, die Zusammensetzung des Komitees für angewandte Linguistik zu erweitern.

Die Konferenz bittet das Komitee, die Initiative zu ergreifen und eine Allunionskonferenz einzuberufen, die sich mit Einrichtungen für die automatische Umformung der schriftlichen und mündlichen Rede in diskrete Signale beschäftigt.

13. Die Konferenz sieht es als notwendig an, den Sektor für angewandte Sprachwissenschaft des Instituts für Sprachwissenschaft der Akademie der Wissenschaften der UdSSR so zu erweitern, daß seine Arbeit in vollem Umfang gewährleistet ist.

14. Die Konferenz ist von der Notwendigkeit überzeugt, bei der Schaffung der Sektoren, Abteilungen, Laboratorien und Gruppen, die in akademischen und anderen Institutionen an Problemen der maschinellen Übersetzung arbeiten, Spezialisten und Mathematiker in der erforderlichen Anzahl einzustellen.

15. Die Konferenz unterstützt die Befürwortung der Direktion des Ersten Moskauer Staatlichen Übersetzungsinstitut für Fremdsprachen beim Ministerium für Hochschulbildung zur Einrichtung einer Fakultät für Übersetzungen am Ersten Moskauer Staatlichen Übersetzungsinstitut für Fremdsprachen bei der Abteilung für wissenschaftlich-technische und maschinelle Übersetzungen in Anbetracht der Notwendigkeit, neue Kader von Spezialisten, die mit Problemen der maschinellen Übersetzung, der Übersetzung wissenschaftlich-technischer Literatur und des Übersetzungs-Unterrichts in wissenschaftlich-technischen Instituten vertraut sind, vorzubereiten.

16. Die Konferenz sieht es als notwendig an, die Arbeiten der Konferenz über maschinelle Übersetzungen herauszugeben und bittet das Ministerium für Hochschulbildung der UdSSR um ein Entgegenkommen bei der Realisierung des Vorhabens.

17. Die Konferenz bittet das Erste Moskauer Staatliche Übersetzungsinstitut für Fremdsprachen (die Vereinigung für maschinelle Übersetzungen) zusammen mit dem Komitee für angewandte Linguistik der Sektion Sprachforschung der Kommission für Akustik der Akademie der Wissenschaften der UdSSR, 1960 die 2. Allunionskonferenz für maschinelle Übersetzungen einzuberufen.

18. Die Konferenz bittet das Ministerium für Hochschulbildung der UdSSR und das Präsidium der Akademie der Wissenschaften der UdSSR, die Ergebnisse der Konferenz zu beurteilen und die Hochschulen und wissenschaftlichen Institutionen über die Ergebnisse der Konferenz und ihre Erfahrungen zu informieren.

Der II. internationale Kongreß über Kybernetik

Der II. internationale Kongreß über Kybernetik, der von der Internationalen Vereinigung für Kybernetik organisiert wurde, fand vom 3. bis 10. September 1958 in Namur (Belgien) statt.

Dem Organisationskomitee des Kongresses unter der Leitung des Präsidenten der Vereinigung G. R. BOULANGER (Belgien) gehörten R. CLOSE (Belgien), L. COUFFIGNAL (Frankreich), J. DIEBOLD (USA), G. WALTER (England) und J. LEMAIRE (Belgien) an. Am Kongreß nahmen Delegationen und Wissenschaftler aus *27 Ländern, insgesamt etwa 300 Personen,* teil.

In den Plenarsitzungen wurden *9 Vorträge* gehalten, die sich hauptsächlich mit der Betrachtung allgemeiner kybernetischer Probleme und ihrem Zusammenhang mit den technischen, ökonomischen und biologischen Wissenschaften befaßten. Es wurden *6 Sektionen* gebildet, in denen ungefähr *90 Vorträge* über die verschiedensten Probleme stattfanden, die mehr oder weniger mit der Kybernetik zusammenhängen. Es handelte sich um die *Sektionen für Information, für automatische Maschinen, die Sektion zur Automatisierung der Produktion, die Sektion für ökonomische und soziale Auswirkungen der Automatisierung, die Sektion für Kybernetik und Sozialwissenschaften und die Sektion für Kybernetik und Biologie.*

Der Verlauf des Kongresses ließ verschiedene Standpunkte bezüglich der Probleme der Kybernetik und ihrer Wechselbeziehung zu den Naturwissenschaften und humanitären Wissenschaften erkennen. Das bedeutete jedoch kein Hindernis für einen fruchtbringenden Austausch von Ideen und Ergebnissen konkreter Untersuchungen, die auf dem Kongreß dargelegt wurden.

Es folgt eine kurze Zusammenfassung einiger Vorträge.

Sektion I. Information

Präsident: Prof. L. COUFFIGNAL (Frankreich), Vizepräsident: S. BEER (England), Sekretär: M. VALACH (ČSSR).

In der Sektion für Information wurden 33 Vorträge gehalten. Einen bedeutenden Raum nahmen *Mitteilungen ein, die sich auf die Theorie von Automaten und kybernetischer Maschinen beziehen.* Darüber berichteten G. ALBARELLA, A. MOLES, J. SAUVAN, R. ELLIOTT, BASILEWSKI, N. ROUCHE, F. REZA und andere; die Vorträge beinhalten neue Ergebnisse und allgemeine Schlußfolgerungen.

Verschiedenen Aspekten der *Informationstheorie* sind die Vorträge von A. Rorive, C. Rajski, S. L. Chang, M. Valach und anderen gewidmet. Beachtenswert ist weiter eine Reihe von Vorträgen, die sich auf die Ausarbeitung von *Algorithmen* und Codierungsmethoden und auf Probleme der theoretischen Linguistik beziehen. Prof. Couffignal legte in einem Übersichtsreferat seinen Standpunkt zur Begründung der Grundlagen der Kybernetik dar. Der Vortrag ist die kurze Darlegung des Stoffes eines Buches vom gleichen Autor, das unter dem Titel „Les notions de base" (Paris 1958) die erste Ausgabe der Sammelreihe „Information und Kybernetik" darstellt, die unter seiner Redaktion in Frankreich herausgegeben wird. Nach der Meinung Couffignals ist die Kybernetik weder eine Wissenschaft noch eine Technik, sie ist „die Kunst, einer Handlung Effektivität zu verleihen". Der Autor betrachtet und definiert eine Reihe von Begriffen der Kybernetik und behandelt ausführlich ihre Anwendungsgebiete.

Der Vortrag von G. Albarella (Italien) gibt eine von ihm angenommene Klassifikation kybernetischer Maschinen. Man kann von einer kybernetischen Maschine sprechen (nach der Definition des Autors), wenn sie fähig ist, Informationen zu sammeln, zu verarbeiten und auszugeben. Die Klassifikation wird nach drei Begriffen vorgenommen: nach der *Struktur* (mechanische, elektrische, elektronische), dem *Programm* (vektorielles, numerisches, analogisches, logisches) und dem *Arbeitsprinzip* (von Hand, halbautomatisch, automatisch, „autogen"). Den letzten Terminus („autogene" Maschine) bezieht der Autor auf Maschinen, die fähig sind, selbständig ihr Arbeitsprogramm auszuwählen und es automatisch auszuführen.

In dem Vortrag von J. Sauvan (Frankreich) werden die Konstruktionsgrundlagen für eine metastabile Vorrichtung mit vielen stationären Zuständen dargestellt. Die Theorie dieses Problems wird einer Betrachtung unterzogen. Das Arbeitsprinzip des Systems wird nach folgenden Elementen aufgegliedert: a) *Wechselbeziehung zur Umgebung*; b) *Selektion der zu berücksichtigenden Faktoren*; c) *Regulation*; d) *quantitative Einschätzung der Situation*; e) *Auswahl einer Handlung*.

Es wird die logische Struktur einer Vorrichtung beschrieben, die bis 2048 Zustände unterscheidet; ferner die möglichen Formen ihrer Ausnutzung für die Forschung.

Im Vortrag von A. Moles (Frankreich) wird die Kompliziertheit und Klassifikation von Maschinen betrachtet. Als universelles Maß für Maschinen wird der Begriff der *Kompliziertheit* eingeführt. Dieser hängt mit dem *Informationsmaß* zusammen, das durch die Menge der Elemente einer Struktur mit vorgegebener Wahrscheinlichkeit für jedes Symbol realisiert wird.

Nach Meinung des Autors ist eine ähnliche Definition der Kompliziertheit nicht nur auf mechanische Maschinen, sondern auf lebende Organismen und auf die Gesellschaft anwendbar. So gibt der Begriff, beispielsweise auf eine Fabrik angewendet, das *Maß für die Kompliziertheit der Struktur*, und das Arbeitsprinzip der Maschine wird von dem Autor als Kriterium zur Klassifikation von Maschinen angenommen.

N. Rouche (Belgisch-Kongo) zeigte in seinem Referat über Booleesche Gleichungssysteme, daß *es eine äquivalente Abbildung minimaler Terme eines Systems mit n Variablen auf minimale Terme eines Systems mit k Variablen gibt.* Bei einer solchen Abbildung werden Matrizen benutzt, die im üblichen algebraischen Sinne behandelt werden. Es werden Bedingungen für die Lösbarkeit von Booleschen Gleichungssystemen und Versuche zur Klassifikation solcher Systeme mit Hilfe der Theorie endlicher Gruppen erörtert. Eine charakteristische Gleichung stellt den Zusammenhang der Matrizen mit den Eigenschaften von Serienmaschinen her. In dem Vortrag von J. J. Basilewski (UdSSR) wurden einige Ergebnisse *über Untersuchungen aus der Theorie zeitabhängiger logischer Funktionen und aus der Theorie endlicher Automaten erörtert.* Zur Darstellung und Transformation von zeitabhängigen Funktionen dient eine Operatorenschreibweise. Es wird eine allgemeine Methode zur Lösung zeitabhängiger logischer Gleichungen dargelegt, die in einer impliziten Form vorgegeben werden.

Mit Hilfe eines zeitabhängigen Gleichungssystems für die Zustände und die Übergangsmatrix wird ein endlicher determinierter Automat analytisch definiert. Danach wird das umgekehrte Problem betrachtet — die Konstruktion eines Systems von Zuständen nach einer vorgegebenen logischen Funktion. Es werden zwei Methoden zur Umwandlung der Struktur von Automaten entwickelt. Eine von ihnen gründet sich auf das Weglassen und das Zusammenfallen von Bauelementen mit äquivalenten Kernen und führt zu einem Automaten in komprimierter Form. Bei der zweiten Methode werden gleichbedeutende Zustände vereinigt. Das führt zu einem Automaten in verkürzter Form.

In der Mitteilung von F. Reza (USA) werden einige Eigenschaften der Zuverlässigkeitsfunktion $h(p)$ von Relaisschaltungen behandelt, die in den Arbeiten von Shannon und Moore eingeführt wurden. Es werden Grenzen für die Koeffizienten des Polynoms der Zuverlässigkeitsfunktion aufgestellt, für die sie realisierbar wird.

In der Mitteilung von F. Svoboda (ČSSR) wird eine Hypothese *zur Struktur der Bestandteile des Nervensystems und eine Methode zur Akkumulation der Erfahrung gelegt.* Es wird eine Gegenüberstellung der erhaltenen Resultate mit den Konzeptionen der Wahrscheinlichkeitslogik von J. von Neumann gegeben.

R. Elliott (USA) betrachtet in seinem Referat *Methoden zur Steigerung der Arbeitsgeschwindigkeit von digitalen Differential-Analysatoren.* Der Autor schlägt eine Digital-Analog-Maschine für die Lösung linearer und nichtlinearer Integrodifferentialgleichungen vor. Die Maschine benutzt eine Prüfmethode und ist eine Kombination, die in sich die Eigenschaften einer digitalen Rechenmaschine sowie einer Analogmaschine vereinigt.

Mit *Problemen der Information, der Entropie und der Zeit in der Erkenntnistheorie* beschäftigt sich ein interessanter Vortrag von J. Zeman (ČSSR). Es wird eine Stufe der Organisation und Unordnung (Entropie) in physikalischen Systemen und bei Tieren betrachtet; die Zunahme von Informationen im Erkenntnisprozeß wird als eine Zunahme der Ordnung abgeschätzt. Es werden Auffassungen von physikalischer und logarithmischer Zeit erörtert. Nach Meinung des Autors eignet sich die logarithmische Zeit am besten für die Beschreibung der Informationszunahme in unserem Bewußtsein, die wegen der Existenz eines Gedächtnisses und der Anhäufung von Erfahrung möglich ist. Das Gedächtnis wird als Gesamtheit des menschlichen Wissens oder des Wissens der menschlichen Gesellschaft angesehen. Der Autor vergleicht den Begriff Gedächtnis mit den räumlich-zeitlichen Kategorien von Minkowski und beschreibt ein Modell des absoluten Gedächtnisses. Ferner wird eine Verbindung zwischen Information und Entropie im Erkenntnisprozeß dargelegt, die Evolution des Wissens und ihre asymptotische Annäherung an das absolute Wissen. Die vom Autor dargelegten Ideen sollen die Diskussion anregen; sie sind von Interesse für den Versuch eines philosophischen Verstehens der Begriffe der Kybernetik und der Informationstheorie.

Der Vortrag von S. L. Chang (USA) ist Problemen aus der *Theorie der Nachrichtenübertragung* gewidmet. Der Autor beweist die verallgemeinerte Theorie von Shannon-Feinstein für Systeme der Informationsübertragung in einem diskreten Kanal mit Rauschen und Schwund beim Vorhandensein einer Rückkopplung und ohne sie.

Der Vortrag von A. Rorive (Belgien) enthält *einige Abschätzungen des Energieinhalts einer Information.* Die Einheit der Information beinhaltet eine sehr kleine Energiemenge in der Größenordnung von 10^{-14} bis 10^{-16} W · sec. Sehr gering ist auch die (Abgabe-)Effektivität im Mittel bei der Informationsübertragung (in der Größenordnung 10^{-9}). Es wird die Meinung ausgesprochen, daß die Energie einer Strukturinformation noch auf ihre Definition wartet.

Einigen Sätzen der Informationstheorie im Banach-Raum ist der Vortrag von C. Rajski (Polen) gewidmet.

Der Vortrag von M. Valach (ČSSR) behandelt Probleme der *Informationstheorie in der organischen und anorganischen Natur.* Es werden die Begriffe abgeschlossenes System, Modell und ihre Verbindungen mit Hilfe von Signalsystemen betrachtet. Die Konstruktion kybernetischer Modelle mit physikalischen Mitteln wird begründet.

P. C. Hammer (USA) stellt in seinem Vortrag die Frage, ob es möglich ist, eine *optimale symbolische Struktur zur Nachrichtenübertragung in der menschlichen Gesellschaft* zu schaffen. Es werden einige Überlegungen zu Methoden erörtert, wie man die existierenden symbolischen Strukturen (in der Linguistik und mathematischen Logik) vervollkommnen kann.

Es wird die Möglichkeit einer vollständigeren Ausnutzung der Gefühls- und Gedächtnisorgane des Menschen zu diesem Zweck diskutiert.

In dem Vortrag von J. Porte (Frankreich) wurden einige Scheinwidersprüche beschrieben, die sich auf die „*effektive Berechenbarkeit*“ rekursiver Funktionen beziehen. Nach der Analyse des Ursprungs der Scheinwidersprüche formuliert der Autor folgende Resultate, die die Möglichkeit der „Mechanisierung“ mathematischer Theorien aufzeigt. Man kann sich eine Maschine vorstellen, die nacheinander alle Theoreme beweist. Es existiert jedoch keine Maschine, die alle Formeln wiedergibt, die keine Theoreme sind. Wenn die Formeln von vornherein numeriert sind und eine Formel gegeben ist, die die minimale Länge eines Beweises bestimmt, dann kann die Kompliziertheit dieser Formel nicht durch irgendeine rekursive Funktion beschränkt sein.

Der Vortrag von E. de Grolier (Frankreich) versucht, einige *Codierungsprobleme* zu betrachten, *die bei der Anwendung von Maschinen zur Informationsforschung und bei der Übersetzung von Dokumenten entstehen.* Der Autor hält die Schaffung einer „Zwischensprache" für zweckmäßig, die die Übersetzung der Dokumente in viele Sprachen erleichtert. In Verbindung damit wird die Aufgabe gestellt, eine allgemeine formalisierte und logisch-richtig aufgebaute Sprache für die Wissenschaft auszuarbeiten.

Im Vortrag von H. Lakin (USA) werden Konzeptionen dargelegt, aus denen nach der Meinung des Autors folgt, daß es zweckmäßig ist, Methoden zur Informationscodierung und zur automatischen Programmausarbeitung für die Steuerung von Werkzeugmaschinen auszuwählen. Das Ausgangs-„Manuskript", das durch den Menschen vorbereitet wird, wird von einem schnellen Ziffernrechenautomaten in ein Programm zur Steuerung einer konkreten Maschine oder eines Aggregats weiterentwickelt.

Die Mitteilung von M. Jones (USA) bezieht sich auf Experimente bei der Programmierung einiger Spiele für eine Ziffernrechenmaschine.

Ray J. Solomonoff (USA) betrachtet in seinem Vortrag *Probleme der Mechanisierung des Sprachunterrichts.* Als Anwendung dieses Problems wird die Methode des induktiven Schlusses dargelegt; sie benutzt die grammatischen Regeln der Wortfolge in einer Mitteilung. Es wird eine Reihe abstrakter Veränderungen beschrieben, die dieser Art des Unterrichts adäquat sind. Der Autor stellt fest, daß sich seine Betrachtung auf Sprachen bezieht, die mit Hilfe der „Transformationsgrammatik" von Chomsky gebildet werden können; maschinelle Sprachen genügen dieser Forderung. Der Vortrag von Yehoshua Bar-Hillel (Israel) zeigt einige *linguistische Schwierigkeiten* auf, *die bei der maschinellen Übersetzung von Mitteilungen entstanden sind.* Der Autor weist darauf hin, daß der Fortschritt auf dem Gebiet der maschinellen Übersetzung in den letzten Jahren sehr bescheiden war. Das bei der maschinellen Übersetzung angewandte Modell einer linguistischen Struktur der Sprache (das sogenannte Modell mit unmittelbaren Konstituenten) erschien als unzureichend. Ebenso unbefriedigend erschien die schon früher von dem Autor dargestellte Methode der automatischen und syntaktischen Zerlegung, die ebenfalls auf dieses Modell begründet ist. Der Autor beschreibt ein neues vielversprechendes Modell einer syntaktischen Struktur — das „Transformationsmodell" von Chomsky — und erörtert Aspekte seiner Anwendung bei der syntaktischen Zerlegung von Mitteilungen.

In dem Vortrag von M. Carton (Belgien) wird eine Methode dargelegt, *wie man die Darstellung von geometrischen Objekten mechanisieren kann.* Geometrische Methoden (einschließlich ihrer allgemeinsten Formen) sind zu arithmetischen Algorithmen zusammengefaßt. Die Beziehungen zwischen Punkten, Geraden und ihre Beziehungen untereinander (Vereinigung, Aussonderung und Unabhängigkeit) werden als arithmetische Postulate dargestellt. Ein beliebiges Theorem kann dann mit Hilfe arithmetischer Methoden ausgedrückt und bewiesen werden, die eine Automatisierung gestatten. Ferner wird die Zweckmäßigkeit erörtert, Maschinen auf der Grundlage geometrischer Begriffe und Darstellungen zu konstruieren.

A. MAREK (ČSSR) gibt in seinem Vortrag einen *Algorithmus* an, *der die Ableitung von Theoremen aus den gegebenen Voraussetzungen analysiert.* Es wird eine Methode angeführt, die diesen Algorithmus auf einer Ziffernrechenmaschine realisiert.

In dem Vortrag von H. RYFFERT (Polen) wird eine *Methode zur Erhaltung nichtnormierter Augenblicksspektren von Schwingungen und ihre Wahrnehmung durch das menschliche Ohr besprochen.*

Im Vortrag von M. TOURNARIE (Frankreich) wird von der Theorie und der Anwendung eines *verallgemeinerten Optimierungskriteriums* berichtet, das als Spezialfälle die Kriterien von WIENER, HALL und PHILIPS enthält. Anwendungsbeispiele sind: Bestimmung des Anwendbarkeitsbereiches von Meßgeräten, Auswahl der Anzahl der Freiheitsgrade bei der Methode der kleinsten Quadrate, Untersuchung von Funktionen, die die Energieverhältnisse in Ionen-Schemata bestimmen.

L. F. JONES (USA) betrachtet die *Ungenauigkeiten in Steuerungssystemen,* die durch nichtkompensierte zeitliche Störungen hervorgerufen werden; das Problem wird vom Standpunkt der Informationstheorie aus behandelt. Es wird die Aufgabe angegriffen, die Zeitfehler zu kompensieren und Methoden einer effektiven Extrapolation von Übertragungsfunktionen werden erläutert.

Im Vortrag von L. CHALLIER (Frankreich) ist ein neues *Gerät — ein Sonograph* — beschrieben, und es wurden die letzten Ergebnisse mitgeteilt, die auf dem Gebiet der Analyse von Schwingungen phonetischer Sprachelemente erhalten wurden.

In dem Vortrag von DEREK BEAN (England) wurde ein *elektronischer Generator für eine Folge von Signalen* und eine Methode zur Bildung verschiedener Signalreihen beschrieben.

Sektion II. Automatische Maschinen

Präsident: Prof. H. VON FOERSTER (USA), Vizepräsident: Prof. R. MOLLE (Belgien), Sekretär: Prof. U. ZELBSTEIN (Frankreich).

Es wurden 12 Vorträge gehalten. Zur Sprache kamen Probleme aus der Theorie verschiedener automatischer Anlagen, programmgesteuerter Maschinen, der Modellierung von Systemen für programmierte Telesteuerungen und Sicherungen, automatischer Einrichtungen bei Eisenbahnen u. a.

R. MOLLE (Belgien) stellte in seinem Vortrag „*Automatik und Gütekontrolle*" fest, daß sich der Begriff Automatik oft auf Verarbeitungsketten beschränkt, d. h. auf Anlagen, die irgendwelche Operationen ausführen, z. B. bei der Bearbeitung von Erzeugnissen. Bei vollständiger Automation muß eine beliebige automatische Maschine mit Einrichtungen versehen sein, die die Qualität der Arbeit kontrollieren. Normabweichungen müssen entweder den Produktionsprozeß stoppen, oder die Ausschußteile müssen aus der fertigen Produktion ausgestoßen werden. Die Kontrolle muß automatischen Charakter tragen, damit jede Vermittlung des Menschen zwischen der Kontrolle und der Anfertigung beseitigt wird.

In einem Vortrag von F. GARCIN (Frankreich) „*Die Morphokinetik erleichtert die Anwendung der Automatik*" wurde festgestellt, daß die Mehrzahl der verschiedenen Arbeiten, die in kleinen Serien ausgeführt werden, eine ständige Anwesenheit des Menschen erfordert. Die Anpassung der Bewegungen eines Arbeiters an vorkommende Formen wird zum Gegenstand einer neuen Disziplin, „der Morphokinetik". Verschiedenartige Feinheiten in der Arbeit, die die Beurteilung durch den Menschen erfordern, sind kein Hindernis bei der praktischen Anwendung der Automatik.

Der Vortrag von Prof. H. VON FOERSTER (USA) ist „*biologischen Rechenmaschinen*" gewidmet — einer Klasse von Systemen, die aus elementaren Bestandteilen (künstlichen Neuronen) mit geringer Sicherheit bestehen, und die so organisiert sind, daß das funktionierende System ausreichende Sicherheit besitzt. Es werden die Grundlagen einer statistischen Theorie betrachtet, die mit den Informationsströmen in einem System verbunden sind, sowie die Eigenschaften einer Kette künstlicher Neuronen.

Im Vortrag von LÁSZLÓ KALMÁR (Ungarn) wird das *neue Prinzip einer logischen Maschine* beschrieben, nach dem eine derartige Maschine in Szeged konstruiert wurde.

MARCOS LOPEZ DEL CASTILLO (Spanien) sprach über *Automaten, die von* TORRES QUEVEDO *zu Beginn des 20. Jahrhunderts konstruiert wurden.*

Prof. J. W. CARR (USA) stellte in seinem Vortrag „*Sprachen, Logik, Unterricht und Rechenmaschinen*" fest, daß digitale Rechenmaschinen oft nicht nur als Rechenmaschinen benutzt werden, sondern auch für logische Operationen. Es entsteht das Problem, ein allgemeines System von Symbolen zu schaffen — eine Maschinensprache —, die für den Austausch von Informationen zwischen den verschiedenen Maschinen geeignet ist.

Sektion III. Automatisierung

Präsident: R. VAN EGTEN (Belgien), Vizepräsident: I. J. AKSENOW (UdSSR), Sekretär: Prof. A. GONZALEZ DEL VALLE (Spanien).

In der Sektion wurden 8 Vorträge gehalten. Es wurden Probleme der Automatisierung des Arbeitsablaufs bei der Post, der Dokumentation in der Möbelproduktion, im Eisenbahntransport und andere behandelt.

Der Leiter des Zentrallaboratoriums für Elektronik R. VAN EGTEN (Belgien) stellte in seinem Vortrag fest, daß die *Automatisierung nur in dem Falle vertretbar ist, wenn sie nicht nur die Grundprozesse, sondern auch die Hilfsprozesse einschließt.* Eine Teilautomatisierung hat keinen wesentlichen Einfluß auf die allgemeine Leistungsfähigkeit eines Betriebes. Das Problem einer vollständigen Automatisierung muß auf hoher wissenschaftlicher Ebene gelöst werden.

Der Vortrag von A. Gonzales del Valle (Spanien) „*Der kybernetische Entwurf einer isostatischen Struktur*“ befaßte sich mit der Ausnutzung des Isomorphismus zwischen elektrischen Ketten und isostatischen Gleichgewichtssystemen bei der Schaffung eines elektrischen Modells für ein isostatisches System. In ihm werden alle Veränderungen als Kapazitätsänderungen dargestellt, die wiederum für Steuerungszwecke benutzt werden. Das Modell findet selbst den Zustand, der dem Kapazitätsminimum entspricht, das dem minimalen Einfluß der Struktur zugeordnet ist und fähig ist, den gestellten Arbeitsbedingungen zu genügen.

I. J. Aksenow (UdSSR) betrachtete in seinem Vortrag die *Perspektiven, die sich aus der Anwendung der Kybernetik im Transport ergeben*, der seinem Wesen nach ein breites Betätigungsfeld für die Automatisierung bietet. Der Autor charakterisiert vier Grundbereiche (Planung, Verkehrsorganisation, operative Steuerung und Statistik), in denen die Methoden und Mittel der Kybernetik höchstwirksame Ergebnisse erzielen können und qualitativ neue Bedingungen für den Transport schaffen können. Elemente der automatischen Regulierung einzelner Prozesse werden schon seit langem im Transport angewandt (Selbstblockierung, Selbstregulierung u. a.). Es erscheint jetzt erforderlich, einen neuen und größeren Schritt vorwärts auf dem Wege der Anwendung der heutigen Rechentechnik und der mathematischen Methoden bei der Lösung der Transportaufgaben zu machen.

Im Vortrag von Ch. G. Robba (Westdeutschland) wurde die *Möglichkeit der Automatisierung in Fabriken mit Serienproduktion* aufgezeigt, die als Mittel zur Einschränkung der Unkosten und zur Verbesserung der Qualität, jedoch nicht zum Anwachsen der Produktion angesehen wird. Die Automatisierung der Steuerung von technologischen Prozessen besteht in der Eingabe durch Reproduktoren mittels Befehlen auf Magnetband, die die Reihenfolge der Arbeit, die Steuerung der Aufbereitung und des Bearbeitungsregimes usw. bestimmen. Zur Steigerung des Tonus der Arbeiter wird im Zeitraum zwischen den Befehlen Musik übertragen. Ein solches System zeichnet sich durch Einfachheit und Billigkeit aus, es gestattet die Geheimnisse der Technologie zu bewahren, gewährleistet, daß die Technologie leicht auf andere Betriebe übertragen werden kann und gestattet die Ausnutzung wenig qualifizierter Arbeitskräfte. Die Kosten der Produktion werden nach dem Vortrag des Autors um das 3 bis 5fache verringert.

Sektion IV. Ökonomische und soziale Auswirkungen der Automatisierung

Präsident: J. Diebold (USA), Vizepräsident: I. Baldini (Italien), Sekretär Dr. med. M. Tchicaloff (Schweiz)[1].

Es wurden 7 Vorträge über ökonomische und soziale Auswirkungen der Automatisierung gehalten. Der Vortrag von W. S. Buckingham (USA) war einigen ökonomischen Ergebnissen der Automatisierung gewidmet.

[1]) Nach Kongreß-Bericht:
Präsident: M. Tchicaloff, Vizepräsident: I. Baldini, Sekretär: R. Caussin. Anm. d. Red.

I. Baldini (Italien) betrachtet in seinem Vortrag finanzielle Auswirkungen der Automatisierung und erörtert Probleme der Finanzierung von Industriebetrieben in der Periode der Automatisierung.

M. Tchicaloff (Schweiz) legt den Standpunkt des Arztes zu den Problemen der Kybernetik dar. Die Tendenz zur Automatisierung der Arbeit stellt vor die Ärzte eine Anzahl von Problemen. Die Umstellung der Arbeit, für die neue Maschinenkomplexe erforderlich sind, beeinflußt das physische und psychische Befinden der Arbeiter und schafft die Ursachen für neuro-vegetative Störungen und Neurosen.

Ch. W. Olliver (Frankreich) unterstreicht den Mangel an technischen Spezialisten in Frankreich und die Unvermeidlichkeit ihrer Umqualifikation, die durch die Einführung der Automatisierung hervorgerufen wurde.

Sektion V. Die Kybernetik und die Sozialwissenschaften

Präsident: K. Pentzlin (Westdeutschland), Vizepräsident: L. Mehl (Frankreich), Sekretär: R. Goldacre (England)[1]).

Auf den Sitzungen der Sektion wurden 8 Vorträge gehalten, die zu den Problemen der Kybernetik aus sozialen und philosophischen Gesichtspunkten heraus Stellung nehmen.

Der Vortrag von M.-L. Fanchon (Frankreich) beschreibt eine Reihe von Versuchen, die von Stundenten der Psychologie durchgeführt wurden.

Guy Cohen (Marokko) hielt den Vortrag: „*Die Kybernetik und operative Untersuchungen*". Ziel der operativen Untersuchung ist das Studium der menschlichen Tätigkeit und die Reifung eines Entschlusses, was den Autor zur Betrachtung komplizierter Systeme zwischen „Menschen und Maschinen" führt.

L. Mehl (Frankreich) betrachtet in dem Vortrag „*Elemente einer kybernetischen Theorie des Administrierens*" die Verwaltung vom Standpunkt der Kybernetik aus. Die administrative Tätigkeit besteht nach der Meinung des Autors in der Umbildung der Informationsströme.

S. Lévy (Frankreich) behauptet in ihrem Vortrag „*Die Kybernetik und das Recht*", daß die Kybernetik zur Schaffung juristischer Gesetze und deren Anwendungen benutzt werden kann.

G. Foddis (Italien) versucht in einer Mitteilung die Zweckmäßigkeit einer kybernetischen Behandlung von Aufgaben zu begründen, die in der Industrie, in der Wirtschaft und in der Politik anfallen.

Sektion VI. Kybernetik und Biologie

Präsident: G. Walter (England), Vizepräsident: G. Isaye (Belgien), Sekretär: C. Penescu (Rumänien).

[1]) Nach Kongreß-Bericht:
Präsident: L. Mehl, Vizepräsident: K. Pentzlin, Sekretär: R. Goldacre. Anm. d. Red.

R. TARJÁN (Ungarn) hielt einen Vortrag über „*Automatische Neuronen*". Nach Meinung des Autors sind eine notwendige Bedingung für die Lösung eines Problems von induktivem Typ (d.h. für die Konstruktion eines mathematischen Beweises) Verkettungen, die mit unmittelbaren Wahrnehmungen von Ähnlichkeiten verbunden sind. Der Autor zeigt, indem er mit der auf der Maßtheorie beruhenden Definition der Ähnlichkeit beginnt, daß es möglich ist, Automaten zu konstruieren, die bezüglich ihres Erkennens Eigenschaften wirklicher neuronischer Netze besitzen.

A. SVOBODA (ČSSR) betrachtete Möglichkeiten zur *Konstruktion physikalischer Systeme, die den Selbsterhaltungsinstinkt bei Tieren imitieren.*

R. J. GOLDACRE (England) unterstreicht in seinem Vortrag „*Die Morphogenese und die Informationsübertragung von einer Zelle zur anderen*", daß die Entwicklung eines befruchteten Eies und das Wachstum eines Organismus das Übertragen von Informationen von einer Zelle zur anderen erfordert. Die unmittelbare Berührung der Zellwände spielt dabei offensichtlich eine äußerst wichtige Rolle. Die Zellwände des Krebses unterscheiden sich von den normalen und das ist ein Grund dafür, daß sie nicht unter Kontrolle fallen. Für die Probleme der Morphogenese ist die Betrachtung eines elektronischen Modells von Interesse, das aus einzelnen Bündeln (von Zellen) besteht, die andere Bündel erregen und ihrerseits von anderen Bündeln erregt werden.

F. CAMPBELL, J. ROBSON und G. WESTHEIMER (England) beschrieben die *Akkommodation des Auges* als automatisches Regelungssystem. Nach der Ansicht der Autoren stellt sogar die Beschreibung eines so einfachen Systems ein bedeutend komplizierteres Problem dar als die Probleme, die in der heutigen Zeit betrachtet werden.

Der Vortrag von F. S. COOPER, A. M. LIBERMANN, K. S. HARRIS und P. M. GRUBB (USA) war Problemen der *Wahrnehmung der Sprache* gewidmet.

L. J. FOGEL (USA) betrachtete Probleme, die mit der *Schwindelerscheinung bei Fliegern* im Zusammenhang stehen. Der Autor nimmt als Hauptursache des Schwindels an, daß die Informationen, die visuell von Geräten erhalten werden, mit den Signalen, die von den kinästhetischen und vestibularen Gefühlsorganen herrühren, nicht übereinstimmen.

D. J. STEWART (England) betrachtet die *Möglichkeiten eines Vergleichs zwischen der Arbeit eines Automaten und der Arbeit eines Menschen.* Die Entwicklung einer Theorie der Verbindung zwischen Mensch und Maschine wird zur Lösung einiger praktischer Probleme in der Industrie beitragen.

G. PASK (England) hielt zwei Vorträge: „*Lernende Maschinen und andere Steuerungssysteme, die mit dem Mensch-Operator zusammenwirken*" und „*Der Wachstumsprozeß*". Beide Vorträge sind Problemen der Lernfähigkeit des „Mensch-Operators"[1]) gewidmet.

Der Vortrag von L. CHALLIER (Frankreich) stellt den ersten Teil eines Kybernetik-Kurses dar, den er in der nationalen Hochschule für Elektronik gehalten hat.

[1] Im englischen Original "life instructor", in russischer Übersetzung: „человек-оператор".

H. Vallet (Spanien) betrachtet in seinem Vortrag „*Die Kybernetik und die Psychologie*“ einige Probleme der Modellierung psychologischer Prozesse.

A. Masturzo (Italien) erörtert ein *Schema gesellschaftlicher Maßnahmen zur Bekämpfung des Rheumatismus.*

C. Penescu (Rumänien) betrachtet Probleme, die die *Handlungen und Bewegungen des Menschen beschreiben und die Lokalisierung im Hirn des Mechanismus,* der diese Handlungen bestimmt.

J. Polonsky (Frankreich) versucht „*Organisches*“ und „*Anorganisches*“ abzugrenzen, abhängig von dem Vorhandensein oder dem Fehlen eines schwingenden Systems elektrischen Charakters in einer Zelle.

A. Remond (Frankreich) besprach Probleme der *Steigerung der Empfindlichkeit elektroenzephalographischer Geräte* unter Benutzung statistischer Methoden zur Verringerung des Rauschens.

J. Sauvan (Frankreich) berichtet über die Möglichkeit der *Ausnutzung einer metastabilen Maschine,* die auf den Sitzungen der Sektion für Information für die Modellierung des instinktiven Verhaltens der Tiere vorgeführt wurde.

Die Thematik des 2. Internationalen Kongresses für Kybernetik war nicht so scharf abgegrenzt, deshalb war der Bereich des Materials, das in den Vorträgen dargeboten wurde, sehr umfangreich. Viele Vorträge und Begriffe hatten kaum Beziehungen zur Kybernetik. Der Kongreß ließ erkennen, wie umfangreich die Gebiete sind, in denen jetzt die Bearbeitung kybernetischer Probleme in den verschiedenen Ländern vor sich geht. Großes Interesse wird in wissenschaftlich-technischen Kreisen an der Grenze kybernetischer Probleme und ihrer Anwendungen in den verschiedensten Zweigen der Wirtschaft und der Wissenschaft gezeigt. Es unterstreicht die große Bedeutung dieser neuen wissenschaftlichen Richtung.

I. J. Aksenow, J. J. Basilewski, R. R. Wassilew

Übersetzung: Barbara Schneider
Fachliche Bearbeitung: Herbert Schreiter

FSC
www.fsc.org
MIX
Papier | Fördert gute Waldnutzung
FSC® C083411

Zeitfracht Medien GmbH
Ferdinand-Jühlke-Straße 7
99095 Erfurt, Deutschland
produktsicherheit@kolibri360.de